H. Bässmann • J. Kreyss

Bildverarbeitung Ad Oculos

Springer
Berlin
Heidelberg
New York
Hongkong
London
Mailand
Paris
Tokio

Henning Bässmann • Jutta Kreyss

Bildverarbeitung Ad Oculos

Vierte, aktualisierte Auflage

Mit 455 Abbildungen

Springer

Dr.-Ing. Henning Bässmann
The Imaging Source Europe GmbH
Sommerstr. 36
D-28215 Bremen
e-mail: h.baessmann@eu.theimagingsource.com

Dr. Jutta Kreyss
IBM Deutschland Entwicklung GmbH
On Demand Infrastructure
Schönaicher Straße
D-71032 Böblingen
e-mail: kreyss@de.ibm.com

ISBN 3-540-21029-6 4. Aufl. Springer-Verlag Berlin Heidelberg New York
ISBN 3-540-63649-8 3. Aufl. Springer-Verlag Berlin Heidelberg New York

Bibliografische Information der Deutschen Bibliothek.
Die Deutsche Bibliothek verzeichnet diese Publikation in der Deutschen Nationalbibliografie; detaillierte bibliografische Daten sind im Internet über http://dnb.ddb.de abrufbar.

Springer-Verlag ist ein Unternehmen von Springer Science+Business Media
springer.de

Umschlaggestaltung: Künkel + Lopka, Heidelberg
Satz: Datenkonvertierung durch medio Technologies AG, Berlin
Gedruckt auf chlorfreiem Papier 7/3020/M - 5 4 3 2 1 0

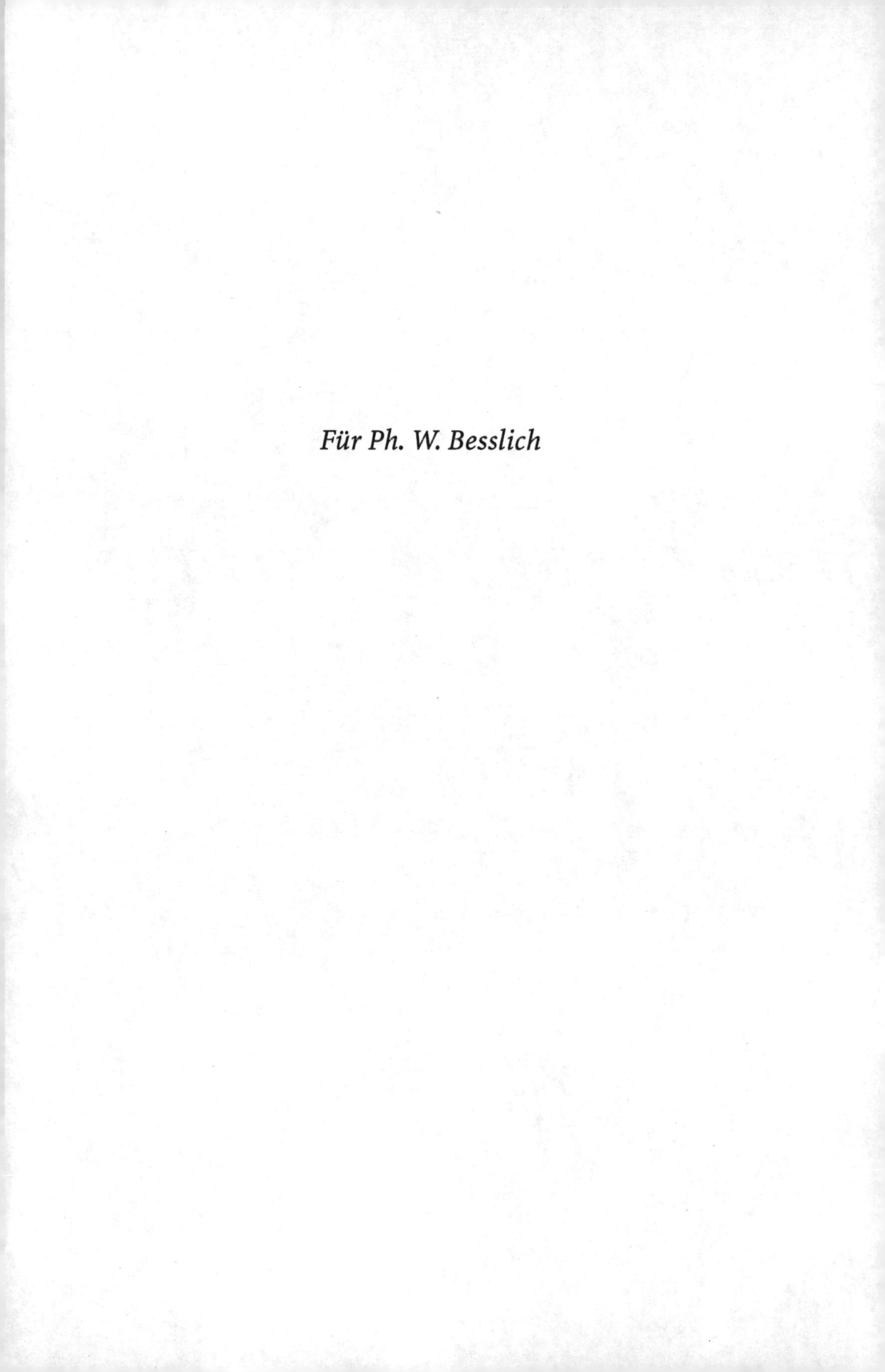

Für Ph. W. Besslich

Vorwort zur vierten Auflage

Seit dem Erscheinen der 3. Auflage dieses Buches im Herbst 1998 hat sich das Wachstum der Bildverarbeitung keineswegs verlangsamt. Selbst die ökonomischen Turbulenzen der letzten Jahre haben diesem Trend nichts anhaben können. Im Gegenteil – turbulente Zeiten sind Humus für Veränderungen, und so stehen wir im Moment an einem Wendepunkt, der der Bildverarbeitung einen weiteren Schub geben wird.

Der Auslöser dieses Wendepunktes ist das starke Sinken der Kosten der Grundkomponenten. Dabei geht es weniger um ein Sinken der Preise um 10 %, sondern eher um deren Halbierung. Wie erklärt sich also deren Preisverfall?

Abbildung 1 zeigt den Grund am Beispiel einer FireWire-Kamera. Eine Anwendungs-Software hat zwei Möglichkeiten, auf diese Kamera zuzugreifen. Der linke Pfad zeigt einen Zugriff über firmenspezifische Protokolle, Treiber und Programmier-Schnittstellen (API). Diese Vorgehensweise ist typisch für die Pionierzeit der Bildverarbeitung. Sie führt zu hohen Kosten, da jeder Hersteller das Rad erneut erfindet und zusätzlich die Anwender in eine Abhängigkeit zwingt, der sie in der Praxis nur durch einen vollständigen Umbau des Systems entfliehen können.

Was diese Abhängigkeit bedeutet, erkennen wir sofort, wenn wir das Wort „Kamera“ durch „Maus“ ersetzen. Wie teuer wäre wohl eine Maus, wenn jeder Hersteller seine eigene Art des Datenaustausches, seinen eigenen Treiber und sein eigenes API anbieten würde? Glücklicherweise tun das die Hersteller nicht, sondern sie stellen Mäuse her, die Betriebssystem-Geräte sind. Dieses hört sich zuerst einmal wenig spektakulär an, hat aber eine entscheidende Konsequenz. Die Anwendungs-Software greift nämlich jetzt nicht mehr direkt auf eine bestimmte Maus zu, sondern auf das Maus-API des Betriebssystems.

Im Mittelpunkt der Kostensenkung steht also die konsequente Nutzung von Betriebssystemen als Mittler zwischen Hardware und Software. Das verbreitetste Betriebssystem – Windows – dominiert auch die Bildverarbeitung. Allerdings wurde es bisher nicht im Sinne des Mittlers genutzt, sondern eher umgangen bzw. auf die Funktion als Nutzerschnittstelle reduziert. Dieses „Umgehen“ impliziert natürlich die Nutzung firmenspezifischer Schnittstellen.

Mit der Einführung von Windows 2000 und XP hat sich die Ausgangslage aber entscheidend geändert - und zwar zum Positiven. Auch Bildverarbeiter können jetzt betriebssystem-konform arbeiten, also dem in Abb. 1 skizzierten rechten Pfad folgen. Windows stellt nämlich mit DirectX ein API zur Verfügung, das ab seiner Version 8 (lauffähig unter Windows 2000 und XP) für die überwiegende Mehrzahl von Bildverarbeitungs-Anwendungen nutzbar ist. Unsere Kamera kann jetzt also - wie die Maus - ein Betriebssystem-Gerät werden. Dazu bedarf es nur eines sog. WDM Stream Class-Treibers. WDM steht für Windows Driver Model, während Stream Class zum Ausdruck bringt, dass es sich bei den Daten um digitale Video-Ströme handelt.

Die letzte aber keineswegs unwichtigste Ursache der Preissenkung ist die Verwendung eines standardisierten Protokolls zum Zugriff auf die Kameradaten. Im Fall der unkomprimierten Übertragung von Bildern heisst dieses Protokoll DCAM. Es wurde ursprünglich von Sony und Hamamatsu entwickelt. Heute steht die Arbeitsgruppe IIDC der 1394 Trade Association dahinter.

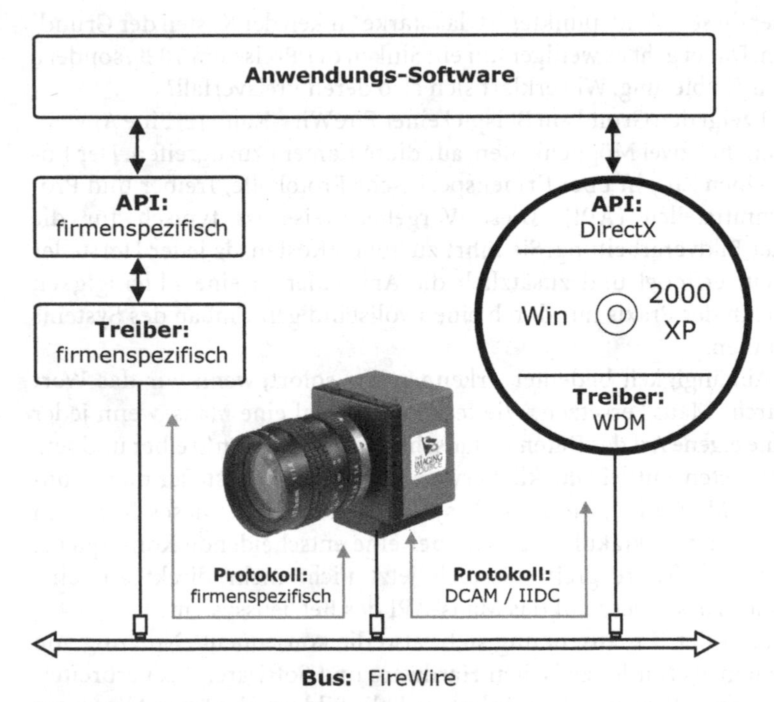

Abb. 1. Für die Pioniere der Bildverarbeitung ist es „normal“ über firmenspezifische Protokolle, Treiber und Programmier-Schnittstellen (API) auf Kameras oder andere Bildquellen zuzugreifen. Mit der immer grösser werdenden Verbreitung der Bildverarbeitung tritt der Nachteil dieser Vorgehensweise immer deutlicher zu Tage: Die Kosten sind hoch. Die konsequente Lösung dieses Problems ist die Nutzung standardisierter Protokolle und Schnittstellen sowie die Nutzung von Betriebssystem-Ressourcen (insbesondere APIs), die ohnehin standardmässig vorhanden sind.

An dieser Stelle mag sich der kritische Leser fragen, warum wir dieses Thema nicht in Kap. 2 (Die grundlegenden Komponenten von Bildverarbeitungssystemen) behandeln. Aber dazu ist es noch zu früh. Neue Entwicklungen oder Trends passen nicht zu langlebigen Grundlagenbücher. Das ideale Medium dafür ist das Internet. Wir verweisen daher zur Vertiefung auf eine Seite, in deren Mittelpunkt das Thema „betriebssystem-konforme Bildverarbeitung" steht: www.1394imaging.com. Hier finden Sie auch den im Buch besprochenen Quell-Code sowie die Ad Oculos-Studenten-Version zum kostenlosen Herunterladen.

Der Kern des Buches - also die Beschreibung „klassischer" Algorithmen der Bildverarbeitung - ist dagegen nicht durch schnelllebige Entwicklungen der Rechnertechnik betroffen. Die Wirkung einer Fourier-Transformation auf ein Bild ist schliesslich unabhängig von der Hardware, auf der sie abläuft. Daher haben wir uns bei dieser Auflage mit leichten Korrekturen begnügt.

Wir danken dem Springer-Verlag für die Ermöglichung der 4. Auflage dieses Buches. Ein besonderer Dank gilt dabei den KollegInnen des Verlages für die - wie immer - außerordentlich angenehme Zusammenarbeit.

Bremen, Stuttgart
Frühjahr 2004

H. Bässmann
J. Kreyss

Vorwort zur dritten Auflage

Mit dieser dritten Auflage ermöglichte uns der Springer-Verlag eine komplette Überarbeitung des vorliegenden Buches. Daher gebührt der erste Dank allen beteiligten KollegInnen des Springer-Verlages für die außerordentlich angenehme und unbürokratische Zusammenarbeit.

Die Neuerungen dieser Auflage beginnen bereits mit dem ersten Kapitel. Es hat sich in einen größeren, drei Kapitel umfassenden einführenden Block gewandelt. Die verfahrensorientierten Kapitel sind durch ein neues, großes Thema, nämlich die Wissensbasierte Bildverarbeitung erweitert. Einige der alten Kapitel sind völlig neu aufgebaut, andere runderneuert. Aufgaben und Lösungen bieten die Möglichkeit, das neue Wissen anzuwenden, also zu „begreifen".

Die beiliegende CD enthält die Software *AdOculos 4.0* für Windows 95 und NT 4 in der Studenten-Version. Bitte lesen Sie die Datei Readme.txt für weitere Informationen, insbesondere zu den Unterschieden zwischen Voll- und Studenten-Version. Aktuelle Informationen stehen auch unter *www.dbs-imaging.com* zur Verfügung.

Viele helfende Hände trugen auch außerhalb des Verlages zum Erfolg dieses Buches bei. Auf Otthein Herzog sind einige grundlegende Änderungen des Buches zurückzuführen, da wir uns auf Grund seiner Aktivitäten erst kennengelernt haben. Die neue Studenten-Version der Software basiert auf den Arbeiten von Elmar Loos, Stefan Näwe, Ansgar Schmidt und insbesondere Johannes Vogel. Die für diese Auflage neuen Zeichnungen entstanden auf den PCs von Jonathan Maron, Emine Örük und Fahim Sobat. Rolf Schulz entwickelte das neue *AdOculos*-Startbild, das sich auch auf dem Buchumschlag wieder findet. Unser ganz besonderer Dank gilt Thoralf Schott, ohne den der Text mit Fehlern übersät gewesen wäre, und der mit grossem Gleichmut ertrug, dass wir uns in diesem Buch an der neuen Rechtschreibung versucht haben.

Ebenso wichtig wie die Hilfe bei diesen handwerklichen Arbeiten waren uns die inhaltlichen Diskussionen. Insbesondere das die Komponenten der digitalen Bildverarbeitung beschreibende Kapitel 2 profitierte durch die außerordentlich fruchtbaren Gespräche mit Eberhard Bonz, Andreas Breunig, Bernd Schlichting, Ulf Weißer und Uwe Wojak.

Natürlich hat das Schreiben von Büchern auch seinen geschäftlichen Aspekt, der sich letztendlich im Ladenpreis ausdrückt. Um diesen zu senken, akquirierten wir einige Anzeigen. Allen in diesem Buch werbenden Firmen sei für diese finanzielle Unterstützung gedankt.

Zu unserem großen Leidwesen können wir mit dem Schreiben dieses Buches unseren luxuriösen Lebenswandel nicht einmal im Ansatz bestreiten. Wir sind daher gezwungen zu arbeiten. Glücklicherweise unterstützen unsere Firmen die schriftstellerischen Ambitionen auf vielfältige Weise. Besonders dankbar sind wir all unseren KollegInnen, die geduldig unsere Ungeduld und Hektik ertragen haben.

Schlimmer noch als unsere KollegInnen habt jedoch ihr, unsere Liebsten, unter uns leiden müssen. Daher euch den herzlichsten Dank für die Unterstützung!

Bremen, Stuttgart — H. Bässmann
Sommer 1998 — J. Kreyss

Vorwort zur zweiten Auflage

Leider muß dieses Vorwort traurig beginnen. Zum Zeitpunkt der Fertigstellung der vorliegenden Auflage jährt sich der viel zu frühe Tod von Professor Besslich bereits zum ersten Mal. Dieses ist angesichts der sehr freundlichen Aufnahme des Buches durch die Leser besonders schmerzhaft. Ich werde mein Bestes tun, die Arbeit im Sinne von Professor Besslich fortzuführen. Ein besonderes Anliegen war ihm die Anpassung von Anhang A (Beispiele aus der industriellen Bildverarbeitung) an den Stil des Buches. Dementsprechend habe ich diesen Abschnitt vollständig erneuert.

Die Beispiele aus der industriellen Bildverarbeitung wurden wiederum durch Mitgliedsfirmen des *Bremer Arbeitskreis Bildverarbeitung* beigesteuert. Hierfür sei den Firmen Atlas Elektronik GmbH, DST Deutsche System-Technik GmbH, Innovationstechnik Gesellschaft für Automation m.b.H. und O.S.T. Optische Systemtechnik GmbH & Co. KG herzlich gedankt.

Mein besonderer Dank gilt der Firma DBS Digitale Bildverarbeitung und Systementwicklung GmbH für die mittlerweile mehrjährige, außerordentlich fruchtbare Zusammenarbeit im Rahmen des *AdOculos*-Projektes. Neben vielen anderen, ist eine der „Früchte" der Gewinn des Deutsch-Östereichischen Hochschul-Software-Preises 1992 für die parallel zur ersten Auflage entwickelte Software *AdOculos* (nähere Informationen finden Sie in Anhang I), eine andere die Realisierung einer englisch-sprachigen Version des *AdOculos*-Paketes bestehend aus Software und Buch.

Ein Kennzeichen von *AdOculos* ist die Unabhängigkeit von spezieller Bildverarbeitungs-Hardware. Andererseits ist eine derartige Verknüpfung keineswegs ausgeschlossen. Im Gegenteil, der Rostocker Firma HaSoTec Hard- und Software Technology gebührt ausdrücklicher Dank für die Bereicherung des *AdOculos*-Paketes durch einen sehr guten, durchaus erschwinglichen Frame-Grabber „Made in Germany". Wie weit die Anpassungsfähigkeit von *AdOculos* reicht, zeigt dessen Implementierung auf einem hochkomplexen Mehrprozessor-Rechner. Diesem Konzept wurde der neue Anhang H gewidmet.

Ohne die hervorragende Arbeit des Springer-Verlages wäre der Erfolg des Buches nicht denkbar. Mein spezieller Dank gilt der unbürokratischen Betreuung „in allen Lebenslagen".

Ich möchte dieses Buch meinen neuen Kollegen der Innovationstechnik Gesellschaft für Automation m.b.H. widmen. Sie gewähren mir nicht nur den Freiraum für die Weiterführung des *AdOculos*-Projektes, sondern beteiligen sich daran aktiv. Dieses reicht von konstruktiver Kritik bis hin zur Einbindung in neue Produkte. Dem Projekt eröffnen sich somit neue Perspektiven und Entwicklungsmöglichkeiten.

Bremen, im Juni 1993 H. Bässmann

Vorwort zur ersten Auflage

Seit Mitte der sechziger Jahre ist die digitale Bildverarbeitung Gegenstand wissenschaftlicher Untersuchungen. Nicht zuletzt aufgrund der notwendigen Rechnerressourcen blieb sie zunächst ein ausgeprägtes Spezialistengebiet. Mit der enormen Weiterentwicklung der Rechnerleistungen wuchs auch das Interesse daran, den Computern das „Sehen" zu lehren. Insbesondere in den letzten Jahren ist deshalb die Zahl wissenschaftlicher Arbeiten und Monografien zur Bildverarbeitung außerordentlich angestiegen. Parallel zu dieser Entwicklung hielt die digitale Bildverarbeitung Einzug in die industrielle Praxis: 1991 fand zum vierten Mal eine Fachmesse für industrielle Bildverarbeitung auf deutschem Boden statt. Trotzdem ist die digitale Bildverarbeitung nach wie vor eher Tummelplatz von Spezialisten. Entsprechend schwierig ist der Einstieg. Hier möchte das vorliegende Buch Hilfestellung geben, indem es Ihnen die Bildverarbeitung „vor Augen führt" (*ad oculos*).

Das heutige Wissen über die digitale Bildverarbeitung ähnelt ein wenig dem Zustand der Alchemie vor dem 18. Jahrhundert:

- Das Gebiet der digitalen Bildverarbeitung ist schwer einzugrenzen. Einige Autoren zählen bereits die Beschäftigung mit Lichtschranken dazu.
- Es existiert kein theoretisches Gebäude (vergleichbar z.B. den Maxwellschen Gleichungen in der Elektrotechnik), aus dem heraus neue Verfahren deduziert werden könnten.
- Zur Entwicklung guter Verfahren bedarf es eher handwerklicher Fähigkeiten: Man muß ein „Gefühl" für die Handwerkzeuge und ihre Einsatzfähigkeit entwickeln. Als Beispiel sei hier der sog. Median-Operator genannt. Er arbeitet in einigen Einsatzfeldern der Rauschunterdrückung wesentlich besser als klassische Filterverfahren, ist allerdings formal nicht greifbar, da der Kern des Operators ein Sortieralgorithmus ist.
- Die Terminologie ist uneinheitlich. Viele Verfahren erhalten immer wieder neue Namen, obwohl sie sich oftmals nur marginal von bereits bestehenden Verfahren unterscheiden.
- Ein „klassisches" Lehrbuch der Bildverarbeitung existiert nicht, und um es gleich vorweg zu nehmen: Das vorliegende Buch ist bewußt nicht als Lehrbuch im klassischen Sinne konzipiert.

Aufgabe der wissenschaftlichen Forschung ist es, diesen „alchemistischen" Zustand in einen „chemischen" zu überführen, also neues Wissen zu *schaffen*. Aufgabe der Lehre (und mithin Anliegen des vorliegenden Buches) ist es, den aktuellen Stand des Wissens zu *vermitteln*. Dabei beachten wir zwei Fakten:

- Insbesondere in Deutschland beobachtet man immer wieder die Tendenz, das *Vermitteln* von Wissen zu sehr mit dem *Schaffen* desselben zu verquicken. Lernen ist allerdings eher ein induktiver Vorgang, während der wissenschaftlichen Arbeit eher ein deduktives Vorgehen zugrunde liegt. So gesehen erhebt das vorliegende Buch den Anspruch, völlig unwissen*schaftlich* zu sein.
- Die Art der Vermittlung muß dem Zustand und dem Charakter des jeweiligen Stoffes angepaßt sein. Das Buch ist aus Unterrichtsmaterialien zu einer Einführungsvorlesung hervorgegangen. So konnten wir Erfahrungen aus den Lehrveranstaltungen bei der Abfassung berücksichtigen und auf öfter begangene Irrtümer besonders hinweisen.

Dieses Buch beschreibt eine Reihe grundlegender Werkzeuge der digitalen Bildverarbeitung, jedoch ohne Anspruch auf Vollständigkeit. Das didaktische Konzept spiegelt sich bereits in der Aufteilung des Buches wider. Hier stehen in sich abgeschlossene Kapitel gleichberechtigt nebeneinander. Die einzelnen Kapitel beziehen sich nur ausnahmsweise aufeinander und können größtenteils isoliert verstanden werden. Abgesehen vom ersten, einführenden Kapitel geht jedes weitere Kapitel nach folgender Strategie vor:

- Es beginnt mit einem *Überblick* für diejenigen Leser, die schnell ein erstes Verständnis gewinnen wollen.
- Darauf folgt eine Vertiefung des Stoffes anhand von *Beispielen*. Hier wird die Arbeitsweise der im Überblick vorgestellten Verfahren an ausgesuchten Grauwertbildern demonstriert.
- Die nun folgende Beschreibung der *Realisierung* der Verfahren auf einem Rechner soll zur eigenen Beschäftigung mit dem Stoff animieren. Erst das gewährleistet ein wirkliches Verständnis und ist ein erster Schritt zur Beherrschung des Handwerks.
- Der jeweils letzte Abschnitt (*Ergänzungen*) dient primär Hinweisen zur weiteren Arbeit (Literatur, mathematisches Handwerkszeug, etc.).

Der dritte Punkt, nämlich die Beschreibung der Verfahrensrealisierung bedarf noch eines besonderen Hinweises. Im Mittelpunkt stehen hier C-Prozeduren, die es erlauben, die Funktion des jeweils zugrundeliegenden Verfahrens bis in die Details hinein nachzuvollziehen. Sie dienen außerdem der immens wichtigen Vermittlung der Tatsache, daß Computer völlig anders „sehen" als Menschen und deshalb einige Probleme besser, viele andere aber leider wesentlich schlechter lösen.

Es sei ausdrücklich darauf hingewiesen, daß die dargestellten Prozeduren maschinenunabhängig und primär auf die Zwecke der Wissensvermittlung zugeschnitten sind. Sie können zwar als Kern einer Anwendung dienen, müssen allerdings gut „verpackt“ werden. Das ist insbesondere notwendig, um ausreichende Robustheit gegen „unsaubere“ Daten jeglicher Art zu gewährleisten.

Diese Notwendigkeit spiegelt auch die passend zum Buch erhältliche Software *AdOculos* wider (Informationen zum Bezug von *AdOculos* finden Sie am Ende des Buches). Sie bietet die Möglichkeit, sämtliche beschriebene Verfahren unter der Standardoberfläche Microsoft Windows 3.0 durchzuführen und verwendet hierzu die im vorliegenden Buch beschriebenen Prozeduren. Der Quellcode derselben stellt allerdings höchstens ein Zehntel des Quellcodes des Gesamtsystems dar.

Die Mindestanforderungen für den Betrieb von *AdOculos* sind ein Personal-Computer PC-AT der mit einer Platte, 1 MB Arbeitsspeicher, einer VGA-Karte, einer Maus und Windows 3.0 ausgerüstet ist. Für praktische Anwendungen seien ein AT386, eine schnelle Platte, 4 MB Speicher, ein mathematischer Co-Prozessor, eine erweiterte VGA-Karte (256 Farben bei hoher Auflösung), eine Maus, Windows 3.0 und natürlich Windows-Treiber für die Grafik-Karte empfohlen. Diese Anforderungen sind zwar nicht gerade niedrig, für eine über didaktische Zwecke hinausgehende Beschäftigung mit der Bildverarbeitung aber unumgänglich.

Zum Digitalisieren von Bildern benötigen Sie unabhängig von *AdOculos* Zusatzhardware wie z.B. Frame-Grabber oder Scanner.

Mit dem vorliegenden Buch haben wir uns u.a. Praxisrelevanz zum Ziel gesetzt. In diesem Zusammenhang ist es außerordentlich wichtig, dem Lernenden die großen Unterschiede zwischen den prinzipiellen Möglichkeiten der digitalen Bildverarbeitung und den „rauhen“ Randbedingungen der industriellen Bildverarbeitung vor Augen zu führen. Zu diesem Zweck sind im Anhang fünf Beispiele aus der industriellen Praxis beschrieben. Für die Überlassung dieser Beispiele sind wir den im *Bremer Arbeitskreis Bildverarbeitung* (BAB) zusammengeschlossenen Firmen DST Deutsche System-Technik GmbH, Innovationstechnik Gesellschaft für Automation m.b.H., Krupp Atlas Elektronik GmbH, STN Systemtechnik Nord / MSG Marine- und Sondertechnik GmbH sowie Optis Optische Systemtechnik GmbH Co. KG zu besonderem Dank verpflichtet.

Die Firma DBS Digitale Bildverarbeitung und Systementwicklung GmbH ist mit unserem Institut partnerschaftlich verbunden: Sie realisierte *AdOculos*. Für die außergewöhnlich produktive Zusammenarbeit danken wir den Kollegen von DBS.

Die Entstehung des Buches wurde befruchtet durch Diskussionen mit wissenschaftlichen Mitarbeitern und Diplomanden unseres Instituts. Besonderer Dank gebührt Christian Backeberg für seine Beiträge zur Bereichssegmentierung, Wolfgang Bothmer für seine Arbeiten zur morphologischen Bildverarbeitung und Bereichssegmentierung sowie Siegfried Meyer für seine Unterstützung im Bereich der Mustererkennung.

Sämtliche Zeichnungen wurden von Christine Stinner angefertigt. Ihr gebührt ein besonderer Dank.

Dem Springer-Verlag danken wir für das Eingehen auf unsere zum Teil unkonventionellen Wünsche.

Bremen, im Juni 1991

Ph. W. Besslich
H. Bässmann

Inhaltsverzeichnis

1 Vom Pixel zur Interpretation

1.1
Was ist Bildverarbeitung?

Der Grund für diese Frage ergibt sich aus der enormen Vielfalt von Anwendungen, in deren Mittelpunkt die Verarbeitung von Bildern steht. Die 5 grundlegenden Anwendungsbereiche verfolgen zum Teil sehr unterschiedliche Ziele (Abb. 1.1):

(a) Im Zusammenhang mit Computer-Grafik geht es um die *Generierung* von Bildern in Bereichen wie Desktop Publishing, elektronische Medien und Videospiele.

(b) Die *Bildübertragung* beschreibt den Transport von Bildern über Kabel, Satellit oder, allgemein ausgedrückt, irgendeine Form von „Daten Highway". Ein wichtiges Thema in diesem Zusammenhang ist die Kompression von Bilddaten, um die enorme Datenmenge in den Griff zu bekommen.

(c) Ziel der *Bearbeitung* ist die Entfernung von Störungen (verursacht z.B. durch Rauschen oder Verwackeln), die Veränderung von Bildern zur Unterstützung der Bildanalyse durch Menschen (z.B. Analyse von Röntgen-Bildern durch einen Arzt) und die Veränderung aus ästhetischer Sicht. Verfahren der Bildbearbeitung dienen aber auch der Bild- und Szenenanalyse (siehe nachfolgende Punkte) zur Vorbereitung. In diesem Zusammenhang spricht man von *Bildvorverarbeitung*.

(d) Die *Analyse* von Bildern dient z.B. der Erkennung von Schriftzeichen, der Überprüfung der Maßhaltigkeit von Werkstücken, der Vollständigkeitskontrolle bestückter Leiterplatten, der Klassifikation von Holzpanelen abhängig von Oberflächenfehlern, der Kontrolle der Garnierung von Keksen, der Analyse von Zellproben, der Ermittlung von Umweltschäden aus Luftbildern oder der Steuerung von Robotern. Zur Unterscheidung von Punkt (e) ist Analyse hier im Sinne der Messtechnik zu verstehen.

(e) Die *Szenenanalyse* ist eine der faszinierendsten Fassetten der Bildverarbeitung. Eine typische Anwendung ist das „elektronische Auge" autonomer Vehikel (z.B. explorative Roboter oder fahrerlose PKW). Hierbei handelt es sich allerdings auch um eine besondere Herausforderung an Forschung und Entwicklung. Der Stand der Dinge ist sehr weit entfernt von den Möglichkeiten der Figuren „moderner Märchen" wie HAL oder R2D2.

Im Mittelpunkt dieses Buchs stehen die unter (d) und (e) aufgeführten Ziele. Dem Erreichen dieser Ziele dienen auch Verfahren der Bildbearbeitung bzw. -vorver-

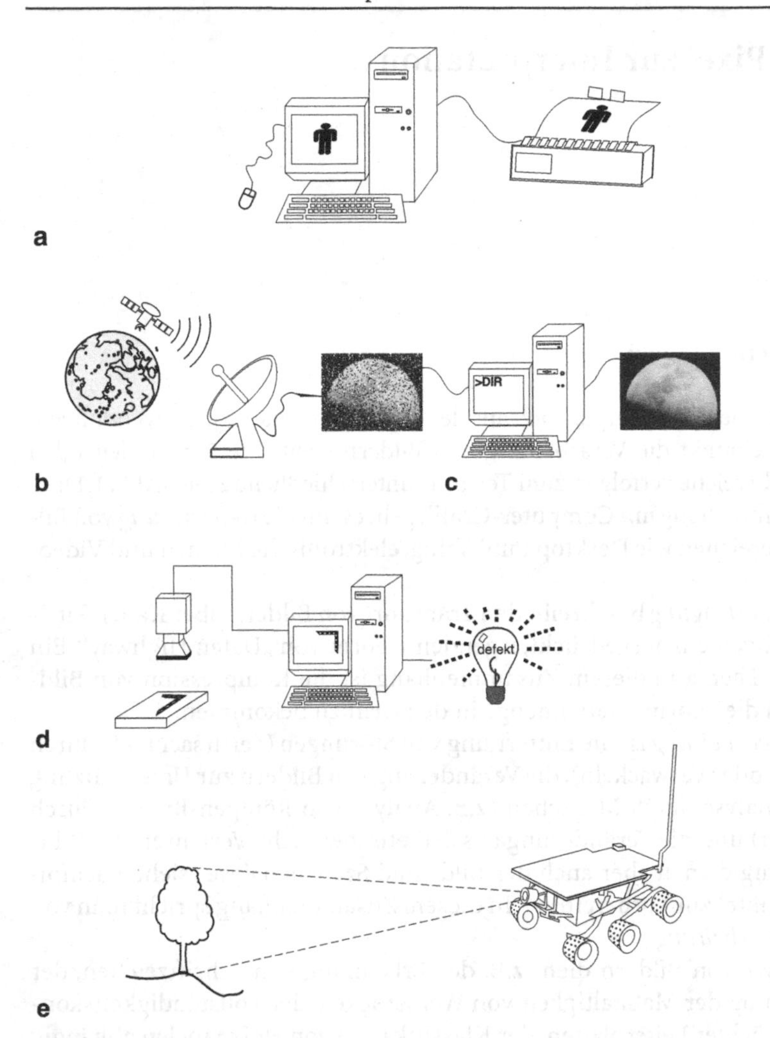

Abb. 1.1. Die typischen Anwendungsgebiete der digitalen Bildverarbeitung sind Computer Grafik (**a**), Bildübertragung (**b**), Bildbearbeitung (**c**), Bildanalyse (**d**) und Szenenanalyse (**e**)

arbeitung (c). Dementsprechend befassen sich zahlreiche Abschnitte des Buches mit diesem Themenbereich.

Die Grenzen zwischen den genannten Punkten sind fliessend. Die Bereiche (d) und (e) werden häufig unter dem Begriff *maschinelles Sehen* zusammengefasst. Im Kontext industrieller Bildverarbeitung sollte aber „Messtechnik" die primäre Assoziation sein. Zweifellos ist die Szenenanalyse ein attraktives Arbeitsgebiet. Nicht zuletzt die Resonanz in den Medien auf künstliche Insekten und Mars-Roboter spiegelt dieses Interesse wider. Die sehr alte Faszination des Menschen für „lebende Maschinen" sollte aber nicht den klaren Blick für die Möglichkeiten und Grenzen der industriellen Bildverarbeitung verstellen.

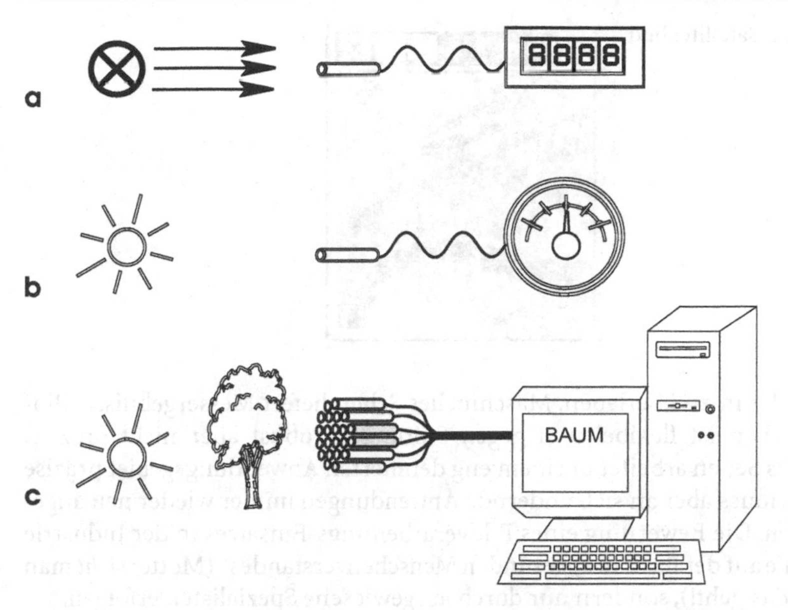

Abb. 1.2. Verschiedene Formen lichtempfindlicher Sensoren: **a** Eine Lichtschranke, **b** ein Belichtungsmesser und **c** eine Retina/Kamera

Abbildung 1.2a zeigt eine sehr primitive Kameraform, eine Lichtschranke. Dieser Sensor reagiert lediglich auf „Licht" oder „kein Licht". Eine Erweiterung zeigt Abb. 1.2b. Der Belichtungsmesser misst kontinuierlich die Intensität (im Kontext Bildverarbeitung Grauwert genannt) einer Lichtquelle. In der Biologie benutzen „einfache" Lebewesen (wie z.B. Schnecken) „Belichtungsmesser" u.a. zum Schutz vor Austrocknung durch zu starke Sonneneinstrahlung. Ob in Technik oder Biologie, mit solchen Sensoren ist eine sehr einfache Analyse der Welt, in der sich der Sensor befindet möglich.

Bündelt man die Belichtungsmesser wie in Abb. 1.2c gezeigt, so erhält man eine Kamera, oder um auf die Biologie zurückzukommen, eine Retina. In beiden Fällen liefert der Sensor lediglich die Beleuchtungs-Intensität der einzelnen „Belichtungsmesser" und deren Position zueinander. Auf dieser Basis versuchen Computer und Gehirne Aussagen über die Welt, in der sie sich befinden zu „errechnen". Ein Gehirn trifft Aussagen wie „Der Baum dort rechts neben dem Cabrio ist eine Tanne" problemlos. Es ist hingegen nicht zu der Aussage „Mein Stäbchen mit der Koordinate (x,y) misst eine Lichtintensität z" in der Lage. Folglich kann ein Gehirn nur mit Hilfe seiner Retina kein Werkstück vermessen. Mit technischen Systemen verhält es sich umgekehrt. Hier ist die Aussage „Das Pixel mit der Koordinate (x,y) weist den Grauwert z auf" sehr einfach zu erhalten. Die Erkennung von Cabrios, die hinter Bäumen stehen, sollte man allerdings nicht so ohne weiteres von Computern erwarten.

Zusammengefasst: Ziel und Arbeitsweise des biologischen und maschinell/industriellen Sehens unterscheiden sich grundlegend. Biologisches Sehen hilft

Abb. 1.3. Ein Satellitenbild von Köln.

dem Individuum zu überleben. Maschinelles Sehen liefert Messergebnisse. Biologisches Sehen ist flexibel und gegen Störungen robust aber nicht präzise. Maschinelles Sehen arbeitet in einem eng definierten Anwendungsgebiet präzise und robust, muss aber an sich ändernde Anwendungen immer wieder neu angepasst werden. Die Bewertung eines Bildverarbeitungs-Einsatzes in der Industrie sollte also nie auf der Basis des „gesunden Menschenverstandes" (Motto: *sieht* man doch, dass das geht!), sondern nur durch ausgewiesene Spezialisten erfolgen.

Einen Eindruck für die Aufgaben dieser Spezialisten vermittelt Abb. 1.3. Es zeigt ein Satellitenbild von Köln. Bittet man GeologInnen, HydrologInnen oder BotanikerInnen die Konturen dieses Bildes zu zeichnen, würde dies zu drei recht unterschiedlichen Bildern führen. Schließlich hat das Luftbild für jeden der Experten eine unterschiedliche *Bedeutung*. Was aber bedeutet dem Rechner ein Bild? Nichts! Es ist lediglich ein Array von Integer-Werten.

1.2 Digitale Bilder

Abbildung 1.4 zeigt den Aufbau eines typischen digitalen Bildes. Es ist repräsentiert durch eine Matrix mit N Zeilen und M Spalten. Die Zeilen- und Spaltenindizes werden gewöhnlich mit y und x oder r und c (für *row* bzw. *column*) bezeichnet. Die Bildmatrix ist oftmals (aber nicht notwendigerweise) quadratisch. N und M sind dann also identisch. Gängige Werte sind $N = M = 128, 256, 512$ oder 1024.

Die Elemente dieser Matrix sind Bildpunkte, für die sich der Begriff (das) *Pixel* (picture element) eingebürgert hat. Im einfachsten Fall nehmen die Pixel lediglich die Werte 0 oder 1 an. Man spricht dann von einem *Binärbild*. Die Werte 1 und 0 repräsentieren üblicherweise Hell und Dunkel oder Objekt und Hintergrund.

Zur feineren Quantisierung der Lichtintensität eines Videobildes steht pro Pixel i.allg. ein Byte zur Verfügung. Es stehen also ganzzahlige Werte im Bereich von 0 (schwarz) bis 255 (weiß) zur Verfügung. Alles Dazwischenliegende ist dunkel- bis hellgrau. Der Wert eines Pixels wird daher auch *Grauwert* genannt.

Natürlich ist es auch möglich, *Farbbilder* zu verarbeiten. In diesem Fall benötigt man für *ein* Bild je eine Matrix für Rot, Grün und Blau. Die „Grauwer-

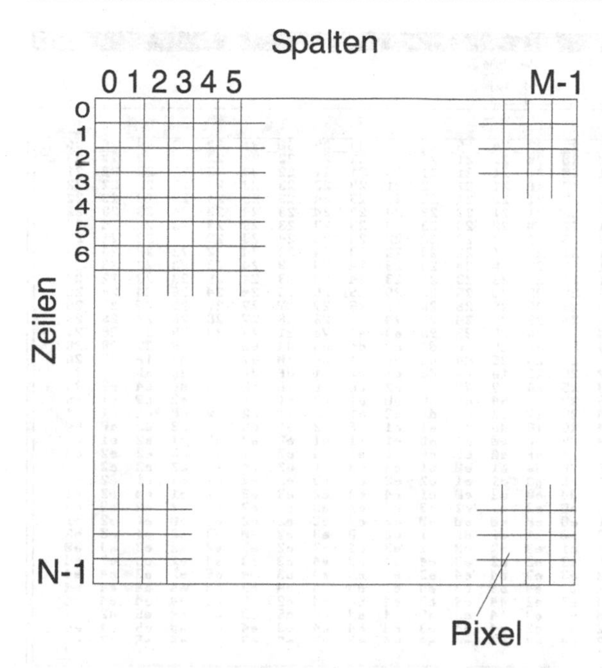

Abb. 1.4. Aufbau eines digitalen Bildes

te" der einzelnen Matrizen stehen für den Rot-, Grün- und Blauanteil des Bildes am Ort des jeweiligen Pixels.

Diese *Echtfarbenverarbeitung* darf auf keinen Fall mit der sog. *Falschfarbendarstellung* verwechselt werden. Die Falschfarbendarstellung ist eine Visualisierungsform für Grauwertbilder. So ist es für die Analyse eines Bildes durch einen Menschen oftmals günstig, interessante Grauwertbereiche farblich hervorzuheben.

Die digitale Bildverarbeitung setzt für gewöhnlich erhebliche Rechen- *und* Speicher-Ressourcen voraus. Ein typisches Grauwertbild von 512*512 Pixeln und 256 Grauwerten (8 bit) pro Pixel benötigt einen Speicherplatz von 256 KByte. Dieses entspricht ungefähr 100 maschinengeschriebenen DIN-A4-Seiten. Setzt man im Fall schritthaltender Bildverarbeitung der Einfachheit halber 10 Bilder pro Sekunde an, so entspricht der Datenanfall bereits nach einer Minute über 100 MByte bzw. 60000 DIN-A4-Seiten. Das entspricht einem Papierstapel von ca. 3 m Höhe.

Abbildung 1.5 zeigt ein Grauwertbild der Größe 128*128 mit 256 Grauwerten (DIGIM.128). Das Bild entstand Folgendermassen: Aus schwarzer, weißer und grauer Pappe wurden einfache geometrische Objekte ausgeschnitten. Eine schwarze Pappe dient als Hintergrund, graue und weiße Stücke als Objekte. Menschliche Beobachter können problemlos die Objekte sowie ihre Lage im Bild identifizieren. Für den Rechner ist das Bild aber lediglich eine Matrix, deren Elemente natürliche Zahlen im Bereich 0 bis 255 annehmen können. Diesen Sachverhalt verdeutlicht der in Abb. 1.5 gezeigte hexadezimale Ausschnitt aus dem

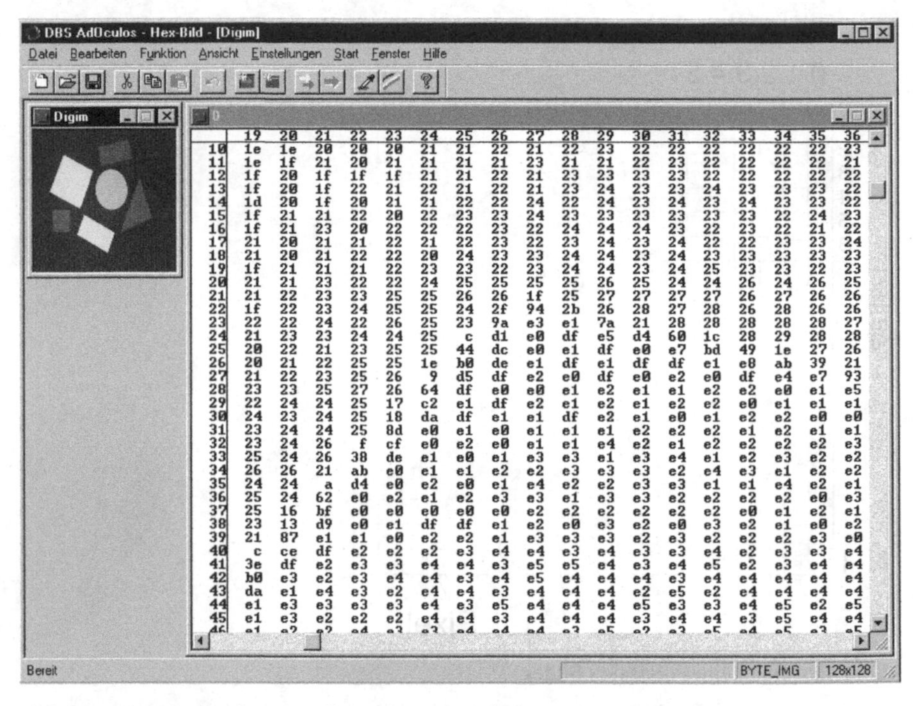

Abb. 1.5. Hexadezimale Darstellung eines Ausschnittes von DIGIM.128

Beispielbild. Verfahren, die auch dem Rechner eine Identifizierung des Bildinhalts erlauben, stehen im Mittelpunkt dieses Buches.

Das Beispielbild (Abb. 1.5) verdeutlicht zwei weitere, grundlegende Schwierigkeiten im Zusammenhang mit digitalen Bildern:

- Das ellipsenförmige Objekt in der Mitte des Bildes war ursprünglich eine Kreisscheibe. Die Verzerrung liegt in der Geometrie der Pixel begründet. Ein Pixel lässt sich i.allg. als Rechteck betrachten. Im Fall der Videonorm ist dessen Seitenverhältnis vier zu drei. Dies führt zu den in Abb. 1.5 gezeigten Verzerrungen.
- Die Ränder der Objekte sind keineswegs glatt, sondern „digital gezahnt". Bei hohen Auflösungen fällt dieser Umstand kaum ins Gewicht. In dem Beispielbild allerdings stehen die Abmessungen eines Pixels und die Abmessungen der Objekte in einem Verhältnis, das bei einigen Anwendungen (wie z.B. der Vermessung von Objekten) zu Problemen führen könnte.

Abbildung 1.4 zeigt die Pixel in einer Kachelanordnung. Diese übliche Darstellung eines Bildes birgt die Gefahr, einige Aspekte der Signalverarbeitung [1.34, 1.51] zu verdecken. Aus deren Sicht ist ein digitales Bild ein Array von Abtastwerten. Abbildung 1.6 zeigt einen Kreis in einem „analogen" Bild mit einem überlagerten 4*4 Abtastgitter. Vorausgesetzt Kreis und Hintergrund sind homogen (z.B. weißer Kreis auf schwarzem Hintergrund oder umgekehrt), erhält man das in Abb. 1.7 gezeigte digitale Bild.

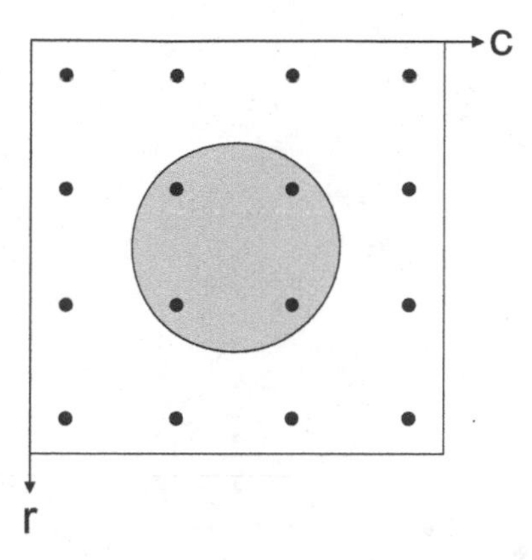

Abb. 1.6. Kreis in einem „analogen" Bild. Um ein 4*4 digitales Bild zu bekommen, wird das analoge Bild an den markierten Punkten digitalisiert

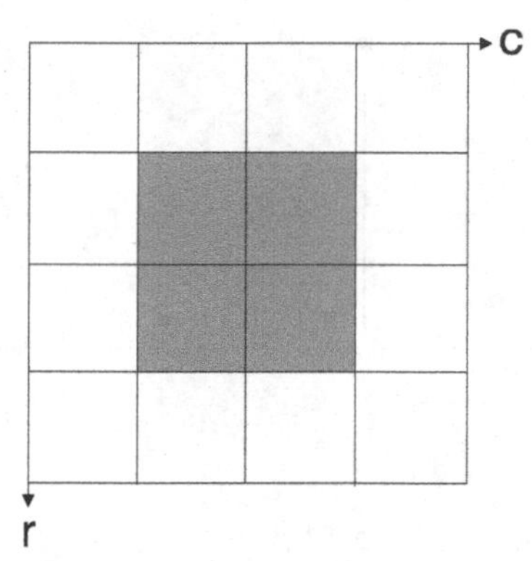

Abb. 1.7. Digitalisiertes Bild des Kreises aus Abb. 1.6 mit einer Auflösung von 4*4 Pixeln

Das vorhergehende Beispiel behandelte die Anordnung von Abtastwerten. Wie verhält es sich aber mit einem Abtastwert als solchen? Abbildung 1.8a zeigt einen Schnitt durch ein Bild, dessen Intensität sinusförmig variiert. Abbildung 1.8b zeigt 8 Abtastwerte an unterschiedlichen Positionen. Den Abtastwert über den Abstand zwischen 2 Abtastungen haltend, führt zu der üblichen „Kacheldarstellung", wie in Abb. 1.8c gezeigt.

Als weiterführende Literatur zum Thema „Digitale Bilder" seien folgende Bücher empfohlen: Ballard und Brown [1.5], Jähne [1.29], Jain [1.31], Netravali/Haskell [1.49], Schalkoff [1.61] und Zamperoni [1.74] behandeln das Thema digitaler Bilder sehr ausführlich. Die dort behandelten Details reichen von der Geometrie des einzelnen Pixels bis hin zu bildverfälschenden Moiré-Effekten.

1.3 Vorverarbeitung

In der Einleitung zu diesem Kapitel wurde als ein typisches Anwendungsziel der digitalen Bildverarbeitung, die Bildbearbeitung oder Bildvorverarbeitung genannt. Die entsprechenden Verfahren kann man grob in drei Bereiche teilen: *Geometrische Entzerrung*, *Bildverbesserung* und *Bildrestaurierung*. Ein typisches

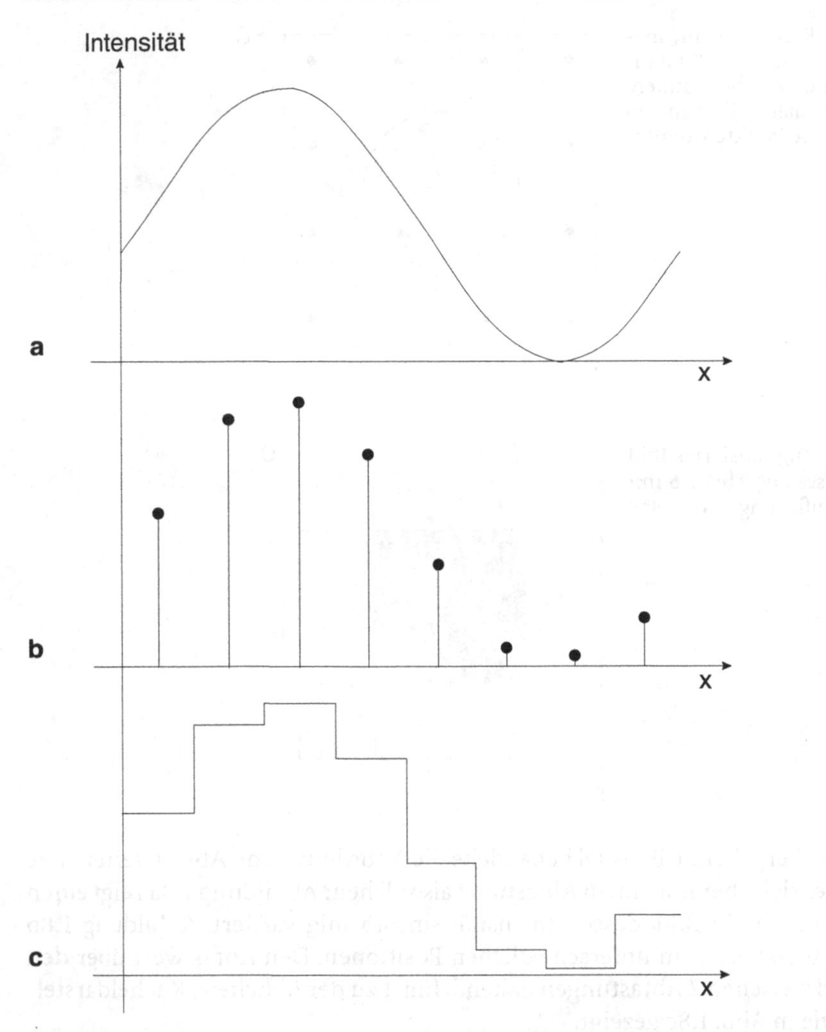

Abb. 1.8. Schnitt durch ein Bild, dessen Intensität sinusförmig variiert (a). b 8 unendlich schmale Abtastwerte an unterschiedlichen Positionen. Den Abtastwert über den Abstand zwischen zwei Abtastungen haltend, führt zur üblichen „Kacheldarstellung" (c).

Anwendungsgebiet der geometrischen Entzerrung ist die Kartografie, eine typische Aufgabe der Bildverbesserung die Kompensation von Kamera-Inhomogenitäten. Eine Bildrestaurierung ist z.B. notwendig, wenn Bilder über gestörte Kanäle übertragen werden. Am Ende der Vorverarbeitung steht wieder eine Bildmatrix zur Verfügung, die sich hinsichtlich der in ihr enthaltenen Datenmenge kaum von der ursprünglichen Bildmatrix unterscheidet. Die zur Vorverarbeitung notwendigen Operationen lassen sich grob in drei Klassen eingeteilen:

- Punktoperationen, bei denen der neue Grauwert eines Pixels nur vom alten Grauwert abhängt (z.B. Histogrammodifikation, Schwellenoperation, Kap. 4.)

- lokale Operationen, bei denen alle innerhalb eines Fensters um das aktuelle Bildelement liegenden Pixel zu dessen neuem Wert beitragen (z.B. Gradienten- und Glättungsoperationen, Kap. 5.) und
- globale Operationen, bei denen der neue Grauwert jedes Pixels von allen anderen Bildelementen abhängt (z.B. Fourier-Transformation, 6).

1.4 Segmentierung und Merkmalsextraktion

In der menschlichen Wahrnehmung bedeutet *Segmentierung* die Heraustrennung eines Objektes aus seinem Hintergrund. Dieser Vorgang ist nicht auf die visuelle Wahrnehmung beschränkt. Als Beispiel sei die „akustische Welt" eines Bahnhofs genannt. In dem Durcheinander verschiedenster Geräusche ist die Ansage einer Zugverspätung der typische Fall eines „Objektes". Sämtliche anderen Geräusche treten in den Hintergrund.

Das Objekt „Ansage" hat eine besondere *Bedeutung* für die meisten Bahnhofsgäste. Bedeutung und Segmentierung sind in vielen Fällen eng verbunden. Das problemlose Wiedererkennen eines guten Bekannten in einer belebten Fußgängerzone ist ein weiteres Beispiel hierfür.

Steht in dieser Fußgängerzone ein farblich auffälliges Plakat, so ist dieses mit Sicherheit für die Vorbeigehenden (wenn auch nur für kurze Zeit) ein Objekt, das aus dem Hintergrund der Menschenmasse heraussegmentiert wird. Diese Farbe mögen zwar einige Menschen mit einer besonderen Bedeutung verbinden, aber das Signal „Farbe" *an sich* ermöglicht bereits eine problemlose Segmentierung.

In der Praxis der technischen Bildauswertung steht die Segmentierung *ohne* Bedeutungszuweisung im Mittelpunkt. Gängige Segmentierungsverfahren beruhen auf Grauwertdifferenzen. Abbildung 1.9 zeigt die typischen Schritte einer konturorientierten Segmentierung und Merkmalsextraktion (vgl. Kap. 8). In Abb. 1.9b sind die Grauwerte des Ausschnittes aus Abb. 1.9a als Zahlen von 0 bis 9 dargestellt. Der erste Verfahrensschritt hebt die Grauwertdifferenzen hervor (Abb. 1.9c), die nachfolgende Aufbesserung säubert und verdünnt die Konturen. Das Konturbild liegt im Rechner aber nach wie vor in Form einer Matrix vor (Abb. 1.9d). Die Konturpunktverkettung fasst daher die jeweils zu einer Kette gehörenden Konturpunkte in einer Liste zusammen. Die Darstellung einer Kontur durch verkettete Konturpunkte birgt viel Redundanz. Eine Konturapproximation kann hier Abhilfe schaffen. Einfach handzuhaben ist z.B. die Approximation mit Geradenstücken (Abb. 1.9e). Auf der Basis dieser strukturellen Beschreibung der Kontur interpretieren Bildanalyseverfahren den Inhalt des Bildes. Typischerweise kommt hier die wissensbasierte Bildverarbeitung zur Anwendung (Abschn. 1.5.2, Kap. 13).

Die Bildanalyse im Sinne der Mustererkennung (Abschn. 1.5.1) nutzt weniger strukturelle Merkmale (Lage von Geradenstücken, Parallelität von Geradenstücken u.ä.), sondern eher numerische Merkmale. Als solche gelten z.B. Schwerpunkt und Umfang einer Bildregion.

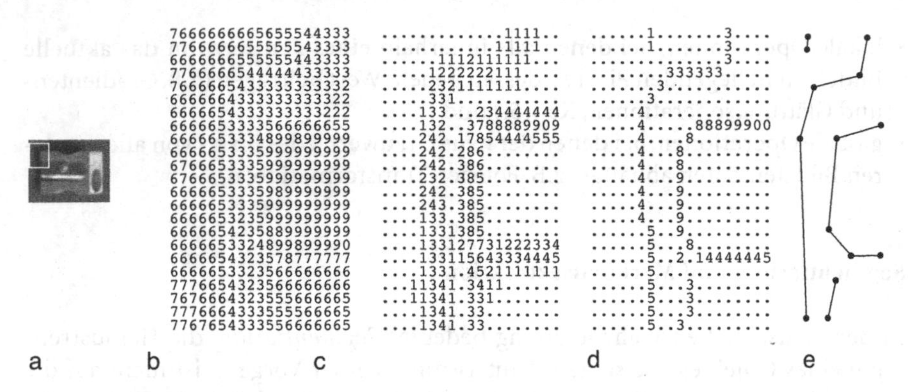

Abb. 1.9. Dies sind die typischen Schritte einer konturorientierten Segmentierung und Merkmalsextraktion. **b** Grauwerte des Ausschnittes aus (**a**) als Zahlen von 0 bis 9. Der erste Verfahrensschritt hebt die Grauwertdifferenzen hervor (**c**), die nachfolgende Aufbesserung säubert und verdünnt die Konturen (**d**). Darauf basierend fasst die Konturpunktverkettung die jeweils zu einer Kette gehörigen Konturpunkte in einer Liste zusammen (hier nicht explizit dargestellt). Im letzten Schritt nähert die Konturapproximation die Kontur durch Geradenstücken (**e**) an

1.5 Bildanalyse

1.5.1 Mustererkennung

Aufgabe der Mustererkennung ist es, die Objekte einer wie auch immer gearteten Welt in Kategorien zu ordnen. Nach der Gewinnung der die Objekte beschreibenden Rohdaten gilt es daraus die charakteristischen Merkmale der Objekte zu extrahieren. Auf dieser Basis teilt eine zuvor trainierte mustererkennende Instanz die Objekte in Klassen ein.

Angenommen – auch wenn es recht vieldeutig ist – die „Welt" sei ein Münzautomat, die Objekte dieser Welt also Münzen. Die Sensorik sei in der Lage, Gewicht, Durchmesser und Dicke einer Münze zu messen. Dieses sind also die Merkmale der Münzen. Sollen die Münzen nun sortiert werden, so müssen dem mustererkennenden System Informationen über die typischen Merkmale der zu sortierenden Münzen vorliegen. Es benötigt, bildlich gesprochen, Etiketten für die einzelnen Münzen.

Diese Etiketten kann sich das System selbst beschaffen, indem es einfach Objekte (z.B. Münzen) mit ähnlichen Merkmalen ein und derselben Klasse zuordnet. Man spricht hier auch von *unüberwachter* Klassifikation. Diese liefert allerdings keine Information über die Objekte bzw. Klassen selber. Es wird also einfach „zusammengepackt", was ähnlich ist. Diese Vorgehensweise ist für den Münzsortierer unbrauchbar. Im Gegensatz dazu werden *überwachte* Klassifikatoren auf Aussagen wie „dies ist eine 5 Euro Münze" trainiert. Solche Klassifikatoren arbeiten in zwei Stufen. In der Trainingsphase muss ein(e) LehrerIn dem System die typischen Vertreter (also z.B. ungefälschte Münzen ohne Beschädigung) einer Klasse zeigen. In der nachfolgenden Klassifikationsphase ordnet das System die vermessenen Objekte denjenigen Klassen zu, deren Prototypen sie am ähnlichsten sind. Dies ist die Basis für eine erfolgreiche Arbeit des Münzsortierers.

Der Erfolg der Mustererkennung basiert entscheidend auf der der Aufgabenstellung angemessenen Auswahl von Merkmalen. Die Wahl der eigentlichen Klassifikationsmethode steht hier an zweiter Stelle. So ist z.B. das Merkmal „Münztemperatur" für die Münzsortierung banalerweise völlig irrelevant. Aber Merkmale zu finden, die mit möglichst geringem Aufwand (!) eine sichere Trennung von guter Fälschung und Original ermöglichen, kann außerordentlich schwierig sein.

1.5.2 Wissensbasierte Bildverarbeitung

In der Mustererkennung beschäftigt man sich mit dem Erkennen von Objekten anhand typischer Merkmale. Diese typischen Merkmale versteht man als die Muster der Objekte. Ob die höhere Bildverarbeitung unter die Mustererkennung subsumiert wird oder nicht, hängt davon ab, wie weit man den Begriff der Mustererkennung fasst. Früher subsumierte man sie. Heute allerdings zählen zur Mustererkennung vor allem statistische Verfahren, so dass sich die wissensbasierte höhere Bildverarbeitung leicht von der Mustererkennung unterscheiden lässt.

Was ist höhere Bildverarbeitung?
Bei der höheren Bildverarbeitung wird der Schritt gewagt, aufbauend auf Merkmalen eines Bildes, Objekte zu erkennen und weitergehend Szenen zu interpretieren. Anders formuliert: Aus dem Bild wird Bedeutung extrahiert, es wird semantisch interpretiert. Manche Gruppen von WissenschaftlerInnen bezeichnen diese Aufgabenstellung als höhere Bildverarbeitung – im Gegensatz zur niederen –, andere bezeichnen es als Bildverstehen und wieder andere vertreten eine spezielle Richtung, die als wissensbasierte Bildverarbeitung bezeichnet wird und als ein Gebiet der künstlichen Intelligenz gilt.

Wissensbasierte versus merkmalsbasierte Bildanalyse
Die Idee bei der wissensbasierten Bildverarbeitung ist, dass die Hinzunahme von Vorwissen bei der Interpretation der Bilder die Fülle der möglichen Interpretationen sinnvoll reduziert und somit das Bildverstehen vereinfacht. Die Verfahren, mittels derer Wissen für derartige Interpretationen erfasst und genutzt werden kann, sind vielfältig. Man muss generell unterscheiden, ob das Wissen implizit oder explizit formalisiert wird. Es wird implizit formalisiert, wenn man bei der Kodierung der Algorithmen das Wissen über z.B. eine spezielle Aufgabe fest verdrahtet. Man formalisiert Wissen explizit dadurch, dass man es getrennt von den Algorithmen erfasst. In der Historie der Bildverarbeitung fanden wissensbasierte Bildverarbeitungssysteme erst Platz, als die Kapazität des Hauptspeichers stieg. Eines der ersten wissensbasierten Systeme, ACRONYM [1.11], war

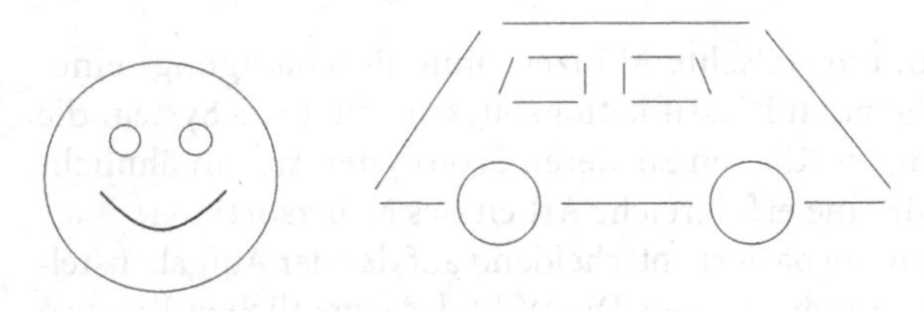

Abb. 1.10. Diese Strichzeichnungen verdeutlichen den Unterschied zwischen einer rein merkmalsbasierten Bildbeschreibung und einer auf Objekten basierenden. Das Ergebnis einer merkmalsbasierten Beschreibung der Strichzeichnungen lautet: 15 Linien, 5 Kreise und deren geometrische Relationen zueinander. Eine objektbasierte Beschreibungen lautet: Ein Gesicht und ein Auto

konzipiert, um 3-D- Modelle von Objekten in Bildern wieder zu erkennen. Der Ansatz wurde am Beispiel von Flughafenszenen getestet.

Den Unterschied zwischen einer rein merkmalsbasierten Bildbeschreibung und einer auf Objekten basierenden Bildverarbeitung verdeutlicht Abb. 1.10. Das Ergebnis einer merkmalsbasierten Beschreibung der Strichzeichnungen lautet: 15 Linien, 5 Kreise und deren geometrische Relationen zueinander. Eine objektbasierte Beschreibungen lautet: Ein Gesicht und ein Auto.

Objektbasierte versus szenenbasierte Bildanalyse
Somit ist der Unterschied zwischen merkmalsbasierter und objektbasierter Beschreibung deutlich. Aber was ist der Unterschied zwischen einer Beschreibung auf Objekt- und einer auf Szenen-Niveau? Ein Beispiel ([1.13], S. 70) verdeutlicht den prinzipiellen Unterschied:

- Es sind zwei Autos zu sehen, die sich mit den Kühlerhauben berühren. Daneben liegen kleine Glassplitter. Ein Polizist hält ein Notizbuch und einen Bleistift in einer Hand. Zwei Personen stehen neben dem Polizisten und bewegen schnell die Arme und Münder.
- Das Bild zeigt einen Verkehrsunfall, bei dem zwei Wagen frontal zusammengestossen sind. Die beiden Fahrer reden aufgeregt auf einen Polizisten ein, der den Unfall protokolliert.

Der erste Text basiert ausschließlich auf der Klassifikation der Objekte. Dieser Prozess ist meist nicht ohne wissensbasierte Verfahren möglich. In dem Bild wurden z.B. bereits drei Personen erkannt. Eine davon ist grün bekleidet. Allein aus dieser Tatsache kann man nicht auf die Funktion der Person schliessen. Es könnte auch einfach eine grün angezogenen Person sein. Selbst wenn man erkannt hat, dass es sich um keine zufällig grüne Bekleidung, sondern um eine Uniform handelt, ergeben sich mindestens zwei Möglichkeiten: Polizist und Jäger. Erst auf Grund des Wissen um den Ort, an dem das Bild aufgenommen wurde, in der Stadt, kann mit hoher Wahrscheinlichkeit auf einen Polizisten geschlossen werden.

Um die Szenenbeschreibung des zweiten Textes erzeugen zu können, muss zum Objektwissen noch Wissen über typische Handlungsabläufe in bestimmten Kontexten zur Verfügung stehen – hier zu Unfallszenen.

Die Aufgabe, Objekte zu erkennen, stellt sich häufig bei der Steuerung von Robotern. Hier wird die Objekterkennung auf ganz unterschiedlichen Niveaus benötigt. Es gibt zwei grundlegende Aufgabentypen für Roboter: Navigieren und Greifen. In Abhängigkeit von diesen unterschiedlichen Aufgaben gestaltet sich auch die Bildverarbeitung: Beim Navigieren muss nur erkannt werden, dass da ein Objekt ist, das umfahren werden muss. Beim Greifen muss nicht nur erkannt werden, dass da ein Objekt ist, sondern auch welches.

Auf dieser Grundlage kann man die Begriffe von Szene und Szenenrekonstruktion einführen:

Szene: Bei einer Szene handelt es sich um ein Abbild eines Ausschnittes der sichtbaren Welt in Abhängigkeit der gewählten bildgebenden Verfahren. Der Unterschied zum Bild liegt darin, dass die Abbildung durch die Erfassung räumlicher Dimensionen dreidimensional ist oder, wenn die Zeit hinzu kommt, vierdimensional.

Rekonstruktion einer Szene: Bei der Rekonstruktion einer Szene steht die Rekonstruktion der Geometrie der Szene im Vordergrund. Es müssen geometrische und zeitliche Informationen über die Szenen erschlossen werden. Dazu gehört die relative räumliche Lage der Objekte, der räumliche Verlauf von Oberflächen mit deren fotometrischen Eigenschaften, Bewegungsabläufe und zudem auch zeitliche Veränderung der Objekte.

Eine umfassende, prototypische Architektur eines Bildverarbeitungssystems
Fasst man die bisherigen Ausführungen in Form einer Architektur eines Bildverarbeitungssystems zusammen, ergibt sich der in Abb. 1.11 gezeigte Ablauf. Das Vorwissen ist in den Wissensbasen zur Objekt- und zur Szenenerkennung gespeichert. Es ist natürlich unmöglich, ein Objekt und eine Szene in *allen* Fassetten zu erfassen, sondern die Wissensbasen können nur Modelle der Objekte und Szenen enthalten. Ein Modell bezeichnet in diesem Kontext eine angemessene, abstrahierte Darstellung eines Abbilds eines Objekts oder einer Szene.

Wissenserwerb für Bildverarbeitungssysteme
Wie kommt ein Bildverarbeitungssystem zu dem Wissen, das die Verarbeitung von Szenen unterstützt? Diese Erfassung von Wissen wird in der Künstlichen Intelligenz auch als Wissensakquisition bezeichnet. Es gibt zwei prinzipielle Lösungen:

- Das notwendige Wissen wird von Experten formuliert und in einem, für das Bildverarbeitungssystem gut zu nutzenden Formalismus festgehalten. Man spricht von der Formalisierung oder der Modellierung des aufgabenrelevanten Wissens.
- Das Bildverarbeitungssystem lernt selbstständig aus einer Menge von aufgabenrelevanten Beispielen. Hiermit ist man mitten in einem weiteren Gebiet der Künstlichen Intelligenz – in dem Gebiet des Maschinellen Lernens. In diesem Buch werden in Kap. 13 zwei sehr grundlegende Verfahren des maschinellen

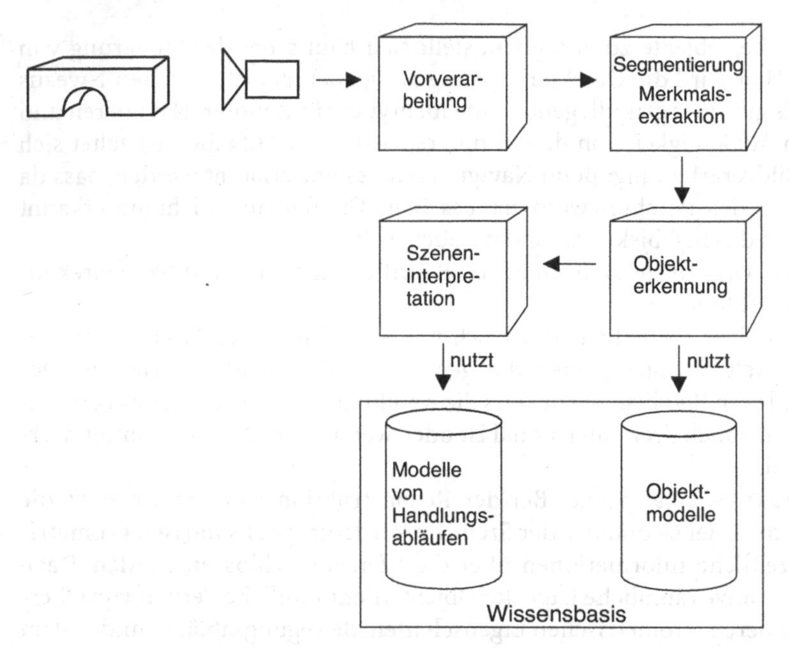

Abb. 1.11. Prototypische Architektur eines wissensbasierten Bildverarbeitungssystems. Das Vorwissen ist in den Wissensbasen zur Objekt- und zur Szenenerkennung gespeichert. Es ist natürlich unmöglich, ein Objekt und eine Szene in allen Fassetten zu erfassen, sondern die Wissensbasen können nur Modelle der Objekte und Szenen enthalten. Ein Modell bezeichnet in diesem Kontext eine angemessene, abstrahierte Darstellung eines Abbildes eines Objektes oder einer Szene

Lernens angesprochen. Bei weitergehendem Interesse sei auf die Einführung ins maschinelle Lernen von Morik [1.45] hingewiesen.

Der Übergang zwischen diesen Ansätzen ist natürlich – wieder – fliessend.

Verarbeitungsstrategien: Datengetrieben versus modellgetrieben
Auf der Grundlage der Architektur eines prototypischen Bildverarbeitungssystems bietet es sich an, kurz die möglichen Verarbeitungsstrategien zu erläutern. Generell unterscheidet man für die höhere Bildverarbeitung eine datengetriebene (bottum up) versus eine modellgetriebene (top down) Verarbeitung.

Ein datengetriebener bzw. bottum up Ansatz geht von den erkannten Merkmalen eines Bildes aus und versucht diese mit den Modellen in der Wissenbasis zu matchen. Als Ergebnis resultiert eine Menge von Objekten, die ein Bild bzw. eine Szene beschreiben. Bei einer modellgetriebenen oder top down Verarbeitung geht man den umgekehrten Weg: Ausgehend von der Menge der bekannten Objekte wird versucht, diese mit den Merkmalen, die für die Bilder extrahiert wurden, abzugleichen.

Am vielversprechensten ist ein kombinierter, ein erwartungsbasierter Ansatz: Zuerst wird ausgehend von der Menge der extrahierten Merkmale eine Reihe von potenziellen Objekten in der Wissensbasis detektiert. Diese stellen dann die Menge der möglichen Objekte dar, die so genannte Hypothesenmenge. Nun wechselt man vom datengetriebenen zum modellgetriebenen Ansatz. Auf Grund der Wissensbasis ist bekannt, welche Merkmale und deren Relationen vorliegen müssen, damit man ein bestimmtes Objekt detektieren kann. Für die Objekte, die in der Menge der hypothetisierten Objekte enthalten sind, wurden bis zu diesem Zeitpunkt aus Effizienzgründen erst einige und nicht alle Merkmale überprüft. Für jeweils ein Objekt der Hypothesenmenge werden nun die bislang noch nicht überprüften Merkmale mit der extrahierten Merkmalsmenge abgeglichen. Auf Grund der hypothetisierten Objekten verfügt man über einen Erwartungswert, der besagt, welche Merkmale in der Menge der extrahierten Merkmale noch gefunden werden müssen, bevor man davon ausgehen kann, dass man ein Objekt, basierend auf seinem Modell in der Wissensbasis, im Bild detektiert hat. Die gezielte Merkmalssuche für die Erkennung von Objekten auf Grund des Erwartungswertes stellt den maßgeblichen Vorteil eines kombinierten Verfahrens dar. Ein ausführliches Beispiel dazu wird bei den graphbasierten Objekterkennungsansätzen in Kap. 13 vorgestellt.

Die Lösung aller Bildverarbeitungsaufgaben: Einbeziehung von aufgabenspezifischem Wissen?
Kann man durch Einbeziehung von aufgabenspezifischem Wissen alle Bildverarbeitungsaufgaben lösen? Diese Frage ist nach dem aktuellen Stand der Forschung mit einem klaren „Nein“ zu beantworten. An dieser Stelle sei auf ein prinzipielles Problem hingewiesen, auf das so genannte Frame-Problem. Wenn man aufgabenspezifisches Wissen formalisieren und für die Bildverarbeitung nutzen möchte, geht man von einem vorgegebenen situativen Rahmen für eine Szene aus. Somit ist es weitgehend möglich, die Konsequenzen eines Ereignisses abzuschätzen. Wenn ein Bildverarbeitungssystem z.B. verschiedene statische Objekte in einer Kiste erkennen soll, damit ein Roboterarm jeweils eines der oberen Objekte greifen und wegnehmen kann, verfügt das System über eine Reihe von 3-D-Modellen, um die Objekte in ihren unterschiedlichen Lagen voneinander unterscheiden und richtig klassifizieren zu können. Nun kann es passieren, dass etwas außerhalb des formalisierten situativen Rahmens eintritt. Aus irgendwelchen Gründen ist in diesem Beispiel eine dicke Raupe in die Kiste geraten, krabbelt darin herum, und das Bildverarbeitungssystem klassifiziert die Raupe mal als Schraube oder mal als Ring, gerade in Abhängigkeit davon, wie sich die Raupe krümmt. Dies ist ein Beispiel für das Frame-Problem: Ein wissensbasiertes System kann nur dann wesentliche Vorteile für die Verarbeitung von Bildern und Bildfolgen bieten, wenn die Szene, die analysiert werden soll, auch innerhalb der Situationen liegt, zu denen Wissen formalisiert worden ist.

Es liegt auf der Hand, dass sich das Frame-Problem nicht wegdiskutieren lässt. Man kann aber – durch eine kluge Auswahl des für die Lösung einer Aufgabenstellung notwendigen Wissens – die Klippen dieses prinzipiellen Problems in der Praxis umschiffen. Für das Roboterarm-Beispiel könnte dies heissen, dass Bereiche, die immer wieder unterschiedlich klassifiziert werden, ohne dass eine physikalische Manipulation der Szene erfolgte, einen Alarm auslösen, und somit ein Mensch zur Überprüfung der Gegebenheiten angefordert wird.

Kognitionswissenschaftliche versus ingenieurwissenschaftliche Bildverarbeitung
Wie geht man an die Aufgabenstellungen der höheren Bildverarbeitung heran? Man kann zwei grundsätzlich verschiedene Herangehensweisen unterschieden, wobei zwischen ihnen der Übergang fliessend ist: Auf der einen Seite die kognitionswissenschaftliche Richtung und auf der anderen die ingenieurwissenschaftliche.

Bei der kognitionswissenschaftlichen Herangehensweise ist der Mensch mit seinem sehr leistungsfähigen, universellen, robusten und flexiblen Sehsystem das Vorbild. Ziel der kognitionswissenschaftlichen Forschung ist es, das menschliche Sehsystem nicht nur in seiner Funktionalität in Teilen annähernd nachzubauen, sondern auch die zu Grunde liegenden Algorithmen des Bildverarbeitungssystems denen des Menschen möglichst nahe kommen zu lassen.

Im Gegensatz zu diesem Ansatz wird die ingenieurwissenschaftliche Vorgehensweise von der zu lösenden konkreten Aufgabenstellung getrieben. Diese gibt die geforderte aufgabenangepasste Funktionalität und den Rahmen für die benötigte Performanz vor.

Nach Jahren hitziger Streitigkeiten, welcher der Ansätze der Richtige sei, sollte man diese Diskussion eher undogmatisch sehen und in Abhängigkeit der Fragestellung dem jeweils angemesseneren Ansatz seine Berechtigung einräumen.

Dieses Buch konzentriert sich auf die ingenieurwissenschaftliche Sicht der Bildverarbeitung. Für eine weitergehende kognitionswissenschaftliche Beschäftigung sei auf die erste umfassende kognitionswissenschaftliche Darstellung von Marr [1.42] hingewiesen – die trotz ihres Alters immer noch spannend und in ihren Fragestellungen aktuell ist – und auf die Ausführungen von Dreschler-Fischer [1.12].

1.6 Hinweise zu den Beispielprogrammen

Viele der nachfolgenden Kapitel enthalten einen Abschnitt mit Beispielprogrammen. Hierzu gilt es Folgendes zu beachten:

- Die dargestellten Prozeduren sind auf die Zwecke der Wissensvermittlung zugeschnitten. Sie können zwar als Kern von Anwendungen dienen, müssen allerdings gut „verpackt“ werden. Diese Verpackung stellt gewöhnlich den eigentlichen Aufwand dar. Die Verwendung der Prozeduren liegt ausschließlich in der Verantwortung der Nutzerin oder des Nutzers.
- Das in Abb. 1.12 gezeigte Beispiel enthält Funktionsprototypen. Im weiteren sind Letztere aus Gründen der Übersichtlichkeit nicht aufgeführt.
- In Anhang A sind häufiger verwendete „Hilfprozeduren“ sowie spezielle Datentypen definiert.

```
#define  INFILE    "c:\\image\\in.128"
#define  OUTFILE   "c:\\image\\out.128"
#define  IMSIZE    128

void ** ImAlloc (int,int,int);
void ImFree (void **, int);
void GetImage (int, char[], BYTE **);
void ProcessImage (int, BYTE **, BYTE **);
void ShowImage (int, BYTE **);
void PutImage (int, char[], BYTE **);

/***********************  MAIN  ****************************/
void main (void)
{
   BYTE ** InIm;
   BYTE ** OutIm;

   InIm  = ImAlloc (IMSIZE, IMSIZE, sizeof(BYTE));
   OutIm = ImAlloc (IMSIZE, IMSIZE, sizeof(BYTE));

   GetImage     (IMSIZE, INFILE, InIm);
   ProcessImage (IMSIZE, InIm, OutIm);
   ShowImage    (IMSIZE, OutIm);
   PutImage     (IMSIZE, OUTFILE, OutIm);

   ImFree (InIm, IMSIZE);
   ImFree (OutIm, IMSIZE);
}

/********************* ProcessImage *************************/
void ProcessImage (ImSize, InIm, OutIm)
int  ImSize;
BYTE ** InIm;
BYTE ** OutIm;
{
   int   r,c;

   for (r=0; r<ImSize; r++)
      for (c=0; c<ImSize; c++)
         OutIm [r][c] = 0;

   for (r=0; r<ImSize; r++)
      for (c=0; c<ImSize; c++)
         OutIm [r][c] = InIm [r][c] / 2;
}
```

Abb. 1.12. Rahmen eines einfachen, bildverarbeitenden Programmes. Die Prozeduren `ImAlloc`, `ImFree` sowie der Datentyp `BYTE` sind in Anhang A definiert. Die Realisierung der Prozeduren `GetImage`, `ShowImage` und `PutImage` sind abhängig von dem jeweils verwendeten Rechner

- Die Beispielprozeduren sind unabhängig von irgendeiner Hardware oder einem Betriebssystem.

Da die Entwicklung von Bildverarbeitungsverfahren zumeist in einer Hochsprache erfolgt, stellt sich die Frage nach der Repräsentation eines digitalen Bildes in einer solchen Entwicklungsumgebung. Abbildung 1.12 zeigt den Rahmen eines einfachen, bildverarbeitenden C-Programms. Dabei sei der Einfachheit halber ein Eingabebild `INFILE` sowie ein Ausgabebild `OUTFILE` fest definiert. Sie sind außerdem quadratisch mit vordefinierter Größe `IMSIZE`. Das Hauptprogramm `main` besteht lediglich aus einer Sequenz von Unterprogrammen. Die Prozeduren `ImAlloc` und `ImFree` dienen der Speicherverwaltung für die Bilder. Sie sind in Anhang A näher erklärt. `GetImage`, `PutImage` und `ShowImage` dienen dem Lesen (von der Platte), dem Schreiben (auf die Platte) und der Anzeige eines Bildes. Die Gestaltung dieser Prozeduren ist abhängig von dem jeweils verwendeten Rechner und daher hier nicht näher erläutert.

`ProcessImage` soll im Wesentlichen die grundlegendsten Elemente einer bildverarbeitenden Prozedur aufzeigen. Sie beginnen mit der Initialisierung des Ausgabebildes `OutImage`, was im vorliegenden Fall auf Grund der nachfolgenden Operation eigentlich nicht notwendig wäre. Es ist aber sicherlich eine gute Angewohnheit, grundsätzlich zu initialisieren. Die nachfolgende Operation vermindert den Grauwert sämtlicher Pixel um 50%. Da es sich hierbei um eine Pixeloperation handelt, könnte auf die Trennung von Ein- und Ausgabebild verzichtet werden (vgl. Kap. 5). Abgesehen von wenigen Ausnahmen ist die Trennung aber notwendig, da die Resultate einer bildverarbeitenden Prozedur nicht ohne weiteres in das Eingabebild zurückgeschrieben werden dürfen, ohne Gefahr zu laufen, noch benötigte Eingabedaten zu überschreiben. Überraschenderweise begehen – trotz vorheriger Warnung – viele Anfänger (das Wort „Anfänger“ ist bei den Autoren positiv besetzt – sichern sie doch deren Unterhalt) in der Bildverarbeitung diesen Fehler. Ein nahe liegender Grund hierfür mag die menschliche Erfahrung der „Bildverarbeitung“ mit Bleistift und Radiergummi sein. Diese erfolgt schließlich in ein und demselben Bild.

1.7 Aufgaben

1.1:

Ein Satellitenbild mit 512*512 Pixeln zeigt ein Areal von 10*10 km. Wie groß ist die durch ein Pixel repräsentierte Fläche?

1.2:

Ein typische Übertragungsrate serieller Verbindungen beträgt 9600 Baud. Wie lange dauert darüber der Transfer eines Bildes von 512*512 Pixeln mit 256 Grauwerten?

1.3:

Angenommen, ein Farbbild besteht aus 1280*1024 Pixeln mit 24 Bit/Pixel. Nehmen wir weiter einen Datenstrom von 25 dieser Bilder pro Sekunde an. Welche Baudrate wäre nötig, um diesen Datenstrom unkomprimiert über eine serielle Verbindung zu transportieren?

1.4:
Abbildung 1.6 und Abb. 1.7 zeigen ein Beispiel für die Anwendung eines 4*4 Abtastgitters auf ein „analoges" Bild. Wie würde die Abtastung mit einem 8*8 und einem 16*16 Gitter aussehen?

1.5:
Im Gegensatz zu dem in Aufgabe 1.4 verwendeten Vollkreis, soll nun eine feinere Struktur digitalisiert werden. Abbildung 1.13 zeigt zwei Ringe. Digitalisiere diese Bilder auf der Basis eines 8*8 Abtastgitters.

1.6:
Abbildung 1.14 zeigt einen Schnitt durch ein Bild, dessen Intensität sich sinusförmig ändert. Wende auf dieses Beispiel die in Abb. 1.8 gezeigte Quantisierung an.

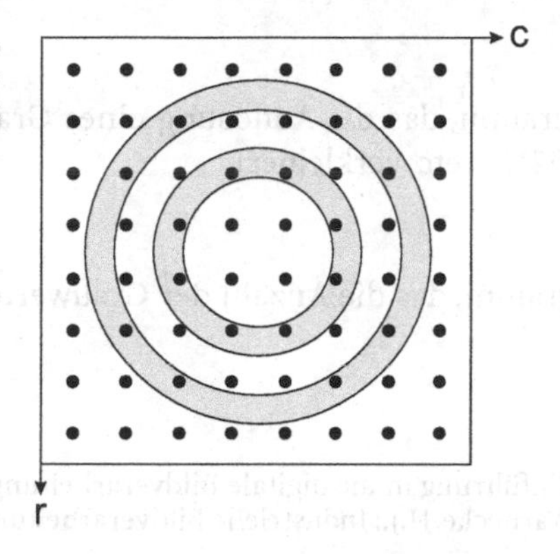

Abb. 1.13. Was geschieht, wenn eine Struktur digitalisiert wird, die feiner als das Abtastgitter ist?

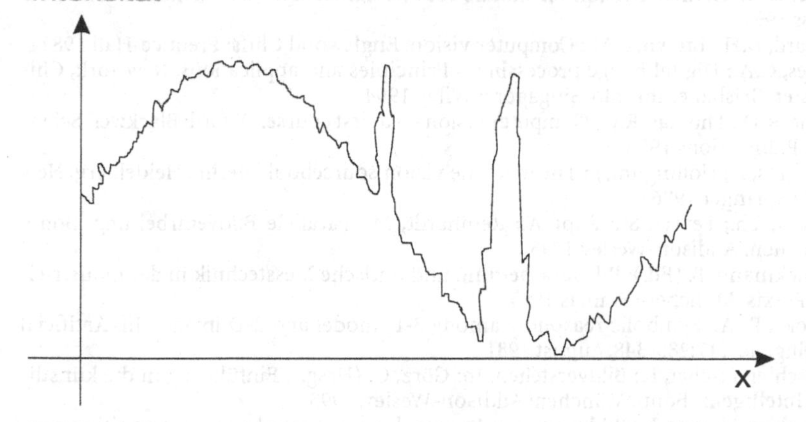

Abb. 1.14. Schnitt durch ein Bild, dessen Intensität sinusförmig mit überlagertem Rauschen variiert

1.7:
Implementiere das in Abb. 1.12 gezeigte Programm. Teste es mit Beispielbildern aus dem AdOculos-Verzeichnis BILDER. Nutze AdOculos zur Visualisierung der Ergebnisse.

1.8:
Schreibe ein Programm, das ein 8-Bit-Grauwertbild in ein Binärbild wandelt und in eine Datei ausgibt. Minimiere die Dateigröße durch die Zusammenfassung von 8 Pixeln in einem Byte.

1.9:
Erfinde ein Programm, das Binärbilder (wie die in Aufgabe 1.8 erzeugten) komprimiert, ohne sie zu zerstören. Schreibe ein zweites Programm, dass die komprimierten Bilder wieder dekomprimiert.

1.10:
Schreibe ein Programm, das die Auflösung eines Grauwertbildes mit 128*128 Pixeln auf 64*64, 32*32, etc. verkleinert.

1.11:
Schreibe ein Programm, das die Anzahl der Grauwerte von 256 auf 128, 64, etc. verkleinert.

Literatur

1.1 Abmayr, W.: Einführung in die digitale Bildverarbeitung. Stuttgart: Teubner 2002

1.2 Ahlers, R.-J.; Warnecke, H.J.: Industrielle Bildverarbeitung. Bonn, München: Addison-Wesley 1991

1.3 Awcock, G.J.; Thomas, R.: Applied image processing. Houndmills, London: MacMillan 1995

1.4 Ayache, N.: Artificial vision for mobile robots. Cambridge, Massachusetts: The MIT Press 1991

1.5 Ballard, D.H.; Brown, C.M.: Computer vision. Englewood Cliffs: Prentice-Hall 1982

1.6 Baxes, G.A.: Digital image processing – Principles and applications. New York, Chichester, Brisbane, Toronto, Singapore: Wiley 1994

1.7 Boyle, R.D.; Thomas, R.C.: Computer vision — a first course. Oxford: Blackwell Scientific Publications 1988

1.8 Braggins, D; Hollingum, J.: The machine vision sourcebook. Berlin, Heidelberg, New York: Springer 1986

1.9 Bräunl, Th.; Feyrer, St.; Rapf W.; Reinhardt, M.: Parallele Bildverarbeitung. Bonn, München: Addison-Wesley 1995

1.10 Breuckmann, B. (Ed.): Bildverarbeitung und optische Messtechnik in der industriellen Praxis. München: Franzis 1993

1.11 Brooks, R. A.: Symbolic reasoning among 3-D model and 2-D images. In: Artificial Intelligence. 17:285-348, August 1981

1.12 Dreschler-Fischer, L.: Bildverstehen. In: Görz, G. (Hrsg.): Einführung in die künstliche Intelligenz. Bonn, München: Addison-Wesley, 1993

1.13 Dreschler-Fischer, L.: Bildverstehen. In.: Strube, G.: Wörterbuch der Kognitionswissenschaft. Klett-Cotta 1996

1.14 Ernst, H.E.: Einführung in die digitale Bildverarbeitung. München: Franzis 1991

1.15 Freeman, H.: Machine vision — algorithms, architectures and systems. New York: Academic Press 1988
1.16 Freeman, H.: Machine vision for inspection and measurement. New York: Academic Press 1989
1.17 Fritzsch, K.: Maschinelles Sehen. Akademie Verlag 1991
1.18 Galbiati, L.J.: Machine vision and digital image processing fundamentals. Englewood Cliffs: Prentice-Hall 1997
1.19 Gasvik, K.J.: Optical metrology. Chichester, New York, Brisbane, Toronto, Singapore: Wiley 2002
1.20 Gonzalez, R.C.; Wintz, P.: Digital image processing, 2nd ed. Reading MA, London: Addison-Wesley 1987
1.21 Gonzalez, R.C.; Woods, R.E.: Digital image processing. Reading MA: Addison-Wesley 2002
1.22 Grimson W.E.L.: Object recognition by computer: The role of geometric constraints. Cambridge, Massachusetts: The MIT Press 1990
1.23 Gross, M.: Visual computing. Berlin, Heidelberg, New York, London, Paris, Tokyo: Springer 1994
1.24 Haberäcker, P.: Praxis der Digitalen Bildverarbeitung und Mustererkennung. München, Wien: Hanser 1995
1.25 Hall, E.L.: Computer image processing and recognition. New York: Academic Press 1979
1.26 Haralick, R.M.; Shapiro, L.G.: Computer and robot vision, Vol. 1 & 2. Reading MA: Addison-Wesley 1992
1.27 Horn, B.K.P.: Robot vision. Cambridge, London: MIT Press 1986
1.28 Iwainsky, A.; Wilhelmi, W.: Lexikon der Computergrafik und Bildverarbeitung. Braunschweig, Wiesbaden: Vieweg 1994
1.29 Jähne, B.: Digitale Bildverarbeitung. Berlin, Heidelberg, New York: Springer 2001
1.30 Jähne, B.; Massen, R.; Nickolay, B.; Scharfenberg, H.: Technische Bildverarbeitung – Maschinelles Sehen. Berlin, Heidelberg, New York: Springer 1996
1.31 Jain, A.K.: Fundamentals of digital image processing. Englewood Cliffs: Prentice-Hall 1989
1.32 Jain, R.; Kasturi, R.; Schunck, B.G.: Machine vision. New York: McGraw-Hill 1995
1.33 Jiang, X.; Bunke, H.: Dreidimensionales Computersehen – Gewinnung und Analyse von Tiefenbildern. Berlin, Heidelberg, New York: Springer 1997
1.34 Karu, Z.Z.: Signals and systems – Made ridiculously simple. Cambridge MA: ZiZi Press 1995
1.35 Klette, R.; Zamperoni, P.: Handbuch der Operatoren für die Bildverarbeitung. Braunschweig, Wiesbaden: Vieweg 1992
1.36 Klette, R.; Koschan, A.; Schlüns, K.: Computer Vision – Räumliche Information aus digitalen Bildern. Braunschweig, Wiesbaden: Vieweg 1998
1.37 Kulkarni, A.D.: Artificial neural networks for image understanding. New York: Van Nostrand Reinhold 1994
1.38 Levine, M.D.: Vision in man and machine. London: McGraw-Hill 1985
1.39 Liedtke, C.-E.; Ender, M.: Wissensbasierte Bildverarbeitung. Berlin, Heidelberg, New York: Springer 1989.
1.40 Low, A.: Introductory computer vision and image processing. London: McGraw-Hill 1991
1.41 Marion, A.: An introduction to image processing. London: Chapman and Hall 1991
1.42 Marr, D.: Vision. New York: W.H. Freemann and Company 1982
1.43 Marshall, A.D.; Martin, R.R.: Computer vision, models and inspection. Singapore, New Jersey, London, Hong Kong: World Scientific 1992
1.44 Meyer, J.A.; Wilson, S.W. (eds.): From animals to animates. Cambridge, Mass.: MIT-Press 1991
1.45 Morik, K.: Maschinelles Lernen. In: Görz, G. (Hrsg.): Einführung in die künstliche Intelligenz. Bonn, München: Addison-Wesley, 1993
1.46 Morrision, M.: The magic of image processing. Carmel: Sams Publishing 1993
1.47 Myler, H.R.; Weeks, A.R.: The pocket handbook of image processing algorithms in C. Englewood Cliffs: Prentice-Hall 1993
1.48 Nalwa, V.S.: A guided tour of computer vision. Reading MA: Addison-Wesley 1993

1.49 Netravali, A.N.; Haskell, B.G.: Digital pictures. New York, London: Plenum Press 1988
1.50 Niblack, W.: An introduction to digital image processing. Englewood Cliffs: Prentice-Hall 1986
1.51 Oppenheim, A.V. and Willsky, A.S.: Signals and systems. Englewood Cliffs: Prentice-Hall 1996
1.52 Parker, J.R.: Algorithms for image processing and computer vision. New York, Chichester, Brisbane, Toronto, Singapore: Wiley 1997
1.53 Paulus, W.R.: Objektorientierte und wissensbasierte Bildverarbeitung. Brauschweig, Wiesbaden: Vieweg 1992
1.54 Pavlidis, Th.: Graphics and image processing. Rockville: Computer Science Press 1982
1.55 Phillips; D.: Image processing in C – Analyzing and enhancing digital images. Lawrence KA: R & D Publications 1997
1.56 Pinz, A.: Bildverstehen. Wien, New York: Springer 1994
1.57 Pugh, A. (Ed.): Robot vision. Berlin, Heidelberg, New York: Springer 1984
1.58 Radig, B. (Hrsg.): Verarbeiten und Verstehen von Bildern. München, Wien: Oldenbourg 1993
1.59 Rosenfeld, A.; Kak, A.C.: Digital picture processing, Vol.1 & 2. New York: Academic Press 1982
1.60 Russ, J.C.: The image processing handbook. Boca Raton, Ann Arbor, London, Tokyo: CRC Press 2002
1.61 Schalkoff, R.J.: Digital image processing and computer vision. New York, Chichester, Brisbane, Toronto, Singapore: Wiley 1989
1.62 Schmid, R.: Industrielle Bildverarbeitung – Vom visuellen Empfinden zur Problemlösung. Braunschweig, Wiesbaden: Vieweg 1995
1.63 Shirai, Y.: Three-dimensional computer vision. Berlin, Heidelberg, New York: Springer 1987
1.64 Steinbrecher, R.: Bildverarbeitung in der Praxis. München, Wien: Oldenbourg 1993
1.65 Sonka, M.; Hlavac, V.; Boyle, R.: Image processing, analysis and machine vision. London, Glasgow, Weinheim, New York, Tokyo, Melbourne, Madras: Chapman & Hall 1993
1.66 Torras, C. (Ed.): Computer vision: Theory and industrial application. Berlin, Heidelberg, New York: Springer 1992.
1.67 Vernon, D.: Machine vision – Automated visual inspection and robot vision. New York, London, Toronto: Prentice-Hall 1991
1.68 Voss, K.; Süße, H.: Praktische Bildverarbeitung. München, Wien: Hanser 1991
1.69 Wahl, F.M.: Digitale Bildsignalverarbeitung. Berlin, Heidelberg, New York: Springer 1989
1.70 Weeks, A.R.: Fundamentals of electronic image processing. Bellingham WA: SPIE Press 1996
1.71 Winkler, G.: Industrielle Anwendung der digitalen Bildauswertung. Informatik Spektrum 8 (1985) 215-224
1.72 Wolberg, G.: Digital image warping. Los Alamitos CA: IEEE Computer Society Press 1990
1.73 Young, T.Y.; Fu, K.S. (Eds.): Handbook of pattern recognition and image processing. New York: Academic Press 1986
1.74 Zamperoni, P.: Methoden der digitalen Bildsignalverarbeitung. Braunschweig, Wiesbaden: Vieweg 1991
1.75 Zimmer, W.D.; Bonz, E.: Objektorientierte Bildverarbeitung – Datenstrukturen und Anwendungen in C^{++}. München, Wien: Carl Hanser 1996
1.76 Zuech, N.; Miller, R.K.: Machine vision. Englewood Cliffs: Prentice-Hall 1989

2 Die grundlegenden Komponenten von Bildverarbeitungssystemen

Abbildung 2.1 zeigt die typischen Komponenten eines Bildverarbeitungssystems. Die Reflektionen [2.7] eines angestrahlten Werkstücks gelangen durch ein Objektiv auf den CCD-Chip (Charge Coupled Device) der Kamera. Der CCD-Chip ist eine 2-dimensionale Matrix aus lichtempfindlichen Elementen (die Pixel; vgl.

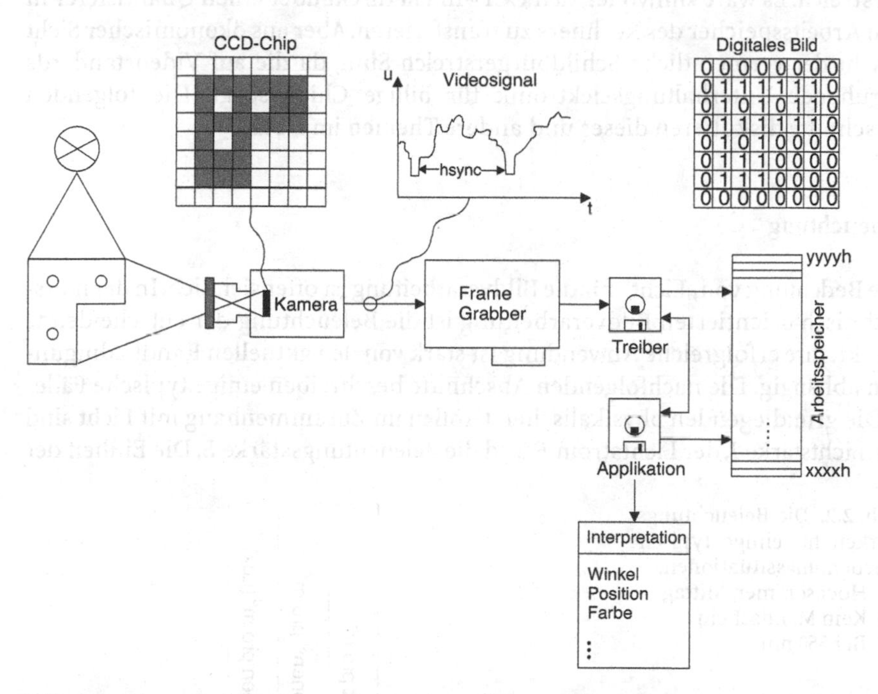

Abb. 2.1. Die typischen Komponenten eines Bildverarbeitungssystems. Die Reflektionen eines angestrahlten Werkstückes gelangen durch ein Objektiv auf den CCD-Chip der Kamera. Die Kameraelektronik setzt dieses Bild in ein Videosignal um. Dabei handelt es sich um ein analoges, 1-dimensionales Zeitsignal, das Impulse enthält, die ein neues Bild (V-Sync) und den Beginn jedes seiner Zeilen (H-Sync) anzeigen. Der Bildverarbeitungsrechner nutzt einen Frame Grabber, um das Video-Eingangssignal in digitale Bilder umzusetzen und diese in einem freien Bereich des Arbeitsspeichers abzulegen. Hier können Bildverarbeitungsverfahren auf die Bilder zugreifen. Diese Applikationen sind meist software-basiert und ggf. durch spezielle Hardware beschleunigbar

Abschn. 1.2), die die aufgefangenen Fotonen in Elektronen wandeln und somit Ladung ansammeln. Daher hat man bereits ein 2-dimensionales, ortsdiskretes Bild (mit analogen, durch die angesammelte Ladung repräsentierten Grauwerten). Die Kameraelektronik setzt dieses Bild in ein internationalen Standards (z.B. CCIR oder EIA [2.9]) genügendes Videosignal um. Dabei handelt es sich um ein analoges 1-dimensionales Zeitsignal, das Impulse enthält, die ein neues Bild (*V-Sync* für vertikale Synchronisation) und den Beginn jedes seiner Zeilen (*H-Sync* für horizontale Synchronisation) anzeigen.

Der Bildverarbeitungsrechner nutzt einen *Frame Grabber*, um das Video-Eingangssignal in digitale Bilder umzusetzen und diese in einem freien Bereich des Arbeitsspeichers abzulegen. Hier können Bildverarbeitungsverfahren (von der Bildübertragung bis zur Szenenanalyse; vgl. Abschn. 1.1) auf die Bilder zugreifen. Diese Applikationen sind meist software-basiert und ggf. durch spezielle Hardware beschleunigbar.

Aus technischer Sicht wirkt diese Form der Bildakquisition wie ein Schildbürgerstreich. Es wäre sinnvoller, den CCD-Inhalt direkt über einen Quantisierer in den Arbeitsspeicher des Rechners zu transferieren. Aber aus ökonomischer Sicht macht der vermeintliche Schildbürgerstreich Sinn, da die auf Videostandards beruhende Unterhaltungselektronik für billige Chips sorgt. Die folgenden Abschnitte diskutieren dieses und andere Themen im Detail.

2.1 Beleuchtung

Die Bedeutung von „Licht" für die Bildverarbeitung ist offensichtlich. In der messtechnisch orientierten Bildverarbeitung ist die Beleuchtung der entscheidende Punkt. Ihre erfolgreiche Anwendung ist stark von den aktuellen Randbedingungen abhängig. Die nachfolgenden Abschnitte beschreiben einige typische Fälle.

Die grundlegenden physikalischen Größen im Zusammenhang mit Licht sind die Lichtstärke *I*, der Lichtstrom *F* und die Beleuchtungsstärke *E*. Die Einheit der

Abb. 2.2. Die Beleuchtungsstärken für einige typische Beleuchtungssituationen.
(1) Hochsommer, Mittag
(2) Kein Mondschein
(3) Bei 550 nm

	Watt pro m^2	Fotonen$^{(3)}$ pro m^2	Lumen pro m^2 (Lux)
Sonne$^{(1)}$	10^3	$3x10^{21}$	10^5
Auf/Untergang	1	$3x10^{18}$	100
Vollmond	10^{-4}	$3x10^{14}$	0,1
Nachthimmel$^{(2)}$	10^{-6}	$3x10^{12}$	10^{-3}

Lichtstärke ist das Candela (cd). Aus historischer Sicht beschreibt I=1cd die Lichtstärke einer einfachen Kerze (heute existiert eine sehr viel präzisere Definition). Der Lichtstrom beschreibt die Strahlungs*leistung* einer Lichtquelle mit der Einheit Lumen (lm). Eine Fläche hat eine Beleuchtungsstärke E von 1 lm/m^2, wenn sie mit 1cd aus 1m Entfernung senkrecht angestrahlt wird. 1 lm/m^2 entspricht 1 Lux (lx). Abbildung 2.2 zeigt die Beleuchtungsstärke für einige typische Beleuchtungssituationen.

2.1.1 Unkontrolliertes Licht

Unkontrolliertes Licht ist eine besondere Herausforderung für jedes Bildverarbeitungssytem. Visuelle Sensoren für autonome Vehikel z.B. müssen diese Aufgabe lösen. Für Zwecke der Messtechnik sollte die Beleuchtung auf jeden Fall kontrolliert sein.

2.1.2 Durchleuchtung

Wenn ein Objekt mehr oder weniger transparent ist, kann eine *Durchleuchtung* dessen innere Struktur aufdecken (Abb. 2.3). Dieses ist z.B. eine Methode zur Detektion von Inhomogenitäten in Glas. Eine andere typische, industrielle Anwendung ist die Erkennung von Lufteinschlüssen in Aluminiumfelgen durch Röntgen-Durchstrahlung. In Biologie und Medizin finden sich unzählige weitere Beispiele.

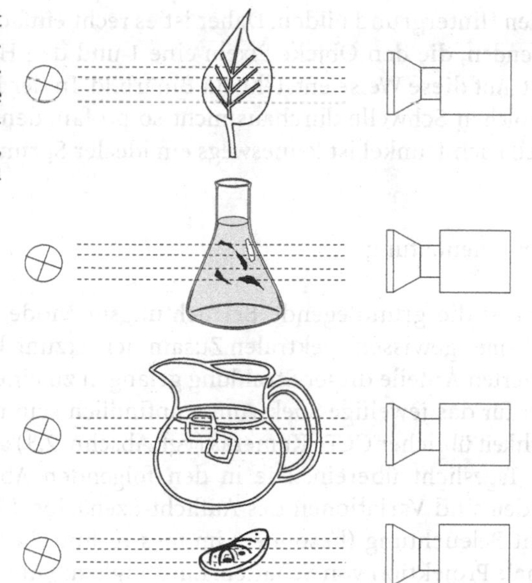

Abb. 2.3. Wenn ein Objekt mehr oder weniger transparent ist, kann eine Durchleuchtung dessen innere Struktur aufgedecken. Dieses ist z.B. eine Methode, Inhomogenitäten in Glas zu detektieren

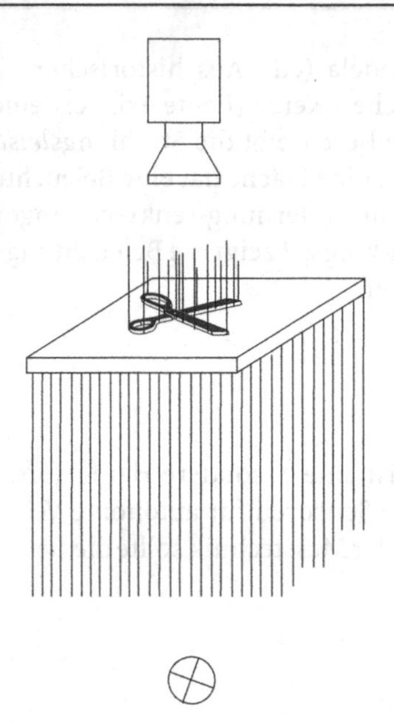

Abb. 2.4. Sofern lediglich der Umriss eines flachen Objekts von Interesse ist, kommt die Silhouetten-Projektion zum Einsatz. Das Ergebnis der Silhouetten-Projektion ist ein Grauwertbild, dessen dunkle Pixel das Objekt repräsentieren, während die hellen Pixel den Hintergrund bilden

2.1.3 Silhouetten-Projektion

Sofern lediglich der Umriss eines flachen Objekts von Interesse ist, kommt die Silhouetten-Projektion zum Einsatz. Abbildung 2.4 zeigt eine auf einer Leuchtplatte liegende Schere. Das Ergebnis der Silhouetten-Projektion ist ein Grauwertbild, dessen dunkle Pixel das Objekt repräsentieren, während die hellen Pixel den Hintergrund bilden. Daher ist es recht einfach, eine Grauwertschwelle anzuwenden, die den Objekt-Pixeln eine 1 und den Hintergrund-Pixeln eine 0 zuweist. Auf diese Weise entsteht ein Binärbild. In der Praxis ist die Anwendung einer solchen Schwelle durchaus nicht so profan, denn der Grauwertübergang von Hell nach Dunkel ist keineswegs ein idealer Sprung (vgl. Abb. 7.3).

2.1.4 Auflicht-Beleuchtung

Auflicht ist die grundlegende Beleuchtungsmethode. Die Objekte werden mit „Licht“ einer gewissen spektralen Zusammensetzung bestrahlt. Die vom Objekt reflektierten Anteile dieser Strahlung gelangen zu einem 2-dimensionalen Sensor, der für das jeweilige Spektrum empfindlich sein muss. Die spektrale Empfindlichkeit üblicher CCD-Kameras (vgl. Abschn. 2.3) stimmt grob mit dem normalen Tageslicht überein. Die in den folgenden Abschnitten beschriebenen Methoden sind Variationen des Auflicht-Szenarios. Ein typisches Problem der Auflicht-Beleuchtung (besonders im messtechnischen Zusammenhang) ist die diagonale Projektion von Schatten. Ein Ringlicht (Abb. 2.5) vermeidet diese.

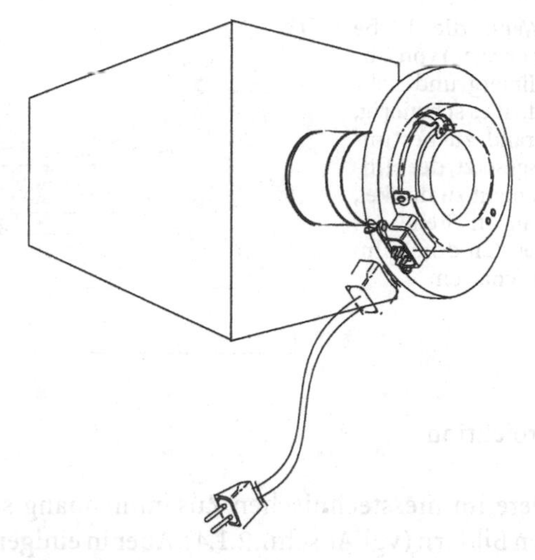

Abb. 2.5. Ein Ringlicht löst das Problem der diagonalen Schattenprojektion. Der Markt bietet verschiedenste Ausführungen dieser Art von Beleuchtung

2.1.5 Hellfeld/Dunkelfeld-Beleuchtung

Die Position von Objekt, Licht und Kamera zueinander spielt eine wichtige Rolle. Dies wird besonders bei der Inspektion von Oberflächen auf Kratzer hin deutlich. Möchte man z.B. die Qualität einer Schallplatte überprüfen, hält man sie so „gegen das Licht", dass Kratzer als helle Striche auf dunklem Untergrund (oder umgekehrt) erscheinen. Im technischen Zusammenhang spricht man von Hellfeld- oder Dunkelfeldbeleuchtung (Abb. 2.6).

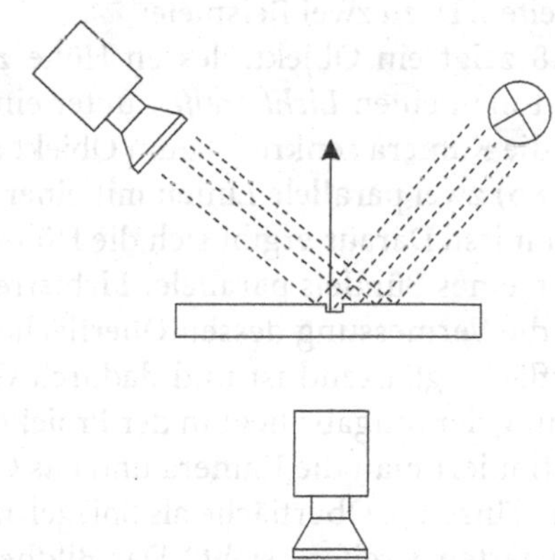

a

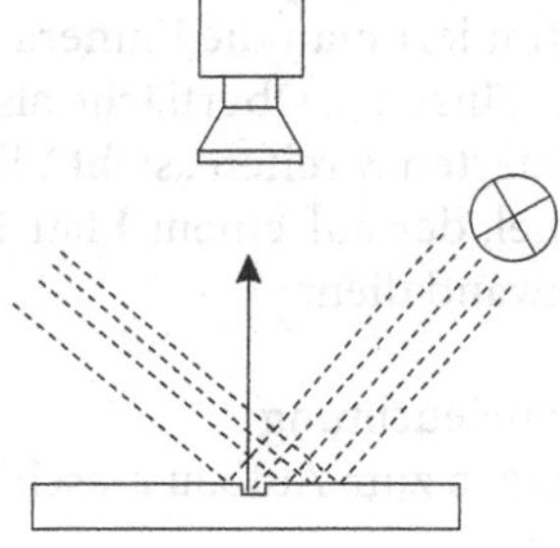

b

Abb. 2.6. Die Hellfeldbeleuchtung (**a**) ergibt ein helles Bild, worin die interessanten Bereiche des Bildes (hier ein Kratzer) dunkel erscheinen. Die Dunkelfeldbeleuchtung (**b**) arbeitet umgekehrt

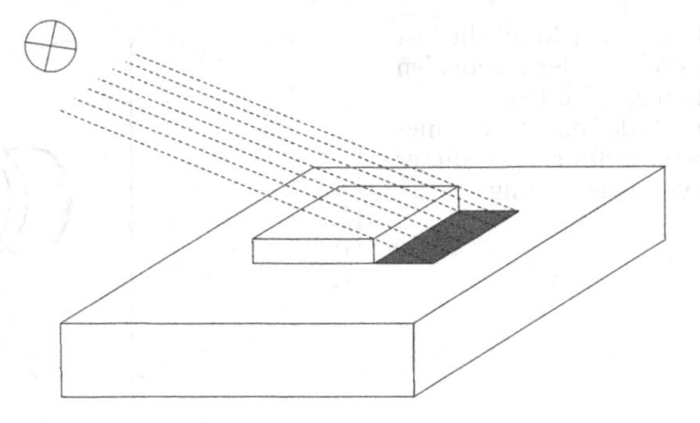

Abb. 2.7. Wenn die Farbe (oder die Grauwerte) von Objekt und Hintergrund sehr ähnlich sind, ist es schwierig, den Objektrand zu bestimmen. Vorausgesetzt, der Hintergrund ist nicht zu dunkel, vermisst man an Stelle des Objektrandes den durch ihn geworfenen Schatten

2.1.6 Schattenprojektion

Insbesondere im messtechnischen Zusammenhang stören häufig Schatten die Analyse von Bildern (vgl. Abschn. 2.1.4). Aber in einigen Fällen sind Schatten sehr hilfreich. Abbildung 2.7 zeigt ein Objekt, dessen Farbe (oder Grauwert) dem des Hintergrunds sehr ähnelt. Daher ist die Erkennung des Objektumrisses schwierig. Vorausgesetzt, der Hintergrund ist nicht zu dunkel, vermisst man an Stelle des Objektrandes den durch ihn geworfenen Schatten.

2.1.7 Strukturiertes Licht

Die in den vorherigen Abschnitten beschriebenen Beleuchtungsmethoden basieren auf homogenem Licht. Die Anwendung spezieller Lichtmuster bietet neue Möglichkeiten. Dazu zwei Beispiele:

Abbildung 2.8 zeigt ein Objekt, dessen Höhe zu vermessen ist. Zu diesem Zweck projiziert man einen *Lichtstreifen* unter einem Winkel α (Abb. 2.8a) auf das Objekt. Da die Kamera senkrecht zum Objekt steht, enthält das resultierende Bild (Abb. 2.8b) zwei parallele Linien mit einer Distanz d, die das Bildverarbeitungssystem misst. Daraus ergibt sich die Höhe h (Abb. 2.8c).

Die Projektion eines Bündels paralleler Lichtstreifen auf ein 3-dimensionales Objekt erlaubt die Vermessung dessen Oberfläche. Ein spezieller Fall liegt vor, wenn die Oberfläche glänzend ist und dadurch Glanzlichter den Messprozess stören. Die Lösung der Aufgabe liegt in der Projektion der Lichtstreifen auf eine Leinwand. Positioniert man die Kamera und das Objekt wie in Abb. 2.9 gezeigt, so dient dessen glänzende Oberfläche als Spiegel, in dem die Kamera die auf die Leinwand projizierten Streifen „sieht". Das Bildbeispiel in Abb. 2.9 zeigt einen glänzenden Löffel, der auf einem Blatt Papier liegt, das wiederum dem Lichtstreifen als Leinwand dient.

Faustregeln zur Beleuchtung

- Die Überlegungen zum Aufbau maschineller Sehsysteme beginnen immer bei der Beleuchtung.

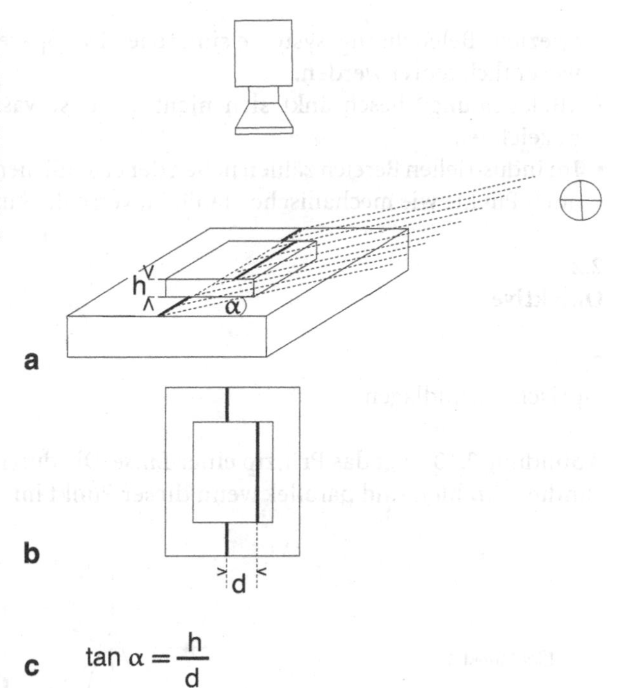

Abb. 2.8. Projiziert man einen Lichtstreifen unter einem Winkel α auf ein Objekt (**a**), enthält das durch eine senkrecht dazu stehende Kamera aufgenommene Bild zwei parallele Linien mit einer Distanz d (**b**). Mithin ist es ein Leichtes, die Höhe h zu errechnen (**c**)

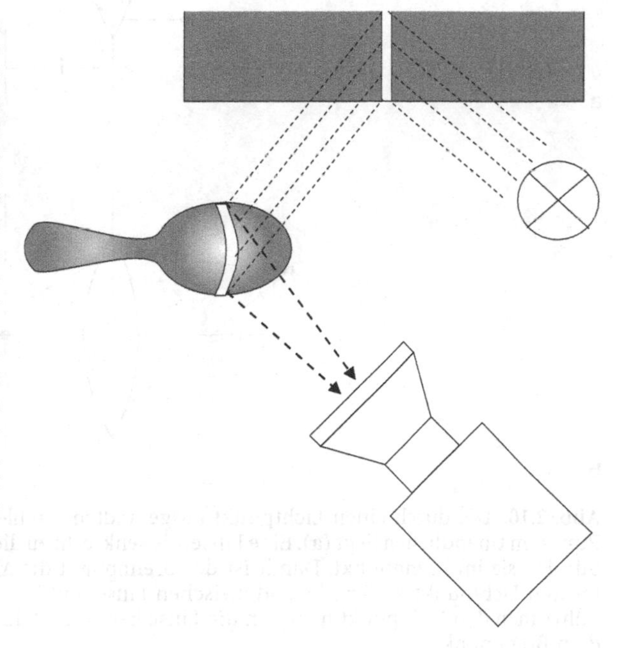

Abb. 2.9. Die Projektion eines Bündels paralleler Lichtstreifen auf ein 3-dimensionales Objekt erlaubt die Vermessung seiner Oberfläche. Ein spezieller Fall liegt vor, wenn die Oberfläche glänzend ist und dadurch Glanzlichter den Messprozess stören. Die Lösung der Aufgabe liegt in der Projektion der Lichtstreifen auf eine Leinwand. Positioniert man die Kamera und das Objekt wie hier gezeigt, dient dessen glänzende Oberfläche als Spiegel, in dem die Kamera den auf die Leinwand projizierten Streifen „sieht". Das Grauwertbild zeigt einen glänzenden Löffel, der auf einem Blatt Papier liegt, welches wiederum dem Lichtstreifen als Leinwand dient

- Spezielle Beleuchtungssysteme sind teuer. Das Sparen am falschen Ende kann wesentlich teurer werden.
- „Beleuchtung" beschränkt sich nicht auf das, was man alltäglich als Licht bezeichnet.
- Im industriellen Bereich zählen neben der eigentlichen Aufgabe der Beleuchtung auch Punkte wie mechanische Stabilität, Verschleiß und Langzeitverhalten.

2.2 Objektive

2.2.1 Optische Grundlagen

Abbildung 2.10 zeigt das Prinzip einer *Linse*. Die durch einen Lichtpunkt ausgesandten Strahlen sind parallel, wenn dieser Punkt im Unendlichen liegt (2.10a).

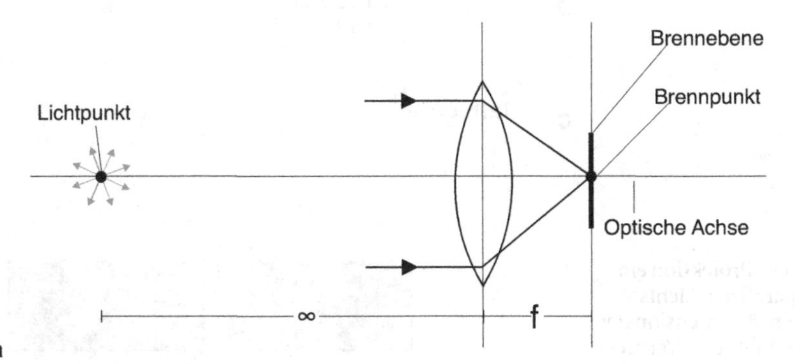

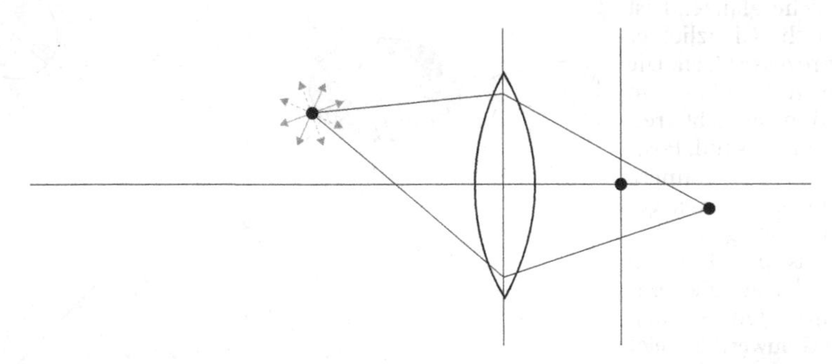

Abb. 2.10. Die durch einen Lichtpunkt ausgesandten Strahlen sind parallel, wenn dieser Punkt im Unendlichen liegt (**a**). Eine Linse, die senkrecht zu diesen Strahlen positioniert ist, bündelt sie im Brennpunkt. Damit ist der Brennpunkt die Abbildung des unendlich entfernten Lichtpunktes. Der Abstand zwischen Linse und Brennpunkt ist die Brennweite *f*. Führt man den Lichtpunkt näher an die Linse heran (**b**), bündelt diese die Strahlen hinter dem Brennpunkt

Eine Linse, die senkrecht zu diesen Strahlen positioniert ist (d.h. die Strahlen und die *optische Achse* sind parallel), bündelt sie im *Brennpunkt*. Damit ist der Brennpunkt die Abbildung des unendlich entfernten Lichtpunktes. Der Abstand zwischen Linse und Brennpunkt ist die *Brennweite f*. Wenn man also ein unendlich entferntes Objekt scharf auf dem CCD-Chip abbilden will, muss der Abstand zwischen Linse und Chip exakt der Brennweite entsprechen. Mit anderen Worten, das CCD-Chip muss in der *Brennebene* liegen. Führt man den Lichtpunkt näher an die Linse heran (Abb. 2.10b), bündelt diese die Strahlen hinter dem Brennpunkt. Eine scharfe Abbildung erfordert dann also einen größeren Abstand zwischen Linse und Chip. All diese grundsätzlichen Zusammenhänge gelten nicht nur für eine ideale „dünne Linse" (siehe übernächsten Absatz), sondern auch für ein „real existierendes Objektiv". Eine einzelne Linse und deren „Ansammlung" in Form von Objektiven unterscheiden sich aber bei präzisen Berechnungen. Im praktischen Alltag reicht jedoch fast immer die Anwendung der einfachen Linsenformeln auch für handelsübliche Objektive.

Fokussierung bedeutet somit nichts anderes, als die Veränderung des Abstandes zwischen Objektiv und CCD-Chip. Dieser Veränderung sind offensichtlich mechanische Grenzen gesetzt. Gewöhnlich erlaubt ein Objektiv die Fokussierung vom Unendlichen bis zur sog. *Minimalen Objektdistanz* (MOD). Die MOD ist mit Hilfe von *Zwischenringen* verkleinerbar. Sie werden einfach zwischen Objektiv und Kamera geschraubt, um deren Abstand zu vergrößern. Konsequenterweise ist es dann aber nicht mehr möglich, weit entfernte Objekte zu fokussieren. Je dicker die Zwischenringe sind (die Ringe sind dann irgendwann eher Röhren und heißen daher auch *Verlängerungstubus*), desto kleiner werden minimale *und* maximale Objektdistanz. Jedoch verkleinert sich die maximal Objektdistanz schneller als die minimale Objektdistanz, was zu einem Punkt führt, der keine Variation des Fokus mehr zulässt. Abbildung 2.18 zeigt die Zusammenhänge am Beispiel handelsüblicher *C-Mount-Objektive* (s. Abschn. 2.2.2).

Insbesondere im Zusammenhang mit Zoomobjektiven sind Zwischenringe weniger geeignet. Hier helfen Nahlinsen (Abschn. 2.2.3) oder Makroobjektive (Abschn. 2.2.4).

Abbildung 2.11 zeigt die grundlegende Linsenformel, wie sie *Descartes* für die sog. *dünne Linse* definierte [2.2, 2.4, 2.11]. In der alltäglichen Praxis ist sie auch für normale Objektive anwendbar. Eine immer wiederkehrende Aufgabe ist die Bestimmung der Brennweite. Aus den grundlegenden Zusammenhängen

$$\frac{1}{b} + \frac{1}{g} = \frac{1}{f}$$

$$m = \frac{B}{G} = \frac{b}{g}$$

extrahiert man (mit $b = gB/G$)

$$f = \frac{gB}{G+B} = \frac{g}{1+\frac{G}{B}} \tag{2.1}$$

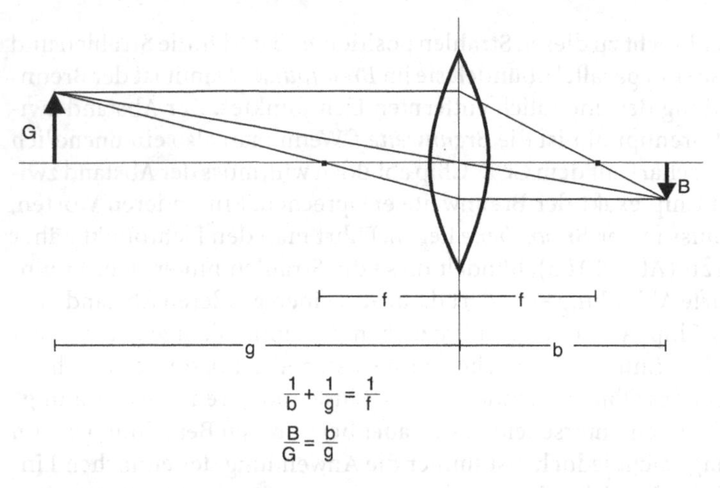

Abb. 2.11. Das Linsengesetz

wobei *b* die Distanz zwischen Linse und Bild und *g* die Distanz zwischen Linse und Objekt ist (Abb. 2.11), während *B* und *G* die Größe von Bild und Objekt beschreiben. Der Quotient aus *B* und *G* ist der sog. Abbildungsmaßstab *m*. Für *g* sind die Begriffe Arbeitsabstand oder Objektdistanz, für *b* die Begriffe Kameraauszug oder Bildweite gebräuchlich.

Je kürzer die Brennweite, desto stärker bricht die Linse die Strahlen. Die sog. Brechkraft *D* einer Linse ist daher reziprok zur Brennweite

$$D = \frac{1}{f}$$

Die Einheit der Brechkraft ist die Dioptrie (dpt), die Einheit der Brennweite ist der Meter. Somit hat z.B. eine Linse der Brechkraft 10 dpt eine Brennweite von 100 mm.

Neben der Brennweite ist der *Bildwinkel* ein weitere wichtige Objektiveigenschaft. Der Bildwinkel θ ist definiert als (Abb. 2.12)

Abb. 2.12. Der Bildwinkel

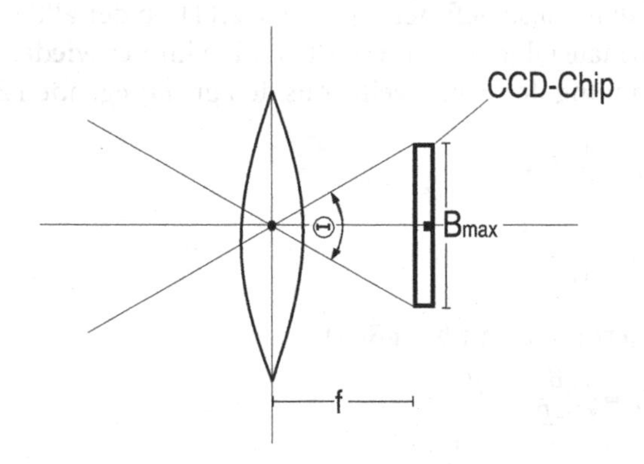

$$\theta = 2\tan^{-1}\frac{B_{max}}{2f}$$

wobei B_{max} eine der Dimensionen (horizontal, vertikal, diagonal) des CCD-Chips ist. Objektive werden gemäß ihres Bildwinkels in verschiedene, allerdings nicht allzu scharf gegeneinander abgegrenzte Klassen geordnet. In der Fotografie sind typische Werte des diagonalen Bildwinkels

100° Super-Weitwinkel
65° Weitwinkel
50° Standard
30° leichtes Tele
12° Tele.

Hierbei handelt es sich nicht nur um einen optischen Parameter, sondern auch um einen einfachen Qualitätsindikator. Die *Verzeichnung* eines Objektivs nimmt mit dem Bildwinkel zu. Für messtechnische Zwecke eingesetzte Weitwinkel-Objektive sollten von hoher Qualität sein, größere Bildwinkel sollten grundsätzlich vermieden werden. Im Fall von C-Mount-Objektiven (s. Abschn. 2.2.2) korrespondiert der „gefährliche" Bildwinkel grob mit einer Brennweite von 8 mm. In der Messtechnik sollten C-Mount-Objektive mit Brennweiten unter 8 mm nur in Ausnahmefällen Anwendung finden. Bei 8 mm Objektiven kann es von Vorteil sein, speziell verzeichnungsarme Typen einzusetzen.

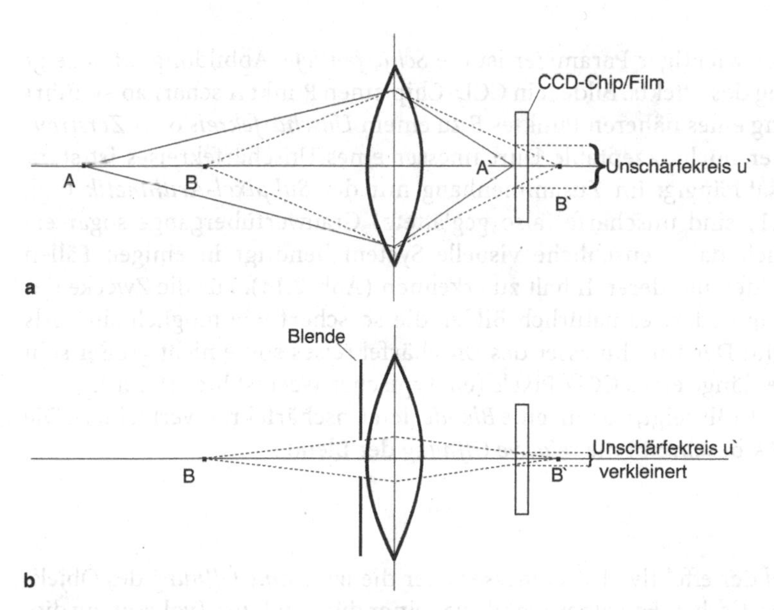

Abb. 2.13. Bildet ein CCD-Chip einen Punkt *A* scharf ab, so wird die Abbildung eines näheren Punktes *B* zu einem Unschärfekreis (**a**). Eine Blende kann dessen Durchmesser verkleinern (**b**)

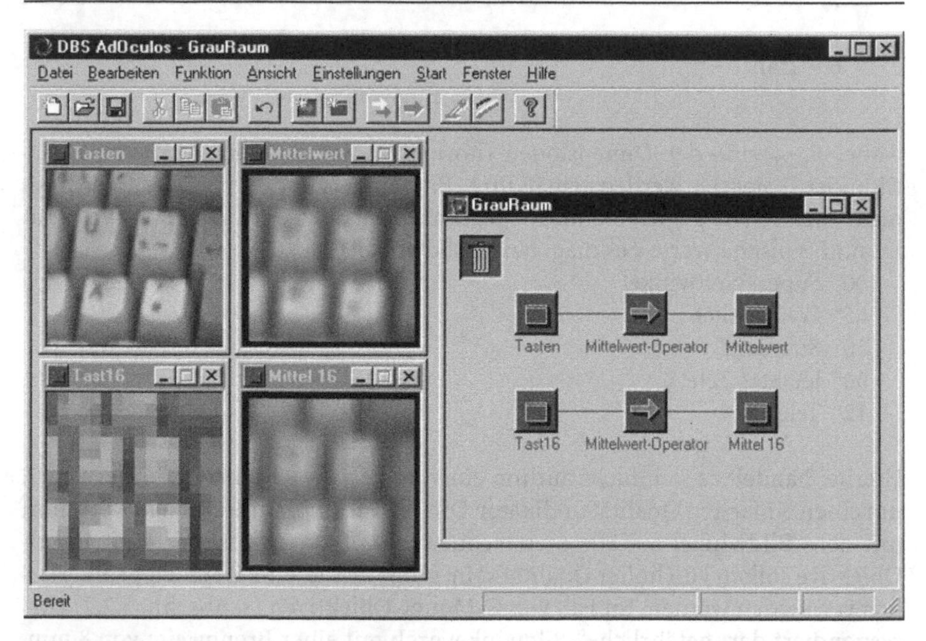

Abb. 2.14. Hätte man nicht das Ursprungsbild TASTEN direkt vor Augen, könnte man wohl kaum den Inhalt von TAST16 erkennen. Glättet man die harten Grauwertübergänge in TAST16, „verteilt sich" die in den Grauwertübergängen steckende Information auf den Raum. Man kommt auf diese Weise zu dem (auf den ersten Blick kontra-intuitiven) Ergebnis, dass unscharfe Bilder „informativer" sein können, als scharfe. Die Anwendung des hier verwendeten Programms AdOculos ist am Ende diese Kapitels beschrieben

Ein anderer wichtiger Parameter ist die *Schärfentiefe*. Abbildung 2.13a zeigt den Ursprung des Effekts. Bildet ein CCD-Chip einen Punkt A scharf ab, so führt die Abbildung eines näheren Punktes B zu einem *Unschärfekreis* oder *Zerstreuungskreis*. Der noch akzeptable Durchmesser eines Unschärfekreises ist stark anwendungsabhängig. Im Zusammenhang mit der *Subpixel-Arithmetik* (vgl. Abschn. 2.3.1) sind unscharfe (also geglättete) Grauwertübergänge sogar erwünscht. Auch das menschliche visuelle System benötigt in einigen Fällen unscharfe Bilder, um deren Inhalt zu erkennen (Abb. 2.14). Für die Zwecke der Visualisierung bedarf es natürlich Bilder, die so scharf wie möglich sind. Als Faustregel gilt: Der Durchmesser des Unschärfekreises sollte nicht größer sein als die Kantenlänge eines CCD-Pixels (ein typischer Wert ist hier 10 µm).

Abbildung 2.13b zeigt, warum eine *Blende* den Unschärfekreis verkleinert. Die *Blendenzahl k* beschreibt die *relative Öffnung* der Blende

$$k = \frac{f}{d}$$

Dabei ist d der effektive Durchmesser oder die *wirksame Öffnung* des Objektivs. Im theoretischen Fall einer Blende vor einer dünnen Linse (vgl. Anfang dieses Abschnitts) ist die wirksame Öffnung gleich dem Durchmesser dieser Blende. Bei Objektiven stellen sich die Zusammenhänge komplizierter dar, sind aber für die Anwender verdeckt. Sie benötigen lediglich die bekannten k-Werte

$$k = 0.71, 1, 1.4, 2, 2.8, 4, 5.6, 8, 11, 16, 22, 32$$

(jede Steigerung der Blendenzahl *halbiert* die von der Linse durchgelassene Lichtmenge). Während die Objektive handelsüblicher Spiegelreflexkameras die Einstellung der Blendenzahl nur in Stufen zulassen, ist die Blende von C-Mount-Objektiven (vgl. Abschn. 2.2.2) beliebig fein einstellbar.

Eine kleine Blende (korrespondierend mit einer hohen Blendenzahl), eine kurze Brennweite und eine große Objektdistanz führen zu einem kleinen Unschärfekreis. Mit u' als Durchmesser desselben ist der exakte *Schärfentiefebereich* durch die Beträge der vorderen ($|g|_v$) und hinteren ($|g|_h$) Schärfentiefegrenze festgelegt:

$$|g|_v = \frac{|g|}{1 + u'k\frac{|g| - f}{f^2}}$$

$$|g|_h = \frac{|g|}{1 - u'k\frac{|g| - f}{f^2}}$$

Die Beträge von g (der optimalen *Einstellentfernung*) und der Blendenzahl k ergeben sich aus

$$|g| = 2\frac{|g|_v |g|_h}{|g|_v + |g|_h} \tag{2.2}$$

und

$$k = \frac{f^2}{u'} \frac{|g|_h - |g|_v}{2|g|_v |g|_h - f(|g|_v + |g|_h)} \tag{2.3}$$

Im Zusammenhang mit Makroobjektiven (vgl. Abschn. 2.2.4) beschreibt man die Öffnung auch durch die sog. numerische Apertur

$$N.A. = n \sin\frac{\theta}{2}$$

Dabei ist θ der bereits oben diskutierte Bildwinkel (Abb. 2.12) und n der Brechungsindex des die Linse umgebenden Materials. Für Luft gilt $n=1$. Der Zusammenhang zwischen relativer Öffnung k und numerischer Apertur ist in guter Näherung:

$$k \cong \frac{1}{2N.A.}$$

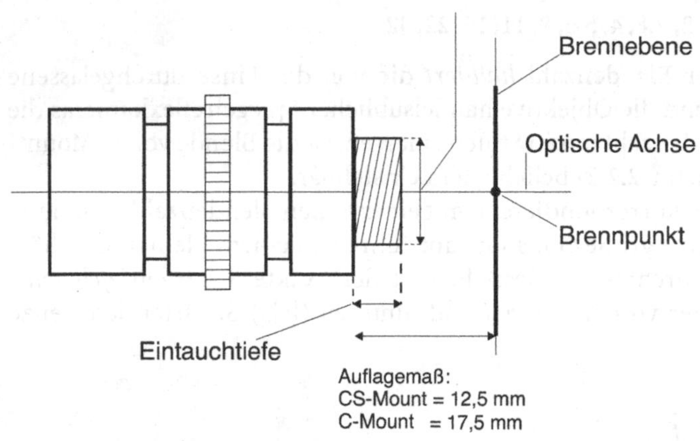

Abb. 2.15. Die mechanischen Parameter von C- und CS-Mount-Objektiven

2.2.2 C-Mount-Objektive

Über die grundlegenden, in den vorherigen Abschnitten diskutierten optischen Zusammenhänge hinaus, hat man es in der Praxis mit einigen weiteren Parametern zu tun. Zu allererst gibt es verschiedene Methoden, Objektiv und Kamera miteinander zu verbinden. Glücklicherweise ist die Bildverarbeitung durch *C-* bzw. *CS-Mount*-Objektive und entsprechende Kameras dominiert (Abb. 2.15). Eine wichtige Ausnahme stellen *Zeilenkameras* mit 2048 oder mehr Pixeln dar (Abschn. 2.3). Sie benötigen ein grösseres Bildformat als es C-Mount-Objektive bieten. In solchen Fällen kommen z.B. *F-Mount*-Objektive (= *Nikon-Bajonett*) zur Anwendung.

Der einzige Unterschied zwischen C- und CS-Mount-Objektiven ist ihr *Auflagemaß*, also der Abstand zwischen dem Ende des Objektivgewindes (das bei voll eingeschraubtem Objektiv „auf" der Kamera liegt) und der Brennebene. Das Auflagenmaß beträgt 17,5 mm für C-Mount- und 12,5 mm für CS-Mount-Objektive. Ein Zwischenring von 5 mm wandelt also ein C-Mount- in ein CS-Mount-Objektiv, bzw. macht aus einer CS-Mount- eine C-Mount-Kamera.

Einer der grossen Vorteile des C-Mount-Standards ist die hohe internationale Akzeptanz. Dies ist die Grundlage für ein großes Spektrum verschiedenster Objektive, die sämtlich zu den weit verbreiteten C-Mount-Kameras passen. Allerdings gibt es auch von dieser Regel eine wichtige Ausnahme. *C-Mount-3-Chip-Kameras* (Abschn. 2.3) arbeiten nicht mit jedem C-Mount-Objektiv. Aus mechanischer Sicht ist die *Eintauchtiefe* (Abb. 2.15) vieler C-Mount-Objektive zu groß. Diese Objektive sollte man niemals versuchen in die Kamera zu schrauben. Zusätzlich sind die optischen Eigenschaften vieler C-Mount-Objektive ungeeignet für 3-Chip-Kameras. Eine typische Folge sind das eigentliche Bild überlagernde „Geisterbilder“. Es ist daher sehr wichtig, die Kompatibilitätslisten der Kamerahersteller zu beachten.

Der Ursprung der C-Mount-Objektive liegt in den Zeiten der *Röhrenkameras*. Die typischen *Aussen*durchmesser dieser Röhren sind 1/2", 2/3" und 1". Die längere Seite deren lichtempfindlicher Bereiche entspricht etwa der Hälfte der Röhrendurchmesser (Abb. 2.16). Moderne CCD-Chips tendieren zu kleineren Flächen. Die üblichen Größen (*Chip-Format/Kamera-Format*) sind 1/3" und 1/2". Unterschiedliche Chip-Formate erfordern korrespondierende *Objektiv-Formate*. Allgemein muss das Objektiv-Format größer oder gleich dem des Chips sein. Besonders in messtechnischen Anwendungen ist es empfehlenswert

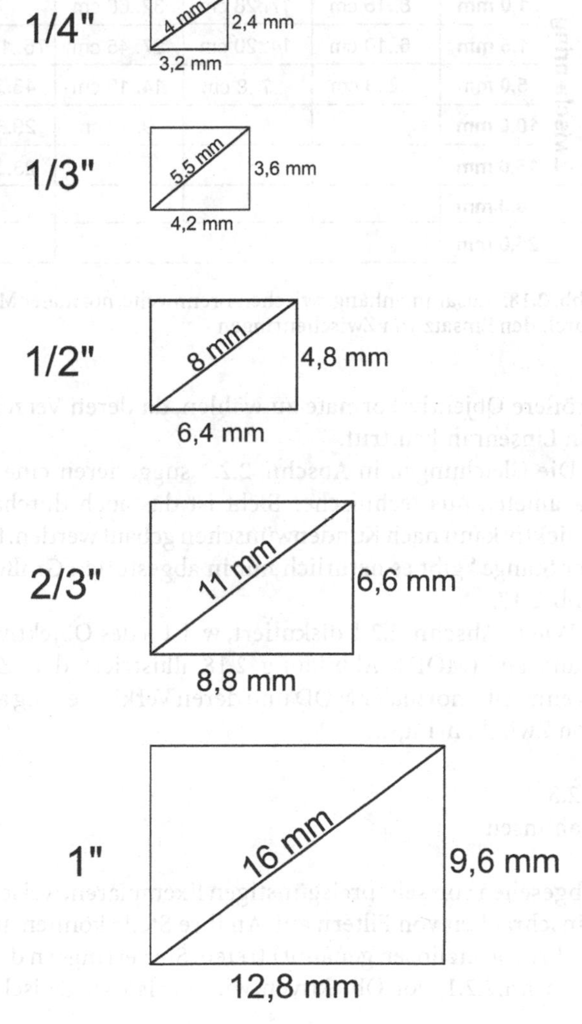

Abb. 2.16. Der C-Mount Standard bietet verschieden große lichtempfindliche Bereiche. Das Zoll-Maß korrespondiert mit dem *Aussendurchmesser* von Bildaufnahmeröhren. Die längere Seite des lichtempfindlichen Bereichs entspricht etwa der Hälfte des jeweiligen Röhrendurchmessers

Abb. 2.17. Ein kurzer Überblick über marktgängige C-Mount-Objektive

Objektivformat	1/3"	1/2"	2/3"	1"
Brennweite [mm]	4	3,6	4,8	12,5
	8	6	6	25
		12	8,5	50
			16	75

Brennweite	12 mm	16 mm	25 mm	50 mm	75 mm
MOD	20 cm	30 cm	50 cm	100 cm	100 cm
Zwischenring 0,5 mm	12..31 cm	22..54 cm	41..129 cm		
Zwischenring 1,0 mm	8..15 cm	17..28 cm	32..66 cm		
Zwischenring 1,5 mm	6..10 cm	14..20 cm	27..45 cm	75..175 cm	
Zwischenring 5,0 mm	2..3 cm	7..8 cm	14..16 cm	43..59 cm	69..125 cm
Zwischenring 10,0 mm			9..10 cm	29..34 cm	50..69 cm
Zwischenring 15,0 mm				23..25 cm	41..50 cm
Zwischenring 20,0 mm					35..41 cm
Zwischenring 25,0 mm					30..35 cm

Abb. 2.18. Zusammenhang zwischen Brennweite, normaler MOD und deren Verkleinerung durch den Einsatz von Zwischenringen

größere Objektiv-Formate zu wählen, da deren Verzeichnung im Wesentlichen am Linsenrand auftritt.

Die Gleichungen in Abschn. 2.2.1 suggerieren eine freie Wahl der optischen Parameter. Aus technischer Sicht ist das auch durchaus richtig. Nahezu jedes Objektiv kann nach Kundenwünschen gebaut werden. Bezahlbare Objektive „von der Stange" gibt es natürlich nur in abgestuften Größen. Einen Überblick bietet Abb. 2.17.

Wie in Abschn. 2.2.1 diskutiert, weist jedes Objektiv eine minimale Objektdistanz auf (MOD). Abbildung 2.18 illustriert den Zusammenhang zwischen Brennweite, normaler MOD und deren Verkleinerung auf Grund der Anwendung von Zwischenringen.

2.2.3 Nahlinsen

Abgesehen von sehr preisgünstigen Exemplaren, weisen Objektive Gewinde zum Einschrauben von Filtern auf. An ihre Stelle können aber auch Nahlinsen (auch Makrovorsatzlinsen genannt) treten. Sie verringern die minimale Objektdistanz (Abschn. 2.2.1) von Objektiven, wirken also wie Zwischenringe. Deren Einsatz ist allerdings im Zusammenhang mit Zoom-Objektiven nicht empfehlenswert oder ggf. zu umständlich.

Abbildung 2.19 zeigt die Wirkungsweise von Nahlinsen. Bei einem Objektiv ohne Nahlinse (2.19a) fokussiert ein im Unendlichen befindlicher Lichtpunkt im Brennpunkt (Abschn. 2.2.1). Schraubt man vor dieses Objektiv eine Nahlinse (2.19b) mit einer Brechkraft von 2 dpt (es ist üblich, Nahlinsen nicht durch ihre Brennweite, sondern durch ihre Brechkraft zu beschreiben), muss man den Lichtpunkt in den Brennpunkt der Nahlinse verlegen (in diesem Fall 0,5 m), um die Fokussierung im Brennpunkt des Objektivs zu erhalten.

Ist die Einstellentfernung des Objektivs kürzer als Unendlich, verkürzt sich natürlich auch die Objektdistanz. Mit der Einstellentfernung des Objektivs g, der Brennweite der Nahlinse f_N und dem Abstand zwischen Nahlinse und Objektiv d erhält man die neue Objektdistanz g_N

$$g_N = f_N \frac{g-d}{f_N+g-d}$$

Die neue Brennweite f_{NO} des Systems aus Objektiv (Brennweite f_O) und Nahlinse (Brennweite f_N) ist

$$\frac{1}{f_{NO}} = \frac{1}{f_N} + \frac{1}{f_O}$$

Da man in der alltäglichen Arbeit mit unterschiedlichen Einheiten arbeitet, erleichtert man sich das Leben auf folgende Weise (Einheiten stehen in []):

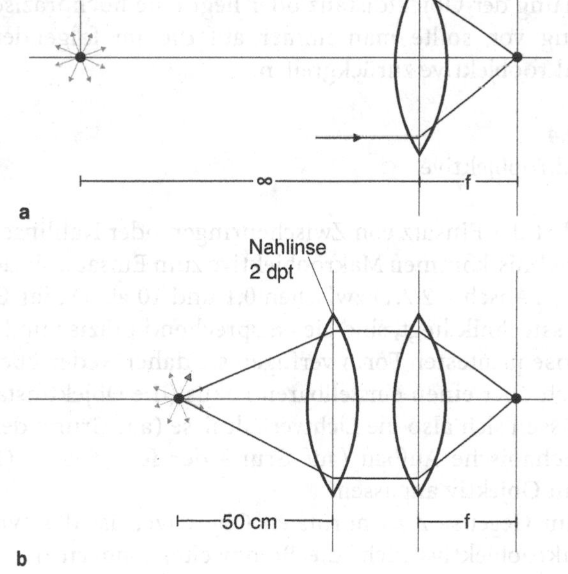

Abb. 2.19. Wirkungsweise von Nahlinsen: Bei einem Objektiv ohne Nahlinse (**a**) fokussiert ein im Unendlichen befindlicher Lichtpunkt im Brennpunkt. Schraubt man vor dieses Objektiv eine Nahlinse (**b**), muss man den Lichtpunkt in den Brennpunkt der Nahlinse verlegen, um die Fokussierung im Brennpunkt des Objektivs zu erhalten

Abb. 2.20. Diese Tabelle zeigt, die Zusammenhänge der ursprünglichen Einstellentfernung des Objektivs, der Nahlinsenbrechkraft und der resultierenden neuen Objektdistanz

Brechkraft der Nahlinse	Einstellentfernung des Objektivs			
	•	3 m	1 m	0,5 m
1 dpt	100 cm	75 cm	50 cm	33 cm
2 dpt	50 cm	43 cm	33 cm	25 cm
3 dpt	33 cm	30 cm	25 cm	20 cm
5 dpt	20 cm	19 cm	16 cm	14 cm
10 dpt	10 cm	10 cm	9 cm	8 cm

$$g_{N[\mathrm{cm}]} \cong \frac{100}{D_{N[\mathrm{dpt}]} + \frac{1}{g_{[\mathrm{m}]}}}$$

Der Abstand zwischen Nahlinse und Objektiv d liegt im Bereich weniger Zentimeter, kann somit im Alltag entfallen. Die in Abb. 2.20 gezeigte Tabelle entstand mit Hilfe dieser Gleichung. Auch zur Berechnung der neuen Brennweite baut man die ursprüngliche Gleichung etwas um:

$$f_{NO[\mathrm{mm}]} = \frac{1000}{D_{N[\mathrm{dpt}]} + \frac{1000}{f_{O[\mathrm{mm}]}}}$$

Die Brechkraft der zum Einsatz kommenden Nahlinsen sollte höchstens 20% der Brechkraft des Objektivs betragen. Dadurch hält sich die zusätzliche Verzeichnung in Grenzen. Erhält man auf diese Weise nicht die gewünschte Verkleinerung der Objektdistanz oder liegt eine hochpräzise messtechnische Anwendung vor, sollte man immer auf die im folgenden Abschnitt diskutierten Makroobjektive zurückgreifen.

2.2.4 Makroobjektive

Führt der Einsatz von Zwischenringen oder Nahlinsen nicht zum gewünschten Ergebnis, kommen Makroobjektive zum Einsatz. Sie decken Abbildungsmaßstäbe (s. Abschn. 2.2.1) zwischen 0,1 und 10 ab. Da ihr Einsatz fast ausschl. in der Messtechnik liegt, sind sie entsprechend präzise und robust ausgelegt. In ihrer konsequentesten Form verfügen sie daher weder über eine einstellbare Blende noch über einen einstellbaren Fokus (die Objektdistanz ist fix). In diesem Fall müssen sich also die Lichtverhältnisse (auf Grund der starren Blende) und der mechanische Aufbau (auf Grund der festgelegten Objektdistanz) vollständig dem Objektiv anpassen.

Im Gegensatz zu normalen Objektiven ist das typische Kennzeichen eines Makroobjektivs nicht die Brennweite, sondern der Abbildungsmaßstab. Dies

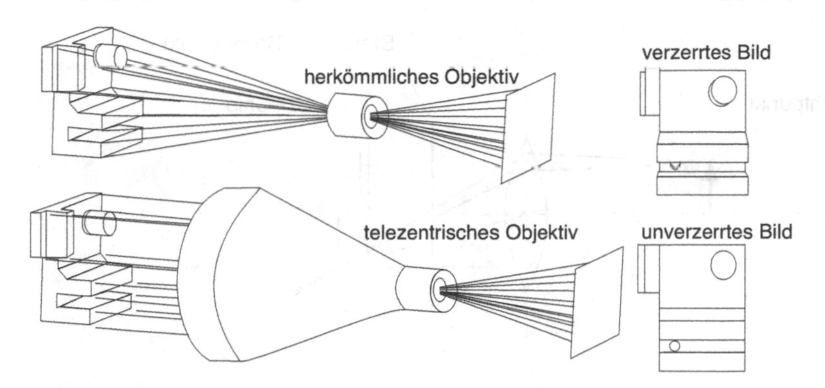

Abb. 2.21. Der perspektivischen Verzerrung kann nicht in jedem Fall durch „Herausrechnen" begegnet werden. Führt sie, wie in diesem Beispiel zur Verdeckung wichtiger Objektteile, hilft der Einsatz eines telezentrischen Objektivs (mit freundlicher Genehmigung der Firma Rodenstock)

erspart einige Rechnerei. Die Öffnung eines Makroobjektivs wird gelegentlich durch die numerische Apertur ausgedrückt (s. Abschn. 2.2.1). Sie ist ungefähr der Kehrwert der verdoppelten Blendenzahl.

2.2.5 Telezentrische Objektive

Geht in eine Messaufgabe die Tiefeninformation des betreffenden Objekts ein, ist man mit der perspektivischen Verzerrung konfrontiert. Das in Abb. 2.21 gezeigte Beispiel zeigt, dass diese nicht immer „herausrechenbar" ist.

Hier helfen telezentrische Objektive. Ihnen liegt die Idee zu Grunde, direkt im Brennpunkt eine Blende zu positionieren (Abb. 2.22). Diese können lediglich parallele (oder nahezu parallele) Strahlen passieren (vgl. Abb. 2.10), die wiederum nur von unendlich entfernten Objekten ausgehen können. Wenn aber sämtliche Teile eines Objektes im Unendlichen liegen, kann es keine perspektivische Verzerrung mehr geben. Dieser „Trick" birgt jedoch einen entscheidenden Nachteil. Der Durchmesser telezentrischer Objektive muss grundsätzlich größer sein als das zu vermessende Objekt.

In der Praxis kann es natürlich keine ideale Telezentrie geben. Daher ist einer der wichtigsten Parameter der sog. Telezentriebereich. Ausgehend von einer optimalen Objektdistanz gibt er die minimale und maximale Distanz an, zwischen denen die Abbildung ein und desselben Objekts um höchstens 1 µm variiert. Einige Hersteller geben den Telezentriebereich auch für eine Abweichung von 10 µm an.

Wie bereits im Zusammenhang mit den im vorherigen Abschnitt besprochenen Makroobjektiven, gilt auch hier die Ausrichtung auf die Messtechnik. Dementsprechend bedarf es bei der Anwendung telezentrischer Objektive einer präzisen Abstimmung der Lichtverhältnisse und des mechanischen Aufbaus.

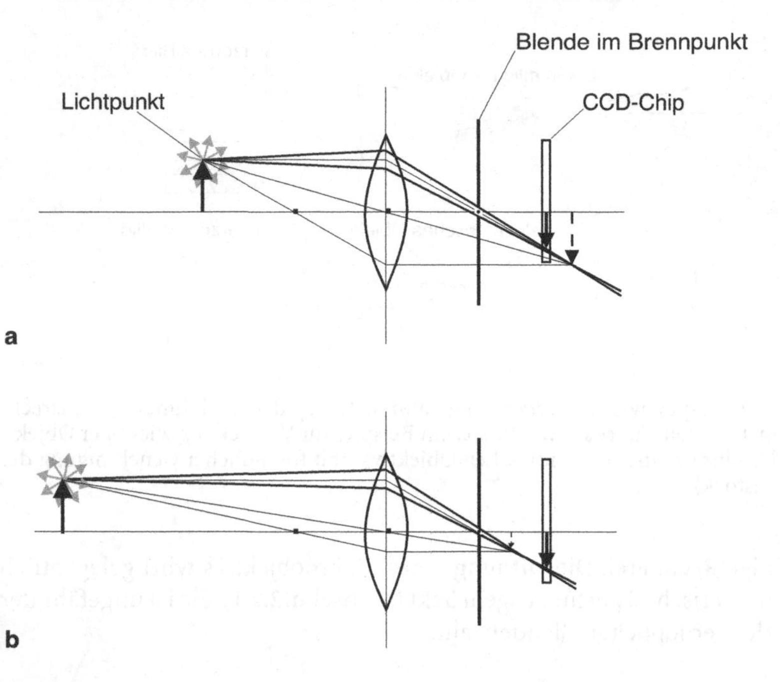

Abb. 2.22. Telezentrische Objektive vermindern die perspektivische Verzerrung. Ihnen liegt die Idee zu Grunde, direkt im Brennpunkt eine Blende zu positionieren. Diese können lediglich parallele (oder nahezu parallele) Strahlen passieren (vgl. Abb. 2.10), die wiederum nur von unendlich entfernten Objekten ausgehen können

2.2.6 Filter

In der Fotografie ist der Einsatz verschiedenster, vor das Objektiv geschraubter Filter üblich. Hierbei geht es im Wesentlichen um ästhetische Aspekte von Bildern. Geschickt eingesetzte Filter zeigen auch im Bereich der messtechnisch orientierten Bildverarbeitung positive Wirkung. Die Möglichkeiten werden häufig unterschätzt.

Anders als in der Fotografie, steht hier allerdings auf keinen Fall das „schöne Bild" im Mittelpunkt. Ausgangspunkt der Überlegungen muss immer das spektrale Verhalten des CCD-Chips sein (Abschn. 2.3.1 und Abb. 2.25). CCD-Chips „wandeln" auftreffende Fotonen in Elektronen um. Entstammen diese Fotonen Quellen, die nicht mit dem Messvorgang in Verbindung stehen, verrauschen die durch diese Fotonen erzeugten Elektronen das eigentliche Nutzsignal. Bestrahlt man z.B. ein Werkstück mit grünem Licht und kann die Einstrahlung von Umgebungslicht nicht verhindern, schützen ein oder mehrere Filter (Abb. 2.23) das CCD-Chip vor „vagabundierenden" Fotonen.

Bei der Beurteilung der jeweiligen Beleuchtungssituation darf man sich nur bedingt auf das menschliche Auge verlassen. So sind z.B. CCD-Chips (im Gegen-

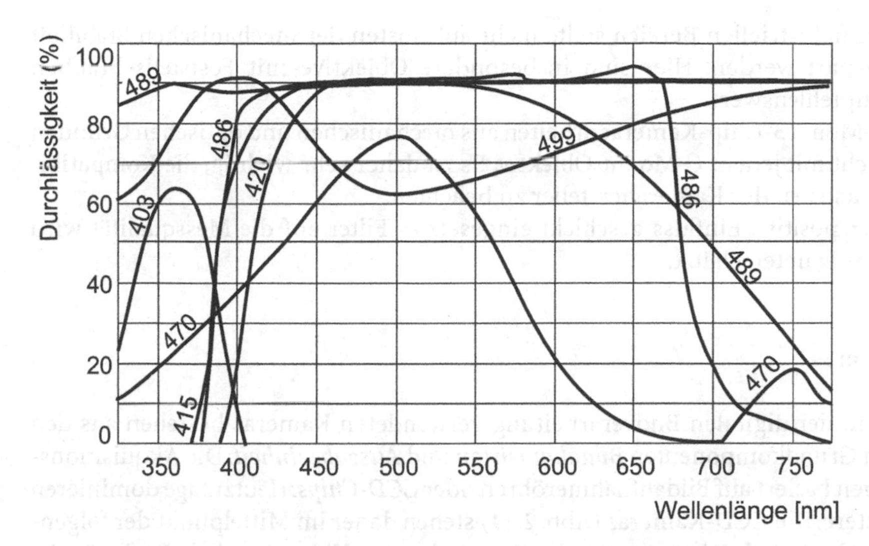

Abb. 2.23. Durchlass- bzw. Sperrverhalten verschiedener Filtertypen (mit freundlicher Genehmigung der Firma B+W)

satz zum Auge) im nahen Infrarotbereich empfindlich. Da insbesondere dieser Spektralbereich häufig zu Störungen beiträgt, sind messtechnisch orientierte Markenkameras mit einem *Infrarot-Sperrfilter* ausgerüstet.

Faustregeln für Objektive

- Eine kleine Blende, eine kurze Brennweite und eine große Objektdistanz führen zu einer hohen Schärfentiefe.
- Der Durchmesser des Unschärfekreises sollte nicht größer sein als die Kantenlänge eines CCD-Pixels (typischer Wert: 10 µm).
- C-Mount-Objektive mit Brennweiten unter 8 mm weisen zumeist für die Messtechnik nicht akzeptable Verzeichnungen auf.
- Das Objektiv-Format muss größer oder gleich dem Format des Chips sein.
- Verzeichnungen treten im Wesentlichen am Rand eines Objektivs auf. Daher sollte im Fall messtechnischer Anwendungen das Objektiv-Format größer als das Chip-Format sein.
- Zwischenringe und Nahlinsen verkürzen die minimale Objektdistanz von Objektiven. Im Fall von Zoom-Objektiven sollte man vorzugsweise Nahlinsen einsetzen.
- Die Brechkraft von Nahlinsen sollte höchstens 20% der Brechkraft des Objektivs betragen. Dadurch hält sich die zusätzliche Verzeichnung in Grenzen. Erhält man auf diese Weise nicht die gewünschte Verkleinerung der Objektdistanz oder liegt eine hochpräzise messtechnische Anwendungen vor, sollte man immer auf spezielle Makroobjektive zurückgreifen
- Telezentrische Objektive vermeiden die perspektivische Verzerrung. Ihr Durchmesser muss mindestens dem der aufgenommenen Objekte entsprechen.

- Im industriellen Bereich sollte nicht auf Kosten der mechanischen Stabilität gespart werden. Hier sind insbesondere Objektive mit Feststellschrauben empfehlenswert.
- C-Mount 3-Chip-Kameras arbeiten aus mechanischen und optischen Gründen nicht mit jedem C-Mount-Objektiv. Es ist daher sehr wichtig, die Kompatibilitätslisten der Kamerahersteller zu beachten.
- Der positive Einfluss geschickt eingesetzter Filter auf die Messqualität wird häufig unterschätzt.

2.3 Kameras

Die in der digitalen Bildverarbeitung verwendeten Kameras bestehen aus den zwei Grundkomponenten *Bildakquisition* und *Ausgabeeinheit*. Die Akquisitionseinheit basiert auf Bildaufnahmeröhren oder *CCD-Chips*. Heutzutage dominieren Letztere. Die CCD-Kameras (Abb. 2.24) stehen daher im Mittelpunkt der folgenden Abschnitte. Die Ausgabeeinheit generiert ein Videosignal als Basis für die weitere Verarbeitung. Das von *Standardkameras* akquirierte Bild wird in ein Videosignal gewandelt, das internationalen Standards wie CCIR (Comité Consultatif International des Radiocommunications) oder EIA (Electronics Industries Association) genügt. Die Ausgabeeinheiten von *Nicht-Standard-Kameras* sind Gegenstand zahlreicher Spezialitäten. Unabhängig von ihrer speziellen Form basieren sie häufig auf digitalen (RS-422) Videosignalen. Aus technischer Sicht sind solche *digitalen Kameras* ideal, da sie die Einschränkungen des Videostandards ignorieren können. Allerdings ist der ökonomische Hebel der Videostandards zu stark, um sie zu überwinden.

Eine sehr wichtige Nicht-Standard Option von Kameras ist der sog. *Pixel-Clock-Ausgang*. Dieser stellt für nachfolgende Geräte (normalerweise eine Digitalisierungseinheit) den internen Taktgenerator der Kamera zur Verfügung. Dieser steuert den Transfer des CCD-Inhalts zum Videosignal. Auf diese Weise ist ein pixel-synchroner Transfer zwischen Kamera und Digitalisierer gewährleistet. Dieses ist eine Voraussetzung für eine hochgenaue und hochauflösende Messtechnik.

Eine andere übliche Methode der Synchronisation ist das *Triggern* der Kamera durch ein externes Signal. Dies ist im Zusammenhang mit der Aufnahme bewegter Objekte, die z.B. via Lichtschranke einen Trigger auslösen, besonders wichtig.

Weitere Details dieses und anderer Themen beschreiben aus anwendungstechnischer Sicht die nachfolgenden Abschnitte. Eine weitergehende Betrachtung bieten [2.1] und [2.5].

2.3.1 Bildakquisition

Der aktuelle Markt für Bildakquisitions-Komponenten ist durch CCD-Chips (*Charge Coupled Device*) dominiert. Ein wichtiger Vorteil (verglichen mit Röhren)

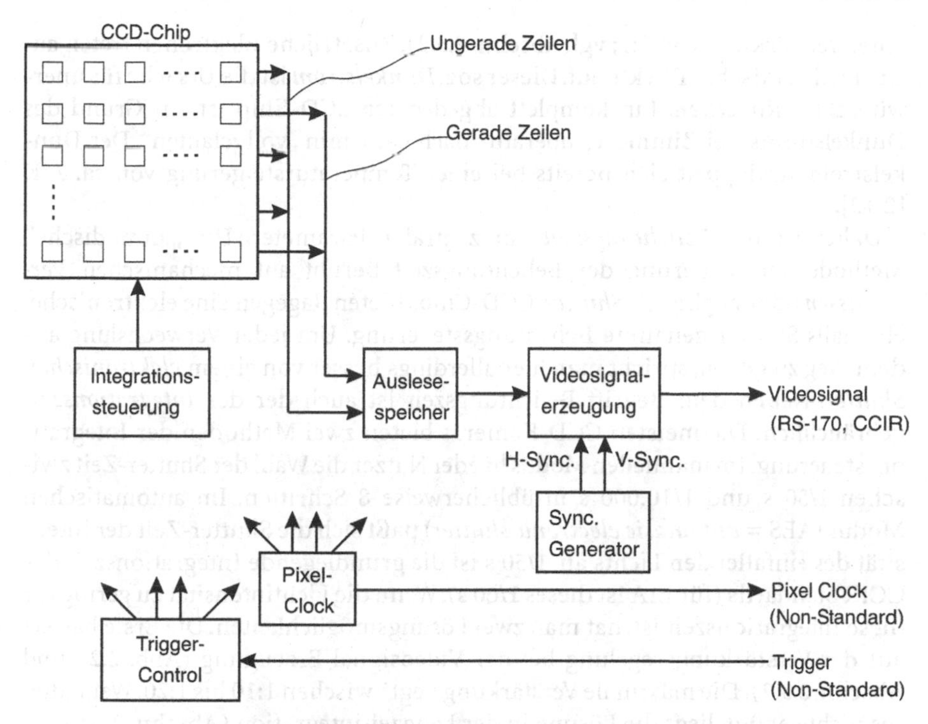

Abb. 2.24. Die in der digitalen Bildverarbeitung verwendeten Kameras bestehen aus den zwei Grundkomponenten Bildakquisition und Ausgabeeinheit. Die Akquisitionseinheit basiert auf einem CCD-Chip, bestehend aus einer 2-dimensionalen Matrix lichtempfindlicher Elemente (den Pixeln), die Licht in Ladung „wandeln". Die Belichtungszeit (im Zusammenhang von CCD-Kameras Integrationszeit genannt) wird elektronisch gesteuert. Nach der Integration wird die Ladung in einen Auslesebuffer transferiert und dabei in Spannung gewandelt. Basierend auf dem Inhalt dieses Buffers erzeugt die Ausgabeeinheit ein Videosignal gemäß einem Videostandard, also z.B. CCIR oder EIA. Für die Zwecke hochpräziser Messtechnik sollte die den Auslesevorgang steuernde Pixel Clock nachfolgenden Bildverarbeitungskomponenten verfügbar sein. Der Trigger-Eingang erlaubt den Neustart der Kamera durch ein externes Ereignis

ist, dass CCD-Chips aus separaten lichtempfindlichen Elementen, eben den Pixeln bestehen (vgl. Abschn. 1.2). Sie liefern mithin bereits ein 2-dimensionales ortsdiskretes Bild. Weitere Vorteile sind eine kleine Baugröße, niedriges Gewicht, hohe Dynamik, hohe Linearität, grosser Widerstand gegen mechanische, magnetische und optische Störungen sowie nicht zuletzt der durch den Massenmarkt im Konsumbereich niedrige Preis. Die folgenden Absätze widmen sich verschiedenen Eigenschaften, Parametern und Optionen von Bildakquisitions-Komponenten.

Ein CCD-Pixel „wandelt" Licht (im Wellenlängenbereich von 400 nm bis 1000 nm) in Ladung, die wiederum beim Auslesen des Chips in Spannung gewandelt wird (vgl. Abb. 2.2). Als Faustregel kann man für 1/2" Standard-CCD-Chips annehmen, dass 2 Fotonen 1 Elektron erzeugen und 50.000 Elektronen wiederum zu einer Videosignal-Amplitude von $1V_{SS}$ an der Ausgabeeinheit führen (bei einer Verstärkung von 1:1; vgl. Abschn. 2.3.2). Zusätzliche Elektronen treten auf Grund thermischer Effekte auf. Dieser sog. *Dunkelstrom* ist die Ursache für unerwünschtes *Rauschen*. Ein komplett abgedeckter CCD-Chip ist auf Grund des Dunkelstroms bei Zimmertemperatur nach ca. 1 min „vollgelaufen". Der Dunkelstrom verdoppelt sich bereits bei einer Temperatursteigerung von ca. 7 °K [2.12].

Daher ist die *Belichtungszeit* ein zentraler Parameter. Die „altmodische" Methode zur Steuerung der Belichtungszeit beruht auf mechanischen *Verschlüssen* oder engl. auch *Shutter*. CCD-Chips bieten dagegen eine elektronische, ebenfalls Shutter genannte Belichtungssteuerung. Um jeder Verwechslung aus dem Weg zu gehen, spricht man hier allerdings besser von einem *elektronischen Shutter*. Neben dem Begriff Belichtungszeit ist auch der der *Integrationszeit* gebräuchlich. Die meisten CCD-Kameras bieten zwei Methoden der Integrationssteuerung. Im manuellen Modus hat der Nutzer die Wahl der Shutter-Zeit zwischen 1/50 s und 1/10.000 s in üblicherweise 8 Schritten. Im automatischen Modus (AES = *automatic electronic shutter*) paßt sich die Shutter-Zeit der Intensität des einfallenden Lichts an. 1/50 s ist die grundlegende Integrationszeit des CCIR Standards (für EIA ist dieses 1/60 s). Wenn die Lichtintensität zu gering für diese Integrationszeit ist, hat man zwei Lösungsmöglichkeiten. Die Erste basiert auf der Verstärkungsregelung bei der Videosignal-Erzeugung (Abb. 2.24 und Abschn. 2.3.2). Die maximale Verstärkung liegt zwischen 1:10 bis 1:20. Wenn dieses nicht genügt, liegt die Lösung in der Langzeitintegration (Abschn. 2.3.6).

Einer der grundlegenden Parameter von CCD-Chips ist ihre Auflösung, ausgedrückt in der *Anzahl effektiver Pixel*. Das Muster eines typischen hochauflösenden CCD-Chips weist 752 Pixel in horizontaler Richtung (Spalten) und 581 Pixel in vertikaler Richtung (Zeilen) auf. Die volle Anzahl der Pixel ist ein wenig höher, da am Rand des Chips einige Zeilen und Spalten als „blinde" Pixel zur Definition des Grauwertes „Schwarz" dienen.

Ein weiterer wichtiger Parameter ist die Größe des Bereichs effektiver Pixel. Da die Ursprünge der Videokameras auf *Röhrenkameras* zurückgehen, sind CCD-Chips hinsichtlich der Formate gleich aufgebaut (vgl. Abschn. 2.2.2). Abbildung 2.16 zeigt die unterschiedlichen Abmessungen des jeweiligen lichtempfindlichen Bereichs.

Als optischer Parameter ist die *spektrale Empfindlichkeit* ausgesprochen wichtig. Abbildung 2.25 zeigt die Empfindlichkeit eines typischen CCD-Chips. Hochqualitative Markenkameras sind gewöhnlich mit einem *Infrarot-Sperrfilter* ausgerüstet (vgl. Abschn. 2.2.6), welches die Charakteristik gemäß der gepunkteten Linie verändert. Andererseits ist für einige Anwendungen eine hohe Empfindlichkeit im *nahen Infrarot* wünschenswert. Für diese Fälle sind CCD-Chips mit einer maximalen Empfindlichkeit bei ca. 750 nm verfügbar, ohne wesentlich teurer zu sein. Die übliche CCD-Technologie ist für ultraviolette Strahlung sowie für das mittlere und weite Infrarot nicht anwendbar. Diese Bereiche benötigen spezielle CCD-Komponenten (UV) oder völlig andere Techniken, die insbesondere im Fall von Infrarot extrem teuer sind.

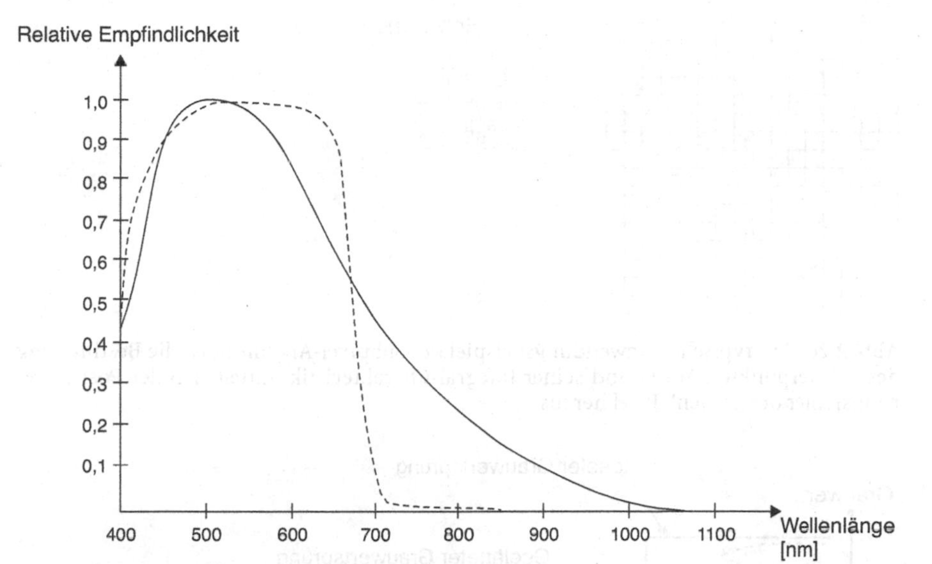

Abb. 2.25. Spektrale Empfindlichkeit eines typischen CCD-Chips (mit freundlicher Genehmigung der Firma Hitachi)

CCD-Chips sind nicht in der Lage Farben (also unterschiedliche Wellenlängen bzw. Energie von Fotonen) zu unterscheiden. Daher spalten Farbkameras das einfallende Licht mit Hilfe von Filtern und Prismen in die *Grundfarben* Rot, Grün und Blau (RGB). Die Verteilung der Farbkomponenten auf dem CCD-Chip folgt zwei unterschiedlichen Ansätzen. Die offensichtlichste Methode nutzt ein Prisma, das drei getrennte, mit einem Filter für die jeweilige Grundfarbe versehene CCD-Chips versorgt. Kameras, die diese Technik nutzen (die sog. *3-Chip-Kameras*; vgl. Abschn. 2.3.2) garantieren höchste Qualität, aber auch höchste Preise. Außerdem arbeiten sie nur mit ausgesuchten Objektiven (vgl. Abschn. 2.2.2). Die einfachere Methode nutzt kleine Filterstrukturen (breite Anwendung finden die sog. *Mosaikfilter*), die die Farbkomponenten pixelweise auf dem CCD-Chip verteilen. Dies ähnelt dem Aufbau der Farbsensorik unseres Auges [2.6]. Die diese Technik verwendenden Kameras sind preisgünstig und bedürfen keiner besonderen Objektive. Andererseits ist die Ortsauflösung des zu Grunde liegenden CCD-Chips deutlich verringert.

Der Videostandard reicht nicht mehr aus, wenn eine sehr hohe Bildauflösung gefordert ist. Hochauflösende CCD-Flächenkameras sind verfügbar, aber (noch) sehr teuer. 1-dimensionale CCD-Zeilen sind häufig die günstigere Alternative. Eine typische Anwendung solcher Zeilen findet man in Scannern. Ihr Prinzip ist sehr gut auf industrielle Anwendungen umsetzbar. Hier nutzt man die sog. *Zeilenkameras*, um z.B. die Oberfläche von Leiterplatten auf Unregelmäßigkeiten zu prüfen.

Bis jetzt wurde der Terminus „Auflösung" als gleichbedeutend mit der Anzahl von Zeilen und Spalten des CCD-Chips verstanden. Tatsächlich realisiert der

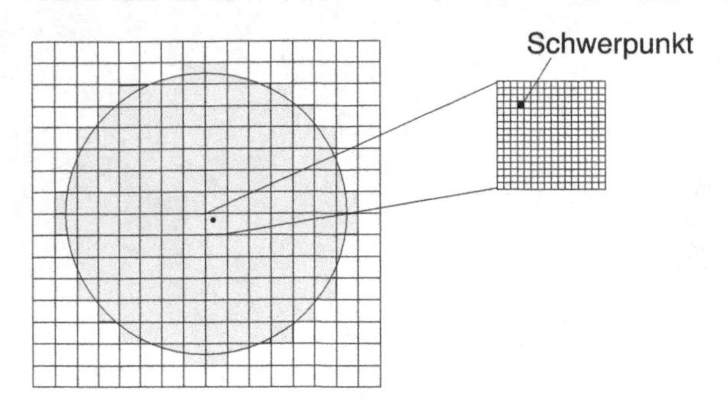

Abb. 2.26. Ein typisches Anwendungsbeispiel der Subpixel-Arithmtik ist die Bestimmung des Schwerpunktes. Auf Grund seiner Integral-Charakteristik mittelt sich der Positionierungsfehler der „rohen" Pixel heraus

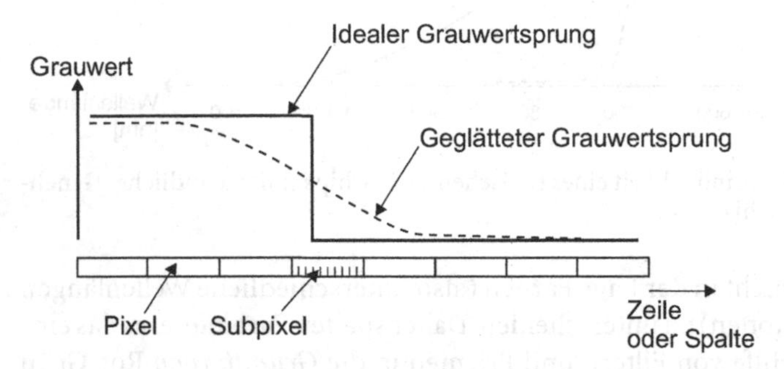

Abb. 2.27. Wenn dieser ideale Grauwertsprung die Abbildung einer Objektkante ist, möchte man so genau wie möglich wissen, wo im Bild die Konturpunkte liegen. Auf den ersten Blick erscheint es erstaunlich, dass hierbei der ideale Grauwertsprung eher hinderlich ist. Aber offensichtlich kann man nicht sagen, wo genau dieser Sprung das Pixel auf dem Chip „geschnitten" hat. Tatsächlich erlaubt ein geglätteter Grauwertsprung eine Grauwert-Interpolation und damit die Bestimmung von Subpixel-Positionen als Funktion des Grauwertverlaufs

CCD-Chip einen Abtastvorgang, dessen maximale Abtastrate durch das Abtasttheorem gegeben ist. Dieses besagt, dass die Abtastrate größer als die doppelte *Nyquist-Frequenz* (vgl. 6.1) sein muss. Das Abtasttheorem und seine Nutzung sind in der Praxis 1-dimensionaler Zeitsignale gut verstanden [2.51], im Zusammenhang mit CCD-Chips dagegen weniger. In der Praxis erhöht man die Auflösung von CCD-Chips durch Anwendung der (letztlich auf das Abtasttheorem zurückführbaren) *Subpixel-Arithmetik*. Deren Idee ist es, ein Pixel wiederum als Bild bestehend aus Subpixeln zu betrachten. Als Faustregel kann man von einer „Sub-Auflösung" von 10 * 10-Subpixeln ausgehen. Ein typisches Anwendungsbeispiel ist die Bestimmung des Schwerpunktes (Abb. 2.26). Auf Grund seiner Integral-Charakteristik mittelt sich der Positionierungsfehler der „rohen" Pixel heraus. Als zweites Beispiel geht man von einem Grauwertsprung von Dunkel nach Hell aus (Abb. 2.27). Wenn es sich hierbei um die Abbildung einer Objektkante handelt, möchte man natürlich so genau wie möglich wissen, wo im Bild die Konturpunkte liegen. Auf den ersten Blick erscheint es erstaunlich, dass hierbei der ideale Grauwertsprung eher hinderlich ist. Aber offensichtlich kann man nicht sagen, wo genau dieser Sprung das Pixel auf dem Chip „geschnitten" hat. Tatsächlich erlaubt ein geglätteter Grauwertsprung eine Grauwert-Interpolation und damit die Bestimmung von Subpixel-Positionen als Funktion des Grauwertverlaufs (diese Zusammenhänge sind im Übrigen wieder direkt auf das Abtasttheorem zurückführbar). Auch das menschliche visuelle System benötigt in einigen Fällen unscharfe Bilder, um deren Inhalt zu erkennen (Abb. 2.14). Was auch immer der spezielle „Trick" sein mag, die Subpixel-Arithmetik kann nur dann präzise sein, wenn der Inhalt des CCD-Chips exakt in den Arbeitsspeicher des Bildverarbeitungsrechners abgebildet wird. Wie bereits in Abschn. 2.3.2 diskutiert, ist dieses bei der ausschließlichen Verwendung des Videostandards nicht der Fall. Abschnitt 2.3.3 zeigt die Lösung.

2.3.2 Ausgabeeinheit

Die Aufgabe der Ausgabeeinheit einer Kamera liegt in der Erzeugung eines Videosignals, das für die Weiterverarbeitung durch nachfolgende Bildverarbeitungs-Komponenten geeignet ist. Das von *Standardkameras* akquirierte Bild wird in ein Videosignal gewandelt, das internationalen Standards genügt. In Europa ist dies CCIR (Comité Consultatif International des Radiocommunications), in den Vereinigten Staaten der durch die EIA (Electronics Industries Association) definierte RS-170-Standard. Auf CCIR basieren die Farbstandards PAL (Phase Alternation Line) und SECAM (Séquentiel Couleur à Mémoire), während die Farberweiterung des RS-170-Standards RS-170a - oder besser bekannt als NTSC (National Television System Committee) - ist. Die nachfolgenden Absätze sind den verschiedenen Eigenschaften, Parametern und Optionen von Ausgabeeinheiten gewidmet.

Die Idee sämtlicher Videostandards basiert auf den von Röhrenkameras und -monitoren gesetzten Randbedingungen und wirkt daher im Zeitalter von CCD-Chips und Flachbildschirmen ein wenig bizarr. Röhren benötigen eine Steuerung des Elektronenstrahls, der eingangsseitig den lichtempfindlichen Bereich der Kamera und ausgangsseitig den Bildschirm des Monitors scannt [2.8]. Der Strahl beginnt in der linken oberen Ecke (Abb. 2.28). Nach dem Erreichen des ersten Zeilenendes (dies dauert 52 μs für CCIR und 52,59 μs für RS-170), läuft der dunkelgetastete Strahl zurück an den Beginn der dritten (nicht der zweiten!) Zeile. Dieser *Strahlrücklauf* benötigt dafür 12 μs im CCIR Modus und 10,9 μs für RS-170. Auf diese Weise scannt der Strahl das erste *Halbbild* (ungerade Zeilen), während das zweite Halbbild die gradzahligen Zeilen bearbeitet. Dieser „Trick" vermindert das Flackern des Fernsehbildschirms, führt aber zu Unannehmlichkeiten bei der Bildverarbeitung (vgl. Abschn. 2.3.5). Ein kompletter Scan besteht aus 625 Zeilen und dauert 1/25 s für CCIR. Ein RS-170-Bild ist innerhalb von 1/30 s gescant und umfasst 525 Zeilen.

Während des Strahlrücklaufs wird der Horizontal-Synchronimpuls (*H-Sync*) dem Videosignal zugefügt. Er zeigt den Beginn der nächsten Zeile an. Die Zeit vor und hinter dem H-Sync wird als Referenz für „Schwarz" genutzt. Diese Teile des Signals heissen daher *Schwarzschulter* (Abb. 2.28). Der Vertikal-Synchronimpuls (*V-Sync*) zeigt den Beginn eines neuen Halbbildes an. Der V-Sync besteht aus einer Sequenz zahlreicher, über 50 Zeilen (CCIR) bzw. 40 Zeilen (EIA) verteilter Pulse. Da diese Zeilen nicht sichtbar sind, bietet die CCIR Norm lediglich 575 sichtbare Zeilen. Im Fall von EIA sind es 485.

Die Synchronisation eines Standard-Videosignals basiert ausschließlich auf H- und V-Sync. Aber wie „ergeht" es dabei den einzelnen Pixeln? Gemäß CCIR und EIA ist das Seitenverhältnis des Bildes 4:3. Also hat man 767 Pixel pro Zeile für CCIR und 647 Pixel pro Zeile für EIA. 767 Pixel in 52 µs gescanned führt zu

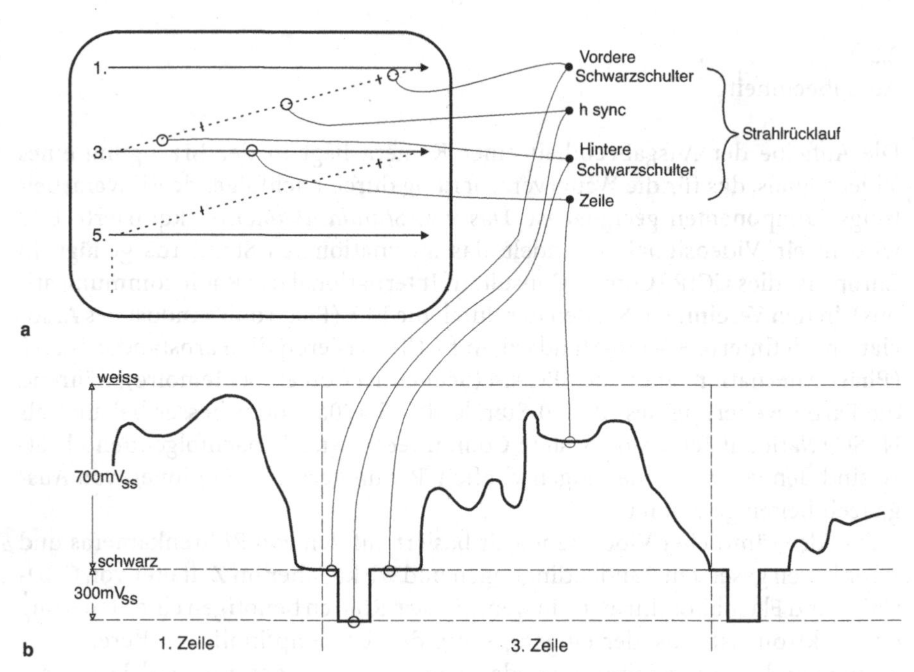

Abb. 2.28. Die Idee sämtlicher Videostandards basiert auf den von Röhrenkameras und -monitoren gesetzten Randbedingungen. Röhren benötigen eine Steuerung des Elektronenstrahls, der eingangsseitig den lichtempfindlichen Bereich der Kamera und ausgangsseitig den Bildschirm des Monitors scannt. Der Strahl beginnt in der linken oberen Ecke. Nach dem Erreichen des ersten Zeilenendes (dies dauert 52 µs für CCIR und 52.59 µs für RS-170), läuft der dunkelgetastete Strahl zurück an den Beginn der dritten (nicht der zweiten!) Zeile. Auf diese Weise scannt der Strahl das erste Halbbild (ungerade Zeilen), während das zweite Halbbild die gradzahligen Zeilen bearbeitet. Ein kompletter Scan besteht aus 625 Zeilen und dauert 1/25 s für CCIR. Ein RS-170-Bild ist innerhalb von 1/30 s gescant und umfasst 525 Zeilen. Während des Strahlrücklaufs wird der Horizontal-Synchronimpuls (*H-Sync*) dem Videosignal zugefügt. Er zeigt den Beginn der nächsten Zeile an. Die Zeit vor und hinter dem H-Sync wird als Referenz für „Schwarz" genutzt. Diese Teile des Signals heissen daher Schwarzschulter

einer Frequenz der *Pixel-Clock* (vgl. Abschn. 2.3.3) von 14,75 MHz für CCIR, während die 647 Pixel einer EIA Zeile (52,59 µs) mit einer Frequenz von 12,3 MHz gescannt werden.

Für unsere visuelle Wahrnehmung ist ein einzelnes Pixel allerdings wenig relevant. Die TV-Auflösung misst man daher traditionell anders: Die höchste Anforderung an die *horizontale* Auflösung einer CCIR-Kamera stellt ein Muster von 383,5 *vertikalen* schwarzen und weißen *Linienpaaren*, da dann zwei benachbarte Pixel einer Zeile jeweils die niedrigsten und höchsten Grauwerte darstellen müssen. Obwohl es sich also eigentlich um ein Rechtecksignal handelt, ist es für das menschliche visuelle System kein Problem, die Grauwertsprünge zu glätten und somit von einem Sinussignal mit der Frequenz 7,375 MHz (383,5 Perioden pro 52 µs) auszugehen. Für EIA ergibt die entsprechende Rechnung eine Frequenz von 6,15 MHz. Also müsste die Bandbreite jeder Videokomponente 7,375 MHz bzw. 6,15 MHz betragen. Allerdings erlauben die Videostandards niedrigere Bandbreiten und damit niedrigere horizontale Auflösungen. Somit ist die Anzahl der *vertikalen Linien*, die eine Kamera erfassen bzw. ein Monitor darstellen kann, ein Qualitätsmaß. Dieser Parameter ist als *TV-Linien* oder einfach *Linien* bekannt, zählt aber die einzelnen schwarzen und weissen Linien (anstatt der Linienpaare). Einfache Überwachungssysteme arbeiten mit 300 TV-Linien. Hochauflösende Systeme bieten 550 TV-Linien oder mehr. Im praktischen Alltag wird dieses Maß nicht allzu präzise benutzt. Nicht zuletzt daher kann eine 550er-Kamera durchaus besser sein als eine andere Kamera, die mit 600 Linien beworben wird.

Die Darstellungs-Charakteristik einer Bildröhre ist nichtlinear. Sie hebt die hohen Grauwerte eines Bildes an. Um diesen Effekt zu kompensieren, bieten die meisten Kameras eine sog. *Gamma-Korrektur*. Wenn Gamma 1 ist, arbeitet die Ausgabeeinheit der Kamera linear. Der Wert 0,45 zeigt an, dass die Ausgabeeinheit niedrige Grauwerte anhebt. Um diesen Effekt noch zu verstärken, bieten einige Kameras zusätzlich eine Gamma-Korrektur von 0,25. Dieses ist im Zusammenhang mit Überwachungssystemen hilfreich, im Bereich der Messtechnik aber eher von untergeordneter Bedeutung.

Wie in Abschn. 2.2.1 diskutiert, dient ein elektronischer Shutter der Steuerung der Belichtungszeit des CCD-Chips. Eine schwache Beleuchtung bedarf einer geringen Shutter-Geschwindigkeit, also einer hohen Belichtungszeit. Auf Grund des Videostandards beträgt die minimale Shutter-Geschwindigkeit 1/50 s (CCIR) bzw. 1/60 s (EIA). Bewegt sich das aufzunehmende Objekt, bedarf es ggf. sogar einer Erhöhung der minimalen Shutter-Geschwindigkeit. Dieses könnte dazu führen, dass die geforderte Amplitude des Videosignals von $1V_{SS}$ (beide Standards) nicht erreicht wird. In diesem Fall tritt der Verstärker der Kamera in Aktion. Typischerweise liegt die maximale Verstärkung verschiedener Kameras bei 1:10 bis 1:20. Reicht dieses nicht, kommt man um ein Langzeitintegration nicht herum (Abschn. 2.3.6). Viele Kameras bieten die Möglichkeit, zwischen automatischer und manueller Verstärkungsregelung zu wählen. Die *automatische Verstärkungsregelung* (AGC = automatic gain control) reguliert den Verstärker so, dass am Videoausgang der geforderte Pegel von 1 V_{SS} zur Verfügung steht. Diese automatische Anpassung ist hervorragend für die Überwachungstechnik, allerdings in messtechnischen Zusammenhängen eher fragwürdig. Da man hier bemüht ist, mit kontrolliertem Licht zu arbeiten, ist gewöhnlich die *manuelle Verstärkungsregelung* (MGC = manual gain control) vorzuziehen. Diese ermöglicht eine exakte Anpassung an die gegebenen Verhältnisse.

Schaltet ein Frame-Grabber zwischen 2 Videoeingängen um, so dauert es ca. 3 Bilder, bis die Digitalisierung wieder stabil arbeitet. Dieser Effekt wird häufig unterschätzt. Glücklicherweise bieten viele Kameras die Möglichkeit der *externen Synchronisation*, auch *Genlock* genannt. Diese sorgt dafür, dass die H- und V-Syncs sämtlicher Kameras „im selben Takt schwingen". Abbildung 2.29 zeigt 3 Genlock-Variationen. Die einfachste (2.29a) bildet eine Synchronisationskette, in der der Videoausgang einer Kamera der Nächsten zur Synchronisation dient. Dabei mag allerdings die Signalverzögerung von Kamera zu Kamera zu Problemen führen. Eine sehr exakte Synchronisation setzt *einen* Sync-Generator zur Speisung sämtlicher Kameras voraus. Dieser muss nicht unbedingt, wie in

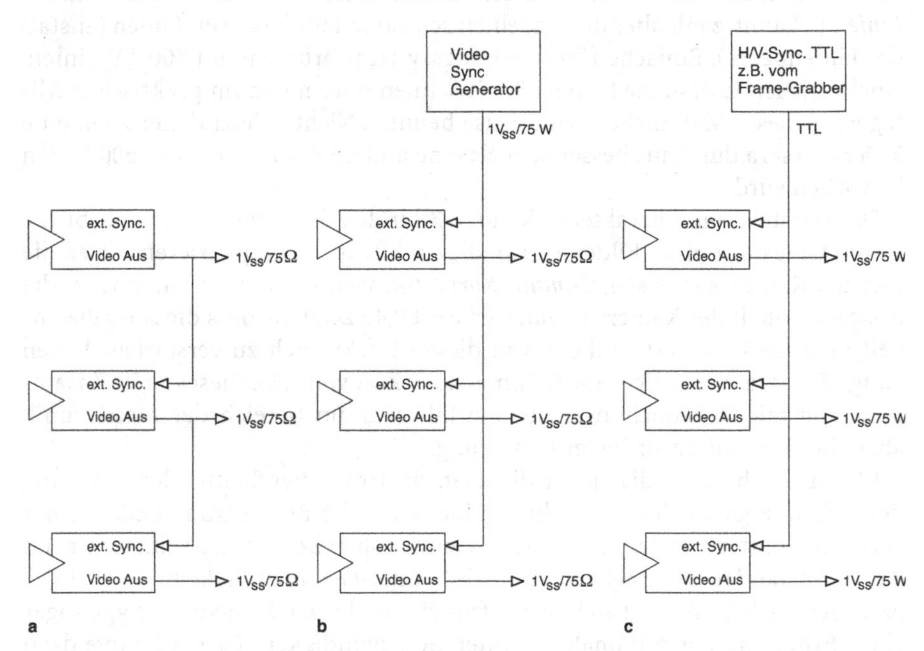

Abb. 2.29. Viele Kameras können extern synchronisiert werden, so dass die H- und V-Syncs sämtlicher Kameras „im selben Takt schwingen". Die einfachste Synchronisations-Methode bildet eine Synchronisationskette, in der der Videoausgang einer Kamera der Nächsten zur Synchronisation dient (**a**). Dabei mag allerdings die Signalverzögerung von Kamera zu Kamera zu Problemen führen. Eine sehr exakte Synchronisation setzt *einen* Sync-Generator zur Speisung sämtlicher Kameras voraus. Dieser muss nicht unbedingt, wie in (**b**) gezeigt, ein Standardsignal erzeugen. Einige Kameras akzeptieren H- und V-Syncs in Form von TTL-Pulsen (**c**). Dieses kann besonders vorteilhaft sein, da moderne, messtechnisch orientierte Frame-Grabber solche Pulse erzeugen und externen Geräten zur Verfügung stellen.

(2.29b) gezeigt, ein Standardsignal erzeugen. Einige Kameras akzeptieren H- und V-Syncs in Form von TTL-Pulsen (2.29c). Dieses kann besonders vorteilhaft sein, da moderne, messtechnisch orientierte Frame-Grabber solche Pulse erzeugen und externen Geräten zur Verfügung stellen.

Aus Sicht der Akquisition von Farbbildern wurde zwischen 1-Chip- und 3-Chip-Kameras unterschieden (vgl. Abschn. 2.2.1). Im Zusammenhang mit der Videosignalausgabe sind drei Varianten verfügbar. Die technischen Termini sind *Composite* (in der Fernsehtechnik spricht man eher von *FBAS*), *Y/C* (in der Fernsehtechnik *S-VHS*) und *RGB*. Wie der Name bereits sagt, enthält ein Composite-Signale sowohl die *Luminanz-* und *Chrominanz-*Information. Das Luminanz-Signal entspricht dem normalen CCIR bzw. RS-170 Helligkeitssignal. Das ihm überlagerte Farbsignal kodiert die Farbkomponenten gemäß den Standards PAL, SECAM und NTSC (vgl. Beginn dieses Abschnitts). Solch ein „Gebräu" von Signalen führt naturgemäß zu Fehlern und damit gestörten Bildern. Daher ist es eine gute Idee, die Signale für Luminanz (Y-Signal) und Chrominanz (C-Signal) zu trennen. Solche Y/C-Kameras sind ein guter Kompromiss zwischen Preis und Leistung. Hohen Leistungsansprüchen können aber nur RGB-Signale genügen. Die RGB-Technik vermeidet gänzlich zusammengesetzte Signale, sondern stellt für jede Grundfarbe ein gesondertes Helligkeitssignal (gemäß CCIR oder RS-170) zur Verfügung. 3-Chip-Kameras sind grundsätzlich mit einem RGB-Ausgang ausgerüstet, da es keinen Sinn macht, deren Qualität durch zusammengesetzte Signale zu mindern. Hochqualitative 1-Chip-Kameras bieten alle drei Ausgangstypen, während solche mittlerer Qualität auf den RGB-Modus verzichten und einfache Farbkameras nur Composite-Signale liefern.

2.3.3 Pixel-Clock

Wie in Abschn. 2.3.2 gezeigt, beruht die Synchronisation von Videosignalen lediglich auf den Horizontal- und Vertikal-Synchronimpulsen. Eine pixelweise Synchronisation ist in den Videostandards nicht vorgesehen. Mithin ist die exakte Abbildung der Pixel eines CCD-Chips in den Arbeitsspeicher des Rechners nicht möglich (vgl. Abb. 2.1). Da der Abbildungsfehler determiniert ist, kann man ihn in vielen Anwendungsfällen „herausrechnen". Hochpräzise Messaufgaben und insbesondere die Anwendung der Subpixel-Arithmetik (vgl. Abschn. 2.3.1) erfordern allerdings eine exakte Abbildung der Pixel.

Abbildung 2.30 zeigt die Lösung der Aufgabe. Der Frame-Grabber tastet das Eingangssignals im Takt seiner Pixel-Clock ab. Messtechnisch orientierte Grabber bieten die Möglichkeit, an Stelle dieser internen Clock eine externe zu nutzen. Dem entsprechend bieten messtechnisch orientierte Kameras die Ausgabe ihrer Pixel-Clock zur Steuerung des Frame-Grabbers an. Auf diese Weise ist die Übertragung eines jeden Pixels unter Kontrolle. Eine unsaubere Übertragung der Pixel-Clock richtet allerdings mehr Schaden als Nutzen an.

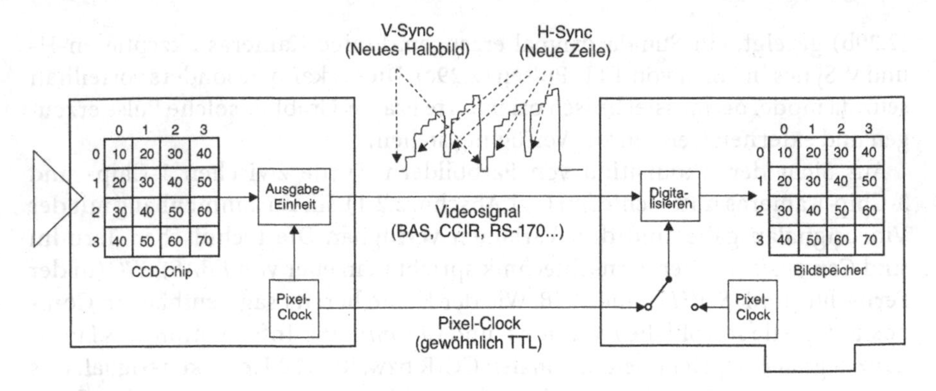

Abb. 2.30. Hochpräzise Messaufgaben und insbesondere die Anwendung der Subpixel-Arithmetik erfordern eine exakte Abbildung der Pixel eines CCD-Chips in den Arbeitsspeicher des Rechners. Daher stellen messtechnisch orientierte Kameras ihren Pixel-Clock für nachfolgende Frame-Grabber zur Verfügung. Auf diese Weise ist die Übertragung eines jeden Pixels unter Kontrolle

2.3.4 Trigger-Mechanismen

Abbildung 2.31 zeigt von einem Fließband transportierte Werkstücke, deren Qualität durch ein Bildverarbeitungssystem zu prüfen ist. Also muss das Bild eines Werkstückes genau dann „geschossen" werden, wenn es im Gesichtsfeld der Kamera ist. Die Lösung der Aufgabe beruht auf einer Lichtschranke, die den Frame-Grabber und über ein Restart/Reset-Signal die Kamera triggert. Zusätzlich kann man ein Blitzlicht zum Einfrieren der Bewegung nutzen.

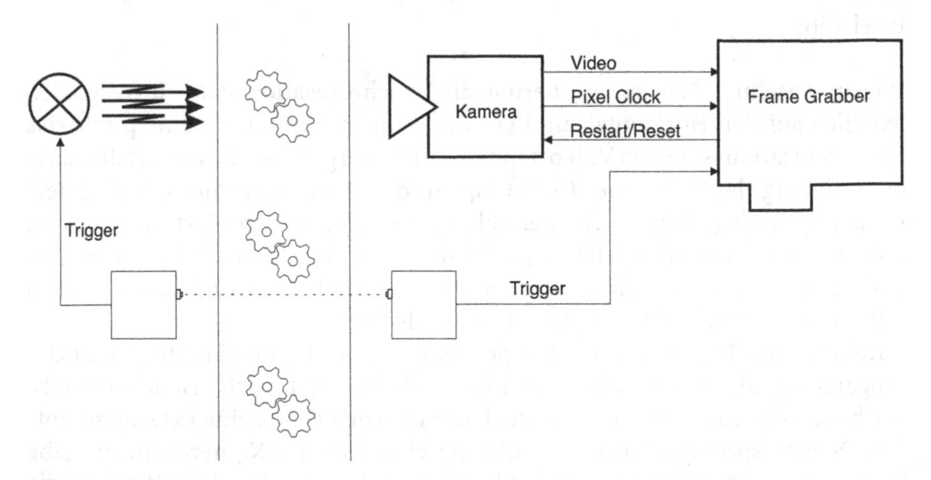

Abb. 2.31. Eine Lichtschranke triggert einen Frame-Grabber und über ein Restart/Reset-Signal die Kamera, um die Aufnahme eines Werkstückes an genau der richtigen Position zu Gewähr leisten. Zusätzlich kann man ein Blitzlicht zum Einfrieren der Bewegung nutzen

Die Idee des Triggerns ist einfach umrissen. In der Praxis steckt der Teufel allerdings in recht vielen Details. Da Trigger-Mechanismen nicht standardisiert sind, warten jede Kamera und jeder Frame-Grabber mit „hauseigenen" Spezialitäten auf. So ist es z.B. nicht ungewöhnlich, dass der Trigger zuerst die Kamera und diese dann wiederum den Frame-Grabber anstößt. Natürlich sind auch die Namen von Trigger-Mechanismen unterschiedlich. Einige sprechen vom *asynchronen Shutter*, andere nennen es *Field on Demand*. Die Realisierung getriggerter Bildverarbeitungssysteme setzt auf jeden Fall hard- und softwaretechnische Erfahrungen voraus.

2.3.5 Progressive Scan

Eine weitere „Altlast" der Videostandards ist das Halbbildverfahren (vgl. Abschn. 2.3.2). Diese ist zwar ein Segen für die Fernsehtechnik, für messtechnische Zwecke an bewegten Objekten aber eher ein Fluch. Ausgangspunkt seien wiederum die von einem Fließband transportierten Werkstücke (Abb. 2.31). Die Lichtschranke triggert die Kamera, die daraufhin mit der Akquisition der ungeraden Zeilen beginnt. Der Blitz und/oder eine sehr kurze Belichtungszeit sorgen trotz der Bewegung für ein scharfes Bild. Gemäß CCIR (EIA) werden die gradzahligen Zeilen 1/50 s (1/60 s) später bearbeitet. Allerdings ist mittlerweile das Werkstück ein wenig vorgerückt, also zeigen die geraden und ungeraden Zeilen zwei horizontal verschobene Teilbilder. Man spricht hier von einem *Kammeffekt*.

Die einfache Lösung ist die ausschließliche Verwendung der ungeraden oder geraden Zeilen und damit die Inkaufnahme einer halbierten Auflösung. Ist dieses nicht akzeptabel, kommen sog. *Progressive Scan*-Kameras zum Einsatz. Sie akquirieren das Bild „in einem Stück". Derartige Kameras sind üblicherweise triggerbar (vgl. Abschn. 2.3.4) und verlangen spezielle Frame-Grabber.

2.3.6 Langzeitintegration

Wenn die maximale Integrationszeit der Videostandards (1/50 s für CCIR, 1/60 s für EIA) und eine maximale Verstärkung für die Aufnahme schwach beleuchteter Objekte nicht ausreichen, muss die Integrationszeit über die Möglichkeiten der Videostandards hinaus erhöht werden. Leider steigt mit der Integrationszeit auch das Rauschen. Bei Raumtemperatur sollte die Integrationszeit 10 s nicht überschreiten. Dies ermöglicht eine minimale Beleuchtung von ca. $2 \cdot 10^{-4}$ Lux (vgl. Abb. 2.2). Durch Mittelwertbildung über viele Bilder lässt sich das Rauschen drastisch vermindern. Alternativ kann man diesen Aufwand durch Kühlung des CCD-Chips vermeiden und damit das Übel an der Wurzel packen. Die Kühlung erfolgt thermoelektrisch mit Hilfe eines Peltier-Elements. Kühlt man dieses wiederum mit einem Luftstrom, kann die Integrationszeit bis zu 15 min (dies entspricht ungefähr $2 \cdot 10^{-6}$ Lux) dauern. Mit einer Wasserkühlung sind bis zu 3 h erreichbar (was ungefähr $2 \cdot 10^{-7}$ Lux entspricht).

Da die Langzeitintegration den Videostandards nicht entspricht, benötigen solchen Kameras einen Bildspeicher, der das aktuelle Bild bis zum Ende der Integration des nächsten Bildes hält.

Faustregeln zu Kameras

- Ein Pixel eines 1/2" Standard-CCD-Chips setzt 2 Fotonen in 1 Elektron um (400 nm - 1000 nm). 50.000 Elektronen wiederum erzeugen 1V.
- Bei Raumtemperatur sollte die Belichtungszeit eines CCD-Chips 10 s wegen des Dunkelstroms nicht überschreiten.
- Der Parameter „TV-Linien“ entstammt der Fernsehtechnik und beschreibt die maximale Anzahl senkrechter weißer und schwarzer Linien, die eine Kamera oder ein Monitor auflösen können. Die exakte Auflösung eines CCD-Chips kann man nur durch eine pixel-synchrone Übertragung nutzen.
- 3-Chip-Kameras sollte man nur mit Objektiven betreiben, die die Kompatibilitätslisten der Kamerahersteller empfehlen.
- Der Kammeffekt bei der Aufnahme bewegter Bilder ist auf das Halbbildverfahren zurückzuführen. Zur Vermeidung nutzt man entweder nur ein Halbbild oder, wenn die volle Auflösung gefordert ist, eine Progressive Scan-Kamera.
- Subpixel-Arithmetik setzt eine pixelsynchrone Bildübertragung voraus.
- Eine unsaubere Übertragung von Pixel Clock-Signalen richtet mehr Schaden als Nutzen an.
- Das Prinzip triggerbarer Kameras ist einfach. In der Praxis unterscheiden sich die Kameras von Hersteller zu Hersteller in entscheidenden Details. Standards gibt es hier nicht.

2.4 Frame-Grabber

Abbildung 2.32 zeigt die grundlegende Struktur eines Frame-Grabbers. Im ersten Schritt trennt die *Sync-Separation* (auch *Sync-Stripper* genannt) die Synchronisationspulse vom Videosignal. Der Horizontal-Synchronimpuls (*H-Sync*) zeigt den Beginn einer neuen Zeile an, der Vertikal-Synchronimpuls (*V-Sync*) leitet den Beginn eines neuen Halbbildes ein (vgl. Abschn. 2.3.2). Nach dem Aufschalten eines Videosignals benötigt ein Grabber ca. 3 Bilder, bis er sich auf die Synchronisationspulse eingeschwungen hat. Dies kann sehr stören, wenn ein schnelles Umschalten zwischen verschiedenen Videoquellen gefordert ist. Um den langen Einschwingzeiten vorzubeugen, müssen die H- und V-Syncs sämtlicher Videoquellen „im selben Takt schwingen“. Dies erreicht man durch eine *externe Synchronisation* der Videoquellen (vgl. Abschn. 2.3.2). Einige Frame-Grabber bieten die Möglichkeit, ihren internen *Sync-Generator* externen Geräten verfügbar zu machen. Allerdings handelt es sich hierbei üblicherweise um

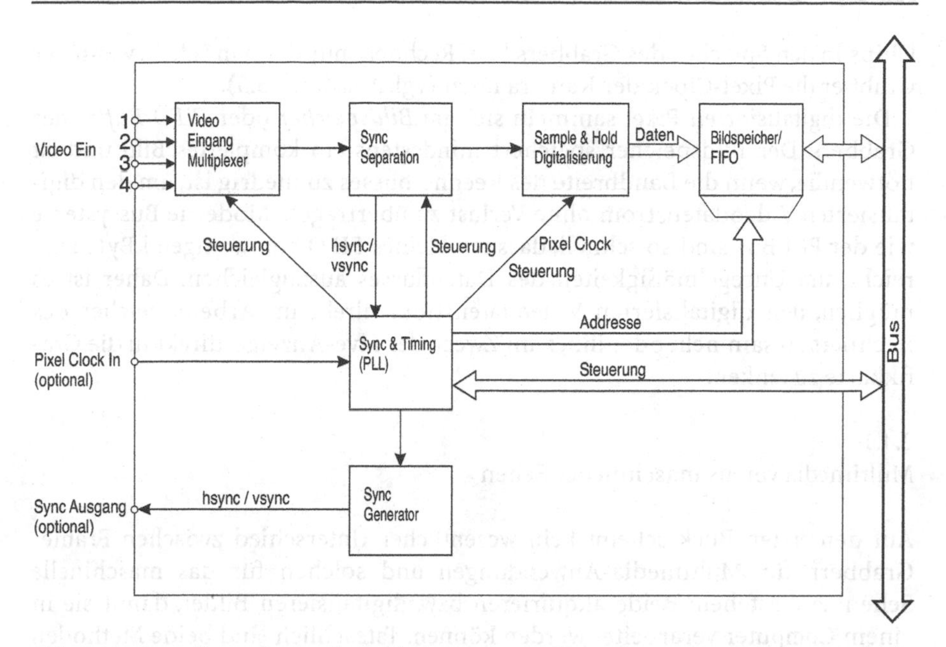

Abb. 2.32. Grundlegende Struktur eines Frame-Grabbers. Im ersten Schritt trennt die Sync-Separation die Synchronisationspulse vom Videosignal. Gemäß den Videostandards tastet die Sample and Hold-Einheit 767 Pixel pro Zeile im Fall von CCIR und 647 Pixel pro Zeile im Fall von EIA ab. In der Praxis können Grabber ohne einen Genauigkeitsverlust ein wenig von diesen Werten abweichen. Andererseits ist eine exakte Abbildung der Pixel des CCD-Chips in den Speicher des Grabbers bzw. Rechners nur dann möglich, wenn der Grabber die Pixel-Clock der Kamera nutzt. Die digitalisierten Pixel sammeln sich im Bildspeicher oder FIFO-Buffer. Der Bildspeicher speichert mindestens ein komplettes Bild und ist notwendig, wenn die Bandbreite des Rechnerbusses zu niedrig ist, um den digitalisierten Videodatenstrom ohne Verlust zu übertragen. Moderne Bussysteme wie der PCI-Bus sind so schnell, dass ein kleines FIFO von wenigen kByte ausreicht, um Unregelmäßigkeiten des Datenflusses auszugleichen. Daher ist es möglich, den digitalisierten Videodatenstrom direkt im Arbeitsspeicher des Rechners zu sammeln oder ihn zum Zweck der Live-Anzeige direkt in die Grafikkarte zu lenken

TTL-Signale, deren Form natürlich nicht denen der Standard-Synchronisationspulse entspricht. Daher müssen die zu synchronisierenden Videoquellen TTL-Signale akzeptieren. Die Nutzung des internen Sync-Generators bedeutet nicht notwendigerweise ein Abschalten oder ein direkte Steuerung der Sync-Separation. Vielmehr arbeiten die Sync-Separation und der Sync-Generator unabhängig, sind aber natürlich indirekt über die Videoquelle gekoppelt [2.3].

Ausgehend von einer stabilen Synchronisation der Zeilen und Halbbilder stellt sich wieder die Frage nach der Erzeugung der Pixel. Gemäß den Videostandards tastet die *Sample-and-Hold*-Einheit 767 Pixel pro Zeile im Fall von CCIR und 647 Pixel pro Zeile im Fall von EIA ab. Wie in Abschn. 2.3.2 beschrieben, bedeutet dies eine Pixel-Clock-Frequenz von 14,75 MHz für CCIR und 12,3 MHz für EIA. In der Praxis können Grabber ohne einen Genauigkeitsverlust ein wenig von diesen Werten abweichen. Andererseits ist eine exakte Abbildung der Pixel des CCD-

Chips in den Speicher des Grabbers bzw. Rechners nur dann möglich, wenn der Grabber die Pixel-Clock der Kamera nutzt (vgl. Abschn. 2.3.3).

Die digitalisierten Pixel sammeln sich im *Bildspeicher* oder *FIFO-Buffer* des Grabbers. Der Bildspeicher speichert mindestens ein komplettes Bild und ist notwendig, wenn die Bandbreite des Rechnerbusses zu niedrig ist, um den digitalisierten Videodatenstrom ohne Verlust zu übertragen. Moderne Bussysteme wie der PCI Bus sind so schnell, dass ein kleines FIFO von wenigen kByte ausreicht, um Unregelmäßigkeiten des Datenflusses auszugleichen. Daher ist es möglich, den digitalisierten Videodatenstrom direkt im Arbeitsspeicher des Rechners zu sammeln oder ihn, zum Zweck der Live-Anzeige, direkt in die Grafikkarte zu lenken.

2.4.1 Multimedia versus maschinelles Sehen

Auf den ersten Blick scheint kein wesentlicher Unterschied zwischen Frame-Grabbern für Multimedia-Anwendungen und solchen für das maschinelle Sehen: zu bestehen: Beide akquirieren bzw. digitalisieren Bilder, damit sie in einem Computer verarbeitet werden können. Tatsächlich sind beide Methoden sehr unterschiedlich. Multimedia-Grabber akquirieren Bilder für die Video- und Audiobearbeitung. Diese Massendaten sind so effizient wie möglich wiederzugeben, zu speichern und zu übertragen. Daher ist man bestrebt, die Datenmenge so klein wie möglich zu halten. Dieses erreicht man typischerweise durch eine geringe Auflösung der Bilder, ergänzt durch Kompressionstechniken. Mithin ist die Bildqualität eher mäßig. Im Gegensatz dazu sollen Bilder für das maschinelle Sehen die aufgenommenen Objekte so präzise wie möglich repräsentieren. Schließlich benötigt man sichere Aussagen wie „der Durchmesser des Bohrloches beträgt 6,25 mm".

Aus Sicht der Treiber-Software ist ein typisches Kennzeichen für Multimedia die Verfügbarkeit von *Standardschnittstellen* wie z.B. MCI (Media Control Interface) und Twain. Im Fall des maschinellen Sehens erfolgt der Zugriff auf einfache bzw. ältere Grabber über ihre Register oder, moderneren Konzepten folgend, über eine Treiberschicht, die die Registerstrukturen verdeckt, aber trotzdem einen vergleichsweise direkten Zugriff auf die Hardware-Ressourcen erlaubt. Standards existieren allerdings nicht. Jeder Hersteller folgt hier seiner eigenen Strategie. Letztlich reflektiert diese Situation das Fehlen von Standards auf der Ebene spezieller Bildverarbeitungs-Hardware. Als Beispiel sei hier der Trigger genannt (vgl. Abschn. 2.3.4 und 2.4.2).

Im Bereich Multimedia konzentriert sich die *Anwendungs-Software* auf einige grundlegende Aufgaben wie z.B. den Videoschnitt. Die Schnittstellen zwischen Treiber und Anwendung sind standardisiert. Im Gegensatz dazu unterscheiden sich die Anwendungen des maschinellen Sehens extrem. Daher ist hier die Anwendungs-Software überwiegend kundenspezifisch (vgl. Abschn. 2.5).

2.4.2 Nicht-Standard-Anwendungen

Korrespondierend zu den Kameras (Abschn. 2.3.3 bis 2.3.6) bieten auch Frame-Grabber verschiedene spezielle Eigenschaften über den Videostandard hinaus. Die folgenden Absätze beschreiben 3 typische Klassen solcher Grabber.

Die maximale, durch die Videostandards definierte Bildauflösung reicht für viele Anwendungen aus. Daher konzentriert sich eine Klasse von Grabbern auf die „Verfeinerung" des Videostandards durch Eigenschaften wie Pixel-Clock (vgl. Abschn. 2.3.3), Trigger-Mechanismen (vgl. Abschn. 2.3.4) und Progressive-Scan (vgl. Abschn. 2.3.5). Frame-Grabber, die eigentlich dazu gedacht sind mit RGB-Kameras (Abschn. 2.3.2) zu arbeiten, können natürlich auch drei monochrome Videosignale aus unterschiedlichen Quellen synchron akquirieren, ohne dass diese Farbe repräsentieren müssen. Dies kann z.B. als Basis für das Stereosehen genutzt werden. Darüber hinaus bieten einige Spezialkameras die Möglichkeit, mittels zweier Videoausgänge die Datenrate zu verdoppeln. Auch diese beiden Videosignale lassen sich hervorragend mit RGB Grabbern verarbeiten.

Eine zweite Klasse von Grabbern löst sich völlig vom Videostandard. Diese Grabber sind an beinahe beliebige Videoquellen wie Zeilenkameras, digitale Kameras und höchstauflösende Kameras anschließbar (vgl. Abschn. 2.3.1). Eine solch hohe Flexibilität ist nur möglich, wenn die Grabber-Hardware durch den Nutzer rekonfigurierbar ist. Daher gehört zu diesen Grabbern spezielle Konfigurations-Software, die Kamerabeschreibungsdateien erzeugen kann. Die Grabber-Treiber nutzen solche Dateien zur Konfiguration der Grabber.

Obwohl die Leistung heutiger PCs sehr hoch ist, so reicht sie doch nicht immer für Bildverarbeitungsanwendungen aus. Daher bedarf es zusätzlicher Rechenleistung. Zu diesem Zweck sind Hochleistungs-Grabber mit einem oder mehreren Signalprozessoren ausgerüstet. Sie erledigen insbesondere die zeitintensive Bildvorverarbeitung. Selbstverständlich erfordert der erfolgreiche Einsatz solcher Grabber hinlänglich Erfahrung. Abgesehen von der Komplexität des eigentlichen Grabbers, stellt die Handhabung des Enwicklungssystems für die Signalprozessoren zusätzliche Anforderungen an das Know How des Entwicklers.

Faustregeln zu Frame-Grabbern

- Frame-Grabber und Kameras müssen harmonisieren. Siehe daher die Faustregeln zum Thema Kamera.
- Multimedia-Grabber und messtechnisch orientierte Grabber erfüllen sehr unterschiedliche Aufgaben und sind daher sehr unterschiedlich aufgebaut.
- Langsame Busse (wie z.B. ISA) erfordern Bildspeicher auf dem Grabber. Bei schnellen Bussen (wie z.B. PCI) benötigen Grabber nur ein FIFO zum Buffern weniger Zeilen.
- Nach dem Anlegen eines Videosignals benötigen Grabber bis zu 3 Bilder als Einschwingzeit. Ein schnelles Umschalten zwischen verschiedenen Kameras erfordert deren Synchronisation aufeinander (Genlock).

- Da RGB-Grabber über drei synchron arbeitende A/D-Wandler verfügen, lassen sie sich sehr gut für Stereo-Sehen und Kameras, die eine doppelte Datenrate liefern, zweckentfremden.

2.5 Software

Abbildung 2.1 zeigt die beiden Software-Komponenten, die im Zusammenhang mit der Bildverarbeitung von grundlegendem Interesse sind. Die *Gerätetreiber* sind für die Integration des Frame-Grabbers in seinen Wirtsrechner wichtig, während die *Applikations-Software* den gesamten Ablauf von der Bildakquisition (dabei die Gerätetreiber nutzend) über die Bildanalyse bis hin zur Steuerung eines wie auch immer gearteten Aktors kontrolliert.

2.5.1 Gerätetreiber für Frame-Grabber

Die Gerätetreiber werden üblicherweise zusammen mit dem Frame-Grabber ausgeliefert. Im Gegensatz zur Multimedia-Welt sind Standardschnittstellen wie MCI (Media Control Interface) oder Twain im Bereich des maschinellen Sehens nicht verfügbar. Ein Grund liegt in der fehlenden Standardisierung spezieller Hardware-Optionen wie z.B. dem Triggern (vgl. Abschn. 2.3.4 und 2.4.2). Jede Kamera bietet eigene Spezialitäten und zwingt daher die Grabber-Hersteller Hardware für eine Klasse ähnlicher Kameras zu bauen oder sehr flexible, an viele Videoquellen anpaßbare Grabber zu entwickeln. Die Komplexität von Treibern ist entsprechend hoch.

Wie in Kap. 1 diskutiert, sind Anwendungen des maschinellen Sehens außerordentlich unterschiedlich. Daher ist die Anwendungs-Software oft kundenspezifisch und kann mithin dem Grabber nicht beiliegen. Da die kundenspezifische Programmentwicklung sehr teuer ist, sollte der Zugriff auf die Gerätetreiber so einfach wie möglich sein. Eine auf Quellcode-Beispielen beruhende Dokumentation ist dabei sehr hilfreich. Besonders vereinfachend wirkt auch die Kompatibilität der Treiber mit lediglich 1 oder 2 wichtigen Betriebs- und Entwicklungssystemen.

2.5.2 Applikations-Software

Wie so häufig, so stellt sich auch hier die Frage „make or buy". Neben den üblichen Gründen für das „make" (z.B. Know How sammeln und halten) ist es in der Bildverarbeitung häufig, auf Grund der Einmaligkeit der Anwendung, ohnehin unvermeidbar. Das „buy" reduziert sich dann auf die Frage des Einkaufs einer schlüsselfertigen Anlage.

Wer auch immer die Applikations-Software realisiert, wird sich nach Arbeitserleichterungen umschauen. Hier bietet der Markt insbesondere *Bildverarbei-*

tungs-Bibliotheken an, in denen die „klassischen" Verfahren realisiert sind. Solche Bibliotheken sind z.B. als DLL oder OCX erhältlich und sollen dem Entwickler die erneute Erfindung des Rades ersparen. Bis zu welchem Grad sie das wirklich tun können, hängt sehr von der jeweiligen Aufgabenstellung ab. Die eigentlichen Bildverarbeitungsanteile stellen häufig nur einen Bruchteil der Applikations-Software dar und sind ggf. so speziell, dass es einer Anpassung der klassischen Verfahren bedarf. Eine Anpassung von Bibliotheksfunktionen geht natürlich nur durch ein „Drumherumstricken", die Funktionen selber muss man nehmen wie sie sind. Zu beachten sind auch etwaige Lizenzgebühren für die Nutzung von Bibliotheken.

Der entscheidende Vorteil von Bildverarbeitungs-Bibliotheken ist die Möglichkeit des schnellen „Erspielens" eines grundsätzlichen Lösungsweges. Dieses ist insbesondere bei der Erstellung von Angeboten interessant. Vergleicht man außerdem die Anschaffungskosten von Bibliotheken mit Entwicklungszeitkosten, lohnt sich die Anschaffung alle Mal.

Faustregeln zur Software

- Im Lieferumfang messtechnisch orientierter Frame-Grabber sind nur deren Treiber, nicht aber Applikations-Software enthalten.
- Im Gegensatz zur Multimedia-Welt sind Standardschnittstellen wie MCI oder Twain im Bereich des maschinellen Sehens nicht verfügbar.
- Je weniger Betriebssysteme und Entwicklungsumgebungen unterstützt werden, desto einfacher ist die Handhabung der Treiber.
- Applikations-Software gibt es nicht von der Stange. Die Aufgabenstellung des maschinelle Sehens sind zu speziell und gleichzeitig zu vielfältig.
- Die handelsüblichen Bildverarbeitungs-Bibliotheken sind hervorragend zum schnellen Probieren geeignet. Endanwendungen sind aber häufig so speziell, dass hier eine direkte Nutzung von Bibliotheksfunktionen eher selten ist.
- Im Gegensatz zur übrigen Tool-Branche, sind Lizenzgebühren für die Nutzung von Bildverarbeitungs-Bibliotheken durchaus üblich.

2.6 Aufgaben

2.1:

Das Bild eines 50 mm * 50 mm Objekts soll ein 1/2" CCD-Chip maximal ausfüllen. Der Abstand zwischen Objekt und Objektiv beträgt 150 mm. Welche Brennweite muss ein 1/2" Objektiv aufweisen?

2.2:

Wie in Abschn. 2.2.2 diskutiert, sollte für messtechnische Zwecke das Objektiv-Format größer als das Kamera-Format sein. In Aufgabe 2.1 sind allerdings beide Formate identisch. Welches Objektiv-Format ist besser?

2.3:
Das Bild eines 5 mm breiten Objekts soll die Breite eines 1/2"-CCD-Chips maximal ausfüllen. Der Abstand zwischen Objekt und Objektiv beträgt 150 mm. Wie gestaltet sich die Auswahl des Objektivs?

2.4:
Ein 200 mm breites Objekt soll vollständig auf eine CCD-Zeile mit 2048 Pixeln abgebildet werden. Der Abstand zwischen Objekt und Objektiv beträgt 300 mm, die Pixel-Breite 14 μm (der Abstand zwischen den Pixeln ist 0). Wie gestaltet sich die Auswahl des Objektivs?

Literatur

2.1 Berry, R.: Choosing and using a CCD camera – a practical guide to getting maximum performance from your CCD camera. Richmond VA: Willmann-Bell 1992
2.2 Born, M.; Wolf, E.: Principles of optics. Oxford: Pergamon Press 1999
2.3 Breunig, A. (ELTEC Elektronik): Private Kommunikation, 1997
2.4 Hecht, E.; Zajac, A.: Optics. Reading MA: Addison-Wesley 1997
2.5 Holst, G.C.: CCD array, cameras and displays. Bellingham WA: SPIE Press 1998
2.6 Hubel, D.H.: Eye, brain, and vision. New York: Scientific American Library 1995
2.7 Kierkegaard, P.: Reflection properties of machined metal surfaces. Optical Engineering 35(3), (1996) 845-857
2.8 Mäusl, R.: Fernsehtechnik – Übertragungsverfahren für Bild, Ton und Daten. Heidelberg: Hüthig 1995
2.9 Nier, M.; Courtot, M.E. (Eds.): Standards for electronic imaging systems. Bellingham WA: SPIE Press 1991
2.10 Oppenheim, A.V.; Willsky, A.S.: Signals and systems. Englewood Cliffs: Prentice-Hall 1996
2.11 Pedrotti, F.; Pedrotti, L.; Bausch, W; Schmidt, H.: Optik für Ingenieure. Grundlagen. Berlin: Springer 2000
2.12 Schlichting, B. (KAPPA messtechnik): Private Kommunikation, 1997

3 Erste Schritte mit AdOculos

Die zu diesem Buch verfügbare *Studenten-Version*, siehe www.1394imaging.com von AdOculos ist ein ausgezeichnetes Werkzeug zur Visualisierung und zum Experimentieren mit der digitalen Bildverarbeitung. AdOculos stellt mehr als 100 Bildverarbeitungs-Funktionen für unterschiedlichste Anwendungsfälle zur Verfügung. Bilder und Funktionen sind durch Symbole repräsentiert und per Mausklick zu immer komplexeren Beispielbilder und Funktionsketten kombinierbar. Zu jedem der nachfolgenden Kapitel gibt es vorbereitete Beispielbilder und Funktionsketten, die im jeweils zweiten Abschnitt dieser Kapitel demonstriert werden.

Die *Vollversion* von AdOculos versteht sich zusätzlich als Entwicklungssystem für Bildverarbeitungs-Verfahren und bietet folgende Erweiterungen (weitere Informationen unter www.1394imaging.com):

- Die Möglichkeit beliebige eigene Bilder nutzen zu können.
- Bildverarbeitungs-Funktionen für Messzwecke (wie Zählen, Messen, Kalibrierung etc.)
- Beliebige Hardware-Ressourcen sind in die Vollversion einbindbar, da nutzereigene DLLs angebunden werden können (s. nächsten Punkt).
- Programmierbarkeit: AdOculos besteht aus einem Kern (der u.a. die Nutzeroberfläche realisiert) und verschiedene, an diesen „angedockte" DLLs. Diese DLLs enthalten u.a. die in diesem Buch beschriebenen Bildverarbeitungs-Funktionen. Im Lieferumfang der Vollversion befinden sich die vollständigen Quellen (Microsoft C) der DLLs. Konsequenterweise ist die Schnittstelle zwischen dem AdOculos-Kern und den DLLs in der Vollversion offen. Die Vollversion lädt also dazu ein, sie umzugestalten und damit an die Bedürfnisse der Nutzer anzupassen. Dazu sind sämtliche unter Windows 95, 98, NT, 2000 und XP verfügbaren Compiler nutzbar. Einzige Voraussetzung: Der Compiler muss DLLs erzeugen können.

Einer der Vorteile von AdOculos ist die Einfachheit. Das Durcharbeiten des folgenden Abschnitts genügt völlig zum Verständnis der grundlegenden Funktion. Details erschließen sich einfach durch die Arbeit mit AdOculos. Zu diesem Zweck gibt es entsprechende Übungen unter den Aufgaben am Ende jedes Kapitels. Die Voraussetzungen für das Verständnis dieses Abschnitts sind:

- Vertrautheit mit Applikationen unter Windows 95, 98 oder NT, 2000, XP.
- Die erfolgreiche Installation von AdOculos (siehe dazu *readme* Datei).

Erste Schritte mit AdOculos

Starten Sie bitte AdOculos...

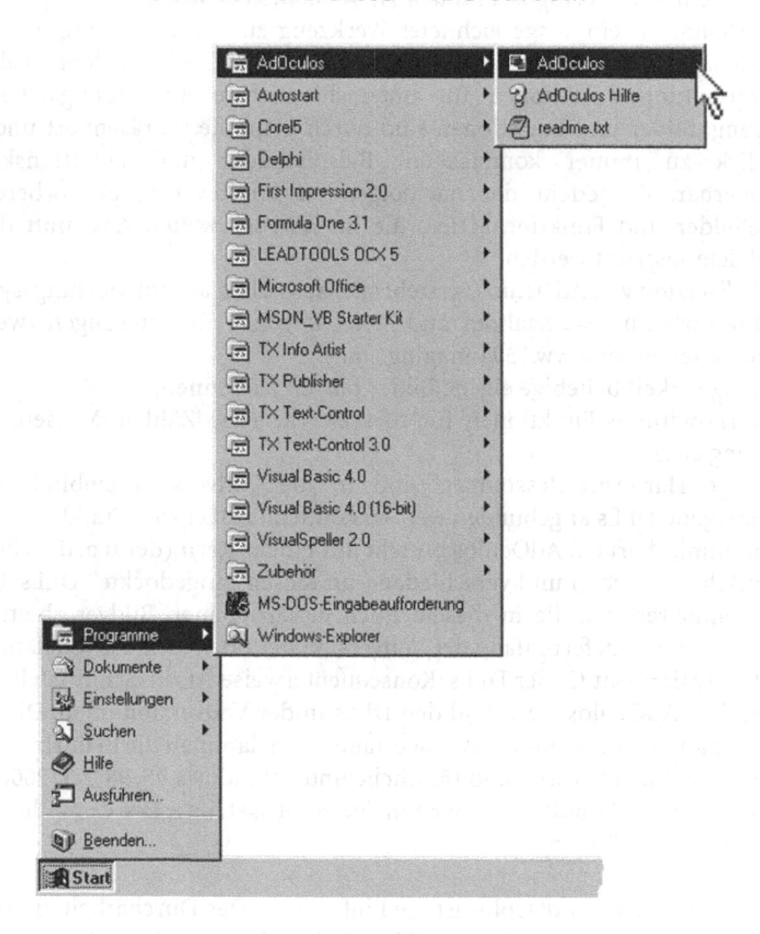

... so präsentiert sich AdOculos nach dem Start:

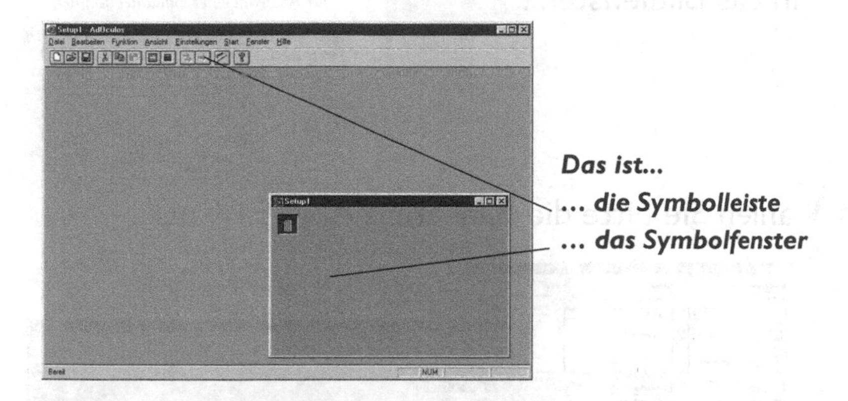

Erzeugen Sie ein Bildfenster...

... indem Sie auf das Symbol **"Neues Bild"** *auf der Symbolleiste klicken.*

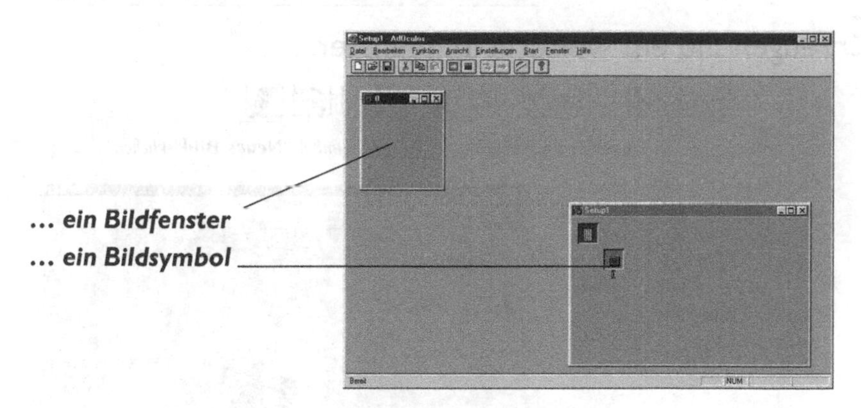

Auf Ihrem Bildschirm erscheint jetzt ein leeres Bildfenster und ein Bildsymbol im Symbolfenster.

Doppelklicken Sie jetzt in das Bildfenster...

... hierdurch wird ein Dialogfenster zur Auswahl einer Bilddatei geöffnet.

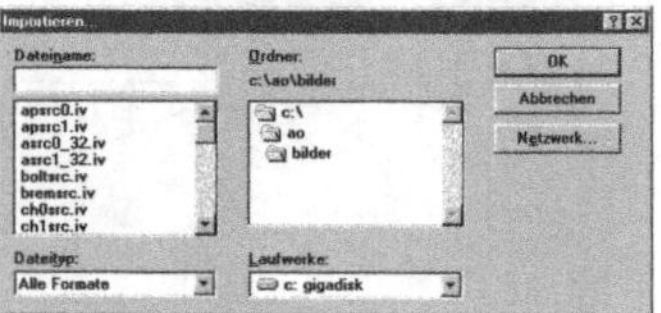

Wählen Sie bitte die Bilddatei ZANGE.IV aus...

... und klicken Sie mit der Maus auf OK.

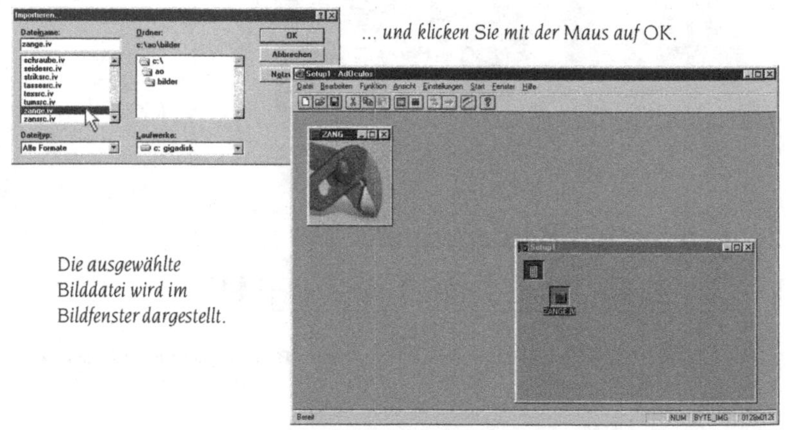

Die ausgewählte Bilddatei wird im Bildfenster dargestellt.

Erzeugen Sie ein weiteres Bildfenster...

...indem Sie nochmals auf das Symbol **"Neues Bild"** *klicken*

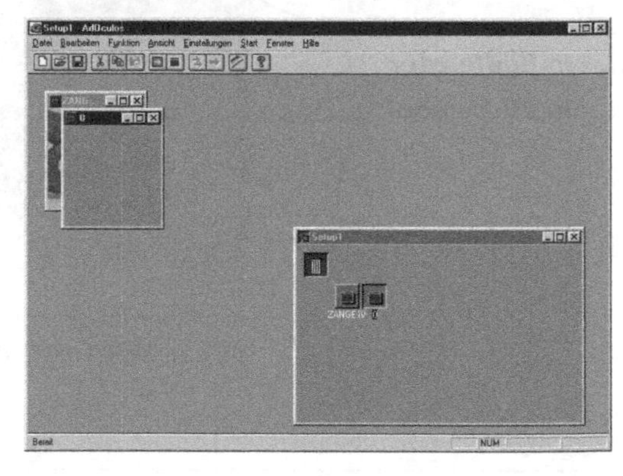

Auf Ihrem Bildschirm erscheint ein neues Bildfenster und Bildsymbol.

Zur besseren Übersicht...

... können Sie die Bildfenster und Bildsymbole wie hier gezeigt neu anordnen

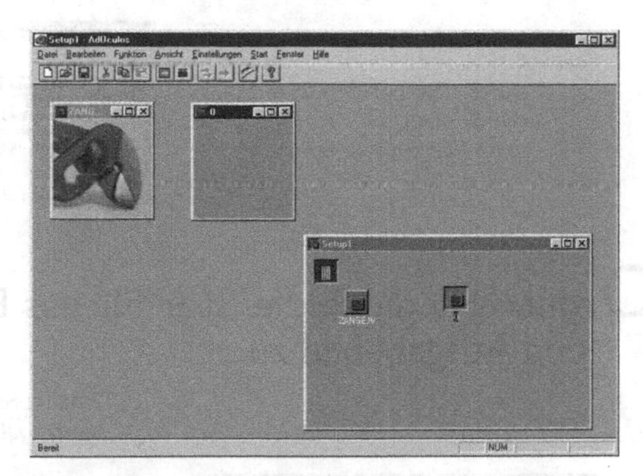

Erzeugen Sie nun eine Funktion...

...indem Sie auf das Symbol **"Neue Funktion"** *klicken.*

Im Symbolfenster erscheint ein neues Funktionssymbol

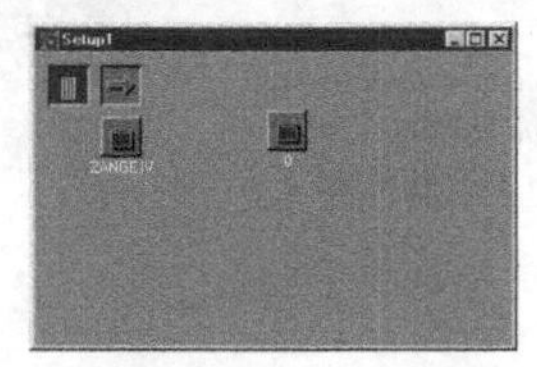

Doppelklicken Sie auf das Funktionssymbol...

...damit wird ein Dialogfenster zur Funktionsauswahl geöffnet

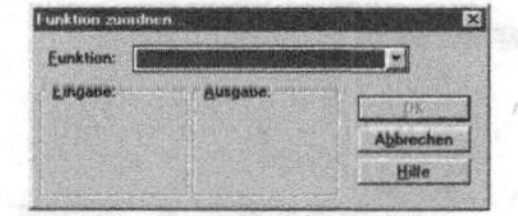

Wählen Sie bitte die Funktion "Mittelwert-Operator" aus...

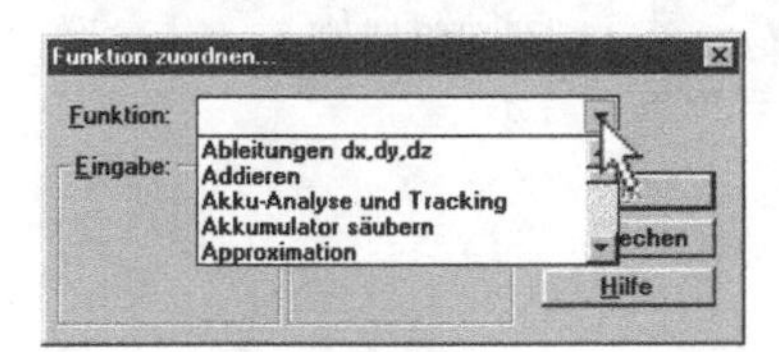

...indem Sie auf den Pfeil klicken, der sich rechts neben dem Eingabefeld "Funktion" befindet.

Suchen Sie nun die richtige Funktion aus der aufgeklappten Liste heraus.

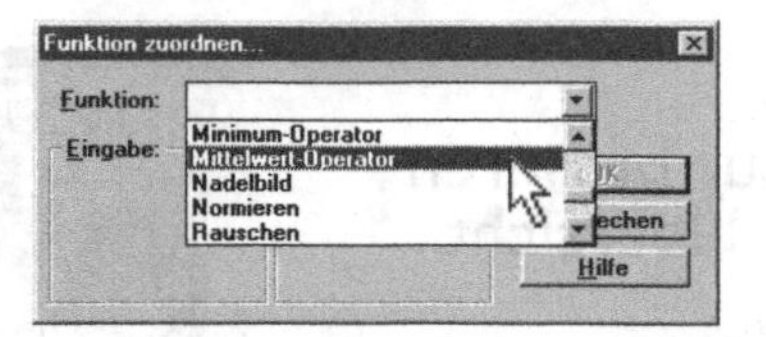

Ordnen Sie die Bildfenster für das Eingabe- und Ausgabebild zu...

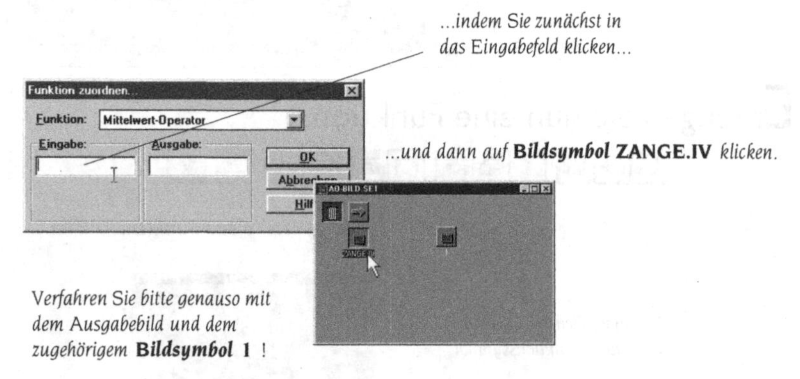

...indem Sie zunächst in das Eingabefeld klicken...

...und dann auf ***Bildsymbol*** **ZANGE.IV** *klicken.*

Verfahren Sie bitte genauso mit dem Ausgabebild und dem zugehörigem ***Bildsymbol*** **1** !

Zum Bestätigung klicken Sie bitte auf OK.

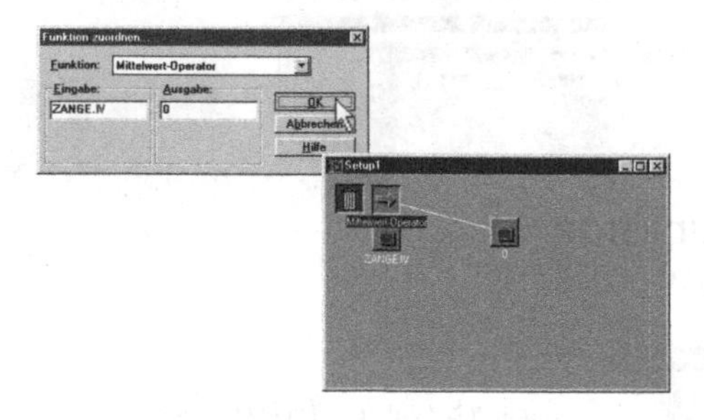

Die Bildsymbole werden mit dem Funktionssymbol automatisch durch eine Linie verbunden

Um die Übersichtlichkeit zu verbessern...

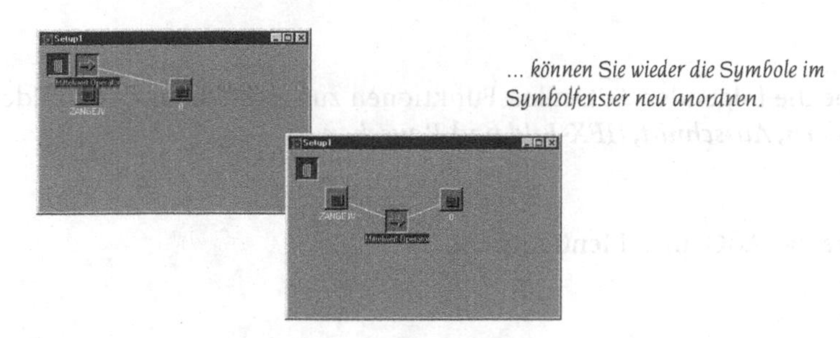

... können Sie wieder die Symbole im Symbolfenster neu anordnen.

Starten Sie die Bildbearbeitung...

... indem Sie auf das Symbol **"Funktionskette starten"** *klicken*

Nach wenigen Sekunden wird im Bildfenster 1 das Ergebnis der Bildbearbeitung angezeigt.

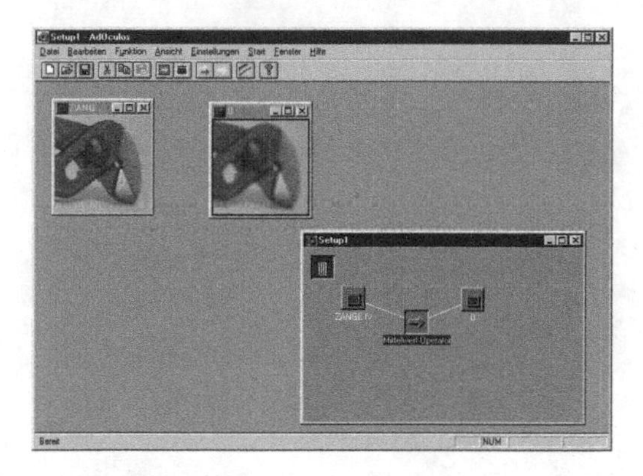

Das war es schon...

... Sie haben soeben Ihren ersten Bildbearbeitungsprozess mit AdOculos abgeschlossen!

Weitere Informationen finden Sie auch unter www.dbs-imaging.com

3.1 Aufgaben

3.1:
Untersuche die folgenden AdOculos-Funktionen zur Handhabung von Bildern: *Grösse ändern*, *Ausschnitt*, *HEX-Bild* und *Rauschen*.

3.2:
Untersuche das AdOculos-Menü Ansicht.

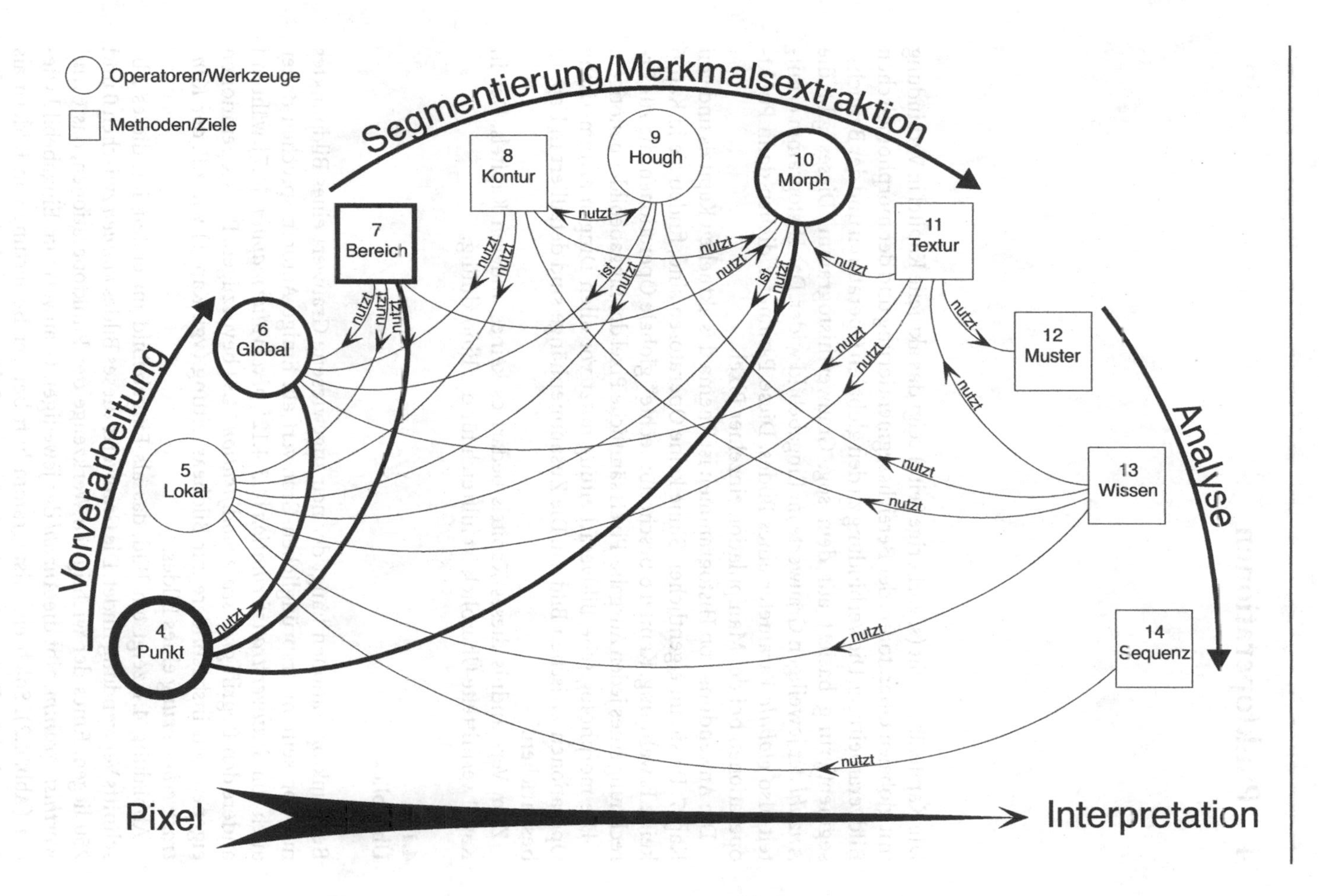
Operatoren/Werkzeuge
Methoden/Ziele
Segmentierung/Merkmalsextraktion
Vorverarbeitung
Analyse
4
Punkt
5
Lokal
6
Global
7
Bereich
8
Kontur
9
Hough
10
Morph
11
Textur
12
Muster
13
Wissen
14
Sequenz
nutzt
ist
Pixel
Interpretation

4 Punktoperationen

Die Kapitelübersicht (s. vorherige Seite) zeigt das aktuelle Kapitel in Verbindung mit globalen Operatoren, der Bereichssegmentierung und der morphologischen Bildverarbeitung. Die Verbindung zu den globalen Operatoren und der Bereichssegmentierung basiert auf dem sog. Grauwerthistogramm. Dieses gibt die *Anzahl* der jeweiligen Grauwerte im Eingabebild wider. Das Histogramm ermittelt also *globale* Parameter eines Bildes. Diese Parameter dienen dann Punktoperationen bei der Manipulation einzelner Pixel.

Die Anwendung von Histogrammen ist Thema des aktuellen Kapitels und von Kap. 7. Da sie im eigentlichen Sinne keine Operatoren sind, finden sie in Kap. 6 keine Erwähnung. Kapitel 6 beschreibt „echte" globale Operationen, die zur Errechnung eines jeden Ausgabe-Pixels sämtliche Pixel des Eingabebildes benötigen.

Die morphologische Bildverarbeitung nutzt vor allen Dingen arithmetische Operationen zwischen Bildern. Die Zusammenhänge sind detailliert in Kap. 10 beschrieben.

Zum Verständnis dieses Kapitels bedarf es keines anderen Kapitels. Der in Kap. 1 vermittelte Überblick ist hilfreich für die Einordnung.

4.1 Überblick

Bei Punktoperationen hängt der neu zugewiesene Grauwert eines Bildpunktes nur von seinem ursprünglichen Grauwert ab. Einige Autoren sprechen daher auch von *Grauwerttransformation* [4.5, 4.12], *pixel value mapping* [4.7], während andere den Begriff *gray scale modification* [4.9] bevorzugen. Punktoperationen eigenen sich insbesondere zur Bildbearbeitung (vgl. Kap. 1) wie z.B. der *Kontrastverbesserung* eines Bildes.

Abbildung 4.1 zeigt ein Bild, das als Eingabebild im ersten Teil dieses Abschnitts Verwendung findet. Die Grauwerte dieses Bildes *können* zwischen 0 und 250 liegen. Eines der wichtigsten Werkzeuge der Punktoperationen, das *Grauwerthistogramm*, gibt die *Anzahl* der jeweiligen Grauwerte im Eingabebild wieder (Abb. 4.2). Solch ein Histogramm hilft bei der Bewertung von Bildern als Ganzes. So ist z.B. der schwache Kontrast des Bildes auf Grund eines maximalen Grauwerts von lediglich 160 (bei möglichen 250) offensichtlich.

Abb. 4.1. Eingabebild des ersten Teils des Überblickabschnitts. Die Grauwerte *können* zwischen 0 und 250 liegen

20	20	20	20	20	20	20	40
160	60	60	60	60	60	60	40
160	60	70	70	70	70	60	40
160	60	70	80	80	70	60	40
160	60	70	80	80	70	60	40
160	60	70	70	70	70	60	40
160	60	60	60	60	60	60	40
160	120	120	120	120	120	120	120

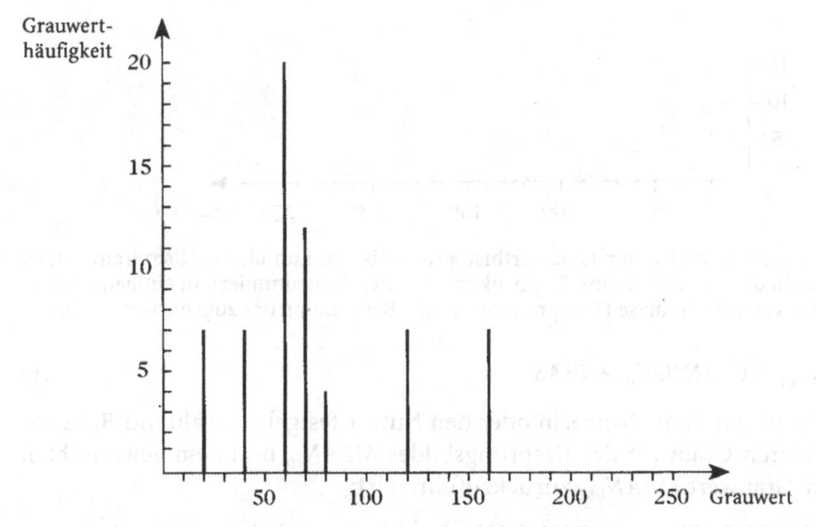

Abb. 4.2. Das Grauwerthistogramm zeigt die Verteilung der Grauwerte im Eingabebild. So ist z.B. hier der schwache Kontrast des Bildes in Abb. 4.1 auf Grund eines maximalen Grauwertes von lediglich 160 (bei möglichen 250) offensichtlich

Eine Alternative zum Grauwerthistogramm ist das *kumulative Histogramm* (Abb. 4.3). Hier ist die Anzahl der Grauwerte eine Treppenkurve formend aufsummiert. In einigen Anwendungsfällen vereinfacht diese Histogrammform die Beurteilung des zugehörigen Bildes.

Wie bereits eingangs erwähnt, ist eine der Hauptanwendungen von Punktoperationen die Bildbearbeitung. Die folgenden Abschnitte stellen vier interaktive und eine automatische Methode vor.

4.1.1 Kontrastverstärkung

Die erste Methode ermöglicht eine Kontrastverbesserung durch die „Verstärkung" der ursprünglichen Grauwerte GV_{in} mit

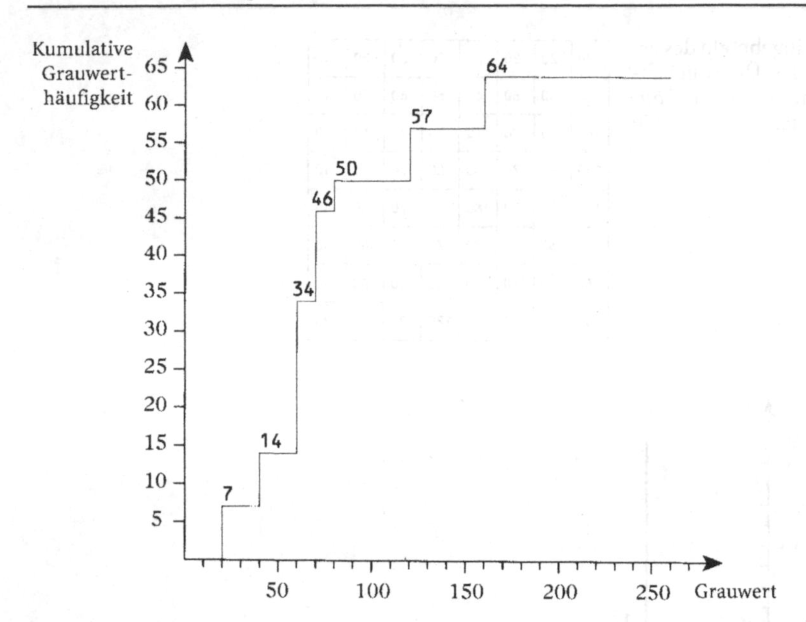

Abb. 4.3. Eine Alternative zum Grauwerthistogramm ist das kumulative Histogramm. Hier ist die Anzahl der Grauwerte eine Treppenkurve formend aufsummiert. In einigen Anwendungsfällen vereinfacht diese Histogrammform die Beurteilung des zugehörigen Bildes

$$GV_{out} = GAIN*GV_{in} + BIAS \tag{4.1}$$

GAIN wird durch die Nutzerin oder den Nutzer festgelegt, während *BIAS* auf dem mittleren Grauwert des Ursprungsbildes $MEAN_{in}$ und dem gewünschten mittleren Grauwert $MEAN_{out}$ zurückzuführen ist:

$$BIAS = MEAN_{out} - GAIN*MEAN_{in}$$

Für das in Abb. 4.1 gezeigte Beispiel ist $MEAN_{in} = 74$. Wählen wir $MEAN_{out} = 125$ und $GAIN = 1{,}5$, so ist das Verhältnis zwischen Ein- und Ausgangsgrauwert:

$$GV_{out} = 125*GV_{in} + 14$$

Abbildung 4.4 zeigt wie die Eingangsgrauwerte GV_{in} gemäß dieser Formel auf die Ausgangsgrauwerte GV_{out} abgebildet werden. Da im Fall der digitalen Bildverarbeitung die Grauwerte diskret vorliegen, kann man solch eine Abbildung durch eine sog. *Look-Up-Tabelle* (LUT) realisieren. Für den vorliegenden Fall zeigt Abb. 4.5 diese Tabelle. In der Praxis ist eine LUT einfach ein Array, dessen Adressen bzw. Indizes den Eingangsgrauwerten GV_{in} entsprechen. Der Inhalt dieses Arrays bildet dann die Ausgangsgrauwerte GV_{out}.

Das Ergebnis der LUT-Anwendung auf das Eingabebild zeigt Abb. 4.6. Die Histogramme des Ergebnisbildes sind in Abb. 4.7 und Abb. 4.8 dargestellt. Der Vergleich mit den ursprünglichen Histogrammen (Abb. 4.2 und 4.3) zeigt deutlich das „Auseinanderziehen" der Grauwerte. Das Ergebnis ist ein kontrastreicheres Ergebnisbild.

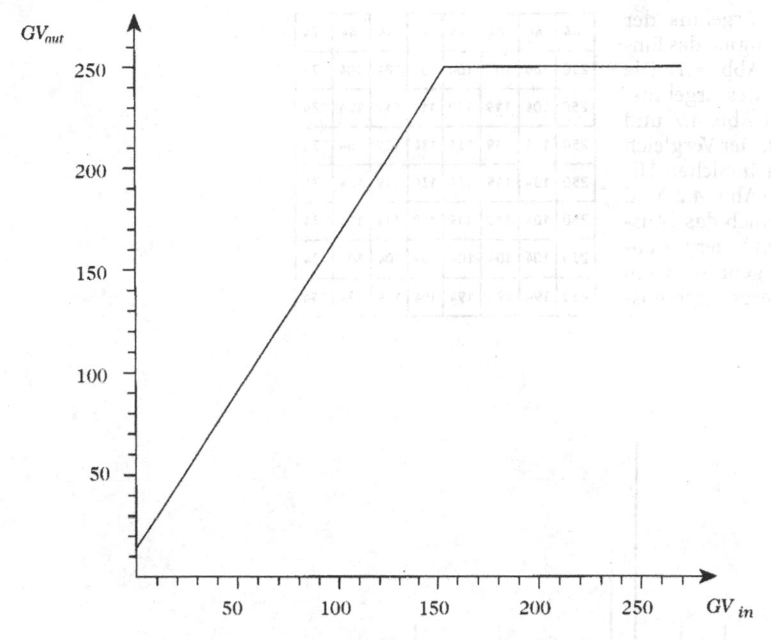

Abb. 4.4. Abbildung der ursprünglichen Grauwerte des Bildes in Abb. 4.1 (GV_{in}) auf die neuen Grauwerte GV_{out}. Abbildung 4.6 zeigt das resultierende Bild

Abb. 4.5. Die in Abb. 4.4 gezeigte Grauwertabbildung basiert auf einer Look-Up-Tabelle (LUT)

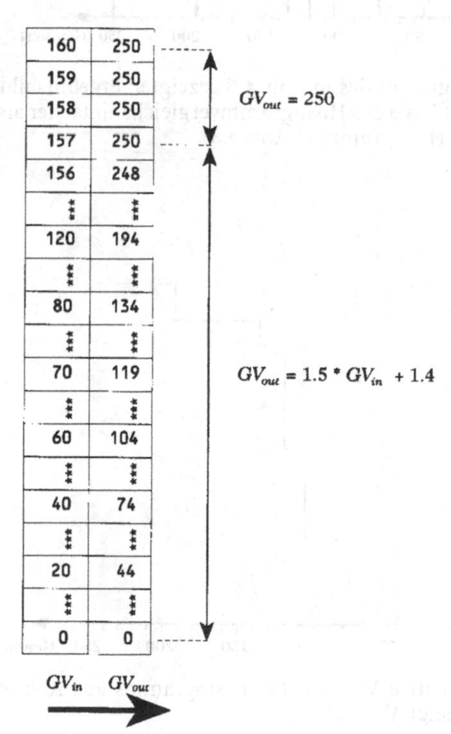

Abb. 4.6. Das Ergebnis der LUT-Anwendung auf das Eingabebild aus Abb. 4.1. Die Histogramme des Ergebnisbildes sind in Abb. 4.7 und 4.8 dargestellt. Der Vergleich mit den ursprünglichen Histogrammen (Abb. 4.2 und 4.3) zeigt deutlich das „Auseinanderziehen" der Grauwerte. Das Ergebnis ist ein kontrastreicheres Ergebnisbild

44	44	44	44	44	44	44	74
250	104	104	104	104	104	104	74
250	104	119	119	119	119	104	74
250	104	119	134	134	119	104	74
250	104	119	134	134	119	104	74
250	104	119	119	119	119	104	74
250	104	104	104	104	104	104	74
250	194	194	194	194	194	194	194

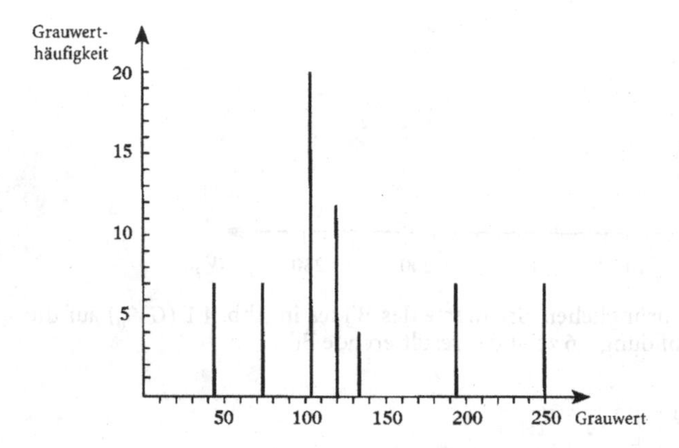

Abb. 4.7. Histogramm des in Abb. 4.6 gezeigten Ergebnisbildes. Die genauere Analyse des Kontrasts ist auf Basis des Histogrammvergleichs einfacher als der Vergleich der Bilder (vgl. das kumulative Histogramm in Abb. 4.8)

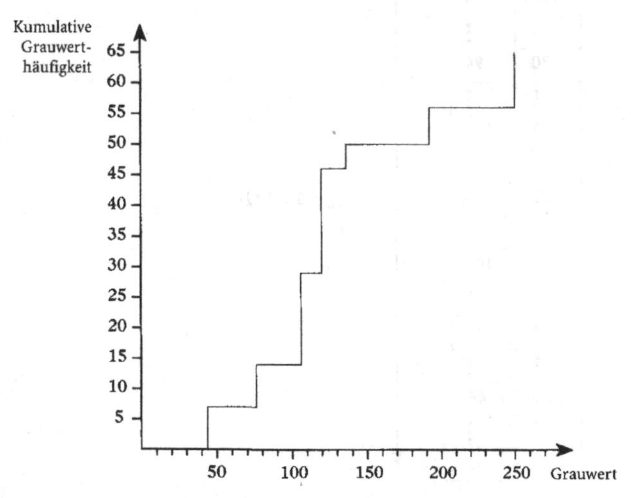

Abb. 4.8. Kumulative Version des Histogramms aus Abb. 4.7. Das Gegenstück des Ursprungsbildes zeigt Abb. 4.3

4.1.2
Automatische Grauwertänderung

Dieser Teil des Abschnitts beginnt mit einem neuen Eingabebild (Abb. 4.9). Zur Vereinfachung sollen dessen Grauwerte lediglich von 0 bis 15 reichen. Das Histogramm des neuen Eingabebildes (Abb. 4.10) zeigt, dass zwei häufig vertretene Grauwerte sehr dicht beieinander liegen (7 und 8). In diesem sehr einfachen Beispiel hat das keine besonderen Konsequenzen. Abbildung 4.25 zeigt die Folgen an einem Beispiel aus der medizinischen Praxis: Wichtige Details sind für die Betrachterin oder den Betrachter des Bildes nicht erkennbar. Zurück zu diesem einfachen Beispiel. Dessen Histogramm (Abb. 4.10) suggeriert das „Auseinan-

Abb. 4.9. Ein neues Eingabebild, dessen Grauwerte zur Vereinfachung lediglich von 0 bis 15 reichen. Das Histogramm des neuen Eingabebildes (Abb. 4.10) suggeriert das „Auseinanderziehen" der Grauwerte 7 und 8

0	0	0	0	0	0	0	0
0	7	7	7	7	7	7	0
0	7	8	8	8	8	7	0
0	7	8	15	15	8	7	0
0	7	8	15	15	8	7	0
0	7	8	8	8	8	7	0
0	7	7	7	7	7	7	0
0	0	0	0	0	0	0	0

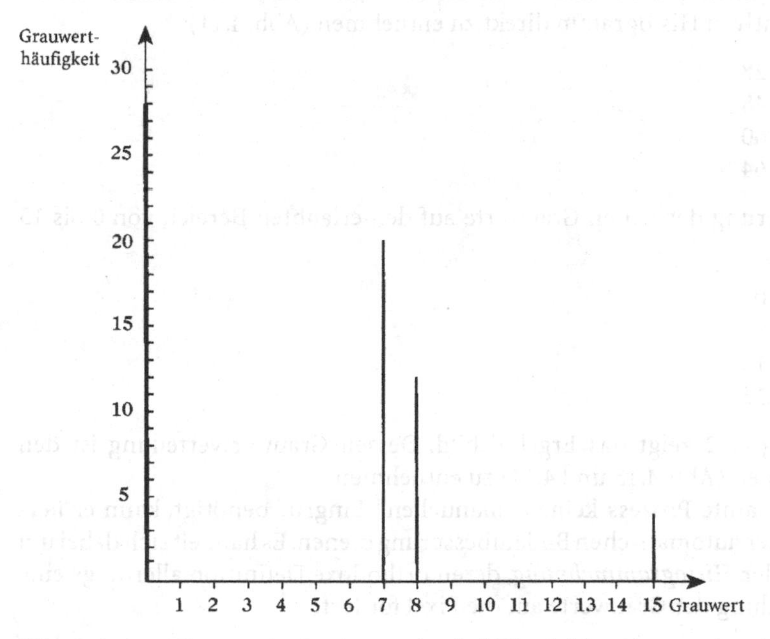

Abb. 4.10. Das Histogramm des neuen Eingabebildes (Abb. 4.9) suggeriert das „Auseinanderziehen" der Grauwerte 7 und 8

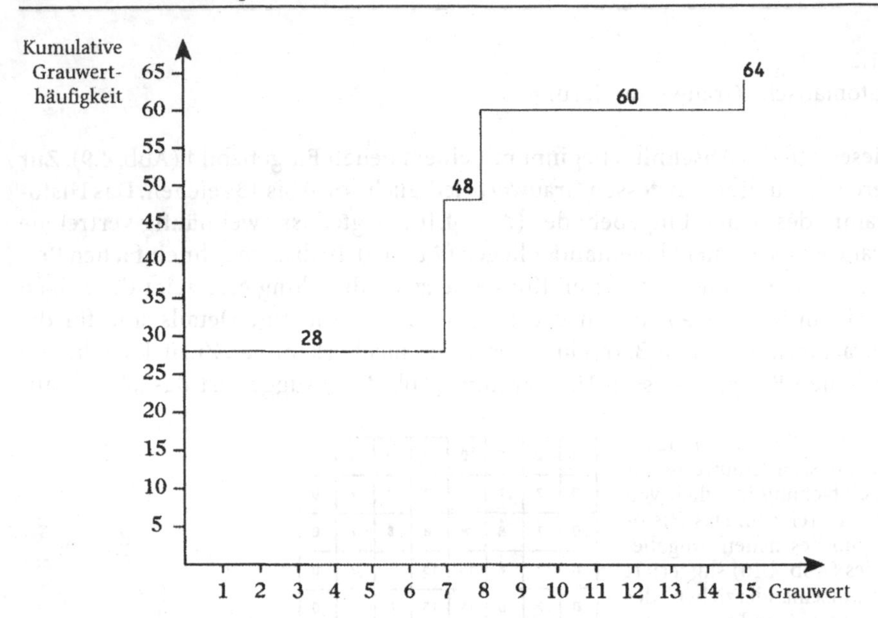

Abb. 4.11. Das kumulative Histogramm des neuen Eingabebildes (Abb. 4.9) weist den steilsten Anstieg zwischen den Grauwerten 7 und 8 auf

derziehen" der Grauwerte 7 und 8. Eine Möglichkeit, dies zu tun, ist der Austausch der ursprünglichen Grauwerte durch die Häufigkeit ihres Auftretens. Dies ist dem kumulativen Histogramm direkt zu entnehmen (Abb. 4.11):

$0 \rightarrow 28$
$7 \rightarrow 48$
$8 \rightarrow 60$
$15 \rightarrow 64$

Die Skalierung der neuen Grauwerte auf den erlaubten Bereich von 0 bis 15 ergibt:

$28 \rightarrow 0$
$48 \rightarrow 8$
$60 \rightarrow 13$
$64 \rightarrow 15$

Abbildung 4.12 zeigt das Ergebnisbild. Dessen Grauwertverteilung ist den Histogrammen (Abb. 4.13 und 4.14) zu entnehmen.

Da der gesamte Prozess keinen „manuellen" Eingriff benötigt, kann er hervorragend der automatischen Bildaufbesserung dienen. Es handelt sich dabei um eine Form der *Histogrammebnung*, deren orthodoxe Definition allerdings eine Gleichverteilung der Grauwerte auf die Pixel fordert.

Abb. 4.12. Ergebnis der Grauwertabbildung auf Basis des kumulativen Histogramms

0	0	0	0	0	0	0	0
0	8	8	8	8	8	8	0
0	8	13	13	13	13	8	0
0	8	13	15	15	13	8	0
0	8	13	15	15	13	8	0
0	8	13	13	13	13	8	0
0	8	8	8	8	8	8	0
0	0	0	0	0	0	0	0

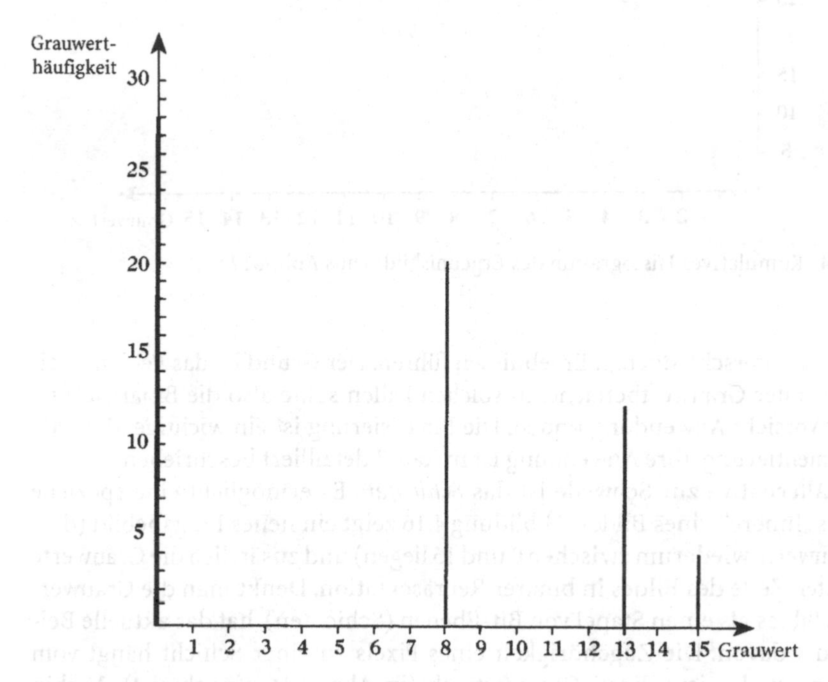

Abb. 4.13. Histogramm des Ergebnisbildes aus Abb. 4.12

4.1.3 Binarisierung

Weist ein Grauwertbild lediglich zwei dominante Grauwertbereiche auf (z.B. „Hell“ und „Dunkel“), reicht oftmals die Darstellung dieser Bereiche durch 0 und 1. Das Ursprungsbild kann also binarisiert werden. Die einfachste Form der Binarisierung erfolgt durch Anwendung einer *Grauwertschwelle*, die sämtlichen unter ihr liegenden Grauwerten eine 0 und den übrigen eine 1 zuordnet. Eine Schwelle von 65 angewendet auf das Eingabebild in Abb. 4.1 führt zu dem in Abb. 4.15 gezeigten Binärbild. Bereits leicht veränderte Schwellen können in diesem Beispiel

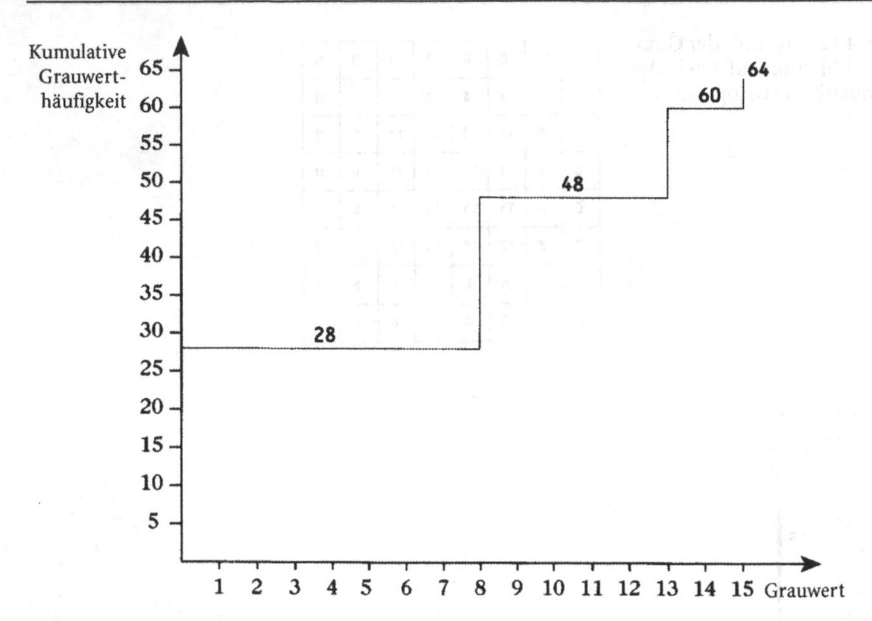

Abb. 4.14. Kumulatives Histogramm des Ergebnisbildes aus Abb. 4.12

zu äußerst unterschiedlichen Ergebnissen führen. Der Grund ist das Fehlen zweier dominanter Grauwertbereiche. In solchen Fällen sollte also die Binarisierung nur mit Vorsicht Anwendung finden. Die Binarisierung ist ein wichtige Methode der Segmentierung. Ihre Anwendung ist in Kap. 7 detailliert beschrieben.

Eine Alternative zur Schwelle ist das *Schichten*. Es ermöglicht eine spezielle Sicht ins „Innere" eines Bildes. Abbildung 4.16 zeigt ein neues Eingabebild (dessen Grauwerte wiederum zwischen 0 und 15 liegen) und zusätzlich die Grauwerte der dritten Zeile des Bildes in binärer Repräsentation. Denkt man die Grauwerte eines Bildes als einen Stapel von Bit-Ebenen (Schichten), hat das aktuelle Beispielbild 4 davon. Die Zugehörigkeit eines Pixels zu einer Schicht hängt vom höchsten Bit des jeweiligen Grauwerts ab (in Abb. 4.16 eingekreist). Mithin gehört Pixel (3,0) zu keiner Schicht, Pixel (3,1) zu Schicht 2 usw.

Abb. 4.15. Dieses Binärbild ergibt sich aus der Anwendung einer Grauwertschwelle von 65 auf das Eingabebild in Abb. 4.1

0	0	0	0	0	0	0	0
1	0	0	0	0	0	0	0
1	0	1	1	1	1	0	0
1	0	1	1	1	1	0	0
1	0	1	1	1	1	0	0
1	0	1	1	1	1	0	0
1	0	0	0	0	0	0	0
1	1	1	1	1	1	1	1

Abb. 4.16. Die Grauwerte liegen zwischen 0 und 15. Es besteht also aus 4-Bit-Ebenen (Schichten). Die Zugehörigkeit eines Pixels zu einer Schicht hängt vom höchsten Bit des jeweiligen Grauwerts ab (eingekreist). Mithin gehört Pixel (3,0) zu keiner Schicht, Pixel (3,1) zu Schicht 2 usw.

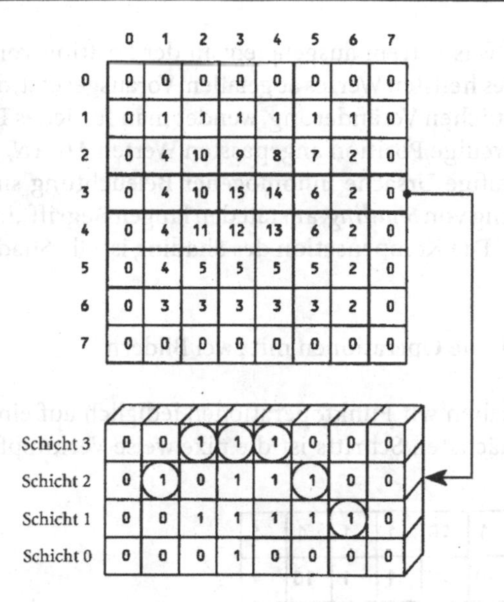

4.1.4 Variable Grauwertänderung

Bis zu diesem Punkt haben wir Punktoperationen homogen auf das gesamte Bild angewendet. Dieser Abschnitt betrachtet die Anwendung unterschiedlicher Grauwertabbildungen abhängig von der Lage der Pixel.

Abbildung 4.17 zeigt eine sehr einfache, aus 8 Pixeln bestehende *Zeilenkamera* in einer Anwendung mit *inhomogener Beleuchtung*. Zur Verdeutlichung ist das

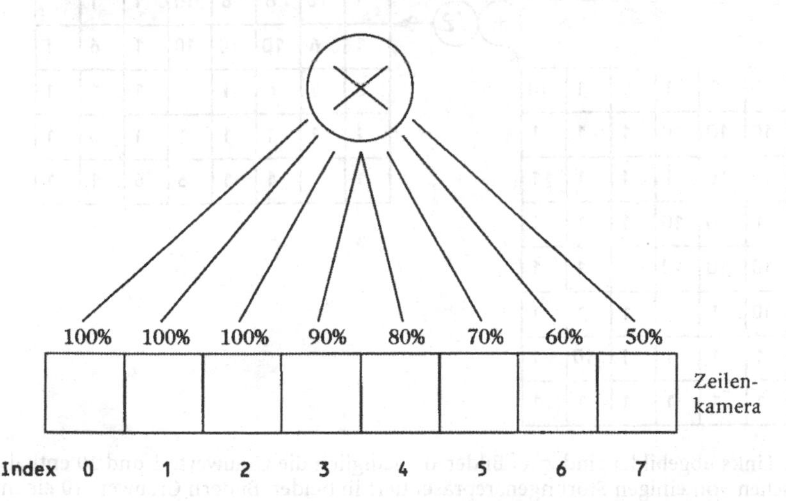

Abb. 4.17. Eine sehr einfache, aus 8 Pixeln bestehende Zeilenkamera. Sie findet unter einer Beleuchtung Anwendung, deren Stärke von links nach rechts abnimmt. Zur Kompensation dieses Effekts bedarf es verschiedener Abbildungsfunktionen für verschiedene Pixel

Beispiel etwas extrem ausgefallen: an der Position von Pixel 7 ist die Helligkeit auf 50% des hellsten Wertes abgefallen. Vorausgesetzt, die Beleuchtung unterliegt keiner zeitlichen Veränderung, wendet man für jedes Pixel Formel (4.1) mit den für die jeweilige Position angepassten Werten $MEAN_{out}$ und *GAIN* an.

Eine häufige Ursache inhomogener Beleuchtung sind Schatten. Man spricht daher häufig von *Shading*, anstatt den langen Begriff „inhomogene Beleuchtung“ zu nutzen. Die Kompensation des Shading ist die Shading-Korrektur.

4.1.5
Arithmetische Operationen mit zwei Bildern

Bis jetzt haben wir Punktoperationen lediglich auf einzelne Bilder angewendet. Ziel des nächsten Schritts ist die pixelweise Verknüpfung mehrerer Bilder. Die

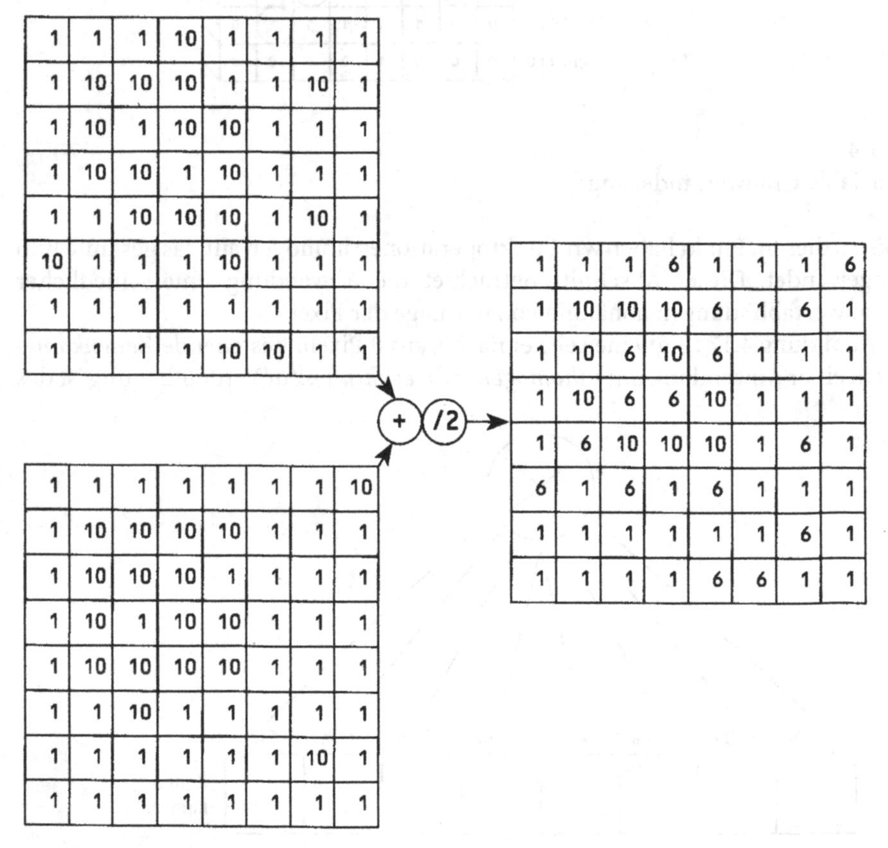

Abb. 4.18. Links abgebildet sind zwei Bilder, die lediglich die Grauwerte 1 und 10 enthalten. Abgesehen von einigen Störungen, repräsentiert in beiden Bildern Grauwert 10 einen zusammenhängenden Bereich und Grauwert 1 den Hintergrund. Das pixelweise Mitteln der Grauwerte verringert den Einfluss der Störung auf einfache Weise (rechts). (+) bedeutet: Summe zweier Grauwerte. (/2) bedeutet: Teilen der Summe durch 2

folgenden Beispiele zeigen die Entfernung störender Pixel in zwei ansonsten gleichen Bildern und die Hervorhebung unterschiedlicher Bereiche zweier Bilder.

Abbildung 4.18 (links) zeigt zwei Bilder, die lediglich die Grauwerte 1 und 10 enthalten. Abgesehen von einigen Störungen, repräsentiert in beiden Bildern Grauwert 10 einen zusammenhängenden Bereich und Grauwert 1 den Hintergrund. Das pixelweise Mitteln der Grauwerte verringert den Einfluss der Störung (Abb. 4.18) auf einfache Weise. Diese Vorgehensweise ist wirkungsvoll, wenn das ursprüngliche Grauwertmuster sich im Gegensatz zum Rauschen nicht von Bild zu Bild ändert. Der Reinigungseffekt steigt mit der Anzahl der gemittelten Bilder.

Die komplementäre Operation zur Addition ist die Subtraktion. Die Subtraktion zweier Bilder verstärkt die Grauwertdifferenzen. Abbildung 4.19 (links) zeigt 2 Bilder, deren Grauwertmuster sich in einer kleinen dreieckigen Region unterscheiden. Im Differenzbild tritt dieser „kleine Unterschied" wesentlich deutlicher hervor.

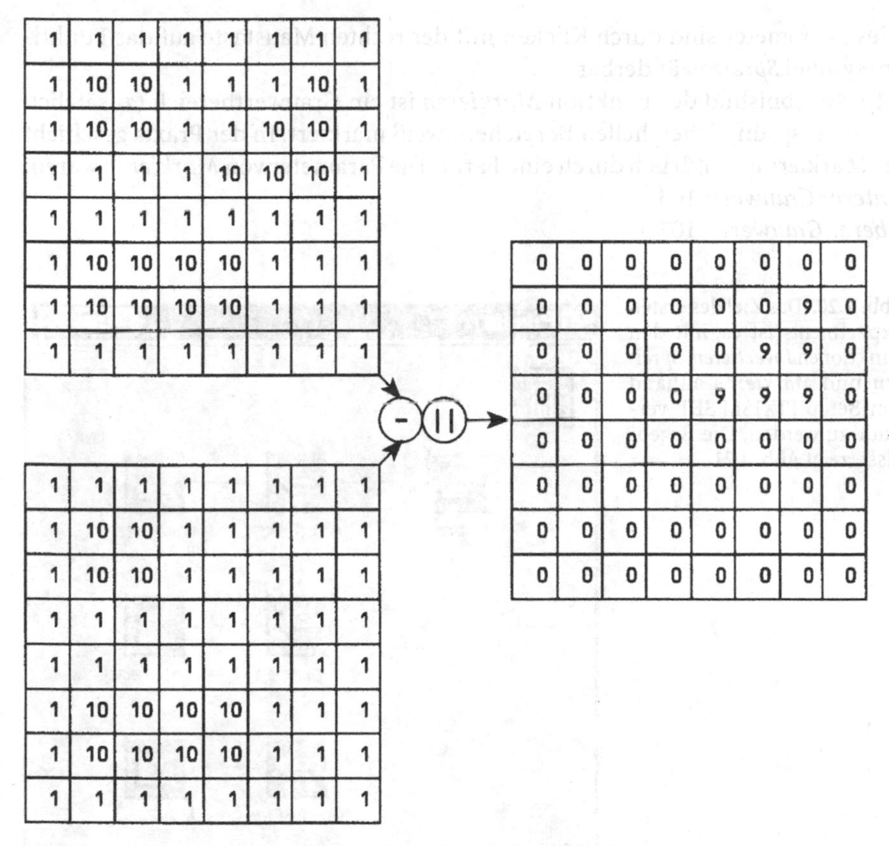

Abb. 4.19. Die Subtraktion zweier Bilder liefert die Differenzen zweier Grauwertmuster. (–): Subtraktion zweier Grauwerte. (||): Betrag nutzen

4.2 Experimente

Das Ziel des ersten Experiments ist es, mit den Funktionen *Invertieren, Spreizen* und *Markieren* anhand von Setup PIXISM.SET vertraut zu werden (Abb. 4.20).

Das Ursprungsbild TUMSRC.IV für dieses Experiment stammt aus der medizinischen Bildverarbeitung. Abbildung 4.21 zeigt einen Tomografieschnitt durch einen Schädel. Die ohrenähnlichen Bereiche im unteren Teil des Bildes sind Stützen zur Lagerung des Kopfes. Die einfache Invertierung der Grauwerte erbringt im vorliegenden Fall keine neuen Erkenntnisse über den Bildinhalt. Diese erhält man durch eine Spreizung der Grauwerte von 100 bis 105. Nun tritt die Struktur des Gehirns deutlicher hervor. Wichtiger noch: Rechts erscheint eine offensichtlich pathologische Veränderung. Es handelt sich um einen Tumor, der sich klar von der ihn umgebenden, gesunden Substanz abhebt. Die Parameter von *Spreizen* waren:
Unterer Grauwert: 100
Oberer Grauwert: 105

Diese Parameter sind durch Klicken mit der rechten Maustaste auf das Funktionssymbol *Spreizen* änderbar.

Im Ergebnisbild der Funktion *Markieren* ist ein Grauwertbereich (zusätzlich zu den ursprünglichen hellen Bereichen) weiß markiert. In der Praxis geschieht die Markierung natürlich durch eine Farbe. Die Parameter von *Markieren* waren:
Unterer Grauwert: 105
Oberer Grauwert: 107

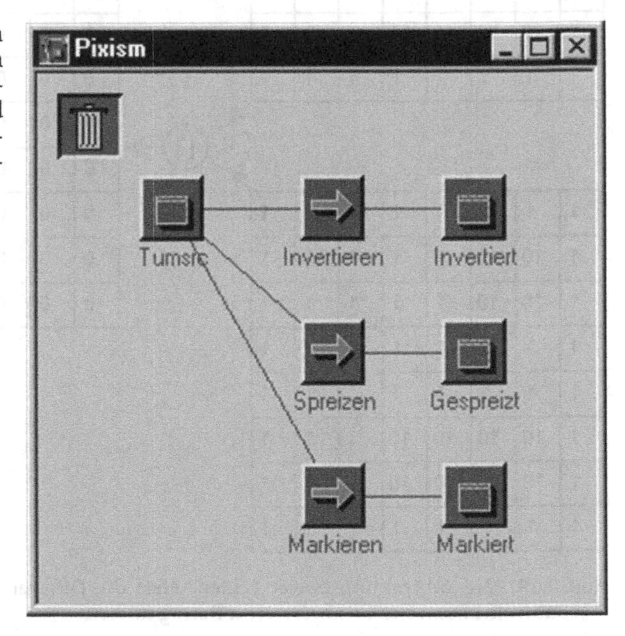

Abb. 4.20. Das Ziel des ersten Experiments ist es, mit den Funktionen *Invertieren, Spreizen* und *Markieren* anhand von Setup PIXISM.SET vertraut zu werden. Die Ergebnisse zeigt Abb. 4.21

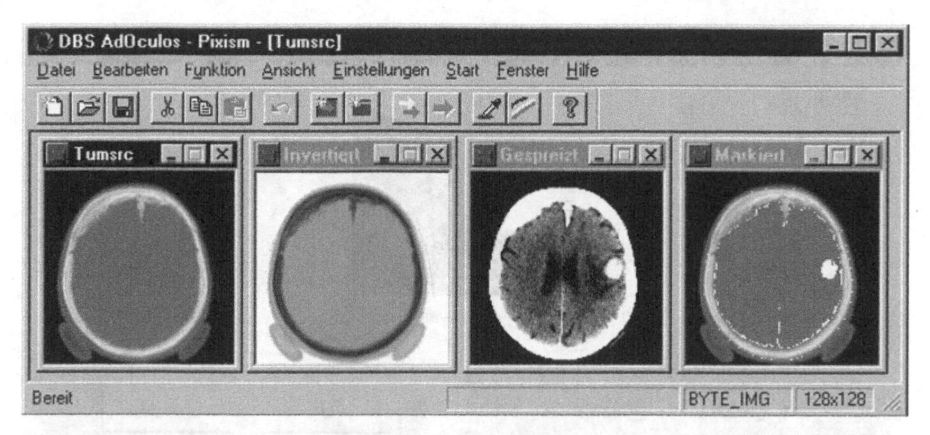

Abb. 4.21. Das Ursprungsbild TUMSRC.IV für dieses Experiment zeigt einen Tomografieschnitt durch einen Schädel. INVERTIERT ist das Ergebnis der Funktion *Invertieren*. GESPREIZT ist das Ergebnis von *Spreizen* mit den Parameteren *Unterer Grauwert:* 100 and *Oberer Grauwert:* 105. MARKIERT ist das Ergebnis von *Markieren* mit den Parametern *Unterer Grauwert:* 105, *Oberer Grauwert:* 107, *Markierungswert:* 255 und *Ausblenden:* Nein. Diese Parameter sind durch Klicken mit der rechten Maustaste auf das jeweilige Funktionssymbol änderbar

Markierungswert: 255
Ausblenden: Aus

Diese Parameter sind durch Klicken mit der rechten Maustaste auf das Funktionssymbol *Markieren* änderbar.

Das zweite Experiment dreht sich um die Histogramm-Analyse und Manipulation mit Hilfe der Funktionen *Histogramm ebnen* und *Binarisieren*. Dazu dienen das Setup PIXHISTO.SET wiederum mit TUMSRC.IV als Eingabebild (Abb. 4.22). Nach dem Start von *Histogramm ebnen* erscheint der in Abb. 4.23 gezeigte Dialog. Er zeigt

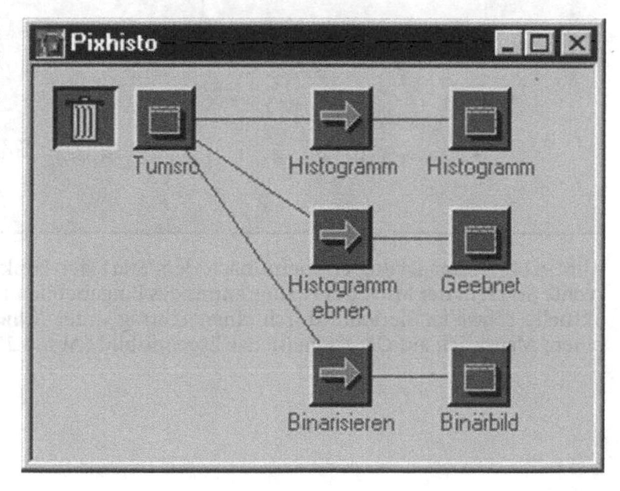

Abb. 4.22. Das zweite Experiment dreht sich um die Histogramm-Analyse und Manipulation mit Hilfe der Funktionen *Histogramm ebnen* und *Binarisieren*. Die Ergebnisse zeigt Abb. 4.25

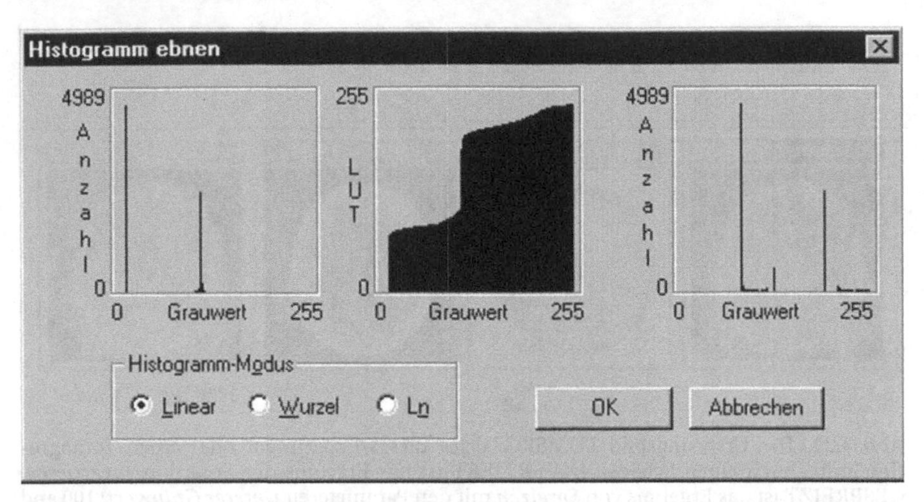

Abb. 4.23. Dieser Dialog erscheint nach dem Start von *Histogramm ebnen*. Er zeigt links das Histogramm des Eingabebilds TUMSRC.IV und rechts das des Ergebnisbildes. Das dazwischenliegende kumulative Diagramm dient dem Verfahren als Basis. Nach einem Mausklick auf *OK* erscheint das Ergebnisbild (Abb. 4.25)

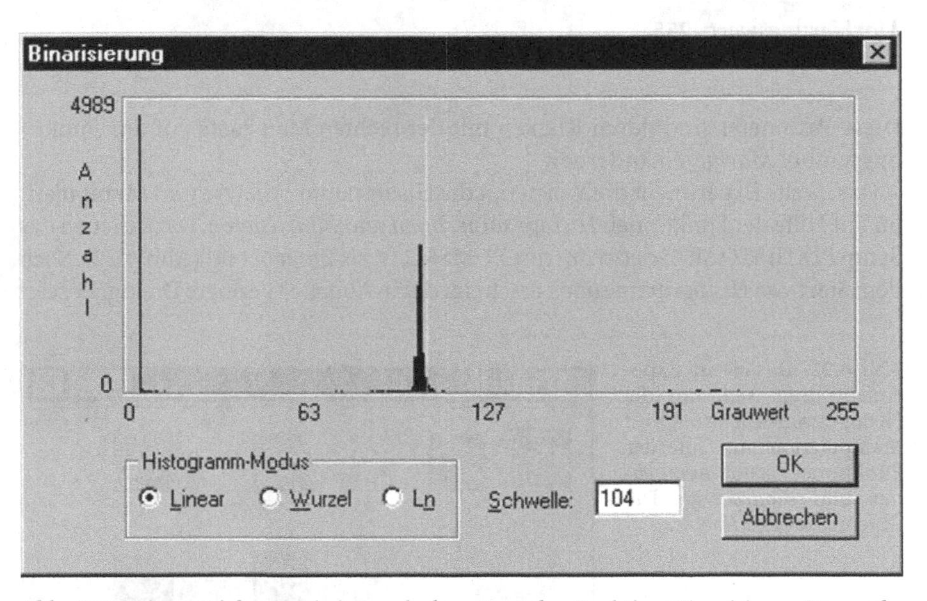

Abb. 4.24. Dieser Dialog erscheint nach dem Start der Funktion *Binarisieren*. Der senkrechte Strich in der Mitte des Histogramms des Eingabebilds TUMSRC.IV kennzeichnet die aktuelle Schwelle. Sie kann durch einen Eintrag unter *Schwelle* geändert werden. Nach einem Mausklick auf *OK* erscheint das Ergebnisbild (Abb. 4.25)

links das Histogramm des Eingabebildes und rechts das des Ergebnisbildes. Das dazwischenliegende kumulative Diagramm dient dem Verfahren als Basis (Abb. 4.11). Nach einem Mausklick auf *OK* erscheint das Ergebnisbild (Abb. 4.25).

Abbildung 4.24 zeigt den Dialog der Funktion *Binarisieren*. Der senkrechte Strich in der Mitte des Histogramms kennzeichnet die aktuelle Schwelle. Sie kann durch einen Eintrag unter Schwelle geändert werden. Nach einem Mausklick auf *OK* erscheint das Ergebnisbild (Abb. 4.25).

Das letzte Experiment demonstriert die Funktion *Schichten* in Setup PIXSCHI.SET (Abb. 4.26) wiederum anhand des Eingabebilds TUMSRC.IV. Die Ergebnisse sind in Abb. 4.27 zusammengestellt. Die gewünschte Schicht ist ein Parameter und mithin durch Klicken mit der rechten Maustaste auf das Funktionssymbol *Schichten* änderbar. Die Namen der in Abb. 4.27 gezeigten Bilder ver-

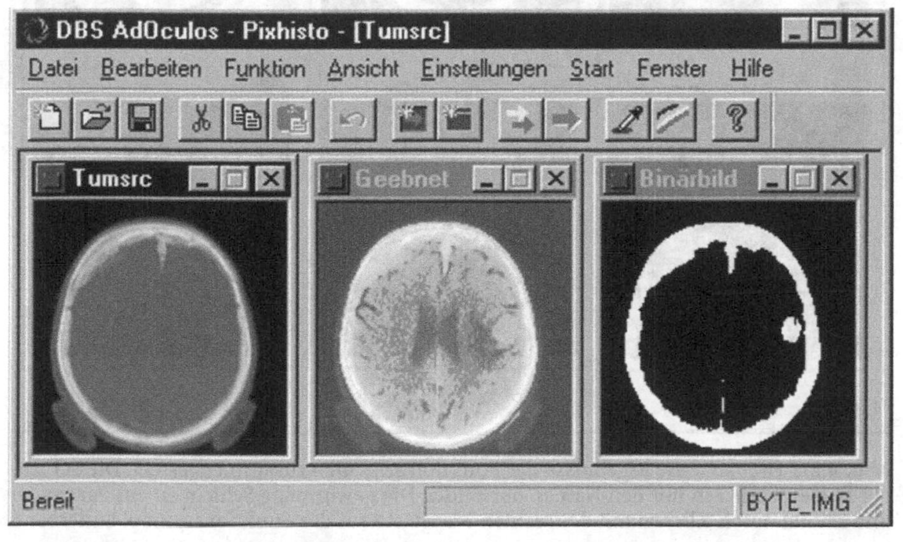

Abb. 4.25. Das Eingabebild ist das bereits bekannte Tomografiebild TUMSRC.IV. GEEBNET ist das Ergebnis der Funktion *Histogramm ebnen* mit den in Abb. 4.23 gegebenen Parametern. BINÄRBILD ist das Ergebnis von *Binarisieren* mit den in Abb. 4.24 gegebenen Parametern.

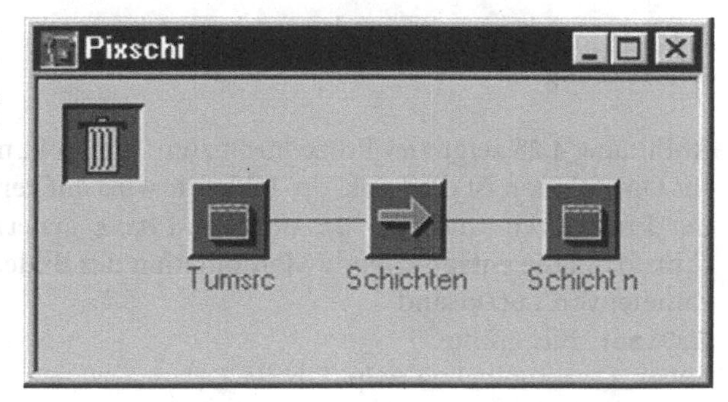

Abb. 4.26. Das letzte Experiment demonstriert die Funktion *Schichten* wiederum anhand des Eingabebilds TUMSRC.IV. Die Ergebnisse sind in Abb. 4.27 zusammengestellt

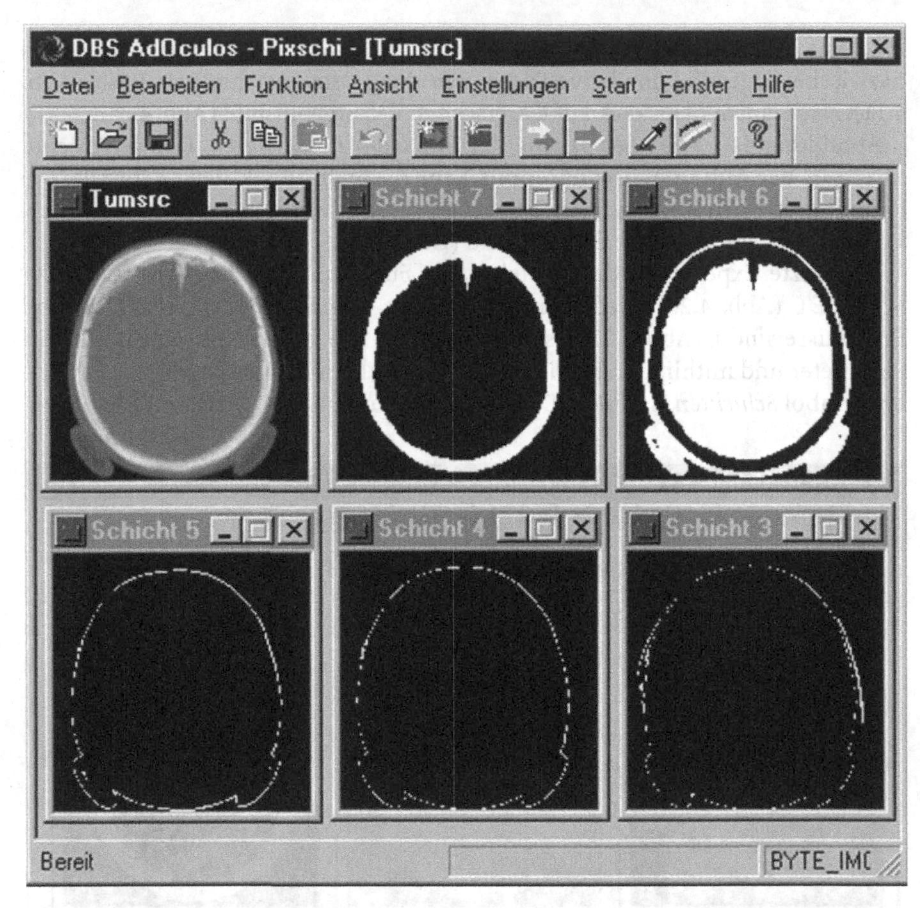

Abb. 4.27. Hier sind die Ergebnisse der Funktion *Schichten* zusammengestellt. Die Schichten korrespondieren mit den Namen der Bilder. Die gewünschte Schicht ist ein Parameter und mithin durch Klicken mit der rechten Maustaste auf das Funktionssymbol änderbar

raten die jeweilige Schicht. Die Bildnamen sind einfach durch einen Doppelklick darauf änderbar.

4.3 Realisierung

Abbildung 4.28 zeigt vier Prozeduren zum Thema Punktoperationen. Basis dieser Operationen ist die Look-Up-Table. Sie wird auf verschiedene Weise mit Hilfe der Prozeduren `Invert`, `Stretch` und `Mark` generiert. Die Prozedur `LutOp` führt dann die entsprechende Manipulation des Bildes durch. Die Übergabeparameter von `LutOp` sind

`ImSize:` Bildgröße
`Lut:` aktuelle Look-Up-Tabelle

```
void LutOp (ImSize, Lut, Image)
int  ImSize;
BYTE *Lut;
BYTE **Image;
{
   int r,c;
   for (r=0; r<ImSize; r++)
      for (c=0; c<ImSize; c++)  Image[r][c] = Lut [Image[r][c]];
}


void Invert (MaxGV, Lut)
int  MaxGV;
BYTE *Lut;
{
   int  r,c, gv;
   for (gv=0; gv<MaxGV; gv++)  Lut [gv] = (BYTE) (MaxGV-gv-1);
}


void Stretch (LoGV, HiGV, MaxGV, Lut)
int  LoGV, HiGV, MaxGV;
BYTE *Lut;
{
   int  r,c, gv;
   long gvn;

   for (gv=0; gv<MaxGV; gv++) {
      if (LoGV<=gv && gv<HiGV) {
         gvn = gv - LoGV;
         gvn = (gvn * (MaxGV-1)) / (HiGV-LoGV);
         Lut [gv] = (BYTE) gvn;
      }else
         Lut [gv] = (BYTE) ((gv<LoGV) ? 0 : (MaxGV-1));
} }

void Mark (LoGV, HiGV, MaxGV, Color, Lut)
int  LoGV, HiGV, MaxGV, Color;
BYTE *Lut;
{
   int  r,c, gv;
   for (gv=0; gv<MaxGV; gv++)
      if (LoGV<=gv && gv<HiGV)  Lut [gv] = (BYTE) Color;
                        else  Lut [gv] = (BYTE) gv;
```

Abb. 4.28. C-Realisierung von Punktoperationen

`Image`: zu bearbeitendes Bild.
Diese, wie auch die folgenden Prozeduren, sind denkbar einfach und selbsterklärend. Die Prozedur `Invert` dient dem Invertieren der Grauwerte eines Bildes. Die Übergabeparameter sind
`MaxGV`: maximal zulässiger Grauwert
`Lut`: aktuelle Look-Up-Tabelle.

Die Prozedur `Stretch` dient der Kontrastanhebung des Bildes innerhalb eines wählbaren Grauwertbereichs und hat die Übergabeparameter

`LoGV:` untere Grenze des Grauwertbereichs
`HiGV:` obere Grenze des Grauwertbereichs
`MaxGV:` maximal zulässiger Grauwert
`Lut:` aktuelle Look-Up-Tabelle.

Aufgabe der Prozedur `Mark` ist die Färbung von Pixeln, die einem bestimmten, wählbaren Grauwertbereich angehören. Die Übergabeparameter sind

`LoGV:` untere Grenze des Grauwertbereichs
`HiGV:` obere Grenze des Grauwertbereichs
`MaxGV:` maximal zulässiger Grauwert
`Color:` gewünschte Farbe
`Lut:` aktuelle Look-Up-Tabelle.

4.4 Ergänzungen

Weitere Anwendungsgebiete von Punktoperationen sowie theoretische Überlegungen zu diesem Thema beschreiben Haberäcker [4.2], Jähne [4.3], Jain [4.4], Marion [4.6], Niblack [4.7], Phillips [4.8], Rosenfeld und Kak [4.9], Russ [4.10] und Zamperoni [4.13].

4.5 Aufgaben

4.1:

Angenommen, in Abb. 4.1 wären nur die Grauwerte von 60 bis 80 interessant. Daher soll dieser Bereich auf eine Spanne von 0 bis 250 abgebildet werden. Dabei verschwinden sämtliche Grauwerte unterhalb von 60, während all diejenigen oberhalb von 80 auf 250 liegen.

Zeichne die Abbildungsfunktion (ähnlich zu der in Abb. 4.4), die Look-Up-Tabelle zur Realisierung der Abbildungsfunktion (ähnlich zu der in Abb. 4.5), das resultierende Bild (ähnlich zu dem in Abb. 4.6) und die beiden Histogramme (ähnlich zu denen in Abb. 4.7 und Abb. 4.8).

4.2:

Anstatt die niedrigen und hohen Grauwerte wie in Aufgabe 4.1 völlig zu neutralisieren, kann man alternativ den Kontrast dieser Grauwertbereiche verringern und den Kontrast des Bereichs von 60 bis 80 entsprechend anheben. Der Vorteil dieser Vorgehensweise ist die Hervorhebung des interessierenden Bereichs, ohne den Eindruck des Gesamtbildes zu verlieren.

„Verdichte“ dem entsprechend den Grauwertbereich von 0 bis 60 auf 0 bis 30, „erweitere“ den interessierenden Bereich von 60 bis 80 auf 30 bis 230 und „verdichte“ wiederum den oberen Bereich der Grauwerte von 80 bis 160 auf einen neuen Bereich von 230 bis 250. Zeichne die Abbildungsfunktion, die Look-Up-Tabelle zur Realisierung der Abbildungsfunktion, das resultierende Bild und die beiden Histogramme.

4.3:

Im Zusammenhang mit einigen Applikationen, wie z.B. der Manipulation medizinischer Bilder, ist es sinnvoll, bestimmte Grauwertbereiche zu markieren. Markiere den Grauwertbereich von 70 bis 80 des Eingabebildes in Abb. 4.1 durch eine Abbildung auf den Grauwert 250 und der Abbildung der übrigen Grauwerte auf die Hälfte ihres ursprünglichen Wertes. Zeichne die Abbildungsfunktion, die Look-Up-Tabelle zur Realisierung der Abbildungsfunktion, das resultierende Bild und die beiden Histogramme.

4.4:

Wende die Histogrammebnung auf das Eingabebild in Abb. 4.1 an. Zeichne das resultierende Bild und die beiden Histogramme.

4.5:

Wende auf das in Abb. 4.1 gezeigte Ursprungsbild die Grauwertschwellen 50 und 100 an. Diskutiere die Ergebnisse im Vergleich zu dem in Abb. 4.15 gezeigten.

4.6:

Zeichne sämtliche Bit-Ebenen (Schichten) des Eingabebildes in Abb. 4.16.

Abb. 4.29. Dieses, unter schlechten Beleuchtungsbedingungen von der Zeilenkamera aus Abb. 4.17 gemachte Bild soll korrigiert werden

10	10	10	9	8	7	6	5
10	10	10	9	8	7	6	5
10	10	100	90	80	70	60	50
10	10	100	90	80	70	60	50
10	10	100	90	80	70	60	50
10	10	10	90	80	70	60	50
10	10	10	9	80	70	60	50
10	10	10	9	8	70	60	50
10	10	10	9	8	7	60	50
10	10	10	9	8	7	60	50
10	10	10	9	8	7	60	50
10	10	10	9	8	7	60	50
10	10	10	9	8	7	60	50
10	10	10	9	8	7	60	50
10	10	10	9	8	7	6	5
10	10	10	9	8	7	6	5

4.7:
Abbildung 4.29 zeigt ein von einer Zeilenkamera unter schlechten Beleuchtungsbedingungen aufgenommenes Bild (vgl. Abb. 4.17). Eine Shading-Korrektur benötigt fünf verschiedene Grauwertabbildungen. Zeichne diese sowie das korrigierte Bild.

4.8:
Mittele die in Abb. 4.30 und Abb. 4.31 gezeigten Bilder und das resultierende Bild in Abb. 4.18.

4.9:
Schreibe ein Programm zur Anwendung von Gl. 4.1 auf ein Eingabebild.

4.10:
Schreibe ein Programm zur Anwendung einer Abbildungsfunktion (Abb. 4.4) auf ein Eingabebild. Die Knickpunkte der Abbildungsfunktion sollen den Nutzern als Eingabe dienen.

4.11:
Schreibe ein Programm, das die Lage der Pixel in die Anwendung einer Abbildungsfunktion einbezieht. Versuche z.B. eine kontrastvermindernde Abbildung, deren Einfluss zum Rand des Bildes hin zunimmt.

Abb. 4.30. Mittele dieses Bild mit dem in Abb. 4.31 und dem Ergebnisbild in Abb. 4.18

1	1	1	1	1	1	1	1
1	10	10	10	10	1	1	1
1	10	10	10	10	1	1	10
1	1	10	10	1	1	1	1
1	10	10	10	10	1	1	1
1	1	1	1	1	1	1	1
1	1	10	1	1	1	1	1
1	1	1	1	1	1	1	10

Abb. 4.31. Siehe Abb. 4.30

1	1	1	1	1	1	1	1
1	10	10	10	10	1	1	1
1	10	10	10	10	1	1	1
1	10	10	10	10	1	1	1
1	10	10	1	10	1	1	1
1	1	1	1	1	1	1	10
1	1	1	1	10	1	1	1
10	1	1	1	1	1	1	1

4.12:

Akquiriere Bilder, die Objekte auf einem inhomogenen Hintergrund zeigen. Akquiriere zusätzlich den jeweiligen Hintergrund ohne die Objekte. Schreibe ein Programm, das in der Lage ist, die Objekte von ihrem inhomogenen Hintergrund zu isolieren.

4.13:

Akquiriere ein Bild mit mehreren Objekten. Schreibe ein Programm, das in der Lage ist, fehlende Objekte zu detektieren, nachdem es das vollständige Ensemble „gesehen" hat.

4.14:

Untersuche sämtliche von AdOculos angebotenen Punktoperationen (s. AdOculos Hilfe).

Literatur

4.1 Abmayr, W.: Einführung in die digitale Bildverarbeitung. Stuttgart: Teubner 2002
4.2 Haberäcker, P.: Praxis der Digitalen Bildverarbeitung und Mustererkennung. München, Wien: Hanser 1995
4.3 Jähne, B.: Digital Image Processing. Concepts, Algorithms, and Scientific Applications. Berlin, Heidelberg, New York: Springer 1991
4.4 Jain, A.K.: Fundamentals of digital image processing. Englewood Cliffs: Prentice-Hall 1989
4.5 Klette, R.; Zamperoni, P.: Handbuch der Operatoren für die Bildverarbeitung. Braunschweig, Wiesbaden: Vieweg 1992
4.6 Marion, A.: An introduction to image processing. London: Chapman and Hall 1991
4.7 Niblack, W.: An introduction to digital image processing. Englewood Cliffs: Prentice-Hall 1989
4.8 Phillips; D.: Image processing in C – Analyzing and enhancing digital images. Lawrence KA: R & D Publications 1997
4.9 Rosenfeld, A.; Kak, A.C.: Digital picture processing, Vol.1 & 2. New York: Academic Press 1982
4.10 Russ, J.C.: The image processing handbook. Boca Raton, Ann Arbor, London, Tokyo: CRC Press 2002
4.11 Schmid, R.: Industrielle Bildverarbeitung – Vom visuellen Empfinden zur Problemlösung. Braunschweig, Wiesbaden: Vieweg 1995
4.12 Voss, K.; Süße, H.: Praktische Bildverarbeitung. München, Wien: Hanser 1991
4.13 Zamperoni, P.: Methoden der digitalen Bildsignalverarbeitung. Braunschweig, Wiesbaden: Vieweg 1991
4.14 Zimmer, W.D.; Bonz, E.: Objektorientierte Bildverarbeitung – Datenstrukturen und Anwendungen in C++. München, Wien: Carl Hanser 1996

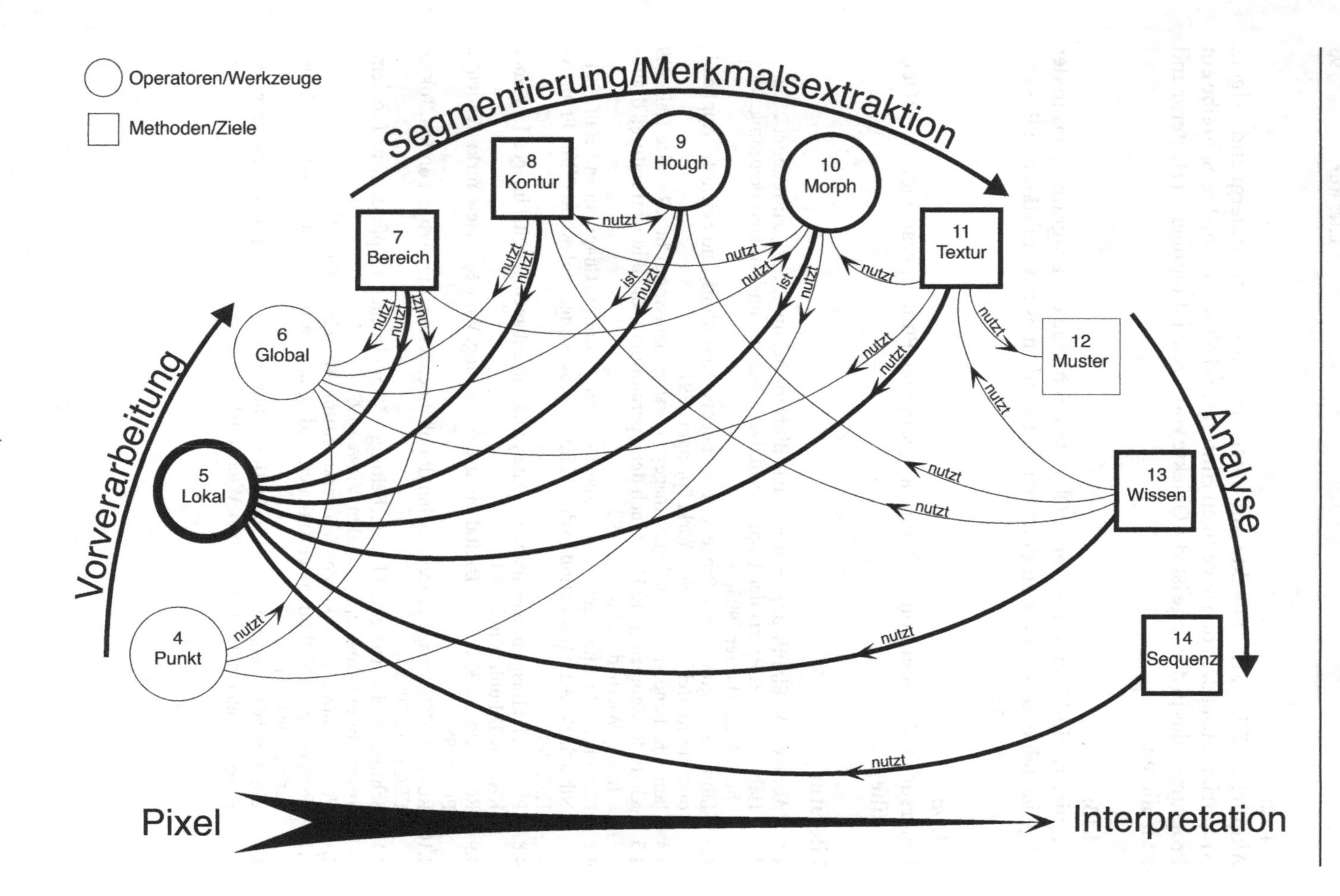
Operatoren/Werkzeuge
Methoden/Ziele
Segmentierung/Merkmalsextraktion
Vorverarbeitung
Analyse
4
Punkt
5
Lokal
6
Global
7
Bereich
8
Kontur
9
Hough
10
Morph
11
Textur
12
Muster
13
Wissen
14
Sequenz
nutzt
ist
Pixel
Interpretation

5 Lokale Operatoren

Die Kapitelübersicht zeigt das aktuelle Kapitel in vielfältigen Verbindungen mit anderen Kapiteln. Die Übersichten dieser Kapitel beschreiben die Art der jeweiligen Verbindung. Zum Verständnis des aktuellen Kapitels bedarf es keines anderen Kapitels. Der in Kap. 1 vermittelte Überblick ist hilfreich für die Einordnung. Die mathematischen Werkzeuge Ableitung und Integration sollten vertraut, Gradient und Faltung nicht fremd sein.

5.1 Überblick

Das grundlegende Ziel lokaler Operationen ist die Hervorhebung oder Unterdrückung von *Grauwertmustern* benachbarter Pixel. Abbildung 5.1 (links) verdeutlicht die Idee der lokalen Operatoren: Um ein sog. *aktuelles Pixel* herum öffnet man ein Operatorfenster. Der Operator verknüpft die Grauwerte in diesem Fenster auf eine geeignete Weise (er mittelt sie z.B.; weiteres dazu in den folgenden Abschnitten) und erzeugt dabei *einen* Ergebnisgrauwert. Dieser wird abschließend in das aktuelle Pixel des Ergebnisbildes eingetragen. Dabei ist die Lage

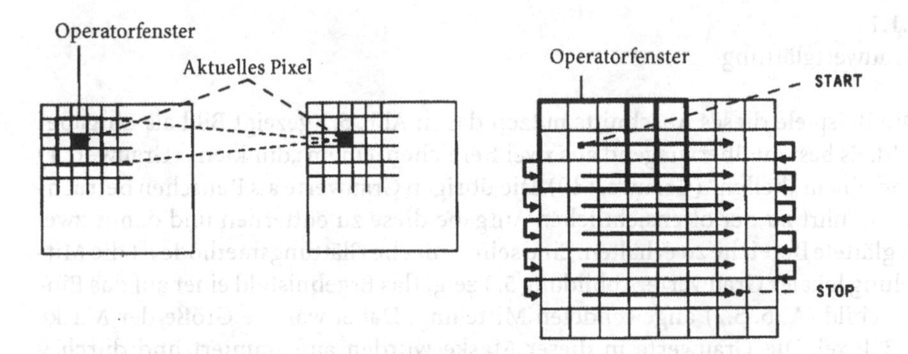

Abb. 5.1. Links: Um das aktuelle Pixel herum wird ein Operatorfenster geöffnet. Es folgt eine, prinzipiell beliebige Verknüpfung der Grauwerte der Pixel in diesem Fenster und die Eintragung des Ergebnisses in das aktuelle Pixel des Ergebnisbildes. Rechts: Zur Bearbeitung des gesamten Bildes springt die Maske Pixel für Pixel weiter. Gewöhnlich beginnt diese Prozedur in der oberen linken Ecke des Bildes

des aktuellen Pixels im Ursprungsbild mit derjenigen im Ergebnisbild identisch. Die Nachbarschaft um das aktuelle Pixel herum bezeichnet man als *Maske* oder *Fenster*.

Um nun das gesamte Bild abzuarbeiten, ist ein schrittweises „Abtasten“ des Bildes mit dem Operatorfenster notwendig. Dieser Vorgang beginnt gewöhnlich links oben im Bild (vgl. Abb. 5.1, rechts). Der Bearbeitung des Fensters folgt ein Verschieben desselben *um ein Pixel* nach rechts und ein erneutes Bearbeiten. Ist das Ende der Zeile erreicht, setzt sich der Vorgang am Beginn der nächsten Zeile fort. Bitte beachten Sie besonders, dass die Fenster *nicht* wie Kacheln nebeneinander auf das Bild gesetzt werden.

Natürlich kann bei dieser Vorgehensweise das aktuelle Pixel niemals den Rand des Bildes erreichen. Diese „Schrumpfung“ des Bildes ist meist kaum von Bedeutung. Die nicht erreichten Randpixel im Ergebnisbild müssen aber einen definierten Wert erhalten. Der Einfachheit halber wird daher das gesamte Ergebnisbild mit 0 initialisiert.

Zwei wichtige Regeln der Bildverarbeitung sind also:

- Trenne das Ergebnisbild vom Ursprungsbild.
- Initialisiere vor dem Beginn der Operation das gesamte Ergebnisbild mit 0.

Ausnahmen bestätigen auch diese Regeln (s. Abschn. 5.4)!

Bis jetzt wurden die Operatoren zur Verknüpfung der lokalen Grauwertmuster noch nicht diskutiert. Die folgenden Abschnitte demonstrieren drei klassische Anwendungen lokaler Operationen, nämlich die Grauwertglättung, die Hervorhebung von Grauwertdifferenzen und die Verstärkung von Grauwertsprüngen. Sie stellen sozusagen den „Mainstream“ in einem weitem Spektrum möglicher Operationen dar. Weitere Anwendungen finden in Abschn. 5.4 Platz. Da lokale Operatoren in unterschiedlichsten Zusammenhängen auftreten, werden sie uns aber letztlich durch das gesamte Buch „verfolgen“.

5.1.1 Grauwertglättung

Die Beispiele dieses Abschnitts nutzen das in Abb. 5.2 gezeigt Bild als Eingabebild. Es besteht überwiegend aus zwei Bereichen, einem „dunklen“ (Grauwert 1) und einem „hellen“ (Grauwert 10). Die übrigen Grauwerte als Rauschen betrachtend, führt zu der offensichtlichen Aufgabe diese zu entfernen und damit zwei geglättete Bereiche zu erhalten. Eine sehr einfache Glättungsmethode ist die Mittelung lokaler Grauwerte. Abbildung 5.3 zeigt das Ergebnisbild einer auf das Eingabebild (Abb. 5.2) angewendeten Mittelung. Dabei war die Größe der Maske 3*3 Pixel. Die Grauwerte in dieser Maske wurden aufsummiert und durch 9 geteilt. Tatsächlich sind dadurch die Grauwerte der Rausch-Pixel näher an den gewünschten Grauwert herangerückt. Andererseits ist der zuvor steile Grauwertübergang zwischen den beiden Regionen des Eingabebilds abgeflacht. Ob dieser Effekt nun positiv oder negativ zu bewerten ist, hängt letztlich von der jeweili-

1	1	1	1	10	10	10	10
1	1	6	1	8	10	2	10
1	3	1	1	9	10	7	10
1	1	1	2	8	9	10	10
1	1	1	1	10	10	10	10
1	4	1	2	9	10	2	10
1	2	1	8	10	10	10	10
1	1	1	1	10	10	10	10

Abb. 5.2. Dies ist das von den Beispielen und Aufgaben in Abschn. 5.1.1 (Grauwertglättung) verwendete Eingabebild

0	0	0	0	0	0	0	0
0	2	2	4	7	8	9	0
0	2	2	4	6	8	9	0
0	1	1	4	7	9	10	0
0	1	2	4	7	9	9	0
0	1	2	5	8	9	9	0
0	1	2	5	8	9	9	0
0	0	0	0	0	0	0	0

Abb. 5.3. Ergebnis des 3*3-Mittelwertoperators angewendet auf das Eingabebild in Abb. 5.2

gen Anwendung ab. Einige der folgenden Beispiele demonstrieren Glättungsmethoden, die steile Grauwertübergänge erhalten.

Eine Alternative zum normalen Mittelwertoperator ist das *gewichtete Mittel*. In diesem Fall werden Eingangsgrauwerte im Operatorfenster mit Gewichten (auch *Koeffizienten* genannt) multipliziert. Abbildung 5.4 (rechts) zeigt die Gewichte des sog. *Gaußschen Tiefpass*. Links sind zum Vergleich die Gewichte des normalen Mittelwertoperators (auch *Box-Filter* genannt). Die Glättungswirkung des Gaußschen Tiefpass ist nur geringfügig besser. Außerdem bleibt der Effekt der verschmierten Grauwertsprünge.

1	1	1
1	1	1
1	1	1

1	2	1
2	4	2
1	2	1

Abb. 5.4. Links: Im Fall einer normalen Mittelwertoperation (hier mit einer 3*3-Maske) werden sämtliche der von der Maske bedeckten Grauwerte mit 1 gewichtet. Auf Grund seiner Form spricht man daher auch vom Box-Filter. Rechts: Diese Maske realisiert einen Gaußschen Tiefpass. Da dessen Gewichte (im Vergleich zum Box-Filter) einen glatteren Filter darstellen, enthält das resultierende Bild weniger Oberschwingungen (Kap. 6)

Abb. 5.5. Der 3*3-Min-Operator säubert die dunklen Regionen des Eingabebildes (Abb. 5.2), zerstört aber andererseits die hellen Regionen

0	0	0	0	0	0	0	0
0	1	1	1	1	2	2	0
0	1	1	1	1	2	2	0
0	1	1	1	1	8	7	0
0	1	1	1	1	2	2	0
0	1	1	1	1	2	2	0
0	1	1	1	1	2	2	0
0	0	0	0	0	0	0	0

Ein sehr einfacher Glättungsoperator, der gleichzeitig steile Grauwertübergänge erhält, ist der *Min-Operator*. Wie der Name bereits sagt, ergibt die Anwendung des Min-Operators den kleinsten der von der Maske bedeckten Grauwerte. Abbildung 5.5 zeigt das Ergebnis eines 3*3-Min-Operators angewendet auf das Eingabebild (Abb. 5.2). Jetzt ist die dunkle Region (Grauwert 1) gesäubert aber andererseits die zuvor helle Region zerstört. Der komplementäre *Max-Operator* säubert helle Regionen und zerstört hingegen die dunklen.

Daher bedarf es eines Operators, der die Vorteile der Min- und Max-Operatoren kombiniert, ohne mit deren Nachteilen behaftet zu sein. Abbildung 5.6 zeigt die Lösung. Die Idee des *Median-Operator* ist die Sortierung sämtlicher unter der Maske befindlichen Grauwerte gemäß ihrer Beträge. Derjenige, der sich in der Mitte der sortierten Liste befindet, ist das Ergebnis des Median-Operators. Diese Strategie zielt auf die Entfernung sowohl der hohen als auch der niedrigen Grauwerte, ohne Grauwertsprünge abzuflachen. Der Nachteil des Median ist die hohe, auf die Sortierung zurückzuführende Rechenzeit.

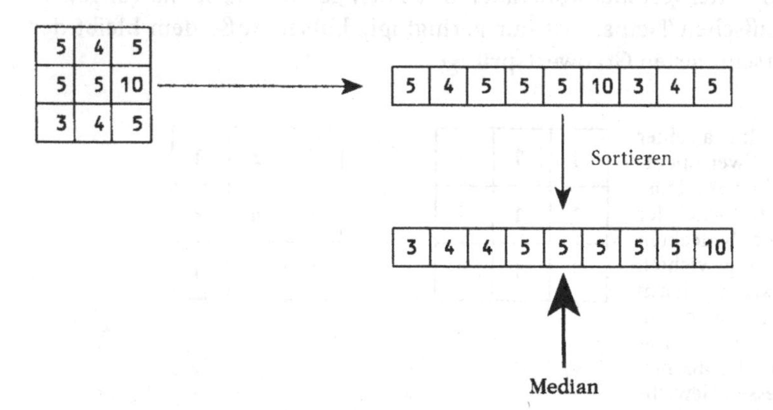

Abb. 5.6. Der Median-Operator kombiniert die Funktionen der Min- und Max-Operatoren, ohne mit deren Nachteilen behaftet zu sein. Die Idee ist die Sortierung sämtlicher unter der Maske befindlichen Grauwerte gemäß ihrer Beträge. Derjenige, der sich in der Mitte der sortierten Liste befindet ist das Ergebnis des Median-Operators

0	0	0	0	0	0	0	0
0	1	3	1	9	10	6	0
0	2	1	1	9	10	9	0
0	1	1	1	9	9	10	0
0	1	1	1	10	10	10	0
0	2	1	1	10	10	7	0
0	1	1	9	10	10	10	0
0	0	0	0	0	0	0	0

Abb. 5.7. Dies ist das Ergebnis eines 3*3-nearest-neighbor-Operators mit $k = 3$ (das aktuelle Pixel einbeziehend) angewendet auf das Eingabebild (Abb. 5.2). Der nearest - neighbor-Operator ist ein normaler Mittelwertoperator, der allerdings nicht sämtliche Pixel unter der Maske bearbeitet, sondern nur diejenigen k-Pixel, deren Grauwerte dem des aktuellen Pixels am nächsten sind.

Eine andere Glättungsmethode, die gleichzeitig Grauwertsprünge schützt, realisiert der *k nearest neighbor Filter*. Dieses ist ein normaler Mittelwertoperator, der allerdings nicht sämtliche Pixel unter der Maske bearbeitet, sondern nur diejenigen k Pixel, deren Grauwerte dem des aktuellen Pixels am nächsten sind. Abbildung 5.7 zeigt das Ergebnis eines solchen 3*3-Filters mit k=3 (das aktuelle Pixel einbeziehend), angewendet auf das Eingabebild (Abb. 5.2). Da lediglich 3 Grauwerte der Berechnung des Mittelwert dienten, ist der Glättungseffekt im Vergleich zum Median geringer. Üblicherweise wählt man daher k größer als die Hälfte der Anzahl der Masken-Pixel.

5.1.2 Hervorhebung von Grauwertdifferenzen

Die Bildinformation „steckt" in den Grauwertdifferenzen. Ein homogen graues Bild trägt keinerlei Information. Die Hervorhebung von Grauwertdifferenzen kann einer Betrachterin oder einem Betrachter vermehrte Details eines Bildes bieten. Außerdem ist die Hervorhebung üblicherweise der erste Schritt der konturorientierten Segmentierung [5.3] (vgl. Kap. 8).

Den Beispielen dieses Abschnitts dient das in Abb. 5.8 gezeigte Bild als Eingabebild. Wie schon das zuvor verwendete Eingabebild, besteht auch dieses im Wesentlichen aus einer „dunklen" Region (Grauwert 1) und einer „hellen" Region (Grauwert 10). Im Gegensatz zum vorherigen Bild enthält das aktuelle kein zu glättendes Rauschen. Ziel ist hier die Hervorhebung des Grauwertsprungs zwischen der dunklen und der hellen Region. Ein klassische Methode basiert auf dem *Laplace-Operator*. Abbildung 5.9 (links) zeigt dessen Gewichte. Die Anwendung eines solchen Laplace-Operators auf das Eingabebild (Abb. 5.8) führt zu dem in Abb. 5.10 gezeigten Ergebnis. Betrachtet man die Beträge der resultierenden Grauwertdifferenzen, ergibt sich die gewünschte Hervorhebung.

Ein Nachteil des Laplace-Operators (der eine Approximation der zweiten Ableitung realisiert) ist die Hervorhebung selbst von Grauwertdifferenzen, die auf kleine Störungen zurückzuführen sind. Mithin hebt der Laplace-Operator auch diese unerwünschten Bildanteile an. Operatoren, die auf der ersten Ablei-

Abb. 5.8. Dies ist das von den Beispielen und Aufgaben in Abschn. 5.1.2 (Hervorhebung von Grauwertdifferenzen) verwendete Eingabebild.

1	1	3	5	10	10	10	10
1	1	3	5	8	10	10	10
1	1	2	7	10	10	10	10
1	1	1	2	5	9	10	10
1	1	1	3	8	10	10	10
1	1	1	3	8	9	10	10
1	1	2	6	8	10	10	10
1	1	3	8	10	10	10	10

0	−1	0
−1	4	−1
0	−1	0

−1	0	1
−1	0	1
−1	0	1

1	1	1
0	0	0
−1	−1	−1

Abb. 5.9. Im Gegensatz zu den in Abb. 5.4 gezeigten, zur Glättung von Grauwertdifferenzen verwendeten Gewichten, realisieren die hier gezeigten Gewichte Masken, die Grauwertdifferenzen hervorheben. Links: Der Laplace-Operator verstärkt Grauwertdifferenzen mit nur einer Maske. Rechts: Dagegen benutzt der Prewitt-Operator zwei Masken zum selben Zweck. Die obere (untere) der beiden Masken verstärkt vertikale (horizontale) Grauwertübergänge. Die vertikalen und horizontalen Differenzen bilden die sog. kartesische Darstellung eines Gradienten. Eine Wandlung dieser Ergebnisse in die polare Darstellung ergibt die für die Anschauung einfacheren Beträge und Richtungen des Gradienten

Abb. 5.10. Ergebnis der Anwendung eines 3*3-Laplace-Operators auf das in Abb. 5.8 gezeigte Eingabebild

0	0	0	0	0	0	0	0
0	-2	1	-3	1	2	0	0
0	-1	-4	9	10	1	0	0
0	0	-2	-8	-9	1	1	0
0	0	-2	-2	10	4	0	0
0	0	-3	-6	8	-2	1	0
0	-1	-3	3	2	3	0	0
0	0	0	0	0	0	0	0

Abb. 5.11. Ergebnis der Anwendung der die vertikalen Grauwertdifferenzen verstärkenden Prewitt-Maske (Abb. 5.9, oben rechts) auf das in Abb. 5.8 gezeigte Eingabebild

0	0	0	0	0	0	0	0
0	5	14	20	13	2	0	0
0	3	11	17	15	7	1	0
0	1	9	19	17	7	1	0
0	0	5	18	20	9	2	0
0	1	9	20	17	6	1	0
0	3	14	20	12	4	1	0
0	0	0	0	0	0	0	0

tung beruhen, zeigen dieses Phänomen schwächer ausgeprägt. Abbildung 5.9 (rechts) zeigt die Gewichte des *Prewitt-Operators*. Die Anwendung der oberen Maske (die vertikale Grauwertübergänge hervorhebt), resultiert in Abb. 5.11. Im zweiten Schritt gilt es nun die horizontalen Grauwertübergänge hervorzuheben. Dem dient die zweite in Abb. 5.9 (rechts unten) gezeigte Maske. Die beiden Masken des Prewitt-Operators approximieren eine sog. *Gradientenoperation*.

Der Gradient ist ein wichtiges Werkzeug zur Bestimmung von Veränderungen physikalischer Größen. Eine Wetterkarte z.B. zeigt uns Linien gleicher Temperatur (Isotherme). Temperatur*gradienten* sind Vektoren, die senkrecht zu diesen Linien stehen. Die Richtung eines solchen Vektors zeigt in die Richtung des stärksten Anstieg der Temperatur. Der Betrag des Vektors gibt den Betrag des stärksten Anstiegs wider. Diese sehr anschauliche Repräsentation des Gradienten ist dessen sog. *polare Darstellung*. Die *kartesische Darstellung* des Gradienten gibt jeweils die Änderung (z.B. der Temperatur) in x- und in y-Richtung wider. Beide Darstellungen sind äquivalent. Je nach Anwendung ist es einmal angenehmer mit der einen oder der anderen zu arbeiten.

Der Gradientenbetrag ist $\sqrt{(\Delta x)^2+(\Delta y)^2}$, die Richtung $\tan^{-1}(\Delta y/\Delta x)$. Δx steht für die horizontale, Δy für die vertikale Änderung. Umgekehrt erhält man $\Delta y = R \cos \Theta$ und $\Delta y = R \sin \Theta$. R steht für den Gradientenbetrag, Θ für dessen Richtung.

Der Prewitt-Operator erzeugt also die Gradienten der Grauwerte in kartesischer Darstellung. Abbildung 5.12 zeigt die Errechnung der Gradientenbeträge. Die Gradientenrichtung ist außerordentlich wichtig für die konturorientierte Segmentierung und wird daher (wie auch weitere Aspekte von Gradientenoperatoren) detailliert in Kap. 8 diskutiert.

Abschnitt 5.1.1 zeigte bereits die interessanten Glättungsergebnisse der wegen ihrer Einfachheit besonders attraktiven Min- und Max-Operatoren. Sie finden ebenfalls zur Hervorhebung von Grauwertdifferenzen ihre Anwendung. Dieses demonstriert das in Abb. 5.13 gezeigte Beispiel. Es zeigt das Ergebnis einer Min-Operation (oben links) und einer Max-Operation (oben rechts) jeweils angewendet auf das Eingabebild (Abb. 5.8). Die absolute Differenz zwischen den Min- und Max-Werten ergibt die hervorgehobenen Grauwertübergänge zwischen der dunklen und der hellen Region.

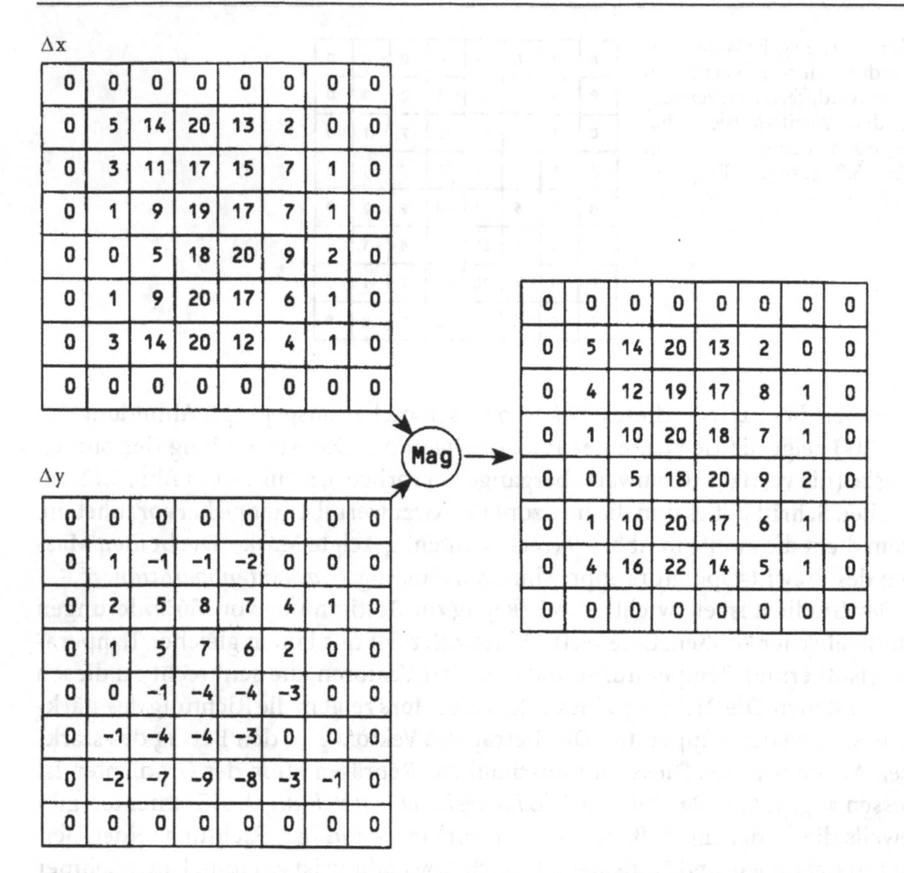

Abb. 5.12. Dies ist das Ergebnis des kompletten Prewitt-Verfahrens. Oben links: Das Ergebnis der ersten Prewitt-Maske wurde bereits errechnet (Abb. 5.11). Unten links: Ergebnis der zweiten Prewitt-Maske. Da die Grauwertübergänge im Eingabebild (Abb. 5.8) überwiegend horizontal verlaufen, finden sich hier nur fragmentarisch vertikale Grauwertstufen. Daher sind die Ergebnisse der zweiten Prewitt-Maske vergleichsweise niedrig. Rechts: Das Betragsbild liefert die maximalen Grauwertänderungen für jedes Pixel

5.1.3 Verstärkung von Grauwertsprüngen

Der Übergang von der dunklen zur hellen Region des in Abb. 5.8 gezeigten Eingabebildes ist flach. Das Ziel dieses Abschnitts ist die Demonstration von Verfahren zur Verstärkung dieser flachen Übergänge zu steileren hin. Die erste Idee ist die Addition eines der Ergebnisbilder aus Abschn. 5.1.2 (in denen die Grauwertübergänge hervorgehoben sind) zu ihrem Eingabebild. Das Ergebnis einer solchen Addition zeigt Abb. 5.14. Hier wurden das Eingabebild aus Abb. 5.8 und das aus der Anwendung des Laplace-Operators resultierende Ausgabebild (Abb. 5.10) addiert.

Die Idee trägt zwar im Prinzip, liefert aber offensichtlich keine befriedigenden Ergebnisse. Negative und teilweise herausstechend hohe Werte stören den Ein-

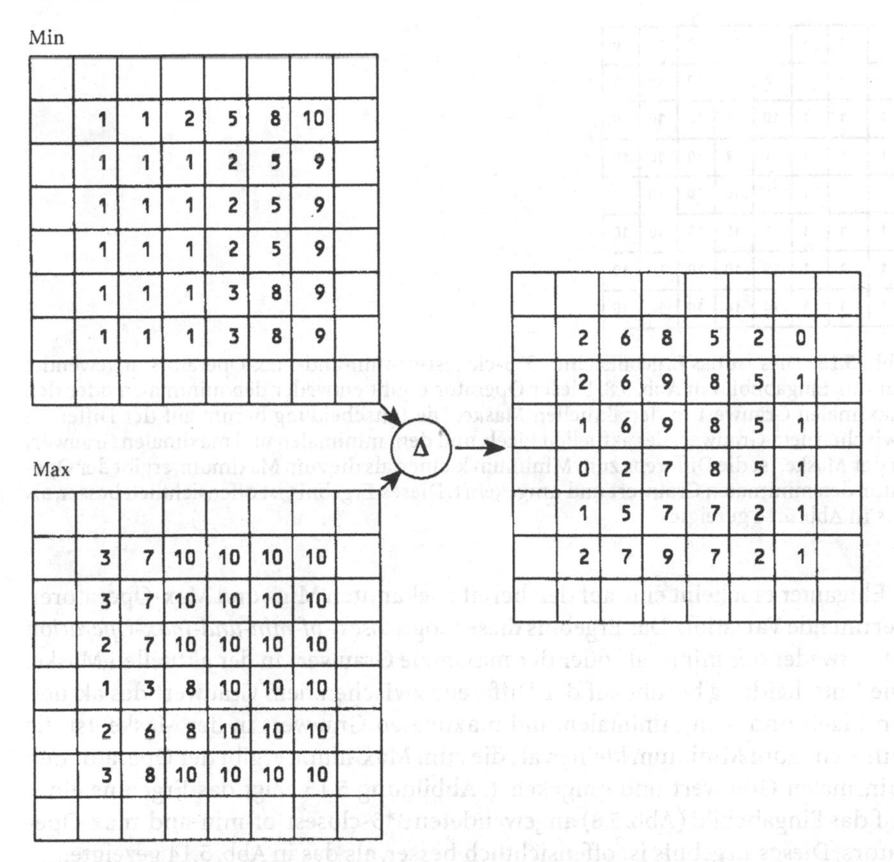

Abb. 5.13. Links: Ergebnis einer Min- (oben) und Max-Operation (unten) angewendet auf das in Abb. 5.8 gezeigte Eingabebild. Rechts: Die absolute Differenz zwischen den Min- und Max-Werten ergibt die hervorgehobenen Grauwertübergänge zwischen der dunklen und der hellen Region

Abb. 5.14. Dies ist das Ergebnis der Addition des Eingabebildes in Abb. 5.8 und des aus der Anwendung des Laplace-Operators resultierenden Ausgabebildes (Abb. 5.10)

0	0	0	0	0	0	0	0
0	−1	4	2	9	11	10	0
0	0	−2	−2	20	11	10	0
0	1	−1	−6	−4	10	11	0
0	1	−1	1	18	14	10	0
0	1	−2	−3	16	7	11	0
0	0	−1	9	10	13	10	0
0	0	0	0	0	0	0	0

druck. Eine Lösung könnte die Addition eines Laplace-Bildes mit verminderten Grauwertdifferenzen sein. Auch ein schlichtes Abschneiden extrem niedriger und hoher Grauwerte würde helfen.

1	1	1	3	10	10	10	10
1	1	1	2	10	10	10	10
1	1	1	10	10	10	10	10
1	1	1	1	2	10	10	10
1	1	1	1	10	10	10	10
1	1	1	1	10	10	10	10
1	1	1	10	10	10	10	10
1	1	1	10	10	10	10	10

Abb. 5.15. Dies ist das Ergebnis eines 3*3-closest-of-min-and-max-Operators angewendet auf das Eingabebild in Abb. 5.8. Dieser Operator ergibt entweder den minimalen oder den maximalen Grauwert in der aktuellen Maske. Die Entscheidung beruht auf der Differenz zwischen dem Grauwert des aktuellen Pixels und dem minimalen und maximalen Grauwert in der Maske. Ist die Differenz zum Minimum kleiner, als die zum Maximum, ergibt der Operator den minimalen Grauwert und umgekehrt. Dieses Ergebnis ist offensichtlich besser, als das in Abb. 5.14 gezeigte

Eleganter erscheint eine auf den bereits bekannten Min- und Max-Operatoren beruhende Variation. Das Ergebnis dieser sog. *closest-of-min-and-max-Operation* ist entweder der minimale oder der maximale Grauwert in der aktuellen Maske. Die Entscheidung beruht auf der Differenz zwischen dem Grauwert des aktuellen Pixels und dem minimalen und maximalen Grauwert in der Maske. Ist die Differenz zum Minimum kleiner, als die zum Maximum, ergibt der Operator den minimalen Grauwert und umgekehrt. Abbildung 5.15 zeigt das Ergebnis eines auf das Eingabebild (Abb. 5.8) angewendeten 3*3-closest-of-min-and-max-Operators. Dieses Ergebnis ist offensichtlich besser, als das in Abb. 5.14 gezeigte.

Bis hierhin ergaben die Min- und Max-Operatoren zufrieden stellende Ergebnisse. Die Idee dabei basiert auf der offensichtlichen Beobachtung, dass ein Übergang von einer dunklen zu einer hellen Region auf Grauwerten basiert, die zwischen den „dunklen" und „hellen" Grauwerten liegen. Was geschieht aber, wenn der Grauwertübergang von dunkel nach hell sehr breit und stufenweise ist? In diesem Fall bestünden Teile des Übergangs ggf. aus identischen Grauwerten und die minimalen und maximalen Grauwerte lägen nicht im „Einzugsbereich" des Operators.

Abb. 5.16. Dieses Eingabebild dient dem weiteren Experimentieren mit dem closest-of-min-and-max-Operator

1	1	1	3	10	10	10	10
1	1	1	3	3	10	10	10
1	1	3	3	3	10	10	10
1	1	3	3	3	10	10	10
1	1	3	3	3	10	10	10
1	1	1	3	3	10	10	10
1	1	1	1	3	3	10	10
1	1	1	1	1	1	3	10

Ein derartiges Beispiel zeigt Abb. 5.16. Wendet man auf dieses neue Eingabebild einen 3*3-closest-of-min-and-max-Operator an, erhält man das in Abb. 5.17 gezeigte Resultat. Das Ziel, eine Grauwertstufe zwischen der dunklen und der hellen Region zu erhalten ist hier nicht erreicht.

Die Anwendung zweier Iterationen des 3*3-closest-of-min-and-max-Operator auf das in Abb. 5.17 gezeigte Ausgabebild erbringt die Ergebnisse in Abb. 5.18 und Abb. 5.19. Der Operator hat demnach Schritt für Schritt „eine Schneise gegraben“ um die störende Region (Grauwert 3) von der hellen Region zu trennen. Weitere Iterationen hätten keinen Effekt. Die offensichtliche Alternative zum iterativen Ansatz ist die Vergrößerung der Operatormaske.

Abb. 5.17. Dies ist das Ergebnis eines 3*3-closest-of-min-and-max-Operators angewendet auf das neue Eingabebild (Abb. 5.16). Das Ziel einer Grauwertstufe zwischen der dunklen und der hellen Region wurde nicht erreicht

1	1	1	1	10	10	10	10
1	1	1	1	3	10	10	10
1	1	3	3	3	10	10	10
1	1	3	3	3	10	10	10
1	1	3	3	3	10	10	10
1	1	1	3	1	10	10	10
1	1	1	1	1	1	10	10
1	1	1	1	1	1	1	10

Abb. 5.18. Das Ergebnis der zweiten Iteration des 3*3-closest-of-min-and-max-Operators angewendet auf das in Abb. 5.17 gezeigte Ergebnis der ersten Iteration.

1	1	1	1	10	10	10	10
1	1	1	1	1	10	10	10
1	1	3	3	1	10	10	10
1	1	3	3	3	10	10	10
1	1	3	3	1	10	10	10
1	1	1	3	1	10	10	10
1	1	1	1	1	1	10	10
1	1	1	1	1	1	1	10

Abb. 5.19. Das Ergebnis der dritten Iteration des 3*3-closest-of-min-and-max-Operators angewendet auf das in Abb. 5.18 gezeigte Ergebnis der zweiten Iteration

1	1	1	1	10	10	10	10
1	1	1	1	1	10	10	10
1	1	3	3	1	10	10	10
1	1	3	3	1	10	10	10
1	1	3	3	1	10	10	10
1	1	1	3	1	10	10	10
1	1	1	1	1	1	10	10
1	1	1	1	1	1	1	10

5.2 Experimente

5.2.1 Grauwertglättung

Das erste Experiment befasst sich mit dem lokalen *Mittelwert-Operator, Minimum-Operator, Maximum-Operator* und *Median-Operator* zur Beseitigung von Rauschen. Sie sind im Setup LOCNOISE.SET zusammengefasst (Abb. 5.20).

Abbildung 5.21 zeigt die Ergebnisse der Experimente anhand des Eingabebilds ZANSRC.IV. Um die Bearbeitung verrauschter Bilder zu demonstrieren, benötigt man zuersteinmal eine verrauschte Version dieses Eingabebildes. Diesem Zweck dient die Funktion *Rauschen*, die das Eingabebild mit einem sog. Salz- und Pfeffer-Rauschen „verseucht". Dabei wird zufällig ausgesuchten Pixeln entweder der Wert 0 (schwarz) oder 255 (weiß) zugeordnet.

Die Parameter für *Rauschen* waren

Anzahl gestörter Pixel: 1000
Salz-und-Pfeffer: ein
Zufälliger Startpunkt: beliebig

Diese Parameter sind durch Klicken mit der rechten Maustaste auf das Funktionssymbol *Rauschen* änderbar. Auf die gleiche Weise werden die Parameter der vier Operatoren festgelegt. Jeder dieser Operatoren ist durch den Parameter *Fenstergröße* gesteuert. Ist er 3, erhält man die in Abb. 5.21 zusammengefaßten Ergebnisse.

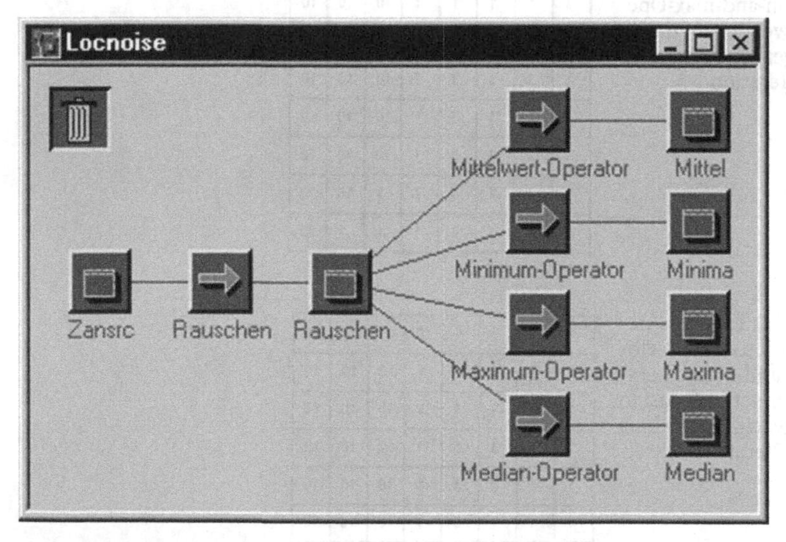

Abb. 5.20. Das erste Experiment befaßt sich mit dem lokalen *Mittelwert-Operator, Minimum-Operator, Maximum-Operator* und *Median-Operator* zur Beseitigung von Rauschen. Sie sind im Setup LOCNOISE.SET zusammengefaßt. Die Ergebnisse zeigt Abb. 5.21

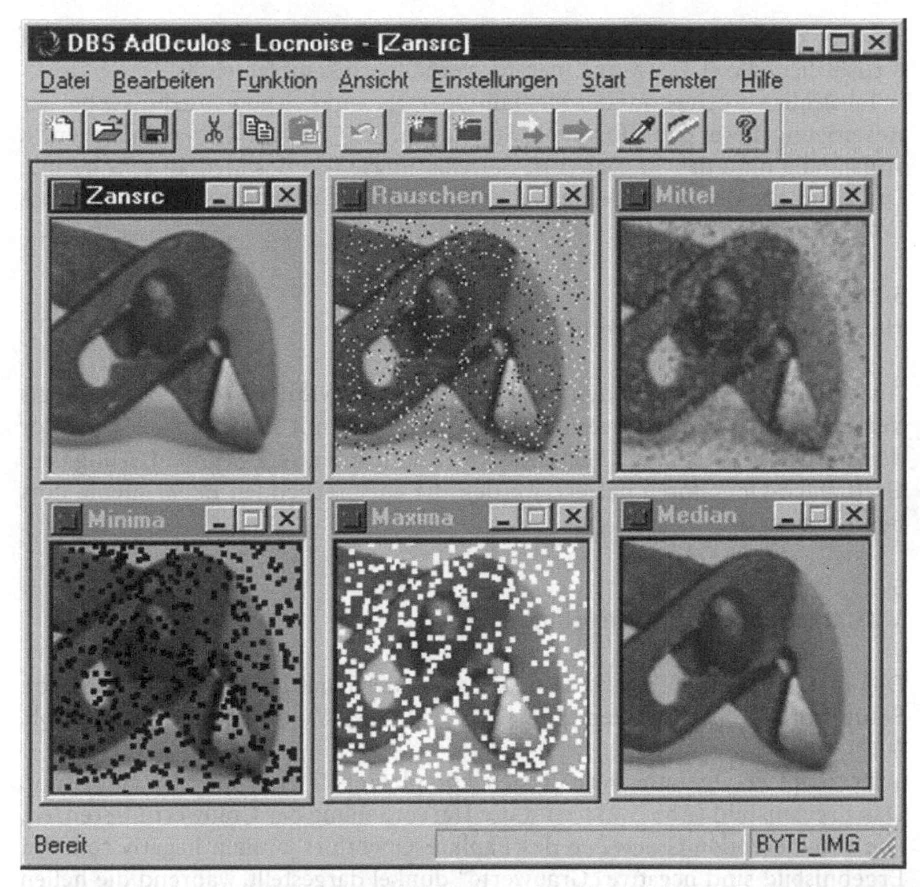

Abb. 5.21. Im ersten Schritt „verschmutzt" die Funktion *Rauschen* das Eingabebild ZANSRC.IV mit Salz- und Pfeffer-Rauschen. Die Parameter für *Rauschen* waren *Anzahl gestörter Pixel:* 1000, *Salz-und-Pfeffer:* ein und *Zufälliger Startpunkt:* beliebig. Diese Parameter sind durch Klicken mit der rechten Maustaste auf das Funktionssymbol *Rauschen* änderbar. Auf die gleiche Weise werden die Parameter der vier Operatoren festgelegt. Jeder dieser Operatoren ist durch den Parameter *Fenstergröße* gesteuert. Ist er 3, erhält man die hier zusammengefassten Ergebnisse. Die Namen der einzelnen Ergebnisbilder verraten die jeweils verwendete Prozedur (die Bildnamen sind einfach durch einen Doppelklick darauf änderbar)

Die Namen der einzelnen Ergebnisbilder verraten die jeweils verwendete Prozedur (die Bildnamen sind einfach durch einen Doppelklick darauf änderbar). Die Mittelwertoperation hat deutlich Restspuren des Rauschens hinterlassen. Außerdem stört natürlich die Unschärfe des resultierenden Bildes.

Die Min- und Max-Operatoren vermeiden unscharfe Ausgabebilder und benötigen zusätzlich wenig Rechenzeit. Die in Abb. 5.21 gezeigten Resultate decken aber auch deren Nachteile auf. Da der Min-Operator den minimalen Grauwert der aktuellen Maske ermittelt, beseitigt er weiße Spitzen vollständig, vergrößert andererseits aber die schwarzen Spitzen. Bereits die hier verwendete

3*3-Maske vergrößert die kleine Störung durch ein einziges schwarzes Pixel auf 8 zusätzliche Pixel. Der Max-Operator verhält sich komplementär.

Tatsächlich erbringt nur der Median-Operator wirklich gute Ergebnisse bei der Beseitigung dieser punktförmigen Störungen. Das Salz- und Peffer-Rauschen ist vollständig unterdrückt. Dabei ist der Glättungseffekt des Median sehr gering. Die Kehrseite der Medaille ist die durch den Sortierungsprozess verursachte hohe Rechenzeit.

5.2.2
Hervorhebung von Grauwertdifferenzen

Abschnitt 5.1.2 beschreibt den Laplace-Operator sowie den Prewitt-Operator als Vertreter von Gradientenverfahren. Experimente mit dem Laplace-Operator demonstriert Abschn. 5.2.3. Da Kap. 8 (Konturorientiere Segmentierung) auf Gradienten-Operatoren basiert, werden die entsprechenden Experimente dort beschrieben.

5.2.3
Verstärkung von Grauwertsprüngen

Das Ziel des zweiten Experiments ist es, mit der Funktion Laplace anhand von Setup LOCLAP.SET und dem Eingabebild DIGIM.IV vertraut zu werden (Abb. 5.22).

Der Laplace-Operator verhält sich komplementär zum Mittelwertoperator. Das Ergebnisbild (Abb. 5.23) zeigt die Hervorhebung der Grauwertdifferenzen. Die resultierenden Grauwerte des Laplace-Operators können negativ sein. Im Ergebnisbild sind negative „Grauwerte" dunkel dargestellt, während die hellen Regionen positive Grauwerte repräsentieren. Die maximalen Beträge sind jeweils schwarz und weiß. Liefert der Laplace-Operator einen Grauwert 0, erscheint das zugehörige Pixel in einem mittleren Grau.

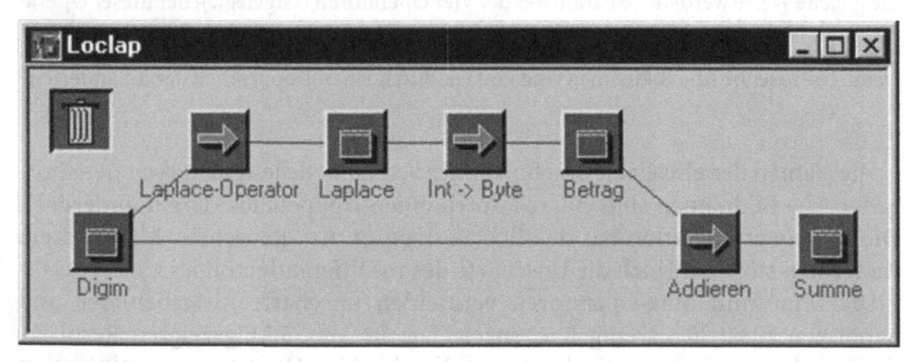

Abb. 5.22. Das Ziel des zweiten Experiments ist es, mit der Funktion Laplace anhand von Setup LOCLAP.SET und dem Eingabebild DIGIM.IV vertraut zu werden. Die Ergebnisse zeigt Abb. 5.23

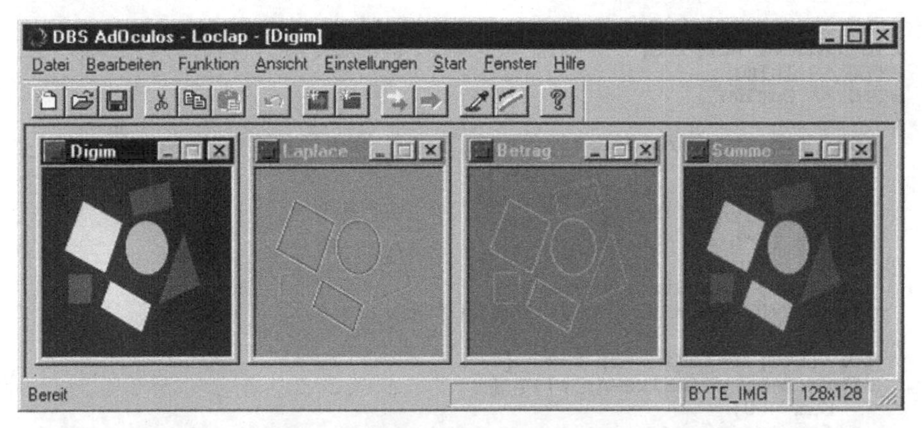

Abb. 5.23. Der Laplace-Operator verhält sich komplementär zum Mittelwertoperator. Das Ergebnisbild zeigt die Hervorhebung der Grauwertdifferenzen. Die resultierenden Grauwerte des Laplace-Operators können negativ sein. Im Ergebnisbild sind negative „Grauwerte" dunkel dargestellt, während die hellen Regionen positive Grauwerte repräsentieren. Die maximalen Beträge sind jeweils schwarz und weiß. Liefert der Laplace-Operator einen Grauwert 0, erscheint das zugehörige Pixel in einem mittleren Grau. Im Betragbild sind die Randbereiche der Regionen durch positive Grauwerte hervorgehoben. Dieses Bild nun dem Ursprungsbild hinzuaddierend, erhält man ein Ergebnisbild mit verstärkten Grauwertsprüngen. Dabei teilt die *Addieren*-Funktion zur Vermeidung von Überläufen die Grauwertsummen durch 2. Dementsprechend sind die mittleren Grauwerte des Ergebnisbildes niedriger, als die des Eingabebildes. Im vorliegenden Fall ist dieser Effekt mit Hilfe der AdOculos-Option *Ansicht Bildattribute...* kompensiert

Zur weiteren Verarbeitung des Ergebnisbildes muss dieses vom Typ Integer in den Typ Byte gewandelt werden. Dem dient die Funktion *Int -> Byte*. Das Ergebnisbild zeigt (Abb. 5.23) zeigt die Hervorhebung der Randbereiche der Regionen durch positive Grauwerte. Dieses Bild nun dem Ursprungsbild hinzuaddierend, erhält man ein Ergebnisbild mit verstärkten Grauwertsprüngen. Dabei teilt die *Addieren*-Funktion zur Vermeidung von Überläufen die Grauwertsummen durch 2. Dementsprechend sind die mittleren Grauwerte des Ergebnisbildes niedriger, als die des Eingabebildes. Im vorliegenden Fall ist dieser Effekt mit Hilfe der AdOculos-Option *Ansicht Bildattribute...* kompensiert.

5.3 Realisierung

Abbildung 5.24 zeigt eine Prozedur zum Glätten eines Bildes. Die Übergabeparameter sind
`ImSize:` Bildgröße
`WinSize:` Seitenlänge des quadratischen Operatorfensters
`InIm:` zu bearbeitendes Eingabebild
`OutIm:` geglättetes Ausgabebild.

```
void Average (ImSize, WinSize, InIm, OutIm)
int ImSize, WinSize;
BYTE ** InIm;
BYTE ** OutIm;
{
  int  r,c, y,x, n, Area;
  long Sum;

  n = (WinSize-1) >> 1;
  Area = (2*n+1) * (2*n+1);

  for (r=0; r<ImSize; r++)
   for (c=0; c<ImSize; c++) OutIm [r][c] = 0;

  for (r=n; r<ImSize-n; r++) {
   for (c=n; c<ImSize-n; c++) {
     Sum = 0;
     for (y=-n; y<=n; y++)
      for (x=-n; x<=n; x++)
        Sum += InIm [r+y] [c+x];
     OutIm [r][c] = (BYTE) (Sum/Area);
} } }
```

Abb. 5.24. C-Realisierung des Mittelwertoperators

Die Prozedur beginnt mit der Initialisierung der Variablen `n` und `Area` sowie des Ausgabebildes `OutIm`. `n` repräsentiert die Hälfte der Seitenlänge `WinSize`, in `Area` ist die Anzahl der Pixel des Operatorfensters abgelegt. `r` und `c` sind die Zeilen- bzw. Spaltenkoordinaten.

Die folgende Mittelwertbildung ist denkbar einfach: Um das aktuelle Pixel `InIm[r][c]` herum werden die Grauwerte im Operatorfensters in der Variablen `Sum` aufsummiert, mit der Anzahl der Fensterpixel `Area` normiert und in das Ausgabebild `OutIm[r][c]` geschrieben.

Abbildung 5.25 zeigt eine Prozedur zum Realisierung des Laplace-Operators. Die Übergabeparameter sind

`ImSize`: Bildgröße
`InIm`: zu bearbeitendes Eingabebild
`OutIm`: Ausgabebild entsprechend dem Ergebnis der Laplace-Operation.

Die Prozedur beginnt mit der Initialisierung der statischen Variablen `Mask` (in ihr sind die Koeffizienten des Laplace-Operators abgelegt) sowie des Ausgabebildes `OutIm`.

Der Rahmen der Prozedur entspricht im Wesentlichen demjenigen der Mittelwertbildung. In der Variablen Sum werden allerdings das jeweilige Produkt von Grauwert `InIm[r+y][c+x]`und `Mask[y+1][x+1]` aufsummiert. Diese Vorgehensweise entspricht dem Verfahren der lokalen Faltung. Ein weiterer Unterschied besteht in dem Typ des Ausgabebildes `OutIm`. Da die Ergebnisse der Operation vorzeichenbehaftet sind, kommt hier `int` zur Anwendung.

Die Abb. 5.26 und 5.27 zeigen Prozeduren zur Realisierung des Min- bzw. des Max-Operators. Die Übergabeparameter sowie die Initialisierungen entspre-

```
void Laplace (ImSize, InIm, OutIm)
int ImSize;
BYTE ** InIm;
int ** OutIm;
{
  int  r,c, y,x, Sum;

  static int Mask [3][3] = { { 0, 1, 0},
               { 1, -4, 1},
               { 0, 1, 0} };

  for (r=0; r<ImSize; r++)
   for (c=0; c<ImSize; c++) OutIm [r][c] = 0;

  for (r=1; r<ImSize-1; r++) {
   for (c=1; c<ImSize-1; c++) {
     Sum = 0;
     for (y=-1; y<=1; y++)
      for (x=-1; x<=1; x++)
        Sum += InIm [r+y] [c+x] * Mask [y+1] [x+1];
     OutIm [r][c] = Sum/9;
} } }
```

Abb. 5.25. C-Realisierung des Laplace-Operators

```
void MinOp (ImSize, WinSize, InIm, OutIm)
int  ImSize, WinSize;
BYTE ** InIm;
BYTE ** OutIm;
{
   int   r,c, y,x, n, Area;
   BYTE  Min;

   n = (WinSize-1) >> 1;
   Area = (2*n+1) * (2*n+1);

   for (r=0; r<ImSize; r++)
     for (c=0; c<ImSize; c++)  OutIm [r][c] = 0;

   for (r=n; r<ImSize-n; r++) {
      for (c=n; c<ImSize-n; c++) {
         Min = InIm[r][c];
         for (y=-n; y<=n; y++)
            for (x=-n; x<=n; x++)
               if (InIm[r+y][c+x] < Min)  Min = InIm [r+y] [c+x];
         OutIm [r][c] = Min;
}  }  }
```

Abb. 5.26. C-Realisierung des Min-Operators

chen denen des Mittelwertoperators. Auch der Ablauf der Prozedur bringt keine grundsätzlichen Neuerungen. Den Kern der Algorithmen bildet die Suche nach dem minimalen bzw. maximalen Grauwert innerhalb eines Operatorfensters, also eine nichtlineare und damit nicht umkehrbare Operation.

```
void MaxOp (ImSize, WinSize, InIm, OutIm)
int  ImSize, WinSize;
BYTE ** InIm;
BYTE ** OutIm;
{
   int   r,c, y,x, n, Area;
   BYTE  Max;

   n = (WinSize-1) >> 1;
   Area = (2*n+1) * (2*n+1);

   for (r=0; r<ImSize; r++)
      for (c=0; c<ImSize; c++)  OutIm [r][c] = 0;

   for (r=n; r<ImSize-n; r++) {
      for (c=n; c<ImSize-n; c++) {
         Max = InIm[r][c];
         for (y=-n; y<=n; y++)
            for (x=-n; x<=n; x++)
               if (InIm[r+y][c+x] > Max)  Max = InIm [r+y] [c+x];
         OutIm [r][c] = Max;
} } }
```

Abb. 5.27. C-Realisierung des Max-Operators

Die Realisierung des Median-Operators zeigt Abb. 5.28. Die Übergabeparameter sowie die Initialisierungen sind bereits vom Min- bzw. Max-Operators her bekannt. Der Vektor `Lst` dient dem Sortiervorgang. Ihm muss entsprechend der Größe des Operatorfensters Speicherplatz zugewiesen werden. Der Kern des Algorithmus beginnt mit dem Laden des Vektors `Lst` mit den Grauwerten innerhalb des aktuellen Operatorfensters. Es folgt die Sortierung der Daten in diesem Vektor mit Hilfe eines Standardalgorithmus (Bubble Sort). Dem Ausgabebild `OutIm[r][c]` wird dann abschließend der Medianwert zugewiesen.

Die in Abb. 5.24 und Abb. 5.25 gezeigten Prozeduren basieren auf der lokalen Faltung (Abschn. 5.4). Im Fall des Mittelwertoperators bedarf es keiner expliziten Maske, da sämtliche Koeffizienten 1 sind. Die Realisierung des Laplace-Operators basiert auf einer `static` Definition der Maske *in* der Prozedur.

Selbstverständlich könnte ein und dieselbe Prozedur zur lokalen Faltung beide Operationen realisieren. In diesem Fall wäre die Maske ein formaler Parameter. Solch eine Faltungsprozedur sollte in der Lage sein, mit beliebigen Maskengrößen und Koeffizienten zu arbeiten.

5.4 Ergänzungen

Menschen sind bestrebt, Bildern eine Bedeutung zuzuweisen. Für uns hat ein Bild einen „Inhalt". Um nur ein typisches Beispiel zu geben, sei an die Sternbilder gedacht. Menschen sprechen vom „Großen Wagen", obwohl hier nur eine zufällige Ausrichtung einiger Sterne vorliegt. Eine bedeutungsvolle Beziehung zwischen ihnen ist lediglich eine Konstruktion des Gehirns.

```
void Median (ImSize, WinSize, InIm, OutIm)
int  ImSize, WinSize;
BYTE ** InIm;
BYTE ** OutIm;
{
   int   r,c, y,x, i,j, n, Area;
   BYTE  Buf;
   BYTE  *Lst;

   n = (WinSize-1) >> 1;
   Area = (2*n+1) * (2*n+1);
   Lst = (BYTE *) malloc (Area*sizeof(BYTE));

   for (r=0; r<ImSize; r++)
      for (c=0; c<ImSize; c++)  OutIm [r][c] = 0;

   for (r=n; r<ImSize-n; r++) {
      for (c=n; c<ImSize-n; c++) {
         i=0;
         for (y=-n; y<=n; y++) {
            for (x=-n; x<=n; x++) {
               Lst [i] = InIm [r+y] [c+x];
               i++;
         } }

         for (i=0; i<Area-1; i++)    /**** bubble sort ****/
            for (j=Area-1; i<j; j--)
               if (Lst[j-1] > Lst[j]) {
                  Buf      = Lst[j-1];
                  Lst[j-1] = Lst[j];
                  Lst[j]   = Buf;
               }
               OutIm [r][c] = Lst [Area/2];
} } }
```

Abb. 5.28. C-Realisierung des Median-Operators

Es ist außerordentlich wichtig zu verstehen, dass es sich bei lokalen Operatoren ausschließlich um Prozesse handelt, die Signale verarbeiten und für die der Begriff der Bedeutung irrelevant ist. Daher sollte man sorgsam mit den zur Beschreibung von Bildern oder Bildverarbeitungsverfahren benutzen Worten umgehen. So werden z.B. lokale Operatoren zur Hervorhebung von Grauwertdifferenzen (Abschn. 5.1.2) häufig „Kanten-Operatoren" genannt. Dieser Terminus kann irreführend sein, denn er suggeriert eine Korrespondenz zwischen Grauwertdifferenzen und wirklichen Objektkanten, die keineswegs garantiert ist (Kap. 8).

Die klassische lokale Operation basiert auf der Faltung zweier Signale $h(m)$ und $f(n)$:

$$h*f = \int h(m)\, f(n-m)\, dm$$

In der Praxis der Bildverarbeitung wird ein kleines, die Gewichte enthaltendes „Bild" (also die Maske) mit dem Eingabebild gefaltet. Mit $w(i,j)$ als dem Gewicht an der Position (i,j) (im Verhältnis zum Ursprung der Maske) und $f(x,y)$ als dem

Grauwert an der Position (x, y) (im Verhältnis zum Ursprung des Eingabebildes) ist

$$w * f = \sum_i \sum_j w(i,j) f(x-i, y-j)$$

die lokale Faltung des Bildes f mit der Maske w. Obwohl es vom formalen Standpunkt her nicht korrekt ist, könnte man auch von einer Kreuzkorrelation zwischen dem Bild f und der Maske w sprechen. $w*f$ ist dann ein Maß für die Ähnlichkeit zwischen dem Muster der Gewichte und dem Grauwertmuster desjenigen Bildausschnitts, den die Maske gerade überdeckt.

Lokale Operationen, die nicht auf einer Faltung beruhen sind häufig die interessanteren. In Abschn. 5.1 waren dieses die Min-, Max- und Median-Operationen. Sie sind typische Vertreter der sog. *Rangordnungoperatoren.* Deren grundlegende Idee (Abb. 5.29) ist die Sortierung der durch die Maske überdeckten Grauwerte, um sie in eine Liste zu ordnen, diese Listeneinträge dann zu wichten und sie abschließend zu summieren. Die Summe bildet den neuen Grauwert. Also ist das mittlere Gewicht des Median-Operators 1, während sämtliche übrigen 0 sind. Im Fall des Min- (Max-) Operators ist lediglich das mit dem niedrigsten (höchsten) Grauwert korrespondierende Gewicht 1.

Eine andere interessante Alternative zum Faltungsansatz ist die morphologische Bildverarbeitung (Morphologie = Lehre von der Form), der mit Kap. 10 ein eigener Abschn. gewidmet ist. Die morphologische Bildverarbeitung beruht auf der Idee, lokale Operatoren gemäß den Formen der zu bearbeitenden Bildbereiche zu gestalten. Im Mittelpunkt steht dabei das sog. *Strukturelement* sowie die beiden grundlegenden Operationen *Erosion* und *Dilation*. Die Erosion trägt, wie

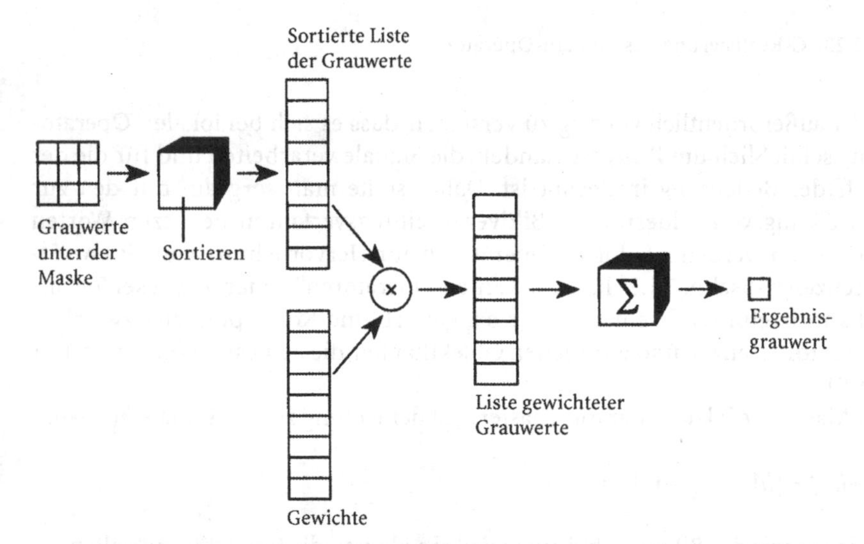

Abb. 5.29. Die grundlegende Idee der Rangordnungoperatoren ist die Sortierung der durch die Maske überdeckten Grauwerte, um sie in eine Liste zu ordnen, diese Listeneinträge dann zu wichten und sie abschließend zu summieren. Die Summe bildet den neuen Grauwert

der Name schon andeutet, Pixel von Bereichsrändern ab. Umgekehrt fügt die Dilation Pixel hinzu. Die Art des Abtrags bzw. der Hinzufügung ist mit Hilfe des Strukturelementes kontrollierbar. Das Strukturelement ist eine beliebig geformte Operatormaske. Morphologische Operatoren sind nichtlinearer Natur.

Welcher lokale Operator letztlich für die Lösung einer bestimmten Aufgabe allen anderen vorzuziehen ist, hängt von den jeweiligen Randbedingungen dieser Aufgabe ab. Im weiteren Verlauf des Buches wird man auf verschiedenste Anwendungszusammenhänge lokaler Operatoren treffen.

Der große Umfang an Literatur zum Thema lokaler Operationen zeigt das breite Spektrum von Anwendungsmöglichkeiten. Beispiele hierfür finden sich u.a. bei Abmayr [5.1], Ballard and Brown [5.2], Baxes [5.4], Bräunl/Feyrer/Rapf/Reinhardt aus Sicht der parallelen Verarbeitung [5.5], Haberäcker [5.6], Horn [5.8], Jähne [5.9], Jain [5.10], insbesondere Klette und Zamperoni [5.11], Levine, der den Vergleich zu biologischen Sehsystemen in den Vordergrund stellt [5.12], Niblack [5.14], Phillips aus programmiertechnischer Sicht [5.16], Rosenfeld und Kak [5.15], Russ, insbesondere mit vielen Beispielen [5.17], Schalkoff [5.18], Schmid [5.19], Steinbrecher [5.20], Voss und Süße [5.21], Zamperoni [5.22] sowie Zimmer und Bonz [5.23]. Da lokale Operationen wichtige Werkzeuge zur Bildbearbeitung darstellen (Kap. 1), kann auch die Literatur zum Thema Desktop-Publishing von Interesse sein. Morrison [5.13] bietet hier einen ganz besonderen Weg zum Thema Bildverarbeitung.

5.5 Aufgaben

5.1:
Wende den in Abb. 5.4 gezeigten Gaußschen Tiefpass auf das in Abb. 5.2 gezeigte Eingabebild an.

5.2:
Wende das Komplement des Min-Operators, also den *Max-Operator* in Form einer 3*3-Maske auf das in Abb. 5.2 gezeigte Eingabebild an.

5.3:
Wende einen 3*3-Median-Operator auf das in Abb. 5.2 gezeigte Eingabebild an.

5.4:
Wende einen 3*3-k-nearest-neighbor-Operator mit k=6 (das aktuelle Pixel einbeziehend) auf das in Abb. 5.2 gezeigte Eingabebild an.

5.5:
In Abschn. 5.1.2 wurden der Min- und der Max-Operator zur Anhebung von Grauwertdifferenzen genutzt. Variiere die Operatoren durch Verwendung des

zweitniedrigsten bzw. zweithöchsten Grauwerts und wende sie auf das in Abb. 5.8 gezeigte Eingabebild an.

5.6:
Wende einen 3*3-closest-of-min-and-max-Operator auf das Ausgabebild der ersten Iteration des in Abb. 5.15 gezeigten Beispiels an.

5.7:
Wende einen 5*5-closest-of-min-and-max-Operator auf das in Abb. 5.16 gezeigte Eingabebild an.

5.8:
B sei eine unscharfe Version des Bildes *I*. Implementiere einen Schärfungsfilter durch die Subtraktion des Bildes *B* von *I*, skaliere das Ergebnis und addiere es wieder zu *I*. Zeige, daß diese Vorgehensweise äquivalent zur Addition des Ergebnisses eines Hochpaßfilters (s.a. Abschn. 6.1) zum Ursprungsbild. Erkläre, warum diese Verfahren Bilder schärfen.

5.9:
Schreibe ein Programm, das k-nearest-neighbor-Operatoren verschiedener Größen realisiert.

5.10:
Schreibe ein Programm, das closest-of-min-and-max-Operatoren verschiedener Größen realisiert.

5.11:
Schreibe ein Programm, das einen allgemeinen Rangordnungsoperator realisiert.

5.12:
Ignoriere die Regel, nach der Ein- und Ausgabebilder getrennt sein müssen und experimentiere mit lokalen Operatoren, die ihr Ergebnis in das Eingabebild zurückschreiben.

5.13:
Versuche lokale Operatoren zu finden, die ästhetisch interessante Ausgabebilder erzeugen. Realisiere z.B. einen Operator, der ein Bild so erscheinen lässt, als schaue man durch gewelltes Glas darauf.

5.14:
Untersuche sämtliche von AdOculos angebotenen lokalen Operationen (s. AdOculos Hilfe).

Literatur

5.1 Abmayr, W.: Einführung in die digitale Bildverarbeitung. Stuttgart: Teubner 2002
5.2 Ballard, D.H.; Brown, C.M.: Computer vision.Englewood Cliffs: Prentice-Hall 1982
5.3 Bässmann, H.; Besslich, Ph.W.: Konturorientierte Verfahren in der digitalen Bildverarbeitung. Berlin, Heidelberg, New York: Springer 1989
5.4 Baxes, G.A.: Digital image processing - Principles and applications. New York, Chichester, Brisbane, Toronto, Singapore: Wiley 1994
5.5 Bräunl, Th.; Feyrer, St.; Rapf W.; Reinhardt, M.: Parallele Bildverarbeitung. Bonn, München: Addison-Wesley 1995
5.6 Haberäcker, P.: Praxis der Digitalen Bildverarbeitung und Mustererkennung. München, Wien: Hanser 1995
5.7 Haralick, R.M.; Shapiro, L.G.: Computer and robot vision. Reading, Massachusetts: Addison-Wesley 1992
5.8 Horn, B.K.P.: Robot vision. Cambridge, London: MIT Press 1986
5.9 Jähne, B.: Digital image processing. Concepts, algorithms, and scientific applications. Berlin, Heidelberg, New York: Springer 1991
5.10 Jain, A.K.: Fundamentals of digital image processing. Englewood Cliffs: Prentice-Hall 1989
5.11 Klette, R.; Zamperoni, P.: Handbuch der Operatoren für die Bildverarbeitung. Braunschweig, Wiesbaden: Vieweg 1992
5.12 Levine, M.D.: Vision in man and machine. London: McGraw-Hill 1985
5.13 Morrision, M.: The magic of image processing. Carmel: Sams Publishing 1993
5.14 Niblack, W.: An introduction to digital image processing. Englewood Cliffs: Prentice-Hall 1986
5.15 Rosenfeld, A.; Kak, A.C.: Digital picture processing, Vol.1 & 2. New York: Academic Press 1982
5.16 Phillips; D.: Image processing in C - Analyzing and enhancing digital images. Lawrence KA: R & D Publications 1997
5.17 Russ, J.C.: The image processing handbook. Boca Raton, Ann Arbor, London, Tokyo: CRC Press 2002
5.18 Schalkoff, R.J.: Digital image processing and computer vision. New York, Chichester, Brisbane, Toronto, Singapore: Wiley 1989
5.19 Schmid, R.: Industrielle Bildverarbeitung - Vom visuellen Empfinden zur Problemlösung. Braunschweig, Wiesbaden: Vieweg 1995
5.20 Steinbrecher, R.: Bildverarbeitung in der Praxis. München, Wien: Oldenbourg 1993
5.21 Voss, K.; Süße, H.: Praktische Bildverarbeitung. München, Wien: Hanser 1991
5.22 Zamperoni, P.: Methoden der digitalen Bildsignalverarbeitung. Braunschweig, Wiesbaden: Vieweg 1991
5.23 Zimmer, W.D.; Bonz, E.: Objektorientierte Bildverarbeitung - Datenstrukturen und Anwendungen in C++. München, Wien: Carl Hanser 1996

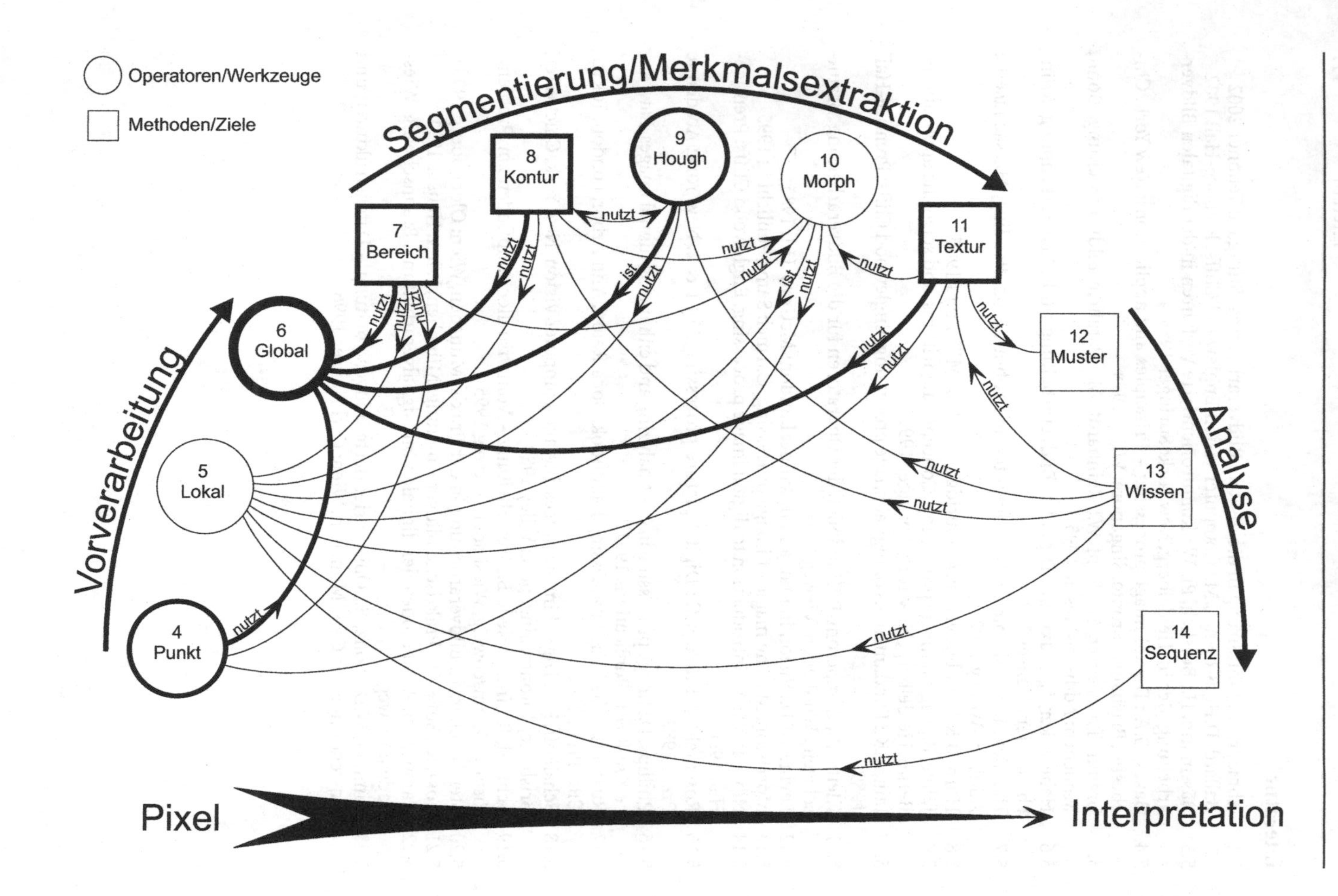
Operatoren/Werkzeuge
Methoden/Ziele
Segmentierung/Merkmalsextraktion
Vorverarbeitung
Analyse
4
Punkt
5
Lokal
6
Global
7
Bereich
8
Kontur
9
Hough
10
Morph
11
Textur
12
Muster
13
Wissen
14
Sequenz
nutzt
ist
Pixel
Interpretation

6 Globale Operationen

Die Kapitelübersicht zeigt das aktuelle Kapitel in vielfältigen Verbindungen mit anderen Kapiteln. Die Übersichten dieser Kapitel beschreiben die Art der jeweiligen Verbindung. Zum Verständnis des aktuellen Kapitels bedarf es keines anderen Kapitels. Der in Kap. 1 vermittelte Überblick ist hilfreich für die Einordnung. Die mathematischen Grundbausteine „Komplexe Zahlen" und die grundlegenden Werkzeuge zu deren Bearbeitung sollten vertraut sein. Ein grundlegendes Verständnis für Signale (Frequenz, Amplitude, Phasenverschiebung) ist Voraussetzung.

6.1 Überblick

Globale Operationen benötigen sämtliche Pixel des Eingabebildes, um das Ergebnis für ein Ausgabe-Pixel zu errechnen. Ein typischer globaler Operator ist die *Fourier-Transformation*. Diese ist insbesondere im Zusammenhang mit 1-dimensionalen kontinuierlichen und diskreten Zeitsignalen bekannt. Digitale Bilder sind 2-dimensionale ortsdiskrete Signale. Die formalen Wurzeln der zugehörigen 2-dimensionalen *Diskreten Fourier-Transformation* (DFT) entsprechen denen des 1-dimensionalen Falles. Dieser ist in sämtlichen Büchern der digitalen Signalverarbeitung beschrieben. Daher dienen die folgenden Abschnitte dem Auffrischen dieses Wissens anhand einiger Beispiele.

Abbildung 6.1 illustriert die grundlegende Idee der Fourier-Transformation. Das Aufsummieren geeigneter sinusförmiger Signale ergibt ein beliebiges nicht-sinusförmiges Signal. Aus Sicht der *Fourier-Analyse* kann also jedes nicht-sinusförmige Signal in sinusförmige Bestandteile zerlegt werden. Abbildung 6.2 zeigt das in Abb. 6.1 synthetisierte nicht-sinusförmige Signal sowie dessen für die Fourier-Analyse typische Darstellung im *Frequenzbereich*. Im Fall von Bildern spricht man auch vom *Ortsfrequenzbereich* und sagt, das Ursprungsbild befinde sich im *Ortsbereich*. Der Frequenzbereich (auch *Spektrum* genannt) „enttarnt" die sinusförmigen Komponenten f_0, $2f_0$ und $4f_0$ des nicht-sinusförmigen Signals (Abb. 6.1).

Das in Abb. 6.1 und Abb. 6.2 gezeigte Beispiel basiert auf kontinuierlichen Signalen. Im Fall diskreter Signale (wie z.B. digitalen Bildern) führt die DFT (Dis-

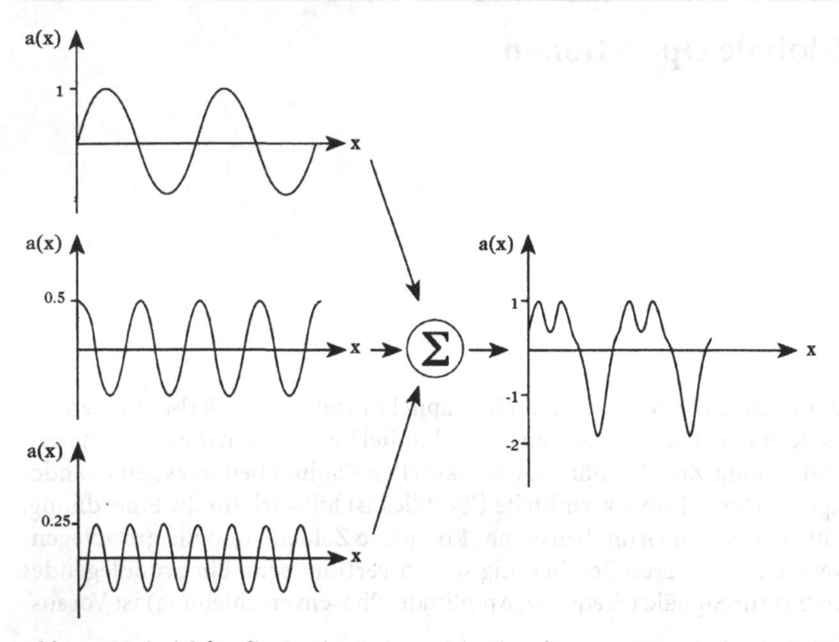

Abb. 6.1. Beispiel für die Synthese eines nicht-sinusförmigen Signals durch die Aufsummierung dreier sinusförmiger Signale. Gewöhnlich ist diese Darstellung als *Zeitbereich* bekannt und die x-Achse dementsprechend mit *t* bezeichnet. Die Bildverarbeitung behandelt Ortssignale. Daher spricht man vom *Ortsbereich* und kennzeichnen die x-Achse mit *x*. *a(x)* ist die Amplitude des Ortsignals an der Position *x*

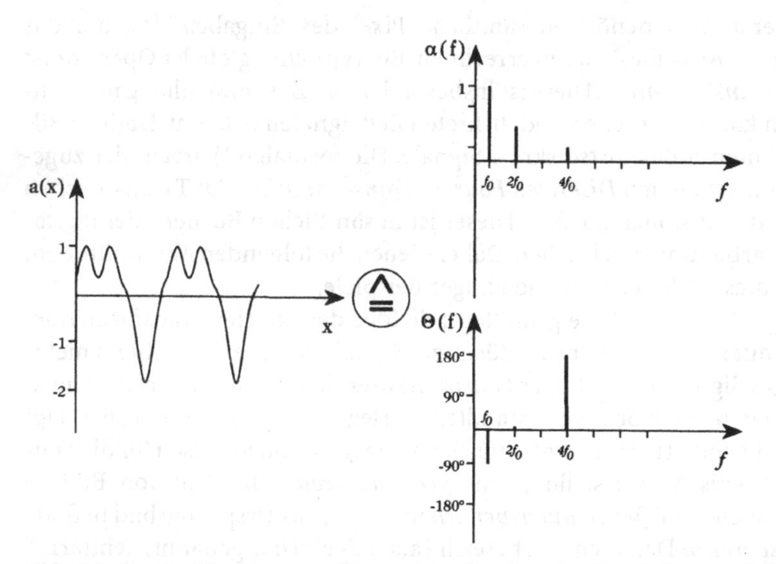

Abb. 6.2. Das in Abb. 6.1 synthetisierte nicht-sinusförmige Signal, dargestellt im Ursprungsbereich und im Frequenzbereich. Der Frequenzbereich „enttarnt" den Betrag $\alpha(f)$ (der mit der Amplitude der sinusförmigen Signale im Ursprungsbereich korrespondiert) und die Phase $\Theta(f)$ der sinusförmigen „Komponenten" f_0, $2f_0$ und $4f_0$ des nicht-sinusförmigen Signals. f_0 ist die *Grundschwingung*

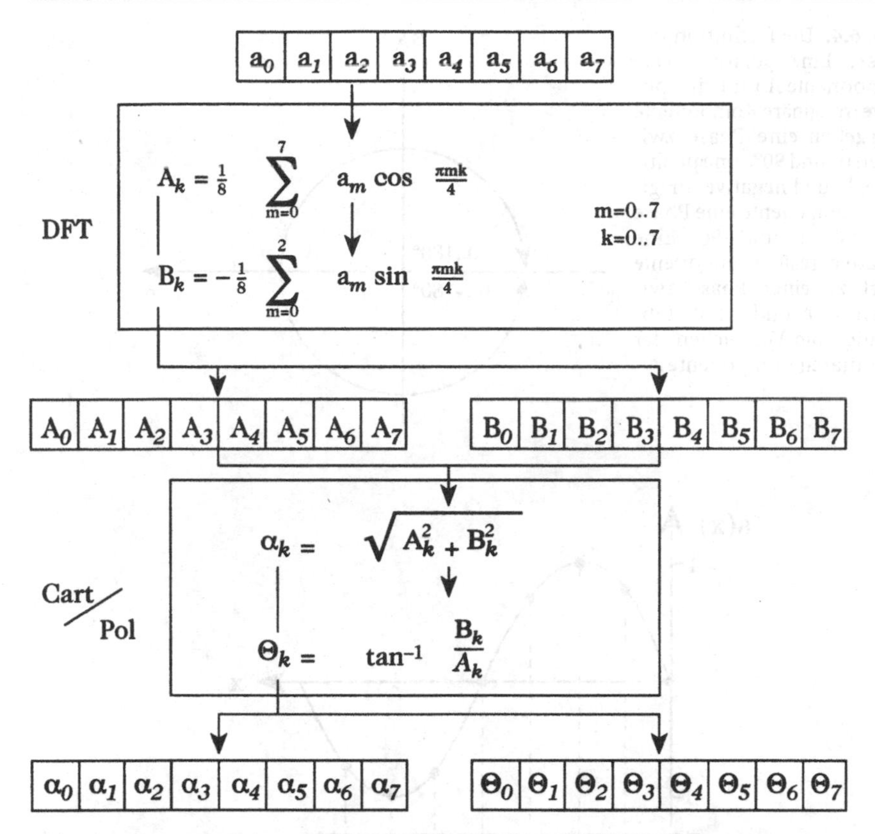

Abb. 6.3. Ein vereinfachter DFT-Algorithmus basierend auf acht Abtastwerten $a_0, a_1, \ldots a_7$ eines realen Eingangssignals errechnet ein Spektrum in kartesischer Darstellung. Die realen Anteile des Spektrum bestehen aus den Koeffizienten $A_0, A_1, \ldots A_7$. Die imaginären Koeffizienten sind $B_0, B_1, \ldots B_7$. Die polare Darstellung ergibt die Beträge ($\alpha_0, \alpha_1, \ldots \alpha_7$) und die Phasen ($\Theta_0, \Theta_1, \ldots \Theta_7$) der durch die DFT „enttarnten" sinusförmigen Signale. Das Vorzeichen der Phase Θ_k ist in Abb. 6.4 definiert

krete Fourier-Transformation) die Fourier-Analyse durch. Eine anwendungsbezogene Diskussion der formalen Grundlagen bietet Abschn. 6.4. Abbildung 6.3 skizziert die Anwendung einer DFT, die, zum Zweck der Übersichtlichkeit, durch die Verwendung eines lediglich realen Eingangssignals vereinfacht ist. Das aus acht Abtastwerten a_0, a_1, ... a_7 bestehende Eingangssignal hat also keine imaginären Komponenten.

Die DFT errechnet eine kartesische Darstellung des Spektrums. Der reale Anteil besteht aus den Koeffizienten $A_0, A_1, \ldots A_7$, während $B_0, B_1, \ldots B_7$ den imaginären Anteil darstellen. Die kartesische Darstellung ist angemessen für die Verarbeitung durch Rechner, allerdings nicht sehr anschaulich. Letzteres erreicht man durch eine Wandlung in die polare Repräsentation. Darin sind $\alpha_0, \alpha_1, \ldots \alpha_7$ die Beträge, während Θ_0, Θ_1, ... Θ_7 die Phasen der durch die DFT analysierten sinusförmigen Signale darstellen. Die Definition der Phase zeigt Abb. 6.4. Dem-

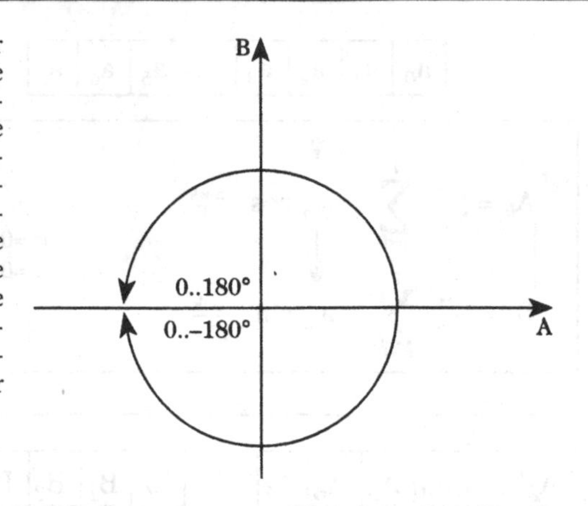

Abb. 6.4. Die Definition der Phase: Eine positive reale Komponente A und eine positive imaginäre Komponente B ergeben eine Phase zwischen 0° und 90°, eine positive reale und negative imaginäre Komponente eine Phase zwischen -0° und -90°. Eine negative reale Komponente führt zu einer Phase zwischen ±90° und ±180° (abhängig vom Vorzeichen der imaginären Komponente)

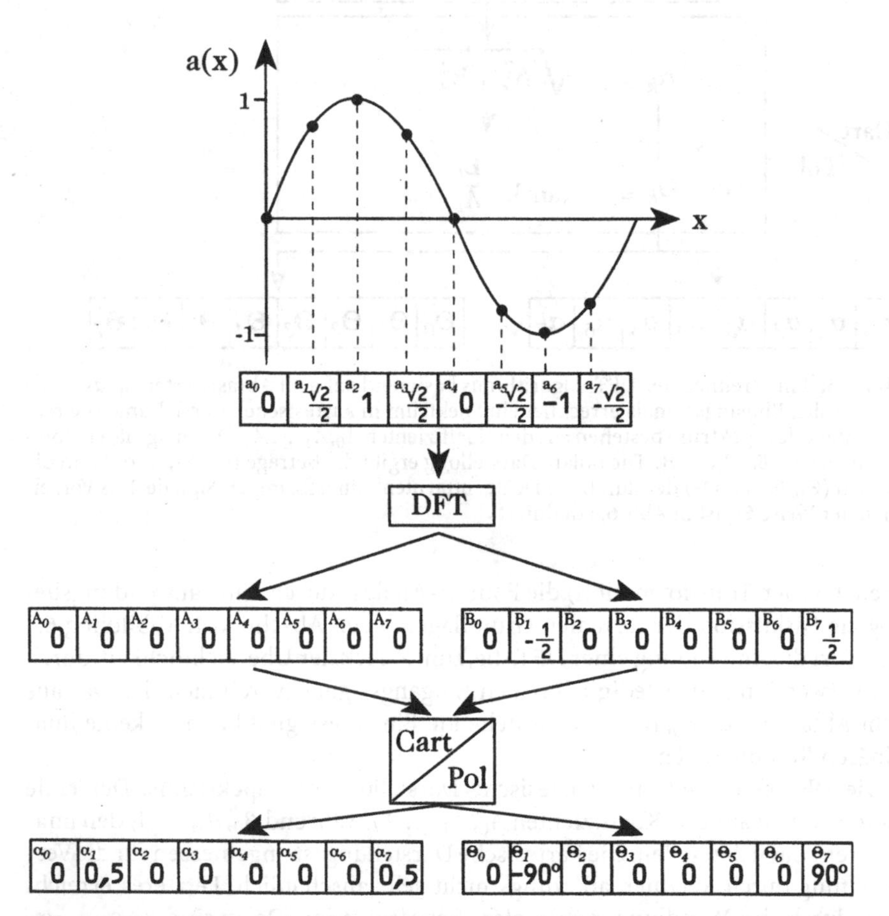

Abb. 6.5. Ein einfaches Beispiel zur Anwendung des in Abb. 6.3 gezeigten Algorithmus. Bei der händischen Berechnung helfen die vorbereiteten DFT-Summen in Abb. 6.6 und 6.7 (vgl. Abb. 6.3)

nach ergeben eine positive reale Komponente A und eine positive imaginäre Komponente B eine Phase zwischen 0° und 90°, eine positive reale und negative imaginäre Komponente eine Phase zwischen -0° und -90°. Eine negative reale Komponente führt zu einer Phase zwischen ±90° und ±180° (abhängig vom Vorzeichen der imaginären Komponente).

Abbildung 6.5 skizziert die Anwendung der DFT auf 8 Abtastwerte eines sinusförmigen Signals. Bei der händischen Berechnung helfen die vorbereiteten DFT-Summen in Abb. 6.6 und Abb. 6.7 (vgl. Abb. 6.3). Gemäß dem in Abb. 6.2 gezeigten Schema ist hier (wo es sich um ein „reines" sinusförmiges Signal handelt) ein Spektrum zu erwarten, dass lediglich aus einem Eintrag mit dem Betrag 1 besteht. Entgegen dieser Erwartung zeigt das aktuelle Spektrum aber zwei Einträge (Abb. 6.5) mit einem Betrag von jeweils 0,5. Abbildung 6.8 zeigt die Struktur des Spektrums unserer vereinfachten DFT. Abgesehen von der Festlegung auf 8 Abtastwerte gilt diese Struktur ebenfalls für die „vollwertige" DFT.

$$
\begin{aligned}
A_0 &= \tfrac{1}{8}(a_0 + a_1 + a_2 + a_3 + a_4 + a_5 + a_6 + a_7)\\
A_1 &= \tfrac{1}{8}(a_0 + \sqrt{\tfrac{2}{2}}\,a_1 + 0 - \sqrt{\tfrac{2}{2}}\,a_3 - a_4 - \sqrt{\tfrac{2}{2}}\,a_5 + 0 + \sqrt{\tfrac{2}{2}}\,a_7)\\
A_2 &= \tfrac{1}{8}(a_0 + 0 - a_2 + 0 + a_4 + 0 - a_6 + 0)\\
A_3 &= \tfrac{1}{8}(a_0 - \sqrt{\tfrac{2}{2}}\,a_1 + 0 + \sqrt{\tfrac{2}{2}}\,a_3 - a_4 + \sqrt{\tfrac{2}{2}}\,a_5 + 0 - \sqrt{\tfrac{2}{2}}\,a_7)\\
A_4 &= \tfrac{1}{8}(a_0 - a_1 + a_2 - a_3 + a_4 - a_5 + a_6 - a_7)\\
A_5 &= \tfrac{1}{8}(a_0 - \sqrt{\tfrac{2}{2}}\,a_1 + 0 + \sqrt{\tfrac{2}{2}}\,a_3 - a_4 + \sqrt{\tfrac{2}{2}}\,a_5 + 0 - \sqrt{\tfrac{2}{2}}\,a_7)\\
A_6 &= \tfrac{1}{8}(a_0 + 0 - a_2 + 0 + a_4 + 0 - a_6 + 0)\\
A_7 &= \tfrac{1}{8}(a_0 + \sqrt{\tfrac{2}{2}}\,a_1 + 0 - \sqrt{\tfrac{2}{2}}\,a_3 - a_4 - \sqrt{\tfrac{2}{2}}\,a_5 + 0 + \sqrt{\tfrac{2}{2}}\,a_7)
\end{aligned}
$$

Abb. 6.6. Die Expansion der DFT-Summen liefert die realen Komponenten des Spektrums (vgl. Abb. 6.3)

$$
\begin{aligned}
B_0 &= -\tfrac{1}{8}(0 + 0 + 0 + 0 + 0 + 0 + 0 + 0)\\
B_1 &= -\tfrac{1}{8}(0 + \sqrt{\tfrac{2}{2}}\,a_1 + a_2 + \sqrt{\tfrac{2}{2}}\,a_3 + 0 - \sqrt{\tfrac{2}{2}}\,a_5 - a_6 - \sqrt{\tfrac{2}{2}}\,a_7)\\
B_2 &= -\tfrac{1}{8}(0 + a_1 + 0 - a_3 + 0 + a_5 + 0 - a_7)\\
B_3 &= -\tfrac{1}{8}(0 + \sqrt{\tfrac{2}{2}}\,a_1 - a_2 + \sqrt{\tfrac{2}{2}}\,a_3 + 0 - \sqrt{\tfrac{2}{2}}\,a_5 + a_6 - \sqrt{\tfrac{2}{2}}\,a_7)\\
B_4 &= -\tfrac{1}{8}(0 + 0 + 0 + 0 + 0 + 0 + 0 + 0)\\
B_5 &= -\tfrac{1}{8}(0 - \sqrt{\tfrac{2}{2}}\,a_1 + a_2 - \sqrt{\tfrac{2}{2}}\,a_3 + 0 + \sqrt{\tfrac{2}{2}}\,a_5 - a_6 + \sqrt{\tfrac{2}{2}}\,a_7)\\
B_6 &= -\tfrac{1}{8}(0 - a_1 + 0 + a_3 + 0 - a_5 + 0 + a_7)\\
B_7 &= -\tfrac{1}{8}(0 - \sqrt{\tfrac{2}{2}}\,a_1 - a_2 - \sqrt{\tfrac{2}{2}}\,a_3 + 0 + \sqrt{\tfrac{2}{2}}\,a_5 + a_6 + \sqrt{\tfrac{2}{2}}\,a_7)
\end{aligned}
$$

Abb. 6.7. Die Expansion der DFT-Summen liefert die imaginären Komponenten des Spektrums (vgl. Abb. 6.3)

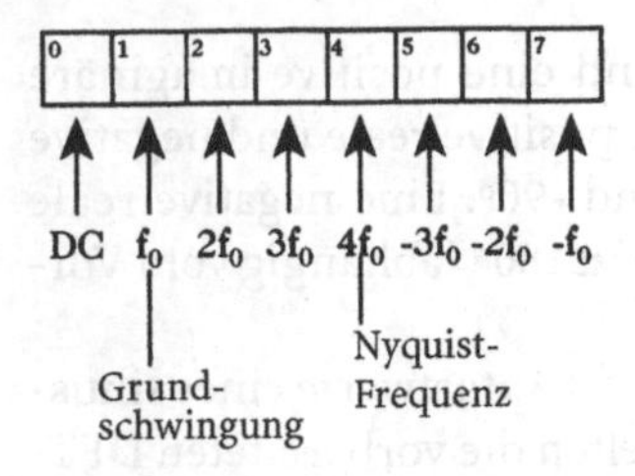

Abb. 6.8. Definition der Struktur des Spektrums. Der Gleichanteil steht für den Mittelwert der Abtastperiode $a_0, a_1 \dots a_7$. Die Grundschwingung ist der reziproke Wert der Periode ($f_0 = 1/T$) und daher die niedrigste Frequenz, die die DFT ermitteln kann. Die Nyquist-Frequenz ist dagegen die höchste durch die DFT errechnete Frequenz (im vorliegenden Fall $4f_0$). Die übrigen Koeffizienten sind ganzzahlige Vielfache von f_0, die sog. Oberschwingungen

Auf den ersten Blick sind die durch die DFT erzeugten Koeffizienten ungewöhnlich angeordnet. Warum teilen sich z.B. die Koeffizienten in einen positiven und einen negativen Teil auf? Und was ist eine negative Frequenz? Tatsächlich steckt hinter dieser Anordnung für die alltägliche Praxis keinerlei Bedeutung. Die DFT ist einfach auf diese Weise definiert. Der *Gleichanteil* steht für den Mittelwert der Abtastperiode $a_0, a_1 \dots a_7$. Die *Grundschwingung* ist der reziproke Wert der Periode ($f_0 = 1/T$) und daher die niedrigste Frequenz, die die DFT ermitteln kann. Die *Nyquist-Frequenz* ist dagegen die höchste durch die DFT errechnete Frequenz (im vorliegenden Fall $4f_0$). Die übrigen Koeffizienten sind ganzzahlige Vielfache von f_0, die sog. *Oberschwingungen.*

Abbildung 6.9 zeigt die erste Oberschwingung in der Bearbeitung durch unsere vereinfachte DFT (beim Nachrechnen helfen die Tabellen in Abb. 6.6 und 6.7). Wie erwartet ergeben sich die Koeffizienten 2 und 6 mit einem Betrag von 1 und einer Phase von ±90°.

Der Versuch, die dritte Oberschwingung zu bearbeiten, führt zu einem unerwünschten Effekt (Abb. 6.10): Das Signal ist an den Nulldurchgängen abgetastet und führt entsprechend zu den Abtastwerten 0. Dieser Effekt entsteht durch die Verletzung der Regel, nach der die Abtastfrequenz größer (und *nicht* gleich) als die als die doppelte Nyquist-Frequenz (Abb. 6.8) sein muss.

Ein anderes alltägliches Phänomen von DFT-Anwendungen ist der sog. *Verschmiereffekt* (in der angelsächsischen Literatur *Leakage* genannt). Auf den ersten Blick erscheint das DFT-Beispiel in Abb. 6.11 vergleichbar mit dem in Abb. 6.5 gezeigten. Tatsächlich ergibt das Spektrum, obwohl es sich bei dem Eingangssignal um ein „pures" sinusförmiges Signal handelt, verschiedene Oberschwingungen. Man spricht hier von einem „verschmierten" Spektrum. Die Erklärung für diesen offensichtlichen Widerspruch liegt in der „Unsauberkeit" des in Frage stehenden sinusförmigen Signals. Eine der wichtigsten Eigenschaften der DFT ist die Annahme von Signalen als periodisch. Aus dieser Sicht sieht unser sinusförmiges Signal so wie in Abb. 6.12 dargestellt aus. Die Stufe in dem Signal verursacht die Oberschwingung.

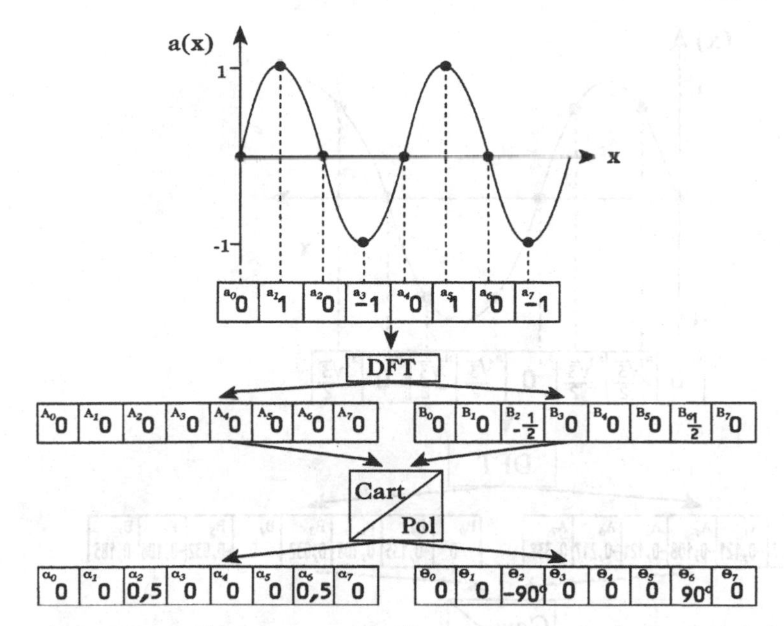

Abb. 6.9. Erste Oberschwingung in der Bearbeitung durch die vereinfachte DFT (beim Nachrechnen helfen die Abb. 6.6 und 6.7). Wie erwartet ergeben sich die Koeffizienten 2 und 6 mit einem Betrag von 1 und einer Phase von ±90°

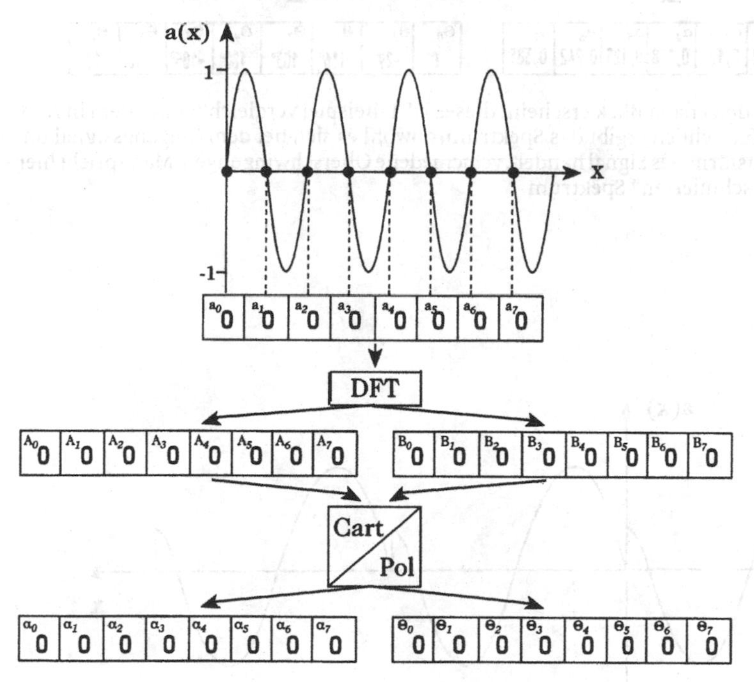

Abb. 6.10. Eine Abtastfrequenz, die niedriger oder gleich der Nyquist-Frequenz ist, führt zu Fehlern

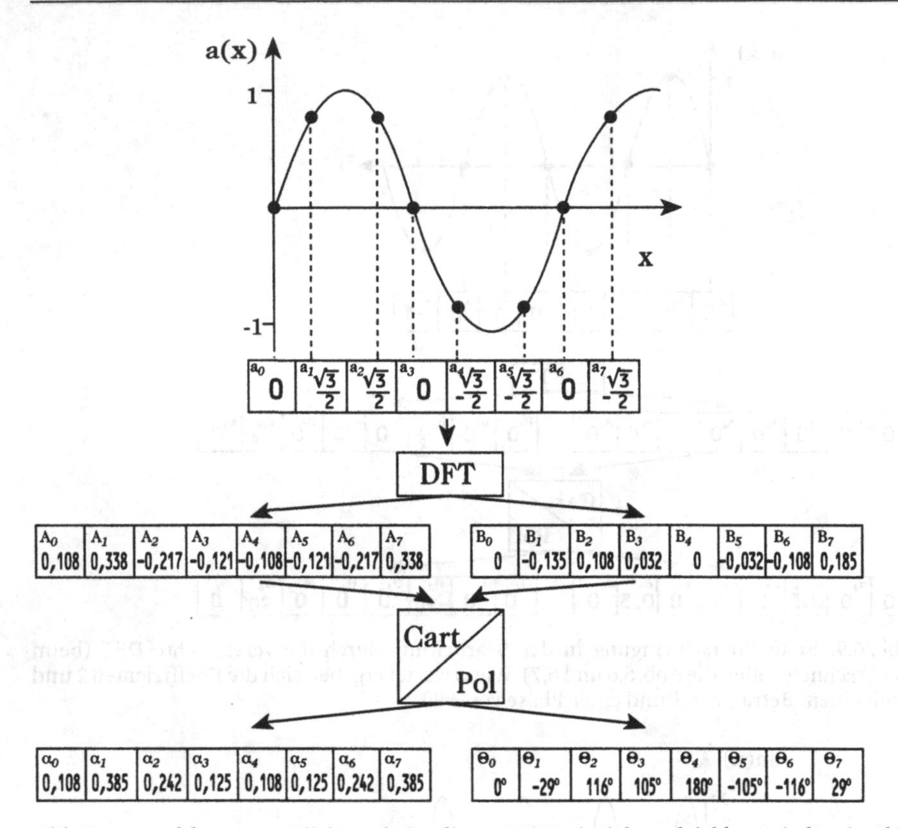

Abb. 6.11. Auf den ersten Blick erscheint dieses DFT-Beispiel vergleichbar mit dem in Abb. 6.5 gezeigten. Tatsächlich ergibt das Spektrum, obwohl es sich bei dem Eingangssignal um ein „pures" sinusförmiges Signal handelt, verschiedene Oberschwingungen. Man spricht hier von einem „verschmierten" Spektrum

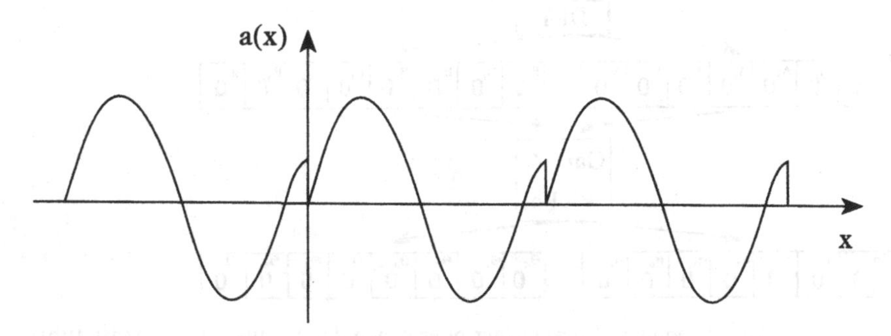

Abb. 6.12. So erscheint das in Abb. 6.11 gezeigte sinusförmige Signal einer DFT

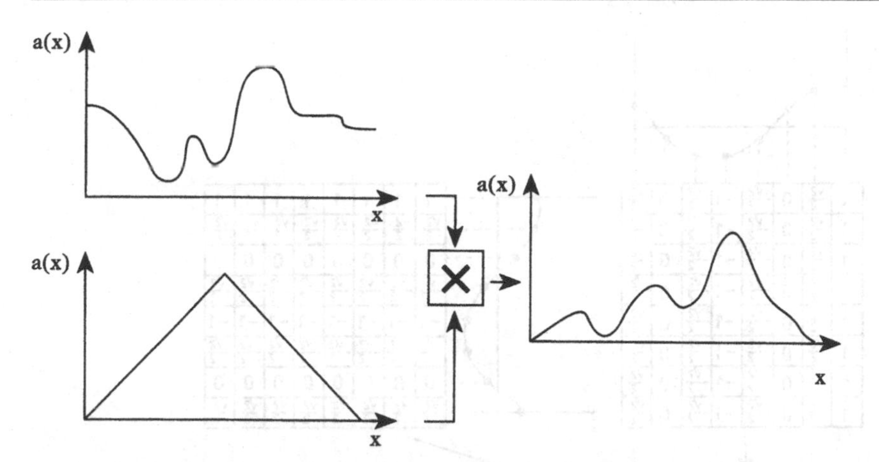

Abb. 6.13. Die beste Medizin gegen ein verschmiertes Spektrum ist eine Fensterfunktion. Die Multiplikation des ursprünglichen Signals (links oben) mit einer Dachfunktion (links unten) ergibt ein Signal mit abgeflachtem Anfang und Ende

Eine Methode zur Vermeidung des Verschmiereffekts ist die Wahl derjenigen Abtastperiode, die eine minimale Stufenhöhe ergibt. In der Praxis ist dieses aber so gut wie unmöglich.

Die praktische Lösung besteht in der Wahl der richtigen *Fensterfunktion* (in der angelsächsischen Literatur *Windowing* genannt). Das Beispiel in Abb. 6.13. verdeutlicht die Idee. Die Multiplikation des ursprünglichen Signals (links oben) mit einer Dachfunktion (links unten) ergibt ein Signal mit abgeflachtem Anfang und Ende. Der Einfluss ggf. dort vorkommender Stufen ist also deutlich vermindert. Die Dachfunktion ist lediglich ein Beispiel und kann selbstverständlich durch andere Funktionen (z.B. einer Glockenkurve) ersetzt werden, solange diese zu der gewünschten Abflachung führen. Die Vor- und Nachteile verschiedener Fensterfunktionen diskutieren ausführlich und praxisorientiert Hesselmann [6.7] und Ramirez [6.14] sowie im Zusammenhang mit der Bildverarbeitung Pratt [6.13]

Die Durchführung der DFT ist, nicht nur per Hand sehr rechenintensiv. Der schnellste Algorithmus zur Realisierung der diskreten Fourier-Transformation ist die sog. *Fast Fourier Transform* (FFT). Verglichen mit der geradlinigen Implementierung der DFT spart die FFT sowohl Rechenzeit als auch Speicher, da die Transformation direkt auf dem Eingabevektor arbeitet, also keinen Ausgabevektor benötigt. Abbildung 6.28 zeigt den Quellcode der FFT.

6.1.1 Der 2-dimensionale Fall

Gewöhnlich ist jede oder jeder an der Signalverarbeitung Interessierte mit der 1-dimensionalen DFT vertraut. Für den 2-dimensionalen Fall gilt das allerdings nicht. Die erste Hürde ist bereits die Vorstellung eines 2-dimensionalen sinus-

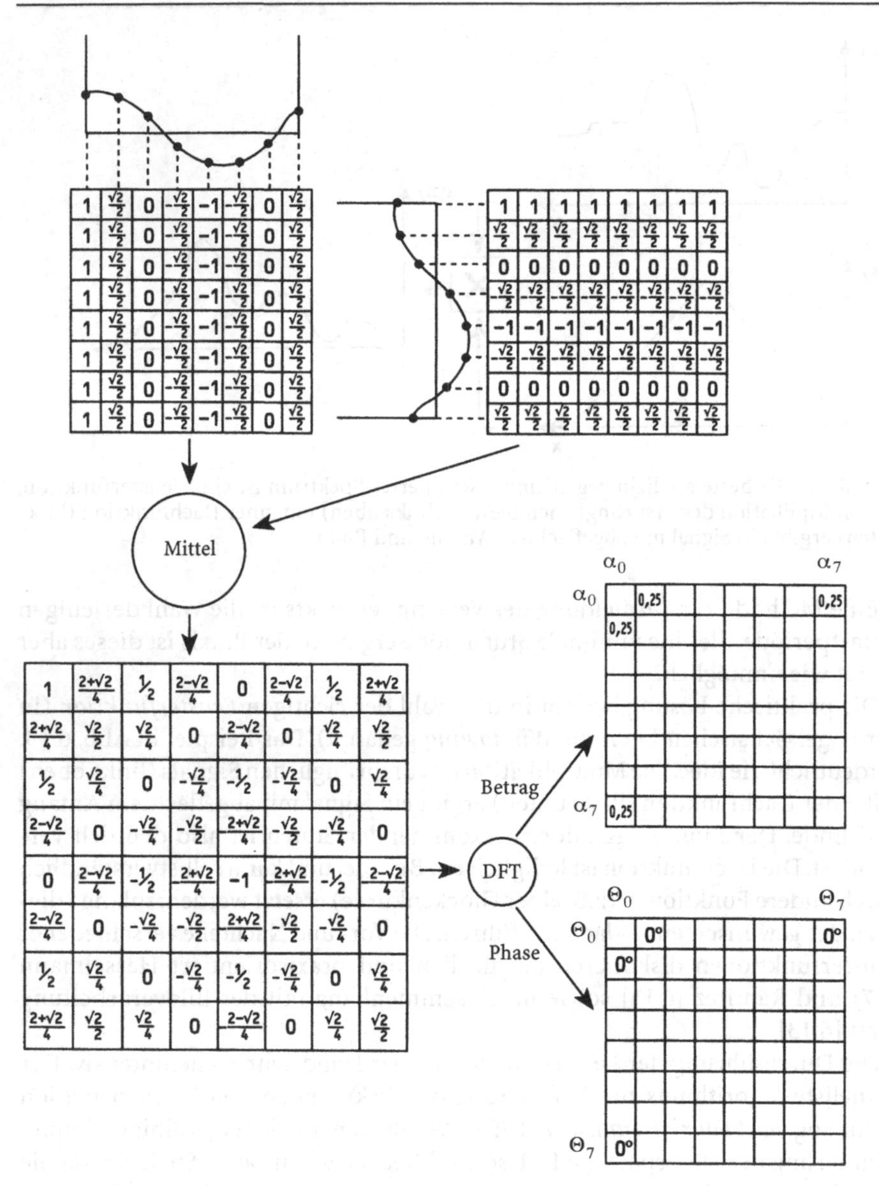

Abb. 6.14. Man erhält ein 2-dimensionales Kosinus-Signal durch die Überlagerung zweier 1-dimensionaler Kosinus-Signale. Das 2-dimensionale Signal ähnelt ein wenig der Unterseite einer Eierpackung. Das Spektrum dieses „puren“ Kosinus-Signals besteht aus 4 Einträgen

förmigen Signals. Das in Abb. 6.14 gezeigte Beispiel illustriert dessen Erzeugung. Die 1-dimensionalen Kosinus-Signale in der oberen Darstellung werden in jeder Zeile und Spalte wiederholt. Das Mittel dieser beiden Bilder (Superposition) liefert ein 2-dimensionales Kosinus-Signal. Es ähnelt ein wenig der Unterseite einer Eierpackung. Das Spektrum dieses „puren" Kosinus-Signals besteht aus 4 Einträgen.

Glücklicherweise ist die Berechnung der 2-dimensionalen DFT auf die 1-dimensionale zurückführbar. Dazu transformiert man zuerst die einzelnen Zei-

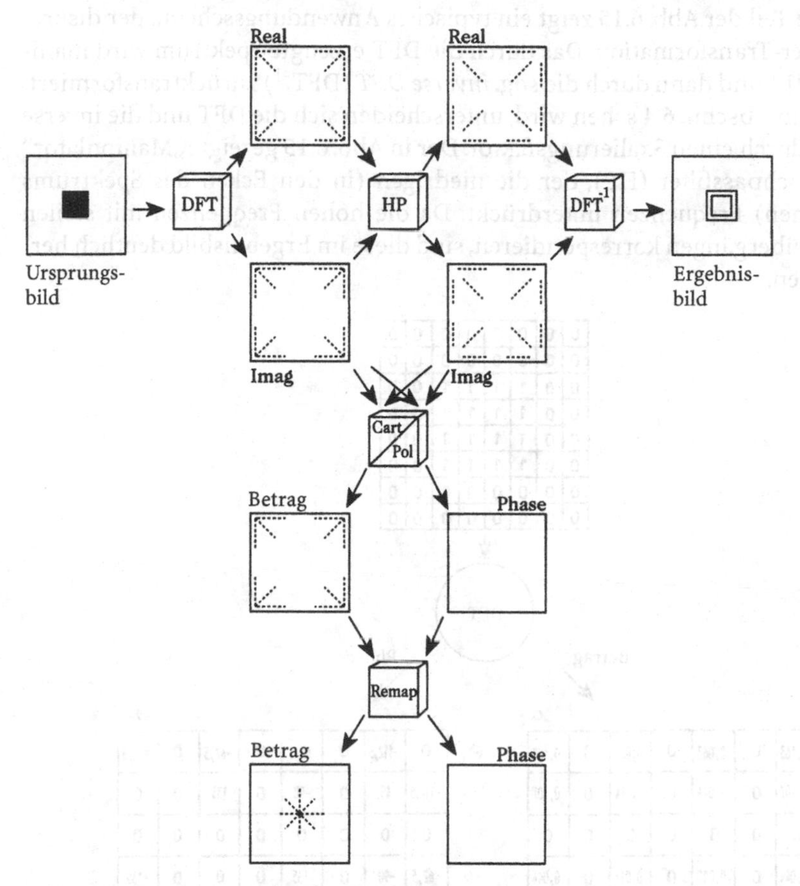

Abb. 6.15. Der obere Teil dieser Abbildung zeigt ein typisches Anwendungsschema der diskreten Fourier-Transformation. Das durch die DFT erzeugte Spektrum wird manipuliert (HP) und dann durch die sog. inverse DFT (DFT^{-1}; Abb. 6.28) zurücktransformiert. Hier ist der „Manipulator" ein Hochpassfilter (HP), der die niedrigen (in den Ecken des Spektrums befindlichen) Frequenzen unterdrückt. Der untere Teil dieser Abbildung zeigt zwei Prozeduren, die das Spektrum für das menschliche Auge angemessen darstellen. Die erste Prozedur wandelt die kartesische in eine polare Darstellung (Abb. 6.3), während die zweite Prozedur die Positionen der hohen und niedrigen Frequenzen so austauscht, dass die niedrigen Frequenzen in der Mitte des Spektrums konzentriert sind. Dies ist die übliche Darstellung des 2-dimensionalen Spektrums. Das Eingabebild wird hier als ausschließlich real angenommen. Der imaginäre Eingangsvektor der DFT ist daher 0

len und dann die einzelnen Spalten dieses Zwischenergebnisses. Ebenso ist es möglich, mit den Spalten zu beginnen und auf dem entsprechenden Zwischenergebnis die Transformation der Zeilen durchzuführen. Den Algorithmus der 2-dimensionalen DFT zeigt Abb. 6.29.

6.1.2 Spektrale Experimente

Der obere Teil der Abb. 6.15 zeigt ein typisches Anwendungsschema der diskreten Fourier-Transformation. Das durch die DFT erzeugte Spektrum wird manipuliert (HP) und dann durch die sog. *inverse DFT* (DFT^{-1}) zurücktransformiert. Wie man in Abschn. 6.4 sehen wird, unterscheiden sich die DFT und die inverse DFT nur durch einen Skalierungsfaktor. Der in Abb. 6.15 gezeigte „Manipulator" ist ein Hochpassfilter (HP), der die niedrigen (in den Ecken des Spektrums befindlichen) Frequenzen unterdrückt. Da die hohen Frequenzen mit steilen Grauwertübergängen korrespondieren, sind diese im Ergebnisbild deutlich hervorgehoben.

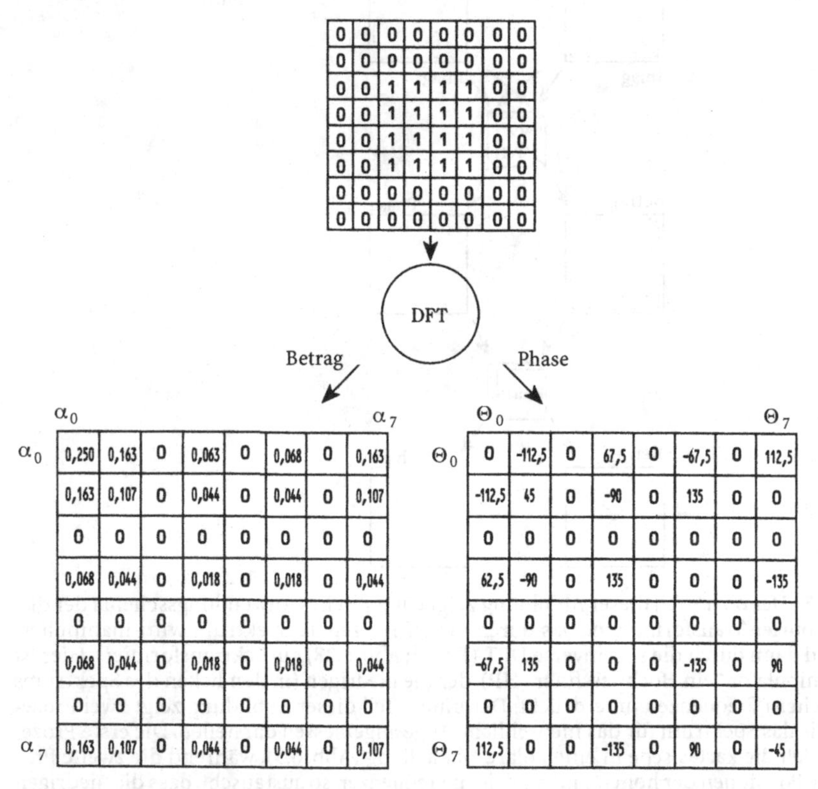

0	0	0	0	0	0	0	0
0	0	0	0	0	0	0	0
0	0	1	1	1	1	0	0
0	0	1	1	1	1	0	0
0	0	1	1	1	1	0	0
0	0	1	1	1	1	0	0
0	0	0	0	0	0	0	0
0	0	0	0	0	0	0	0

Betrag:

	α_0							α_7
α_0	0,250	0,163	0	0,063	0	0,068	0	0,163
	0,163	0,107	0	0,044	0	0,044	0	0,107
	0	0	0	0	0	0	0	0
	0,068	0,044	0	0,018	0	0,018	0	0,044
	0	0	0	0	0	0	0	0
	0,068	0,044	0	0,018	0	0,018	0	0,044
	0	0	0	0	0	0	0	0
α_7	0,163	0,107	0	0,044	0	0,044	0	0,107

Phase:

	Θ_0							Θ_7
Θ_0	0	-112,5	0	67,5	0	-67,5	0	112,5
	-112,5	45	0	-90	0	135	0	0
	0	0	0	0	0	0	0	0
	62,5	-90	0	135	0	0	0	-135
	0	0	0	0	0	0	0	0
	-67,5	135	0	0	0	-135	0	90
	0	0	0	0	0	0	0	0
Θ_7	112,5	0	0	-135	0	90	0	-45

Abb. 6.16. Dies ist das Spektrum eines durch einen quadratischen Grauwertbereich charakterisierten Bildes. Es ist die Basis für Experimente mit Hoch- und Tiefpassfiltern wie in Abb. 6.15 gezeigt

Der untere Teil der Abb. 6.15 zeigt zwei Prozeduren, die das Spektrums für das menschliche Auge angemessen darstellen. Die erste Prozedur wandelt die kartesische in eine polare Darstellung (Abb. 6.3), während die zweite Prozedur die Positionen der hohen und niedrigen Frequenzen so austauscht, dass die niedrigen Frequenzen in der Mitte des Spektrums konzentriert sind. Dies ist die übliche Darstellung des 2-dimensionalen Spektrums.

Abbildung 6.16 zeigt das Spektrum eines durch einen quadratischen Grauwertbereich charakterisierten Bildes. Die fünf kleinen in Abb. 6.17 zusammengestellten Matrizen illustrieren die Manipulation des Spektrums. Die gefüllten Quadrate kennzeichnen die auf 0 zu setzenden Frequenzen. Jeweils unterhalb der Matrizen befindet sich das Ergebnis der inversen Transformation des manipulierten Spektrums. Offensichtlich sind die steilen Grauwertübergänge durch diese Hochpass-Operationen hervorgehoben. Also deutet ein hoher Anteil höherer Frequenzen auf besonders steile Grauwertübergänge hin. Der Einfluss eines Tiefpasses ist komplementär. Seine Unterdrückung höherer Frequenzen führt zu verflachten Grauwertübergängen und damit zu unscharfen Bildern.

Während Hoch- und Tiefpässe den „Rand" des Spektrums beeinflussen, konzentriert sich eine andere interessante Anwendung auf die Unterdrückung spezieller Frequenzen, die als Ergebnis einer globalen Störung des Ursprungsbildes bekannt sind. Abbildung 6.18 zeigt ein 2-dimensionales Kosinus-Signal, das, abgesehen von einer Störung, dem in Abb. 6.14 gezeigten entspricht. Diese Störung führt zu den 0,063-Einträgen im Betragsspektrum. Hier ist es einfach möglich, das ursprüngliche 2-dimensionale Kosinus-Signal exakt zu rekonstruieren, da die von der Störung rührenden spektralen Anteile diejenigen des Ursprungssignals nicht überlagern.

Ein vollständig anderes Beispiel entstammt der Mustererkennung. Das Ziel sei, ein bestimmtes Grauwertmuster in einem Bild zu finden, wobei allerdings die Lage des Musters im Bild unbekannt sei. Die Lösung basiert auf einer Eigenschaft der Fourier-Transformation, nach der das Betragsspektrum unabhängig von Verschiebungen des Ursprungssignals ist. Demnach ist das durch das Grauwertmuster verursachte Betragsspektrum unabhängig von der Position des Musters im Bild. Aus diesem Grund ist es unter Umständen empfehlenswert, Erkennungsprozesse im Betragsspektrum und nicht im Ursprungsbild durchzuführen. Abbildung 6.19 zeigt ein einfaches strichförmiges Grauwertmuster und seine spektrale Darstellung. In Abb. 6.20 und Abb. 6.21 ist die Lage des Musters verändert. Diese Änderungen finden sich im Phasenspektrum, nicht aber im Betragsspektrum wieder.

6.2 Experimente

Das erste Experiment befasst sich mit den Funktionen *Fourier-Transformation*, *Fourier-Rücktransf.* und *Re/Im->Betrag/Phase*. Sie sind im Setup GLOFOU.SET zusammengefasst (Abb. 6.22). Das Eingabebild BREMSRC.128 (s. Abb. 6.23) zeigt einen auf einem Laborfußboden liegenden Sticker.

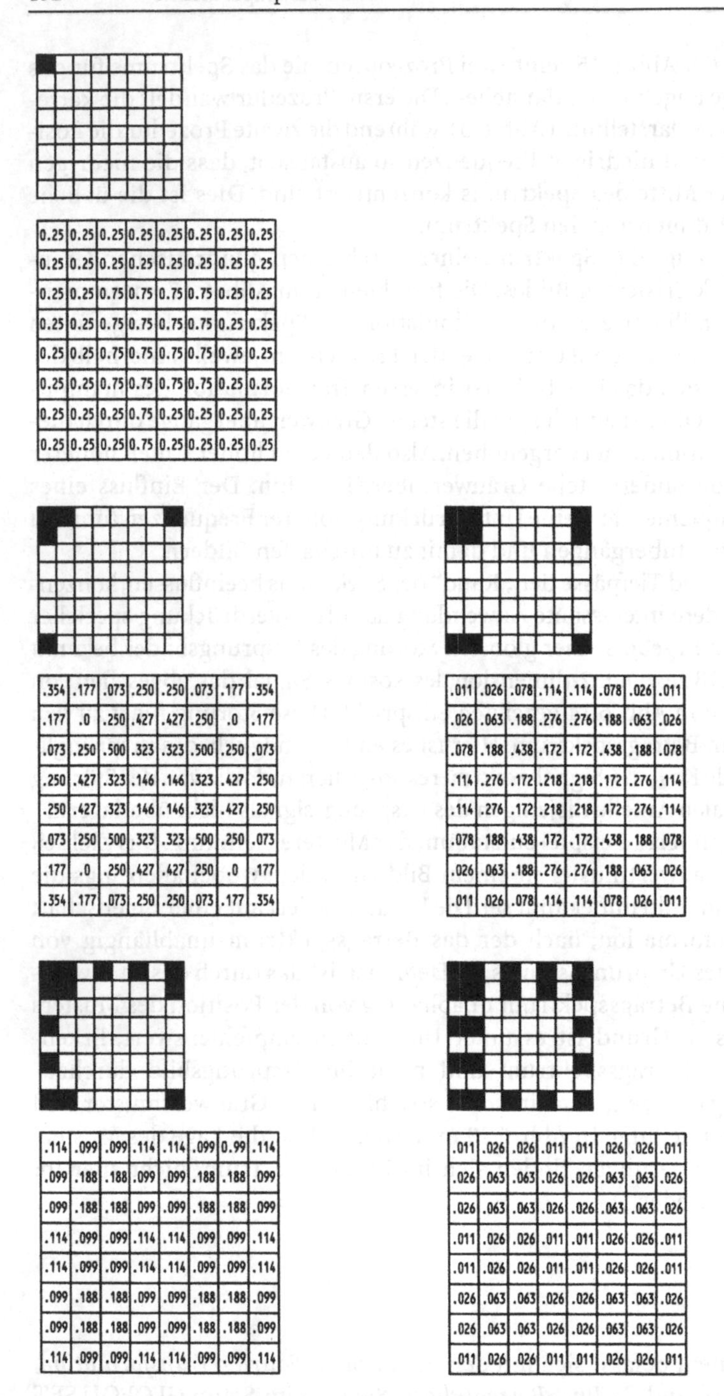

0.25	0.25	0.25	0.25	0.25	0.25	0.25	0.25
0.25	0.25	0.25	0.25	0.25	0.25	0.25	0.25
0.25	0.25	0.75	0.75	0.75	0.75	0.25	0.25
0.25	0.25	0.75	0.75	0.75	0.75	0.25	0.25
0.25	0.25	0.75	0.75	0.75	0.75	0.25	0.25
0.25	0.25	0.75	0.75	0.75	0.75	0.25	0.25
0.25	0.25	0.25	0.75	0.25	0.25	0.25	0.25
0.25	0.25	0.25	0.75	0.25	0.25	0.25	0.25

.354	.177	.073	.250	.250	.073	.177	.354
.177	.0	.250	.427	.427	.250	.0	.177
.073	.250	.500	.323	.323	.500	.250	.073
.250	.427	.323	.146	.146	.323	.427	.250
.250	.427	.323	.146	.146	.323	.427	.250
.073	.250	.500	.323	.323	.500	.250	.073
.177	.0	.250	.427	.427	.250	.0	.177
.354	.177	.073	.250	.250	.073	.177	.354

.011	.026	.078	.114	.114	.078	.026	.011
.026	.063	.188	.276	.276	.188	.063	.026
.078	.188	.438	.172	.172	.438	.188	.078
.114	.276	.172	.218	.218	.172	.276	.114
.114	.276	.172	.218	.218	.172	.276	.114
.078	.188	.438	.172	.172	.438	.188	.078
.026	.063	.188	.276	.276	.188	.063	.026
.011	.026	.078	.114	.114	.078	.026	.011

.114	.099	.099	.114	.114	.099	0.99	.114
.099	.188	.188	.099	.099	.188	.188	.099
.099	.188	.188	.099	.099	.188	.188	.099
.114	.099	.099	.114	.114	.099	.099	.114
.114	.099	.099	.114	.114	.099	.099	.114
.099	.188	.188	.099	.099	.188	.188	.099
.099	.188	.188	.099	.099	.188	.188	.099
.114	.099	.099	.114	.114	.099	.099	.114

.011	.026	.026	.011	.011	.026	.026	.011
.026	.063	.063	.026	.026	.063	.063	.026
.026	.063	.063	.026	.026	.063	.063	.026
.011	.026	.026	.011	.011	.026	.026	.011
.011	.026	.026	.011	.011	.026	.026	.011
.026	.063	.063	.026	.026	.063	.063	.026
.026	.063	.063	.026	.026	.063	.063	.026
.011	.026	.026	.011	.011	.026	.026	.011

Abb. 6.17. Dieses Beispiel demonstriert den Einfluss der hohen Frequenzen

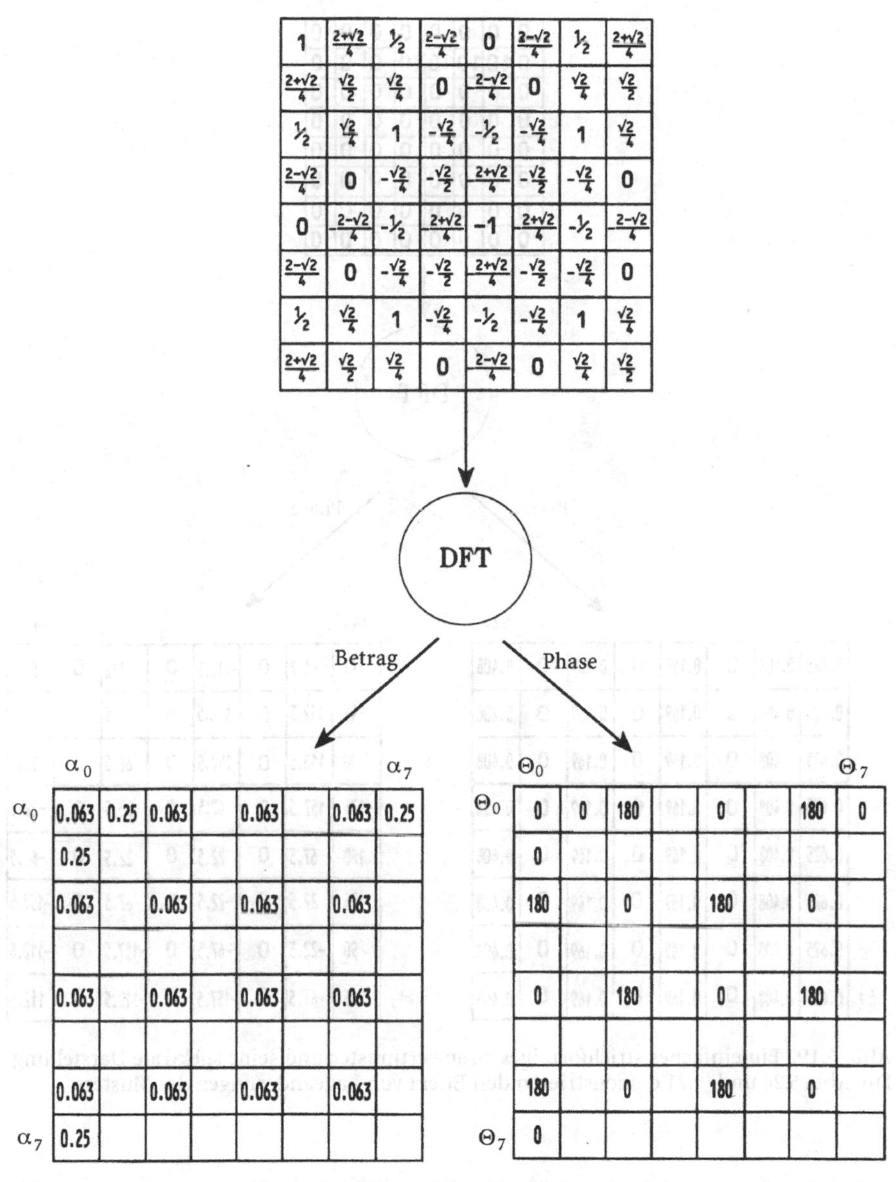

Abb. 6.18. Dies ist ein 2-dimensionales Kosinus-Signal, das, abgesehen von einer Störung, dem in Abb. 6.14 gezeigten entspricht

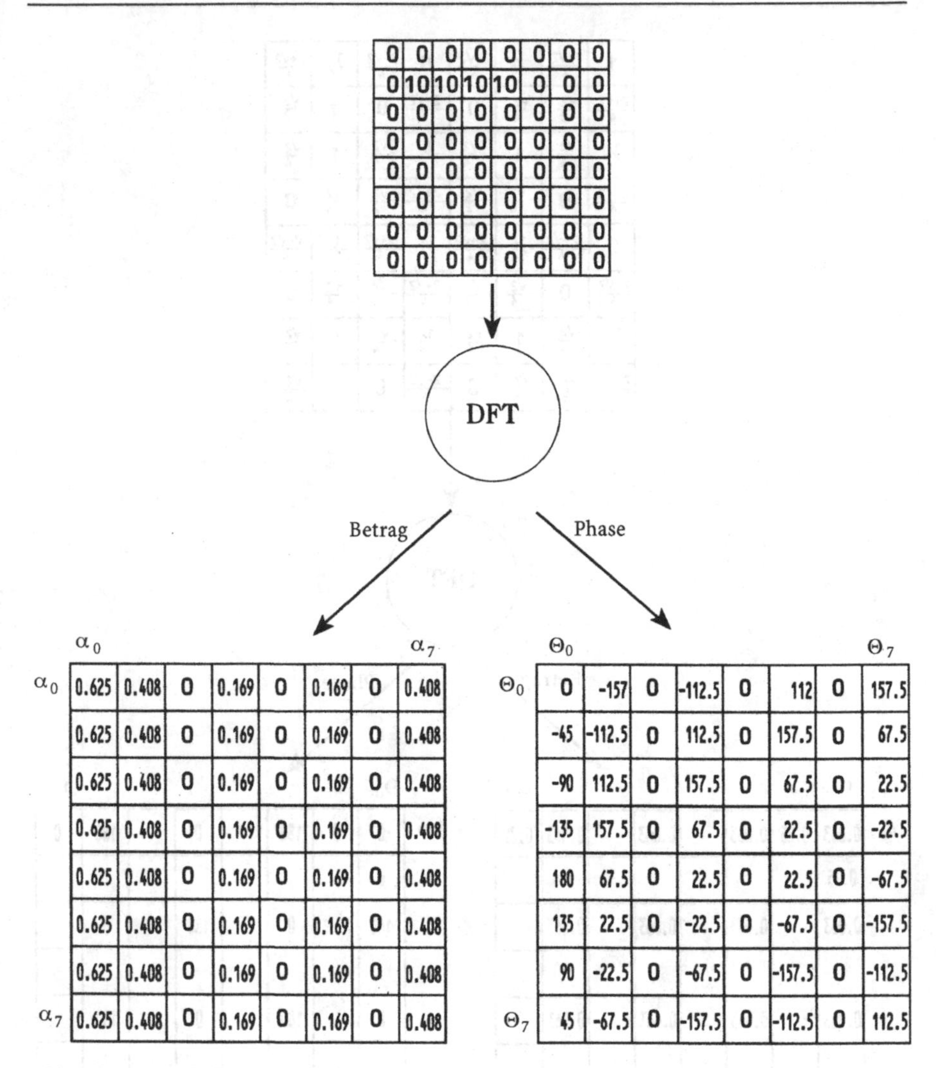

Abb. 6.19. Ein einfaches strichförmiges Grauwertmuster und seine spektrale Darstellung. Die Abb. 6.20 und 6.21 demonstrieren den Effekt von Lageänderungen des Musters

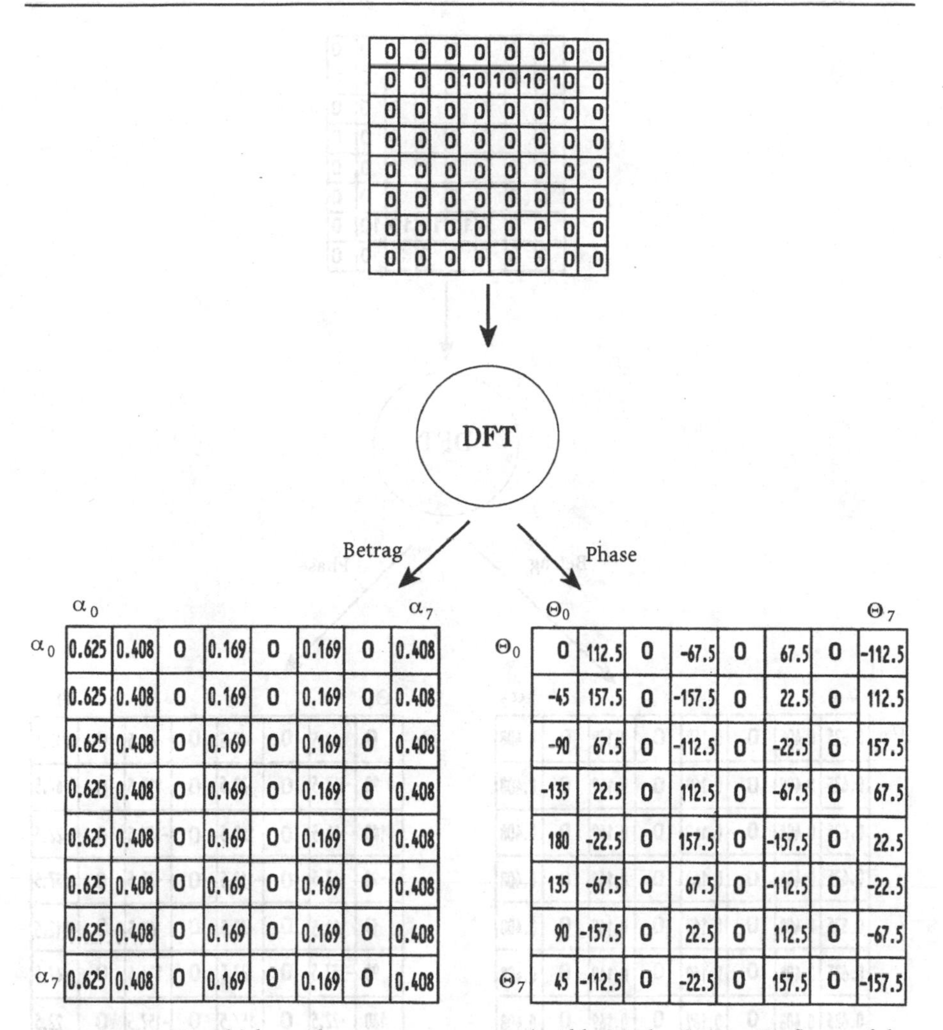

0	0	0	0	0	0	0	0
0	0	0	10	10	10	10	0
0	0	0	0	0	0	0	0
0	0	0	0	0	0	0	0
0	0	0	0	0	0	0	0
0	0	0	0	0	0	0	0
0	0	0	0	0	0	0	0
0	0	0	0	0	0	0	0

Betrag

	α_0							α_7
α_0	0.625	0.408	0	0.169	0	0.169	0	0.408
	0.625	0.408	0	0.169	0	0.169	0	0.408
	0.625	0.408	0	0.169	0	0.169	0	0.408
	0.625	0.408	0	0.169	0	0.169	0	0.408
	0.625	0.408	0	0.169	0	0.169	0	0.408
	0.625	0.408	0	0.169	0	0.169	0	0.408
	0.625	0.408	0	0.169	0	0.169	0	0.408
α_7	0.625	0.408	0	0.169	0	0.169	0	0.408

Phase

	Θ_0							Θ_7
Θ_0	0	112.5	0	-67.5	0	67.5	0	-112.5
	-45	157.5	0	-157.5	0	22.5	0	112.5
	-90	67.5	0	-112.5	0	-22.5	0	157.5
	-135	22.5	0	112.5	0	-67.5	0	67.5
	180	-22.5	0	157.5	0	-157.5	0	22.5
	135	-67.5	0	67.5	0	-112.5	0	-22.5
	90	-157.5	0	22.5	0	112.5	0	-67.5
Θ_7	45	-112.5	0	-22.5	0	157.5	0	-157.5

Abb. 6.20. Die Verschiebung des Grauwertmusters in Abb. 6.19 hat keinen Einfluss auf das Betragsspektrum

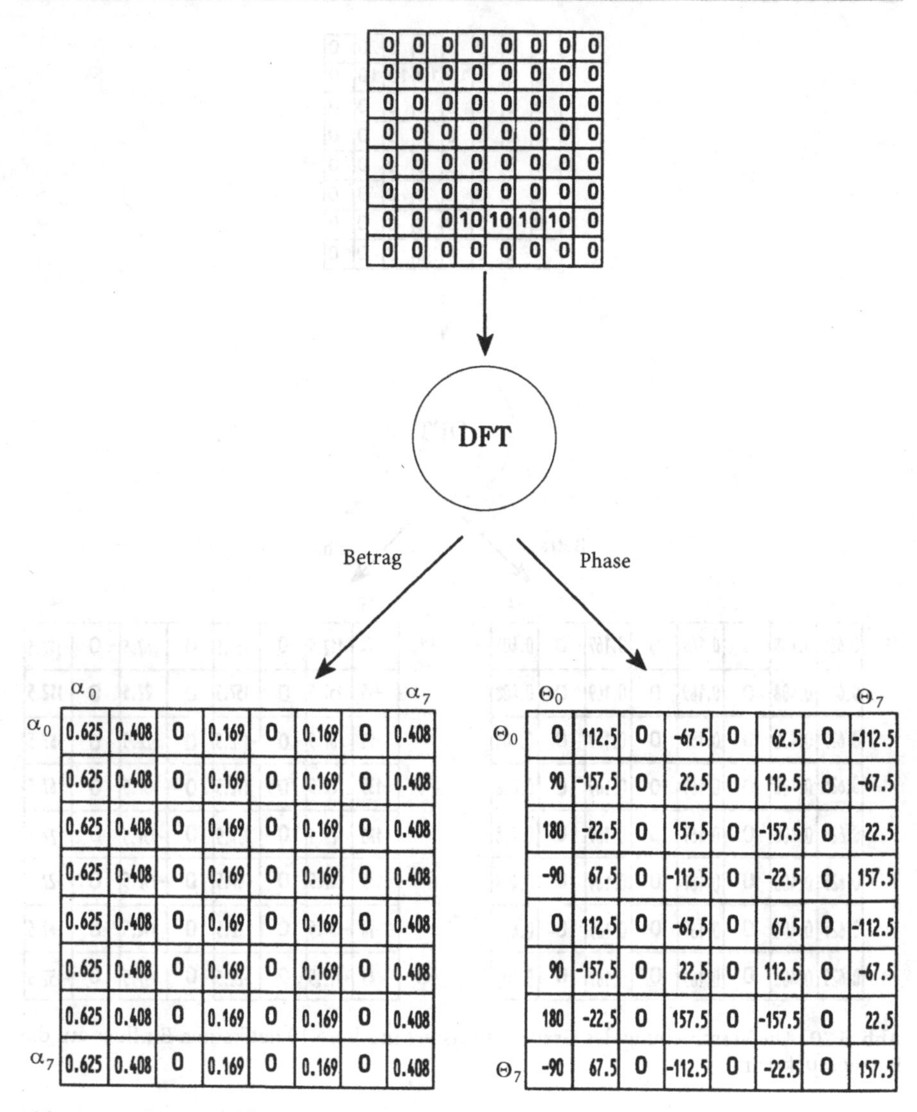

Abb. 6.21. Die Verschiebung des Grauwertmusters in Abb. 6.19 hat keinen Einfluss auf das Betragsspektrum

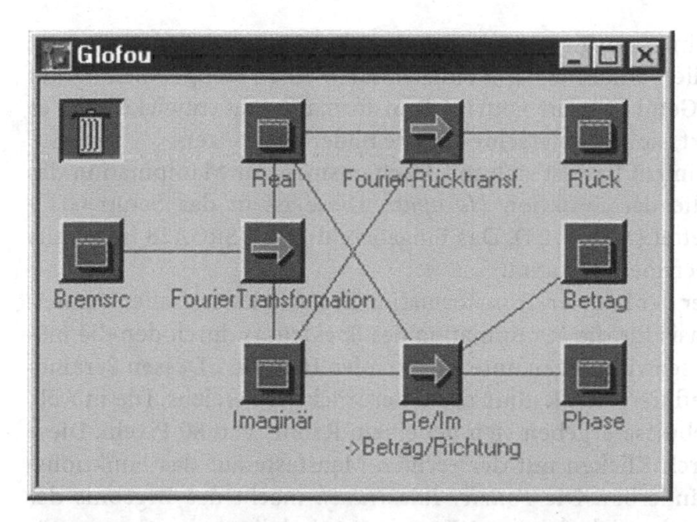

Abb. 6.22. Das erste Experiment befasst sich mit den Funktionen *Fourier-Transformation, Fourier-Rücktransf.* und *Re/Im->Betrag/Phase.* Sie sind im Setup GLOFOU.SET zusammengefasst. Die Ergebnisse zeigt Abb. 6.23

Abb. 6.23. Im ersten Schritt berechnet die *Fourier-Transformation* das Spektrum des Eingabebildes BREMSRC.128 (einen auf einem Laborfußboden liegenden Sticker). Die Funktion *Re/Im->Betrag/Phase* sorgt für eine dem menschlichen Beobachter angemessenere Darstellung des Spektrums. Die Namen der einzelnen Ergebnisbilder verraten den Typ des jeweiligen Bildes (die Bildnamen sind einfach durch einen Doppelklick darauf änderbar)

Die Namen der einzelnen Ergebnisbilder in Abb. 6.23 verraten den Typ des jeweiligen Bildes (die Bildnamen sind einfach durch einen Doppelklick darauf änderbar). Um ein Gefühl für die Fourier-Transformation zu entwickeln, ist es sehr empfehlenswert, sie auf unterschiedlichste Bilder anzusetzen.

Das zweite Experiment befasst sich mit Mechanismen zur Manipulation des Spektrums mit Hilfe der Funktion *Hochpass*. Diese ist in das Setup GLOHOCH.SET eingebettet (Abb. 6. 24). Das Eingabebild BREMSRC.128 ist bereits aus dem ersten Experiment bekannt.

Die Ergebnisbilder der Fourier-Transformation liegen in kartesischer Darstellung vor. Dies ist Basis für die Manipulation des Spektrums durch den die niederfrequenten Oberschwingungen unterdrückenden *Hochpass*. Dessen Parameter *Fenstergrösse* definiert den Radius des unterdrückten Bereichs. Die in Abb. 6.25 gezeigten Ergebnisse ergeben sich bei einem Radius von 80 Pixeln. Diese Parameter sind durch Klicken mit der rechten Maustaste auf das Funktionssymbol *Hochpass* änderbar. Die *Fourier-Rücktransf.* macht das Ergebnis der Manipulation im Ortsbereich sichtbar. Wie erwartet sind die steilen Grauwertübergänge des Ursprungsbildes hervorgehoben.

Die Abb. 6.26 und 6.27 zeigen Anwendung und Ergebnisse eines Tiefpasses.

Wichtig: Die hier verwendeten idealisierten Hoch- und Tiefpässe dienen lediglich der Demonstration. Sie verletzen grundlegende Regeln des Filterbaus und sollten niemals praktische Anwendung finden. Einen ballastfreien Überblick zum Thema „Filter" findet man in dem Buch von Karu [6.10]. Russ [6.15] bietet eine große Zahl von Anwendungs- und Bildbeispielen.

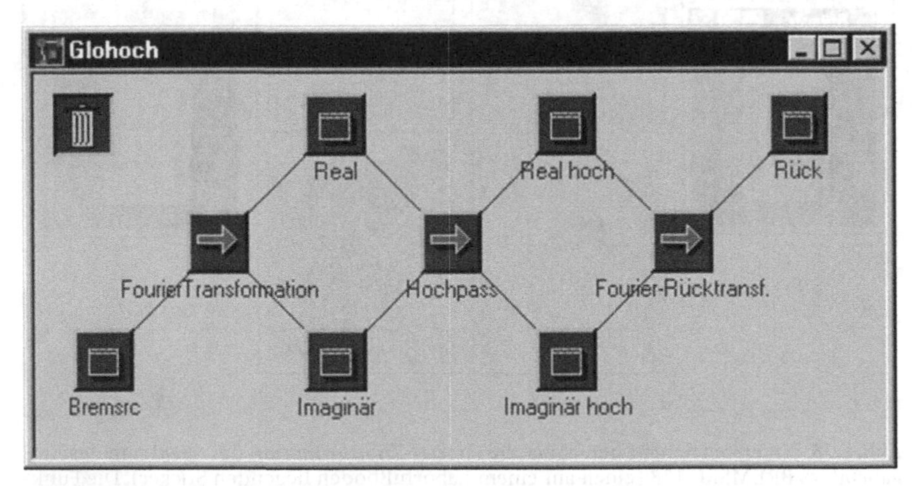

Abb. 6.24. Das zweite Experiment befasst sich mit Mechanismen zur Manipulation des Spektrums mit Hilfe der Funktion *Hochpass*. Diese ist in das Setup GLOHOCH.SET eingebettet. Die Ergebnisse zeigt Abb. 6.25

Abb. 6.25. Wie bereits in Abb. 6.23 gezeigt, berechnet im ersten Schritt die *Fourier-Transformation* das Spektrum des Eingabebildes BREMSRC.128. Die Ergebnisbilder liegen in kartesischer Darstellung vor. Dies ist Basis für die Manipulation des Spektrums durch den die niederfrequenten Oberschwingungen unterdrückenden *Hochpass*. Dessen Parameter Fenstergrösse definiert den Radius des unterdrückten Bereichs. Die hier gezeigten Ergebnisse ergeben sich bei einem Radius von 80 Pixeln. Diese Parameter sind durch Klicken mit der rechten Maustaste auf das Funktionssymbol *Hochpass* änderbar

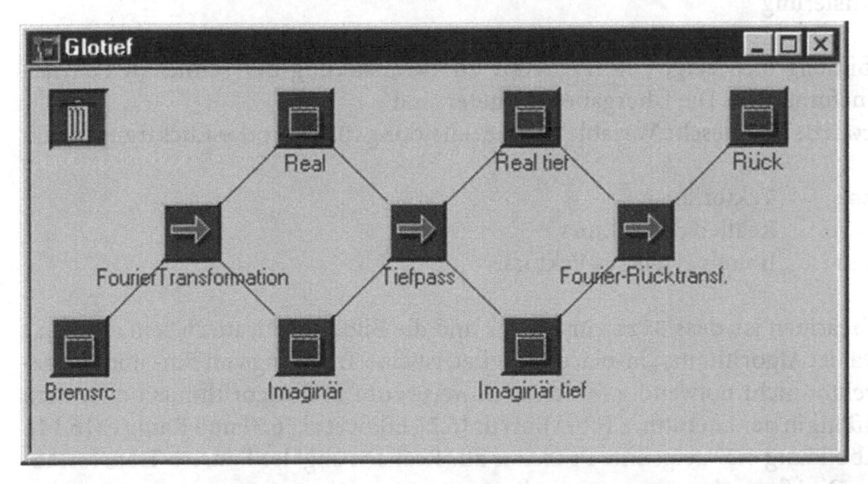

Abb. 6.26. Im dritten Experiment wird der *Hochpass* durch eine *Tiefpass* ersetzt. Dieser ist in das Setup GLOTIEF.SET eingebettet. Die Ergebnisse zeigt Abb. 6.27. Wichtig: Die hier verwendeten idealisierten Hoch- und Tiefpässe dienen lediglich der Demonstration. Sie verletzen grundlegende Regeln des Filterbaus und sollten niemals praktische Anwendung finden. Einen ballastfreien Überblick zum Thema „Filter“ findet man in dem Buch von Karu [6.10]. Russ [6.15] bietet eine große Zahl von Anwendungs- und Bildbeispielen

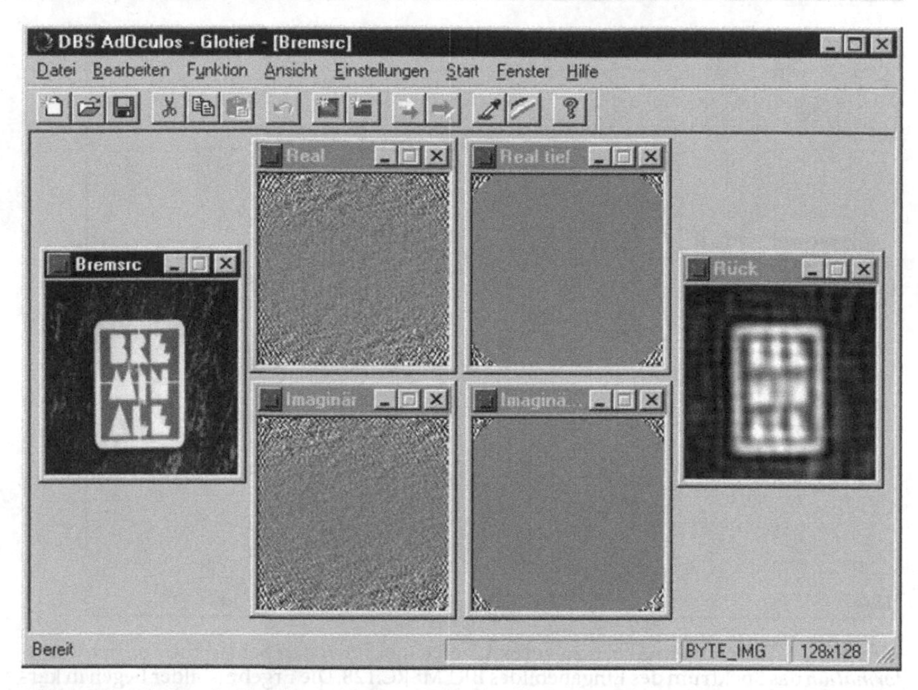

Abb. 6.27. Die Ergebnisse der Funktion *Tiefpass* verhalten sich komplementär zu denen der Funktion *Hochpass* (vgl. Abb. 6.25)

6.3 Realisierung

Abbildung 6.28 zeigt eine Prozedur zur Realisierung der schnellen Fourier-Transformation. Die Übergabeparameter sind

`Forward:` Boolesche Variable zur Entscheidung für Vor- oder Rücktransformation
`Size:` Vektorlänge
`VecRe:` Realteil des Vektors
`VecIm:` Imaginärteil des Vektors.

Zu beachten ist, dass `Size` zur Basis 2 und die Bilder quadratisch sein müssen.

Da der Algorithmus „in-place" arbeitet, ist eine Trennung von Ein- und Ausgabevektor nicht notwendig. Weitere Hinweise zum FFT-Algorithmus finden sich vielfältig in der Literatur, z.B. bei Burrus [6.2], Elliot et al. [6.3] und Ramirez [6.14].

Abbildung 6.29 zeigt eine Prozedur zur Realisierung der Fourier-Transformation. Die Übergabeparameter sind

`Forward:` Boolesche Variable zur Entscheidung für Vor- oder Rücktransformation
`ImSize:` Bildgröße
`RealIm:` Realteil des Bildes
`ImagIm:` Imaginärteil des Bildes (ist im Fall eines Ursprungsbildes Null).

```
void fft (Forward, Size, VecRe, VecIm)
int   Forward, Size;
float * VecRe, * VecIm;
{
   int    LenHalf, Stage, But, ButHalf, i,j,k, ip, pot2;
   float  ArcRe,ArcIm, dArcRe,dArcIm, ReBuf,ImBuf, ArcBuf;
   double Arc;
   pot2 = 0;
   while (Size != (1 << pot2))  pot2++;
   LenHalf = Size >> 1 ;
   j = 1;
   for (i=1; i<Size; i++) {
      if (i<j) {
         ReBuf = VecRe[j-1];
         ImBuf = VecIm[j-1];
         VecRe[j-1] = VecRe[i-1];
         VecIm[j-1] = VecIm[i-1];
         VecRe[i-1] = ReBuf;
         VecIm[i-1] = ImBuf;
      }
      k = LenHalf;
      while (k<j) {
         j -= k;  k = k >> 1;
      }
      j += k;
   }
   for (Stage=1; Stage<=pot2; Stage++) {
      But = 1 << Stage;
      ButHalf = But >> 1;
      ArcRe = (float)1;
      ArcIm = (float)0;
      Arc = (double) (PI/ButHalf);
      dArcRe = (float) cos(Arc);
      dArcIm = (float) sin(Arc);
      if (Forward)  dArcIm = -dArcIm;
      for (j=1; j<=ButHalf; j++) {
         i = j;
         while (i<=Size) {
            ip = i + ButHalf;
            ReBuf = VecRe[ip-1] * ArcRe - VecIm[ip-1] * ArcIm;
            ImBuf = VecRe[ip-1] * ArcIm + VecIm[ip-1] * ArcRe;
            VecRe[ip-1] = VecRe[i-1] - ReBuf;
            VecIm[ip-1] = VecIm[i-1] - ImBuf;
            VecRe[i-1]  = VecRe[i-1] + ReBuf;
            VecIm[i-1]  = VecIm[i-1] + ImBuf;
            i += But ;
         }
         ArcBuf = ArcRe;
         ArcRe = ArcRe  * dArcRe - ArcIm * dArcIm;
         ArcIm = ArcBuf * dArcIm + ArcIm * dArcRe;
   } }
   if (Forward) {
      for (j=1; j<=Size; j++) {
         VecRe[j-1] /= Size;
         VecIm[j-1] /= Size;
} } }
```

Abb. 6.28. C-Realisierung der schnellen Fourier-Transformation eines Vektors. Wenn Forward 0 ist, führt die Prozedur die inverse Transformation durch

```
void TransIm (Forward, ImSize, RealIm, ImagIm)
int Forward, ImSize;
float ** RealIm;
float ** ImagIm;
{
   int    r,c;
   float  *VecRe;
   float  *VecIm;

   VecRe = (float *) malloc (ImSize*sizeof(float));
   VecIm = (float *) malloc (ImSize*sizeof(float));

   for (r=0; r<ImSize; r++) {
      for (c=0; c<ImSize; c++) {
         VecRe[c] = RealIm[r][c];
         VecIm[c] = ImagIm[r][c];
      }
      fft (Forward, ImSize, VecRe, VecIm);
      for (c=0; c<ImSize; c++) {
         RealIm[r][c] = VecRe[c];
         ImagIm[r][c] = VecIm[c];
   } }

   for (c=0; c<ImSize; c++) {
      for (r=0; r<ImSize; r++) {
         VecRe[r] = RealIm[r][c];
         VecIm[r] = ImagIm[r][c];
      }
      fft (Forward, ImSize, VecRe, VecIm);
      for (r=0; r<ImSize; r++) {
         RealIm[r][c] = VecRe[r];
         ImagIm[r][c] = VecIm[r];
   } }
   free (VecRe);
   free (VecIm);
}
```

Abb. 6.29. C-Realisierung der 2-dimensionalen, diskreten Fourier-Transformation. Die Prozedur `fft` ist in Abb. 6.28 definiert.

Die Prozedur beginnt mit der Allokierung von Speicherplatz für die zwei Vektoren `VecRe` und `VecIm`. Sie dienen als Zeilen- bzw. Spaltenbuffer. Danach beginnt die Transformation der durch `r` indizierten Bildzeilen. Dazu werden die Elemente der jeweiligen Zeilen in die Buffervektoren geladen, diese der Prozedur `fft` zur Berechnung übergeben und nach erfolgter Berechnung in die Ursprungsbilder zurückgeladen. Der Vorgang zur Transformation der Spalten verläuft entsprechend.

Zur Demonstration von Manipulationen von Bildern im Ortsfrequenzbereich seien beispielhaft die Realisierungen eines einfachen Tiefpasses bzw. Hochpasses erläutert. Im Fall des Tiefpasses bedarf es der Unterdrückung der hohen Ortsfrequenzen. Zu diesem Zweck werden im Real- und Imaginärteil des Ortsfrequenzbildes sämtliche Einträge um einen in der Mitte liegenden kreisförmigen Ausschnitt herum auf Null gesetzt. Im Fall des Hochpasses sind die Einträge *in* diesem Ausschnitt auf Null zu setzen. Die entsprechenden Prozeduren zeigt Abb. 6.30. In beiden Fällen sind die Übergabeparameter

`Rad:`	Radius des Ausschnitts im Ortsfrequenzbereich
`ImSize:`	Bildgröße
`Image:`	Matrix, in der das zu bearbeitende Spektrum abgelegt ist

Die Prozeduren sind selbsterklärend. Es sei allerdings noch einmal ausdrücklich darauf hingewiesen, dass diese Realisierungen von Tief- und Hochpass lediglich Demonstrationszwecken dienen. Sie verletzten grundlegende Regeln des Filterentwurfs und sollten auf keinen Fall zum praktischen Einsatz gelangen.

6.4 Ergänzungen

In Abschn. 6.1 fand zum Zweck der anschaulicheren Gestaltung von Beispielen eine vereinfachte Form der diskreten Fourier-Transformation (DFT; Abb. 6.3) Verwendung. Der aktuelle Abschnitt widmet sich der Originalform der DFT.

```
void LowPass (Rad, ImSize, Image)
int   Rad, ImSize;
float ** Image;
{
   int  r,c, Bot,Up;
   long rr,cc;

   Bot = ImSize/2 -1;
   Up  = ImSize/2 +1;
   for (r=-Bot; r<Up; r++)
      for (c=-Bot; c<Up; c++)
        if (Rad < (int) sqrt ((double) r*r+c*c))
           Image [r+Bot] [c+Bot] = (float)0;
}


void HighPass (Rad, ImSize, Image)
int   Rad, ImSize;
float ** Image;
{
   int  r,c, Bot,Up;
   long rr,cc;

   Bot = ImSize/2 -1;
   Up  = ImSize/2 +1;
   for (r=-Bot; r<Up; r++)
      for (c=-Bot; c<Up; c++)
        if (Rad > (int) sqrt ((double) r*r+c*c))
           Image [r+Bot] [c+Bot] = (float)0;
}
```

Abb. 6.30. C-Realisierung zweier Prozeduren zur Manipulation im Ortsfrequenzbereich

Als Eingabesignal dienen der DFT dessen Abtastwerte x_m in komplexer Form:

$$x_m \in \{x_0, x_1, \ldots x_{M-1}\}$$

Mit

$$k = 0 \ldots m-1$$
$$m = 0 \ldots m-1$$

erzeugt die DFT die einzelnen Frequenzen des Spektrums $\{X_0, X_1, \ldots X_{M-1}\}$ durch folgende Rechnung:

$$X_k = \frac{1}{M} \sum_{m=0}^{M-1} x_m e^{-j\frac{2\pi mk}{M}}$$

Zur Realisierung dieser Gleichungen durch ein Programm ist die kartesische Darstellung der DFT angenehmer. Mit

$$x_m = a_m + jb_m$$

$$e^{\pm j\alpha} = \cos\alpha \pm j\sin\alpha$$

erhalten wir

$$X_k = \frac{1}{M} \sum_{m=0}^{M-1} (a_m + jb_m)\left(\cos\frac{2\pi mk}{M} - j\sin\frac{2\pi mk}{M}\right)$$

Die Isolation des realen Teils A_k und des imaginären Teils B_k führt zu

$$X_k = A_k + jB_k$$

und

$$A_k = \frac{1}{M} \sum_{m=0}^{M-1} a_m \cos\frac{2\pi mk}{M} + b_m \sin\frac{2\pi mk}{M}$$

$$B_k = \frac{1}{M} \sum_{m=0}^{M-1} b_m \cos\frac{2\pi mk}{M} - a_m \sin\frac{2\pi mk}{M}$$

Die inverse DFT unterscheidet sich nur beim zweiten Hinsehen von der DFT:

$$x_m = \sum_{k=0}^{M-1} X_k e^{j\frac{2\pi mk}{M}}$$

In der kartesischen Darstellung ist dies

$$x_m = a_m + jb_m$$

mit

$$a_m = \sum_{k=0}^{M-1} A_k \cos\frac{2\pi mk}{M} + B_k \sin\frac{2\pi mk}{M}$$

$$b_m = \sum_{k=0}^{M-1} B_k \cos\frac{2\pi mk}{M} + A_k \sin\frac{2\pi mk}{M}$$

Die einzigen Unterschiede zwischen Vorwärts- und Rückwärtstransformation ist der die Summen skalierende Faktor $1/M$ sowie das Vorzeichen. Dabei ist es ohne Bedeutung, ob dieser Faktor die Summen der Vorwärts- oder der Rückwärtstransformation skaliert.

Den theoretischen Hintergrund der DFT diskutieren sämtliche Referenzen des Literaturverzeichnisses dieses Kapitels. Besonders interessant sind die Bücher von Golten [6.4], Hesselmann [6.7] und Ramirez [6.14], die eine anschauliche und praxisorientierte Einführung geben. Einen schnellen Überblick ohne formalen Ballast findet man in dem Buch von Karu [6.10]. Russ [6.15] bietet eine große Zahl von Anwendungsbeispielen.

Die DFT ist eine der wichtigsten globalen Operationen der digitalen Bildverarbeitung. Natürlich ist es nicht die Einzige. Viele andere orthogonale, lineare und nichtlineare Transformationen, deren Koeffizienten auf jedem Pixel des Eingabebildes beruhen sind bekannt. Beispiele hierfür sind die Walsh-, die Kosinus- und die Sinus-Transformation. Sie werden z.B. bei der Kompression von Bildern gerne eingesetzt. Die nichtlinearen schnellen Transformationen finden insbesondere im Zusammenhang mit der Mustererkennung ihre Anwendung.

Die Fourier-Transformation findet ein breites Anwendungsfeld im Bereich der Bild*bearbeitung* (Kap. 1), also z.B. die Rauschunterdrückung und die Aufbesserung unscharfer Bilder. Eine typische Anwendung im Bereich der Bild*analyse* ist die Beschreibung von Konturen durch die sog. Fourier-Deskriptoren [6.16]. Im Zusammenhang mit der Mustererkennung nutzt man die Fourier-Transformation u.a. zur verschiebungsinvarianten Detektion von Objekten.

6.5 Aufgaben

6.1:

Zeige, wie man die in Abb. 6.3 gezeigte vereinfachte DFT aus der Originalform gewinnen kann.

6.2:

Wende die vereinfachte DFT (vgl. Abb. 6.5) auf das in Abb. 6.31 gezeigte Sinus-Signal an.

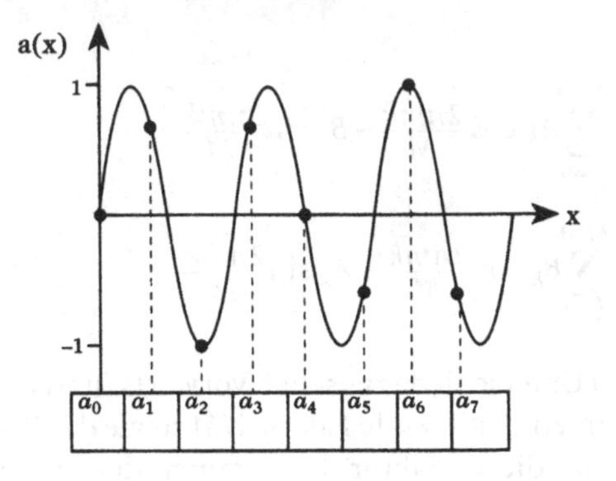

Abb. 6.31. Aufgabe 6.2 demonstriert die Analyse der 2. Oberschwingung

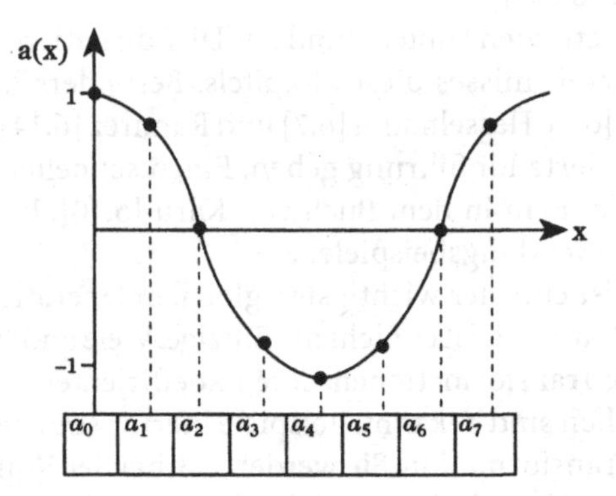

Abb. 6.32. Aufgabe 6.3 ergibt die Grundschwingung. Sie demonstriert die Transformation eines Kosinus-Signals

6.3:
Wende die vereinfachte DFT (vgl. Abb. 6.5) auf das in Abb. 6.32 gezeigte Kosinus-Signal an.

6.4:
Wende die vereinfachte DFT (vgl. Abb. 6.5) auf das in Abb. 6.33 gezeigte konstante Signal an.

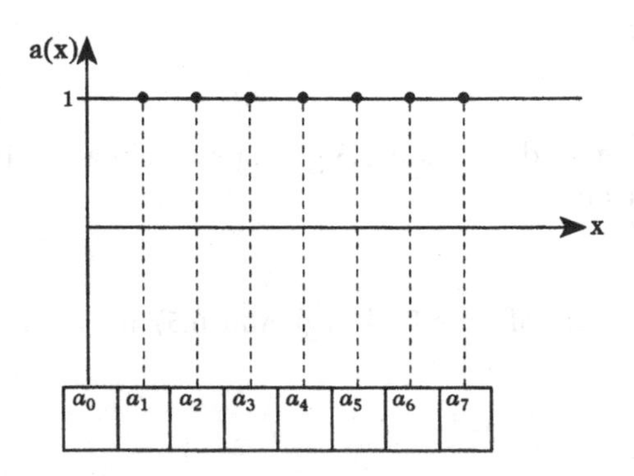

Abb. 6.33. Aufgabe 6.4 demonstriert den einfachsten Fall, nämlich das Spektrum eines konstanten Signals

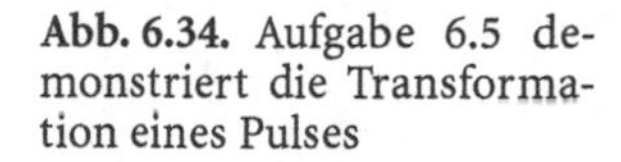

Abb. 6.34. Aufgabe 6.5 demonstriert die Transformation eines Pulses

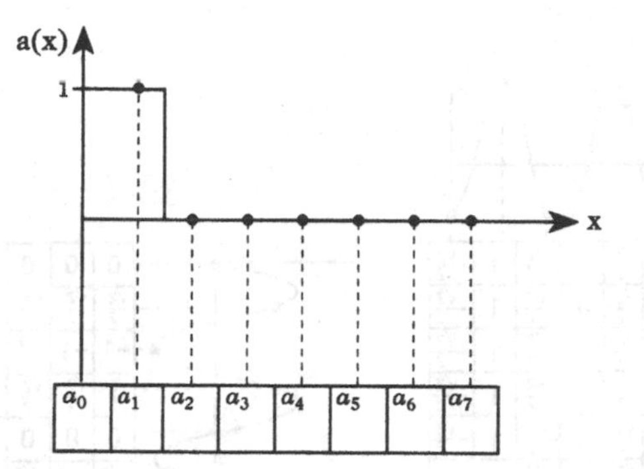

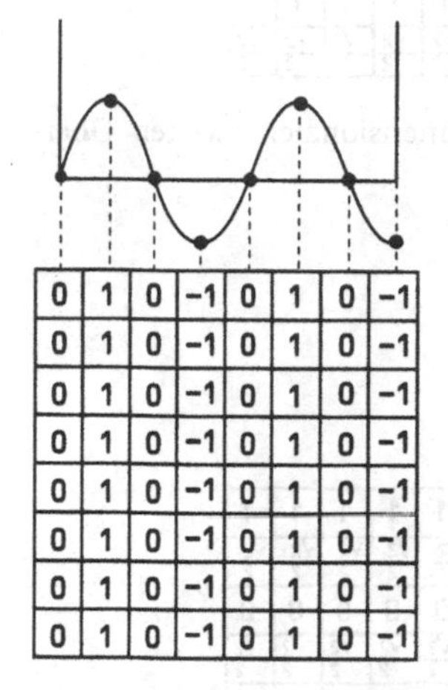

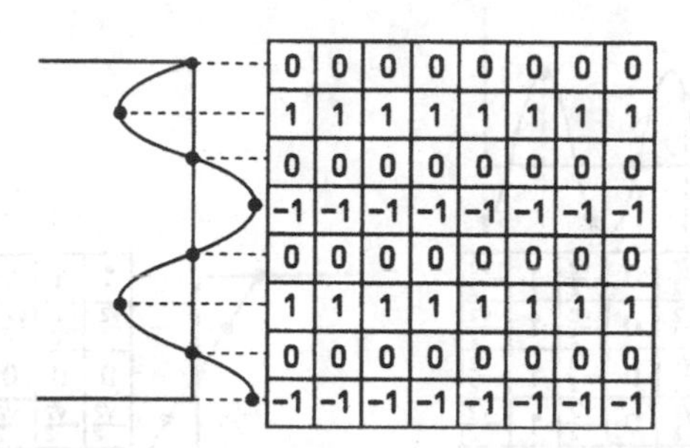

Abb. 6.35. Aufgabe 6.6 demonstriert die Analyse der 2-dimensionalen ersten Oberschwingung

6.5:

Wende die vereinfachte DFT (vgl. Abb. 6.5) auf den in Abb. 6.34 gezeigten Puls an.

6.6:

Abbildung 6.35 zeigt horizontale und vertikale sinusförmige Signale. Erzeuge mit ihrer Hilfe durch Überlagerung ein 2-dimensionales sinusförmiges Signal und wende darauf die 2-dimensionale DFT an. Vorzugsweise sollte man zu diesem Zweck das in Aufgabe 6.14 diskutierte DFT-Programm nutzen.

6.7:

Überlagere die in Abb. 6.36 gezeigten sinusförmigen Signale zu einem 2-dimensionalen Signal und wende darauf die 2-dimensionale DFT an. Vorzugsweise sollte man zu diesem Zweck das in Aufgabe 6.14 diskutierte DFT-Programm nutzen.

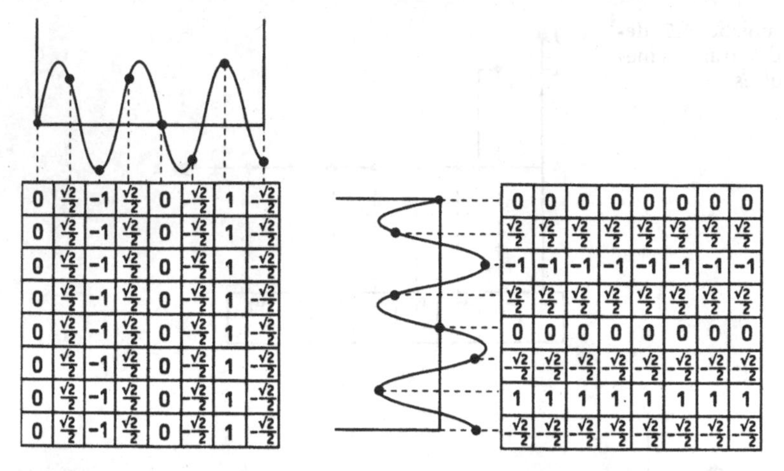

Abb. 6.36. Aufgabe 6.7 demonstriert die Analyse der 2-dimensionalen zweiten Oberschwingung

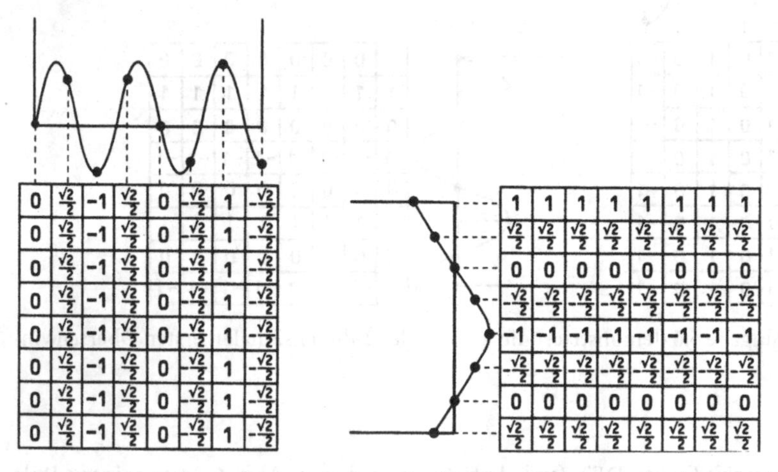

Abb. 6.37. Aufgabe 6.8 demonstriert die Überlagerung einer kosinusförmigen Grundschwingung mit einer zweiten Oberschwingung und das Ergebnis der DFT

6.8:

Überlagere die in Abb. 6.37 gezeigten sinusförmigen Signale zu einem 2-dimensionalen Signal und wende darauf die 2-dimensionale DFT an. Vorzugsweise sollte man zu diesem Zweck das in Aufgabe 6.14 diskutierte DFT-Programm nutzen.

6.9:

Überlagere die in Abb. 6.38 gezeigten sinusförmigen Signale zu einem 2-dimensionalen Signal und wende darauf die 2-dimensionale DFT an. Vorzugsweise sollte man zu diesem Zweck das in Aufgabe 6.14 diskutierte DFT-Programm nutzen.

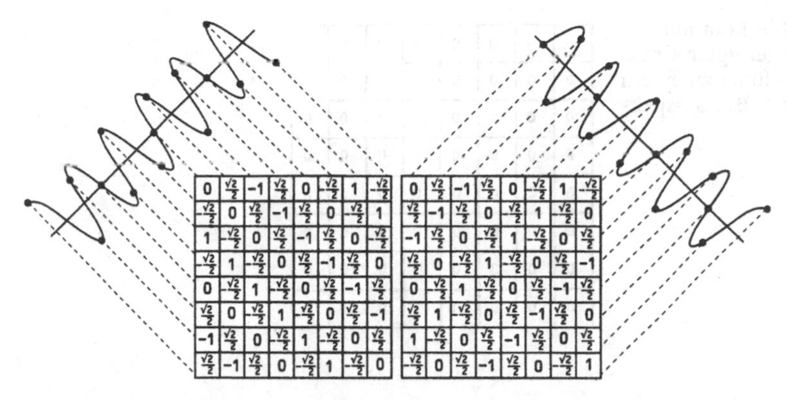

Abb. 6.38. Aufgabe 6.9 demonstriert die Überlagerung zweier sinusförmiger Grundschwingungen und das Ergebnis der DFT

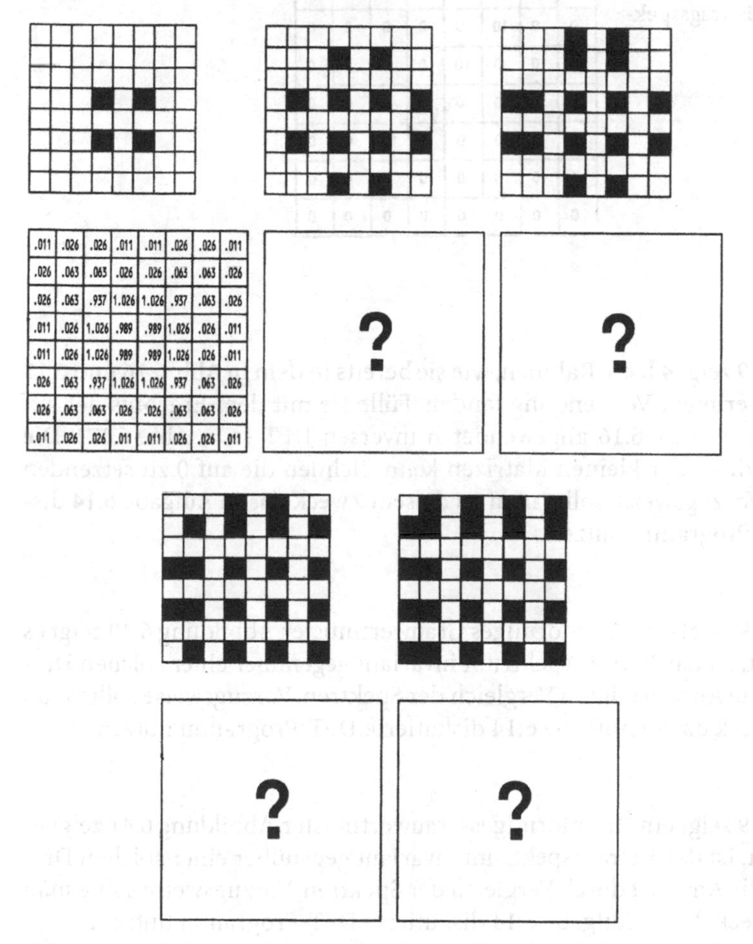

Abb. 6.39. Aufgabe 6.10 demonstriert den Einfluss der niedrigen Ortsfrequenzen

Abb. 6.40. Die Rotation des in Abb. 6.19 gezeigten Grauwertmusters führt zu einem veränderten Betragsspektrum

0	0	0	0	0	0	0	0
0	0	0	0	0	0	0	0
0	0	0	0	10	0	0	0
0	0	0	0	10	0	0	0
0	0	0	0	10	0	0	0
0	0	0	0	10	0	0	0
0	0	0	0	0	0	0	0
0	0	0	0	0	0	0	0

Abb. 6.41. Die Rotation des in Abb. 6.19 gezeigten Grauwertmusters führt zu einem veränderten Betragsspektrum

0	0	0	0	0	0	0	0
0	0	0	0	0	0	0	0
0	0	10	0	0	0	0	0
0	0	0	10	0	0	0	0
0	0	0	0	10	0	0	0
0	0	0	0	0	10	0	0
0	0	0	0	0	0	0	0
0	0	0	0	0	0	0	0

6.10:

Abbildung 6.39 zeigt 4 leere Rahmen, wie sie bereits in dem in Abb. 6.16 und 6.17 gezeigten Experiment Verwendung fanden. Fülle sie mit dem Ergebnis der auf das Spektrum in Abb. 6.16 angewendeten inversen DFT (s. a. Abb. 6.17). Die gefüllten Quadrate der kleinen Matrizen kennzeichnen die auf 0 zu setzenden Frequenzen. Vorzugsweise sollte man zu diesem Zweck das in Aufgabe 6.14 diskutierte DFT-Programm nutzen.

6.11:

Abbildung 6.19 zeigt ein strichförmiges Grauwertmuster. Abbildung 6.40 zeigt es um 90° rotiert. Ist das Betragsspektrum invariant gegenüber einer solchen Drehung? Finde die Antwort durch Vergleich der Spektren. Vorzugsweise sollte man zu diesem Zweck das in Aufgabe 6.14 diskutierte DFT-Programm nutzen.

6.12:

Abbildung 6.19 zeigt ein strichförmiges Grauwertmuster. Abbildung 6.41 zeigt es um 45° rotiert. Ist das Betragsspektrum invariant gegenüber einer solchen Drehung? Finde die Antwort durch Vergleich der Spektren. Vorzugsweise sollte man zu diesem Zweck das in Aufgabe 6.14 diskutierte DFT-Programm nutzen.

6.13:
Wende die Fourier-Transformation gemäß der in Abb. 6.28 gezeigten Prozedur auf die folgenden Funktionen an. Zeichne das Betrags- und Phasenspektrum.

(a)

$$a(x)\begin{cases} 0 & 0 \le x \le 127 \\ 1 & x = 128 \\ 0 & 129 \le x \le 225 \end{cases}$$

Was sagen die Ergebnisse über das „Frequenzgemisch" einer Impulsfunktion aus (bezogen auf das Betragsspektrum)?

(b)

$$b(x)\begin{cases} 0 & 0 \le x \le 120 \\ 1 & 121 \le x \le 136 \\ 0 & 137 \le x \le 225 \end{cases}$$

b(x) ist ein Box-Filter mit der Breite 16 (s. Abschn. 5.1). Zeige, dass das Betragsspektrum von *b(x)* eine Sinc-Funktion ist.

(c)

$$c(x)\begin{cases} 0 & 0 \le x \le 112 \\ 1 & 113 \le x \le 144 \\ 0 & 145 \le x \le 255 \end{cases}$$

Funktion *c(x)* entspricht *b(x/2)*. Wie beeinflusst diese Skalierung im Ortsbereich den Ortsfrequenzbereich?

(d)

$$d(x) = 1 \qquad 0 \le x \le 225$$

Was ergibt die Fourier-Transformation eines konstanten Signals?

(e)

$$e(x) = b(x) + \cos(8\pi x/256)$$

Wie unterscheiden sich die Fourier-Transformationen von *e(x)* und *b(x)*? Wie sähe das Ergebnis aus, wenn zu *b(x)* ein Kosinus-Signal addiert würde?

(f)

$$g(x) = b(x - 16)$$

Wie wirkt sich eine Verschiebung von *b(x)* um 16 Pixel auf das Betrags- und Phasenspektrum aus?

6.14:
Implementiere die in Abb. 6.29 gezeigte 2-dimensionale DFT.

6.15:

Erzeuge ein 128*128-Spektrum, das lediglich eine Oberschwingung zeigt. Wende darauf die inverse DFT an und beschreibe das Ergebnisbild. Versuche verschiedene andere Oberschwingungen.

6.16:

Der in Abb. 6.17 demonstrierte Hochpass unterdrückt niederfrequente Oberschwingungen vollständig. Schreibe ein Programm, in dem diese Unterdrückung mit der Höhe der Oberschwingung abnimmt.

6.17:

Untersuche sämtliche von AdOculos angebotenen globalen Operationen (s. AdOculos Hilfe).

Literatur

6.1 Ahmed, N. and Rao, K. R.: Orthogonal Transforms for Digital Signal Processing. Berlin, Heidelberg, New York: Springer-Verlag 1975

6.2 Burrus, C.S. and Parks, T.W.: DFT/FFT and Convolution Algorithms. New York: Wiley Sons 1985

6.3 Elliott, D.F. and Rao, K. R.: Fast Transforms, Algorithms, Analysis, Applications. New York, London: Academic Press 1982

6.4 Golten, J.: Understanding Signals and Systems. London: McGraw-Hill 1997

6.5 Gonzalez, R.C.; Woods, R.E.: Digital image processing. Reading MA: Addison-Wesley 2002

6.6 Hall, E.L.: Computer image processing and recognition. New York: Academic Press 1979

6.7 Hesselmann, N.: Digitale Signalverarbeitung. Würzburg: Vogel 1987

6.8 Jähne, B.: Digital Image Processing. Concepts, Algorithms, and Scientific Applications. Berlin, Heidelberg, New York: Springer 1991

6.9 Jain, A.K.: Fundamentals of digital image processing. Englewood Cliffs: Prentice-Hall 1989

6.10 Karu, Z.Z.: Signals and systems – Made ridiculously simple. Cambridge MA: ZiZi Press 1995

6.11 Netravali, A.N.; Haskell, B.G.: Digital pictures. New York, London: Plenum Press 1988

6.12 Oppenheim, A.V. and Willsky, A.S. Signals and Systems. Englewood Cliffs: Prentice-Hall 1996

6.13 Pratt, William K. Digital Image Processing. New York: Wiley Sons 1978

6.14 Ramirez, R.W.: The FFT, Fundamentals and Concepts. Englewood Cliffs: Prentice-Hall 1985

6.15 Russ, J.C.: The image processing handbook. Boca Raton, Ann Arbor, London, Tokyo: CRC Press 2002

6.16 Schmid, R.: Industrielle Bildverarbeitung – Vom visuellen Empfinden zur Problemlösung. Braunschweig, Wiesbaden: Vieweg 1995

6.17 Weeks, A.R.: Fundamentals of electronic image processing. Bellingham WA: SPIE Press 1996

6.18 Wolberg, G.: Digital image warping. Los Alamitos CA: IEEE Computer Society Press 1990

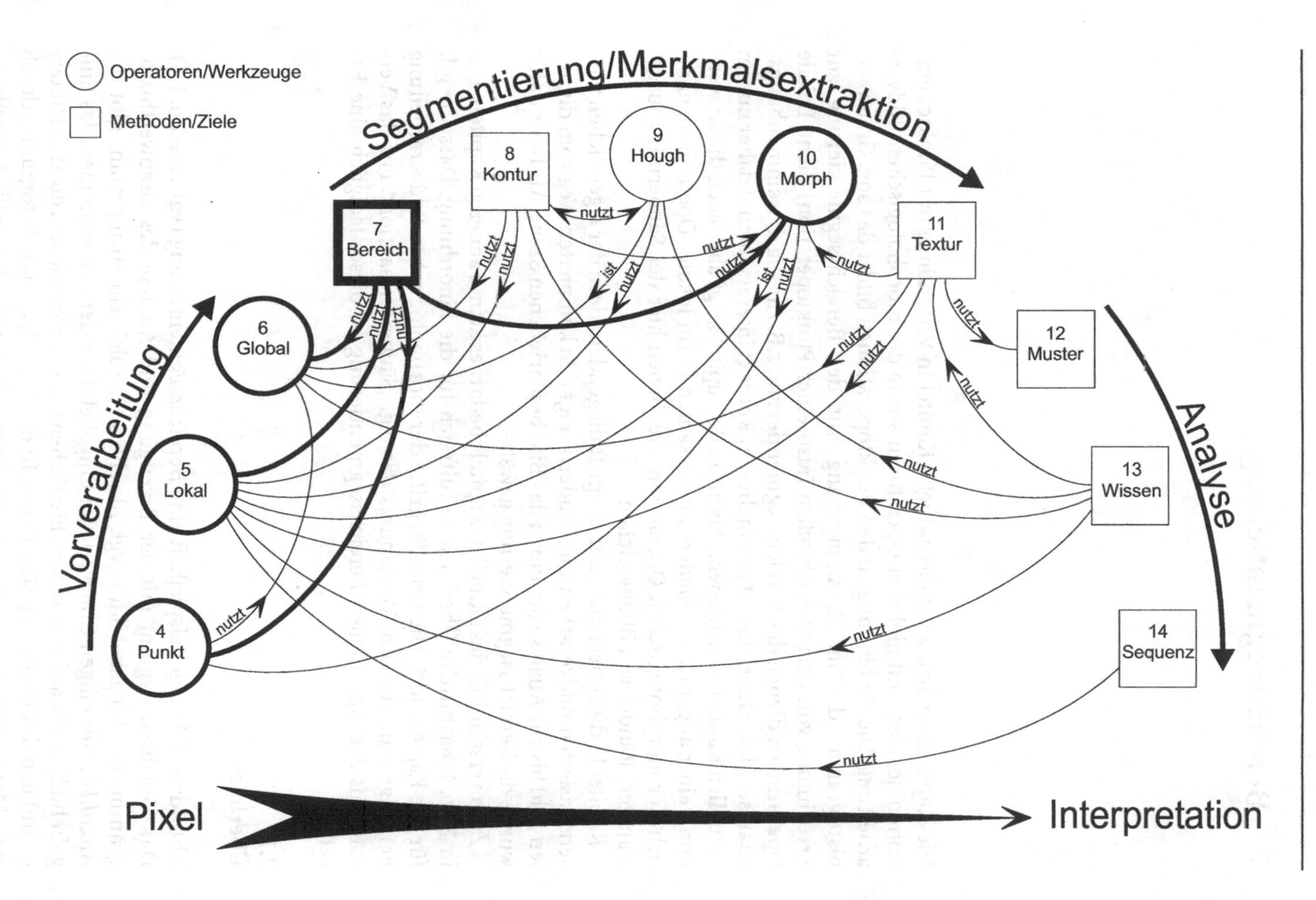

Operatoren/Werkzeuge
Methoden/Ziele
Vorverarbeitung
Segmentierung/Merkmalsextraktion
Analyse
4 Punkt
5 Lokal
6 Global
7 Bereich
8 Kontur
9 Hough
10 Morph
11 Textur
12 Muster
13 Wissen
14 Sequenz
nutzt
ist
Pixel
Interpretation

7 Bereichssegmentierung

Die Kapitelübersicht zeigt das aktuelle Kapitel in Verbindung mit Punktoperationen, lokalen und globalen Operatoren sowie der morphologischen Bildverarbeitung. Die Verbindung zu den Punktoperationen bildet das sog. Grauwerthistogramm, das im Zusammenhang mit der Bereichssegmentierung zur Errechnung von Grauwertschwellen (also einer Punktoperation) dient. Lokale Operationen dienen der Bereichssegmentierung z.B. zur sog. Zusammenhangsanalyse. Diese Operation ist nur in diesem Kontext interessant und daher nur im aktuellen Kapitel beschrieben. Das aktuelle Kapitel zeigt aber auch die Anwendung einer allgemein besonders interessanten Form lokaler Operatoren, nämlich der morphologischen Operatoren. Sie dienen hier der Säuberung „ausgefranster" Ränder von Bildbereichen.

Kapitel 13 diskutiert nicht nur die grundlegenden Ideen der eigentlichen wissensbasierten Bildverarbeitung, sondern zeigt den kompletten Weg vom digitalen Bild bis zur Analyse der durch das Bild beschriebenen Szene. Als Basis dafür wurde die Bereichssegmentierung gewählt.

Zum Verständnis des aktuellen Kapitels bedarf es keines anderen Kapitels. Der in Kap. 1 vermittelte Überblick ist hilfreich für die Einordnung. Dasselbe gilt für die Kap 4 und 5. Die Grundbegriffe der morphologischen Bildverarbeitung benötigt man nur zum Verständnis der o.g. „Säuberungsaktion". Für das Verständnis der eigentlichen Bereichssegmentierung ist dieses lediglich eine Facette.

7.1 Überblick

Abbildung 7.1 zeigt beispielhaft eine Bereichssegmentierung (vgl. Abschn. 1.4). Das Verfahren beginnt mit der Erzeugung und Analyse des Grauwerthistogramms des Eingabebildes (vgl. Abschn.4.1). Solch ein Histogramm gibt die *Anzahl* der jeweiligen Grauwerte im Eingabebild wider. Angenommen, das Eingabebild beruht auf zwei unterschiedlichen Grauwertbereichen, die den Hintergrund und das Objekt repräsentieren. In diesem Fall ist das Histogramm durch zwei Maxima gekennzeichnet. Das Tal dazwischen ergibt die für die Schwellwertoperation benötigte Grauwertschwelle. Die Schwellwertoperation erzeugt ein

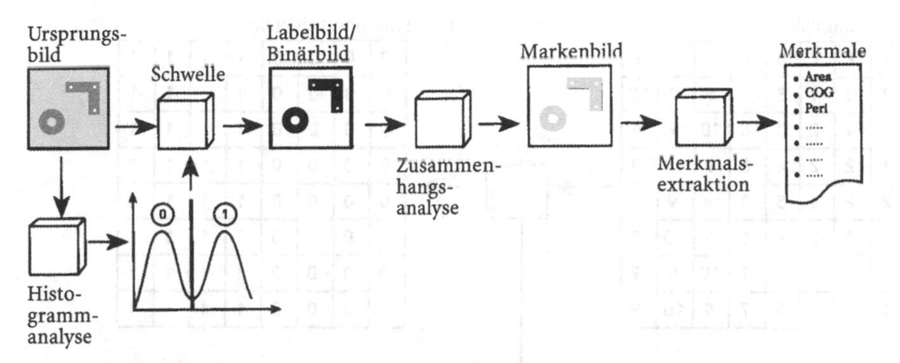

Abb. 7.1. Dies ist eine Beispiel für eine Bereichssegmentierung. Das Ziel ist die Isolierung von Regionen ähnlicher Grauwerte und die Beschreibung dieser Regionen durch Merkmale wie Flächeninhalt, Schwerpunkt und Umfang. Solche Merkmale sind die Basis für eine Klassifikation der Bereiche

Binärbild (Abschn. 1.2), in dem diejenigen Grauwerte des Eingabebildes, die unterhalb der Schwelle liegen, das *Label*'0' zugeordnet bekommen, während diejenigen oberhalb der Schwelle auf '1' gesetzt sind. Selbstverständlich kann mehr als eine Schwelle zur Anwendung kommen. In diesem Fall erhöht sich die Anzahl der Label entsprechend.

Bildlich gesprochen wird jedem Pixel des Ergebnisbildes ein Label „angehängt", das anzeigt, ob sein Grauwert im Ursprungsbild oberhalb oder unterhalb einer bestimmten Schwelle lag. Die *Zusammenhangsanalyse* sammelt benachbarte Pixel, an denen das gleiche Label „hängt", um ihnen zusätzlich eine *Marke* „umzuhängen". Marken kennzeichnen also die örtliche Nachbarschaft von Pixeln, Label dagegen die betragsmäßige Nachbarschaft von Grauwerten.

Benachbarte Pixel bilden Bildbereiche, deren *Merkmale* der nächste Verfahrensschritt bestimmt. Typische Bereichsmerkmale sind Flächeninhalt, Schwerpunkt oder Länge des Umrisses. Solche Merkmale sind die Basis für die Klassifikation der Bereiche (Kap. 12).

7.1.1 Schwellwertoperationen

Wie bereits zu Beginn des Kapitels erwähnt, beruhen die in der Praxis stabil arbeitenden Segmentierungsverfahren auf deutlichen Grauwertdifferenzen im Bild. So weist z.B. das in Abb. 7.2 (links oben) gezeigte Ursprungsbild zwei gut zu unterscheidende Grauwertbereiche auf. Der rechte Bereich des Bildes fällt durch seine hohen Grauwerte auf. Es sollte also problemlos möglich sein, die beiden Bereiche voneinander zu trennen.

Diesem Zweck dient gewöhnlich ein *Grauwerthistogramm* (vgl. Abb. 7.2), in dem die Häufigkeit des Auftretens eines bestimmten Grauwerts aufgetragen ist. Hier werden die beiden Grauwertbereiche besonders deutlich sichtbar. Legt man nun eine Schwelle zwischen die Maxima des Histogramms und ordnet den Grau-

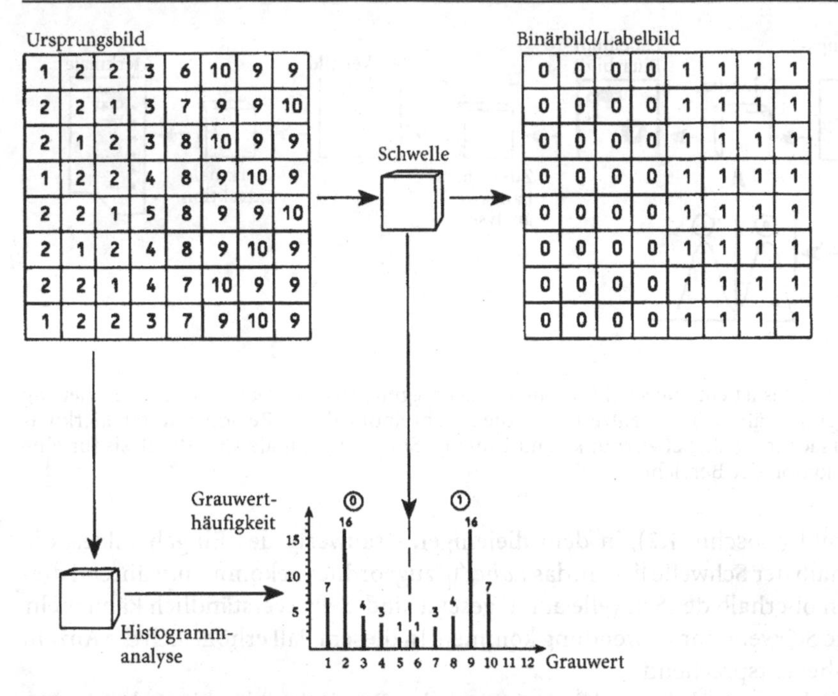

Abb. 7.2. Dies ist ein Beispiel für die Anwendung einer Histogrammanalyse zur Binarisierung von Grauwertbildern. Das Histogramm zeigt die Anzahl der jeweiligen Grauwerte des Ursprungsbildes. Im vorliegenden Fall deutet es auf zwei getrennte Grauwertbereiche hin. Die Platzierung einer Schwelle zwischen die beiden Maxima des Histogramms und die Zuweisung des Label '0' zu den Grauwerten unterhalb der Schwelle und '1' zu den Grauwerten oberhalb der Schwelle ergibt das Binärbild

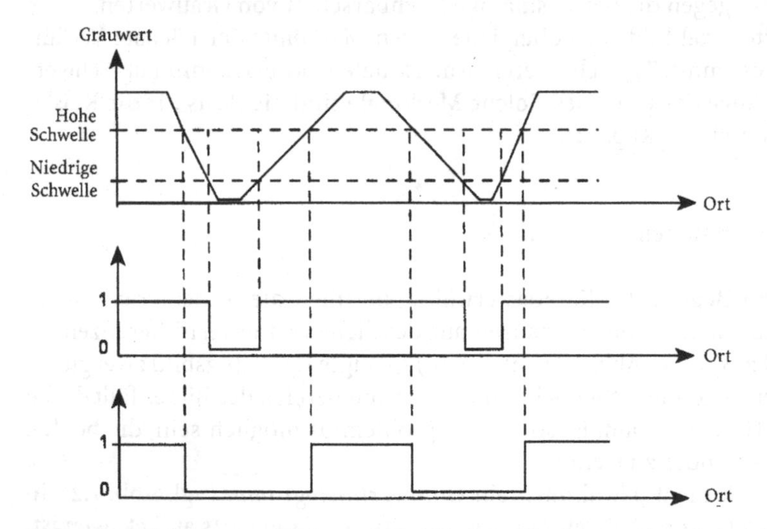

Abb. 7.3. Auf den ersten Blick erscheint die Schwellwertoperation eine einfache Aufgabe. Der Teufel steckt aber auch hier im Detail: Niedrige Schwellen vergrößeren Bereiche, während hohe Schwellen dieselben verkleinern

1	1	1	1	1	2	1	2	1	1	1	2	1	1	1	2
2	2	1	2	3	3	2	2	3	1	2	1	1	2	1	1
1	2	10	11	10	12	11	11	10	10	10	10	10	9	3	2
3	4	10	10	10	12	13	14	13	13	13	12	11	10	1	3
1	3	10	10	9	13	15	17	19	20	16	12	11	10	2	1
1	2	10	11	10	11	16	20	21	20	18	11	12	10	5	1
1	1	9	10	11	11	15	19	20	18	17	13	10	8	4	1
1	2	10	10	12	13	18	20	22	21	15	14	11	10	1	1
1	1	9	10	10	13	17	19	18	17	14	14	12	11	3	1
1	3	10	11	10	12	11	11	11	12	12	13	10	10	2	1
1	2	10	10	12	10	10	11	12	12	10	11	11	9	1	1
1	2	9	10	11	10	12	11	10	11	11	10	11	10	1	2
1	2	10	8	10	9	11	10	10	9	10	9	10	8	2	1
1	1	2	3	4	3	3	2	3	4	4	10	3	3	2	1
1	1	1	3	2	2	1	2	1	1	2	1	2	1	1	2
1	1	1	1	1	1	1	1	2	1	1	1	1	1	1	1

Abb. 7.4. Dies ist ein neues Eingabebild zur Demonstration der Handhabung mehrerer Schwellen

werten unterhalb dieser Schwelle das *Label* '0' und den übrigen Grauwerten '1' zu, so erhält man das dargestellte Binärbild (Abb. 7.2 rechts oben).

Auf den ersten Blick erscheint die Schwellwertoperation eine einfache Aufgabe. Das dem nicht so ist, sei am Beispiel der Messung des Umfangs eines Werkstückes gezeigt. Das in Abb. 7.1 gezeigte Beispiel suggeriert die Trennung der Hintergrund- und Vordergrund-Pixel durch eine ideale Grauwertstufe. In der Praxis sind allerdings die Grauwertübergänge selbst an scheinbar „scharfen Kanten" verschliffen. Zu hohe oder zu niedrige Schwellen führen mithin zu kleineren oder größeren Bereichen und damit zu Messfehlern (Abb. 7.3). Zur Minderung dieser Abhängigkeit

- sollten die Bereichsränder möglichst steile Hell/Dunkel- (oder Dunkel/Hell-) Übergänge sein (bei subpixel-genauer Kantenfindung gilt das gerade nicht, vgl. Abb. 1.27)
- sollte die Schwelle dem arithmetischen Mittel zwischen zwei benachbarten Histogramm-Maxima entsprechen
- können mehrere, bewusst neben dem arithmetischen Mittel liegende Schwellen zur Anwendung kommen. Das Mittel der auf diese Weise erhaltenen

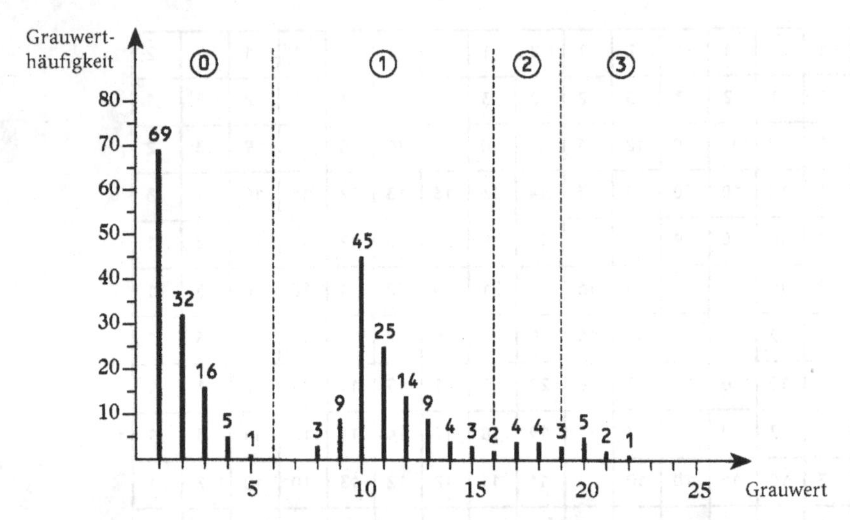

Abb. 7.5. Das Histogramm des Eingabebildes in Abb. 7.4 weist Täler bei den Grauwerten 6, 16 und 19 auf. Mithin stehen drei Schwellen zur Verfügung

Bereichsmaße ist zumeist näher an den Maßen der abgebildeten Objekte als die (optimierte) Einzelmessung.

Als Faustregel für Schwellwertoperationen gilt: Wenn die Messtechnik im Vordergrund steht, sollte man für stabile Beleuchtungsverhältnisse sorgen (Abschn. 2) und wenn möglich, feste Schwellen setzen. Für die Objekterkennung unter variablen Verhältnissen sollte man eine automatische Schwellwertfindung (wie z.B. in Abb. 7.2 gezeigt) versuchen.

Abbildung 7.4 zeigt ein neues Eingabebild, Abb. 7.5 dessen Grauwerthistogramm. Es ist durch 3 lokale Minima gekennzeichnet und ergibt mithin 3 Schwellen mit den Grauwerten 6, 16 und 19. Das Ergebnis der Anwendung dieser Schwellen auf das Ursprungsbild in Abb. 7.4 zeigt Abb. 7.6.

Dieses Beispiel deckt zwei typische Probleme der Histogrammanalyse auf. In der Mitte des Eingabebildes befindet sich ein Bereich mit Grauwerten um die 20, der deutlich von der Umgebung (Grauwerte um 10) getrennt ist. Sein Einfluss im Histogramm ist allerdings verschwindend gering, da der Bereich nur wenige Pixel umfasst. Eine logarithmische oder auf der Quadratwurzel beruhende Skalierung der Histogrammeinträge führt hier zu verbesserten Ergebnissen, da sie den Einfluss hoher Einträge dämpfen. Abschnitt 7.2.1 zeigt hierzu ein Beispiel (vgl. Abb. 7.10).

Das zweite Problem besteht in der Signifikanz der lokalen Minima. Das Histogramm in Abb. 7.5 zeigt z.B. eine Schwelle mit dem Grauwert 19. Diese ist nicht nur überflüssig, sie führt sogar zur Spaltung des eher zusammengehörigen Bereichs in der Mitte des Ursprungsbildes (Abb. 7.4). Eine Glättung des Histogramms füllt kleine Täler und führt somit zur Vermeidung kleiner „Splitterbereiche". Abschnitt 7.2.1 zeigt hierzu ein Beispiel (vgl. Abb. 7.10).

0	0	0	0	0	0	0	0	0	0	0	0	0	0	0	0
0	0	0	0	0	0	0	0	0	0	0	0	0	0	0	0
0	0	1	1	1	1	1	1	1	1	1	1	1	1	0	0
0	0	1	1	1	1	1	1	1	1	1	1	1	1	0	0
0	0	1	1	1	1	1	2	2	3	1	1	1	1	0	0
0	0	1	1	1	1	2	3	3	3	2	1	1	1	0	0
0	0	1	1	1	1	1	2	3	2	2	1	1	1	0	0
0	0	1	1	1	1	2	3	3	3	1	1	1	1	0	0
0	0	1	1	1	1	2	2	2	2	1	1	1	1	0	0
0	0	1	1	1	1	1	1	1	1	1	1	1	1	0	0
0	0	1	1	1	1	1	1	1	1	1	1	1	1	0	0
0	0	1	1	1	1	1	1	1	1	1	1	1	1	0	0
0	0	1	1	1	1	1	1	1	1	1	1	1	1	0	0
0	0	0	0	0	0	0	0	0	0	0	1	0	0	0	0
0	0	0	0	0	0	0	0	0	0	0	0	0	0	0	0
0	0	0	0	0	0	0	0	0	0	0	0	0	0	0	0

Abb. 7.6. Dieses Bild entsteht durch Anwendung der in Abb. 7.5 gefunden Schwellen auf das in Abb. 7.4 gezeigte Eingabebild.

7.1.2 Zusammenhangsanalyse

Die Segmentierung ist hiermit noch nicht abgeschlossen. Für den menschlichen Beobachter besteht zwar das Binärbild in Abb. 7.1 bereits aus zwei unterschiedlichen und *zusammenhängenden* Bereichen. Im Rechner hat man bis jetzt lediglich Pixel, denen ein Label „anhängt". Dass einige dieser Pixel direkt nebeneinander liegen und diese Ansammlungen womöglich bedeutungsvolle Formen aufweisen, kann der Rechner noch nicht „wissen". Erst die Markierung der Pixel durch die Zusammenhangsanalyse kennzeichnet sie als zu ein und derselben Region gehörend. Eine *Formanalyse* ist das aber keineswegs. Sie erfolgt im nächsten Schritt (Merkmalsextraktion). Im Fall der Bereichssegmentierung nennt man die Zusammenhangsanalyse auch *Komponentenmarkierung* oder *blob coloring*.

Abbildung 7.7 zeigt ein Eingabebild, das mit 2 Schwellen in 4 Bereiche mit 3 Labeln segmentiert wird. Die Pixel des oberen linken Bereichs (Label '1') „wis-

Abb. 7.7. In diesem Beispiel besteht das Label-Bild aus 4 Bereichen, aber nur 3 Labeln. Die Zusammenhangsanalyse sammelt benachbarte Pixel gleichen Labels und weist ihnen eine Marke zu. Der Bereich mit dem Label '0' wird als Hintergrund interpretiert

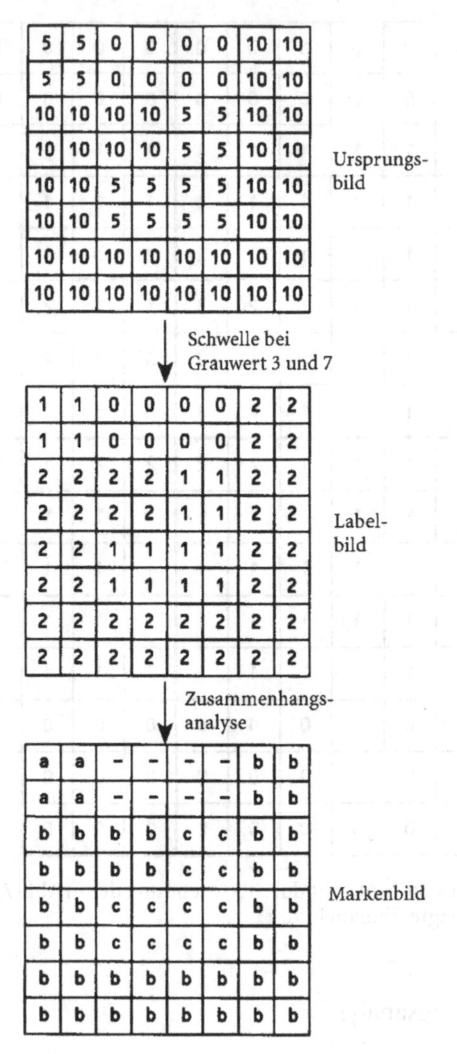

sen" nicht, dass sie einen isolierten Bereich bilden und nicht etwa der mit '1' gelabelten Region in der Mitte des Bildes zugehören. Hier hilft die Zusammenhangsanalyse. Angenommen, das Verfahren beginnt in der oberen linken Ecke des Bildes und trifft dort auf das Label '1'. Es sammelt daraufhin sämtliche benachbarten Pixel mit ebenfalls dem Label '1' ein und weist den gefunden Pixeln die Marke 'a' zu. Im nächsten Schritt trifft das Verfahren auf das Label '0', sammelt die benachbarten Pixel und weist ihnen, als Zeichen für den Hintergrund, ein '–' zu. Auf eben diese Weise findet das Verfahren die Bereiche 'b' und 'c'.

Sämtlichen Pixeln ist also jetzt „klar" zu welcher Bildregion sie gehören. Die Form dieser Regionen ermittelt die Merkmalsextraktion.

7.1.3 Merkmalsextraktion

Für uns als menschliche Beobachter ist offen*sichtlich*, dass der in Abb. 7.7 gezeigte Bereich 'a' vier Ecken hat, dass er nicht „schief" im Bild liegt, dass er, im Gegensatz zum L-förmigen Bereich 'c', quadratisch ist usw. Der Rechner benötigt natürlich spezielle Verfahren, um solche Merkmale zu gewinnen. Einige, für die Bereichssegmentierung typische Merkmale sind:

- Flächeninhalt
- Umfang
- Kompaktheit = Umfang^2 / ($4\pi \times$ Fläche)
- Polarer Abstand und
- Schwerpunkt (zur Lagebestimmung).

Die Kompaktheit ist im Falle eines Kreises 1 und wird umso *grösser*, je länger der Umriss eines Bereichs im Verhältnis zu seinem Flächeninhalt ist. Bitte beachten Sie, dass dieses *nicht* der alltäglichen Bedeutung von „kompakt" entspricht.

Der polare Abstand bezeichnet den Abstand des Bereichsrandes vom Schwerpunkt des Bereichs. Dieser Abstand ist nur beim Kreis für alle Winkel des Radius ein und derselbe. Alle übrigen Formen weisen variierende Abstände auf. Diese Variation sagt viel über die Form des Bereichs aus. Abbildung 7.8 zeigt ein gleichseitiges Dreieck und ein die Variation des polaren Abstands visualisierendes Diagramm.

Die meisten Merkmale weisen Abhängigkeiten zur Lage, Drehung und Skalierung der Bereiche auf. Diese Eigenschaft kann erwünscht sein, ist oft aber auch störend. So ist z.B. der Schwerpunkt eines Bereichs abhängig von dessen Lage im Bild. Das ist erwünscht, da der Schwerpunkt gerade zur Lagebestimmung herangezogen wird. Die Kompaktheit ist als Verhältnismaß unabhängig von Lage, Drehung und Skalierung. Daher ist die Kompaktheit als grobes Merkmal für die Form eines Bereichs besonders geeignet.

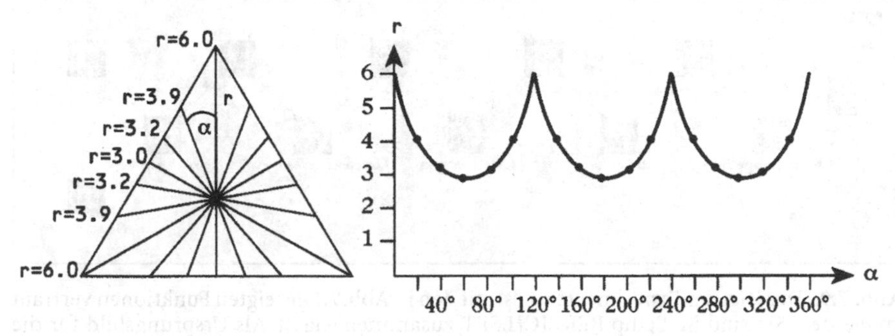

Abb. 7.8. Der polare Abstand bezeichnet den Abstand des Bereichsrandes vom Schwerpunkt des Bereichs. Die Art der Variation des Abstands sagt viel über die Form des Bereichs aus

Die oben diskutierten Merkmale stellen nur eine kleine Auswahl geometrisch orientierter Parameter dar. So bieten z.B. Farbe und Texturen vielfältig andere Möglichkeiten für Merkmale. Welche Merkmale in welcher Ausformung letztendlich benutzt werden, beruht, wie so vieles in der Bildverarbeitung, auf den Randbedingunen der jeweiligen Anwendung.

Merkmale sind die Basis für die Klassifikation der Bereiche. Hierzu mehr in Kap. 12 und 13.

7.2 Experimente

Das Ziel der Experimente ist es, mit den in Abb. 7.1 gezeigten Funktionen vertraut zu werden. Sie sind im Setup BEREICH.SET zusammengefasst (Abb. 7.9). Als Ursprungsbild für die Beispiele dieses Abschnitts dient eine Teilansicht des sog. Mehrzweckhochhauses (MZH) der Universität Bremen (Abb. 7.11; MZH-SRC.128). Dieses Bild eignet sich gut als Vorlage, da es wenige, recht homogene Flächen unterschiedlicher Helligkeit aufweist.

7.2.1 Schwellwertoperationen

Die Bereichssegmentierung beginnt mit der Funktion *Schwellwert-Operation*. Nach ihrem Start erscheint der in Abb. 7.10 gezeigte Dialog. Das Histogramm zeigt deutlich, dass das Ursprungsbild aus drei gut trennbaren *Grauwert*bereichen besteht. Da diese wiederum sinnvollen *Bild*bereichen (Himmel als hellem Hintergrund, hellen und dunkelgrauen Flächen zwischen den Fenstern sowie dunklen Fensterflächen) entsprechen, steht einer Schwellenoperation nichts im Wege. Zu diesem Zweck erfolgt eine Glättung des Histogramms mit nachfolgender automatischer Suche nach lokalen Minima.

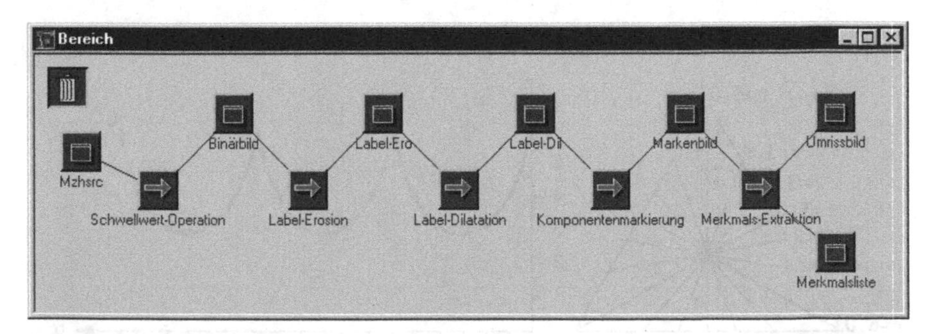

Abb. 7.9. Das Ziel der Experimente ist es, mit den in Abb. 7.1 gezeigten Funktionen vertraut zu werden. Sie sind im Setup BEREICH.SET zusammengefasst. Als Ursprungsbild für die Beispiele dieses Abschnitts dient eine Teilansicht des sog. Mehrzweckhochhauses (MZH) der Universität Bremen (Abb. 7.11; MZHSRC.128)

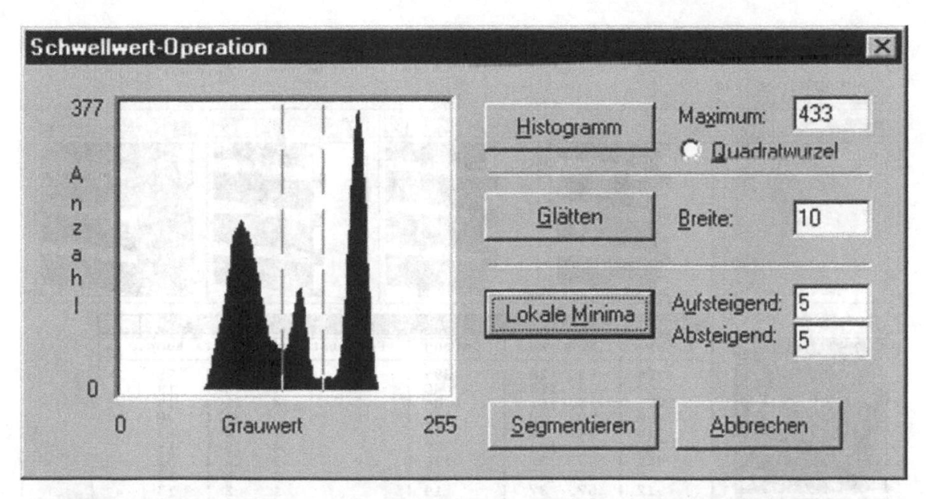

Abb. 7.10. Dieser Dialog erscheint nach dem Start der Funktion *Schwellwert-Operation*. Das Histogramm zeigt deutlich, dass das Ursprungsbild aus drei gut trennbaren *Grauwert*bereichen besteht. Da diese wiederum sinnvollen *Bild*bereichen (Himmel als hellem Hintergrund, hellen und dunkelgrauen Flächen zwischen den Fenstern sowie dunklen Fensterflächen) entsprechen, steht einer Schwellenoperation nichts im Wege. Zu diesem Zweck erfolgt eine Glättung des Histogramms mit nachfolgender automatischer Suche nach lokalen Minima

Das Ergebnis dieser Operationen zeigt Abb. 7.11. Die Namen der einzelnen Ergebnisbilder verraten die jeweils verwendete Prozedur (die Bildnamen sind einfach durch einen Doppelklick darauf änderbar). Die lokalen Minima dienen als Schwellen: Den Pixeln im Ursprungsbild, deren Grauwerte zwischen Null und der niedrigen Schwelle liegen, wird das Label '0' zugewiesen (in Abb. 7.11 schwarz dargestellt). Die Pixel mit den Grauwerten zwischen den beiden Schwellen erhalten das Label '1' (in Abb. 7.11 grau dargestellt). Es verbleibt das Label '2' (in Abb. 7.11 weiß dargestellt). Es wird den Pixeln mit Grauwerten oberhalb der hohen Schwelle zugeordnet.

Da die Übergänge zwischen den Bildbereichen nicht durch Grauwertsprünge gekennzeichnet sind, entstehen bei der Schwellenbildung an den Bereichsrändern Artefakte. Zur Säuberung bietet sich die morphologische Bildverarbeitung an (vgl. Kap. 10). Zur Vorbereitung werden nacheinander die Bildbereiche mit ein und demselben Label als Objekt und die übrigen Bereiche als Hintergrund definiert. Die Ränder der jeweils ausgewählten Bereiche können nun mit einem binären Opening geglättet werden. Für das vorliegende Beispiel fand ein einfaches 3*3-Strukturelement Verwendung.

7.2.2 Zusammenhangsanalyse

In Abb. 7.11 zählt man exakt 16 (durch unterschiedliche Label oder räumliche Entfernung) getrennte Bereiche. Das Label '0' (schwarz) kennzeichnet einen

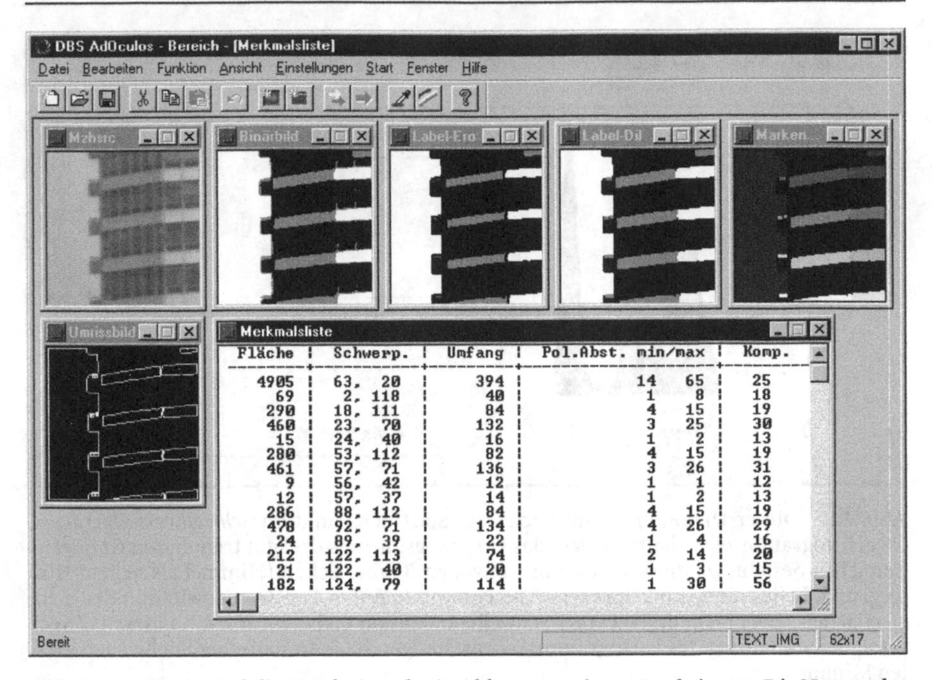

Fläche	Schwerp.	Umfang	Pol.Abst. min/max	Komp.
4905	63, 20	394	14 65	25
69	2, 118	40	1 8	18
290	18, 111	84	4 15	19
460	23, 70	132	3 25	30
15	24, 40	16	1 2	13
280	53, 112	82	4 15	19
461	57, 71	136	3 26	31
9	56, 42	12	1 1	12
12	57, 37	14	1 2	13
286	88, 112	84	4 15	19
478	92, 71	134	4 26	29
24	89, 39	22	1 4	16
212	122, 113	74	2 14	20
21	122, 40	20	1 3	15
182	124, 79	114	1 30	56

Abb. 7.11. Dieses sind die Ergebnisse der in Abb. 7.9 gezeigten Funktionen. Die Namen der einzelnen Ergebnisbilder verraten die jeweils verwendete Prozedur (die Bildnamen sind einfach durch einen Doppelklick darauf änderbar). Die lokalen Minima des Histogramms in Abb. 7.10 dienen als Schwellen: Den Pixeln im Ursprungsbild, deren Grauwerte zwischen Null und der niedrigen Schwelle liegen, wird das Label '0' zugewiesen (schwarz dargestellt). Die Pixel mit den Grauwerten zwischen den beiden Schwellen erhalten das Label '1' (grau dargestellt). Es verbleibt das Label '2' (weiß dargestellt). Es wird den Pixeln mit Grauwerten oberhalb der hohen Schwelle zugeordnet

grossen zusammenhängenden Bereich. Label '1' (grau) zerfällt in 10 mehr oder weniger kleine Bereiche. Auf Label '2' (weiß) entfallen ein grosser und vier kleinere Bereiche. Aufgabe der Zusammenhangsanalyse ist, diese 16 Bereiche zu markieren. Eine erfolgreiche Markierung ist durch die Umrandung des entsprechenden Bereichs visualisiert. Eine Ausnahme bildet der Bereich mit dem Label '0'. Zur Wahrung der Übersicht wird er von der Zusammenhangsanlayse als Hintergrund interpretiert.

7.2.3 Merkmalsextraktion

Das Ergebnis der Merkmalsextraktion ist in Abb. 7.11 durch eine Liste der Merkmale dargestellt. Die Listeneinträge starten mit dem oberen linken Bereich, wobei es sich im vorliegenden Beispiel um den Himmel handelt. Der nächste Bereich befindet sich in der oberen rechten Ecke des Bildes usw.

7.3 Realisierung

7.3.1 Schwellwertoperationen

Abbildung 7.12 zeigt eine Prozedur zur Generierung eines Grauwerthistogramms. Die Übergabeparameter sind

`ImSize`: Bildgröße
`NofGV`: höchster zu bearbeitender Grauwert (üblicherweise 255)
`MaxAcc`: maximaler Histogrammeintrag, auf den nach Erstellung des Histogramms normiert werden soll
`Sqrt`: ist `Sqrt` ≠ Null, so sind die Histogrammeinträge nach Erstellung des Histogramms durch ihre jeweiligen Quadratwurzeln zu ersetzen
`Image`: Grauwertbild, von dem das Histogramm anzufertigen ist
`Histo`: Vektor, der das Histogramm repräsentiert.

Die Prozedur beginnt mit der Initialisierung des Histogrammvektors `Histo`, indem für jeden Grauwert gv der Histogrammeintrag auf null gesetzt wird. Zur Berechung des Histogramms bedarf es der Grauwerte sämtlicher Pixel im Bild. Der jeweilige Grauwert ist `gv=Image[r][c]`. Der entsprechende Histogramm-

```
void Histogram (ImSize, NofGV, MaxAcc, Sqrt, Image, Histo)
int  ImSize, NofGV, MaxAcc, Sqrt;
BYTE ** Image;
int  * Histo;
{
   int  r,c, gv, Max;

   for  (gv=0; gv<NofGV; gv++)  Histo[gv] = 0;

   Max=0;
   for (r=0; r<ImSize; r++) {
      for (c=0; c<ImSize; c++) {
         gv = Image[r][c];
         Histo[gv] ++;
         if (Histo[gv] > Max)  Max = Histo[gv];
   } }

   if (Sqrt) {
      for (gv=0; gv<NofGV; gv++)
         if (Histo[gv])
            Histo[gv] = (int) sqrt ((float)Histo[gv]);
      Max = (int) sqrt ((float)Max);
   }

   for (gv=0; gv<NofGV; gv++)
      Histo[gv] = (int) (((float)Histo[gv] * MaxAcc) / Max);
}
```

Abb. 7.12. C-Realisierung zur Generierung eines Grauwerthistogramms

eintrag Histo[gv] ist zu inkrementieren und für die spätere Normierung des Histogramms auf Maximalität hin zu überprüfen.

Besteht die Notwendigkeit, die niedrigen Histogrammeinträge gegenüber den hohen Einträgen stärker zu wichten, kann der/die Benutzer/in mittels der Variablen Sqrt eine Wurzelbildung jeden Eintrags erreichen. Natürlich bedarf auch der eingangs ermittelte Maximalwert Max dieser Behandlung.

Bereits im Fall kleinerer Bilder können unter Umständen recht hohe Histogrammeinträge auftreten. Dieses birgt die Gefahr von Zahlenüberläufen in weiterverarbeitenden Prozeduren. Außerdem ist eine sonderlich feine Auflösung der Histogrammeinträge nicht notwendig, da nur eindeutige Histogrammberge bzw. -täler von Interesse sind. Der Benutzer kann daher mittels der Variablen MaxAcc den Wert des maximalen Histogrammeintrags vorgeben. Der abschliessende Abschnitt der Prozedur dient der notwendigen Normierung.

Die Verwendung der Histogrammanalyse im Rahmen robust arbeitender Segmentierungsverfahren erfordert das Vorhandensein weniger, aber eindeutiger Extremwerte im Histogramm. Eine Glättung des Histogramms zum „Verwischen“ kleiner „Unebenheiten“ sollte daher den eigentlichen Analyseverfahren vorangehen. Abbildung 7.13 zeigt eine entsprechende Glättungsprozedur. Die Übergabeparameter sind

NofGV: höchster zu bearbeitender Grauwert
Width: Anzahl benachbarter Einträge, die zur Mittelwertbildung herangezogen werden sollen
Histo: ursprünglicher Histogrammvektor
Smooth: geglätteter Histogrammvektor.

Die Prozedur beginnt mit der Initialisierung des Ergebnisvektors Smooth. Die Glättung erfolgt durch eine Mittelwertbildung über eine durch die Variable Width festgelegte Anzahl benachbarter Histogrammeinträge. Der so errechnete

```
void SmoothHistogram (NofGV, Width, Histo, Smooth)
int  NofGV, Width;
int  *Histo;
int  *Smooth;
{
   int  r,c, i,gv,Cen;
   long h;

   Cen = Width/2;
   for (gv=0; gv<NofGV; gv++)  Smooth[gv] = 0;

   for (gv=0; gv<=NofGV-Width; gv++) {
      h=0;
      for (i=gv; i<gv+Width; i++)
         h += (long)Histo[i];
      Smooth[gv+Cen] = (int) (h/Width);
} }
```

Abb. 7.13. C-Realisierung zur Glättung eines Grauwerthistogramms

```
int NofUp (NofGV, Start, Histo)
int NofGV, Start;
int * Histo;
{
   int  i,iStep;

   if (Histo[Start] >= Histo[Start+1])  return (0);
   iStep = Start;
   for (i=Start; i<NofGV-1; i++)
      if (Histo[i] < Histo[i+1])
         iStep = i;
      else
         if (Histo[i] > Histo[i+1]) break;
   return (iStep-Start);
}
```

Abb. 7.14. C-Realisierung zur Detektion aufsteigender Histogrammflanken

Mittelwert wird dem mittleren Eintrag (`Smooth[gv+Cen]`) der Nachbarschaft zugeordnet.

Nach der Glättung gilt es, lokale Minima im Histogramm aufzufinden. Diesem Zweck dient die Prozedur `LocMin`. Diese wiederum beruht auf den Prozeduren `NofUp` und `NofDown`, deren Aufgabe es ist, auf- bzw. absteigende Histogrammflanken zu detektieren. Die Übergabeparameter der Prozedur `NofUp` sind (vgl. Abb. 7.14)

`NofGV`: höchster zu bearbeitender Grauwert

`Start`: Grauwert (Index des Histogrammvektors), ab dem die Prozedur ihre Arbeit beginnen soll

`Histo`: Histogrammvektor.

Zu Beginn überprüft die Prozedur das Vorliegen eines Aufstiegs. Dies ist der Fall, wenn der Histogrammeintrag `Histo[Start]` kleiner als derjenige des rechten Nachbarn `Histo[Start+1]` ist. Anderenfalls wird die Prozedur mit dem Rückgabewert Null vorzeitig beendet.

Ist eine Weiterarbeit möglich, so besteht diese im Suchen benachbarter Einträge, von denen der linke der kleinere ist. Sind beide Einträge gleich, so liegt ein waagerechter Verlauf vor, der ohne weitere Aktionen ignoriert wird. Das Auftreten eines Aufwärtsschritts (`Histo[i] < Histo[i+1]`) wird durch das Setzen der Variablen istep auf den Index i des aktuellen linken Eintrags quittiert. Liegt hingegen der umgekehrte Fall eines Abwärtsschritts vor (`Histo[i] > Histo [i+1]`), so führt dieses zum Abbruch der Prozedur. Der Rückgabewert entspricht der Anzahl der Einträge zwischen Start und dem Index iStep des zuletzt aufgefundenen Aufwärtsschritts.

Die Prozedur `NofDown` (vgl. Abb. 7.15) detektiert auf die gleiche Art und Weise abfallende Flanken im Histogramm. Beide Prozeduren finden in der Funktion `LocMin` (Abb. 7.16) Verwendung. Deren Übergabeparameter sind

`ImSize`: Bildgröße

`NofGV`: höchster zu bearbeitender Grauwert

`MinDown`: minimale Anzahl absteigender Histogrammeinträge zur Detektion eines Histogrammabstiegs

```
int NofDown (NofGV, Start, Histo)
int NofGV, Start;
int * Histo;
{
   int  i,iStep;

   if (Histo[Start] <= Histo[Start+1])  return (0);
   iStep = Start;
   for (i=Start; i<NofGV-1; i++)
      if (Histo[i] > Histo[i+1])
         iStep = i;
      else
         if (Histo[i] < Histo[i+1]) break;
   return (iStep-Start);
}
```

Abb. 7.15. C-Realisierung zur Detektion absteigender Histogrammflanken

```
int LocMin (ImSize, NofGV, MinDown, MinUp, Histo, Thres)
int ImSize, NofGV, MinDown, MinUp;
int * Histo;
int * Thres;
{
   int  i, r,c, d,u, Down, Up;

   GetMem (Thres);
   Thres[0] = 0;
   i=1;
   for (d=0; d<NofGV; d++) {
      Down = NofDown (NofGV, d, Histo);
      if (Down>=MinDown) {
         for (u=d+Down; u<NofGV; u++) {
            Up = NofUp (NofGV, u, Histo);
            if (Up>=MinUp) {
               GetMem (Thres);
               Thres[i] = d+Down + (u-d-Down)/2;
               i++;
               d = u+Up;    /*<<<<<<<<< attention: loop counter */
               break;
   } } } }
   GetMem (Thres);
   Thres[i] = NofGV-1;
   return (i);
}
```

Abb. 7.16. C-Realisierung zur Detektion lokaler Minima im Histogramm. Die Prozedur `GetMem` ist in Anhang A beschrieben

`MinUp`: minimale Anzahl ansteigender Histogrammeinträge zur Detektion eines Histogrammanstiegs
`Histo`: Histogrammvektor
`Thres`: Vektor, in dem die Indizes der aufgefundenen lokalen Minima abgelegt sind. Sie dienen den weiterführenden Prozeduren als Schwellen.

Der Rückgabewert der Prozedur entspricht der Anzahl der gefundenen Minima.

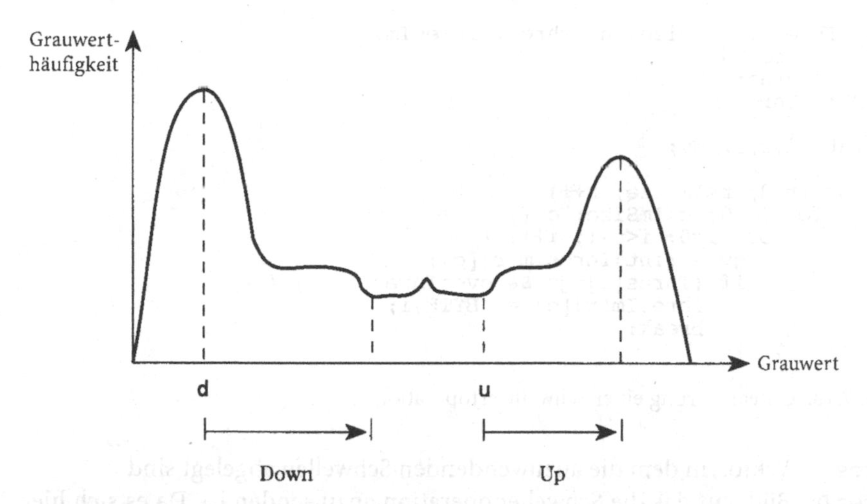

Abb. 7.17. Beispiel zur Suche lokaler Minima

Die Prozedur beginnt mit der Allokierung von Speicherplatz für den Vektor `Thres`. Dessen erster Eintrag ist der Grauwert Null, der in den nachfolgenden Prozeduren grundsätzlich als niedrigster Schwellwert betrachtet wird. Der Laufindex `i` zählt die Anzahl der ermittelten Minima.

Das in Abb. 7.17 gezeigte Beispiel dient der Erklärung des weiteren Ablaufs der Prozedur. Beginnend mit dem aktuellen Wert des Laufindexes `d` werden die Anzahl der absteigenden Histogrammeinträge `Down` mit Hilfe der Prozedur `NofDown` ermittelt. Unterschreitet diese Anzahl die vom Benutzer der Prozedur als erforderlich angesehene Mindestanzahl `MinDown`, wird `d` inkrementiert und die Suche fortgesetzt. Anderfalls erfolgt ab `d+Down` die Suche nach einer genügend grossen Anzahl aufsteigender Histogrammeinträge. Ist auch diese gefunden, so ist die Prozedur durch ein Histogrammtal „gewandert". Die Indizes der beiden Gipfel zur Linken und zur Rechten sind dann `d` bzw. `u+Up`.

Es liegt nun nahe, die Schwelle exakt in die Mitte zwischen die Gipfel zu platzieren. Würde aber z.B. der linke Berg sehr sanft hin zum rechten Berg abfallen, wäre diese Platzierung eher ungünstig. Besser erscheint die tatsächliche Platzierung in das Tal zwischen den Indizes `d+Down` und `u`. Nach Berechnung dieser Schwelle erfolgt ein „Weiterrücken" des Laufindexes `d` bis zum rechten Gipfel `u+Up`. Ab dort beginnt die Suche nach dem nächsten Tal. Ist die Suche am rechten Rand `NofGV-1` des Histogramms beendet, so wird dieser als letzte Schwelle dem Vektor `Thres` hinzugefügt und die Prozedur mit der Rückgabe der Anzahl der aufgefundenen Schwellen beendet.

Nachdem nun durch Analyse des Histogramms die Schwellen bestimmt sind, können sie auf das Ursprungsbild angewendet werden. Diesem Zweck dient die Prozedur `ThresIm` mit den Übergabeparametern (vgl. Abb. 7.18)

`ImSize:` Bildgröße
`n:` Anzahl der Schwellen

```
void ThresIm (ImSize, n, Thres, ThresIm)
int  ImSize, n;
int  * Thres;
BYTE ** ThresIm;
{
   int  i,r,c, gv;

   for (r=0; r<ImSize; r++)
      for (c=0; c<ImSize; c++)
         for (i=0; i<n-1; i++) {
            gv = (int)ThresIm[r][c];
            if (Thres[i]<gv && gv<=Thres[i+1]) {
               ThresIm[r][c] = (BYTE)i;
               break;
}        } }
```

Abb. 7.18. C-Realisierung einer Schwellwertoperation

`Thres`: Vektor, in dem die anzuwendenden Schwellen abgelegt sind

`ThresIm`: Bild, auf das die Schwellenoperation anzuwenden ist. Da es sich hier um eine Punktoperation handelt, dürfen Ein- und Ausgabebild identisch sein.

Die Schwellenoperation ist denkbar einfach: Für jedes Pixel `ThresIm[r][c]` ist zu überprüfen, zwischen welchen Schwellen `Thres[i]` und `Thres[i+1]` sein Grauwert liegt. Der Index der unteren Schwelle ist dann der neue Grauwert. Um ihn vom ursprünglichen Grauwert zu unterscheiden, nennt man ihn (das) *Label* (vgl. Abschn. 7.1).

```
void EroThres (ImSize, Thres, StrEl, InIm, OutIm)
int     ImSize;
int     *Thres;
StrTypB *StrEl;
BYTE    **InIm;
BYTE    **OutIm;
{
   int  r,c, y,x, i,j, dummy;
   int  NofThres=Thres[0]-1;

   for (r=0; r<ImSize; r++)
      for (c=0; c<ImSize; c++)  OutIm [r][c] = 0;

   for (j=1; j<NofThres; j++) {
      for (r=0; r<ImSize; r++) {
         for (c=0; c<ImSize; c++) {
            for (i=1; i<=StrEl[0].r; i++) {
               y = r + StrEl[i].r;
               x = c + StrEl[i].c;
               if (y>=0 && x>=0 && y<ImSize && x<ImSize)
                  if (InIm [y][x] != (BYTE)j)  goto Failed;
            }
            OutIm [r][c] = (BYTE)j;
Failed:     dummy = 0;
} } } }
```

Abb. 7.19. C-Realisierung der Erosion zur Säuberung des Labelbildes. Der Typ StrTypB ist in Anhang A beschrieben

```
void DilThres (ImSize, Thres, StrEl, InIm, OutIm)
int      ImSize;
int      *Thres;
StrTypB *StrEl;
BYTE     **InIm;
BYTE     **OutIm;
{
   int   r,c, y,x, i,j, th, dummy;
   int   NofThres=Thres[0]-1;

   for (r=0; r<ImSize; r++)
      for (c=0; c<ImSize; c++)  OutIm [r][c] = 0;

   for (j=1; j<NofThres[0]; j++) {
      for (r=0; r<ImSize; r++) {
         for (c=0; c<ImSize; c++) {
            for (i=1; i<=StrEl[0].r; i++) {
               y = r - StrEl[i].r;
               x = c - StrEl[i].c;
               if (y>=0 && x>=0 && y<ImSize && x<ImSize) {
                  if (InIm [y][x] == (BYTE)j) {
                     OutIm [r][c] = (BYTE)j;
                     break;
} } } } } } }
```

Abb. 7.20. C-Realisierung der Dilation zur Säuberung des Labelbildes. Der Typ StrTypB ist in Anhang A beschrieben

Wie bereits in Abschn. 7.2 beschrieben, können die „rohen" Labelbilder mit „Störungen" behaftet sein. Diese betreffen die Ränder zwischen benachbarten Labelbereichen. Zwischen zwei grösseren solcher Bereiche befinden sich oftmals unerwünschte kleine „Inseln" anderer Label. Ausserdem sind die Ränder der erwünschten Bereiche häufig ausgefranst. Zur Beseitigung dieser Erscheinungen eignet sich insbesondere die morphologische Bildverarbeitung. Sie ist in Kap. 10 ausführlich beschrieben und bedarf daher hier keiner näheren Erläuterung. Um die vorliegenden Labelbilder mit Hilfe von binären morphologischen Verfahren bearbeiten zu können, ist allerdings eine kleine Variation der in Abb. 10.16 gezeigten Originalprozeduren erforderlich: Die morphologischen Operationen müssen für jedes der Label einzeln durchgeführt werden. Die entsprechend variierten Prozeduren zeigen Abb. 7.19 und 7.20.

7.3.2 Zusammenhangsanalyse

Abbildung 7.21 zeigt das Prinzip eines einfachen Verfahrens zur Realisierung der Zusammenhangsanalyse. Das Verfahren ist unter dem Namen *Blob Coloring* bekannt [7.2]. Ausgangspunkt ist das Labelbild. Die Ergebnisse der Analyse werden in einem (zu Beginn mit Null initialisierten) Markenbild aufgebaut. Das „Operatorfenster" besteht aus den in Abb. 7.21a gezeigten Winkeln. Sie existieren in je einem Exemplar für das Labelbild und einem anderen Exemplar für das Markenbild. Beide Winkel befinden sich grundsätzlich in den jeweiligen Bildern

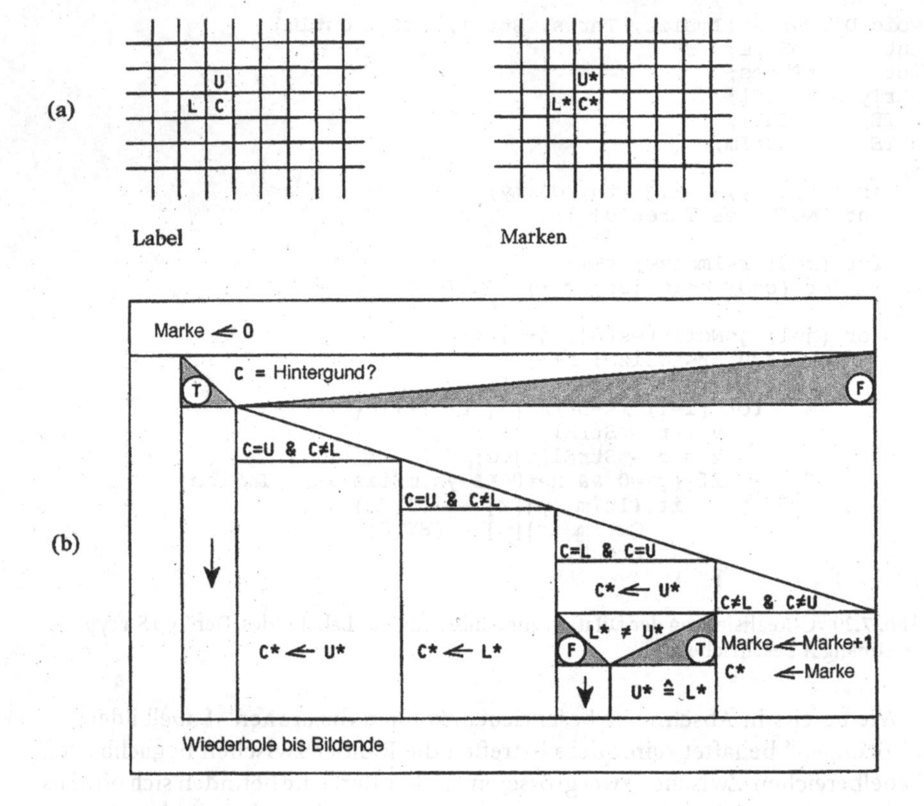

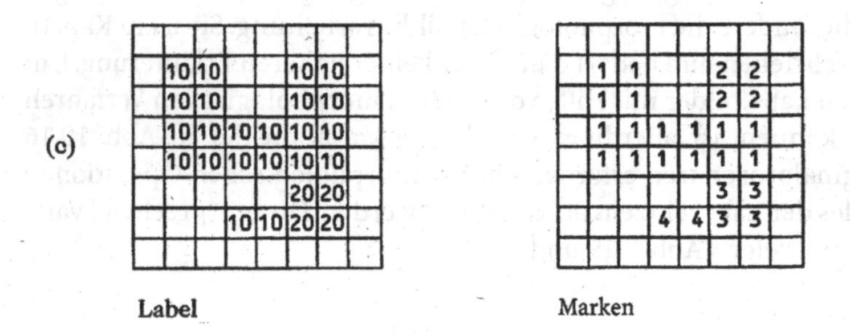

Abb. 7.21. Prinzip der Zusammenhangsanalyse

am gleichen Ort. *L* steht für *Left*, *U* für *Up* und *C* für *Center* (aktuelles Pixel). Die Sternchen kennzeichen die entsprechenden Orte im Markenbild.

Den Ablauf der Prozedur zeigt Abb. 7.21b. Nach der Initialisierung der Variablen *Marke* wird für jedes Pixel *C* des Bildes (links oben beginnend und rechts unten endend) getestet, ob es zum Hintergrund gehört. Ist dem so, wird ohne weitere Aktion das nächste Pixel getestet. Andernfalls sind folgende vier Fallunterscheidungen notwendig (vgl. auch das Beispiel in Abb. 7.21c und das Programm in Abb. 7.24):

C=*U* und *C*≠*L*: Das Label des aktuellen Pixels *C* ist identisch mit dem des darüber angeordneten Pixels. Daher wird dem aktuellen Pixel C^* die entsprechende Marke U^* zugeordnet.

C=*L* und *C*≠*U*: Das Label des aktuellen Pixels *C* ist identisch mit demjenigen des Pixels zu seiner Linken. Entsprechend wird dem aktuellen Pixel C^* die Marke L^* zugeordnet.

C=*L* und *C*=*U*: Sind sämtliche drei Label identisch, so kann man dem aktuellen Pixel C^* willkürlich die Marke U^* oder L^* zuordnen. In unserer Realisierung wird U^* benutzt. Obwohl die drei *Label* identisch sind, muss das auf die *Marken* U^* und L^* nicht zutreffen. Ein Beispiel hierfür zeigt Abb. 7.21c. In diesem Fall bedarf es einer sog. *Äquivalenzliste*, die vermerkt, dass die unterschiedlichen Marken U^* und L^* tatsächlich identisch sind.

C≠*L* und *C*≠*U*: Ist das Label des aktuellen Pixels *C* mit keinem seiner beiden Nachbarn identisch, so hat man einen neuen Bereich. Daher erhält das aktuelle Pixel C^* eine neue Marke. Diese ergibt sich einfach durch Inkrementieren der Variablen *Marke*.

Im Zusammenhang mit der Generierung der Äquivalenzliste sei noch auf einige Details hingewiesen. Die Äquivalenzliste lässt sich einfach durch einen Vektor realisieren. Eine der zwei äquivalenten Marken dient als Index, die jeweils andere ist der Listen- bzw. Vektoreintrag (Abb. 7.24). Was aber geschieht im Fall von Marken, die keine Äquivalenz zu anderen Marken aufweisen? Hier besteht die Gefahr undefinierter Einträge in den Vektor. Um dieses zu vermeiden, sollte man unbedingt auf eine geeignete Initialisierung achten. Die Empfehlung ist hier eine neue Marke als Index *und* Eintrag zu verwenden (`EquLst[Mark] = Mark` in Abb. 7.24). Mit anderen Worten: Tauchen in einer Äquivalenzliste identische Index/Eintragpärchen auf, so existiert zu der zugehörigen Marke keine äquivalente Marke.

Abbildung 7.22 zeigt hierzu zwei Beispiele. Beginnen wir mit dem oberen: Links oben ist ein zusammenhängender Bereich nach der Zusammenhangsanalyse dargestellt. Durch die doppelte U-Form treten in diesem Bereich drei unterschiedliche Marken auf. Rechts sind die zwei möglichen Varianten einer Äquivalenzliste aufgetragen. Die erste Variante (U^* ist Index des Vektors) führt zu keinen Problemen. Wählt man allerdings die andere Variante (L^* ist Index des Vektors), so ergeben sich für die Marke '1' zwei Einträge. Da die Äquivalenzliste nur einen Eintrag zulässt, überschreibt der zweite Eintrag ('3') den ersten ('2'). Die Hoffnung, die Wahl der ersten Variante beseitige das Problem, wird durch das zweite Beispiel zerstört. Ist also die Realisierung der Äquivalenzliste durch einen einfachen Vektor falsch? Nein, die Lösung des Problems bringt die in Abb. 7.23 gezeigte rekursive Prozedur. Ihre Übergabeparameter sind

`List:` die bisher generierte Äquivalenzliste
`i:` zu überprüfender Eintrag.

```
1 1         2 2         3 3
1 1         2 2         3 3
1 1 1 1     1 1 1 1     1 1
1 1 1 1     1 1 1 1     1 1
```

U*	L*	L*	U*
1	1	1	2 und 3
2	1	2	2
3	1	3	3

```
      1 1 1 1 1 1
      1 1 1 1 1 1
2 2 2 2       1 1
2 2 2 2       1 1
              1 1
              1 1
        3 3 3 3
        3 3 3 3
```

U*	L*	L*	U*
1	2 und 3	1	1
2	2	2	1
3	3	3	1

Abb. 7.22. Beispiele zum Phänomen der Mehrfachäquivalenzen

```
int LastMark (List, i)
int *List;
int i;
{
  if (i==List[i])  return (i);
              else  return (LastMark (List, List[i]));
}
```

Abb. 7.23. C-Realisierung einer Prozedur zur Beseitigung von Mehrfachäquivalenzen

Die Prozedur gibt diejenige Marke zurück, für die Index und Eintrag des Vektors `List` identisch sind. Die Idee der Prozedur beruht auf folgenden Überlegungen:

(a) Sind zu einer Marke *a* andere Marken *b*, *c*, ... äquivalent, so sind auch die Marken *b*, *c*, ... untereinander äquivalent. Ergo reicht zur vollständigen Beschreibung der Äquivalenz *eine* der Marken *b*, *c*, ..., wenn gesichert ist, dass die Äquivalenz zwischen den übrigen Marken in der Äquivalenzliste zum Ausdruck kommt.

(b) Die letzte Forderung bedeutet, dass im Vektor Ketten äquivalenter Marken vorliegen müssen. So wäre z.B. das in Abb. 7.22 gezeigte Problem gelöst, wenn für den Index '1' der Eintrag '2' vorliegt, unter dem Index '2' die Marke '3' eingetragen ist und zu guter Letzt für den Index '3' der Eintrag ebenfalls '3' ist.

(c) Neueinträge in den Vektor sind nur unter einem Index erlaubt, der identisch mit seinem Eintrag ist. Solche Einträge finden sich gemäß (b) am Ende von Äquivalenzketten.

(d) Liegt also ein Pärchen äquivalenter Marken vor, so dürfen sie nicht direkt in die Liste eingetragen werden. Zunächst ist für jede der beiden Marken das Ende der Kette aufzuspüren, in der sie sich befinden. Erst die so gefundenen Marken dienen als Index und Eintrag für die Äquivalenzliste.

Genau diese Suche nach den Enden von Äquivalenzketten führt die Prozedur `LastMark` durch. Die Anwendung dieser Prozedur im Rahmen der Zusammenhangsanalyse zeigt Abb. 7.24. Die Prozedur `ConCom` realisiert das in Abb. 7.21 beschriebene Verfahren. Die Übergabeparameter sind

```
int ConCom (ImSize, MaxMark, InIm, MarkIm, EquLst)
int  ImSize, MaxMark;
BYTE ** InIm;
int  ** MarkIm;
int  *  EquLst;
{
   int r,c, yu,xu,yc,xc,yl,xl, U,C,L, Mark, Um,Lm;

   for (r=0; r<ImSize; r++)
      for (c=0; c<ImSize; c++)  MarkIm[r][c] = 0;

   for (r=0; r<ImSize; r++) InIm[r][0] = 0;
   for (c=0; c<ImSize; c++) InIm[0][c] = 0;
   for (r=0; r<ImSize; r++) InIm[r][ImSize-1] = 0;
   for (c=0; c<ImSize; c++) InIm[ImSize-1][c] = 0;
   Mark = 0;
   GetMem (EquLst);
   EquLst[Mark] = Mark;
   for (r=1; r<ImSize-1; r++) {
      for (c=1; c<ImSize-1; c++) {
         yu = r-1;  xu = c;
         yc = r;    xc = c;
         yl = r;    xl = c-1;
         U = (int) InIm [yu][xu];
         C = (int) InIm [yc][xc];
         L = (int) InIm [yl][xl];
         if (C) {
            if (C==U && C!=L) {
               MarkIm [yc][xc] = MarkIm [yu][xu];
            }else{
               if (C==L && C!=U) {
                  MarkIm [yc][xc] = MarkIm [yl][xl];
               }else{
                  if (C==L && C==U) {
                     Lm = MarkIm [yl][xl];
                     Um = MarkIm [yu][xu];
                     MarkIm [yc][xc] = Lm;
                     if (Lm!=Um) {
                        Lm = LastMark (EquLst, Lm);
                        Um = LastMark (EquLst, Um);
                        EquLst [Lm] = Um;
                     }
                  }else{ /*(!L && !U)*/
                     Mark++;
                     MarkIm [yc][xc] = Mark;
                     GetMem (EquLst);
                     EquLst[Mark] = Mark;
   } } } } } }
Leave:
   return (Mark);
}
```

Abb. 7.24. C-Realisierung der Zusammenhangsanalyse. Die Prozedur GetMem ist in Anhang A beschrieben

`ImSize`: Bildgröße
`MaxMark`: maximal erlaubte Anzahl von Marken
`InIm`: Labelbild, in dem die Zusammenhangsanalyse durchgeführt werden soll
`MarkIm`: Ausgabebild, in dem die Label zu Marken umgewandelt sind
`EquLst`: Ausgabevektor, der die Äquivalenzen zwischen den aufgefundenen Marken beschreibt.

Die Prozedur beginnt mit der Initialisierung des Markenbildes `MarkIm`. Wegen der Art des Verfahrens ist weiterhin das Löschen des äußeren, ein Pixel breiten Randes des Labelbildes `InIm` notwendig. Es folgt die Initialisierung der Variablen `Mark` sowie die Allokierung des nullten Elementes der Äquivalenzliste `EquLst`.

Die Abarbeitung des Bildes ist wie üblich durch zwei `for`-Schleifen eingerahmt. Die Koordinaten des Operatorwinkels sind `yu`, `xu`, `yc`, `xc`, `yl` und `xl`. Damit erhält man die Label `U`, `C` und `L`. Das Label Null wird als Hintergrund interpretiert. Ist ein solches Label aktuell, so ist keine weitere Bearbeitung notwendig. Anderfalls verläuft die Zusammenhangsanalyse gemäß Abb. 7.21b unter Berücksichtigung der Probleme mit Äquivalenzlisten. Der Rückgabewert der Prozedur entspricht der Anzahl der in `MarkIm` vorhandenen Marken.

7.3.3. Aufbereitung der Äquivalenzliste

Die Äquivalenzliste setzt jeweils zwei Marken in Beziehung. Üblicherweise besteht aber Äquivalenz zwischen mehreren Marken. Das führt zu den bereits in Zusammenhang mit der Prozedur `ConCom` besprochenen Äquivalenzketten. Ein typisches Beispiel zu diesem Phänomen zeigt Abb. 7.25. Links ist der Index *i* mit Werten (entsprechend den Marken) von '1' bis '14' aufgetragen. Den Indizes gegenübergestellt sind äquivalente Marken (*EquLst*). Danach sind z.B. die Marken '1' und '4' äquivalent. Da nun die Marke '4' äquivalent zu '5' und diese wiederum äquivalent zu '2' ist, liegt also insgesamt eine Äquivalenz zwischen den Marken '1', '2', '4' und '5' vor.

Diese „alten" Marken seien nun durch die „neue" Marke '1' ersetzt. Entsprechend gestaltet sich die gesäuberte Äquivalenzliste *NewLst* in den Indizes '1', '2', '4' und '5'. Der nächste zu bearbeitende Index ist '3'. Hier besteht keine Äquivalenz zu einer anderen Marke. Die „alte" Marke '3' wird daher durch die „neue" Marke '2' ersetzt. Der nächste unbearbeitete Index ist '6'. Hier ergibt sich eine Äquivalenz zu '9'. Die '9' wiederum ist äquivalent zu '8', und '8' ist äquivalent zu '13'. Die '13' liegt in *EquLst* mehrfach vor, bedarf also einer speziellen Behandlung. Dabei stellt sich heraus, dass eine Äquivalenz zwischen '13' und dem Index '10' besteht. '10' tritt aber auch in *EquLst* auf. Der entsprechende Index ist '7'.

Weitere Verzweigungen der Suche sind nun nicht mehr notwendig. Am Ausgangspunkt *i*='13' zurück, ergeben sich weitere Äquivalenzen zu '11' und '12'. Mit-

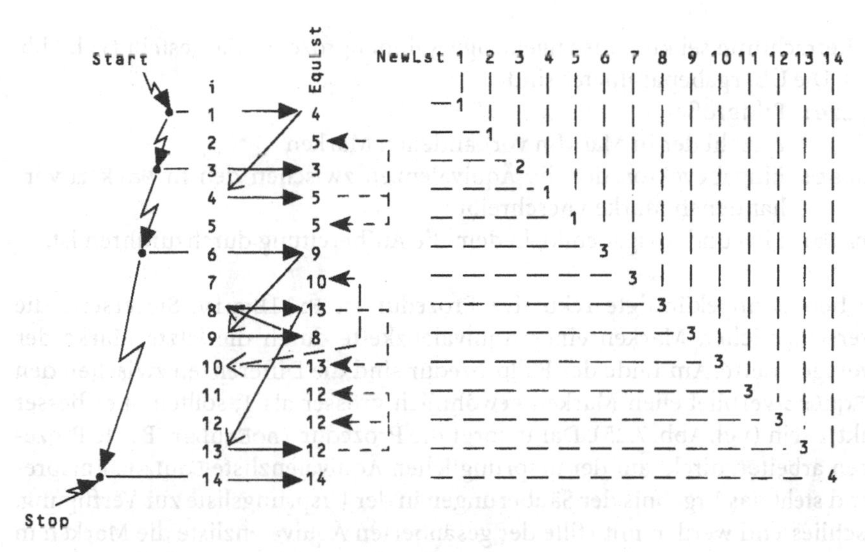

Abb. 7.25. Beispiel zur Aufbereitung der Äquivalenzliste

hin sind sämtliche Indizes (respektive Marken) von '6' bis '13' äquivalent und erhalten die „neue" Marke '3'. Zu guter Letzt verbleibt der Index '14', für den allerdings keine weitere Bearbeitung notwendig ist. Die Anzahl der Marken hat sich durch die Säuberung also von 14 auf 4 reduziert. Dabei handelt es sich nicht um ein Extrembeispiel, sondern um eher durchschnittliche Werte. Die grosse Anzahl verschiedener Marken erklärt sich durch die extrem lokale Funktion der Zusammenhangsanalyse.

Die auf den ersten Blick recht verwickelten Zusammenhänge der Äquivalenzen lassen sich durch eine einfache rekursive Prozedur auflösen. Vor einer nähe-

Mark	Equ	Lst[Equ]	
1	4	5	
4	5	5	a
2	5	5	b
3	3	3	c
4	5	5	d
5	5	5	e
6	9	8	
9	8	13	
8	13	12	
13	12	12	f
7	10	13	
10	13	12	
13	12	12	g
8	12	12	h
9	12	12	i
10	12	12	j
11	12	12	k
12	12	12	l
13	12	12	m
14	14	14	n

Index	Start	a	b	c	d	e	f	g	h	i	j	k	l	m	n
1	4	5													
2	5		5												
3	3			3											
4	5	5			5										
5	5					5									
6	9						12								
7	10							12							
8	13						12		12						
9	8						12			12					
10	13							12			12				
11	12											12			
12	12												12		
13	12						12	12						12	
14	14														14

Abb. 7.26. Ablauf der Aufbereitung der in Abb. 7.25 dargestellten Äquivalenzliste

ren Betrachtung sei kurz die zugehörige Rahmenprozedur dargestellt (vgl. Abb. 7.26). Die Übergabeparameter sind

`ImSize`: Bildgröße
`n`: Anzahl der in MarkIm vorhandenen Marken
`EquLst`: Eingabevektor, der die Äquivalenzen zwischen den in `MarkIm` vorhandenen Marken beschreibt
`MarkIm`: Ein- und Ausgabebild, in dem die Aufbereitung durchzuführen ist.

Die bereits angekündigte rekursive Prozedur ist `FillEquiv`. Sie ersetzt die unterschiedlichen Marken einer Äquivalenzkette durch die letzte Marke der jeweiligen Kette. Am Ende der Füllprozedur sind die Differenzen zwischen den in `EquLst` verbliebenen Marken gewöhnlich grösser als 1, sollten aber besser exakt 1 sein (vgl. Abb. 7.25). Dafür sorgt die Prozedur `IncEquLst`. Beide Prozeduren arbeiten direkt auf der ursprünglichen Äquivalenzliste `EquLst`. Entsprechend steht das Ergebnis der Säuberungen in der Ursprungsliste zur Verfügung. Abschliessend werden mit Hilfe der gesäuberten Äquivalenzliste die Marken in `MarkIm` erneuert.

Im Mittelpunkt der Säuberung steht die Prozedur `FillEquiv` (vgl. Abb. 7.27). Ihr liegen die Ideen der Prozedur `LastMark` (vgl. Abb. 7.23) zu Grunde. Die Übergabeparameter sind

`Lst`: Äquivalenzliste
`Mark`: aktuelle Marke.

Die Prozedur ruft sich solange selbst auf, bis sie am Ende der Äquivalenzkette angekommen ist (`Equ=Lst[Equ]`). Sie gibt dann die entsprechende Marke zurück. Da nun der rekursive Aufruf mit einer Zuweisung der Rückgabe an die Äquivalenzliste verbunden ist return (`Lst[Equ] = FillEquiv (Lst, Equ)`), wird die gesamte Kette mit der ermittelten Marke gefüllt.

```
void CorrectMarks (ImSize, n, EquLst, MarkIm)
int ImSize, n;
int *EquLst;
int ** MarkIm;
{
   int  i,r,c;

   for (i=1; i<=n; i++)
      EquLst[i] = FillEquiv (EquLst, i);

   IncEquLst (n, EquLst);

   for (r=0; r<ImSize; r++)
      for (c=0; c<ImSize; c++)
         if (MarkIm[r][c])
            MarkIm[r][c] = EquLst [MarkIm[r][c]];
}
```

Abb. 7.27. C-Realisierung zur rekursiven Aufbereitung der Äquivalenzliste: Die Rahmenprozedur

```
int FillEquiv (Lst, Mark)
int *Lst;
int Mark;
{
   int  Equ;
   Equ = Lst [Mark];
   if (Equ==Lst[Equ])  return (Equ);
                 else  return (Lst[Equ] = FillEquiv (Lst, Equ));
}
```

Abb. 7.28. C-Realisierung zur rekursiven Aufbereitung der Äquivalenzliste: Die Füllprozedur

Wendet man `FillEquiv` auf das in Abb. 7.25 gezeigte Beispiel an, so ergibt sich der in Abb. 7.28 skizzierte Ablauf. Die linke Tabelle folgt den sich verändernden Werten der Variablen in `FillEquiv`. Es beginnt mit der Marke '1'. Sie ist äquivalent zu '4' und '4' wiederum ist äquivalent zu '5'. Damit ist man am Ende der Kette angelangt. Neue Ketten beginnen mit den Marken '2', '3', '5' usw. Das Ende jeder Kette ist in der linken Tabelle durch Kleinbuchstaben gekennzeichnet. Mit dem Ende einer Kette beginnen die Rücksprünge aus der Rekursion. Deren Wirkungen sind in der rechten Tabelle skizziert. Die Spalten *Index* und *Start* stellen die ursprüngliche Äquivalenzliste dar. Für jeden Rekursionsabbruch *a* bis *n* sind daneben die neuen Einträge in die Äquivalenzliste dargestellt.

Am Ende sind nur noch die Marken '3', '5', '12' und '14' übrig. Besser wären natürlich die Zahlen von Eins bis Vier als Repräsentanten der Marken. Die notwendige Umsetzung übernimmt die Prozedur `IncEquLst` (vgl. Abb. 7.29). Die Übergabeparameter sind

`n:` Anzahl der Marken
`Lst:` Äquivalenzliste.

```
void IncEquLst (n, Lst)
int n;
int *Lst;
{
   int i,j, Old, New;

   New = -1;
   for (i=1; i<n; i++) {
      Old = Lst[i];
      if (Old >= 0) {
         for (j=i; j<n; j++)
           if (Lst[j]==Old)  Lst[j] = New;
         New--;
   } }

   for (i=1; i<n; i++)  Lst[i] = abs (Lst[i]);
}
```

Abb. 7.29. C-Realisierung zur rekursiven Aufbereitung der Äquivalenzliste: Die Säuberungsprozedur

Die neuen Repräsentanten der Marken werden mit Hilfe der Variablen New erzeugt. Die zu Beginn negativen Zahlen überschreiben die alten Einträge in der Äquivalenzliste. Das negative Vorzeichen dient dabei als Indikator für einen bereits bereinigten Eintrag. Am Ende von IncEquLst werden die negativen Vorzeichen beseitigt. Nun steht die bereinigte Äquivalenzliste zur Erneuerung der Marken in MarkIm zur Verfügung.

7.3.4 Merkmalsextraktion

Abbildung 7.30 zeigt eine Prozedur zur Extraktion der Merkmale *Flächeninhalt*, *Schwerpunkt*, *Umfang*, *Polares Abstandsmass* und *Kompaktheit*. Die Übergabeparameter sind

ImSize: Bildgröße
M: Anzahl der in MarkIm vorhandenen Marken
MarkIm: Eingabebild, das die markierten Bereiche enthält
RegIm: Bild, in dem der jeweils auszuwertende Bereich gespeichert ist
OutlIm: Bild, in dem der Umriss des jeweils auszuwertenden Bereichs gespeichert ist.

Aufgabe dieser Prozedur ist es, für jede Marke m den entsprechenden Bereich in RegIm zu laden und für diesen Bereich die Merkmale zu bestimmen. Abgesehen von der Kompaktheit ist hierzu jeweils eine spezielle Prozedur vorgesehen. Das Laden von RegIm erfolgt mit Hilfe der in Abb. 7.31 dargestellten Prozedur LoadRegIm. Ihre Übergabeparameter sind

m: aktuelle Marke

```
void Features (ImSize, M, MarkIm, RegIm, OutlIm)
int  ImSize, M;
BYTE ** MarkIm;
BYTE ** RegIm;
BYTE ** OutlIm;
{
   int    r,c, m, Area, Peri;
   float  Com;
   CGTyp  CenGra;
   PolTyp Pol;

   for (m=1; m<=M; m++) {
      LoadRegIm (m, ImSize, MarkIm, RegIm);
      Area   = CountPixel (ImSize, RegIm);
      CenGra = CentOfGrav (Area, ImSize, RegIm);
      Peri   = GenOutLine (ImSize, RegIm, OutlIm);
      Pol    = PolarCheck (ImSize, CenGra, OutlIm);
      Com    = (float) (Peri*Peri) / (12.56*Area);
} }
```

Abb. 7.30. C-Realisierung der Merkmalsextraktion. Die Datentypen CGTyp und PolTyp sind in Anhang A erklärt

`ImSize`: Bildgröße
`MarkIm`: Eingabebild, das die markierten Bereiche enthält
`RegIm`: Ausgabebild, in dem der Bereich mit der Marke m gespeichert ist.
Die Prozedur ist einfach und selbsterklärend. Ein typisches Bereichsmerkmal ist der *Flächeninhalt*. Um unabhängig von einer Skalierung zu sein, bietet sich als Maß die Anzahl der Pixel an. Die in Abb. 7.32 dargestellte Prozedur `CountPixel` bestimmt dieses Maß. Die Übergabeparameter sind
`ImSize`: Bildgröße
`RegIm`: Eingabebild, in dem der Bereich mit der Marke `m` gespeichert ist.

Der Rückgabewert der Prozedur entspricht der Anzahl der Pixel mit der Marke m. Auch hier handelt es sich um eine einfache und selbsterklärende Prozedur. Wichtig für die Lokalisierung eines Bereichs ist sein Schwerpunkt mit den Koordinaten

$$r_G = \frac{1}{N} \sum_{r=0}^{R-1} \sum_{c=0}^{C-1} r\, f(r,c)$$

$$c_G = \frac{1}{N} \sum_{r=0}^{R-1} \sum_{c=0}^{C-1} c\, f(r,c)$$

```
void LoadRegIm (m, ImSize, MarkIm, RegIm)
int  m,ImSize;
BYTE ** MarkIm;
BYTE ** RegIm;
{
   int  r,c;
   for (r=0; r<ImSize; r++)
      for (c=0; c<ImSize; c++)
         if ((int)MarkIm[r][c] == m)  RegIm [r][c] = 1;
                                 else  RegIm [r][c] = 0;
}
```

Abb. 7.31. C-Realisierung zur Bestimmung des aktuellen Bereichs

```
int CountPixel (ImSize, RegIm)
int  ImSize;
BYTE ** RegIm;
{
   int  r,c,n;
   n=0;
   for (r=0; r<ImSize; r++)
      for (c=0; c<ImSize; c++)
         if (RegIm[r][c])  n++;
   return(n);
}
```

Abb. 7.32. C-Realisierung zur Bestimmung des Flächeninhaltes

Dabei sind r und c die Bildkoordinaten, R und C die Anzahl der Zeilen bzw. Spalten, N die Anzahl der Pixel des Bereichs sowie $f(r,c)$ ein Bild, in dem die Region durch Pixel mit einen Wert von Eins und der Hintergrund durch Pixel mit einem Wert von Null repräsentiert sind. Abbildung 7.33 zeigt die Prozedur `CentOfGrav` zur Bestimmung des Schwerpunktes. Die Übergabeparameter sind

`n:` Anzahl der Pixel der Region
`ImSize:` Bildgröße
`RegIm:` Eingabebild, in dem der Bereich mit der Marke m gespeichert ist.

Der Rückgabewert entspricht den errechneten Koordinaten. Die Prozedur ist selbsterklärend. Zur Bestimmung der Form eines Bereichs eignet sich deren Umriss. Zu dessen Ermittlung dient die Prozedur `GenOutLine` (Abb. 7.34) mit den Übergabeparametern

`ImSize:` Bildgröße
`RegIm:` Eingabebild, in dem der Bereich mit der Marke m gespeichert ist
`OutlIm:` Ausgabebild, in dem der Umriss des Bereichs markiert ist.

Der Rückgabewert dieser Prozedur entspricht der Anzahl der Umriss-Pixel. Die Prozedur beginnt mit der Initialisierung von `OutlIm` und endet mit dem Zählen der Umriss-Pixel. Dazwischen werden in zwei Schritten die senkrechten und die waagerechten Anteile des Umrisses bestimmt. Ein Umriss-Pixel ist dann gefunden, wenn von zwei (senkrecht oder waagerecht) benachbarten Pixeln einer dem Hintergrund und der andere dem Bereich zuzuordnen ist.

Eine einfache Möglichkeit zur Formbeschreibung anhand des Umrisses sind der minimale und der maximale Abstand zwischen dem Schwerpunkt eines Bereichs und dessen Umriss. Diese Parameter gewinnt die in Abb. 7.35 dargestellte Prozedur `PolarCheck`. Die Übergabeparameter sind

```
CGTyp CentOfGrav (n, ImSize, RegIm)
int  n, ImSize;
BYTE ** RegIm;
{
   int   r,c;
   CGTyp CenGra;
   long  yc,xc;

   yc=0;
   xc=0;
   for (r=0; r<ImSize; r++)
      for (c=0; c<ImSize; c++)
         if (RegIm[r][c]) {
            yc += r;
            xc += c;
         }
   CenGra.r = (int) (yc/n);
   CenGra.c = (int) (xc/n);
   return (CenGra);
}
```

Abb. 7.33. C-Realisierung zur Bestimmung des Schwerpunktes. Der Datentyp `CGTyp` ist in Anhang A erklärt

```
int GenOutLine (ImSize, RegIm, OutlIm)
int  ImSize;
BYTE ** RegIm;
BYTE ** OutlIm;
{
   int  r,c,n;

   for (r=0; r<ImSize; r++)
      for (c=0; c<ImSize; c++)  OutlIm [r][c] = 0;

   for (r=1; r<ImSize; r++)
      for (c=1; c<ImSize; c++)
         if (!RegIm [r][c-1] && RegIm [r][c])  OutlIm [r][c] = 1;
else
         if (RegIm [r][c-1] && !RegIm [r][c]) OutlIm [r][c-1] = 1;

   for (r=1; r<ImSize; r++)
      for (c=1; c<ImSize; c++)
         if (!RegIm [r-1][c] && RegIm [r][c])  OutlIm [r][c] = 1;
else
         if (RegIm [r-1][c] && !RegIm [r][c]) OutlIm [r-1][c] = 1;

   n=0;
   for (r=0; r<ImSize; r++)
      for (c=0; c<ImSize; c++)
         if (OutlIm[r][c])  n++;

   return(n);
}
```

Abb. 7.34. C-Realisierung der Umrissbestimmung

`n:` Anzahl der Umriss-Pixel
`ImSize:` Bildgröße
`CenGra:` Daten des Schwerpunkts
`OutlIm:` Eingabebild, in dem der Umriss des Bereichs markiert ist.

Der Rückgabewert der Prozedur entspricht dem minimalen und maximalen Abstand bezogen auf den mittleren Abstand. Dieser Abstand errechnet sich auf der Basis der Differenzen `dy` und `dx` mittels der Euklidschen Distanz `d = (int) sqrt ((float)dy*dy + dx*dx)`.

7.4 Ergänzungen

Grundsätzlich ist zu sagen, dass der korrekte Ablauf von Bereichssegmentierungsverfahren leicht durch Bereiche mit „unerwarteten" Formen gestört werden kann. Dies gilt insbesondere für die in den vorhergehenden Abschnitten beschriebenen, sehr grundlegenden Verfahren. Schwierigkeiten bereiten z.B. Bereiche mit Löchern, überlappende Bereiche oder schneckenförmige Bereiche. Sind solche Fälle zu berücksichtigen, bedarf es natürlich entsprechender Variationen der grundlegenden Verfahren. Solche „Spezialitäten" gehören nicht in dieses Buch. Daher finden Sie im Folgenden eher allgemeine Tips zur Weiterarbeit.

```
PolTyp PolarCheck (n, ImSize, CenGra, OutlIm)
int   n, ImSize;
CGTyp CenGra;
BYTE  ** OutlIm;
{
   int    r,c, d,dy,dx, Min,Max;
   long   Mean;
   PolTyp Pol;

   Min = 2*ImSize;
   Max = 0;
   Mean = 0;
   for (r=0; r<ImSize; r++)
      for (c=0; c<ImSize; c++)
         if (OutlIm[r][c]) {
            dy = CenGra.r - r;
            dx = CenGra.c - c;
            d = (int) sqrt ((float)dy*dy + dx*dx);
            if (d<Min)
               Min = d;
            else if (d>Max)
               Max = d;
            Mean += d;
         }
   Mean /= n;
   Pol.Min = (float) Min/Mean;
   Pol.Max = (float) Max/Mean;
   return (Pol);
}
```

Abb. 7.35. C-Realisierung zur Gewinnung polarer Abstandmaße. Die Datentypen `CGTyp` und `PolTyp` sind in Anhang A erklärt

7.4.1
Schwellwertoperationen

Das Binarisieren von Grauwertbildern mittels Schwellen ist sicher die populärste Form der Segmentierung. Dies gilt insbesondere für die industrielle Bildverarbeitung. Eine breite Übersicht zu diesem Thema bieten Sahoo, Soltani und Wong [7.16]. Interessante Alternativen zu den Schwellwertverfahren (wie z.B. *Bereichswachstum* und *Split-and-Merge* Verfahren) stellen u.a. Bräunl et al. [7.3], Horn [7.4], Rosenfeld/Kak [7.14], Russ [7.15], Young et al. [7.19] und Zamperoni [7.20] dar.

Auf einige Variationen von Schwellwertverfahren sei an dieser Stelle kurz eingegangen. Der Ansatz, den Minima des Grauwerthistogramms die Schwellen zuzuordnen, beruht auf der Idee, möglichst viele Pixel zwischen zwei Schwellen zu erfassen. Bezieht man nun die Konturen der Bereiche in die Überlegungen ein, so ergibt sich z.B. folgender Ansatz von Kohler [7.10]: Der optimale Schwellwert zur Segmentierung eines Bildes ist derjenige Schwellwert, der mehr Konturen mit hohem Kontrast und weniger Konturen mit niedrigem Kontrast detektiert, als irgendein anderer Schwellwert. Dementsprechend beruht das Verfahren auf einem speziellen Kontrasthistogramm.

Das von Otsu [7.11] vorgeschlagene Verfahren verwendet einfache statistische Maße zur Berechnung eines optimalen Schwellwertes, die direkt aus dem Grauwerthistogramm berechnet werden können. Andere Verfahren wiederum (z.B. [7.7, 7.8, 7.12, 7.13]) basieren auf der Entropie des Grauwerthistogrammes. Tsai [7.18] interpretiert ein Grauwertbild als ideale Version eines Binärbildes. Die Schwelle wird nun derart gewählt, dass die ersten drei Momente des Grauwertbildes nach Anwendung der Schwellwertoperation im resultierenden Binärbild erhalten bleiben.

All diese Variationen von Schwellwertverfahren bieten interessante Ansätze. Für die Praxis sollte man allerdings bedenken:

- Viele Verfahren sind auf das optimale Platzieren nur einer Schwelle hin ausgerichtet. Sie sind mehr oder weniger problemlos auf die Suche nach mehreren Schwellen umstellbar.
- Sämtliche Schwellwertverfahren „wissen" nichts über die Bildinhalte. Sie können mithin nur dann zufrieden stellend arbeiten, wenn die zu segementierenden Bereiche in einem (wie auch immer modifizierten) Histogramm repräsentiert sind. Bedenken Sie, dass ein schachbrettartiges Bild aus weißen und schwarzen Flächen das gleiche Histogramm besitzt wie ein Bild, das nur aus zwei gleichgroßen (wie auch immer geformten) weißen und schwarzen Flächen besteht.

7.4.2 Zusammenhangsanalyse

Die in Abschn. 7.3.2 vorgestellten Verfahren zur Zusammenhangsanalyse sind auf vielfältige Weise variierbar. Die Art der Variation hängt im Wesentlichen von der jeweiligen Anwendung ab, aber auch von Randbedingungen wie z.B. der Realisierbarkeit durch Hardware. Hier seien zwei Verfeinerungen allgemeinerer Natur vorgestellt:

- Die erste Variation betrifft die in Abb. 7.21 gezeigten L-förmigen Masken. Sie ermitteln zusammenhängende Label auf der Basis einer *4er-Nachbarschaft* (vgl. Abschn. 8.3.2, Abb. 8.11). Dieser Ansatz ist einfach und übersichtlich. Horn zeigt allerdings Probleme mit linienartigen Konstellationen von Labeln auf (vgl. [7.4]) und schlägt eine auf einer *6er-Nachbarschaft* beruhende Maske vor. Die aufgezeigten Probleme fallen in der Praxis kaum ins Gewicht. Wer sicher gehen will, sollte trotzdem dem Vorschlag von Horn folgen.
- Die Repräsentation von Bildregionen durch die Koordinaten der zugehörigen Pixel ist geradlinig und übersichtlich, kostet aber unnötig Speicherplatz. Hier setzt die zweite Variation an. Sie beruht auf denjenigen Bildzeilen, die eine Region repräsentieren. Wandert man (am linken Rand des Bildes beginnend) entlang einer dieser Zeilen, so trifft man irgendwann auf den linken Rand der Region, „durchquert" die Region und trifft dann auf den rechten Rand. Die *Spalten*indizes des linken und rechten Rands sowie der Index der jeweiligen

Zeile beschreiben die Region vollständig und sehr kompakt. Weiterhin ermöglicht dieses Verfahren eine effiziente Auflösung von Äquivalenzen. Eine detailliertere Beschreibung des gesamten Verfahrens findet man in [7.14].

7.4.3 Merkmalsextraktion

Die in Abschn. 7.1.3 beschriebenen Merkmale zur Beschreibung der Form von Bereichen stellen nur einen kleinen Ausschnitt aus dem Spektrum möglicher Merkmale dar. Die Auswahl sinnvoller Merkmale hängt sehr von der jeweiligen Anwendung ab. Daher seien hier nur einige weitere, eher allgemein nutzbare Merkmale genannt:

Exzentrizität ist das Verhältnis von maximalem zu minimalem polarem Abstand.

Orientierung ist der Winkel der Achse des Trägheitsmoments in Bezug auf ein Koordinatensystem.

Umschreibendes Rechteck ist das den Bereich umschließende Rechteck mit dem geringsten Flächeninhalt. Es lässt sich leicht auf der Basis der Orientierung errechnen.

Symmetrie in verschiedensten Variationen.

Diese und weitere Merkmale werden von vielen Autoren beschrieben. Exemplarisch seien hier [7.2], [7.6] und insbesondere [7.15].genannt.

7.5 Aufgaben

7.1:
Binarisiere das in Abb. 7.2 gezeigte Ursprungsbild nacheinander mit den Grauwertschwellen 2,5 und 8,5.

7.2:
Wende auf das in Abb. 7.5 gezeigte Histogramm eine Mittelung über 3 Einträge an, ermittle aus dem so geglätteten Histogramm die Schwellen und wende sie auf das in Abb. 7.4 gezeigte Ursprungsbild an.

7.3:
Segmentiere das in Abb. 7.36 gezeigte Ursprungsbild mit den Schwellen 8, 13 und 17 und wende auf das so erhaltene Label-Bild eine Zusammenhangsanalyse an.

7.4:
Schreibe ein Programm, das Schwellen nur für lokale Bereiche von Bildern errechnet und anwendet.

Abb. 7.36. Das in Aufgabe 7.3 verwendete Eingabebild

20	20	15	10	10	12	15	15
20	20	15	10	10	12	15	15
20	20	15	10	10	12	15	15
15	15	15	10	10	12	15	15
10	10	10	10	10	12	15	15
10	10	10	10	12	15	15	15
5	5	5	5	7	15	12	12
1	1	1	1	7	15	12	12

7.5:

Schreibe ein Programm, das die in Abschn. 7.4.1 beschriebenen Kontrasthistogramme realisiert.

7.6:

Akquiriere Bilder von Werkstücken und schreibe ein Programm zu deren Vermessung. Implementiere Kalibrierungsmechanismen.

7.7:

Schreibe ein Programm, das eine Zusammenhangsanalyse durch Füllung gelabelter Bereiche durchführt und somit die Notwendigkeit einer Äquivalenzliste vermeidet.

7.8:

Schreibe ein Programm, das die Eigenschaften „Exzentrizität", „Orientierung" und „Umschreibendes Rechteck" errechnet.

7.9:

Akquiriere Bilder von Werkstücken und schreibe ein Programm, das deren Position und Orientierung relativ zum Bildursprung ermittelt.

7.10:

Untersuche sämtliche von AdOculos angebotenen Bereichsoperationen (s. AdOculos Hilfe).

Literatur

7.1 Ahlers, R.-J.; Warnecke, H.J.: Industrielle Bildverarbeitung. Bonn, München: Addison-Wesley 1991

7.2 Ballard, D.H.; Brown, C.M.: Computer vision. Englewood Cliffs: Prentice-Hall 1982

7.3 Bräunl, Th.; Feyrer, St.; Rapf W.; Reinhardt, M.: Parallele Bildverarbeitung. Bonn, München: Addison-Wesley 1995

7.4 Horn, B.K.P.: Robot vision. Cambridge, London: MIT Press 1986

7.5 Jähne, B.; Massen, R.; Nickolay, B.; Scharfenberg, H.: Technische Bildverarbeitung – Maschinelles Sehen. Berlin, Heidelberg, New York: Springer 1996

7.6 Jain, A.K.: Fundamentals of digital image processing. Englewood Cliffs: Prentice-Hall 1989

7.7 Johannsen, G.; Bille, J.: A threshold selection method using information measures. Proceedings, 6th Int. Conf. Pattern Recognition, Munich, Germany, (1982) 140-143

7.8 Kapur, J.N.; Sahoo, P.K. and Wong A.K.C.: A new method for gray-level picture thresholding using the entropy of the histogram. Computer Vision Graphics Image Processing 29, (1985) 273-285

7.9 Klette, R.; Zamperoni, P.: Handbuch der Operatoren für die Bildverarbeitung. Braunschweig, Wiesbaden: Vieweg 1992

7.10 Kohler, R.: A segmentation system based on thresholding. Computer Vision Graphics Image Processing 15, (1981) 319-338

7.11 Otsu, N.: A threshold selection method from gray-level histograms. IEEE Trans. Systems, Man Cybernet. SMC-8, (1978) 62-66

7.12 Pun, T.: A new method for gray-level picture thresholding using the entropy of the histogram. Signal Processing 2, (1980) 223-237

7.13 Pun, T.: Entropic thresholding: A new approach. Computer Vision Graphics Image Processing 16, (1981) 210-239

7.14 Rosenfeld, A. and Kak, A.C.: Digital picture processing. Orlando: Academic Press 1982

7.15 Russ, J.C.: The image processing handbook. Boca Raton, Ann Arbor, London, Tokyo: CRC Press 1995

7.16 Sahoo, P.K.; Soltani, S.; Wong, A.K.C.: A survey of thresholding techniques. Computer Vision Graphics Image Processing 41, (1988) 233-260

7.17 Schmid, R.: Industrielle Bildverarbeitung – Vom visuellen Empfinden zur Problemlösung. Braunschweig, Wiesbaden: Vieweg 1995

7.18 Tsai, W.: Moment-preserving thresholding: A new approach. Computer Vision Graphics Image Processing 29, (1985) 377-393

7.19 Young, T.Y.; Fu, K.S. (Eds.): Handbook of pattern recognition and image processing. New York: Academic Press 1986

7.20 Zamperoni, P.: Methoden der digitalen Bildsignalverarbeitung. Braunschweig, Wiesbaden: Vieweg 1991

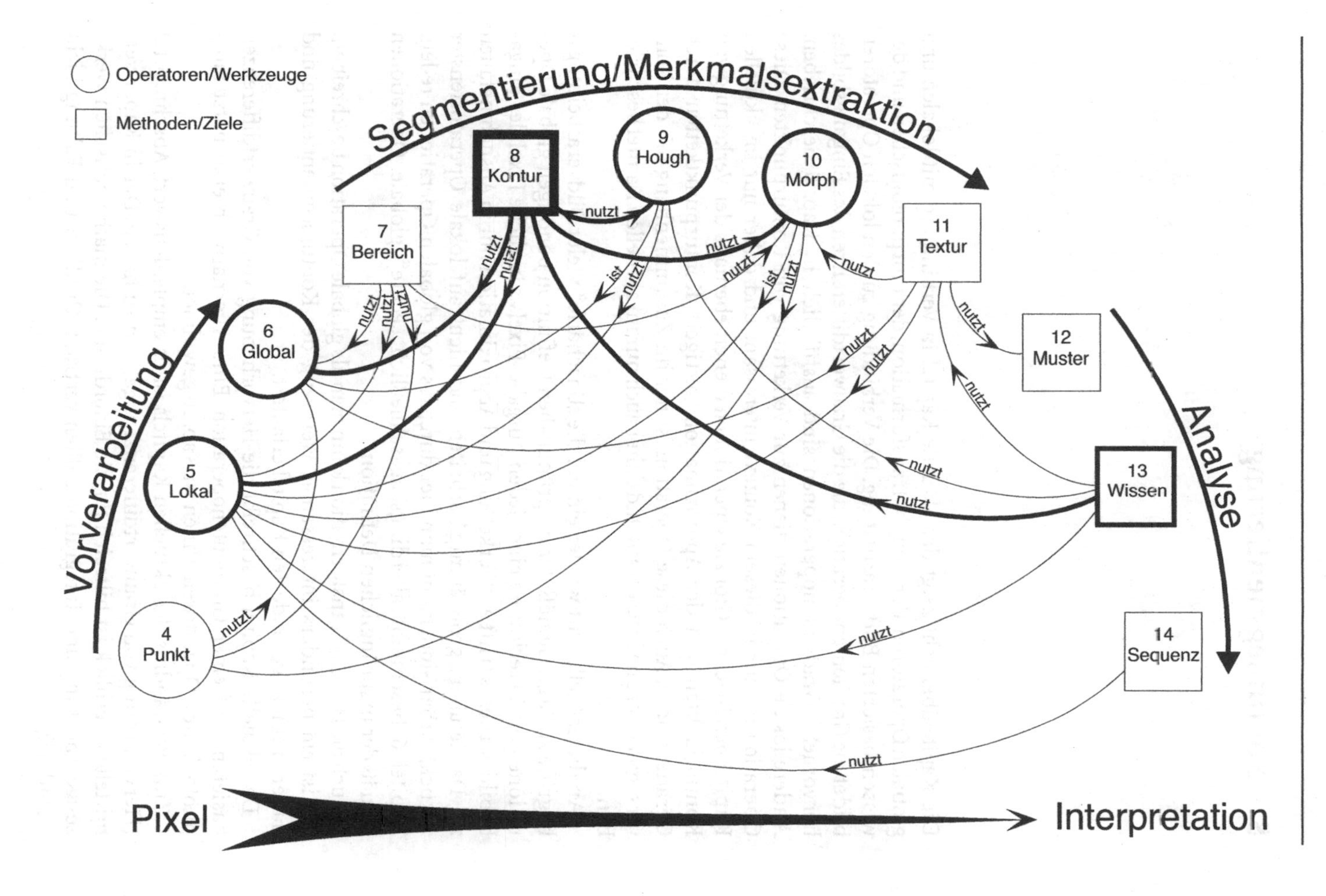
Operatoren/Werkzeuge
Methoden/Ziele
Segmentierung/Merkmalsextraktion
Vorverarbeitung
Analyse
4
Punkt
5
Lokal
6
Global
7
Bereich
8
Kontur
9
Hough
10
Morph
11
Textur
12
Muster
13
Wissen
14
Sequenz
nutzt
ist
Pixel
Interpretation

8 Kontursegmentierung

Die Kapitelübersicht zeigt das aktuelle Kapitel in Verbindung mit lokalen und globalen Operatoren, der Hough-Transformation, der morphologischen und der wissensbasierten Bildverarbeitung. Die Verbindung zu den lokalen Operatoren bildet die Gradientenoperation, die die Grauwertdifferenzen des Eingangsbildes hervorhebt. Gradientenoperationen sind ausführlich in Kap. 5 beschrieben. Andere lokale Operationen dienen zur Verkettung von Konturpunkten. Diese Operation ist nur in diesem Kontext interessant und daher nur im aktuellen Kapitel beschrieben. Globale Operationen dienen ebenfalls der Verkettung von Konturpunkten und der Approximation „fertiger" Konturpunktketten durch Geradenstücke. Auch diese Operation ist nur im Zusammenhang mit der Kontursegmentierung interessant und daher auch nur im aktuellen Kapitel beschrieben.

An dieser Stelle tritt wieder einmal die „Unschärfe" vieler Bildverarbeitungsbegriffe zu Tage. Gemäß der ursprünglichen Definition benötigen globale Operationen zur Errechnung eines jeden Ausgabe-Pixels sämtliche Pixel des Eingabebildes. Dieses trifft auf Verkettung und Approximation nur in Ausnahmefällen zu. Da sie aber „großräumig" arbeiten und nicht auf lokale Operatorfenster zurückführbar sind, kann man hier durchaus von globalen Operationen reden. Kapitel 6 beschreibt allerdings ausschließlich „echte" globale Operationen gemäß der ursprünglichen Definition.

Auch die Hough-Transformation kann man als globale Operation beschreiben. Sie ist ein besonders interessantes Werkzeug der Kontursegmentierung und daher in einem gesonderten Kapitel erläutert.

Das aktuelle Kapitel beschreibt die Hervorhebung von Grauwertdifferenzen basierend auf einer Gradientenoperation. Eine Alternative hierzu nutzt morphologischen Operatoren. Ihnen ist Kap. 10 gewidmet.

Zum Verständnis des aktuellen Kapitels ist es empfehlenswert, Abschn. 5.1.2 (Hervorhebung von Grauwertdifferenzen) gelesen zu haben. Der in Kap. 1 vermittelte Überblick ist hilfreich für die Einordnung. Die mathematischen Werkzeuge Ableitung und Integration sollten vertraut, Gradient und Faltung nicht fremd sein.

8.1 Überblick

Auch die Kontursegmentierung basiert auf der Analyse von Grauwert*differenzen* (vgl. Abschn. 1.4). Daher beginnt diese Form der Segmentierung mit der Hervorhebung derselben (Abb. 8.1) typischerweise durch eine Gradientenoperation (Abschn. 5.1.2). Die Wandlung der kartesischen Darstellung des Ergebnisses der Gradientenoperation in eine polare Darstellung ergibt den Betrag und die Richtung der jeweils größten Grauwertänderung. Eine bessere Anschauung der Gradientenrichtung erhält man durch eine Drehung um 90°, da diese dann mit der Richtung der Kontur übereinstimmt. In diesem Buch ist die Konturrichtung so definiert, dass die größeren Grauwerte rechts von der Kontur liegen.

Gradientenoperatoren „verschmieren" die Kontur auf Grund ihres Tiefpassverhaltens. Die Aufbesserung der Kontur erreicht man durch ihre Verdünnung, die ein Gradientenbild mit pixeldünnen Linien erzeugt.

Ein Verkettungsverfahren sammelt benachbarte Konturpunkte und bildet daraus eine Kette. Mithin realisiert die Verkettung von Konturpunkten die Zusammenhangsanalyse im Zusammenhang mit der Kontursegmentierung (vgl. *Komponentenmarkierung* im Fall der Bereichssegmentierung; Abschn. 7.1.2). Das Verkettungsverfahren liefert Listen der Koordinaten der verketteten Konturpunkte.

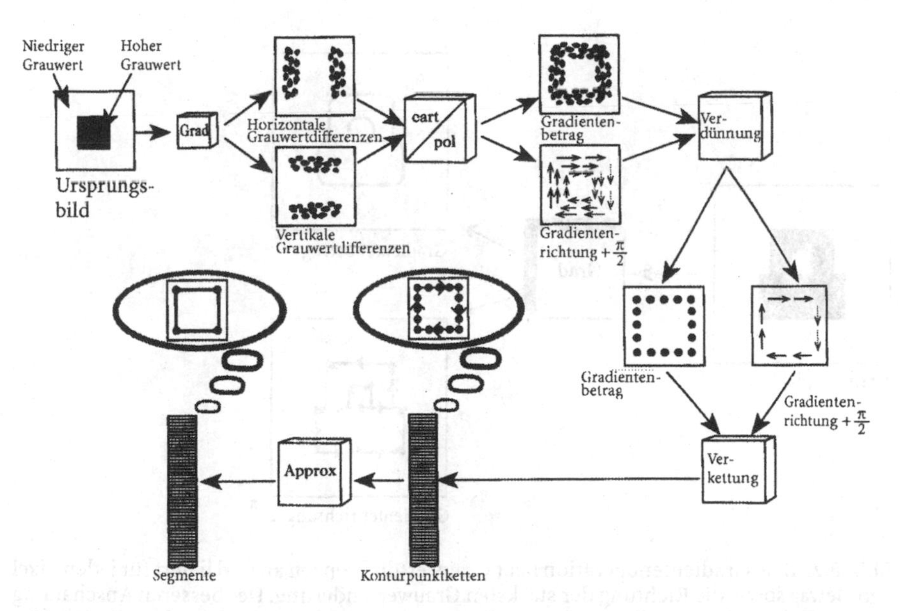

Abb. 8.1. Ziel der Kontursegmentierung ist die Beschreibung der Ränder von Bildregionen durch Geradenstücke. Daraus resultiert erstens eine starke Datenreduktion und zweitens eine strukturelle Beschreibung der Regionen

Der letzte Verfahrensschritt approximiert die durch die Konturpunktketten repräsentierten Konturen durch Geradenstücke. Am Ende des Verfahrens steht also eine Liste von Geradenstücken in Form der Koordinaten ihrer Endpunkte. Die Vorteile von Konturverfahren sind:

- Verglichen mit der enormen Anzahl von Pixeln des Eingabebildes sind die wenigen Koordinaten der Geradenstücke Ergebnis einer beträchtlichen Datenreduktion.
- Eine *strukturelle Beschreibung* der Regionen im Bild. Darauf basierend kann man Konturen durch Aussagen wie „diese Geradenstücke sind parallel" beschreiben.

8.1.1 Konturpunktdetektion

Aufgabe der Konturpunktdetektion ist das Hervorheben von Grauwertdifferenzen im Ursprungsbild. Dazu existieren verschiedene Verfahren. In der Praxis hat sich besonders die Bildung des *Grauwertgradienten* bewährt (vgl. Abb. 8.2 und Abschn. 5.1.2). Der zugehörige Operator liefert den Betrag der Differenz sowie die Richtung der stärksten Grauwertänderung. Letztere Information ist für weiterverarbeitende Verfahren wichtiger als der Betrag (hierzu mehr in Abschn. 8.1.2). Der besseren Anschauung wegen wird häufig die Richtung des Gradienten um 90° gedreht. Sie zeigt dann entlang der Kontur und ist in diesem Buch derart definiert, dass sich auf der rechten Seite der Kontur der höhere Grauwert befindet (vgl. Abb. 8.2).

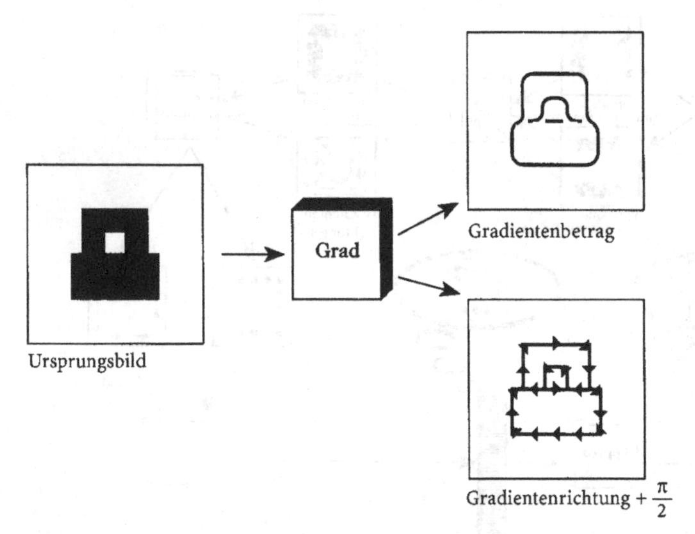

Abb. 8.2. Eine Gradientenoperation hebt Grauwertdifferenzen an und liefert für jeden Pixel den Betrag sowie die Richtung der stärksten Grauwertänderung. Der besseren Anschauung wegen wird häufig die Richtung des Gradienten um 90° gedreht. Sie zeigt dann entlang der Kontur und ist in diesem Buch derart definiert, dass sich auf der rechten Seite der Kontur der höhere Grauwert befindet

Das folgende Beispiel einer Gradientenoperation basiert auf dem in Abb. 8.3 gezeigten Ursprungsbild. Die einfachste Gradientenoperation ist die Subtraktion der Grauwerte zweier horizontaler bzw. vertikaler Nachbar-Pixel. Dies ist äquivalent zu einer Faltung des Eingabebildes mit den in Abb. 8.4 dargestellten Masken. Diese Abbildung zeigt auch die Ergebnisse der Faltung (Δx und Δy)

Abb. 8.3. Dieses Eingabebild dient als Basis für verschiedene Experimente mit Gradientenoperatoren

0	0	0	0	0	5	10	10
0	0	0	0	0	5	10	10
0	0	0	0	5	10	10	10
0	0	0	0	5	10	10	10
0	0	0	5	10	10	10	10
0	0	0	5	10	10	10	10
0	0	5	10	10	10	10	10
0	0	5	10	10	10	10	10

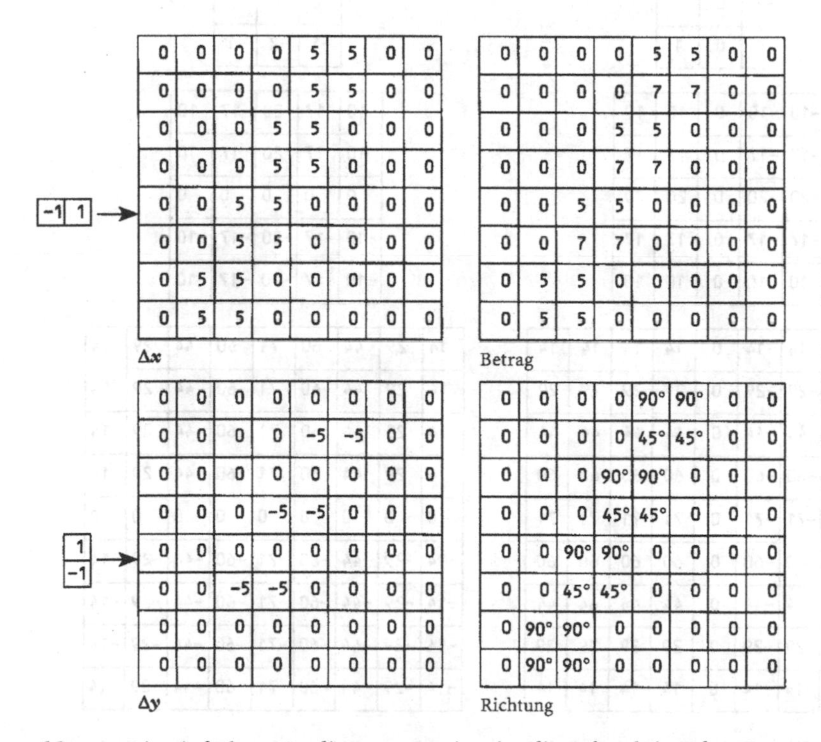

Abb. 8.4. Die einfachste Gradientenoperation ist die Subtraktion der Grauwerte zweier horizontaler bzw. vertikaler Nachbar-Pixel. Δx und Δy sind die Ergebnisse der Faltung der links dargestellten Masken mit dem Eingabebild (Abb. 8.3). *Betrag* und *Richtung* stehen für die polare Beschreibung des Ergebnisses

sowie deren polare Darstellung (*Betrag* und *Richtung*). Die Wandlung zwischen kartesischer und polarer Darstellungen ist in Abschn. 5.1.2 beschrieben.

Der Nachteil dieses einfachen Operators ist seine Empfindlichkeit gegenüber der „digitalen Natur" der Grauwertübergänge im Eingabebild (Abb. 8.3). Wenn ein solcher Übergang die geradlinige Grenze eines Bildbereichs bildet, sollten Gradientenbetrag und -richtung eines jeden Pixels gleich sein. Das gewünschte Ergebnis stellt sich mit der Verwendung größerer Masken ein. Deren Tiefpasseigenschaft bewirkt eine Glättung der Grauwertübergänge (Abschn. 5.1.1).

Neben der Größe der Masken ist die Wahl der Maskenkoeffizienten (siehe nächsten Absatz) von Bedeutung. Ziel sollte in jedem Fall sein, die ideale Gradientenoperation so exakt wie möglich anzunähern. Das betrifft insbesondere die Richtung, da hier auftretende Fehler die weiteren Verarbeitungsschritte erheblich stören können. Unter diesem Aspekt sollte man 3*3-Operatoren *nicht* verwenden. In der Praxis hat sich die 5*5-Maske als guter Kompromiss erwiesen. Größere Masken produzieren nur geringfügig exaktere Ergebnisse, erfordern

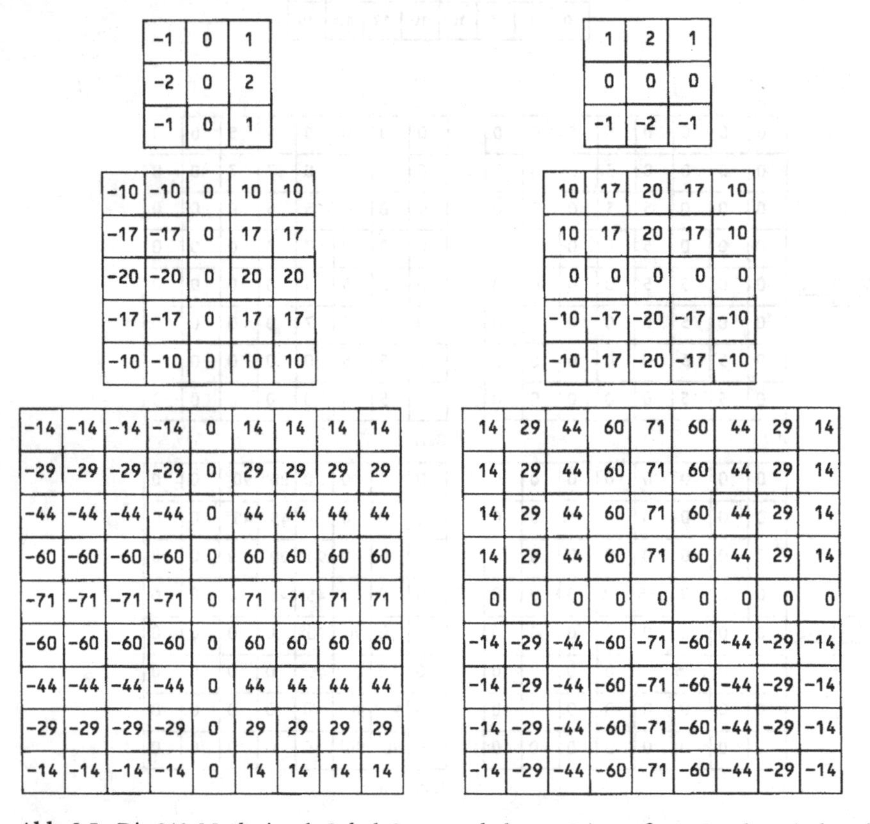

-1	0	1
-2	0	2
-1	0	1

1	2	1
0	0	0
-1	-2	-1

-10	-10	0	10	10
-17	-17	0	17	17
-20	-20	0	20	20
-17	-17	0	17	17
-10	-10	0	10	10

10	17	20	17	10
10	17	20	17	10
0	0	0	0	0
-10	-17	-20	-17	-10
-10	-17	-20	-17	-10

-14	-14	-14	-14	0	14	14	14	14
-29	-29	-29	-29	0	29	29	29	29
-44	-44	-44	-44	0	44	44	44	44
-60	-60	-60	-60	0	60	60	60	60
-71	-71	-71	-71	0	71	71	71	71
-60	-60	-60	-60	0	60	60	60	60
-44	-44	-44	-44	0	44	44	44	44
-29	-29	-29	-29	0	29	29	29	29
-14	-14	-14	-14	0	14	14	14	14

14	29	44	60	71	60	44	29	14
14	29	44	60	71	60	44	29	14
14	29	44	60	71	60	44	29	14
14	29	44	60	71	60	44	29	14
0	0	0	0	0	0	0	0	0
-14	-29	-44	-60	-71	-60	-44	-29	-14
-14	-29	-44	-60	-71	-60	-44	-29	-14
-14	-29	-44	-60	-71	-60	-44	-29	-14
-14	-29	-44	-60	-71	-60	-44	-29	-14

Abb. 8.5. Die 3*3-Maske ist als Sobel-Operator bekannt. Die größeren Masken sind „aufgeblasene" Sobel-Masken. Aus praktischer Sicht ist die 5*5-Maske ein guter Kompromiss aus Einfachheit, Approximation des idealen Gradientenoperators und Verarbeitungsgeschwindigkeit

aber eine höhere Rechenzeit. Sind allerdings die im Bild befindlichen Objekte vergleichsweise groß und die Störungen im Bild nicht unerheblich, so sollte man nicht vor der Verwendung einer 9*9-Maske zurückschrecken. Ihre größere Tiefpasswirkung kann durchaus positiven Einfluss auf das Resultat nehmen.

Zur Bestimmung der Koeffizienten existieren einige sehr grundlegende Untersuchungen (z.B. [8.6] und [8.8]). Diese Arbeiten gehen allerdings von Bedingungen aus, die für die (industrielle) Praxis eine untergeordnete Rolle spielen. Für industrielle Anwendungen reicht in den meisten Fällen tatsächlich die grundlegende Idee Sobels, der davon ausgeht, dass der Einfluss der Grauwerte auf die Gradientenbildung mit der Entfernung vom aktuellen Pixel abnimmt. Die Koeffizienten sollten also zum Rand des Operators hin kleiner werden. Eine geeignete Form bietet z.B. der Halbbogen einer Sinusschwingung. Auf dieser Basis wurden die in Abb. 8.5 gezeigten Koeffizienten gewählt. Die Summe der Koeffizienten sollte außerdem Null sein, um den lokalen Mittelwert der Grauwerte nicht zu verschieben.

Eine erhebliche Rechenzeiteinsparung ließe sich durch die Verwendung von ausschl. 1 und –1 als Koeffizienten erzielen. Hiervon sei aber dringend abgeraten. Insbesondere bei größeren Masken werden die dabei erzielten Vorteile durch außerordentlich große Näherungsfehler zunichte gemacht.

8.1.2 Konturverbesserung

Nach dem Durchführen der Gradientenoperation verteilen sich die Gradientenbeträge der Pixel in der Nähe von Konturen ähnlich wie Höhen lang gestreckter Gebirgszüge (vgl. Abb. 8.6). Die „Gipfelpixel" entsprechen den *lokalen*, maximalen Gradientenbeträgen. Diese Punkte repräsentieren mit hoher Wahrscheinlichkeit die tatsächliche Lage der Objektkontur. Zur Beschreibung der Kontur bedarf es also lediglich des „Gipfel-Pixels". Bei dem alpinen Vorbild verbleibend bedeutet dies: Die zum Tal hin verlaufenden Bergteile rechts und links vom Gipfel sind überflüssig und können abgetragen werden (Non-maxima-Unterdrückung). Diese *Verdünnung* der Bergkette hinterlässt eine 1 Pixel dünne Mauer (Abb. 8.7). Die Höhe dieser Mauer ist in vielen Fällen belanglos. Sie muss sich nur deutlich von der Umgebung abheben.

Abbildung 8.8 (links) zeigt ein Gradientenbild in polarer Darstellung (*Betrag* und *Richtung*; die Wandlung zwischen kartesischer und polarer Darstellungen ist in Abschn. 5.1.2 beschrieben). Um die lokal höchsten Beträge zu finden, müssen der jeweils linke und rechte Nachbar jedes Gradienten-Pixels bestimmt werden. Wo aber ist links und rechts? Die Richtung der Nachbarn orientiert sich an der Gradientenrichtung des aktuellen Pixels. Man hat es also mit den in Abb. 8.9 gezeigten vier Nachbarschaften zu tun. Abbildung 8.8 (rechts) zeigt die Nachbarschaften und die lokalen Maxima des aktuellen Beispiels.

In der Praxis sollte die Non-maxima-Unterdrückung aber nicht nur auf dem Vergleich benachbarter Gradientenbeträge, sondern auch auf dem Vergleich der

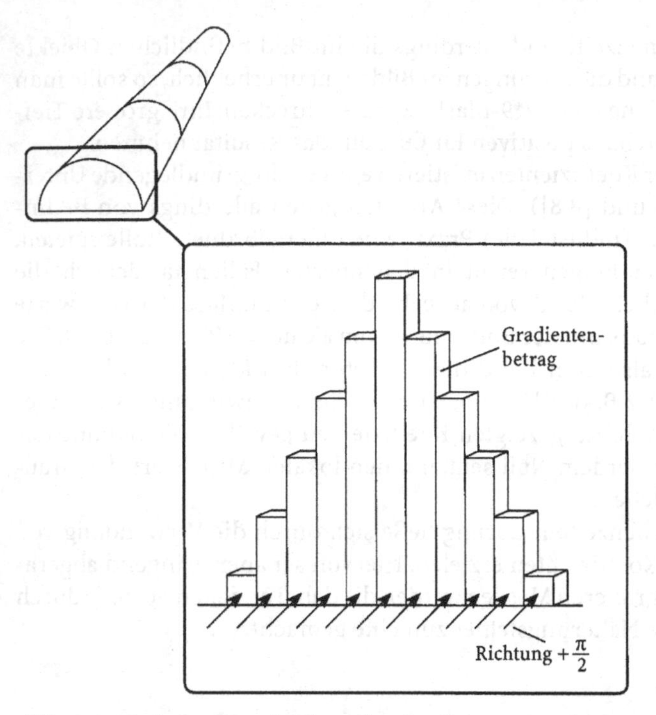

Abb. 8.6. Nach dem Durchführen der Gradientenoperation verteilen sich die Gradientenbeträge der Pixel in der Nähe von Konturen ähnlich wie Höhen lang gestreckter Gebirgszüge. Die „Gipfelpixel" entsprechen den *lokalen*, maximalen Gradientenbeträgen. Diese Punkte repräsentieren mit hoher Wahrscheinlichkeit die tatsächliche Lage der Objektkontur

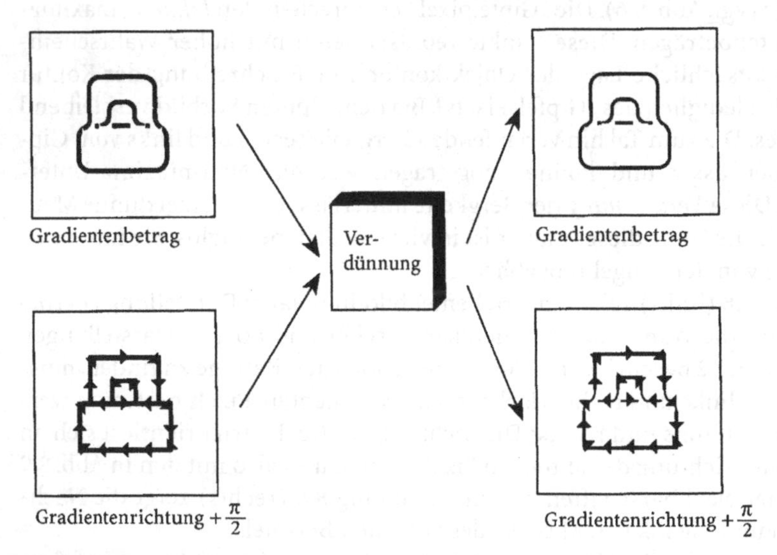

Abb. 8.7. Das Ziel der Verdünnung ist die Verbesserung der „verschmierten" Kontur dergestalt, dass lediglich 1 Pixel dünne Linien verbleiben

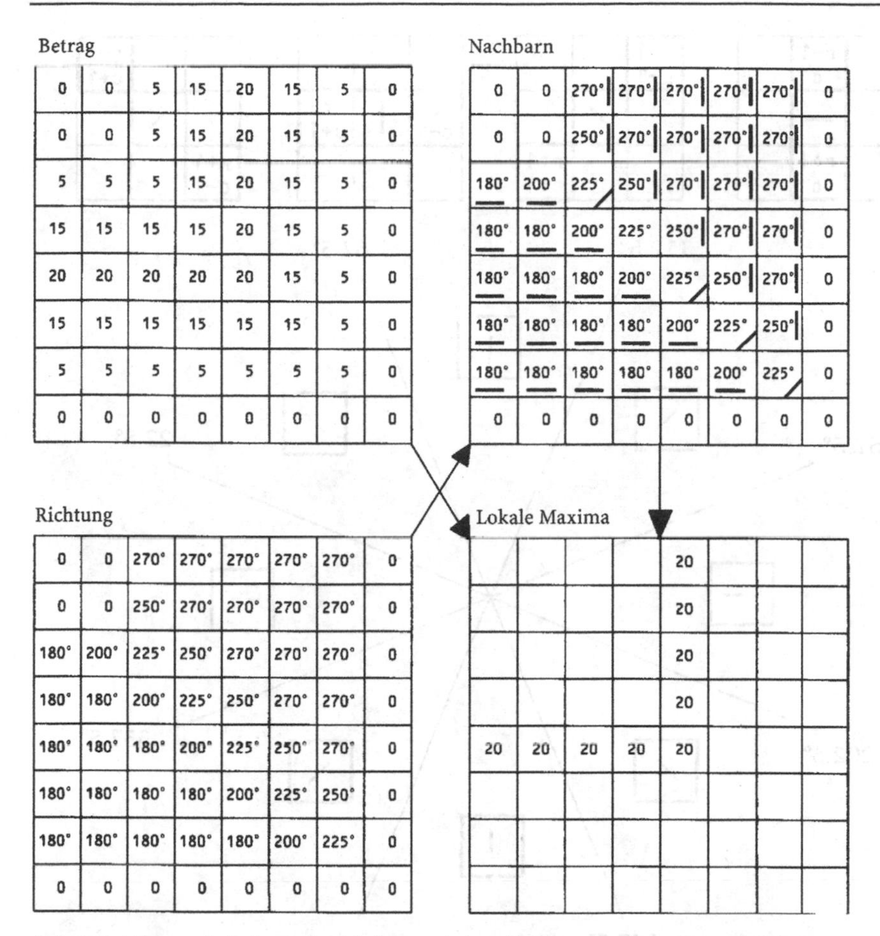

Betrag

0	0	5	15	20	15	5	0
0	0	5	15	20	15	5	0
5	5	5	15	20	15	5	0
15	15	15	15	20	15	5	0
20	20	20	20	20	15	5	0
15	15	15	15	15	15	5	0
5	5	5	5	5	5	5	0
0	0	0	0	0	0	0	0

Nachbarn

0	0	270°	270°	270°	270°	270°	0
0	0	250°	270°	270°	270°	270°	0
180°	200°	225°	250°	270°	270°	270°	0
180°	180°	200°	225°	250°	270°	270°	0
180°	180°	180°	200°	225°	250°	270°	0
180°	180°	180°	180°	200°	225°	250°	0
180°	180°	180°	180°	180°	200°	225°	0
0	0	0	0	0	0	0	0

Richtung

0	0	270°	270°	270°	270°	270°	0
0	0	250°	270°	270°	270°	270°	0
180°	200°	225°	250°	270°	270°	270°	0
180°	180°	200°	225°	250°	270°	270°	0
180°	180°	180°	200°	225°	250°	270°	0
180°	180°	180°	180°	200°	225°	250°	0
180°	180°	180°	180°	180°	200°	225°	0
0	0	0	0	0	0	0	0

Lokale Maxima

				20			
				20			
				20			
				20			
20	20	20	20	20			

Abb. 8.8. Dieses einfache Beispiel demonstriert die Non-maxima-Unterdrückung

Gradientenrichtungen beruhen. Da im „Inneren" der verschmierten Kontur benachbarte Gradientenrichtungen ähnlich sind, sollte man überprüfen, ob dieses auch für die Gradientenrichtungen in der Nachbarschaft eines lokalem Maximums gilt. Ist dem nicht so, liegt mit hoher Wahrscheinlichkeit kein Konturpunkt vor.

Was nun „Ähnlichkeit von Gradientenrichtungen" bedeutet, hängt von der jeweiligen Anwendung ab. Abbildung 8.10 zeigt die Ergebnisse dreier unterschiedlicher Ähnlichkeitsüberprüfungen (±10°, ±20° und ±30°). Da sich im Ursprungsbild (Abb. 8.8 links) die Ecke eines Bereichs befindet, sind die Unterschiede der Gradientenrichtungen vergleichsweise hoch. Um hier die Geschlossenheit der Kontur nicht zu gefährden, sollte der Ähnlichkeitstest eine Variation von bis zu ±30° erlauben.

Das so entstandene verdünnte Gradientenbild weist zwar nur noch ein Pixel breite Konturen auf, die Konturpunkte sind allerdings über sog. 4er-Nachbar-

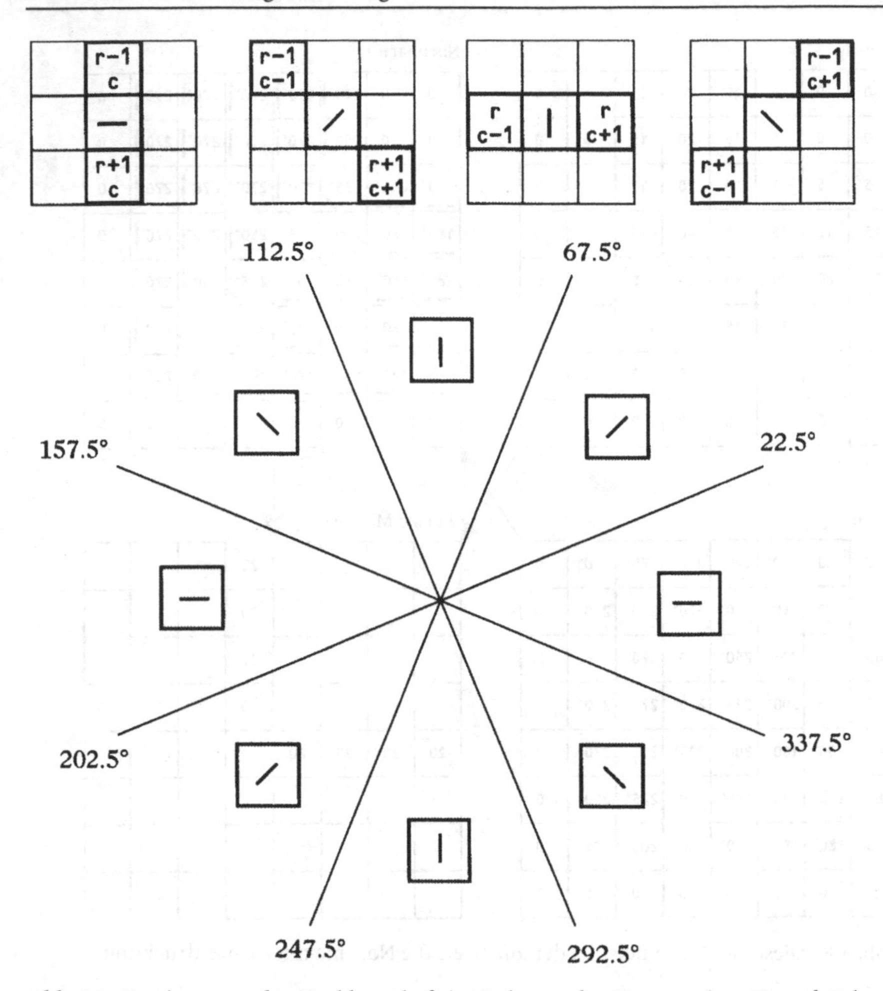

Abb. 8.9. Bestimmung der Nachbarschaft im Rahmen der Non-maxima-Unterdrückung. Beispiel: wenn die Gradientenrichtung des aktuellen Pixels *(r,c)* zwischen 67,5° und 112,5° oder 247,5° und 292,5° liegt, sind die Koordinaten der Nachbarn *(r,c−1)* und *(r,c+1)*

schaften verbunden. Ein Beispiel einer solchen zeigt Abb. 8.11a. Diese Kette ist dann ein Pixel breit, wenn Nachbarschaften nur in senkrechter oder waagerechter Richtung zugelassen sind. Ist allerdings eine diagonale Nachbarschaft erlaubt, so weist die in Abb. 8.11a dargestellte Kette plötzlich zwei Pixel breite Abschnitte auf. Dieses Manko entfällt im Fall von Konturpunkten, die über 8er-Nachbarschaften verbunden sind (vgl. Abb. 8.11b).

Die in Abb. 8.12 gezeigten Masken überführen eine 4er- in eine 8er-Nachbarschaft. Die fetten Linien repräsentieren Pixel, die Teil einer 4er-Nachbarschaft sind. Das aktuelle Pixel der jeweiligen Maske korrespondiert mit dem überflüssigen Konturpunkt und kann somit gelöscht werden. Der entsprechende Algorithmus ist eine Ausnahme von der Regel, nach der Ein- und Ausgabebilder

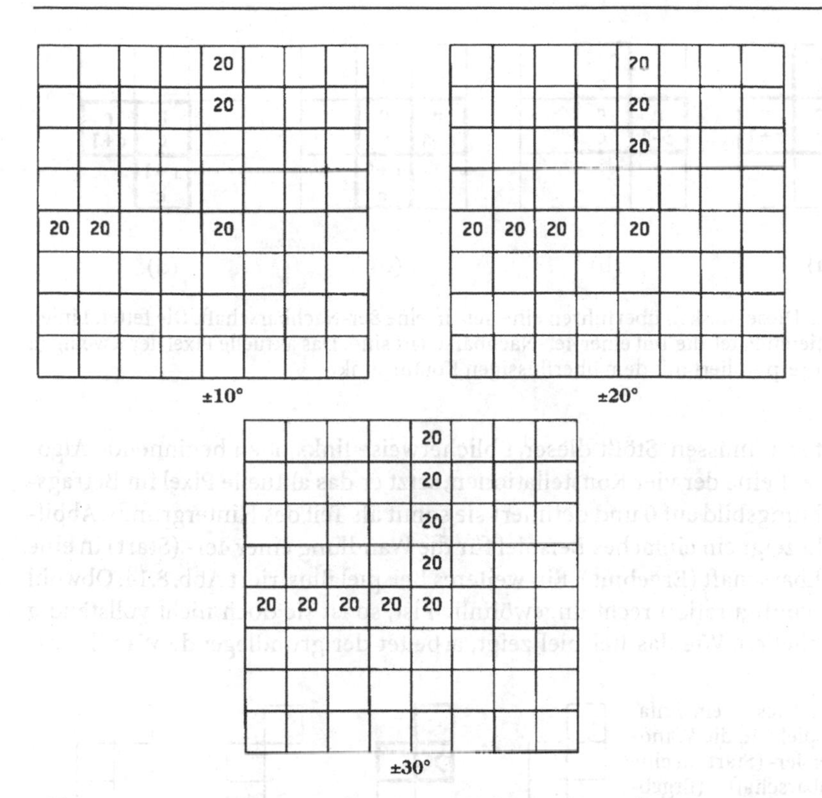

Abb. 8.10. Dies sind die Ergebnisse dreier unterschiedlicher Ähnlichkeitsüberprüfungen. Da sich im Ursprungsbild (Abb. 8.8 links) die Ecke eines Bereichs befindet, sind die Unterschiede der Gradientenrichtungen vergleichsweise hoch. Um hier die Geschlossenheit der Kontur nicht zu gefährden, sollte der Ähnlichkeitstest eine Variation von bis zu ±30° erlauben

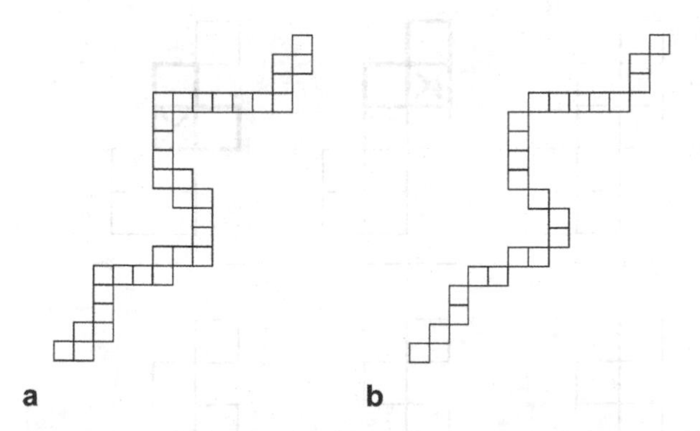

Abb. 8.11. Beide Ketten sind lediglich ein Pixel breit, weisen aber unterschiedliche Verbindungsformen auf. **a** Kette, deren Punkte über eine 4er-Nachbarschaft verbunden sind. Hier sind Nachbarschaften nur in senkrechter oder waagerechter Richtung zugelassen. Eine 8er-Nachbarschaft (**b**) erlaubt auch diagonale Nachbarn. Eine Kette mit 4er-Nachbarschaften weist redundante, die Weiterverarbeitung möglicherweise störende Elemente auf

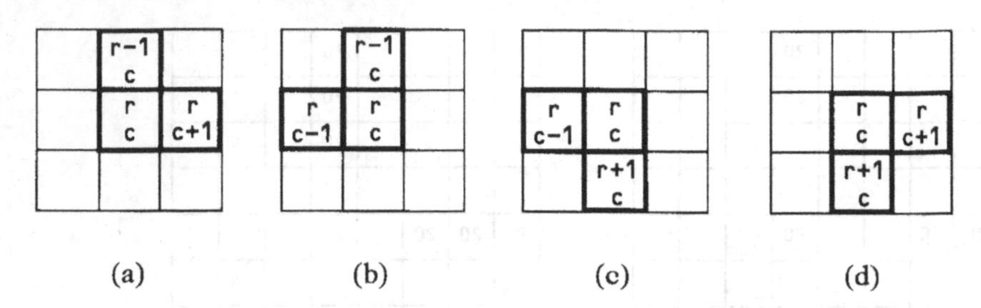

Abb. 8.12. Diese Masken überführen eine 4er- in eine 8er-Nachbarschaft. Die fetten Linien repräsentieren Pixel, die Teil einer 4er-Nachbarschaft sind. Das aktuelle Pixel der jeweiligen Maske korrespondiert mit dem überflüssigen Konturpunkt

getrennt sein müssen. Stößt dieser, üblicherweise links oben beginnende Algorithmus auf eine der vier Konstellationen, setzt er das aktuelle Pixel im Betrags- und Richtungsbild auf 0 und definiert sie somit als Teil des Hintergrunds. Abbildung 8.13 zeigt ein einfaches Beispiel für die Wandlung einer 4er- (Start) in eine 8er-Nachbarschaft (Ergebnis). Ein weiteres Beispiel illustriert Abb. 8.14. Obwohl die Startkonfiguration recht ungewöhnlich ist, so ist sie doch nicht vollständig auszuschließen. Wie das Beispiel zeigt, arbeitet der grundlegende Wandlungs-

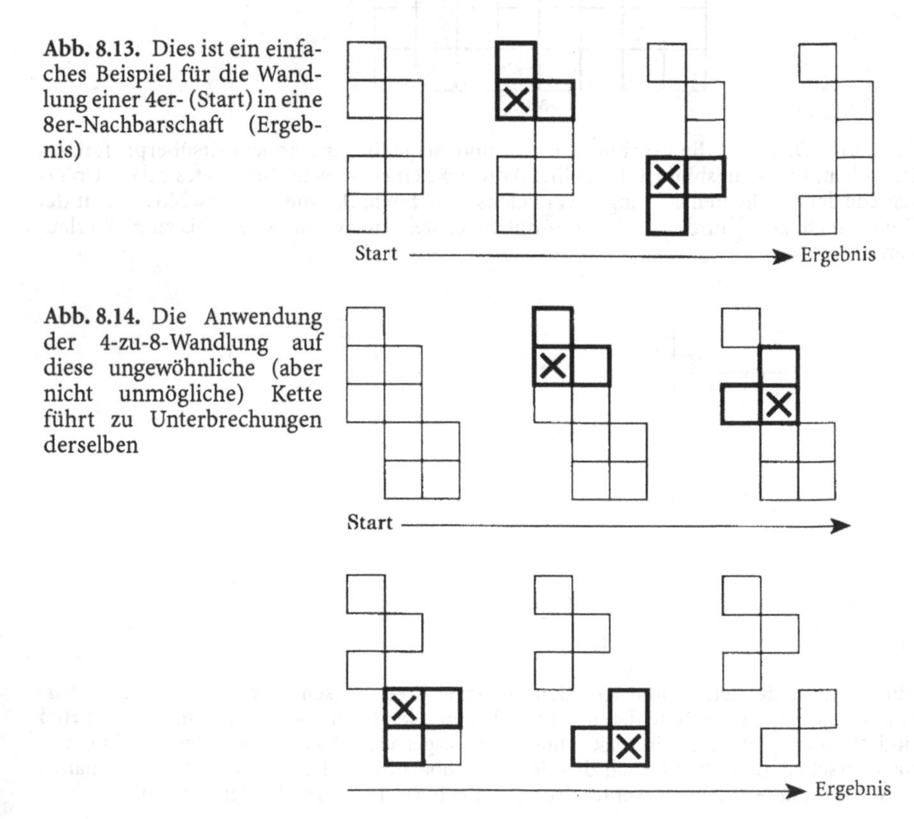

Abb. 8.13. Dies ist ein einfaches Beispiel für die Wandlung einer 4er- (Start) in eine 8er-Nachbarschaft (Ergebnis)

Abb. 8.14. Die Anwendung der 4-zu-8-Wandlung auf diese ungewöhnliche (aber nicht unmögliche) Kette führt zu Unterbrechungen derselben

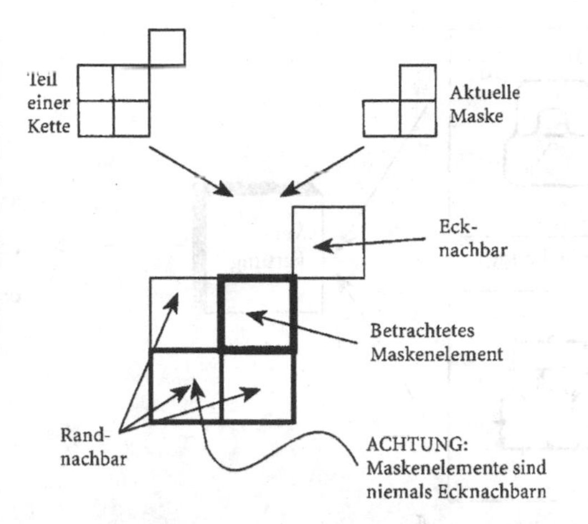

Abb. 8.15. Die verfeinerte Version der 4-zu-8-Wandlung beruht auf einer detaillierteren Betrachtung der Nachbarschaft der Ketten- und Maskenelemente. Erstens muss man nicht nur das mittlere Element der Maske, sondern sämtliche drei Elemente gleichbedeutend betrachten. Zusätzlich ist zwischen zwei Ecknachbarn und Randnachbarn zu unterscheiden

Algorithmus hier unbefriedigend. Die grundlegenden vier Masken (Abb. 8.12) bedürfen also der Überarbeitung.

Abbildung 8.15 zeigt Details der Anwendung einer Maske auf den problematischen Teil einer Konturpunktkette. In der überarbeiteten Version muss man nicht nur das mittlere Element der Maske, sondern sämtliche drei Elemente gleichbedeutend betrachten. Zusätzlich ist zwischen zwei Formen von Nachbarn zu unterscheiden. Ein *Ecknachbar* ist Bestandteil einer 8er-Nachbarschaft, während *Randnachbarn* die 4er-Nachbarn des jeweils betrachteten Maskenelements sind. Randnachbarn dürfen durch andere Maskenelemente überdeckt sein, Ecknachbarn müssen dagegen außerhalb der Maske liegen.

Der neue Wandlungs-Algorithmus löscht den durch das jeweils betrachtete Maskenelement überdeckten Konturpunkt dann, wenn:

- das betrachtete Maskenelement entweder einen oder zwei Randnachbarn hat und
- über keinen Ecknachbarn verfügt.

Abbildung 8.16 demonstriert die Anwendung des verfeinerten Wandlungs-Algorithmus am Beispiel der Konturpunktkette aus Abb. 8.14.

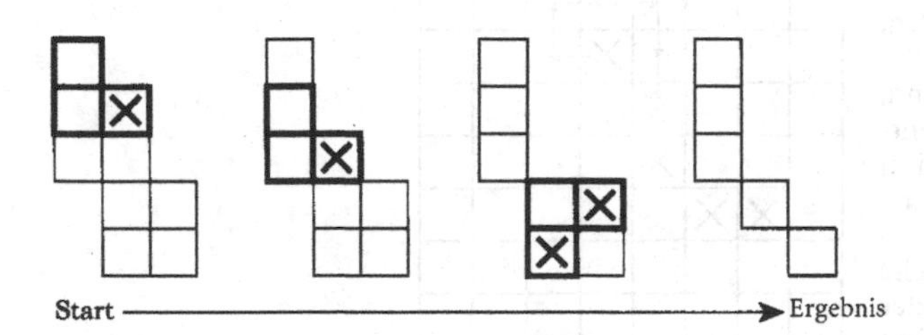

Abb. 8.16. Die Anwendung der verfeinerten 4-zu-8-Wandlung auf die ungewöhnliche Konturkette in Abb. 8.14

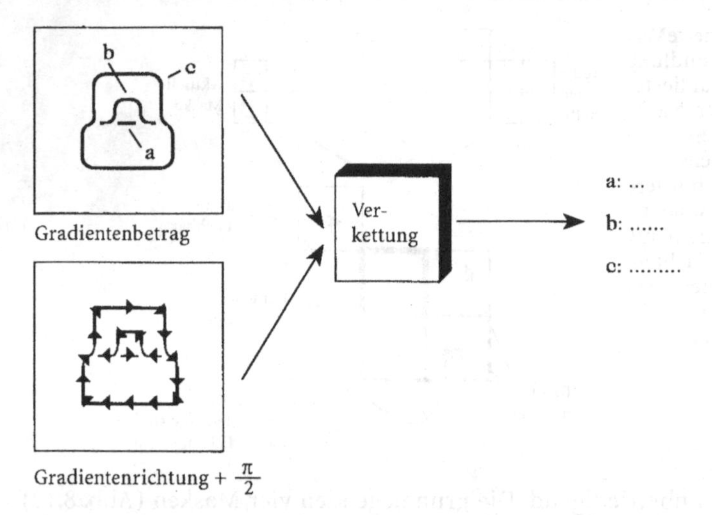

Abb. 8.17. Das Verkettungsverfahren liefert Listen, die die Koordinaten der verketteten Konturpunkte enthalten

8.1.3 Konturpunktverkettung

Die Kontursegmentierung ist mit der Verdünnung noch nicht abgeschlossen. Für den menschlichen Beobachter besteht das verdünnte Gradientenbild in Abb. 8.17 bereits aus drei Linien. Im Rechner hingegen, sind lediglich einzelne, auf 1 gesetzte Pixel „bekannt". Auch hier bedarf es daher der *Zusammenhangsanalyse* (vgl. Kap. 7), im vorliegenden Fall *Konturpunktverkettung* genannt.

Das in Abb. 8.18 gezeigte Beispiel demonstriert die Suche nach benachbarten Konturpunkten. Mit dem „östlichsten" Nachbarn des aktuellen, durch ein Kreuz markierten Konturpunktes beginnend, sucht der Algorithmus entgegen dem Uhrzeigersinn nach dem nächsten Konturpunkt. Der zuerst angetroffene ist der neue aktuelle Konturpunkt, während der alte in eine Konturpunktliste eingetragen und aus dem Bild gelöscht wird.

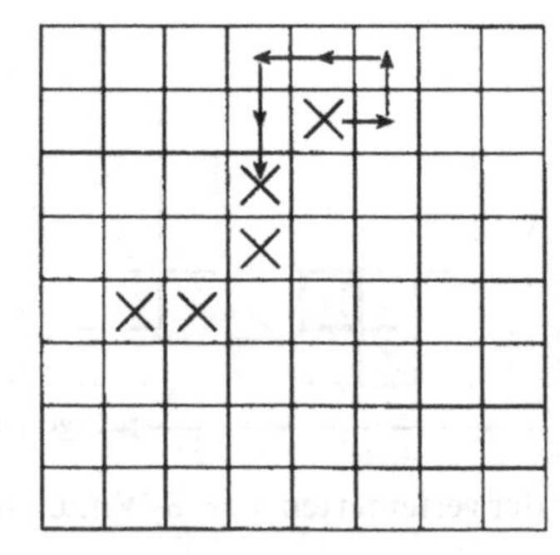

Abb. 8.18. Mit dem „östlichsten" Nachbarn des aktuellen, durch ein Kreuz markierten Konturpunktes beginnend, sucht der Algorithmus entgegen dem Uhrzeigersinn nach dem nächsten Konturpunkt. Der zuerst angetroffene ist der neue aktuelle Konturpunkt, während der alte in eine Konturpunktliste eingetragen und aus dem Bild gelöscht wird

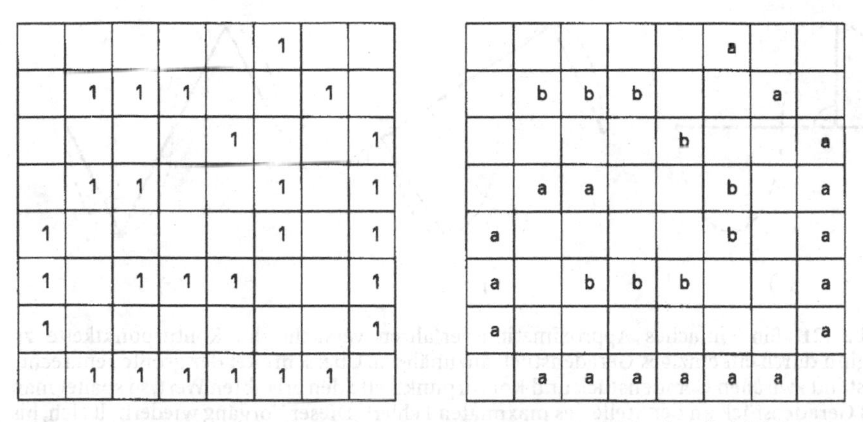

Abb. 8.19. Die Anwendung des Verkettungs-Algorithmus auf das Eingabebild (links) ergibt zwei Ketten *a* und *b* (rechts)

Abbildung 8.19 (links) zeigt zwei beispielhafte Konturpunktketten. Der Verkettungs-Algorithmus erzeugt zwei Ketten *a* und *b* (rechts). Zu beachten ist, dass die Datenstruktur zur Darstellung der Ketten listenförmig ist. Mithin ist das rechte Bild nur ein Mittel zur Illustrierung der Ergebnisse und sollte nicht suggerieren, dieses sei eine angemessen Datenstruktur für Konturpunktketten.

Abbildung 8.17 deutet die Nutzung der Gradientenrichtung durch den Verkettungs-Algorithmus an. Wie Aufgabe 8.5 zeigen wird, ist dies tatsächlich ein Weg zur Vermeidung der Fragmentierung von Ketten. Eine weiterführende Diskussion bietet Abschn. 8.4.3 (Ergänzungen zur Konturpunktverkettung).

8.1.4 Konturapproximation

Während die Merkmale von Bereichen eher einen *numerischen* Charakter aufweisen (z.B. Kompaktheit, vgl. Abschn. 7.1.3), treten im Bereich der Konturen oftmals *strukturelle Merkmale* auf. Darauf basierend kann man Konturen durch Aussagen wie „diese Geradenstücke sind parallel“ beschreiben. Geradenstücke liegen aber noch nicht vor. Sie können mittels der sog. Konturapproximation gewonnen werden. Ein Beispiel hierfür zeigt Abb. 8.20. Die Idee eines einfachen

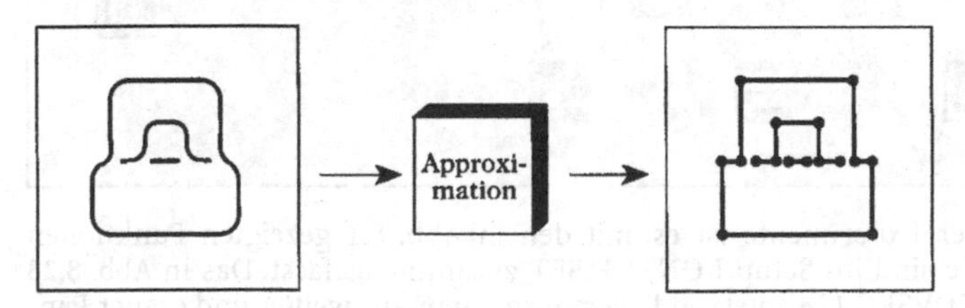

Abb. 8.20. Konturenbeschreibende Merkmale sind gewöhnlich struktureller Natur, wie z.B. die Parallelität von Geradenstücken. Solche Geradenstücke erhält man mit Hilfe der Konturapproximation

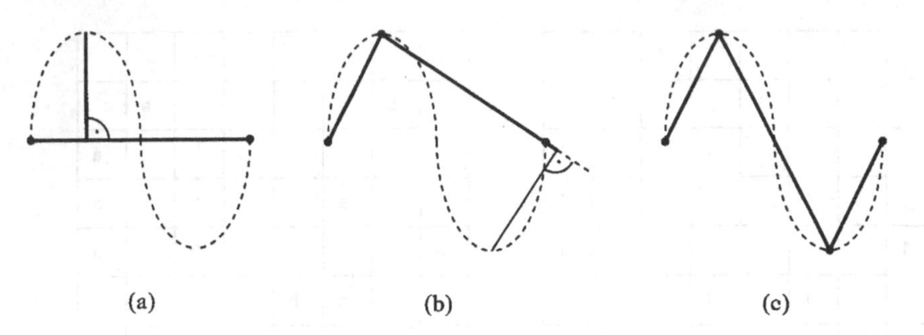

Abb. 8.21. Ein einfaches Approximationsverfahren versucht die Konturpunktkette zu Beginn durch ein einziges Geradenstück anzunähern. Überschreitet der größte senkrechte Abstand zwischen Geradenstück und Konturpunktkette den erlaubten Wert, so spaltet man das Geradenstück an der Stelle des maximalen Fehlers. Dieser Vorgang wiederholt sich, bis der maximal erlaubte Fehler unterschritten ist

Approximationsverfahrens ist in Abb. 8.21 dargestellt. Eine (in diesem Beispiel sinusähnliche) Konturpunktkette wird zu Beginn versuchsweise durch ein einziges Geradenstück angenähert. Überschreitet der größte senkrechte Abstand zwischen Geradenstück und Konturpunktkette den erlaubten Wert, so spaltet man das Geradenstück an der Stelle des maximalen Fehlers. Dieser Vorgang wiederholt sich bis der maximal erlaubte Fehler unterschritten ist.

8.2 Experimente

Das Ziel der Experimente ist es, mit den in Abb. 8.1 gezeigten Funktionen vertraut zu werden. Sie sind im Setup KONTUR.SET zusammengefasst (Abb. 8.22). Das in Abb. 8.23 gezeigte Beispielbild KDVSRC.128 entstand Folgendermaßen:

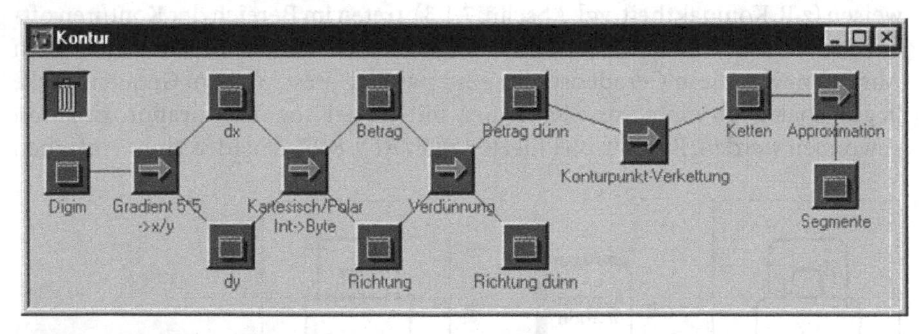

Abb. 8.22. Das Ziel der Experimente ist es, mit den in Abb. 8.1 gezeigten Funktionen vertraut zu werden. Sie sind im Setup KONTUR.SET zusammengefasst. Das in Abb. 8.23 gezeigte Beispielbild KDVSRC.128 entstand Folgendermaßen: Aus weißer und grauer Pappe wurden einfache geometrische Objekte ausgeschnitten. Eine schwarze Pappe dient als Hintergrund, die grauen und weißen Stücke als Objekte. Auf Grund deren einfacher Konturen eignet sich das Beispielbild insbesondere zu Demonstrationszwecken

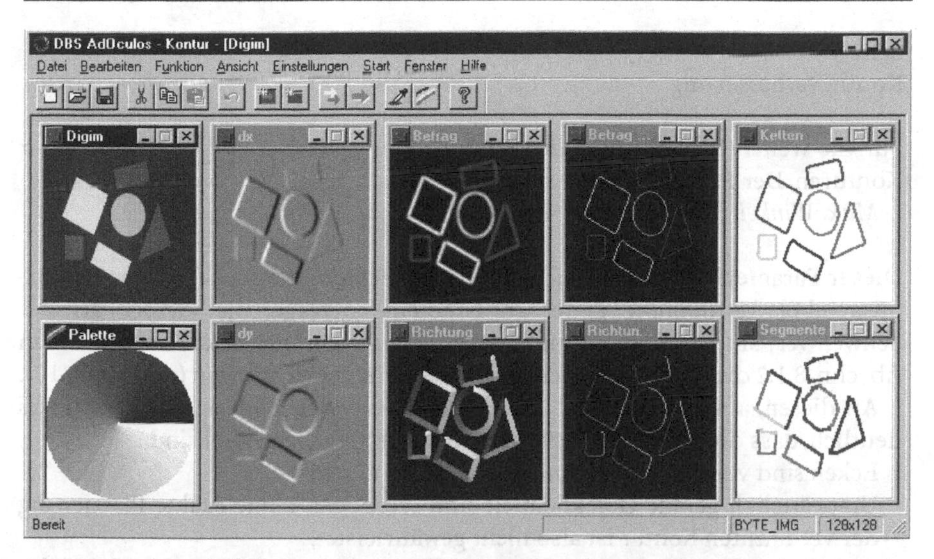

Abb. 8.23. Dieses sind die Ergebnisse der in Abb. 8.22 gezeigten Funktionen. Die Namen der einzelnen Ergebnisbilder verraten die jeweils verwendete Prozedur (die Bildnamen sind einfach durch einen Doppelklick darauf änderbar). Die Palette dient der Interpretation der Gradientenrichtungen. Die Vergrößerung und Einfärbung des Verkettungsergebnisses (Ansicht-Menü) unterstützt dessen Bewertung. Dasselbe gilt für die durch die Approximation erzeugten Geradenstücke

Aus weißer und grauer Pappe wurden einfache geometrische Objekte ausgeschnitten. Eine schwarze Pappe dient als Hintergrund, die grauen und weißen Stücke als Objekte. Auf Grund deren einfacher Konturen eignet sich das Beispielbild insbesondere zu Demonstrationszwecken.

8.2.1 Konturpunktdetektion

Zur Konturpunktdetektion dient ein Gradientenoperator der Größe 5 * 5. Das Ergebnis dieser Operation zeigt Abb. 8.23 (die Namen der einzelnen Ergebnisbilder verraten die jeweils verwendete Prozedur; die Bildnamen sind einfach durch einen Doppelklick darauf änderbar). Deutlich tritt die breite Form der herausgehobenen Konturen hervor. Die Helligkeitsstufen im Richtungsbild entsprechen den Richtungen gemäß der eingeblendeten Palette.

Der Parameter von *Kartesisch/Polar Int->Byte* war:
Schwellwert: 10.

Dieser Parameter ist durch Klicken mit der rechten Maustaste auf das Funktionssymbol *Kartesisch/Polar Int->Byte* änderbar. Gradientenbeträge, die kleiner als der Schwellwert sind, werden auf null gesetzt.

8.2.2
Konturverbesserung

Für die weitere Verarbeitung der Konturbilder bedarf es der *Verdünnung* der Konturen. Der Parameter war:

Max. Winkel: 30.

Dieser Parameter ist durch Klicken mit der rechten Maustaste auf das Funktionssymbol *Verdünnung* änderbar. Gradientenbeträge, die kleiner als der Schwellwert sind, werden auf null gesetzt. Dieser Parameter kontrolliert die in Abschn. 8.1.2 diskutierte Ähnlichkeit von Gradientenrichtungen (vgl. Abb. 8.10).

An diesen, auf „künstlichen" Objekten basierenden Bildern wird besonders deutlich, dass die Verdünnungsverfahren keineswegs fehlerfrei sind:

- Ecken sind verformt, abgerundet oder sogar zerstört.
- Ursprünglich gerade Objektkanten sind „verbogen". Eine exakte Platzierung der verdünnten Kontur ist also nicht gewährleistet.
- Auf Grund der geringen Größe der Objekte tritt der „digitale Charakter" der Konturen stark hervor. Das hat insbesondere auf runde Formen unerwünschten Einfluss.

8.2.3
Konturpunktverkettung

Das Ergebnis der Verkettungsoperation ist in Abb. 8.23 visualisiert. Die Vergrößerung und Einfärbung des Bildes (*Ansicht*-Menü) unterstützt die Beurteilung des Ergebnisses. Verkettete Konturpunkte weisen dann dieselbe Farbe auf. Das Beispiel zeigt deutlich, dass die von einem menschlichen Beobachter problemlos als zusammengehörig erkannten Objektkonturen keineswegs durch eine geschlossene Konturpunktkette repräsentiert sind. Insbesondere die durch den Gradientenoperator zerstörten Ecken sind Ursache unterbrochener Ketten.

Der hier gewählten Visualisierungsform liegt natürlich die ursprüngliche Bildmatrix zu Grunde. Bitte beachten Sie aber, dass die eigentliche Datenstruktur der Konturpunktketten Listen bzw. Vektoren sind.

8.2.4
Konturapproximation

Wie bereits bei der Visualisierung der Konturpunktverkettung, so ist auch hier zu beachten, dass die Ergebnisse der Konturapproximation keineswegs in Form einer Bildmatrix vorliegen. Schließlich sind die Ergebnisse der Approximation Geradenstücke, die durch ihre Endpunkte vollständig beschrieben sind. Diese Endpunkte sind in Abb. 8.23 hervorgehoben. Auch hier unterstützt die Vergrößerung und Einfärbung des Bildes (*Ansicht*-Menü) die Beurteilung des Ergebnisses.

Der Parameter von *Approximation* war:
Max. Fehler: 3.

Dieser Parameter ist durch Klicken mit der rechten Maustaste auf das Funktionssymbol *Approximation* änderbar.

Der hier gewählte maximal zulässige Approximationsfehler ist mit drei Pixeln im Vergleich zur Größe der Regionen hoch gewählt. Daher ist der Kreis nicht mehr als solcher zu bezeichnen. Ein kleinerer Fehler hätte sehr viele kurze Geradenstücke ergeben. Die günstigste Wahl des zulässigen Fehlers hängt letztlich von der jeweiligen Aufgabe ab.

8.3 Realisierung

8.3.1 Konturpunktdetektion

Abbildung 8.24 zeigt eine Prozedur zur Realisierung eines 5*5-Gradientenoperators. Die Übergabeparameter sind

`MaxGV`: maximaler, in den Ausgabebildern erlaubter Betrag
`ImSize`: Bildgröße
`InImage`: Eingabebild, auf das der Gradientenoperator angewendet werden soll
`DeltaX`: Ausgabebild für die Spaltendifferenzen
`DeltaY`: Ausgabebild für die Zeilendifferenzen.

Die vorliegende Prozedur nutzt die in Abb. 8.5 gezeigten 5*5-Masken zur Bildung des Gradienten. Sie sind im Programm durch die statischen Variablen `Xmask` und `Ymask` repräsentiert. Der erste Schritt des Programms dient der Initialisierung der beiden Ausgabebilder `DeltaX` und `DeltaY`.

Der nun folgende Teil des Programms realisiert die eigentliche Gradientenoperation. `r` und `c` sind die Koordinaten des aktuellen Pixels. Die inneren beiden `for`-Schleifen dienen der lokalen Faltung des Eingabebildes `InImage` mit den beiden Masken `Xmask` und `Ymask`. Die Koordinaten der Pixel im Fenster um das aktuelle Pixel herum sind `r+y` und `c+x`. Der zugehörige Grauwert ist `gv`. Der entsprechende Koeffizient der jeweiligen Maske ist durch `x+2` und `y+2` adressiert.

Grauwert und Koeffizient werden multipliziert und die so entstehenden 25 Produkte in den Variablen `dX1` und `dY1` aufsummiert. Diese Summen können u. U. den Zahlenbereich einer `int`-Variablen überschreiten. Daher kommen hier `long`-Variable zur Anwendung. Nach Division der Summen mit 25 besteht diese Gefahr nicht mehr. Die endgültigen Resultate der lokalen Faltung sind daher den `int`-Variablen `dX` und `dY` zugeordnet. Vor der Zuweisung ihrer Inhalte zu den Ausgabebildern wird überprüft, ob es sich dabei um die bisher höchsten Beträge handelt.

```
void GradOp5 (MaxGV, ImSize, InImage, DeltaX, DeltaY)
int  MaxGV, ImSize;
BYTE ** InImage;
int  ** DeltaX;
int  ** DeltaY;
{
   long  dXl, dYl;
   int   r,c, dX,dY, gv, y,x, MaxMag;

   static int Xmask [5][5] = { { -10, -10,  0,  10,  10},
                               { -17, -17,  0,  17,  17},
                               { -20, -20,  0,  20,  20},
                               { -17, -17,  0,  17,  17},
                               { -10, -10,  0,  10,  10} };
   static int Ymask [5][5] = { {  10,  17,  20,  17,  10},
                               {  10,  17,  20,  17,  10},
                               {   0,   0,   0,   0,   0},
                               { -10, -17, -20, -17, -10},
                               { -10, -17, -20, -17, -10} };

   for (r=0; r<ImSize; r++) {
      for (c=0; c<ImSize; c++) {
         DeltaX [r][c] = 0;
         DeltaY [r][c] = 0;
   } }

   MaxMag = 0;
   for (r=2; r<ImSize-2; r++) {
      for (c=2; c<ImSize-2; c++) {
         dXl = 0;
         dYl = 0;
         for (y=-2; y<=2; y++) {
            for (x=-2; x<=2; x++) {
               gv = InImage [r+y] [c+x];
               dXl += (gv * Xmask [y+2] [x+2]);
               dYl += (gv * Ymask [y+2] [x+2]);
         } }
         dX = (int) (dXl/25);
         dY = (int) (dYl/25);
         if (abs(dX) > MaxMag)  MaxMag = abs(dX);
         if (abs(dY) > MaxMag)  MaxMag = abs(dY);
         DeltaX [r][c] = dX;
         DeltaY [r][c] = dY;
   } }

   for (r=0; r<ImSize; r++) {
      for (c=0; c<ImSize; c++) {
         DeltaX [r][c] = (int) (((long) DeltaX [r][c] * MaxGV) /
                                                         MaxMag);
         DeltaY [r][c] = (int) (((long) DeltaY [r][c] * MaxGV) /
                                                         MaxMag);
} } }
```

Abb. 8.24. C-Realisierung des Gradientenoperators

Den Abschluss bildet eine Normierung der errechneten Daten auf den vom Benutzer wählbaren Betrag von MaxGV. Für eine Darstellung der Ergebnisse ist ein Wert von 255 sinnvoll. Allerdings sollte dabei nicht vergessen werden, dass die Ausgabebilder DeltaX und DeltaY auch negative Werte annehmen können. Aus diesem Grund ist der Datentyp int notwendig. Nach einer Betragsbildung lassen sich die Ausgabebilder fehlerlos in den Datentyp BYTE wandeln und somit problemlos darstellen. Für eine weitere Verwendung der Gradientenbilder ist das Vorzeichen allerdings unverzichtbar.

Dies gilt insbesondere für die Wandlung der kartesischen Darstellung in eine polare. Die entsprechende Prozedur zeigt Abb. 8.25. Die Übergabeparameter sind

MaxGV: maximal erlaubter Gradientenbetrag
ImSize: Bildgröße
MagThres: Schwelle für den Gradientenbetrag: Werte unterhalb dieser Schwelle werden auf null gesetzt und im Weiteren als Hintergrund interpretiert

```
void CarToPol (MaxGV, ImSize, MagThres, DeltaX, DeltaY, GradMag,
GradAng)
int  MaxGV, ImSize, MagThres;
int  ** DeltaX;
int  ** DeltaY;
BYTE ** GradMag;
BYTE ** GradAng;
{
   int  r,c, dX,dY, Mag, MaxMag;

   for (r=0; r<ImSize; r++) {
      for (c=0; c<ImSize; c++) {
         GradMag [r][c] = 0;
         GradAng [r][c] = 0;
   } }

   MaxMag = 0;
   for (r=0; r<ImSize; r++) {
      for (c=0; c<ImSize; c++) {
         dX = DeltaX [r][c];
         dY = DeltaY [r][c];
         Mag = abs(dX) + abs(dY);
         if  (Mag > MaxMag)  MaxMag = Mag;
   } }

   for (r=0; r<ImSize; r++) {
      for (c=0; c<ImSize; c++) {
         dX = DeltaX [r][c];
         dY = DeltaY [r][c];
         Mag = abs(dX) + abs(dY);

         if (Mag > MagThres) {
            GradMag [r][c] = (BYTE) (((long)Mag * MaxGV) / MaxMag);
            GradAng [r][c] = (BYTE) ((DiscAtan256 (dY,dX) + 64)  &
                                                              255);
} } } }
```

Abb. 8.25. C-Realisierung des Wandlers von der kartesischen zur polaren Gradientendarstellung. Die Prozedur DiscAtan ist in Anhang A definiert

`DeltaX`: Eingabebild für die Spaltendifferenzen in der kartesischen Darstellung
`DeltaY`: Eingabebild für die Zeilendifferenzen in der kartesischen Darstellung
`GradMag`: Ausgabebild für den Gradientenbetrag
`GradAng`: Ausgabebild für die Gradientenrichtung (plus 90°).

Der erste Schritt dieser Prozedur ist die Initialisierung der Ausgabebilder `GradMag` und `GradAng`. Es folgt die Ermittlung des maximalen Gradientenbetrags. Er ergibt sich aus $\sqrt{x^2 + y^2}$. Diese Art der Berechnung ist rechenzeitintensiv. Da die Genauigkeit des Gradientenbetrags i.allg. keine große Rolle spielt, kann die exakte Berechnung durch die Approximation $|x| + |y|$ (entsprechend `abs(dX)+abs(dY)`) ersetzt werden.

Auf der Basis des so gewonnenen maximalen Gradientenbetrags erfolgt im letzten Schritt der Prozedur eine Normierung auf den vom Benutzer wählbaren Wert von `MaxGV`. Da für die Darstellung des Gradienten*betrags* der Datentyp `BYTE` vorgesehen ist, darf `MaxGV` einen Wert von 255 nicht überschreiten. Die Berechnung der Gradienten*richtung* beruht auf der in Anhang A.4 beschriebenen Prozedur `DiscAtan256`. Der Vollkreis ist also durch Werte von 0 bis 255 repräsentiert. 90° ist somit durch 64 dargestellt und zum ursprünglichen Wert der Gradientenrichtung zu addieren. Die `&`-Verknüpfung mit 255 bewirkt eine Modulo-2^8 Operation: Die Werte der Richtung bleiben grundsätzlich im Bereich 0 bis 255.

8.3.2 Konturverbesserung

Abbildung 8.26 zeigt eine Prozedur zur Realisierung der Konturverdünnung. Die Übergabeparameter sind
`ImSize`: Bildgröße
`DeltaDir`: maximal erlaubte Abweichung benachbarter Gradientenrichtungen
`GradMag`: Eingabebild für den Gradientenbetrag
`GradAng`: Eingabebild für die Gradientenrichtung
`ThinMag`: Ausgabebild mit dem verdünnten Gradientenbetrag
`ThinAng`: Ausgabebild mit der verdünnten Gradientenrichtung.

Der erste Schritt dieser Prozedur ist die Initialisierung der Ausgabebilder `ThinMag` und `ThinAng`. Die darauf folgende Verdünnung wird nur aktiviert, wenn das aktuelle Pixel `(r,c)` einen Gradientenbetrag ungleich Null aufweist. Andernfalls handelt es sich um einen Hintergrundpixel (vgl. Abschn. 8.3.1).

Die folgenden vier `if`-Abfragen dienen dem Auffinden der Nachbarpixel des aktuellen Pixels, dessen Gradientenrichtung `C` maßgeblich für die Lage dieser Nachbarn ist: Sie liegen rechts und links von ihm (vgl. Abb. 8.9). Die Gradientenrichtungen der Nachbarpixel sind dann `N1 = GradAng [N1r][N1c]` und `N2 = GradAng [N2r][N2c]`. Die Frage ist nun, ob die Gradientenrichtung des aktu-

```
void Thinning (ImSize, DeltaDir, GradMag, GradAng, ThinMag,
               ThinAng)
int  ImSize, DeltaDir;
BYTE ** GradMag;
BYTE ** GradAng;
BYTE ** ThinMag;
BYTE ** ThinAng;
{
   int  r,c, N1,N2, N1c,N1r, N2c,N2r, N1m,N2m, N1ok,N2ok;
   int  C, Cm, Cmax,Cmin;
   for (r=0; r<ImSize; r++) {
      for (c=0; c<ImSize; c++) {
         ThinMag [r][c] = 0;
         ThinAng [r][c] = 0;
   } }
   for (r=1; r<ImSize-1; r++) {
      for (c=1; c<ImSize-1; c++)  if (GradMag[r][c]) {
         C = (int) GradAng [r][c];
         if (0<=C && C<=15 || 240<=C && C<=255 || 112<=C && C<=143)
         {
            N1r = r-1; N1c = c;
            N2r = r+1; N2c = c;      /* west, east */

         }else if (16<=C && C<=47 || 144<=C && C<=175) {
            N1r = r-1; N1c = c-1;
            N2r = r+1; N2c = c+1;    /* north-east, south-west */

         }else if (48<=C && C<=79 || 176<=C && C<=207) {
            N1r = r;   N1c = c-1;
            N2r = r;   N2c = c+1;    /* north, south */

         }else if (80<=C && C<=111 || 208<=C && C<=239) {
            N1r = r-1; N1c = c+1;
            N2r = r+1; N2c = c-1;    /* north-west, south-east */
         }
         Cmin = C - DeltaDir;
         Cmax = C + DeltaDir;
         N1 = GradAng [N1r][N1c];
         N2 = GradAng [N2r][N2c];
         if (Cmin>=0 && Cmax<=255) {
            N1ok = (Cmin<=N1 && N1<=Cmax);
            N2ok = (Cmin<=N2 && N2<=Cmax);
         }else{
            C += 128;  C &= 255;
            Cmin = C - DeltaDir;
            Cmax = C + DeltaDir;
            N1 += 128;  N1 &= 255;  N1ok = (Cmin<=N1 && N1<=Cmax);
            N2 += 128;  N2 &= 255;  N2ok = (Cmin<=N2 && N2<=Cmax);
         }
         if (N1ok && N2ok) {
            N1m = GradMag [N1r][N1c];
            N2m = GradMag [N2r][N2c];
            Cm  = GradMag [r][c];
            if (N1m<=Cm && N2m<=Cm) {
               ThinMag [r][c] = GradMag [r][c];
               ThinAng [r][c] = GradAng [r][c];
} } } } }
```

Abb. 8.26. C-Realisierung der Verdünnungsoperation

ellen Pixels mit denen seiner Nachbarn in etwa übereinstimmt. Die erlaubte Abweichung gibt der/die Benutzer/in mit der Variablen `DeltaDir` vor. Die Gradientenrichtungen beider Nachbarn dürfen weder `Cmin` unterschreiten, noch `Cmax` überschreiten. Die Durchführung der zugehörigen Vergleichsoperationen bedarf allerdings einer Vorsichtsmaßnahme: Liegen `Cmin` und `Cmax` nicht im Zahlenbereich der Gradientenrichtungen (0 bis 255), ist ein korrekter Vergleich mit den garantiert in diesem Bereich liegenden „Nachbarrichtungen" gefährdet. Es gibt mehrere Auswege aus dieser Situation. Der hier gewählte ist einfach und schnell: Man „dreht" `C` um 128 (entspricht 180°). Vorausgesetzt `DeltaDir` ist kleiner als 64 (entspricht 90°), befinden sich nun `Cmin` und `Cmax` sicher im erlaubten Bereich. Für einen korrekten Vergleich bedarf es natürlich ebenfalls der „Verdrehung" der Nachbarrichtungen.

Ergibt der Vergleich der Gradientenrichtungen unzulässige Abweichungen, so erübrigt sich die Weiterarbeit. Fallen aber beide Vergleiche positiv aus, so handelt es sich mit großer Wahrscheinlichkeit um ein Gebiet homogener Gradientenrichtungen, oder um die bildhafte Vorstellung aus Abschn. 8.1.2 zu übernehmen: Die Richtung verläuft längs eines Gebirgszuges. Es bleibt die Frage, ob dieser Weg auf der Spitze dieses Gebirges verläuft. Zur Überprüfung dieser Frage dienen die Gradientenbeträge des aktuellen Pixels und seiner Nachbarn. Ist der Gradientenbetrag des aktuellen Pixels größer oder gleich derjenigen beider Nachbarn, so ist die Frage positiv beantwortet. In diesem Fall werden Gradientenbetrag und -richtung des aktuellen Pixels der jeweiligen Ursprungsbilder in die Ergebnisbilder `ThinMag` und `ThinAng` übernommen.

Das so entstandene verdünnte Gradientenbild weist zwar nur noch ein Pixel breite Konturen auf, die Konturpunkte sind allerdings über sog. 4er-Nachbarschaften verbunden. Ein Beispiel einer solchen *Konturpunktkette* zeigt Abb. 8.11a. Diese Kette ist dann ein Pixel breit, wenn Nachbarschaften nur in senkrechter oder waagerechter Richtung zugelassen sind. Ist allerdings eine diagonale Nachbarschaft erlaubt, so weist die in Abb. 8.11a dargestellte Kette plötzlich zwei Pixel breite Abschnitte auf. Dieses Manko entfällt im Fall von Konturpunkten, die über 8er-Nachbarschaften verbunden sind (vgl. Abb. 8.11b).

Abbildung 8.27 zeigt eine Prozedur zur Realisierung der Wandlung eines mit 4er-Nachbarschaften verknüpften Konturbildes in eines mit 8er-Nachbarschaften. Die Übergabeparameter sind

`ImSize`: Bildgröße

`ThinMag`: Betragsbild, in dem die überflüssigen Konturpunkte gelöscht werden sollen

`ThinAng`: Richtungsbild, in dem die überflüssigen Konturpunkte gelöscht werden sollen.

Dieses Verfahren ist eines der wenigen, die direkt im Eingabebild arbeiten. Die sonst übliche Initialisierung von Ausgabebildern zu Beginn des Verfahrens entfällt mithin. 4er-Nachbarschaften können in den in Abb. 8.12 gezeigten Konstel-

```
void FourToEight (ImSize, ThinMag, ThinAng)
int  ImSize;
BYTE ** ThinMag;
BYTE ** ThinAng;
{
   int   r,c, Cm, N1c,N1r, N2c,N2r, N1m,N2m;

   for (r=1; r<ImSize-1; r++) {
      for (c=1; c<ImSize-1; c++)  if (ThinMag[r][c]) {
         N1r = r-1;  N1c = c;
         N2r = r;    N2c = c+1;
         Cm  = ThinMag [r][c];
         N1m = ThinMag [N1r][N1c];
         N2m = ThinMag [N2r][N2c];
         if (Cm && N1m && N2m) {
            ThinMag [r][c] = 0;
            ThinAng [r][c] = 0;
         }else{
            N1r = r-1;  N1c = c;
            N2r = r;    N2c = c-1;
            Cm  = ThinMag [r][c];
            N1m = ThinMag [N1r][N1c];
            N2m = ThinMag [N2r][N2c];
            if (Cm && N1m && N2m) {
               ThinMag [r][c] = 0;
               ThinAng [r][c] = 0;
            }else{
               N1r = r+1;  N1c = c;
               N2r = r;    N2c = c-1;
               Cm  = ThinMag [r][c];
               N1m = ThinMag [N1r][N1c];
               N2m = ThinMag [N2r][N2c];
               if (Cm && N1m && N2m) {
                  ThinMag [r][c] = 0;
                  ThinAng [r][c] = 0;
               }else{
                  N1r = r+1;  N1c = c;
                  N2r = r;    N2c = c+1;
                  Cm  = ThinMag [r][c];
                  N1m = ThinMag [N1r][N1c];
                  N2m = ThinMag [N2r][N2c];
                  if (Cm && N1m && N2m) {
                     ThinMag [r][c] = 0;
                     ThinAng [r][c] = 0;
} } } } } } }
```

Abb. 8.27. C-Realisierung der Wandlung von 4er- in 8er-Nachbarschaften

lationen auftreten. Dabei seien die dick umrandeten Pixel Teile der Konturpunktkette, wobei das aktuelle Pixel jeweils den überflüssigen Konturpunkt darstellt. Findet der Algorithmus für das aktuelle Pixel eine der vier Konstellationen, so setzt er das aktuelle Pixel im Betrags- und Richtungsbild auf null. Es ist somit dem Hintergrund zugeordnet.

8.3.3 Konturpunktverkettung

Abbildung 8.28 zeigt eine Prozedur zur Realisierung der Konturpunktverkettung. Die Übergabeparameter sind

`ImSize`: Bildgröße

`ThinMag`: Eingabebild mit dem verdünnten Gradientenbetrag (8er-Nachbarschaft)

`Chain`: Vektor, in dem sämtliche in `ThinMag` aufgefundenen Konturpunktketten abgelegt sind.

```
int Linking (ImSize, ThinMag, Chain)
int    ImSize;
BYTE   ** ThinMag;
ChnTyp * Chain;
{
   /* chain code (cc):  O NO  N NW  W SW  S SO   */
   static  int y [8] = {0,-1,-1,-1, 0, 1, 1, 1};
   static  int x [8] = {1, 1, 0,-1,-1,-1, 0, 1};
   int  r,c, rf,cf, rs,cs, i,l, cc;

   l = 0;
   for (r=1; r<ImSize-1; r++) {
      for (c=1; c<ImSize-1; c++)  if (ThinMag [r][c]) {
         rf = r;
         cf = c;
         i = 1;
         Chain[l].r = rf;
         Chain[l].c = cf;
         Chain[l].i = i;
         i++;
         l++;
         ThinMag [rf][cf] = 0;

         for  (cc=0; cc<8; cc++) {
            rs = rf + y[cc];
            cs = cf + x[cc];
            if (ThinMag [rs][cs])  {
               rf = rs;
               cf = cs;
               GetMem (Chain);
               Chain[l].r = rf;
               Chain[l].c = cf;
               Chain[l].i = i;
               i++;
               l++;
               ThinMag [rf][cf] = 0;
               cc=-1;   /* attention:  reset of loop counter */
   } } } }
   l--;
   return (l);
}
```

Abb. 8.28. C-Realisierung der Konturpunktverkettung. Der Datentyp `ChnTyp` und die Prozedur `GetMem` sind in Anhang A definiert

Der Rückgabewert der Prozedur entspricht der Länge des Vektors `Chain`. Der Definitionsteil der Prozedur enthält zwei statische Vektoren `x` und `y`. Die Einträge dieser Vektoren ermöglichen einen einfachen Zugriff auf die das aktuelle Pixel umgebenden Nachbarpixel. Sind die Koordinaten des aktuellen Pixels `rf` und `cf`, so sind die Koordinaten der Nachbarn `rf+y[cc]` und `cf+x[cc]`. So ist beispielsweise der südwestliche Nachbar (`cc=5`) durch die Koordinaten `rf+1` und `cf-1` repräsentiert.

Für den Ablauf des Algorithmus sind zwei Laufvariable wichtig:

`i`: ist der Index der Konturpunkte ein und derselben Konturpunktkette. Der zuerst aufgefundene Konturpunkt dieser Kette erhält den Index 1. Der Index des letzten Konturpunktes entspricht gleichzeitig der Anzahl der Konturpunkte dieser Kette

`l`: zählt die Anzahl *sämtlicher* gefundener Konturpunkte.

Den Rahmen des Verkettungsalgorithmus stellen zwei `for`-Schleifen dar, die das gesamte Bild `ThinMag` nach Konturpunkten absuchen. Deren Gradientenbetrag wird von dem vorliegenden, einfachen Algorithmus nicht ausgewertet. Er muss natürlich größer als Null sein.

Treffen die äußeren Schleifen des Algorithums also auf einen Konturpunkt, so wird dieser als erster Konturpunkt einer noch zu ermittelnden Kette interpretiert. Folglich ist `i` auf 1 zu setzen und die Koordinaten des Konturpunktes in den Vektor `Chain` zu übertragen. Da auch `i` in diesem Vektor abgelegt wird, ist der Beginn einer neuen Kette für spätere, mit dem Vektor `Chain` arbeitende Verfahren problemlos identifizierbar. Bevor der Algorithmus nun nach Konturpunkten in der Nachbarschaft sucht, ist es wichtig, den gefundenen Konturpunkt auf null zu setzen oder auf eine andere Weise als „gefunden" zu kennzeichnen. Achtung: Hier wird im Ursprungsbild „herummanipuliert".

Die nun folgende `for`-Schleife durchläuft die Nachbarn des soeben gelöschten Konturpunktes auf der Suche nach weiteren Konturpunkten. Die Koordinaten der Nachbarn sind `rs` und `cs` und werden mit Hilfe der bereits beschriebenen statischen Vektoren `x` und `y` ermittelt. War die Suche in sämtlichen acht Fällen nicht erfolgreich, so ist die Konturpunktkette hier am Ende. Die Kontrolle übernehmen nun wiederum die äußeren `for`-Schleifen, um nach einem neuen Konturpunkt als Beginn einer neuen Kette „Ausschau zu halten".

Wurde aber ein nachfolgender Konturpunkt gefunden, ist es zunächst notwendig, mit Hilfe der Prozedur `GetMem` dem Vektor `Chain` für die Speicherung der Daten dieses Konturpunktes weiteren Speicherplatz hinzuzufügen. Sind die Daten in den Vektor übernommen, werden die Indizes inkrementiert und der gefundene Konturpunkt auf null gesetzt.

Der Abschluss der Prozedur bildet einen klaren Verstoß gegen die Regel, niemals Laufvariablen einer Schleife zu manipulieren. Pragmatiker schätzen allerdings besonders solche Ausnahmen, die die Regeln bestätigen. Dieser Fall ist hier gegeben, da das Zurücksetzen der Laufvariablen lediglich einen Neuanfang der Schleife bewirkt. Außerdem geschieht diese Regelwidrigkeit grundsätzlich am Ende einer Schleife und ist somit leicht überblickbar.

Die Prozedur Linking ist die einfachste Realisierung der Verkettung. In der Praxis sollte die Prozedur so erweitert werden, dass sie die in Abschn. 8.1.3 beschriebene Funktion erfüllt. Weitere Informationen hierzu finden Sie in Abschn. 8.4.3.

8.3.4 Konturapproximation

Abbildung 8.29 zeigt die Prozedur Approx zur Realisierung der Konturapproximation. Die Übergabeparameter sind

ChnLen: Länge des Vektors Chain
MaxErr: maximal erlaubter Approximationsfehler in Pixeln
Chain: Vektor, in dem sämtliche Konturpunktketten abgelegt sind
Segs: Vektor, in dem sämtliche, die Kontur approximierende Geradenstücke (Segmente) abgelegt sind.

Die Prozedur Approx dient lediglich als Rahmen für den eigentlichen Approximationsalgorithmus. Sie arbeitet den Vektor Chain vom Ende her ab, indem sie den Index TopOfCurve des letzten Konturpunktes der aktuellen Konturpunktkette sowie die Länge CurveLen dieser Kette ermittelt. Aufgabe der Prozedur Polygon ist es nun, diese Konturpunktkette durch Segmente zu approximieren und die Endpunktkoordinaten der gefundenen Segmente im Vektor Segs abzulegen.

Abbildung 8.30 zeigt die Prozedur Polygon zur Realisierung des eigentlichen Approximationsalgorithmus. Die Übergabeparameter sind

TopOfCurve: Index des letzten Konturpunktes der aktuellen Konturpunktkette
CurveLen: Länge der aktuellen Konturpunktkette
MaxErr: maximal erlaubter Approximationsfehler
NofSegs: Anzahl der gefundenen Segmente
Chain: Vektor, in dem sämtliche Konturpunktketten abgelegt sind
Segs: Vektor, in dem sämtliche, die Kontur approximierende Geradenstücke (Segmente) abgelegt sind.

```
void Approx (ChnLen, MaxErr, Chain, Segs)
int    ChnLen, MaxErr;
ChnTyp * Chain;
SegTyp * Segs;
{
    int  NofSegs, CurveLen, TopOfCurve;

    NofSegs = 0;
    TopOfCurve = ChnLen;
    while (TopOfCurve >= 0) {
        CurveLen = Chain[TopOfCurve].i;
       Polygon (TopOfCurve, CurveLen, MaxErr, &NofSegs, Chain, Segs);
        TopOfCurve -= CurveLen;
} }
```

Abb. 8.29. C-Realisierung der Konturapproximation (Rahmen). Die Datentypen ChnTyp und SegTyp sind in Anhang A definiert

```
void Polygon (TopOfCurve, CurveLen, MaxErr, NofSegs, Chain, Segs)
int     TopOfCurve, CurveLen, MaxErr, *NofSegs;
ChnTyp * Chain;
SegTyp * Segs;
{
   int    r0,c0,r1,c1, m,n, LineLen, Difference, MaxErrPos, MaxDiff;
   LinTyp * Line;

   r1 = Chain[TopOfCurve].r;
   c1 = Chain[TopOfCurve].c;
   r0 = Chain[TopOfCurve-CurveLen+1].r;
   c0 = Chain[TopOfCurve-CurveLen+1].c;

   LineLen = GenLine (r0,c0,r1,c1, Line);
   MaxErrPos = 0;
   MaxDiff   = 0;
   for (m=1, n=TopOfCurve-CurveLen+1;  m<=LineLen;  m++, n++) {
      Difference = abs (Line[m].c - Chain[n].c) +
                   abs (Line[m].r - Chain[n].r);
      if (Difference > MaxDiff) {
         MaxErrPos = m;
         MaxDiff   = Difference;
   } }
   if (MaxDiff > MaxErr) {
      Polygon (TopOfCurve, CurveLen-MaxErrPos+1, MaxErr, NofSegs,
                                                   Chain, Segs);
      Polygon (TopOfCurve-CurveLen+MaxErrPos, MaxErrPos, MaxErr,
                                          NofSegs, Chain, Segs);
   }else{
      GetMem (Segs);
      Segs[*NofSegs].r0 = Line[0].r;
      Segs[*NofSegs].c0 = Line[0].c;
      Segs[*NofSegs].r1 = Line[LineLen-1].r;
      Segs[*NofSegs].c1 = Line[LineLen-1].c;
      ++*NofSegs;
} }
```

Abb. 8.30. C-Realisierung der Konturapproximation (Split-Algorithmus). Die Datentypen `ChnTyp`, `SegTyp` und `LinTyp` sowie die Prozeduren GenLine und GetMem sind in Anhang A definiert

Die Konturapproximation beruht auf dem in Abschn. 8.1.4 dargestellten Split-Verfahren. Abbildung 8.31 zeigt das Realisierungsprinzip dieses Verfahrens. Das approximierende Segment liegt pixelweise vor. Die Fehlerbestimmung erfolgt mit Hilfe der City-Block-Distanz zwischen den Pixeln der Konturpunktkette und denen des Geradenstücks. Dieses entspricht zwar nicht ganz der in Abb. 8.21 gezeigten Ursprungsidee, bietet aber den Vorteil der schnellen und einfachen Realisierung.

Die das Segment bildenden Pixel ermittelt die Prozedur `GenLine` (vgl. Abb. 8.30). Die Koordinaten dieser Pixel sind im Vektor `Line` abgelegt. Der Rückgabeparameter der Prozedur `GenLine` liefert die Länge `LineLen` dieses Vektors. Die nachfolgende `for`-Schleife ermittelt gemäß des in Abb. 8.30 gezeigten Prinzips die City-Block-Distanzen `Difference` zwischen den Pixeln der Konturpunktkette `Chain` und denen des Geradenstücks `Line`.

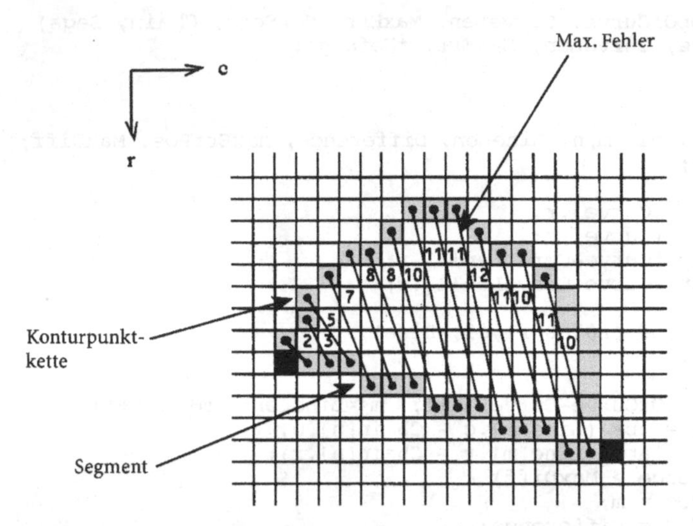

Abb. 8.31. Die Realisierung des Split-Verfahrens (vgl. Abb. 8.21) unterscheidet sich ein wenig von der Ursprungsidee: Der Approximationsfehler ist die City-Block-Distanz zwischen den Pixeln der Kette und des Segments. Dadurch ist das Verfahren einfach und schnell

Der Index des dabei gefundenen maximalen Fehlers `MaxDiff` ist `MaxErrPos`. Ist der erlaubte Fehler `MaxErr` *nicht* überschritten, wird mit Hilfe der Prozedur `GetMem` Speicher für den Vektor `Segs` allokiert und die Endpunktkoordinaten des Geradenstücks `Line` übernommen. Sollte der Approximierungsfehler unakzeptabel sein (`MaxDiff > MaxErr`), erfolgen zwei rekursive Aufrufe der Prozedur `Polygon`, die die beiden Teilstücke der an der Stelle des maximalen Fehlers aufgebrochenen Konturpunktkette approximieren.

Bitte beachten Sie, dass die Prozedur `Polygon` eine sehr einfache Realisierung des Split-Algorithmus ist. Aus Gründen der Übersichtlichkeit sind Mechanismen zur Bearbeitung „unschöner" Kurven nicht implementiert. Hierzu zählt insbesondere der Fall geschlossener Kurven.

8.4 Ergänzungen

8.4.1 Konturpunktdetektion

Abbildung 8.32 zeigt zwei grundlegende Werkzeuge zur Konturpunktdetektion: Das Maximum der ersten Ableitung des Grauwertes oder der Nulldurchgang (zero-crossing) der zweiten Ableitung detektieren die lokal größte Grauwertdifferenz. Ein Grauwertbild ist darstellbar als Funktion $f(x,y)$ zweier Koordinaten x und y eines zweidimensionalen Koordinatensystems mit den Einheitsvektoren i und j. Die erste Ableitung dieser zweidimensionalen Funktion realisiert der Gradient

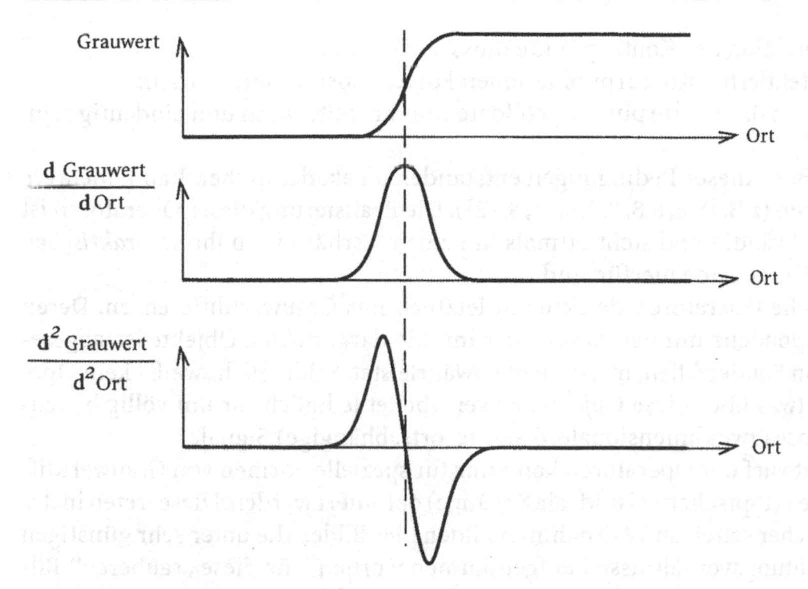

Abb. 8.32. Nutzung der ersten und der zweiten Ableitung des Grauwerts nach dem Ort zum Zweck der Konturpunktdetektion

$$\nabla f(x,y) = \frac{\partial f}{\partial x}\mathrm{i} + \frac{\partial f}{\partial x}\mathrm{j}$$

Der Betrag des Gradienten ist

$$|\nabla f(x,y)| = \sqrt{\left(\frac{\partial f}{\partial x}\right)^2 + \left(\frac{\partial f}{\partial y}\right)^2}$$

und die Richtung

$$\Theta(\nabla f(x,y)) = \arctan\left(\frac{\partial f}{\partial y} \Big/ \frac{\partial f}{\partial x}\right)$$

Die zweite Ableitung realisiert der Laplace-Operator

$$\nabla^2 f(x,y) = \frac{\partial^2 f}{\partial x^2}\mathrm{i} + \frac{\partial^2 f}{\partial y^2}\mathrm{j}$$

der rotationsinvariant ist und mithin keine Richtungsinformation liefert.

Die Anwendung beider Werkzeuge beruht auf der lokalen Faltung (vgl. Abschn. 5.4) eines Grauwertbildes mit Operatormasken, die Gradienten- bzw. Laplace-Operatoren approximieren. Entscheidende Fragen in diesem Zusammenhang betreffen die Größe der Masken sowie deren Koeffizienten. Zu ihrer Beantwortung sind insbesondere folgende drei Bedingungen zu beachten (vgl. [8.8]):

- Die Detektion der Konturpunkte muss sicher sein.
- Die detektierten Konturpunkte sollen korrekt positioniert werden.
- Die durch die Konturpunkte gebildete Kontur sollte dünn und eindeutig sein.

Auf der Basis dieser Bedingungen entstanden im akademischen Raum mehrere Operatoren (z.B. [8.6, 8.8, 8.9, 8.11, 8.12]). Die Realisierung dieser Operatoren ist relativ aufwändig und steht oftmals in keinem Verhältnis zu ihrem *praktischen* Nutzen. Die Gründe hierfür sind:

- Sämtliche Operatoren detektieren letztlich nur Grauwertdifferenzen. Deren Korrespondenz mit den *Kanten* der im Bild dargestellten Objekte ist, abgesehen von Sonderfällen, meist nicht gewährleistet. Schließlich „weiß" kein Operator etwas über diese Objekte. Er verarbeitet lediglich für ihn völlig bedeutungslose (zweidimensionale, diskrete, ortsabhängige) Signale.
- Der Entwurf der Operatoren kann nur für spezielle Formen von Grauwertdifferenzen (typischerweise ideale Sprünge) optimiert werden. Diese treten in der Praxis eher selten auf. Ausnahmen bilden hier Bilder, die unter sehr günstigen Beleuchtungsverhältnissen aufgenommen wurden. Für diese „sauberen" Bilder benötigt man jedoch keine besonders ausgefeilten Operatoren.
- Abgesehen von Einzelaspekten, wie z.B. der Rechengeschwindigkeit oder dem Fehler bei der Bestimmung der Gradientenrichtung, ist es nicht möglich, die Qualität eines Operators zu bestimmen, da allgemein akzeptierte Gütekriterien fehlen.

Konsequenz: In der Praxis sollte man sich konservativ verhalten und auf die „guten alten" Operatoren zurückgreifen. Die Vorgehensweise im Fall des Gradientenoperators ist ausführlich in den vorangegangenen Abschnitten bzw. in [8.2] beschrieben.

Es sei aber ausdrücklich dem Eindruck entgegengewirkt, die im akademischen Raum aktuellen Operatoren seien „Spielereien". Im Gegenteil: Sie sind für das Vorantreiben des Wissens bzw. für eine tiefergehende Erkenntnis im Bereich der Bildverarbeitung unverzichtbar. Letztendlich stammen auch die mittlerweile klassischen Operatoren von der akademischen „Spielwiese".

Denjenigen, die hier ihr Arbeitsfeld suchen, sei als Beginn die Realisierung des Nulldurchgangsoperators auf der Basis des klassischen Verfahren von Marr und Hildreth empfohlen [8.15, 8.16]. Zusammenfassend ist dieser Operator in [8.2] beschrieben. Parker [8.17] zeigt die Realisierung des Marr-Hildreth-Operators, des Canny-Operators [8.8] und dessen Erweiterung, des Shen-Castan-Operators [8.21]. Die Rotationsinvarianz des Marr/Hildreth-Operators ist allerdings ein entscheidender Nachteil: Man verzichtet auf die wichtige Richtungsinformation.

8.4.2 Konturverbesserung

Aufgabe der Konturverbesserung ist das Entfernen überflüssiger Konturpunkte und das Schließen unterbrochener Konturen. Diese Aufgabe ist grundsätzlich nicht zur vollen Zufriedenheit lösbar, da den Aufbesserungsverfahren Informationen bezüglich der Bedeutung der im Bild dargestellten Objekte fehlt. Auf die Überflüssigkeit eines Konturpunktes kann lediglich aus lokalen Konstellationen des *Signals* „Bild" geschlossen werden. Ähnliches gilt für das Schließen von Konturbrüchen. Dabei besteht die Gefahr, entscheidende Fehler zu begehen: Eine Lücke in einer Kontur kann in einem wie auch immer gearteten Zusammenhang bedeutungsvoll sein und dürfte dann nicht geschlossen werden.

Die Aufgabe des Entfernens überflüssiger Konturpunkte übernimmt das in den vorangegangenen Abschnitten beschriebene Verdünnungsverfahren (*Nonmaxima-Unterdrückung*). Es ist einfach und wirkungsvoll. Soll allerdings die Information über den Gradientenbetrag entlang einer Kontur erhalten bleiben, sind zur Beschreibung dieser Kontur deren „Gipfelpixel" (vgl. Abschn. 8.1.2) nicht ausreichend. Auch die Breite sowie die Form des Gradienten-„Gebirges" müssen in den Verdünnungsprozess einbezogen werden. Dieses erreicht man durch eine *Nonmaxima-Absorption*. Bildhaft gesprochen absorbiert der „Gipfel" die Bergteile zu seiner Rechten und Linken und erhöht sich dadurch. Eine detaillierte Beschreibung des Verfahrens gibt [8.2].

Aufbesserungsverfahren, die in der Lage sind, Konturlücken zu schließen, gestalten sich wesentlich aufwändiger. Hier kommt ein Werkzeug zur Anwendung, das keinesfalls auf die Aufbesserung von Konturen beschränkt ist. Es ist die sog. Relaxation. Hierbei geht es darum, wie auch immer geartete Objekte, die in nachbarschaftlicher Beziehung zueinander stehen, auf gewisse Homogenitätskriterien hin zu überprüfen. Weisen diese Objekte von diesen Kriterien abweichende Eigenschaften auf, so werden dieselben der Umgebung angeglichen. Übertragen auf die Aufgabe der Konturaufbesserung bedeutet dies, dass

- starke Konturelemente in einer Umgebung mit schwachen Elementen wahrscheinlich auf Rauschvorgänge zurückzuführen sind und somit unterdrückt werden sollten,
- schwache Konturelemente mitten in einer ausgeprägten Kontur „gestärkt" werden sollten,
- ein Konturelement mit abweichender Ausrichtung innerhalb einer deutlichen Kontur letzterer angepasst werden sollte.

Insbesondere die klassischen Relaxationsverfahren sind ausführlich in [8.2] und [8.14] beschrieben. Eine interessante Alternative hierzu, die Nonmaxima-Unterdrückung, Nonmaxima-Absorption und Relaxation verknüpft, findet sich in [8.3].

Relaxationsverfahren weisen leider einen erheblichen Nachteil auf: Sie sind rechenaufwendig und bieten nicht immer eine adäquate Leistung. Es bedarf hier noch erheblicher Forschungsanstrengungen. In der Praxis sollte man auf jeden Fall zunächst versuchen, anstehende Aufbesserungsaufgaben mit der simplen Nonmaxima-Unterdrückung zu lösen.

8.4.3
Konturpunktverkettung

Das in Abschn. 8.1.3 vorgestellt Verkettungsverfahren zeichnet sich durch Einfachheit und hohe Verarbeitungsgeschwindigkeit aus. Es weist allerdings zwei Nachteile auf. Sie sind in Abb. 8.33 skizziert. Ausgangspunkt sei das verdünnte Konturbild eines halbkreisförmigen hellen Objektes auf dunklem Hintergrund (Abb. 8.33a). Die entsprechende Umlaufrichtung der Kontur (Gradientenrichtung plus 90°) ist eingezeichnet. Die Kontur ist an den unteren, scharfen Ecken aufgebrochen.

Das Verkettungsverfahren beginnt mit der Suche nach Konturpunkten in der linken oberen Ecke des Bildes und arbeitet es dann zeilenweise ab. Daher trifft es im vorliegenden Fall am oberen Ende des Halbkreises auf den ersten Konturpunkt und läuft dann zu einem der beiden Enden des Halbkreises. Die dabei aufgefundenen Konturpunkte bilden die erste Kette. Die andere Hälfte des Halbkreises ist in diese Kette allerdings *nicht* einbezogen. Für sie bedarf es einer weiteren Kette. Auf diese Weise entstehen drei anstatt der möglichen zwei Konturpunktketten (Abb. 8.33b).

Das zweite Detail betrifft die Richtung der Verkettung. Sie entspricht bei zwei der in Abb. 8.33b gezeigten Ketten nicht der ursprünglichen Konturrichtung. Das kann in einigen Anwendungen stören.

Beide Aufgaben sind für denjenigen, der das Grundprinzip der Verkettung verstanden hat, problemlos zu lösen: Im ersten Fall muss (wie bereits in Abschn. 8.1.3 geschildert) das Verfahren vorbereitend zu einem Ende der Kette laufen und darf erst ab dort mit der Verkettung beginnen. Im zweiten Fall reicht es, die Gradientenrichtung in die Verkettung einzubeziehen.

Trotz der Erweiterungen kann dieses einfache Verkettungsverfahren lediglich direkt benachbarte Konturpunkte verketten. Man kann sie daher mit dem Attribut *lokal* versehen. *Globale* Verkettungsverfahren bieten weitergehende Möglichkeiten. Diese reichen von Informationen über den Verlauf der gesamten bisher gefundenen Kette, bis hin zu Informationen über die im Bild vermuteten

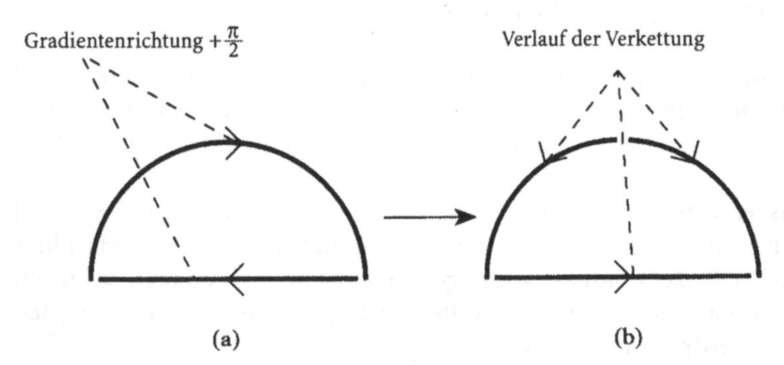

Abb. 8.33. Die Linienunterbrechung als Nachteil des einfachen Verkettungsverfahrens lässt sich durch Nutzung der Gradientenrichtung verhindern

Objekte. Derartige Verfahren sind natürlich äußerst rechenzeitaufwendig. Sie befinden sich außerdem noch im Forschungsstadium. Beides stellt eine praktische Verwendung momentan noch in Frage. Für eine ausführliche Beschreibung globaler Verkettungsverfahren sei auf [8.2] verwiesen.

Trotzdem hat bereits eines dieser Verfahren Einzug in die Praxis gehalten. Es handelt sich um die sog. Hough-Transformation. Da sie über die Konturpunktverkettung hinaus von Interesse ist, wurde ihr speziell das Kap. 9 gewidmet.

8.4.4 Konturapproximation

Ziel der Konturapproximation ist die Beschreibung der Konturpunktketten durch eine möglichst geringe Anzahl von Geradenstücken unter Vorgabe eines maximalen Approximationsfehlers. Diese Bedingungen erfüllt das von Dunham entwickelte optimale Verfahren [8.10]. Dieses und diverse andere Methoden sind in [8.2] ausführlich beschrieben.

Der entscheidende Nachteil dieses Verfahrens ist seine lange Rechenzeit. Es eignet sich allerdings hervorragend als Referenz für den Leistungsvergleich mit anderen Verfahren. Dunham führte einen solchen Vergleich durch. Dabei erwies sich das in Abschn. 8.3.4 beschriebene simple Split-Verfahren von Ramer [8.19] als durchaus passabel. Angesichts der einfachen Realisierung sowie der hohen Bearbeitungsgeschwindigkeit ist es daher für die Praxis prädestiniert.

8.4.5 Andere Konturverfahren

Der in den vorhergehenden Abschnitten vorgestellte Weg der Kontursegmentierung ist in gewisser Weise zwar klassisch, aber sicher nicht allein selig machend. Daher seien abschließend zwei grundsätzliche Alternativen vorgestellt.

Die erste geht auf Arbeiten Pragers zurück [8.18]. Hier ist bereits die Kantendarstellung ungewöhnlich (Abb. 8.34). Pragers nennt seinen Ansatz *Interpixel-Modell.* Andere sprechen auch von *crack edges* [8.1]. Hier errechnen sich die Beträge der Konturelemente aus der Differenz der Grauwerte der beiden Pixel, zwischen denen das Konturelement liegt. Dabei wird grundsätzlich der Betrag dieser Differenz gebildet, d.h. negative „Kantenstärken" treten nicht auf. Die Richtung der Konturelemente ist durch ihre Lage zwischen den Pixeln auf „waagerecht" oder „senkrecht" beschränkt. Daher sind die Nachbarschaftsverhältnisse besonders einfach. Das hat natürlich Einfluss auf nachfolgende Verfahren. So schlägt Prager zur Konturaufbesserung ein Relaxationsverfahren vor, das ausgesprochen einfach, schnell und robust ist [8.2].

Die zweite Alternative ist in der Arbeit von Burns et al. dargestellt [8.7]. Diese beginnt nach bekanntem Muster mit der Konturpunktdetektion mittels eines Gradientenoperators. Schaut man sich die Bilder der Gradientenrichtung in Abschn. 8.3 an, so treten die Regionen ähnlicher Richtungen deutlich hervor. Auf diese

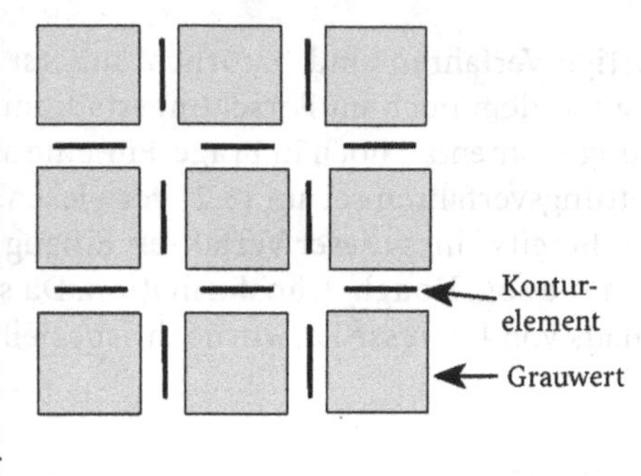

Abb. 8.34. Das Interpixel-Modell von Prager basiert auf Konturelementen, die zwischen vertikal und horizontal benachbarten Pixeln liegen. Hier errechnen sich die Beträge der Konturelemente aus der Differenz der Grauwerte der beiden Pixel, zwischen denen das Konturelement liegt. Die Richtung der Konturelemente ist durch ihre Lage zwischen den Pixeln auf „waagerecht" oder „senkrecht" beschränkt

Regionen konzentriert Burns die weitere Verarbeitung seiner Konturbilder. Er nähert die Verläufe der Gradienten*beträge* in diesen Regionen durch Ebenen an und ermittelt aus deren Lage die die Kontur approximierenden Geradenstücke. Die klassische Konturaufbesserung, Verkettung und Approximation entfallen also. Dieses heißt allerdings nicht, dass das Verfahren von Burns genügsam im Hinblick auf Rechnerressourcen ist. Im Gegenteil: Der Speicherbedarf und auch die Rechenzeiten übersteigen diejenigen der oben dargestellten klassischen Verfahren deutlich. Trotzdem handelt es sich hier um einen sehr interessanten Ansatz, der zumindest einen tieferen Einblick in das Thema der Kontursegmentierung bietet.

8.5 Aufgaben

8.1:
Wende die in Abb. 8.35 gezeigten Masken auf das in Abb. 8.3 gezeigte Eingabebild an.

8.2:
Wende das Verfahren zur Non-maxima-Unterdrückung mit den Ähnlichkeitsmaßen ±5°, ±10° und ±15° auf das in Abb. 8.36 gezeigte Gradientenbild an.

Abb. 8.35. Ähnlich wie der einfache in Abb. 8.4 gezeigte Operator, realisieren diese Masken den Gradientenoperator. Allerdings weisen sie auf Grund ihrer Größe einen Tiefpasseffekt auf

−1	1
−1	1

−1	0	1
−1	0	1
−1	0	1

1	1
−1	−1

1	1	1
0	0	0
−1	−1	−1

Abb. 8.36. Dieses Gradientenbild ist Basis für Aufgabe 8.2

Betrag

0	0	18	22	16	20	15	0
0	19	67	101	92	104	89	41
0	41	127	186	173	192	192	135
0	70	175	231	197	208	243	224
20	112	210	228	156	136	197	234
45	152	229	204	100	42	95	155
81	188	234	176	66	0	16	54
125	217	223	134	31	0	0	0

Richtung

0	0	38°	25°	0	325°	329°	0
0	45°	44°	31°	7°	342°	326°	323°
0	58°	53°	39°	13°	346°	333°	329°
0	65°	65°	52°	23°	346°	335°	335°
45°	68°	70°	66°	38°	343°	332°	335°
56°	70°	75°	73°	59°	336°	325°	329°
62°	72°	73°	70°	59°	0	318°	321°
68°	73°	73°	69°	52°	0	0	0

8.3:

Wende das Verfahren zur Wandlung einer 4er- in eine 8er-Nachbarschaft auf das in Abb. 8.13 gezeigte Beispiel an. Starte dabei *unten rechts.*

8.4:

Wende das verfeinerte Verfahren zur Wandlung einer 4er- in eine 8er-Nachbarschaft auf das in Abb. 8.37 gezeigte Beispiel an.

Abb. 8.37. Diese Konturpunktkette ist ein weiteres ungewöhnliches Ergebnis einer Non-maxima-Unterdrückung

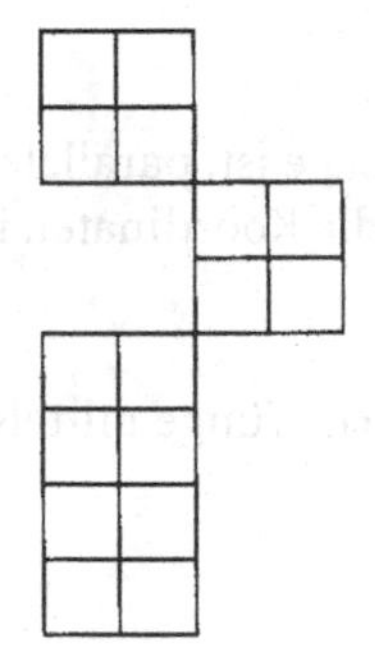

Abb. 8.38. Dient Aufgabe 8.5 als Eingabebild

			1	1	1		
	1	1				1	
1				1			1
1			1		1		1
1		1			1		1
1			1	1			1
						1	
			1	1	1		

8.5:
Wende das Verfahren zur Konturpunktverkettung auf das in Abb. 8.38 gezeigte Beispiel an.

8.6:
Schreibe ein Programm, das die Genauigkeit der durch verschiedene Gradientenoperatoren erzeugten Gradientenrichtungen ermittelt. Beachte dabei, dass die Genauigkeit der Richtungsberechnung wiederum abhängig von der jeweiligen Richtung ist.

8.7:
Schreibe ein Programm, das das in Abschn. 8.1.2 diskutierte verbesserte Verfahren zur Wandlung einer 4er- in eine 8er-Nachbarschaft realisiert.

8.8:
Schreibe ein Programm, das das in Abschn. 8.4.3 diskutierte verbesserte Verfahren zur Konturpunktverkettung realisiert.

8.9:
Abbildung 8.29 zeigt die Realisierung einer einfachen und schnellen Variante des Split-Verfahrens, das allerdings in bestimmten Situationen unangenehme Fehler verursacht. Schreibe ein Programm, das die ursprüngliche Idee des Split-Verfahrens realisiert.

8.10:
Schreibe ein Programm, das in der Lage ist, parallele Geradenstücke zu erkennen. Die Geradenstücke seien durch die Koordinaten ihrer Endpunkte definiert.

8.11:
Schreibe ein Programm, das Grauwertsprünge mittels eines Nulldurchgangverfahrens ermittelt.

8.12:

Schreibe ein Programm, das Grauwertsprünge auf der Basis des Interpixel-Modells ermittelt.

8.13:

Wende einen 5*5-Gradientenoperator auf das Bild KDVSRC.128 an (s. Abb. 8.23). Wende auf dasselbe Bild einen 5*5-Glättungsoperator (Abschn. 5.1.1) gefolgt von dem in Abb. 8.4 gezeigten, sehr einfachen Gradientenoperator an. Vergleiche die Ergebnisse.

8.14:

Untersuche sämtliche von AdOculos angebotenen Konturverfahren (s. AdOculos Hilfe).

Literatur

8.1 Ballard, D.H.; Brown, Ch.M.: Computer vision. Englewood Cliffs, New Jersey: Prentice-Hall 1982

8.2 Bässmann, H.; Besslich, Ph.W.: Konturorientierte Verfahren in der digitalen Bildverarbeitung. Berlin, Heidelberg, New York: Springer 1989

8.3 Besslich, Ph.W.; Bässmann, H.: Curve enhancement using rule-based relaxation. Int. Cong. on Optical Science and Engineering, Hamburg, 19.–23. Sept. 1988, (P.J.S. Hutzler and A.J. Oosterlinck, Eds.), Image Processing II, SPIE Proc. No. 1027 (1989), 154–160

8.4 Besslich, Ph.W.; Bässmann, H.: A tool for extraction of line-drawings in the context of perceptual organization: Proceedings of the International Conference on Computer Analysis of Images and Patterns, Leipzig, 8.–10. Sept., (K. Voss, D. Chetverikov and G. Sommer, Eds.), (1989) 54–56

8.5 Besslich, Ph.W.; Bässmann, H.: Gestalt-based approach to robot vision. In: B.J. Torby and T. Jordanides (Eds.): Expert systems and robotics. Berlin, Heidelberg, New York: Springer, (1991) 1–34

8.6 Besslich, Ph.W.; Forgber, E.: Entwurf optimaler 2D-Kantenfilter. Archiv für Elektronik und Übertragungstechnik 45, (1991) 110–119

8.7 Burns, J.B.; Hanson, A.R. and Riseman, E.M.: Extracting straight lines. IEEE Trans. PAMI-8, (1986) 425–455

8.8 Canny, J.: A computational approach to edge detection. IEEE Trans. PAMI-8, (1986) 679–698

8.9 Deriche, R.: Using Canny's criteria to derive a recursively implemented optimal edge detector. Int. Journal on Computer Vision 1 (1987) 167–187

8.10 Dunham, J.G.: Optimum uniform piecewise linear approximation of planar curves. IEEE Trans. PAMI-8 (1986) 67–75

8.11 Forgber, E.; Besslich, Ph.W.: Zur Strategie der Kantenerkennung in Grauwertbildern. Bild und Ton 43, (1990) 260–264

8.12 Forgber, E.; Besslich, Ph.W.: Optimale Filterung symmetrischer Modellkanten. Archiv für Elektronik und Übertragungstechnik 45 (1991) 18–25

8.13 Grimson W.E.L.: Object recognition by Computers. Cambridge, Massachusetts: The MIT Press 1990

8.14 Kittler, J.; Illingworth, J.: Relaxation labeling algorithms – a review. Image and Vision Computing 1, (1985) 206–216

8.15 Marr D., Hildreth E.: Theory of edge detection. Proc. R. Soc. Lond. B 207 (1980) 187–217

8.16 Marr D.: Vision. San Francisco: Freeman 1982

8.17 Parker, J.R.: Algorithms for image processing and computer vision. New York, Chichester, Brisbane, Toronto, Singapore: Wiley 1997
8.18 Prager, J.M.: Extracting and labeling boundary segments in natural scenes. IEEE Trans. PAMI-2, (1980) 16–27
8.19 Ramer, U.: An iterative procedure for the polygonal approximation of plane curves. Computer Vision and Image Processing 1 (1972) 244–256
8.20 Schmid, R.: Industrielle Bildverarbeitung – Vom visuellen Empfinden zur Problemlösung. Braunschweig, Wiesbaden: Vieweg 1995
8.21 Shen, J.; Castan, S.: An optimal linear operator for step edge detection. Computer Vision, Graphics, and Image Processing 54 (1992) 112–133

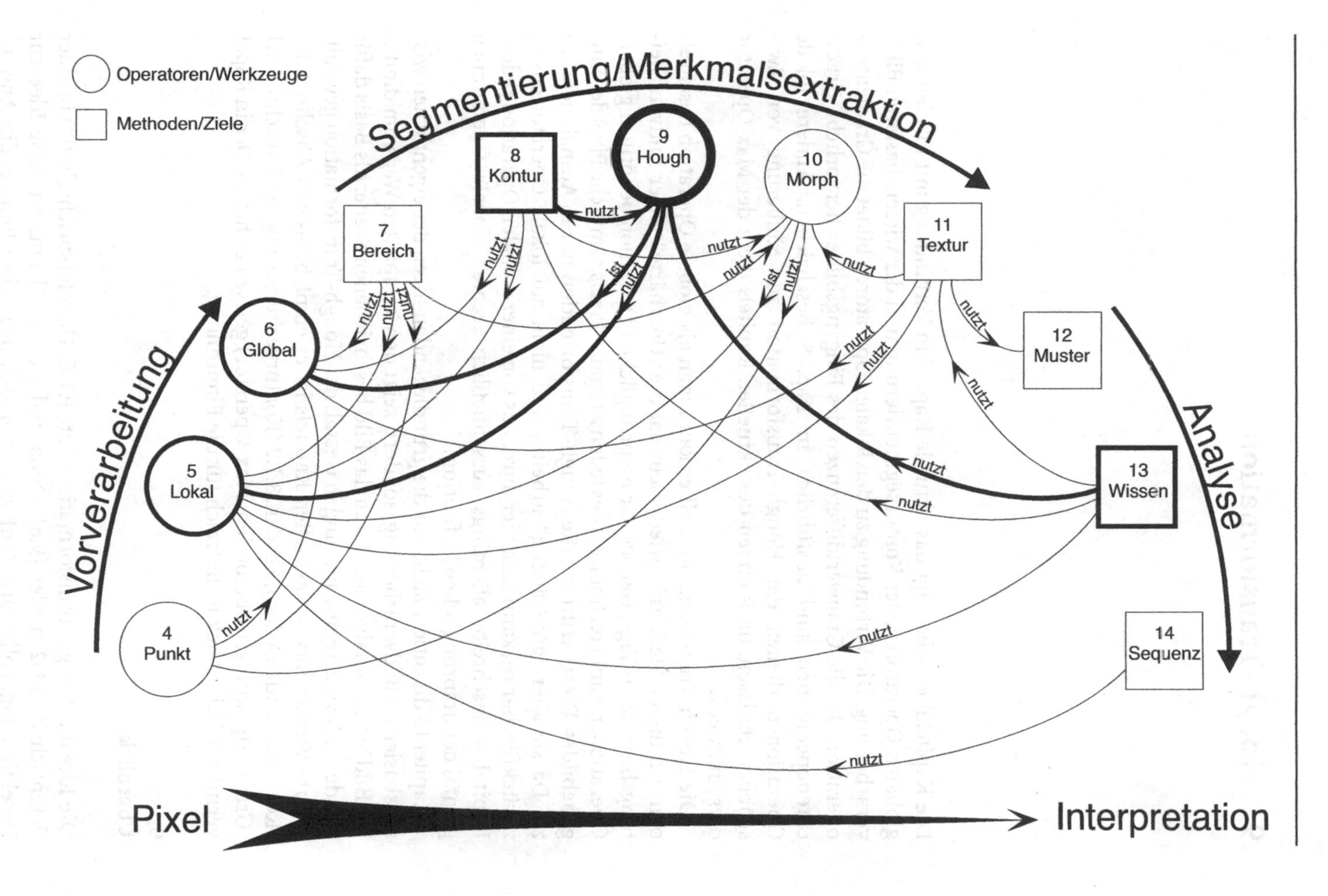
Operatoren/Werkzeuge
Methoden/Ziele
Vorverarbeitung
Segmentierung/Merkmalsextraktion
Analyse
4
Punkt
5
Lokal
6
Global
7
Bereich
8
Kontur
9
Hough
10
Morph
11
Textur
12
Muster
13
Wissen
14
Sequenz
nutzt
ist
Pixel
Interpretation

9 Hough-Transformation

Die Kapitelübersicht zeigt das aktuelle Kapitel in Verbindung mit lokalen und globalen Operatoren, der Kontursegmentierung und der wissensbasieren Bildverarbeitung. Die Verbindung zu den lokalen Operatoren bildet die Gradientenoperation, die die Grauwertdifferenzen des Eingangsbildes hervorhebt. Gradientenoperationen sind ausführlich in Kap. 5 beschrieben. Andere lokale Operationen dienen der Hough-Transformation zur Säuberung von Zwischenergebnissen. Im Rahmen des aktuellen Kapitels dient der Max-Operator diesem Zweck.

Die Hough-Transformation selber kann man als globale Operation beschreiben. An dieser Stelle tritt wieder einmal die „Unschärfe" vieler Bildverarbeitungsbegriffe zu Tage. Gemäß der ursprünglichen Definition benötigen globale Operationen zur Errechnung eines jeden Ausgabe-Pixels sämtliche Pixel des Eingabebildes. Dieses trifft auf die Hough-Transformation nur in Ausnahmefällen zu. Da sie aber „großräumig" arbeitet und nicht auf lokale Operatorfenster zurückführbar ist, kann man hier durchaus von einer globalen Operation reden. Kapitel 6 beschreibt allerdings ausschließlich „echte" globale Operationen gemäß der ursprünglichen Definition.

Kapitel 13 diskutiert nicht nur die grundlegenden Ideen der eigentlichen wissensbasierten Bildverarbeitung, sondern zeigt den kompletten Weg vom digitalen Bild bis zur Analyse der durch das Bild beschriebenen Szene. Als Basis dafür wurde die Kontursegmentierung in Gestalt der Hough-Transformation gewählt.

Zum Verständnis des aktuellen Kapitels ist es empfehlenswert Abschn. 8.1.1 (Konturpunktdetektion), Abschn. 8.1.2 (Konturverbesserung) und Abschn. 5.1.1 (Grauwertglättung; insbesondere Max-Operator) gelesen zu haben. Der in Kap. 1 vermittelte Überblick ist hilfreich für die Einordnung.

9.1 Überblick

Die Idee der Hough-Transformation legte P.V.C. Hough (sprich: „haff") in einer Patentschrift 1962 nieder [9.6]. Duda und Hart [9.5] nutzten diese Idee zur Detektion sog. kollinearer (auf einer Geraden liegender) Punkte. Ein Anwendungsschwerpunkt für diese Detektionsmethode liegt in der Kontursegmentie-

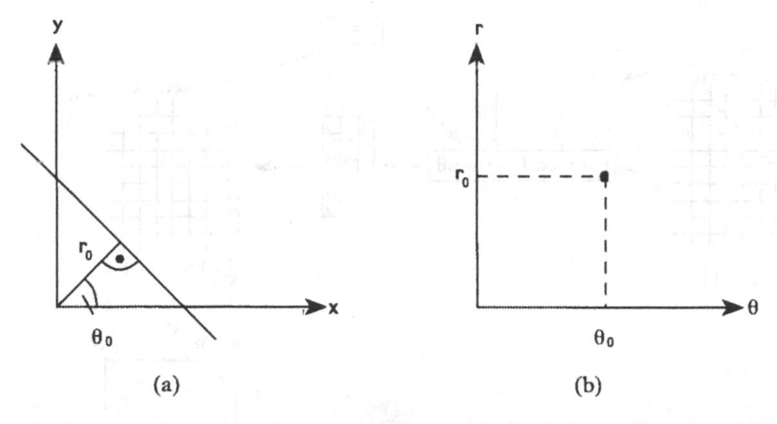

Abb. 9.1. Man ist es gewohnt, eine solche Gerade durch ihre Steigung und ihren y-Achsenabschnitt zu beschreiben (**a**). Alternativ kann man eine Gerade durch die senkrechte Distanz zum Ursprung r und den Winkel θ zwischen r und der x-Achse darstellen. In einem Koordinatensystem mit den Koordinaten r und θ wird die Gerade als Punkt abgebildet (**b**).

rung (vgl. Kap. 8). Verfahren für diese Anwendung der Hough-Transformation werden in den folgenden Abschnitten vorgestellt. Aus Gründen der Übersichtlichkeit sind diese nicht dem Kap. 8 zugeordnet. Nicht zuletzt auch auf Grund der Besonderheiten der Hough-Transformation ist es zweckmäßig, ihr ein eigenständiges Kapitel zu widmen.

Die grundlegende Idee der Hough-Transformation verdeutlicht Abb. 9.1: Links ist eine Gerade im kartesischen Koordinatensystem dargestellt. Man ist es gewohnt, eine solche Gerade durch ihre Steigung und ihren y-Achsenabschnitt zu beschreiben. Eine weniger bekannte Darstellung bietet die sog. *Hessesche Normalform.* Sie beschreibt die Gerade durch ihren senkrechten Abstand r zum Ursprung und den Winkel θ zwischen r und der x-Achse (vgl. Abb. 9.1a):

$$r = x\cos\theta + y\sin\theta.$$

Dabei liegt θ im Intervall $[0,\pi)$. r nimmt positive und negative Werte an.

In einem Koordinatensystem mit den Koordinaten r und θ (vgl. Abb. 9.1b) wird die Gerade als Punkt abgebildet. Diese Gerade-zu-Punkt-Transformation ist natürlich kein Instrument zur Auswertung von Daten, sondern dient der Aufbereitung dieser Daten, um sie in einem nachfolgenden Schritt *einfacher* auswerten zu können.

Abbildung 9.2 zeigt ein Beispiel zur Nutzung der Hough-Transformation in der Kontursegmentierung. Links ist ein Ausschnitt aus einem Bild nach der Durchführung einer Gradientenoperation und einer Verdünnung (vgl. Abschn. 8.1.2) dargestellt. Die fünf Pfeile symbolisieren Konturpunkte, die auf einer Geraden liegen (Bitte beachten Sie, dass ein Konturpunkt einen Betrag *und* eine Richtung hat). Sie, als menschlicher Beobachter, sehen dies zwar mit einem Blick, für den Rechner liegen aber lediglich die Daten der einzelnen Konturpunkte vor. Ihre *Kollinearität* wird erst mit Hilfe der Hough-Transformation auch dem Rechner „klar“.

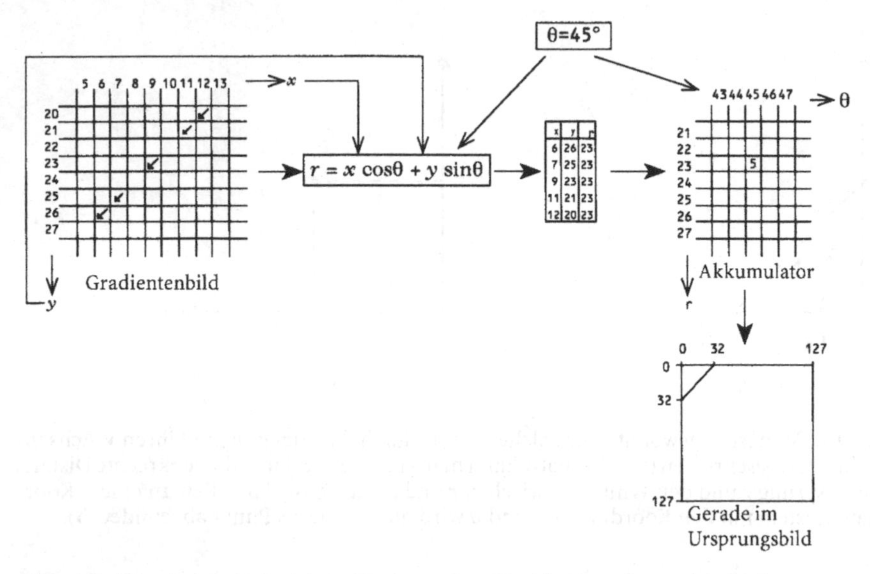

Abb. 9.2. Dies ist ein Beispiel zur Nutzung der Hough-Transformation in der Kontursegmentierung. Links ist ein Ausschnitt aus einem Bild nach der Durchführung einer Gradientenoperation und einer Verdünnung dargestellt. Die fünf Pfeile symbolisieren Konturpunkte, die auf einer Geraden liegen. Diese Kollinearität deckt die Hough-Transformation auf

Die Konturpunkte (x, y) sind so gerichtet, dass $\theta = 45°$ ist. Das verdünnte Gradientenbild liefert also sämtliche Daten zur Durchführung der Operation $r = x\cos\theta + y\sin\theta$. Mit den vorliegenden Daten ergibt sich für jeden der fünf Konturpunkte $r = 23$.

Der (r,θ)-Raum (genannt Akkumulator, vgl. Abb. 9.2) ist in der Praxis quantisiert wie ein digitales Bild. Sämtliche Akkumulatorzellen (dies sind die „Pixel" des Akkumulators) sind initial Null. Der Ablauf der Hough-Transformation gestaltet sich nun denkbar einfach: Für jeden Konturpunkt im Gradientenbild ermittelt die Hough-Transformation ein Koordinatenpaar (r,θ) und inkrementiert den Inhalt der zugehörigen Akkumulatorzelle. So ergibt sich nach Anwendung dieses Verfahrens auf unser Beispiel ein Eintrag von 5 für die Akkumulatorzelle mit den Koordinaten $r = 23$ und $\theta = 45$.

Damit ist die eigentliche Hough-Transformation abgeschlossen. Ihr Ergebnis ist durch den Akkumulator repräsentiert. Der nächste Schritt muss die Analyse des Akkumulators sein. Der Ausgangspunkt dieser Analyse ist offensichtlich: All diejenigen Akkumulatorzellen (r,θ), deren Einträge größer als 1 sind, repräsentieren mindestens 2 gleichgerichtete, auf einer Geraden liegende Konturpunkte. Diese Gerade ist durch r und θ eindeutig beschrieben. Für das Beispiel in Abb. 9.2 ist die ermittelte Gerade in ein 128*128-Bild eingetragen (unten rechts).

Neben dieser Darstellung der Geraden mittels r und θ ist die Kenntnis der Schnittpunkte der Geraden mit dem Bildrahmen von Vorteil. Sie sind leicht über die Hessesche Normalform errechenbar, da r und θ bekannt sind und für ein zu errechnendes x das zugehörige y durch den Bildrand festgelegt ist (und umgekehrt). Auf diese Weise erhält man die in Abb. 9.2 angegebenen Schnittpunkte (0,32) und (32,0). Bitte beachten Sie, dass die rücktransformierten „Hough-Linien" Geraden im mathematischen Sinn sind. Die Information über eventuelle Anfangs- und Endpunkte ist also verloren gegangen.

Die Hough-Linien sind also lediglich ein Indikator für die Kollinearität von Konturpunkten. Daher bedarf die Anwendung der Hough-Transformation zur Detektion von Objektkonturen weitere, von der jeweiligen Applikation abhängigen Verfahrensschritte. Nahe liegend ist zum Beispiel der Wunsch, die Konturpunktverkettung zu verbessern. Während solche Verfahren klassischerweise auf lokalen Konturinformationen beruhen (vgl. Abschn. 8.1.3), erlaubt die Hough-Transformation die Einbeziehung globaler Informationen, wie z.B. der Kollinearität von Konturpunkten [9.3]. Im Folgenden sei ein anderer interessanter Aspekt dargestellt: Die durch die Hough-Transformation aufgefundenen Geraden können nachfolgenden Verarbeitungsschritten als „Wegweiser" durch das *Ursprungsbild* dienen, denn sie liegen überwiegend in den interessanten Regionen des Bildes und ersparen dadurch die zeitraubende Bearbeitung redundanter Bildbereiche. Neben dieser „Wegweiserfunktion" liefert die Hough-Transformation weitere sehr wichtige Informationen, nämlich neben der bereits genannten *Kollinearität* auch die *Parallelität* von Geraden: Sämtliche Einträge in ein und derselben Akkumulator*spalte* repräsentieren parallele Geraden [9.4].

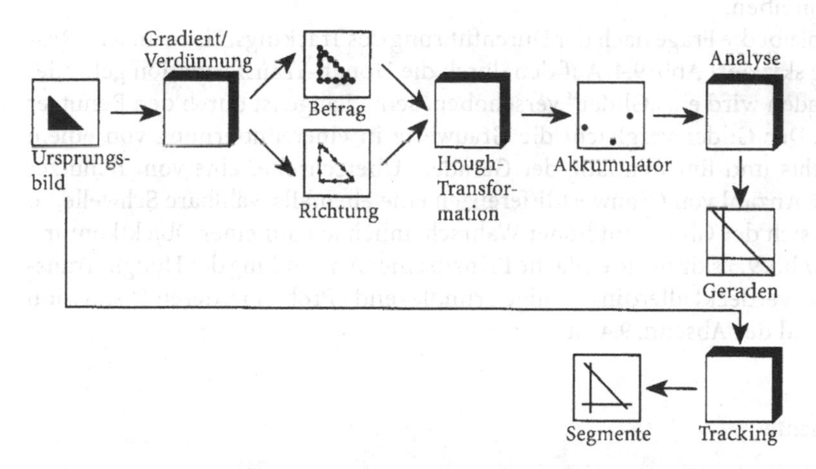

Abb. 9.3. Dies ist ein Überblick über eine Hough-basierte Funktionskette zur Extraktion von Geradenstücken. Eine Gradientenoperation inklusive Verdünnung ermittelt aus einem Ursprungsbild die zugehörigen Konturpunkte. Die Hough-Transformation errechnet für jeden dieser Konturpunkte die korrespondierende Akkumulatorzelle und inkrementiert deren Inhalt. Die Analyse des Akkumulators ermittelt Geraden, entlang derer sich Konturpunkte gleicher Richtung befinden. Beim Tracking „fährt" man auf diesen Geraden durch das Ursprungsbild, um dort für die Objektkonturen Bereiche signifikanter Grauwertdifferenzen zu ermitteln

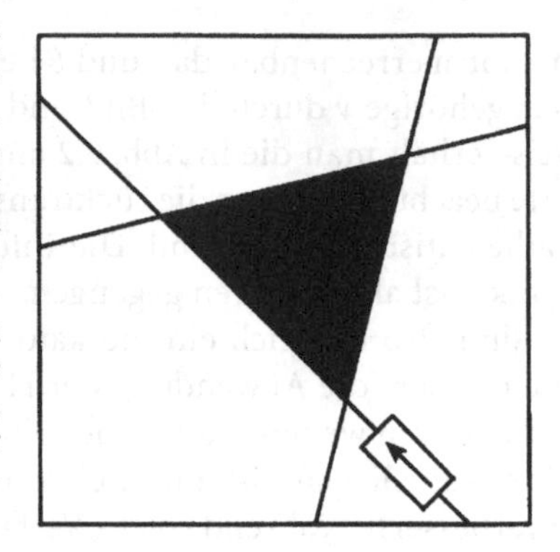

Abb. 9.4. Zum Auffinden der Objektkontur fährt ein „Glider" entlang der Geraden. Der Glider vergleicht die Grauwerte in einer Entfernung von einem Pixel rechts und links entlang der Geraden. Überschreitet eine vom Benutzer wählbare Anzahl von Grauwertdifferenzen eine ebenfalls wählbare Schwelle, so befindet sich der Glider mit hoher Wahrscheinlichkeit auf einer Objektkontur

Abbildung 9.3 zeigt die Vorgehensweise im Überblick. Eine Gradientenoperation inklusive Verdünnung ermittelt aus einem Ursprungsbild die zugehörigen Konturpunkte. Das den Gradientenbetrag repräsentierende Bild ist binär: Der Betrag 0 steht für 'Hintergrund', der Betrag 1 für 'Konturpunkt vorhanden'. Die Hough-Transformation errechnet für jeden dieser Konturpunkte die korrespondierende Akkumulatorzelle und inkrementiert deren Inhalt. Die Analyse des Akkumulators ermittelt Geraden, entlang derer sich Konturpunkte gleicher Richtung befinden. Beim Tracking „fährt" man auf diesen Geraden durch das Ursprungsbild, um dort für die Objektkonturen Bereiche signifikanter Grauwertdifferenzen zu ermitteln. Die Ein- und Austrittspunkte in solche Bereiche bestimmen die Anfangs- und Endpunkte von Segmenten, die die Objektkonturen beschreiben.

Es verbleibt die Frage nach der Durchführung des Trackings. Eine einfache Realisierung skizziert Abb. 9.4. Auf den durch die Hough-Transformation gefundenen Geraden wird ein „Glider" verschoben. Seine Länge ist durch den Benutzer wählbar. Der Glider vergleicht die Grauwerte in einer Entfernung von einem Pixel rechts und links entlang der Geraden. Überschreitet eine vom Benutzer wählbare Anzahl von Grauwertdifferenzen eine ebenfalls wählbare Schwelle, so befindet sich der Glider mit hoher Wahrscheinlichkeit auf einer Objektkontur.

Das in Abb. 9.3 skizzierte einfache Prinzip einer Anwendung der Hough-Transformation verdeckt allerdings einige grundlegende Probleme, deren Diskussion Gegenstand des Abschn. 9.4 ist.

9.2 Experimente

Das Ziel der Experimente ist es, mit den in Abb. 9.3 gezeigten Funktionen vertraut zu werden. Sie sind im Setup HOUGH.SET zusammengefasst (Abb. 9.5). Das in Abb. 9.6 gezeigte Beispielbild KLOSRC.128 stammt aus dem Kinderzimmer: Es handelt sich um zwei Holzbauklötze vor dunklem Hintergrund. Die Aufnahme ist gekennzeichnet durch Unschärfe und Kontrastarmut. Derartigen Widrigkeiten sollten robuste Bildverarbeitungsverfahren allerdings gewachsen sein.

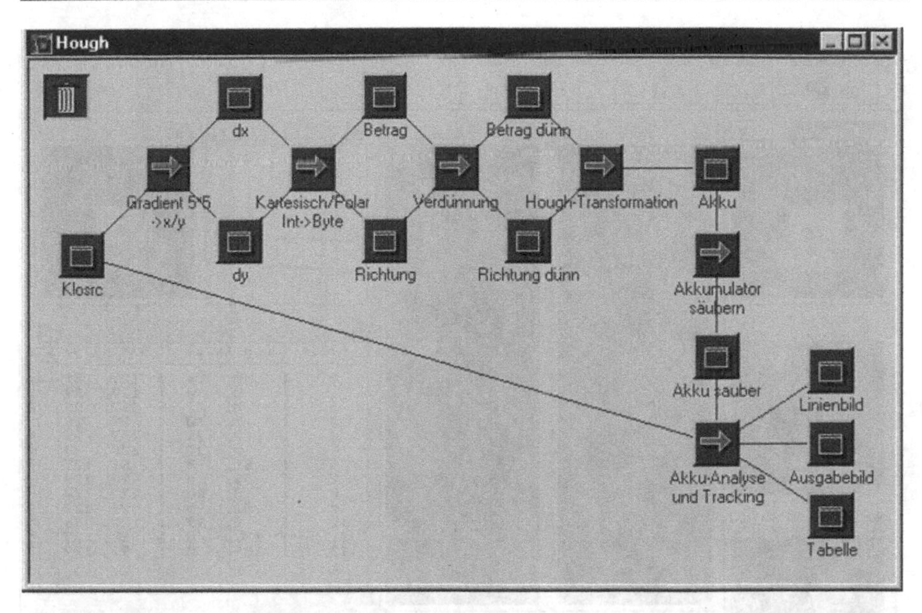

Abb. 9.5. Das Ziel der Experimente ist es, mit den in Abb. 9.3 gezeigten Funktionen vertraut zu werden. Sie sind im Setup HOUGH.SET zusammengefasst. Das in Abb. 9.6 gezeigte Beispielbild KLOSRC.128 stammt aus dem Kinderzimmer: Es handelt sich um zwei Holzbauklötze vor dunklem Hintergrund. Die Aufnahme ist gekennzeichnet durch Unschärfe und Kontrastarmut. Derartigen Widrigkeiten sollten robuste Bildverarbeitungsverfahren allerdings gewachsen sein

Gemäß des in Abb. 9.3 skizzierten Ablaufs bedarf es vorbereitend einer Gradientenoperation inklusive Verdünnung. Dazu kamen im vorliegenden Fall ein 5*5-Gradientenoperator sowie eine Non-Maxima-Unterdrückung zur Anwendung. Beide Verfahren sind in Kap. 8 ausführlich beschrieben. Die Ergebnisse zeigen Abb. 9.6 (die Namen der einzelnen Ergebnisbilder verraten die jeweils verwendete Prozedur; die Bildnamen sind einfach durch einen Doppelklick darauf änderbar).

Die Parameter von *Kartesisch/Polar Int->Byte* und *Verdünnug* waren:
Schwellwert: 10
Max. Winkel: 30.

Diese Parameter sind durch Klicken mit der rechten Maustaste auf das jeweilige Funktionssymbol änderbar.

Mit diesen Zwischenergebnissen erfolgt nun die Hough-Transformation. Ihr Ergebnis ist ein Akkumulator mit mehr oder weniger hohen Einträgen. Wie Abb. 9.6 zeigt, sind hohe Einträge eher selten. Dabei ist zu beachten, dass niedrige Einträge in Abb. 9.6 heller dargestellt sind, als es den tatsächlichen Verhältnissen im Akkumulator entspricht. Ohne diese Manipulation wären höchstens 10 helle Cluster zu sehen. Diese Cluster bestehen aus mehreren Akkumulatorzellen mit hohen Einträgen und repräsentieren entsprechend mehrere Geraden mit sehr

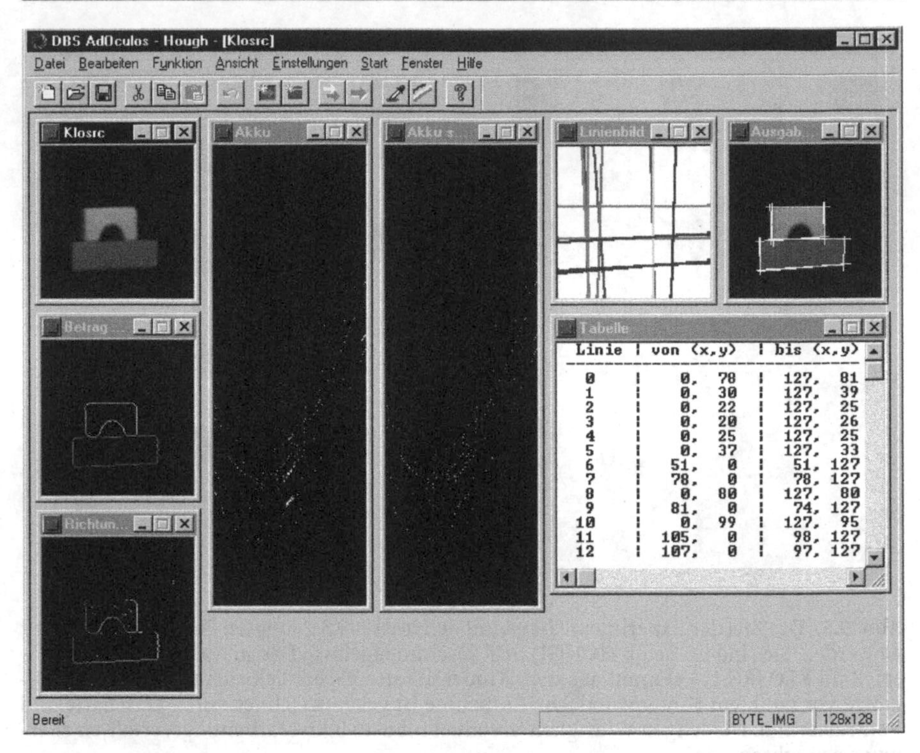

Abb. 9.6. Dieses sind die Ergebnisse der in Abb. 9.5 gezeigten Funktionen. Die Namen der einzelnen Ergebnisbilder verraten die jeweils verwendete Prozedur (die Bildnamen sind einfach durch einen Doppelklick darauf änderbar). Die Parameter der Gradienten- und Verdünnungsoperation waren *Schwellwert*: 10 und *Max. Winkel:* 30. Die Parameter der Akkumulatoranalyse *Glider-Länge:* 10, *Kleinste signifikante Grauwertdifferenz:* 10, *Anzahl der signifikanten Grauwertdifferenzen auf dem Glider:* 7, *Schwellwert für Punkte im Akkumulator:* 50. Diese Parameter sind durch Klicken mit der rechten Maustaste auf das jeweilige Funktionssymbol änderbar

ähnlichen Parametern r und θ. Es liegt daher nahe, solche Geradenbündel nur durch eine einzige Gerade zu ersetzen, was leicht erreichbar ist, wenn zum Beispiel nur der hellste Eintrag eines Clusters „überlebt". Ein diese Idee realisierendes Verfahren ist in Abschn. 9.3 beschrieben (vgl. Abb. 9.8). Abbildung 9.6 zeigt das Ergebnis einer solchen „Säuberung".

Die neun höchsten Einträge des gesäuberten Akkulumators sind in Abb. 9.6 als Geraden dargestellt. Die Helligkeit der jeweiligen Geraden entspricht dabei der Höhe des zugehörigen Akkumulatoreintrags. Entlang dieser Geraden erfolgt nun das Tracking. Abbildung 9.6 zeigt die durch die höchsten Akkumulatoreinträge repräsentierten Linien. Die Helligkeit einer Linie korrespondiert mit der Höhe des jeweiligen Akkumulatoreintrags. Der Glider detektiert die entlang der Linien liegenden Geradenstücke. Diese sind in Abb. 9.6 dem Ursprungsbild überlagert.

Die Parameter der Glider-Funktion *Akku-Analyse und Tracking* waren:

Glider-Länge:	10
Kleinste signifikante Grauwertdifferenz:	10
Anzahl der signifikanten Grauwertdifferenzen auf dem Glider:	7
Schwellwert für Punkte im Akkumulator:	50

Diese Parameter sind durch Klicken mit der rechten Maustaste auf das Funktionssymbol *Akku-Analyse und Tracking* änderbar.

Spätestens hier wird offensichtlich, dass das Verfahren nur zur Detektion von geraden Konturen in der Lage ist. Außerdem fällt ein zu kurz geratenes Segment an der oberen Kontur des unteren Klötzchens auf. Wenn Sie den Verlauf dieses Segments mit demjenigen der Klötzchenkontur von links nach rechts vergleichen, so sehen Sie ein leichtes, aber deutliches „Auseinanderlaufen". Daher konnte der Glider (Abb. 9.4) am linken Ende des Segments keine signifikante Grauwertdifferenzen mehr feststellen und musste folglich das Tracking vorzeitig abbrechen. Die letztliche Ursache dieses Fehlers liegt in der Fehlplatzierung der dem Segment zu Grunde liegenden Geraden. Sie wurde hervorgerufen durch die Säuberung des Akkumulators: Die auf den ersten Blick gute Idee der Zusammenfassung von Clustern zu einem einzigen Punkt birgt also einen entscheidenden Nachteil. Weitere Details hierzu finden Sie in Abschn. 9.4.

9.3 Realisierung

Abbildung 9.7 zeigt eine Prozedur zur Durchführung der Hough-Transformation. Die Übergabeparameter sind

`ImSize`: Bildgröße
`AccuRows`: Anzahl der Zeilen des Akkumulators
`AccuCols`: Anzahl der Spalten des Akkumulators
`MaxGV`: höchster Akkumulatoreintrag; nach der Erzeugung des Akkumulators müssen seine Einträge auf `MaxGV` normalisiert werden (`MaxGV` darf 255 nicht überschreiten)
`ThinMag`: Eingabebild für den Gradientenbetrag
`ThinAng`: Eingabebild für die Gradientenrichtung
`IntAccu`: Akkumulator im `int`-Format
`Accu`: Akkumulator im `BYTE`-Format.

Das Gradientenbild (repräsentiert durch `ThinMag` und `ThinAng`) sollte in verdünnter Form vorliegen (vgl. Abschn. 8.1.2). Die Ursprungsform führt zwar nicht zu fehlerhaften Ergebnissen, die Transformation erfordert aber unnötig viel Rechenzeit (vgl. Abschn. 9.1).

Die Prozedur beginnt mit der Initialisierung der beiden Akkumulatoren `IntAccu` und `Accu`. Die darauf folgende Hough-Transformation ist für jedes Pixel durchzuführen, dessen Gradientenbetrag `ThinMag[r][c]` ungleich Null

```
 void HoughTrans (ImSize, AccuRows, AccuCols, MaxGV,
                  ThinMag, ThinAng, IntAccu, Accu)
int  ImSize, AccuRows, AccuCols, MaxGV;
BYTE ** ThinMag;
BYTE ** ThinAng;
int  ** IntAccu;
BYTE ** Accu;
{
   int    r,c, Alpha, Theta, Rad, Mag, MaxMag;
   double Dtheta;

   for (r=0; r<AccuRows; r++) {
      for (c=0; c<AccuCols; c++) {
         IntAccu [r][c] = 0;
         Accu [r][c] = 0;
   } }

   for (r=0; r<ImSize; r++) {
      for (c=0; c<ImSize; c++) {
         if (ThinMag [r][c]) {
            Alpha = (int) ThinAng [r][c];
            if (Alpha >= 128)  Alpha -= 128;
            if (Alpha <=  64)  Theta = 64 - Alpha;
                         else  Theta = 192 - Alpha;
            Dtheta = (Theta*PI)/128;
            Rad = (int) (c*cos(Dtheta) + r*sin(Dtheta));
            IntAccu [Rad+(AccuRows>>1)] [Theta] ++;
   } } }

   MaxMag = 0;
   for (r=0; r<AccuRows; r++) {
      for (c=0; c<AccuCols; c++) {
         Mag = IntAccu [r][c];
         if (Mag>MaxMag)  MaxMag = Mag;
   } }

   for (r=0; r<AccuRows; r++) {
      for (c=0; c<AccuCols; c++) {
         Mag = IntAccu [r][c];
         Accu [r][c] = (BYTE) (((long)Mag * MaxGV) / MaxMag);
} } }
```

Abb. 9.7. C-Realisierung der Hough-Transformation

ist. Die Transformation beginnt mit der Umwandlung der Gradientenrichtung `Alpha` in die Akkumulatorkoordinate `Theta` wie in Abschn. 9.1 gezeigt. `Dtheta` ist lediglich die Radiant-Darstellung von `Theta`. Mit ihr und den Koordinaten `r` und `c` des aktuellen Pixels lässt sich nun gemäß der Hesseschen Normalform die noch fehlende Akkumulatorkoordinate `Rad` errechnen (vgl. Abschn. 9.1). Da `Rad` negative Werte annehmen kann, sollte der Ursprung dieser Koordinate mit der mittleren Akkumulatorzeile korrespondieren (`[Rad+(AccuRows>>1)]`). Die Akkumulatorzelle mit den so ermittelten Indizes wird abschließend inkrementiert.

Für eine Akkumulatorzelle steht in `IntAccu` ein Zahlenbereich von 0 bis 32.767 zur Verfügung, was ausreichend ist, da selbst in größeren Bildern 32.767 Konturpunkte mit identischen Theta und Rad nicht zu erwarten sind. Für die Weiterverarbeitung des Akkumulators ist der int-Zahlenbereich nicht erforderlich. Die letzten beiden Abschnitte der Prozedur dienen daher der Normierung auf den Zahlenbereich des Datentyps BYTE.

Der erste Weiterverarbeitungsschritt ist die Aufbereitung des Akkumulators. Diesem Zweck dient die Prozedur CleanAccu (vgl. Abb. 9.8) mit den Übergabeparametern

ImSize: Bildgröße
AccuRows: Anzahl der Zeilen des Akkumulators
AccuCols: Anzahl der Spalten des Akkumulators
WinSize: Größe des Operatorfensters
InAccu: aufzuarbeitender Akkumulator
OutAccu aufgearbeiteter Akkumulator.

Am Anfang der Prozedur steht die Initialisierung des Ausgabeakkumulators OutAccu. Die Größe des quadratischen Operatorfensters WinSize wird als unge-

```
void CleanAccu (ImSize, AccuRows, AccuCols, WinSize, InAccu, OutAccu)
int  ImSize, AccuRows, AccuCols, WinSize;
BYTE ** InAccu;
BYTE ** OutAccu;
{
   BYTE Inc, Max;
   int  r,c, yw,xw, ya,xa, h;

   for (r=0; r<AccuRows; r++)
      for (c=0; c<AccuCols; c++)  OutAccu [r][c] = 0;

   h = WinSize>>1;

   for (r=0; r<AccuRows; r++) {
      for (c=0; c<AccuCols; c++) {
         Inc = InAccu[r][c];
         if (Inc) {
            Max = 0;
            for (yw=r-h; yw<=r+h; yw++) {
               for (xw=c-h; xw<=c+h; xw++) {
                  if (xw<0) {
                     xa = xw+AccuCols;
                     ya = AccuRows-yw;
                  }else if (xw>=AccuCols) {
                     xa = xw-AccuCols;
                     ya = AccuRows-yw;
                  }else{
                     xa = xw;
                     ya = yw;
                  }
                  if (InAccu[ya][xa] > Max)  Max = InAccu[ya][xa];
            } }
            if (Inc==Max)  OutAccu[r][c] = Inc;
} } } }
```

Abb. 9.8. C-Realisierung zur Säuberung des Akkumulators

rade angenommen. Typische Werte sind 3 oder 5. Der Ursprung des Fensters liegt in dessen Mitte. Die Variable h entspricht dann dem Betrag des äußersten Indexes des Fensters.

Die Aufbereitung erfolgt für jede Zelle des Akkumulators, deren Eintrag Inc größer als Null ist. Ist dieser aktuelle Eintrag der größte innerhalb des zugehörigen Fensters, so wird er in den Ausgabeakkumulator OutAccu übertragen (vgl. Abschn. 9.1). Somit „überleben" nur die lokalen Maxima der Cluster im Akkumulatorraum. Die Frage, ob der aktuelle Eintrag InAccu[ya][xa] maximal ist, ist leicht zu klären, sofern ya und xa innerhalb der Akkumulatorgrenzen liegen. Am Rand des Akkumulators hat man allerdings die bereits aus Abschn. 5.1 bekannten Phänomene. Für die Akkumulator*zeilen* ist die Lösung einfach: „Oben" und „unten" werden von vornherein so viele Zeilen zusätzlich „spendiert", dass die Akkumulatoreinträge niemals im Randbereich liegen können. Im Fall der Akkumulator*spalten* ist dies nicht möglich, repräsentieren die Spalten doch einen Winkel (nämlich θ). Dieser ist zyklisch, also sind die „linkeste" und die „rechteste" Spalte direkt benachbart. Weiter ist zu beachten, dass die *Zeilen* einen Parameter (nämlich r) repräsentieren, dessen Polarität im Zusammenhang mit θ (also den Spalten) die Nachbarschaft von Akkumulatoreinträgen bestimmt.

Diese Zusammenhänge visualisiert das Beispiel in Abb. 9.9. Es zeigt einen Akkumulator, der zur Wahrung der Übersicht sehr klein gehalten ist: AccuCols wäre für diesen Fall 8, der zugehörige Index xa repräsentiert θ und beschreibt mit seinem Wertebereich von 0 bis 7 einen Halbkreis. AccuRows wäre 16, der Wertebereich des zugehörigen Index ya reicht also von 0 bis 15. Bitte beachten Sie, dass r (wie in Abb. 9.9 gezeigt) positive und negative Werte annehmen kann (vgl. die Definition der Hesseschen Normalform in Abschn. 9.1).

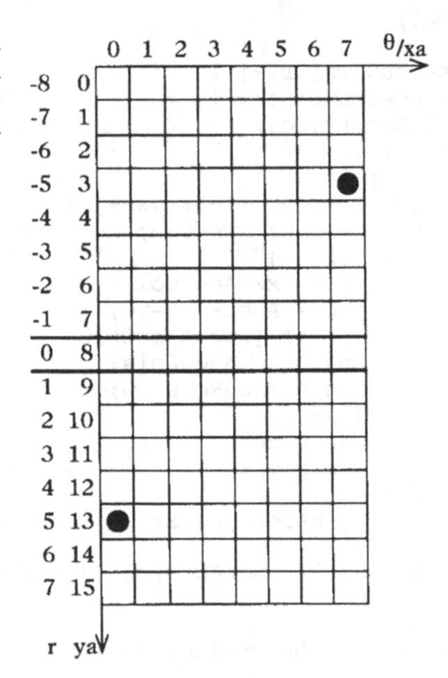

Abb. 9.9. Beispiel zu den Nachbarschaftsverhältnissen des Akkumulators. Die beiden zugehörigen Geraden zeigt Abb. 9.10

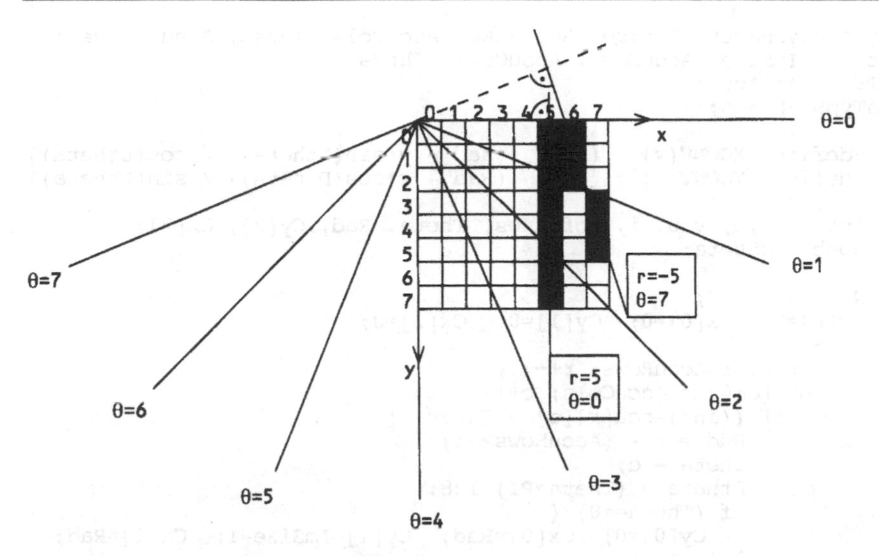

Abb. 9.10. Zwei benachbarte Geraden, dargestellt durch die Parameter r und θ. Die zugehörigen Akkumulatoreinträge zeigt Abb. 9.9

Unser beispielhafter Akkumulator enthält zwei Einträge. Die entsprechenden Geraden sind in Abb. 9.10 dargestellt: Sie sind eng benachbart, obwohl sie auf den ersten Blick im Akkumulator weit entfernt voneinander scheinen. Wie bereits in Abschn. 9.2 gesehen, bedarf θ einer sehr feinen Quantisierung, um Fehlplatzierungen zu verhindern. Die hier vorgestellten Prozeduren nutzen den Wertebereich von 0 bis 127. Für unser Beispiel lägen in dieser Fall die beiden Geraden fast übereinander.

Eine von der üblichen Verfahrensweise (Abschn. 5.1) abweichende Behandlung des Randproblems bei der Aufbereitung des Akkumulators ist also unumgänglich. Die entsprechende C-Realisierung wird durch die Abfrage `if(xw<0)` eingeleitet (vgl. Abb. 9.8). Gelangt der Index xw über den linken unteren (oberen) Rand des Akkumulators, so liegen die resultierenden Akkumulatorindizes xa und ya am rechten oberen (unteren) Rand des Akkumulators. Für den umgekehrten Fall `(xw>=AccuCols)` gilt Entsprechendes.

Vor der Besprechung der Akkumulatoranalyse, sei abschließend noch einmal auf die grundsätzliche Problematik von Aufbereitungsverfahren im Hinblick auf spätere Fehlplatzierungen der Geraden hingewiesen (vgl. Abschn. 9.2 und Abschn. 9.4).

Eine einfache Form der Analyse führt die in Abb. 9.11 gezeigte Prozedur `AnalyzeAccu` durch. Die Übergabeparameter sind

`ImSize`: Bildgröße
`AccuRows`: Anzahl der Zeilen des Akkumulators
`AccuCols`: Anzahl der Spalten des Akkumulators
`Thres`: Mindestbetrag einer zur Auswertung kommenden Akkumulatorzelle

```
int AnalyzeAccu (ImSize, AccuRows, AccuCols, Thres, Accu, Lines)
int     ImSize, AccuRows, AccuCols, Thres;
BYTE    ** Accu;
LinTypH *Lines;
{
   #define  XCONV(y)   (int) ((Rad - y*sin(Dtheta)) / cos(Dtheta))
   #define  YCONV(x)   (int) ((Rad - x*cos(Dtheta)) / sin(Dtheta))

   int    r,c, v,u, i, NofLines, Theta, Rad, Cy[2], Cx[2];
   double Dtheta;

   NofLines = 0;
   Cy[0]=0;  Cx[0]=0;  Cy[1]=0;  Cx[1]=0;

   for (r=0; r<AccuRows; r++) {
      for (c=0; c<AccuCols; c++) {
         if ((int)Accu[r][c] > Thres) {
            Rad = r - (AccuRows>>1);
            Theta = c;
            Dtheta = (Theta*PI)/128;
            if (Theta==0) {
               Cy[0]=0;  Cx[0]=Rad;  Cy[1]=ImSize-1;  Cx[1]=Rad;
            }else{
               if (Theta==64) {
                  Cy[0]=Rad;  Cx[0]=0;  Cy[1]=Rad;  Cx[1]=ImSize-1;
               }else{
                  i = 0;
                  v = 0;
                  u = XCONV(v);
                  if (0<=u && u<ImSize)  {Cy[i] = 0;  Cx[i] = u;
                                                               i++;}
                  v = ImSize-1;
                  u = XCONV(v);
                  if (0<=u && u<ImSize)  {Cy[i] = ImSize-1;  Cx[i]
                                                            = u;  i++;}
                  if (i<2) {
                     u = 0;
                     v = YCONV(u);
                     if (0<=v && v<ImSize)  {Cy[i] = v;  Cx[i] = 0;
                                                               i++;}
                     if (i<2) {
                        u = ImSize-1;
                        v = YCONV(u);
                        if (0<=v && v<ImSize)  {Cy[i] = v;  Cx[i] =
                                                       ImSize-1; i++;}
            } } } }
            GetMem (Lines);
            Lines[NofLines].r0 = Cy[0];
            Lines[NofLines].c0 = Cx[0];
            Lines[NofLines].r1 = Cy[1];
            Lines[NofLines].c1 = Cx[1];
            Lines[NofLines].Inc = Accu[r][c];
            Lines[NofLines].Dir = (BYTE) Theta;
            NofLines++;
   } } }
   return (NofLines);
}
```

Abb. 9.11. C-Realisierung zur Analyse des Akkumulators. Der Datentyp `LinTypH` und die Prozedur `GetMem` sind in Anhang A definiert

`Accu:` Akkumulator
`Lines:` Liste der durch `AnalyzeAccu` ermittelten Geraden.

Die Anzahl der gefundenen Geraden dient als Rückgabeparameter.

Der prinzipielle Ablauf der Analyse ist denkbar einfach: Die Koordinaten `Rad` und `Theta` derjenigen Akkumulatorzellen, die die Schwelle `Thres` überschreiten, repräsentieren jeweils eine Gerade, die im Ursprungsbild signifikante Grauwertdifferenzen markiert.

Zur effizienten Handhabung dieser Geraden in nachfolgenden Prozeduren ist die Darstellung durch `Rad` und `Theta` eher ungünstig. Besser ist die Nutzung der Koordinaten der Schnittstellen von Geraden und Bildrand. Sie sind problemlos durch Umstellen der Hesseschen Normalform ermittelbar (vgl. Abschn. 9.1). Die entsprechend aufbereiteten Formeln sind in `AnalyzeAccu` durch die Makros `XCONV(y)` und `YCONV(x)` realisiert. Die mit ihnen ermittelten Schnittpunktkoordinaten sind `Cy[0]` und `Cx[0]` sowie `Cy[1]` und `Cx[1]`.

Für die Sonderfälle `(Theta==0)` und `(Theta==64)` sind die Schnittpunktkoordinaten offensichtlich. In allen anderen Fällen sind die vier Seiten des Bildes auf einen möglichen Schnittpunkt hin zu testen. Dabei treten in den Bildecken Mehrdeutigkeiten auf. Die in Abb. 9.12 gezeigte Gerade schneidet in einer Ecke den oberen und den linken Rand des Bildes. Welchem Rand der Schnittpunkt letztlich zugeordnet wird, ist beliebig. Der die Schnittpunkte ermittelnde Algorithmus muss lediglich sicherstellen, dass tatsächlich nur ein Schnittpunkt verbleibt.

Sind nun zwei Schnittpunkte ermittelt, bedarf es zunächst der Erweiterung der Liste `Lines` um ein Element (`GetMem(Lines)`). In dieses neue Element werden nachfolgend die Schnittpunktkoordinaten (`Cy[0]`, `Cx[0]`, `Cy[1]`, `Cx[1]`), der Betrag der korrespondierenden Akkumulatorzelle (`Accu[r][c]`) sowie die Richtung der Geraden übertragen (`Theta`).

Nachdem nun die Geraden ermittelt wurden, gilt es, entlang dieser Geraden im Ursprungsbild signifikante Grauwertdifferenzen aufzuspüren (vgl. Abschn. 9.1). Diesem Zweck dient die in Abb. 9.13 gezeigte Prozedur `Tracking`. Ihre Übergabeparameter sind

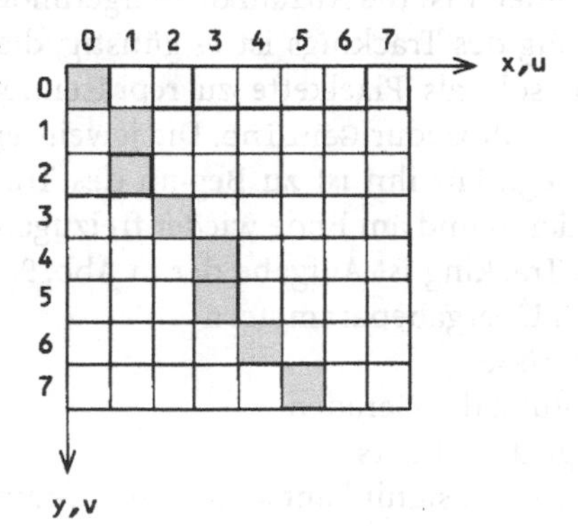

Abb. 9.12. Beispiel zur Mehrdeutigkeit der Schnittpunktbestimmung

```
int Tracking (ImSize, GlidLen, MinDif, NofHit, NofLines, Lines, Ima-
ge, Segs)
int      ImSize, GlidLen, MinDif, NofHit, NofLines;
LinTypH *Lines;
BYTE     **Image;
SegTyp  *Segs;
{
   BYTE    Inc, Dir;
   int     i,j,n, r,c, r0,c0,r1,c1, NofSegs, LineLen;
   LinTyp *Line;

   NofSegs = 0;
   Line = (LinTyp *) malloc ((ImSize+ImSize)*sizeof(LinTyp));

   for  (i=0; i<NofLines; i++) {
      r0  = Lines[i].r0;
      c0  = Lines[i].c0;
      r1  = Lines[i].r1;
      c1  = Lines[i].c1;
      Dir = Lines[i].Dir;
      LineLen = GenLine (r0,c0,r1,c1, Line);
      ScanLine (ImSize, Dir, GlidLen, MinDif, NofHit, LineLen,
               &NofSegs, Line, Image, Segs);
   }
   free (Line);
   return (NofSegs);
}
```

Abb. 9.13. C-Realisierung des Trackings (Rahmenprozedur). Die Datentypen `LinTyp`, `LinTypH` und `SegTyp` sowie die Prozedur GenLine sind in A definiert

`ImSize`: Bildgröße
`GlidLen`: Länge des Gliders
`MinDif`: kleinste als signifikant angesehene Grauwertdifferenz
`NofHit`: Anzahl der signifikanten Grauwertdifferenzen auf einem Glider
`NofLines`: Anzahl der durch die Hough-Transformation ermittelten Geraden
`Lines`: Liste der Geraden
`Image`: zu analysierendes Ursprungsbild
`Segs`: Liste der gefundenen Segmente.

Der Rückgabeparameter ist die Anzahl der aufgefundenen Segmente.

Zur Durchführung des Trackings ist es günstig, die Gerade, entlang der das Tracking erfolgen soll, als Pixelkette zu repräsentieren. Hierzu dient die in Anhang A definierte Prozedur `GenLine`. Die jeweils ermittelte Pixelkette ist im Vektor `Line` abgelegt. Für ihn ist zu Beginn des Trackings ausreichend Speicherplatz zu allokieren und am Ende wieder freizugeben.

Das eigentliche Tracking ist Aufgabe der in Abb. 9.14 dargestellten Prozedur `ScanLine`, mit den Übergabeparametern

`ImSize`: Bildgröße
`Dir`: Richtung der Geraden
`GlidLen`: Länge des Gliders
`MinDif`: kleinste als signifikant angesehene Grauwertdifferenz

```
void ScanLine (ImSize, Dir, GlidLen, MinDif, NofHit, LineLen,
               NofSegs, Line, Image, Segs)
int     ImSize, Dir, GlidLen, MinDif, NofHit, LineLen, *NofSegs;
LinTyp  *Line;
BYTE    **Image;
SegTyp  *Segs;
{
   int  i,j, r,c, rc,cc, r0,c0,r1,c1, n, Start, Stop;

   Start = -1;
   for (i=0; i<LineLen-GlidLen; i++) {
      n = 0;
      for (j=0; j<GlidLen; j++) {
         r = Line[i+j].r;
         c = Line[i+j].c;
         NeighInds (ImSize, Dir, r,c, &r0,&c0,&r1,&c1);
         if (abs (Image [r0][c0] - Image [r1][c1]) > MinDif)  n++;
      }
      if (n>=NofHit) {
         if (Start<0)  Start = i;
      }else{
         if (Start>=0) {
            Stop = i+GlidLen-1;
            Segs[*NofSegs].r0  = Line[Start].r;
            Segs[*NofSegs].c0  = Line[Start].c;
            Segs[*NofSegs].r1  = Line[Stop].r;
            Segs[*NofSegs].c1  = Line[Stop].c;
            ++*NofSegs;
            Start = -1;
} } } }
```

Abb. 9.14. C-Realisierung des Trackings (Kernprozedur). Die Datentypen `LinTyp` und `SegTyp` sind in Anhang A definiert

`NofHit`:	Anzahl der signifikanten Grauwertdifferenzen auf einem Glider
`LineLen`:	Länge der Geraden
`NofSegs`:	Anzahl der auf der Geraden `Line` gefunden Segmente
`Line`:	Gerade, entlang der das Tracking erfolgt
`Image`:	zu analysierendes Ursprungsbild
`Segs`:	Liste der gefundenen Segmente.

Die gesamte Prozedur ist eingebettet in eine `for`-Schleife, die mit dem Index `i` nacheinander die Pixel der Geraden `Line` „abfährt". Der Index `i` schiebt dabei gewissermaßen den Glider (mit der Länge `GlidLen`) vor sich her. Die zum Glider gehörenden Geradenpixel werden durch den Index `j` adressiert. Die Bildkoordinaten dieser Geradenpixel sind `r` und `c`. Die Prozedur `NeighInds` (s.u.) errechnet die Koordinaten der Nachbarpixel zur Rechten und zur Linken der Geradenpixel im Glider (vgl. Abb. 9.15). Für jedes dieser Paare von Nachbarpixeln wird der Betrag der Grauwertdifferenz bestimmt (`abs(Image[r0][c0]-Image[r1][c1])`). Ist diese Differenz größer als die vom Benutzer vorgegebene Schwelle `MinDif`, so erfolgt eine Inkrementierung des Zählers n.

Abb. 9.15. Realisierungsprinzip des Gliders

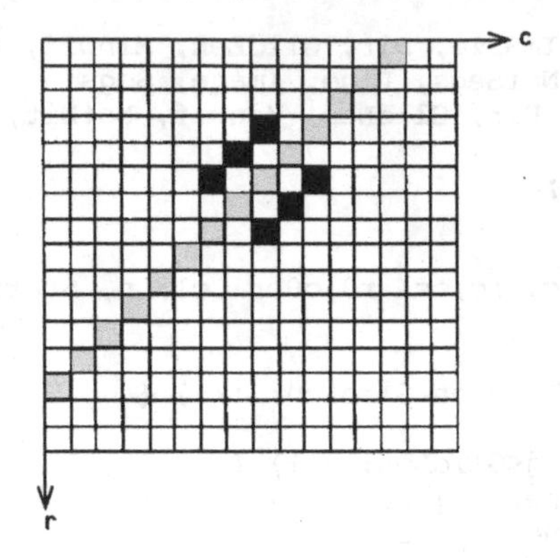

Dieser Zähler dient als Indikator für eine signifikante Grauwertdifferenz entlang des *gesamten* Gliders: Überschreitet `n` die vom Benutzer vorgegebene Schwelle `NofHit`, so liegt der Glider mit großer Wahrscheinlichkeit auf dem Rand eines Objektes. Um diesen Rand nun durch ein Segment zu beschreiben, bedarf es nur des ersten und des letzten Konturpunktes, auf die der Glider stößt. Die entsprechenden Geradenindizes sind `Start` und `Stop`.

Abschließend sei noch auf die bereits angesprochene Prozedur `NeighInds` hingewiesen (Abb. 9.16). Die Übergabeparameter sind

`ImSize`:	Bildgröße
`Dir`:	Richtung der Geraden
`r,c`:	Koordinaten des aktuellen Geradenpixels
`r0,c0`:	Koordinaten des rechten (linken) Nachbarn
`r1,c1`:	Koordinaten des linken (rechten) Nachbarn.

Die Prozedur ist selbsterklärend.

```
 void NeighInds (ImSize, Dir, r,c, r0,c0,r1,c1)
int ImSize, Dir, r,c, *r0,*c0,*r1,*c1;
{
   if (80<=Dir && Dir<112) {
      *r0 = r-1;   *c0 = c+1;  /* NO-SW */
      *r1 = r+1;   *c1 = c-1;
   }else if (48<=Dir && Dir<80) {
      *r0 = r-1;   *c0 = c;    /* N-S */
      *r1 = r+1;   *c1 = c;
   }else if (16<=Dir && Dir<48) {
      *r0 = r-1;   *c0 = c-1;  /* NW-SO */
      *r1 = r+1;   *c1 = c+1;
   }else{
      *r0 = r;   *c0 = c+1;    /* O-W */
      *r1 = r;   *c1 = c-1;
   }
   if (*r0>=ImSize)  *r0 = ImSize-1;   if (*r0<0)  *r0 = 0;
   if (*c0>=ImSize)  *c0 = ImSize-1;   if (*c0<0)  *c0 = 0;
   if (*r1>=ImSize)  *r1 = ImSize-1;   if (*r1<0)  *r1 = 0;
   if (*c1>=ImSize)  *c1 = ImSize-1;   if (*c1<0)  *c1 = 0;
}
```

Abb. 9.16. C-Realisierung zur Bestimmung der Nachbarschaften im Glider

9.4 Ergänzungen

Thema des Abschn. 9.1 war das grundlegende Prinzip der Hough-Transformation und ihre Anwendung. Letztere birgt einige grundlegende Probleme:

- Das vorgestellte Verfahren bearbeitet lediglich gerade Konturen. Eine Erweiterung auf andere Konturformen ist prinzipiell möglich, da für jede beliebige Kurve eine „zu-Punkt-Transformation“ denkbar ist [9.1, 9.2]. Ein gutes Beispiel hierzu liefert Wallace [9.7], der Werkstücke mit geraden- und kreisförmigen Umrissen untersucht.
- Das Tracking konsumiert verhältnismäßig viel Rechenzeit. Somit ist klar: Das gesamte Verfahren ist nur im Fall weniger Geraden (respektive Objektkonturen) sinnvoll einsetzbar.
- Der Speicherbedarf des Akkumulatorfeldes ist sehr groß, da die Quantisierung von Akkumulatorordinate r und Akkumulatorabszisse θ derjenigen des Gradientenbildes entspricht. Für ein Gradientenbild des Formats 512*512-Bild kann der Abstand vom Ursprung Werte von $r = \pm 512\sqrt{2}$ annehmen. Zur Darstellung der Gradientenrichtung eines Konturpunktes ist ein Byte vorgesehen. Sie kann mithin Werte von 0 bis 255 annehmen. Der Neigungswinkel θ liegt somit im Bereich 0 bis 127. Die Darstellung einer Zelle des Akkumulatorfeldes erfordert 2 Byte. Der Speicherbedarf für das gesamte Feld beträgt also 360 kByte. Dabei soll das Akkumulatorfeld lediglich die Geradengleichungen einiger Konturen liefern. In einem einfach strukturierten Bild kann sich die Anzahl dieser Gleichungen durchaus auf 100 beschränken. Zu deren Darstellung wären maximal 400 Byte nötig.
- Arbeitet das Akkumulatorfeld rein inkrementell, so bestimmt die Anzahl kollinearer Punkte die Stärke der Antwort in der entsprechenden Zelle. Somit wird eine „lange“ Kontur unabhängig von der Grauwertdifferenz entlang derselben hoch bewertet, was erwünscht ist, da auf Grund der Länge mit großer Wahrscheinlichkeit eine bedeutungsvolle Kontur vorliegt. Erforderlich ist allerdings ebenfalls die hohe Bewertung einer „kurzen“ Kontur, die zwei Bereiche mit hoher Grauwertdifferenz trennt. Auf Grund ihrer Kürze liegt sie aber evtl. unterhalb der zur Auswertung des Akkumulatorfeldes benutzten Schwelle, was natürlich nicht erwünscht ist. Akkumuliert man aber die Gradientenbeträge der Konturpunkte, so werden besagte kurze Konturen detektiert. Nun fallen hingegen die auf Grund ihrer Länge signifikanten, aber durch geringe Grauwertdifferenzen gekennzeichneten Konturen unter die Schwelle.
- Es liegt nahe, die Auswertung des Akkumulatorfeldes mit Hilfe von Standardalgorithmen zur Cluster-Analyse durchzuführen. Diese Verfahren sind aber zu aufwändig und (für die vorliegende Anwendung schwer wiegender) produzieren nicht akzeptable Fehler: Sie bewirken letztlich eine gröbere Quantisierung des Akkumulatorfeldes, was zu recht unangenehmen Überaschungen führen kann. Hierzu sei folgendes Beispiel betrachtet (vgl. Abb. 9.17): Für eine durch den Achsenursprung verlaufende Gerade $r = x\cos\theta + y\sin\theta = 0$ ergibt sich

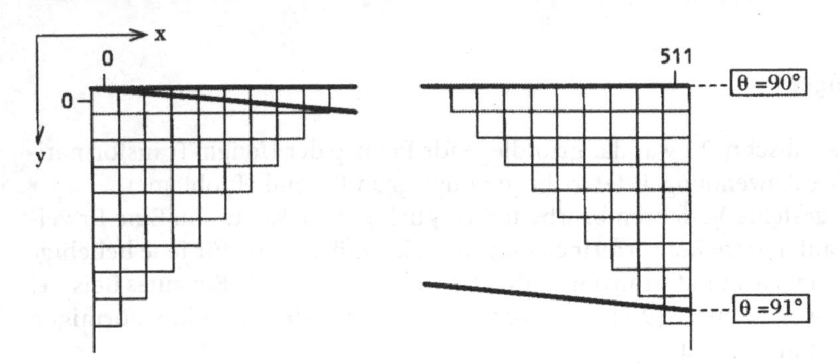

Abb. 9.17. Unterschiedliche Lage zweier Geraden, deren Neigungswinkel θ sich lediglich um ein Grad unterscheiden

> $y = -x\cot\theta$. Mit $\theta = 90°$ entspricht die Gerade der x-Achse. Weicht man nur um ein Grad von diesem Wert ab (z.B. $\theta = 91°$), so erhält man für $x = 511$ eine Abweichung von der x-Achse um neun Pixel. Zwar ist das der ungünstigste Fall, zeigt aber deutlich die Empfindlichkeit gegenüber Fehlplatzierungen. Fehler dieser Art sind für das Tracking ausgesprochen hinderlich.

Leider verschärft die Lösung einzelner dieser Probleme wiederum andere Probleme. So geht z.B. eine feinere Quantisierung von θ und r auf Kosten des Speicherbedarfs des Akkumulators. Zur Sondierung der überhaupt möglichen Anwendungen der hier vorgestellten Form der Hough-Transformation kann man von vornherein folgende Regeln festlegen (wobei sicherlich auch keine dieser Regeln ohne Ausnahme bleibt):

- Die für Erkennungsvorgänge entscheidenden Konturen müssen einfachen Formen wie Geraden oder Kreisen entsprechen.
- Die Anzahl solcher Konturen darf nicht zu groß werden.
- Die Quantisierung von θ und r ist so zu wählen, dass Fehlplatzierungen keine negativen Auswirkungen zeitigen.

Ist also ein „speicherfressender" Akkumulator unvermeidlich? Nein: Sind im Akkumulator keine oder nur lokale Operationen (Kap. 4 und 5) vorgesehen, so ist die Verwendung der Datenstruktur „Array" überflüssig. Da „Säuberungsaktionen" im Akkumulator die Gefahr späterer Fehlplatzierungen in sich bergen, ist abhängig von der jeweiligen Anwendung der Verzicht auf solche Operationen erwägenswert. In diesem Fall ist zur Realisierung des Akkumulators ein *Vektor* ausreichend. Die Hough-Transformation wird dann für sämtliche Konturpunkte (im verdünnten Gradientenbild ist deren Anzahl gering) mit identischen Richtungen θ durchgeführt. Da θ direkt aus dem (verdünnten) Gradientenbild ermittelbar ist, sollte eine Sortierung der Konturpunkte nicht allzu aufwändig sein. Die Auswertung des „Vektorakkumulators" erfolgt dann wie gehabt durch eine Schwellwertoperation.

Es verbleibt die Frage, ob man sich für die einfache inkrementelle Akkumulation entscheidet, oder für die Alternative, nämlich die Gradienten*beträge* zu akkumulieren. Diese Entscheidung hängt sehr von der jeweiligen Anwendung ab. Es spricht allerdings nichts dagegen, *beide* Formen kombiniert anzuwenden. Ist der etwas erhöhte Aufwand vertretbar, so erhält man unter Umständen ein weitaus robusteres Verfahren, als es die Anwendung nur einer der beiden Alternativen bieten würde.

9.5 Aufgaben

9.1:
Warum ist es sehr einfach, mit Hilfe der Hough-Transformation die Parallelität von Geraden zu erkennen?

9.2:
Abbildung 9.18 zeigt ein verdünntes Gradientenbild, das aus 16 Konturpunkten mit den Richtungen 0°, 90°, 180° und 270° und 4 Punkten mit den Richtungen 45°, 135°, 225° und 315° besteht. Wende auf dieses Bild eine Hough-Transformation an. Erzeuge dazu einen Akkumulator mit einer Quantisierung von 45° für θ und 1 für r.

9.3:
Analysiere den in Aufgabe 9.2 erhaltenen Akkumulator. Nutze dabei jeden Eintrag, der größer als Null ist (solch eine niedrige Schwelle ist in der Praxis sinnlos, eignet sich hier aber gut zur Demonstration). Trage die aus dem Akkumulator gewonnenen Geraden in ein 8*8-Bild ein. Nutze dazu die Schnittpunkte dieser Geraden mit dem Bildrand.

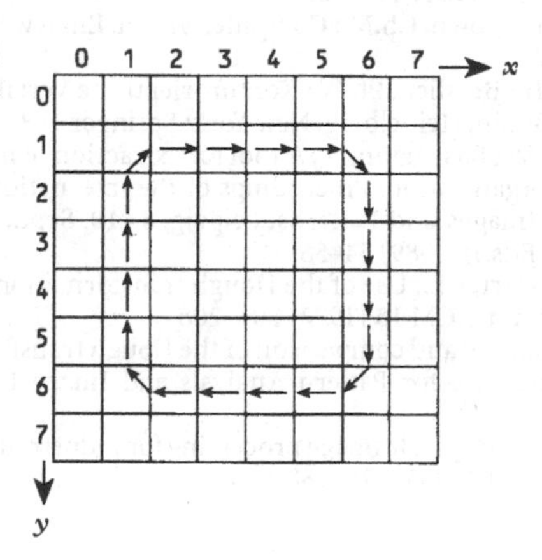

Abb. 9.18. Das Eingabebild für Aufgabe 9.2 dienende verdünnte Gradientenbild

9.4:
Wenn das Ergebnis der Aufgabe 9.3 nicht völlig befriedigt, so liegt der Grund wahrscheinlich in dem Versatz der diagonalen Geraden. Der Grund liegt im Quantisierungseffekt durch die Berechnung von r und die Schnittpunkte am Bildrand. Berechne diese Schnittpunkte auf der Basis nicht-quantisierter Werte von r neu. Trage die Geraden in ein kartesisches Koordinatensystem ein.

9.5:
Die parametrische Darstellung eines Kreises ist:

$$x = a + r\cos\theta$$
$$x = b + r\sin\theta$$

Definiere auf dieser Basis die Hough-Transformation für Kreise. Wie kann man die Transformation optimieren, sofern der ungefähre Radius des Kreises bekannt ist?

9.6:
Schreibe ein Programm, das die in Abschn. 9.4 beschriebene 1-dimensionale Hough-Transformation realisiert.

9.7:
Schreibe ein Programm, das die in Abschn. 9.4 und Aufgabe 9.5 beschriebene Kreis-zu-Punkt-Transformation realisiert.

9.8:
Untersuche sämtliche von AdOculos angebotenen Hough-Operationen (s. AdOculos Hilfe).

Literatur

9.1 Ballard, D.H.: Generalizing the Hough transform to detect arbitrary shapes. Pattern Recognition 13 (1981) 111–122
9.2 Ballard, D.H.; Brown, Ch.M.: Computer vision. Englewood Cliffs, New Jersey: Prentice-Hall 1982
9.3 Bässmann, H.; Besslich, Ph.W.: Konturorientierte Verfahren in der digitalen Bildverarbeitung. Berlin, Heidelberg, New York: Springer 1989
9.4 Besslich, Ph.W.; Bässmann, H.: A tool for extraction of line-drawings in the context of perceptual organization: Proceedings of the International Conference on Computer Analysis of Images and Patterns, Leipzig, 8.–10. Sept., (K. Voss, D. Chetverikov and G. Sommer, Eds.), (1989) 54–56
9.5 Duda, R.O.; Hart, P.E.: Use of the Hough transformation to detect lines and curves in pictures. Comm. ACM 15 (1972) 204–208
9.6 Evans, F.: A survey and comparison of the Hough transform. IEEE Workshop on Computer Architecture for Pattern Analysis and Image Database Management (1985) 378–380
9.7 Wallace, A.M.: Greyscale image processing for industrial applications. Image and Vision Computing 1 (1983) 178–188

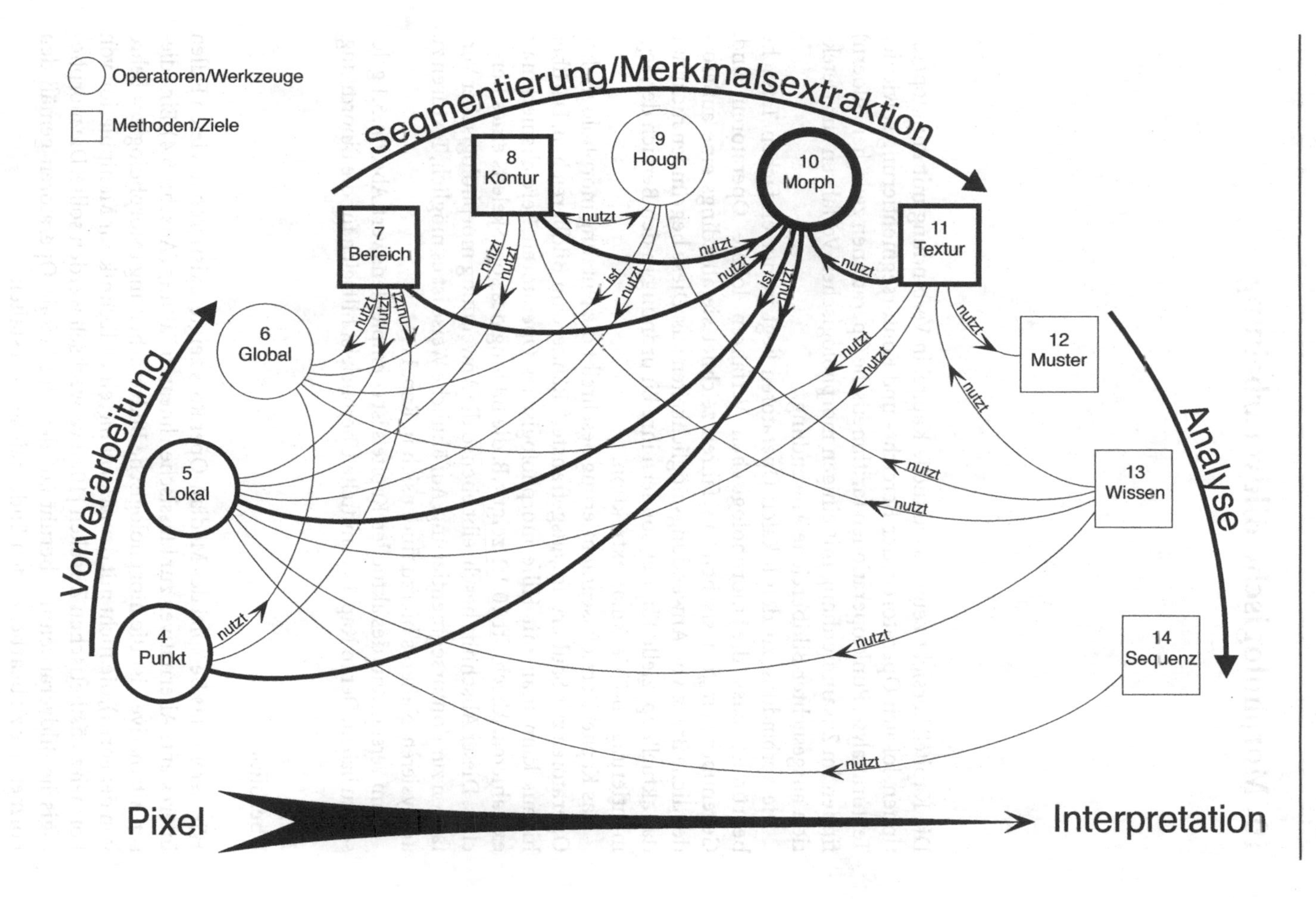

Operatoren/Werkzeuge
Methoden/Ziele
Segmentierung/Merkmalsextraktion
Vorverarbeitung
Analyse
4 Punkt
5 Lokal
6 Global
7 Bereich
8 Kontur
9 Hough
10 Morph
11 Textur
12 Muster
13 Wissen
14 Sequenz
nutzt
ist
Pixel
Interpretation

10 Morphologische Bildverarbeitung

Die Kapitelübersicht zeigt das aktuelle Kapitel in Verbindung mit Punktoperationen, lokalen Operatoren, der Bereichs- und Kontursegmentierung sowie der Texturanalyse. Punktoperationen (arithmetische Operationen zwischen Bildern) finden im Zusammenhang mit einigen morphologischen Verfahren zur Detektion ausgesuchter Bildbereiche Anwendung.

Die Verbindung zu den lokalen Operatoren liegt in der einfachen Tatsache begründet, dass die morphologischen Verfahren lokale Operatoren sind. Gegenüber den „klassischen" Verfahren zeichnet sie allerdings eine außerordentliche Breite von Anwendungsmöglichkeiten aus. Diese begründen nicht nur das aktuelle spezielle Kapitel, sondern ihre Einordnung in den Bereich der Segmentierung und Merkmalsextraktion.

Das Kapitel Bereichssegmentierung beschreibt die Nutzung morphologischer Operatoren zur Säuberung „ausgefranster" Ränder von Bildbereichen. Darüber hinaus kann man mit Hilfe morphologischer Operatoren Bereichsmerkmale extrahieren. Abschnitt 10.1.1 zeigt z.B. die Bildung des sog. Skeletts eines Bereiches. Dieser Abschnitt beschreibt ebenso die Anwendung morphologischer Verfahren zur Kontursegmentierung. Auf ähnliche Weise ist es möglich, Texturen zu analysieren. Näheres hierzu findet sich in Kap. 11.

Zum Verständnis des aktuellen Kapitels ist es empfehlenswert, Abschn. 5.1 gelesen zu haben. Der in Kap. 1 vermittelte Überblick ist hilfreich für die Einordnung.

10.1 Überblick

Wie bereits das Beispiel des Median-Operators zeigte, existieren in vielen Fällen interessante Alternativen zur klassischen linearen Faltung (Abschn. 5.4). Eine dieser Alternativen ist die morphologische Bildverarbeitung (Morphologie = Lehre von der Form), die nicht mit dem *Morphing*, einer Technik zur Manipulation von Formen zu ästhetischen Zwecken [10.6] verwechselt werden sollte. Die morphologische Bildverarbeitung beruht auf der Idee, lokale Operatoren gemäß den Formen der zu bearbeitenden Bildbereiche zu gestalten.

Im Mittelpunkt der morphologischen Bildverarbeitung steht das sog. *Strukturelement* sowie die beiden grundlegenden Operationen *Erosion* und *Dilation* (vgl.

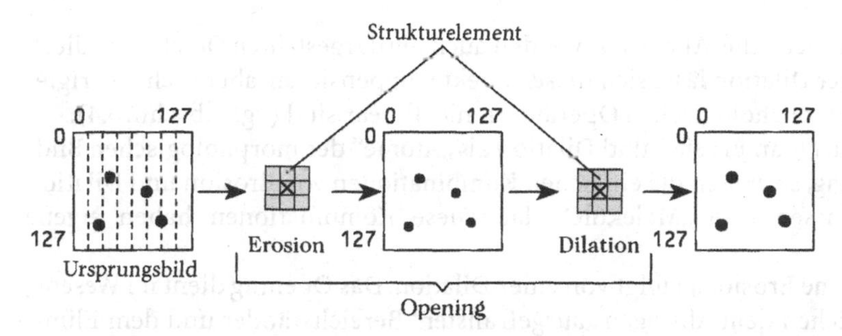

Abb. 10.1. Dieses aus der Chromosomenanalyse entnommene Beispiel demonstriert den Einsatz morphologischer Verfahren. Abgebildet sind die sog. Metaphasen, die durch die nahe beieinander liegenden Chromosomen eines Chromosomensatzes gebildet werden. Die größeren, runden Bereiche im Ursprungsbild sind das „Nutzsignal", die feinen (1 bis 2 Pixel breiten), senkrechten Striche die Störungen. Die Formen von „Nutzsignal" und Störungen sind problemlos unterscheidbar. (X markiert das aktuelle Pixel)

Abb. 10.1). Die Erosion trägt, wie der Name schon andeutet, Pixel von Bereichsrändern ab. Umgekehrt fügt die Dilation Pixel hinzu. Die Art des Abtrags bzw. der Hinzufügung ist mit Hilfe des Strukturelementes kontrollierbar. Das Strukturelement ist eine beliebig geformte Operatormaske. Sie wird wie die in Kap. 5 beschriebenen lokalen Operatoren gehandhabt. Morphologische Operatoren sind nichtlinearer Natur (vgl. Abschn. 5.4).

10.1.1 Binäre morphologische Verfahren

Abbildung 10.1 zeigt das der Chromosomenanalyse entnommene Beispiel eines gestörten Bildes. Abgebildet sind die sog. Metaphasen, die durch die nahe beieinander liegenden Chromosomen eines Chromosomensatzes gebildet werden. Die größeren, runden Bereiche im Ursprungsbild sind das „Nutzsignal", die feinen (1 bis 2 Pixel breiten), senkrechten Striche die Störungen. Die Formen von „Nutzsignal" und Störungen sind problemlos unterscheidbar und – für die morphologische Bildverarbeitung keineswegs Voraussetzung, aber vereinfachend – es gibt keine signifikanten Variationen der jeweiligen Form.

Im Fall von Binärbildern gelten für die grundlegenden morphologischen Operatoren folgende Regeln:

Erosion: Werden *sämtliche* Pixel eines Bereichs im Ursprungsbild von dem Strukturelement überdeckt, dann setze im Ergebnisbild das aktuelle Pixel auf 1.

Dilation: Überdeckt das Strukturelement *mindestens ein* Pixel eines Bereichs im Ursprungsbild, dann setze im Ergebnisbild das aktuelle Pixel auf 1.

Angewendet auf das in Abb. 10.1 abgebildete Ursprungsbild, ergibt bereits eine Erosion mit dem einfachen 3*3-Strukturelement die vollständige Bereinigung des Bildhintergrundes: Das Strukturelement „paßt" in keine der feinen, senkrechten Störbereiche. Allerdings werden auch die dargestellten Objekte erodiert. Mittels einer Dilation lässt sich dieser Effekt kompensieren, aber nicht korrigieren, da die morphologischen Operatoren nichtlinear sind (vgl. Abschn. 5.4).

Bezeichnet man Erosion und Dilation als „Atome" der morphologischen Bildverarbeitung, so stellen die einfachen Kombinationen von Erosion und Dilation gewissermassen ihre „Moleküle" dar. Diese Kombinationen haben eigene Namen:

Opening: Eine Erosion gefolgt von einer Dilation. Das Opening dient im Wesentlichen dem Abtragen „ausgefranster" Bereichsränder und dem Eliminieren kleiner Bereiche.

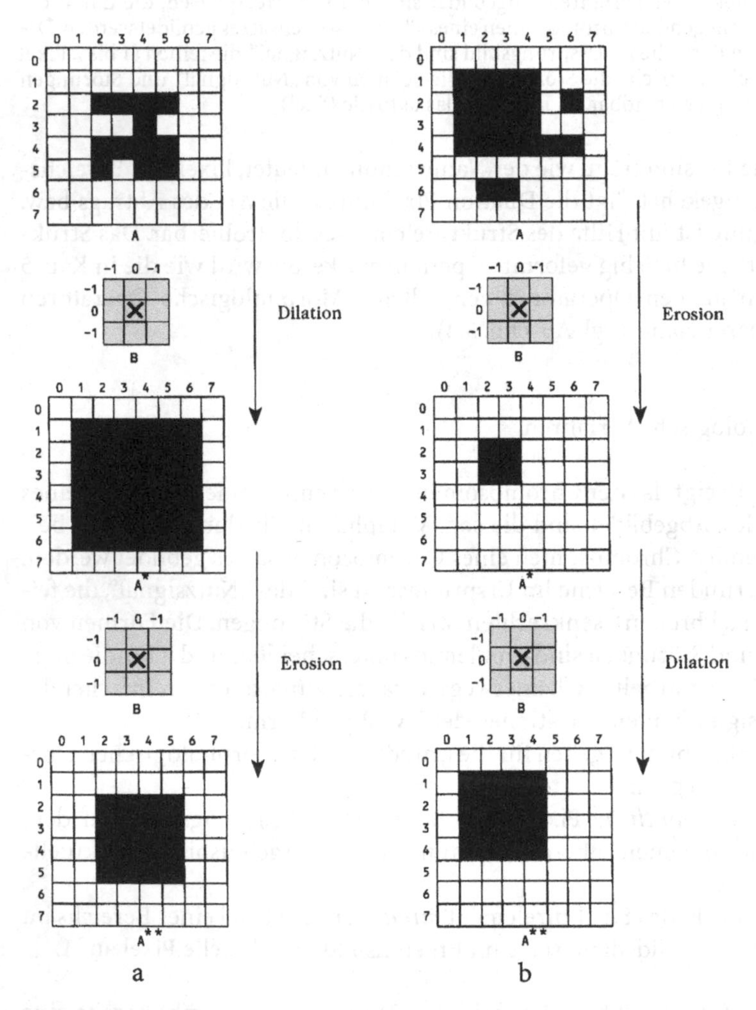

Abb. 10.2. Erosion und Dilation können als „Atome" der morphologischen Bildverarbeitung betrachtet werden. Die Moleküle sind das Lücken schließende *Closing* **a** (Dilation, Erosion) und das „Fransen" abtragende *Opening* **b** (Erosion, Dilation)

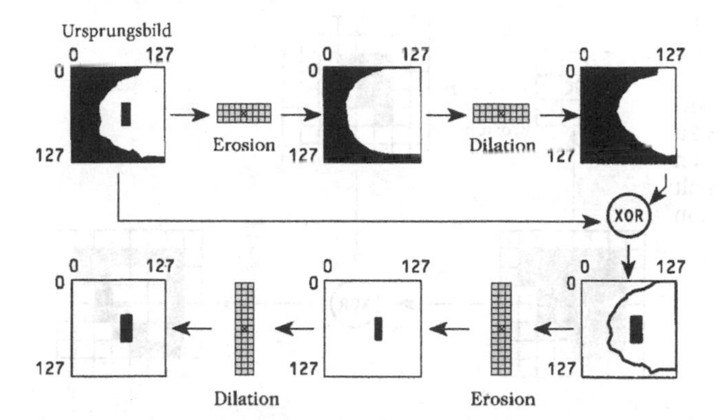

Abb. 10.3. Hier geht es darum, Binärbildanteile mit bekannter Form zu detektieren. Für das vorliegende Beispiel sei dies das Rechteck in der Mitte des Ursprungsbildes. Das einführende Opening (Erosion, Dilation) realisiert die sog. Hintergrundschätzung. Der zweite Schritt vergleicht das Ursprungsbild und die Hintergrundschätzung mit Hilfe einer EXOR-Funktion. Ein zweites Opening eliminiert unerwünschte Bereiche

Closing: Eine Dilation gefolgt von einer Erosion. Das Closing schließt die Lücken zwischen den „Fransen".

Zwei Beispiele hierzu sind in Abb. 10.2 dargestellt. Ein etwas komplexeres Anwendungsbeispiel zeigt Abb. 10.3. Hier geht es darum, eine Region mit bekannter Form zu detektieren. Für das vorliegende Beispiel sei dies das Rechteck in der Mitte des Ursprungsbildes. Im ersten Schritt findet ein Strukturelement Anwendung, das mit Hilfe eines Opening (Erosion, Dilation) das Objekt mit Sicherheit löscht. Natürlich sind auch kleinere, nicht dem Objekt zugehörige Bereiche entfernt worden. Das Zwischenergebnis enthält somit nur die größeren Bereiche des Ursprungsbildes (allerdings mit geglätteten Randbereichen) und entspricht daher nur ungefähr dem Hintergrund des Objekts. Daher spricht man von einer *Hintergrundschätzung.*

Ursprungsbild und Hintergrundschätzung werden nun mittels einer EXOR-Funktion verglichen. Das neue Zwischenergebnis enthält nun

- den gewünschten Bereich
- die Ränder der großen Bereiche (da bei der Hintergrundschätzung diese Ränder geglättet und damit also leicht verändert wurden) sowie
- sämtliche kleineren Bereiche vollständig.

Mit Hilfe eines zweiten Opening gelingt es nun, die unerwünschten Bereiche im Zwischenergebnis zu eliminieren. Zu diesem Zweck ist das Strukturelement derart gestaltet, dass die am Beginn stehende Erosion das gewünschte Objekt gerade nicht löscht. Die abschließende Dilation bringt das Objekt in etwa auf die ursprüngliche Größe.

Die bisher gezeigten Anwendungen sind typisch, allerdings ist der Einfluss der morphologischen Bildverarbeitung weitaus breiter. Das Beispiel in Abb. 10.4

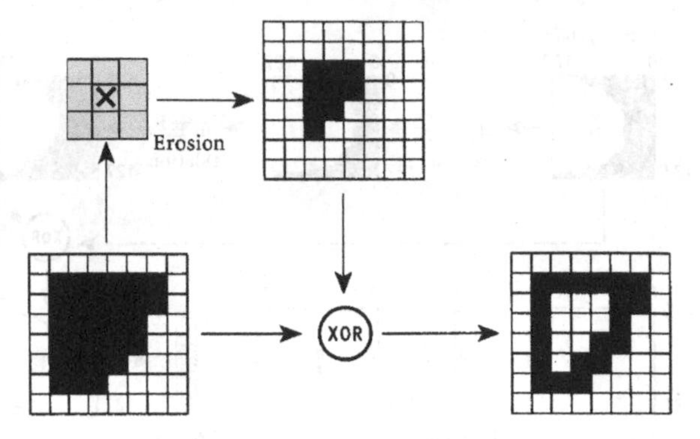

Abb. 10.4. Dieses Beispiel demonstriert die Extraktion von Konturen mit Hilfe einer Erosion und einer EXOR-Operation. Im Gegensatz zu der in Abschn. 8 diskutierten Gradientenoperation erhält man hier keine Information zur Konturrichtung

demonstriert die Extraktion von Konturen, ein bereits in Kap. 8 diskutiertes Thema.

Abbildung 10.5 zeigt die Extraktion des sog. *Skeletts* eines Bereichs. Wie der Umriss, so liefert auch das Skelett *strukturelle Merkmale* von Bereichen. Typische Anwendungsbereiche sind die Zeichenerkennung und die Verdünnung von Gradientenbildern (vgl. Abschn. 8.1.2).

Abgesehen von der großen Vielfalt möglicher Anwendungen (in [10.8] an besonders vielen Beispielbildern demonstriert), rechtfertigen drei wesentliche Vorteile die Attraktivität der morphologischen Bildverarbeitung:

- Selbst komplexe Bildverarbeitungsaufgaben können auf einfache Basisoperationen zurückgeführt werden.
- Diese Grundoperationen basieren letztlich auf Boolscher Algebra.
- Die Verfahren sind hochgradig parallelisierbar [10.2].

Diese Merkmale machen die morphologische Bildverarbeitung zu einem besonders hardware-freundlichen Verfahren.

10.1.2 Morphologische Verarbeitung von Grauwertbildern

Im Fall der morphologischen Verarbeitung von Binärbildern bestimmen die 0/1-Übergänge die Form der im Bild enthaltenden Objekte. Es handelt sich mithin um einen zweidimensionalen Fall. Die Verarbeitung von Grauwertbildern erfordert nun eine dritte Dimension, deren Notwendigkeit gut durch die Vorstellung der Grauwerte als Gebirge veranschaulicht werden kann. Die Erosion trägt dann die oberste Schicht des Gebirges ab, während die Dilation das Gebirge mit einer weiteren Schicht überdeckt. Das Opening beseitigt spitze Gipfel, das Closing füllt kleine Täler. Die Form der zu bearbeitenden Gipfel bzw. Täler ist durch (dreidimensionale) Strukturelemente bestimmbar. Abbildung 10.6 veranschaulicht den Vorgang anhand eines nicht-digitalisierten Beispiels mit kugelförmigem Strukturelement: Im Fall des Closings wird die Kugel über das Gebirge gerollt und Lücken unterhalb der Kugel aufgefüllt. Zur Durchführung des Openings rollt

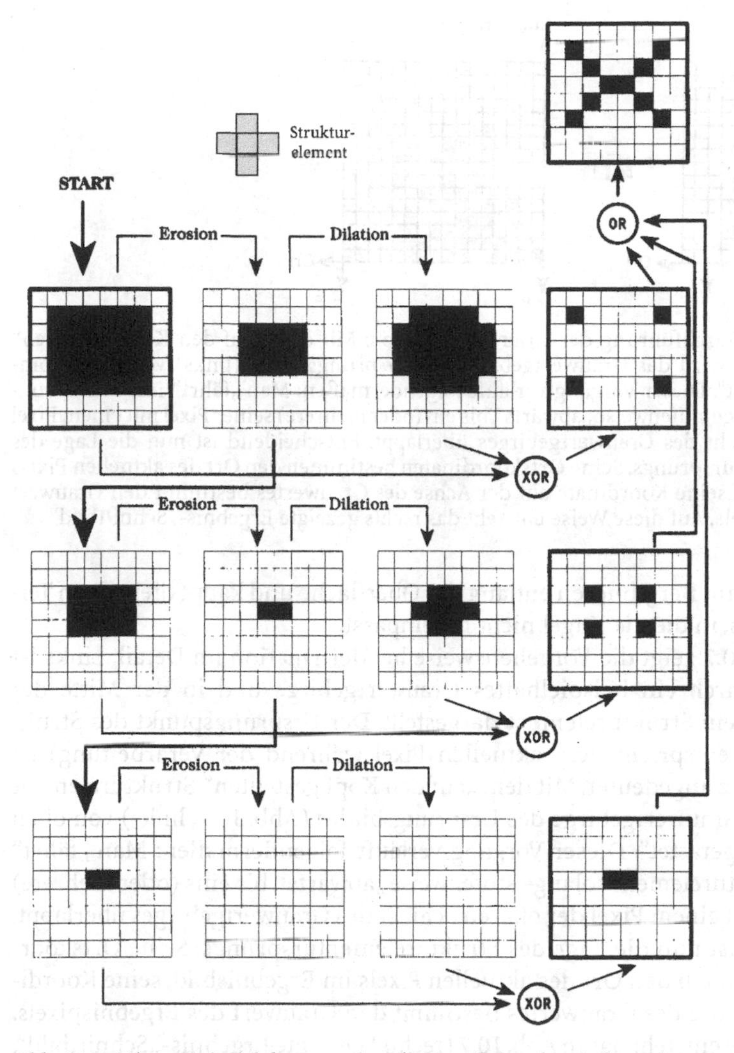

Abb. 10.5. Dieses Beispiel demonstriert die Extraktion des Skeletts einer Region (oben rechts)

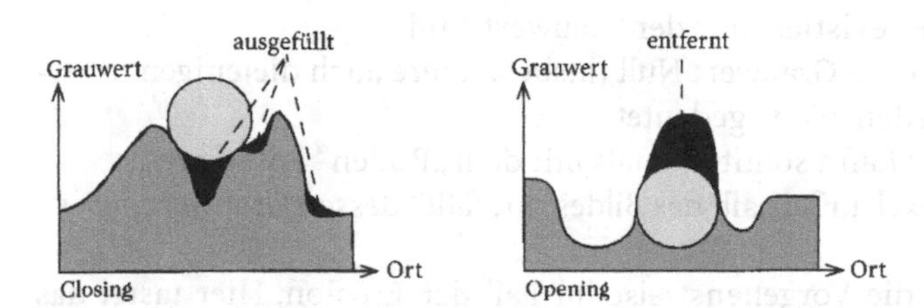

Abb. 10.6. Veranschaulichung von Closing und Opening im Fall von Grauwertbildern: Die Abbildung zeigt Schnitte durch zwei Grauwertgebirge und ein kugelförmiges Strukturelement

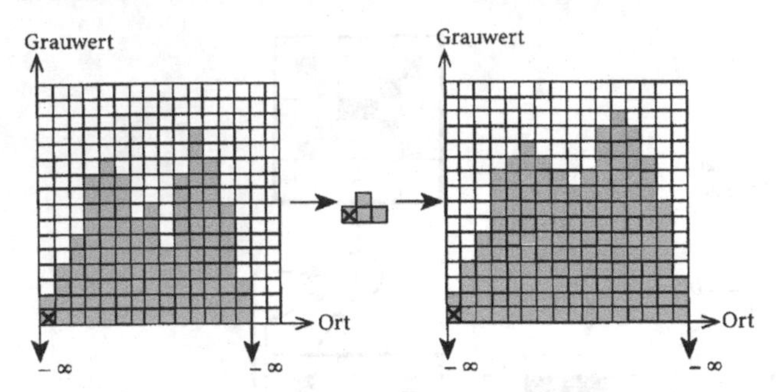

Abb. 10.7. Zur Durchführung der Grauwert-Dilation: Mit dem „auf den Kopf gestellten“ Strukturelement wird das Grauwertgebirge des Ursprungsbildes (links) von oben kommend „abgetastet“. Dieser Vorgang verläuft folgendermaßen: Man „fährt“ mit dem Strukturelement solange stufenweise „abwärts“, bis ein (oder mehrere) seiner Pixel mit einem Pixel der oberen Schicht des Grauwertgebirges überlappt. Entscheidend ist nun die Lage des Strukturelementursprungs. Seine Ortskoordinaten bestimmen den Ort des aktuellen Pixels im Ergebnisbild, seine Koordinate auf der Achse des Grauwertes bestimmt den Grauwert des Ergebnispixels. Auf diese Weise entsteht das rechts gezeigte Ergebnis-„Schnittbild”

man die Kugel im Berginneren entlang der Oberfläche und kappt diejenigen Teile des Gebirges, in die die Kugel nicht hineinpasst.

Abbildung 10.7 zeigt die Vorgehensweise bei der Dilation im Detail. Links ist der Schnitt durch ein beispielhaftes Grauwertgebirge und in der Mitte der Schnitt durch ein Strukturelement dargestellt. Der Ursprungspunkt des Strukturelementes (entspricht dem aktuellen Pixel während der Verarbeitung) ist durch ein Kreuz angedeutet. Mit dem „auf den Kopf gestellten“ Strukturelement wird nun das Grauwertgebirge des Ursprungsbildes (Abb. 10.7, links) von oben kommend „abgetastet“. Dieser Vorgang verläuft folgendermaßen: Man „fährt“ mit dem Strukturelement solange stufenweise „abwärts“, bis eins (oder mehrere) seiner Pixel mit einem Pixel der oberen Schicht des Grauwertgebirges überlappt. Entscheidend ist nun die Lage des Strukturelementursprungs. Seine Ortskoordinaten bestimmen den Ort des aktuellen Pixels im Ergebnisbild, seine Koordinate auf der Achse des Grauwertes bestimmt den Grauwert des Ergebnispixels. Auf diese Weise entsteht das in Abb. 10.7 (rechts) gezeigte Ergebnis-„Schnittbild“.

Das für lokale Operatoren typische Randproblem (Abschn. 5.1) wird einfach aber wirkungsvoll durch folgende Definitionen gelöst:

- Außerhalb des Bildes existiert nur der Grauwert Null.
- Sämtliche Pixel mit dem Grauwert Null (insbesondere auch diejenigen innerhalb des Bildes) werden als -• gedeutet.
- Ein Strukturelement kann somit niemals mit dem „Boden“ kollidieren.
- Liegt das aktuelle Pixel außerhalb des Bildes, so „fällt“ dessen Grauwert auf -• .

Abbildung 10.8 zeigt die Vorgehensweise im Fall der Erosion. Hier tastet das Strukturelement das Grauwertgebirge von unten ab. Dabei wird es solange stufenweise nach oben geschoben, bis gerade keines seiner Pixel außerhalb des Gebirges liegt. Ansonsten verläuft die Operation entsprechend der Dilation.

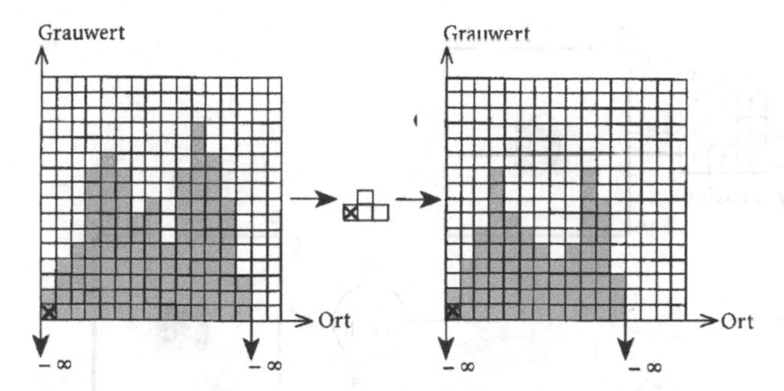

Abb. 10.8. Zur Durchführung der Grauwert-Erosion: Das Prinzip ähnelt dem in Abb. 10.7 für die Dilation gezeigten. Hier tastet allerdings das Strukturelement das Grauwertgebirge von unten ab. Dabei wird es solange stufenweise nach oben geschoben, bis gerade keines seiner Pixel außerhalb des Gebirges liegt. Ansonsten verläuft die Operation entsprechend der Dilation

Abbildung 10.3 zeigte ein Beispiel zur Detektion von Bildanteilen mit bekannter Form in einem Binärbild. Eine entsprechende Aufgabenstellung bei der Grauwertverarbeitung ist in Abb. 10.9 dargestellt. In diesem Beispiel geht es darum, die obere Ecke eines Tassenhenkels aus dem Bild zu extrahieren. Ein praktischer Hintergrund für dieses Beispiel ist zwar nicht gegeben, jedoch demonstriert es die Verwendung unsymmetrischer Strukturelemente.

Der grundsätzliche Ablauf des Verfahrens ähnelt demjenigen für Binärbilder: Man beginnt mit einer Schätzung des Hintergrundes, dessen Differenz zum Ursprungsbild im nächsten Schritt gebildet wird, und endet mit einer Säuberung des Differenzbildes. Die Schätzung des Hintergrundes erfolgt durch ein Opening mit einem Strukturelement, welches den zu extrahierenden Bildanteil löscht. Der Entwurf eines geeigneten Strukturelementes bedarf keiner besonderen Überlegungen: Es darf lediglich an keiner Stelle in den zu löschenden Bildteil hineinpassen. Die Differenzbildung liefert den Absolutbetrag der Bilddifferenz. Vor-

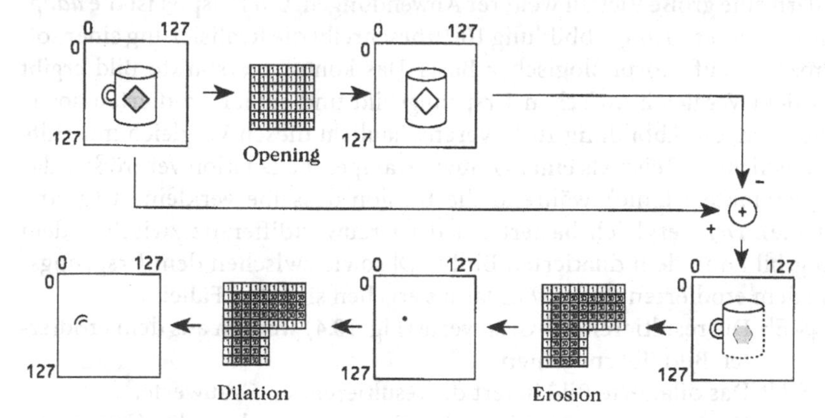

Abb. 10.9. Hier geht es darum, Bildanteile mit bekannter Form in einem Grauwertbild zu detektieren. Die Vorgehensweise ähnelt der im Fall von Binärbildern (Abb. 10.3)

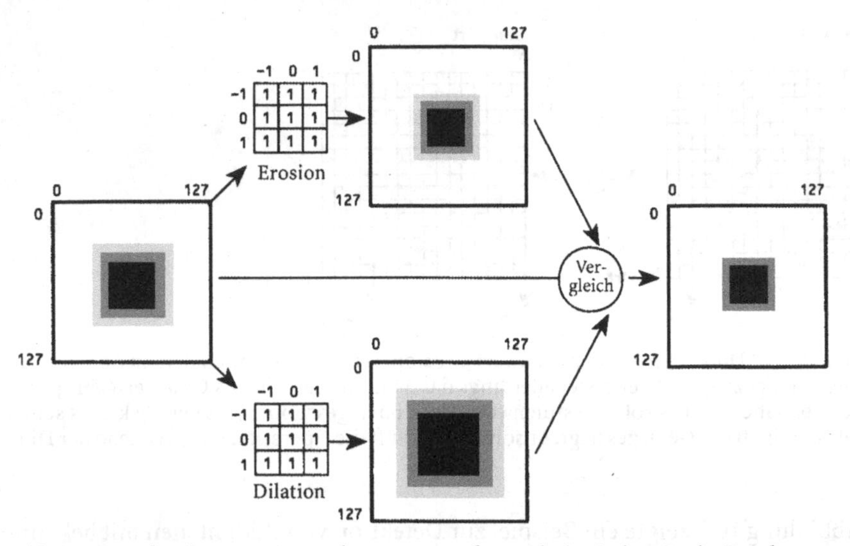

Abb. 10.10. Adaptive Kontrastverbesserung auf morphologischer Basis. Das kontrastverstärkte Bild ergibt sich aus dem Vergleich zwischen Ursprungsbild und seiner erodierten sowie dilatierten Version. Abb. 10.11 veranschaulicht diesen Vergleich mit Hilfe des Beispiels einer Grauwertrampe

zeichen interessieren hier nicht. In dem so erhaltenen Zwischenergebnis tritt zwar der zu extrahierende Bildanteil deutlich in Erscheinung, es sind allerdings noch diverse unerwünschte Bildanteile vorhanden. Keiner dieser Anteile ist auch nur partiell dem erwünschten Anteil ähnlich. Eine Erosion mit einem dem Grauwertverlauf der Henkelecke angepassten Strukturelement führt daher zur vollständigen Unterdrückung der unerwünschten Anteile. Damit ist die Lage der Henkelecke bereits detektiert. Möchte man nun das gesuchte Objekt hervorheben, so bedarf es noch einer Dilation mit demselben Strukturelement.

Wie im binären Fall, bietet auch die morphologische Verarbeitung von Grauwertbildern eine große Vielfalt weiterer Anwendungen. Ein Beispiel ist die *adaptive Kontrastverbesserung*. Abbildung 10.10 beschreibt die Realisierung einer solchen Prozedur auf morphologischer Basis. Das kontrastverstärkte Bild ergibt sich aus dem Vergleich zwischen Ursprungsbild und seiner erodierten sowie dilatierten Version. Abbildung 10.11 veranschaulicht diesen Vergleich mit Hilfe eines „künstlichen" Beispiels einer Grauwertrampe. Die Dilation vergrößert das Objekt (gepunktete Linie), während die Erosion dasselbe verkleinert (gestrichelte Linie). Der Vergleich basiert auf der Grauwertdifferenz zwischen dem Ursprungsbild und dem dilatierten Bild $|S\text{-}D|$ sowie zwischen dem Ursprungsbild und dem erodierten Bild $|S\text{-}E|$. Daraus ergeben sich drei Fälle:

$|S\text{-}D| > |S\text{-}E|$: Die resultierenden Grauwerte (Fig. 10.4) werden aus dem erodierten Bild übernommen.

$|S\text{-}D| < |S\text{-}E|$: Das dilatierte Bild liefert die resultierenden Grauwerte.

$|S\text{-}D| = |S\text{-}E|$: Quelle für die resultierenden Grauwerte ist hier das Ursprungsbild.

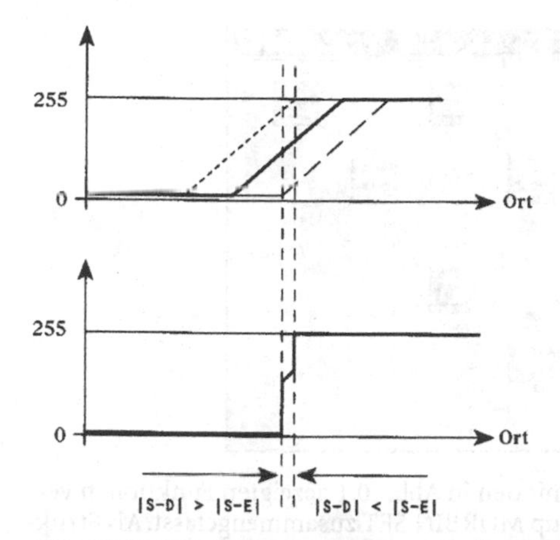

Abb. 10.11. Details des in Abb. 10.10 gezeigten Vergleichs am Beispiel einer Grauwertrampe. Die Dilation vergrößert das Objekt (gepunktete Linie), während die Erosion dasselbe verkleinert (gestrichelte Linie). Der Vergleich basiert auf der Grauwertdifferenz zwischen dem Ursprungsbild und dem dilatierten Bild $|S\text{-}D|$ sowie zwischen dem Ursprungsbild und dem erodierten Bild $|S\text{-}E|$. Daraus ergeben sich drei Fälle. $|S\text{-}D| > |S\text{-}E|$: Die resultierenden Grauwerte werden aus dem erodierten Bild übernommen. $|S\text{-}D| < |S\text{-}E|$: Das dilatierte Bild liefert die resultierenden Grauwerte. $|S\text{-}D| = |S\text{-}E|$: Quelle für die resultierenden Grauwerte ist hier das Ursprungsbild

Ein entscheidender Vorteil der morphologischen Kontrastverstärkung ist seine auf dem Strukturelement basierende Flexibilität. Besteht z.B. lediglich die Notwendigkeit, die vertikalen Ränder einer Region zu schärfen, sollte das Strukturelement ein kurzer horizontaler Balken sein.

10.2 Experimente

10.2.1 Binäre morphologische Verfahren

Das Ziel der Experimente ist es, mit den in Abb. 10.1 gezeigten Funktionen vertraut zu werden. Sie sind im Setup MORBIN.SET zusammengefasst (Abb. 10.12). Als Strukturelement findet für sämtliche Funktionen 3X3.SEB Verwendung. Ein Strukturelement kann man durch Klicken mit der rechten Maustaste auf das jeweilige Funktionssymbol des morphologischen Operators laden. AdOculos bietet verschiedene dieser Elemente im Verzeichnis STRELEM an. Ein Strukturelement ist durch eine Textdatei realisiert, kann also mit Hilfe eines einfachen Editors verändert werden.

In Abschn. 10.1.1 wurde die Aufgabe der Metaphasenfindung als einführendes Beispiel genannt. Abbildung 10.13 (METASRC) zeigt ein Originalbild hierzu. Das Bild ist sehr kontrastarm und durch ausgeprägte Interferenzstreifen gestört. Die Aufgabe besteht nun in der Isolierung der Metaphasen aus dem verrauschten

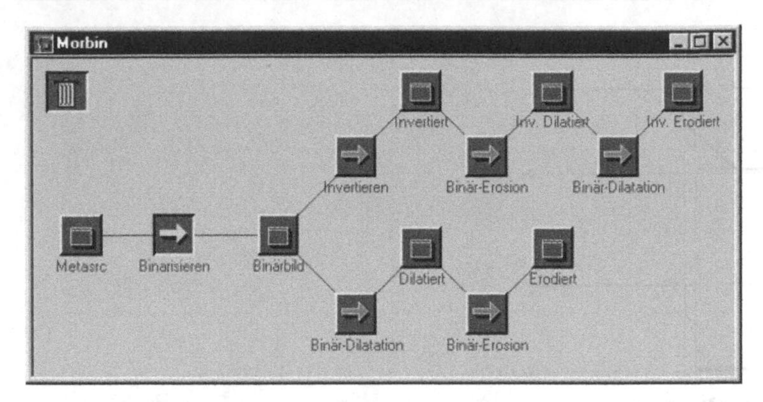

Abb. 10.12. Das Ziel der Experimente ist es, mit den in Abb. 10.1 gezeigten Funktionen vertraut zu werden. Sie sind im hier gezeigten Setup MORBIN.SET zusammengefasst. Als Strukturelement findet für sämtliche Funktionen 3X3.SEB Verwendung. Abb. 10.13 (METASRC) zeigt das aus der Chromosomen-Analyse stammende Ursprungsbild und die Ergebnisse der Bearbeitung

Hintergrund. Die Ergebnisse zeigt Abb. 10.13 (die Namen der einzelnen Ergebnisbilder verraten die jeweils verwendete Prozedur; die Bildnamen sind einfach durch einen Doppelklick darauf änderbar).

Der mittlere Grauwert der Metaphasen ist offensichtlich niedriger als derjenige des Hintergrundes. Daher sollte der erste Schritt eine Binarisierung mit Hilfe einer Schwelle sein (vgl. Abschn. 4.1). Abbildung 10.13 zeigt das binarisierte Ursprungsbild. Die Schwelle lag bei dem Grauwert 143. Gewöhnlich werden die Pixel mit dem Grauwert '0' (hier schwarz dargestellt) als Hintergrund definiert. Um bei dieser Konvention zu bleiben, wird das Binärbild invertiert.

Die Störungen des Hintergrundes erscheinen auf den ersten Blick sehr hartnäckiger Art. Bei genauerer Betrachtung erkennt man, dass es sich bei den Störungen um sehr kleine Bereiche handelt, die scheinbar zufällig die Werte '0' oder '1' besitzen. Das steht im Gegensatz zu den vergleichsweise großen Bereichen des

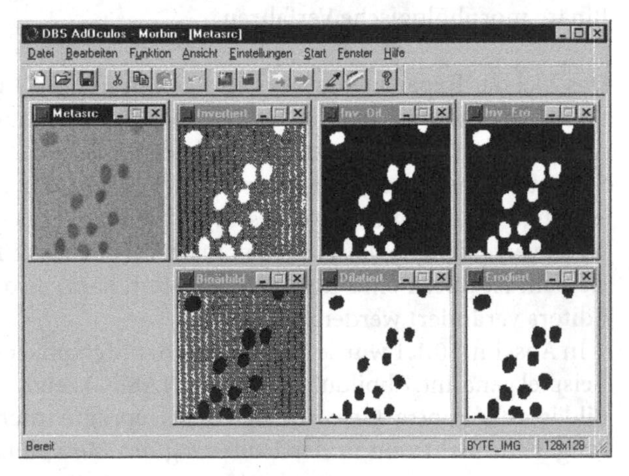

Abb. 10.13. Dieses sind die Ergebnisse der in Abb. 10.12 gezeigten Funktionen. Die Namen der einzelnen Ergebnisbilder verraten die jeweils verwendete Prozedur (die Bildnamen sind einfach durch einen Doppelklick darauf änderbar). Das Ursprungsbild ist sehr kontrastarm und durch ausgeprägte Interferenzstreifen gestört. Die Aufgabe besteht nun in der Isolierung der Metaphasen aus dem verrauschten Hintergrund

„Nutzsignals". Durch ein Opening mit einem 3*3-Strukturelement ist die Störung problemlos zu beseitigen. Die Ergebnisse von Erosion und Dilation zeigt Abb. 10.13.

Die Inversion eines Binärbildes ist zwar nicht sonderlich aufwändig, sie kann aber im vorliegenden Beispiel vermieden werden: Dann steht nur das ursprüngliche Binärbild zur Verfügung. Definiert man nun entgegen der Konvention '0' als Objekt und '1' als Hintergrund, so braucht man nur Erosion und Dilation zu vertauschen. Im vorliegenden Fall bedeutet das die Durchführung eines Closings. Es beginnt mit einer Dilation gefolgt von einer Erosion (Abb. 10.13).

10.2.2 Morphologische Verarbeitung von Grauwertbildern

Das Ziel der Experimente ist es, mit den in Abb. 10.9 gezeigten Funktionen vertraut zu werden. Sie sind im Setup MORTASSE.SET zusammengefasst (Abb. 10.14). Als Strukturelemente finden 7X7.SEG (Opening zur Erzeugung des Hintergrunds) und HENKEL.SEG (Opening zur Säuberung des Hintergrunds) Verwendung. Ein Strukturelement kann man durch Klicken mit der rechten Maustaste auf das jeweilige Funktionssymbol des morphologischen Operators laden. AdOculos bietet verschiedene dieser Elemente im Verzeichnis STRELEM an. Eine Strukturelement ist durch eine Textdatei realisiert, kann also mit Hilfe eines einfachen Editors verändert werden.

Abbildung 10.15 (TASSESRC) zeigt das Ursprungsbild und die Ergebnisse (die Namen der einzelnen Ergebnisbilder verraten die jeweils verwendete Prozedur; die Bildnamen sind einfach durch einen Doppelklick darauf änderbar). Die Aufgabe besteht darin, die obere Ecke eines Tassenhenkels aus dem Bild zu extrahieren. Ein praktischer Hintergrund für dieses Beispiel ist zwar nicht gegeben, jedoch demonstriert es die Verwendung unsymmetrischer Strukturelemente. Der grundsätzliche Ablauf des Verfahrens ist in Abschn. 10.1.2 beschrieben.

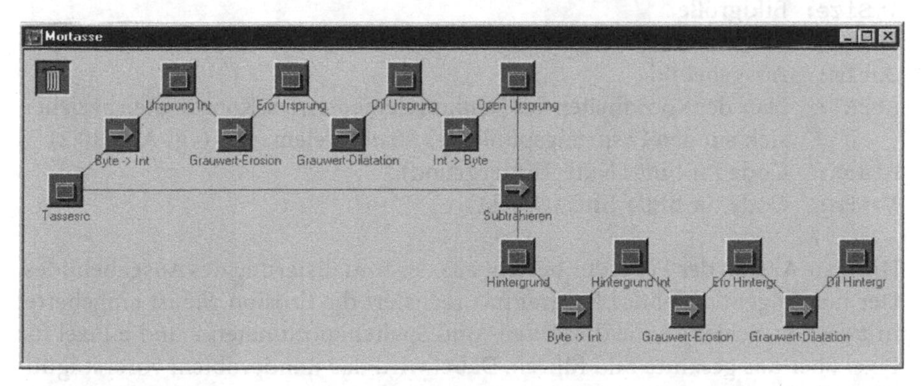

Abb. 10.14. Das Ziel der Experimente ist es, mit den in Abb. 10.9 gezeigten Funktionen vertraut zu werden. Sie sind im hier gezeigten Setup MORTASSE.SET zusammengefasst. Als Strukturelemente finden 7X7.SEG (Opening zur Erzeugung des Hintergrunds) und HENKEL.SEG (Opening zur Säuberung des Hintergrunds) Verwendung. Abbildung 10.15 (TASSESRC) zeigt das Ursprungsbild und die Ergebnisse der Bearbeitung

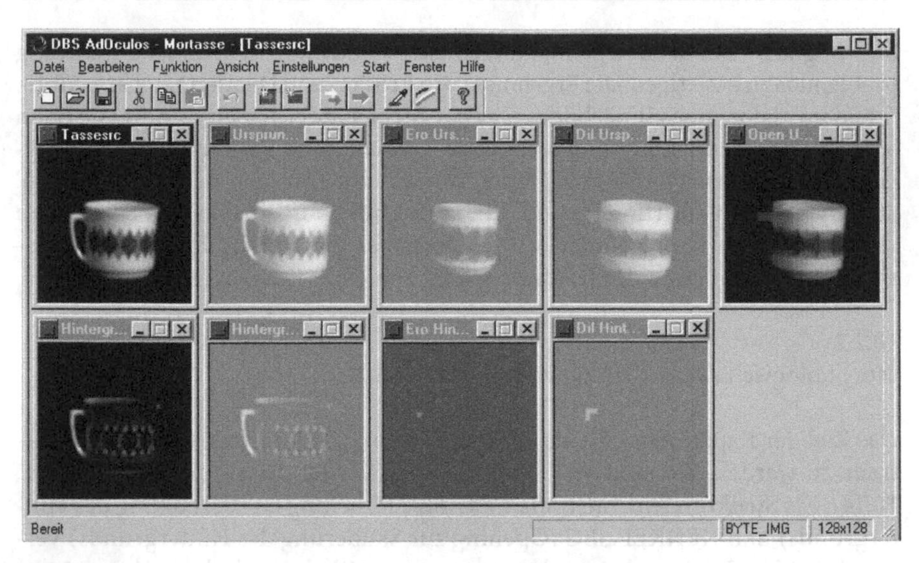

Abb. 10.15. Dieses sind die Ergebnisse der in Abb. 10.14 gezeigten Funktionen. Die Namen der einzelnen Ergebnisbilder verraten die jeweils verwendete Prozedur (die Bildnamen sind einfach durch einen Doppelklick darauf änderbar)

10.3 Realisierung

10.3.1 Binäre morphologische Verfahren

Abbildung 10.16 zeigt eine Prozedur zur Realisierung der binären Erosion und Dilation. Die Übergabeparameter sind

`ImSize:` Bildgröße
`InIm:` Eingabebild
`OutIm:` Ausgabebild
`StrEl:` Liste der Koordinaten des Strukturelementes. Die Koordinaten beziehen sich auf den Ursprungspunkt des Strukturelementes (vgl. Abb. 10.2)
`Black:` Code für binär Null (Hintergrund)
`White:` Code für binär Eins (Objekt).

Die erste Aktion der Prozedur besteht aus der Initialisierung des Ausgabebildes. Der nun folgende Teil des Programms realisiert die Erosion. Sie ist eingebettet in zwei `for`-Schleifen, die die Zeilen- und Spaltenkoordinaten `r` und `c` Pixel für Pixel über das gesamte Bild führen. Dabei wird das Randproblem vorerst ignoriert. Die innere `for`-Schleife testet für jedes Element des Strukturelementes die Erosions-Bedingung (vgl. Abschn. 10.1.1): Nur wenn das Objekt das Strukturelement vollständig einschließt, erfolgt ein Eintrag in das Ergebnisbild. `y` und `x` sind diejenigen Zeilen- und Spaltenkoordinaten, die das Strukturelement „rund

```
void EroBin (ImSize, InIm, OutIm, StrEl, Black, White)
int      ImSize;
BYTE     **InIm;
BYTE     **OutIm;
StrTypB *StrEl;
BYTE     Black, White;
{
   int  r,c,y,x,i;

   for (r=0; r<ImSize; r++)
      for (c=0; c<ImSize; c++)  OutIm [r][c] = Black;

   for (r=0; r<ImSize; r++) {
      for (c=0; c<ImSize; c++) {
         for (i=1; i<=StrEl[0].r; i++) {
            y = r + StrEl[i].r;
            x = c + StrEl[i].c;
            if (y>=0 && x>=0 && y<ImSize && x<ImSize)
               if (InIm [y][x] == Black)  goto Failed;
         }
         OutIm [r][c] = White;
Failed:  ;
} } }


void DilBin (ImSize, InIm, OutIm, StrEl, Black, White)
int      ImSize;
BYTE     **InIm;
BYTE     **OutIm;
StrTypB *StrEl;
BYTE     Black, White;
{
   int   r,c,y,x,i;

   for (r=0; r<ImSize; r++)
      for (c=0; c<ImSize; c++)  OutIm [r][c] = Black;

   for (r=0; r<ImSize; r++) {
      for (c=0; c<ImSize; c++) {
         for (i=1; i<=StrEl[0].r; i++) {
            y = r - StrEl[i].r;
            x = c - StrEl[i].c;
            if (y>=0 && x>=0 && y<ImSize && x<ImSize)
               if  (InIm [y][x] == White)  {
                  OutIm [r][c] = White;
                  goto Leave;
         }     }
Leave:   ;
} } }
```

Abb. 10.16. C-Realisierungen von binärer Erosion und Dilation. Der Datentyp `StrTypB` ist in Anhang A definiert

um" das aktuelle Pixel (`r, c`) einschließt. Vor der nun folgenden Überprüfung der Erosions-Bedingung bedarf es der Kontrolle von `y` und `x` hinsichtlich des Überschreitens des Bildrandes. Die eigentliche Überprüfung ist denkbar einfach: Handelt es sich bei dem Pixel (`y, x`) um ein Hintergrundpixel (`InIm[y][x]==Black`), wird die innere `for`-Schleife abgebrochen. Dieser Abbruch erfolgt nur dann nicht, wenn sämtliche Pixel (y, x) Objektpixel sind. In diesem Fall erfolgt der Eintrag eines Objektpixels in das Ergebnisbild OutIm.

Die Realisierung der Dilation unterscheidet sich lediglich durch die innere for-Schleife von derjenigen der Erosion (vgl. Abb. 10.16). Sie realisiert hier die

```
void EroGray (ImSize, InIm, OutIm, StrEl)
int     ImSize;
int     **InIm;
int     **OutIm;
StrTypG *StrEl;
{
   int   r,c,y,x,i,gv,min;

   for (r=0; r<ImSize; r++)
      for (c=0; c<ImSize; c++)  OutIm [r][c] = 0;

   for (r=0; r<ImSize; r++) {
      for (c=0; c<ImSize; c++) {
         min = 32767;
         for (i=1; i<=StrEl[0].r; i++) {
            y = r + StrEl[i].r;
            x = c + StrEl[i].c;
            if (y>=0 && x>=0 && y<ImSize && x<ImSize) {
               gv = InIm[y][x] - StrEl[i].g;
               if  (gv < min)  min = gv;
         } }
         OutIm [r][c] = min;
} } }
```

```
void DilGray (ImSize, InIm, OutIm, StrEl)
int     ImSize;
int     **InIm;
int     **OutIm;
StrTypG *StrEl;
{
   int  r,c,y,x,i,gv,max;

   for (r=0; r<ImSize; r++)
      for (c=0; c<ImSize; c++)  OutIm [r][c] = 0;

   for (r=0; r<ImSize; r++) {
      for (c=0; c<ImSize; c++) {
         max = -32768;
         for (i=1; i<=StrEl[0].r; i++) {
            y = r - StrEl[i].r;
            x = c - StrEl[i].c;
            if  (y>=0 && x>=0 && y<ImSize && x<ImSize) {
               gv = InIm[y][x] + StrEl[i].g;
               if (gv > max)  max = gv;
         } }
         OutIm [r][c] = max;
} } }
```

Abb. 10.17. C-Realisierungen von Grauwert-Erosion und -Dilation. Der Datentyp StrTypG ist in Anhang A definiert

Dilations-Bedingung: Überlappen Objekt und Strukturelement in mindestens einem Pixel, so erfolgt ein Eintrag in das Ergebnisbild. Dabei ist zu beachten, dass das Strukturelement einer Spiegelung an seinen Koordinatenursprung bedarf.

10.3.2 Morphologische Verarbeitung von Grauwertbildern

Abbildung 10.17 zeigt eine Prozedur zur Realisierung der binären Erosion und Dilation. Die Übergabeparameter sind

`ImSize:` Bildgröße
`InIm:` Eingabebild
`OutIm:` Ausgabebild
`StrEl:` Liste der Koordinaten des Strukturelementes; die Koordinaten beziehen sich auf den Ursprung des Strukturelements (Abb. 10.2).

Die Prozedur beginnt mit der Initialisierung des Ausgabebildes. Der Rahmen des nun folgenden Erosions-Algorithmus ähnelt demjenigen der binären Erosion. Allerdings entspricht der Kern des Algorithmus nicht so offensichtlich der in Abschn. 10.1.2 vorgestellten Anschauung der Grauwert-Erosion, wie das im Fall der Binär-Erosion gegeben war: Die Grauwerte des Strukturelementes `StrEl[i].g` werden von den entsprechenden Grauwerten des Bildes `InIm[y][x]` subtrahiert und die kleinste dieser Differenzen `min` in das Ergebnisbild `OutIm[y][x]` übertragen. Die Grauwerte des Strukturelements realisieren also die dritte Dimension des Strukturelements (vgl. Abschn. 10.1.2).

Der Algorithmus für die Dilation weist folgende Unterschiede zu demjenigen für die Erosion auf:

- Da das Strukturelement „auf den Kopf gestellt“ werden muss (vgl. Abschn. 10.1.2), erfolgt die Berechnung der Koordinaten y und x durch Subtraktion der Strukturelementkoordinaten von r und c.
- Die Grauwerte des Strukturelementes sind den entsprechenden Grauwerten des Bildes hinzuzuaddieren.
- Die größte dieser Summen ist das Ergebnis der Dilation.

10.4 Ergänzungen

10.4.1 Binäre morphologische Verfahren

Die theoretische Grundlage der morphologischen Bildverarbeitung wie auch der mathematischen Morphologie ist die Mengentheorie. Vor diesem Hintergrund ist ein Binärbild eine orts- und wertdiskrete Funktion $f(r,c)$, die von zwei Variablen r und c (Zeilen- und Spaltenkoordinaten) abhängig ist und die Werte Null (Hintergrund) und Eins (Objekt) annehmen kann. Ist nur ein Objekt vorhanden, so ist dies einfach die Menge aller Pixel *(r,c)* für die gilt *f(r,c)*=1. Der Hintergrund ist das Komplement dieser Menge.

Angenommen, ein Objekt sei durch die Menge *A* und das Strukturelement durch die Menge *B* repräsentiert. Der Koordinatenursprung des Strukturelementes „liegt auf" dem aktuellen Pixel *p=(r,c)*. Für das Strukturelement an einem bestimmten Ort *p* steht dann die Menge B_p.

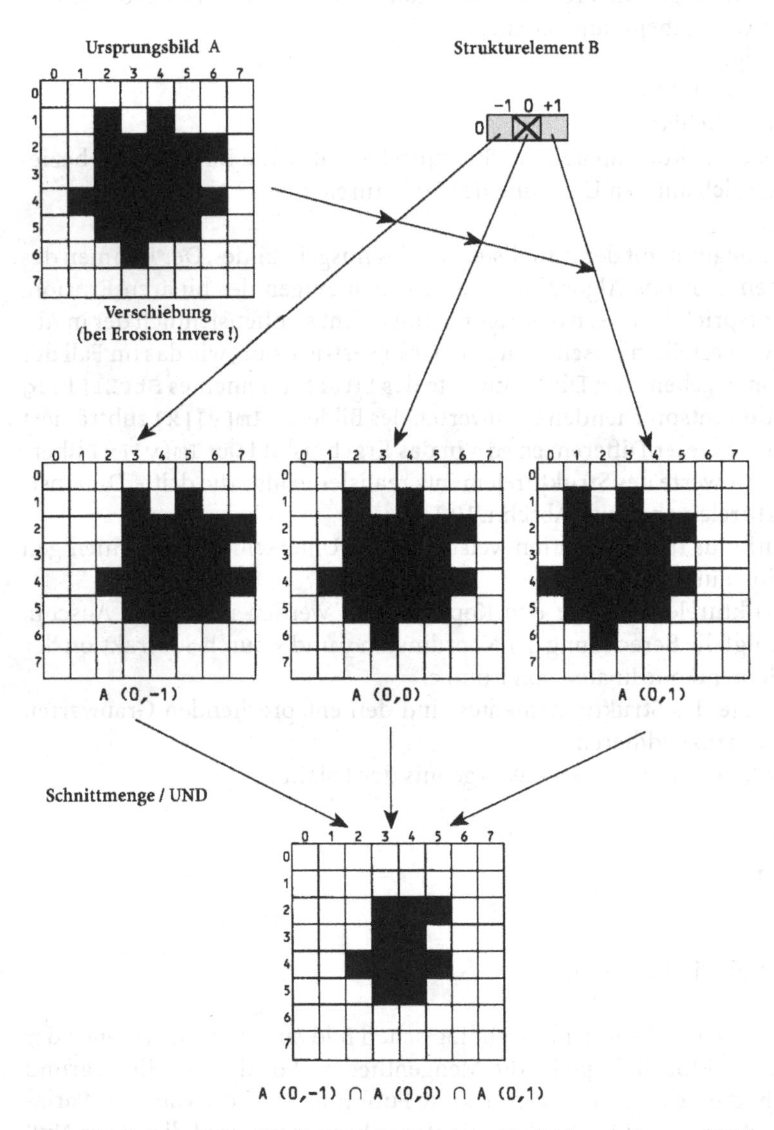

Abb. 10.18. Beispiel zur Definition der Erosion mittels Translation und Bildung der Schnittmenge

Die Dilation benötigt ein an seinem Koordinatenursprung gespiegeltes Strukturelement. Es sei durch B_p^* bezeichnet. Die Definitionen für Erosion und Dilation sind dann

Erosion: $A \ominus B = \{p\colon B_p \sqsubseteq A\}$

Dilation: $A \oplus B = \{p\colon B_p^* \cap A \neq \emptyset\}$

Eine alternative Definition der morphologischen Grundoperationen sei anhand der in Abb. 10.18 und 10.19 dargestellten Beispiele vorgestellt. Hier bestimmen

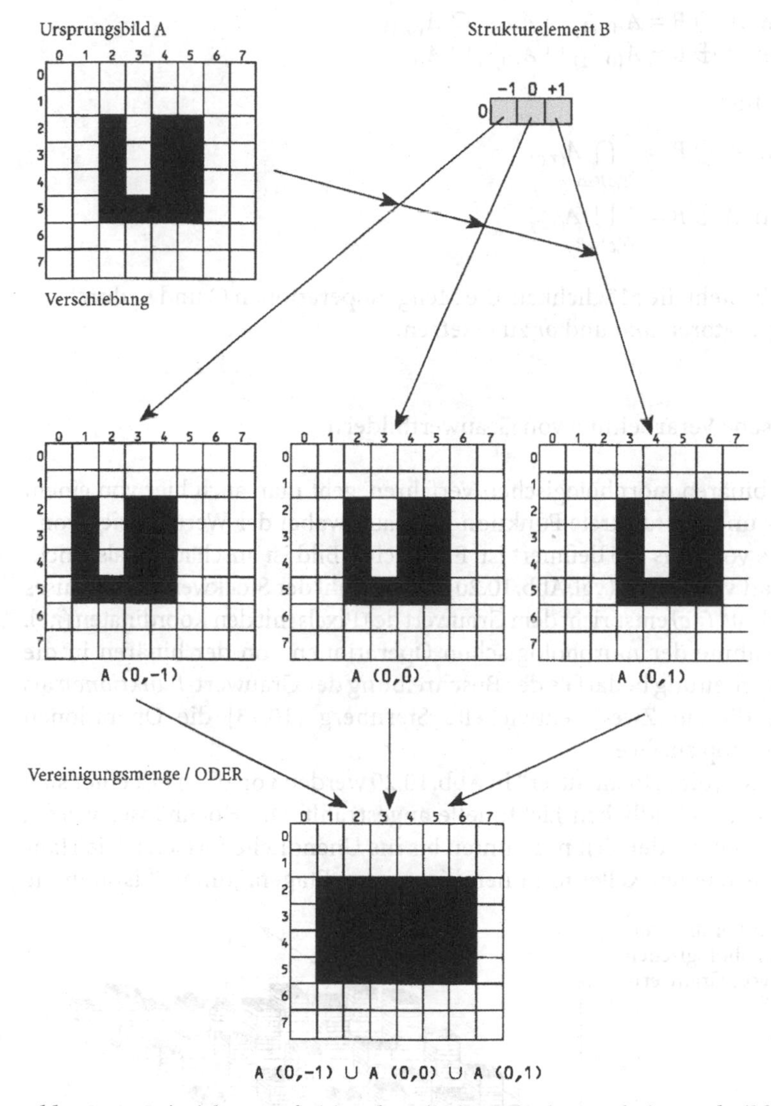

Abb. 10.19. Beispiel zur Definition der Dilation mittels Translation und Bildung der Vereinigungsmenge

die einzelnen Elemente des Strukturelementes eine Verschiebung (Translation) des Ursprungsbildes. So bewirkt das Element mit den Koordinaten (0,-1) im Fall der Dilation eine Verschiebung um eine Spalte nach links und im Fall der Erosion eine Verschiebung um eine Spalte nach rechts. Da die in Abb. 10.18 und 10.19 verwendeten Strukturelemente aus jeweils drei Einzelelementen bestehen, ergeben sich jeweils drei verschobene Versionen des Ursprungsbildes, bzw. drei Mengen $A_{(0,-1)}$, $A_{(0,0)}$ and $A_{(0,1)}$. Aus den Verknüpfungen dieser Mengen erhält man die Ergebnisse für Erosion und Dilation

$$\text{Erosion: } A \ominus B = A_{(0,-1)} \cap A_{(0,0)} \cap A_{(0,1)}$$
$$\text{Dilation: } A \oplus B = A_{(0,-1)} \cup A_{(0,0)} \cup A_{(0,1)}$$

oder allgemeiner

$$\text{Erosion: } A \ominus B = \bigcap_{(r,c)\in B} A_{(r,c)}$$

$$\text{Dilation: } A \oplus B = \bigcup_{(r,c)\in B} A_{(r,c)}$$

Weiterhin besteht die Möglichkeit, die Mengenoperationen $\cap$ und $\cup$ durch die logischen Operatoren *and* und *or* zu ersetzen.

10.4.2 Morphologische Verarbeitung von Grauwertbildern

Wie bei den binären morphologischen Verfahren, geht man auch hier von einem Bild als orts- und wertdiskrete Funktion *f(r,c)* aus, wobei der Wertebereich von *f* üblicherweise von 0 bis 255 definiert ist. Ein solches Bild ist anschaulich als Hochhauslandschaft vorstellbar (vgl. Abb. 10.20). Die Anzahl der Stockwerke des Hauses im „Planquadrat" *(r,c)* entspricht dem Grauwert des Pixels mit den Koordinaten *(r,c)*.

Zur Übernahme der morphologischen Operationen von der binären in die Grauwertverarbeitung bedarf es der Beschreibung der Grauwert-*Funktionen* als *Mengen*. Zu diesem Zweck entwickelte Sternberg [10.13] die Operationen „umbra" und „top surface".

Angenommen, die „Hochhäuser" in Abb. 10.20 werden von oben mit einer sich im Unendlichen befindlichen Lichtquelle angestrahlt. Die Hochhäuser werfen dann einen Schatten, der sich nach unten bis ins Unendliche fortsetzt. Die Häuser erhalten also einen Keller mit unendlich vielen Etagen. „umbra" ist nun die

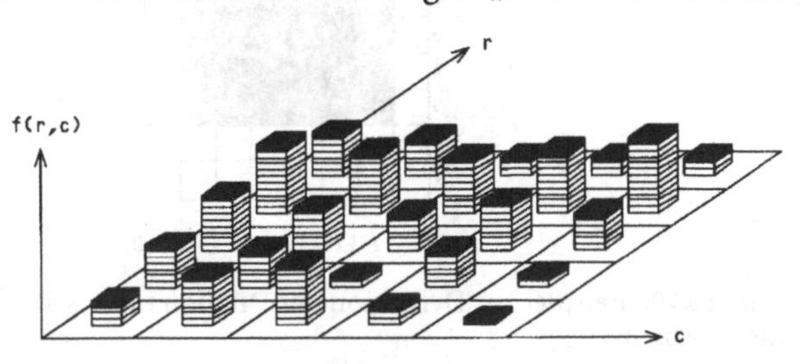

Abb. 10.20. Zur Veranschaulichung der morphologischen Verarbeitung von Grauwertfunktionen

Menge aller (überirdischen und unterirdischen) Stockwerke, oder andererseits eine Operation, die aus den obersten, schattenwerfenden Stockwerken (schwarz in Abb. 10.20) diese Menge erzeugt. „top surface“ ist dann die Menge aller dieser obersten Etagen, bzw. eine Operation, die aus der „umbra“-Menge die Menge der obersten Etagen gewinnt.

Die *Menge* der schattenwerfenden Stockwerke entspricht der Grauwert*funktion* $f(r,c)$. Die „umbra“-Operation kann man daher als Funktion $U[f]$ der Grauwertfunktion schreiben. Hieraus erzeugt die „top surface“-Operation wiederum die Grauwertfunktion. Also gilt $f = T[U[f]]$. Damit ist die gewünschte Verknüpfung zwischen Funktionen und Mengen geschaffen. Die eckigen Klammern sollen andeuten, dass es sich hier um Funktionen von Funktionen handelt.

Zwischen Mengenoperationen und Funktionsoperationen zweier Grauwertfunktionen $f(r,c)$ und $g(r,c)$ bestehen dabei u.a. folgende Äquivalenzen

$$T[U[f] \cap U[d]] = min\{f(r,c), g(r,c)\}$$

$$T[U[f] \cap U[g]] = max\{f(r,c), g(r,c)\}$$

In diesem Zusammenhang sind die Definitionen für Erosion und Dilation:

Erosion: $f \ominus g = T[U[f] \cap U[g]]$

Dilation: $f \oplus g = T[U[f] \cup U[g]]$

Die Verknüpfung der beiden *Mengen* $U[f]$ und $U[g]$ ist eine Binär-Erosion, die Verknüpfung der Funktionen f und g hingegen die gesuchte Grauwert-Erosion. Für die Dilation gilt Entsprechendes. $f(r,c)$ sei die Grauwertfunktion des Bildes. Dann ist $g(r,c)$ die sog. *strukturierende Funktion*. Durch Anwendung der „umbra“-Operation ergibt sich daraus das Strukturelement $U[g]$ für die zugehörigen Binäroperationen.

Da nun aber die Binär-Erosion zweier Mengen durch die Schnittmenge verschobener Ursprungsmengen definiert ist, gelingt eine Realisierung der Grauwert-Erosion mittels min-Operation. Die Binär-Dilation ist über die Vereinigung von Mengen definiert. Somit ist die Grauwert-Dilation durch Max-Operationen realisierbar.

10.5 Aufgaben

10.1:

Führe eine Erosion und eine Dilation gemäß Abb. 10.21 durch. Kommentiere die Ergebnisse.

10.2:

Entwickle ein morphologisches Verfahren zur Beseitigung der Winkelfragmente in den oberen Ecken des in Abb. 10.22 gezeigten Ursprungsbildes.

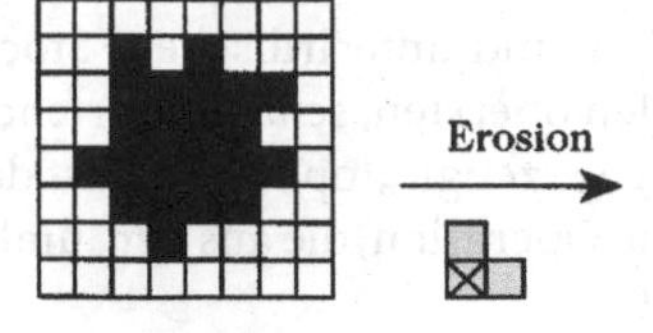

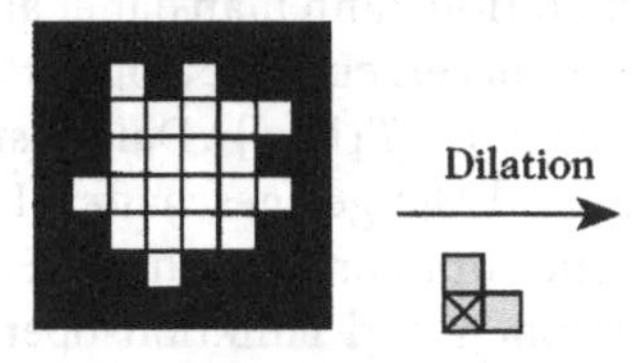

Abb. 10.21. Aufgabe 10.1 demonstriert die Beziehung zwischen Erosion und Dilation

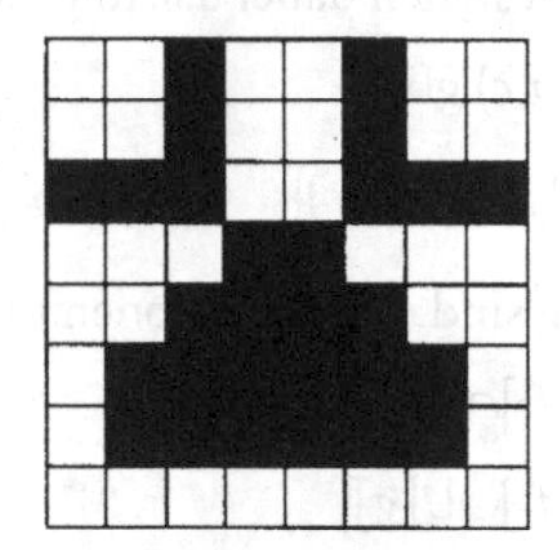

Abb. 10.22. Aufgabe 10.2 demonstriert das Entfernen der Winkelfragmente aus den oberen Ecken des Ursprungsbildes.

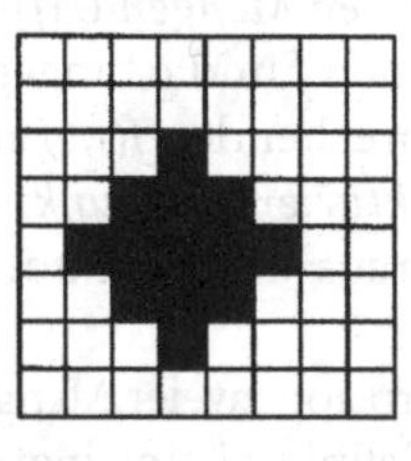

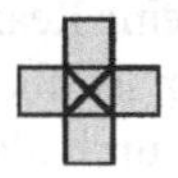

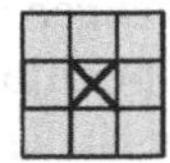

Abb. 10.23. Aufgabe 10.3 demonstriert die Extraktion von Konturen.

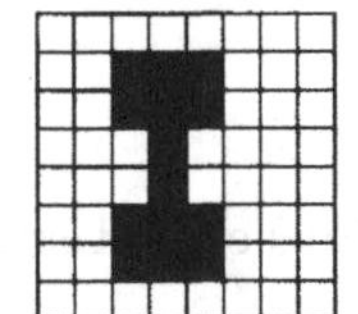

Abb. 10.24. Aufgabe 10.4 demonstriert die Extraktion eines Skeletts.

10.3:

Extrahiere die Kontur des in Abb. 10.23 gezeigten Bereichs mit Hilfe der gezeigten zwei Strukturelemente. Vergleiche die Ergebnisse.

10.4:
Extrahiere das Skelett der beiden in Abb. 10.24 gezeigten Bereiche. Kommentiere die Ergebnisse.

10.5:
Untersuche sämtliche von AdOculos angebotenen morphologischen Operationen (siehe AdOculos Hilfe).

10.6:
Experimentiere mit morphologischen Operationen zur Manipulation von Bildern aus ästhetischer Sicht.

10.7:
Erzeuge neue AdOculos-Setups zur Realisierung des morphologischen Konturfinders (vgl. Abb. 10.4), des Skeletierers (vgl. Abb. 10.5) und Kontrastverbesserers (vgl. Abb. 10.11). Ergänze ggf. AdOculos um neue Funktionen (nur möglich mit der Vollversion).

Literatur

10.1 Abmayr, W.: Einführung in die digitale Bildverarbeitung. Stuttgart: Teubner 2002

10.2 Bräunl, Th.; Feyrer, St.; Rapf W.; Reinhardt, M.: Parallele Bildverarbeitung. Bonn, München: Addison-Wesley 1995

10.3 Giardina, C.R.; Dougherty, E.R.: Morphological methods in image and signal processing. Englewood Cliffs: Prentice-Hall 1988

10.4 Haralick, R.M.; Shapiro, L.G.: Computer and Robot Vision, Vol. 1 & 2. Reading MA: Addison-Wesley 1992

10.5 Klette, R.; Zamperoni, P.: Handbuch der Operatoren für die Bildverarbeitung. Braunschweig, Wiesbaden: Vieweg 1992

10.6 Morrision, M.: The magic of image processing. Carmel: Sams Publishing 1993

10.7 Parker, J.R.: Algorithms for image processing and computer vision. New York, Chichester, Brisbane, Toronto, Singapore: Wiley 1997

10.8 Russ, J.C.: The image processing handbook. Boca Raton, Ann Arbor, London, Tokyo: CRC Press 2002

10.9 Schalkoff, R.J.: Digital image processing and computer vision. New York, Chichester, Brisbane, Toronto, Singapore: Wiley 1989

10.10 Serra, J.: Image analysis and mathematical morphology. Orlando, San Diego, San Francisco, New York, London, Toronto, Montreal, Sydney, Tokyo: Academic Press 1982

10.11 Serra, J.: Image analysis and mathematical morphology, Volume 2: Theoretical advances. Orlando, San Diego, San Francisco, New York, London, Toronto, Montreal, Sydney, Tokyo: Academic Press 1982

10.12 Sonka, M.; Hlavac, V.; Boyle, R.: Image processing, analysis and machine vision. London, Glasgow, Weinheim, New York, Tokyo, Melbourne, Madras: Chapman & Hall 1993

10.13 Sternberg, S.R.: Grayscale morphology. Computer Vision Graphics and Image Processing 29 (1985) 377-393

10.14 Weeks, A.R.: Fundamentals of electronic image processing. Bellingham WA: SPIE Press 1996

10.15 Zamperoni, P.: Methoden der digitalen Bildsignalverarbeitung. Braunschweig, Wiesbaden: Vieweg 1991

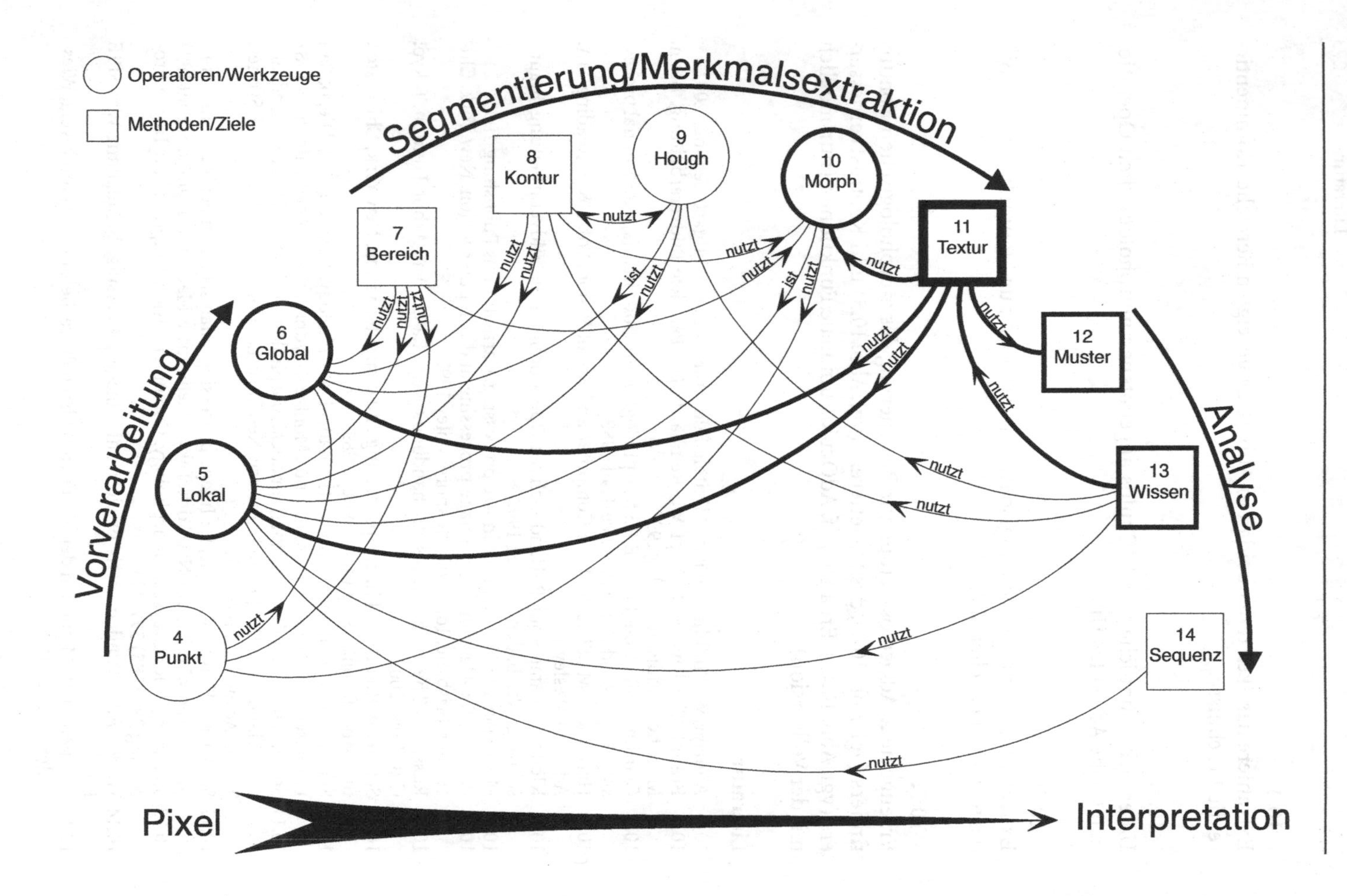

Operatoren/Werkzeuge
Methoden/Ziele
Segmentierung/Merkmalsextraktion
Vorverarbeitung
Analyse
4
Punkt
5
Lokal
6
Global
7
Bereich
8
Kontur
9
Hough
10
Morph
11
Textur
12
Muster
13
Wissen
14
Sequenz
nutzt
ist
Pixel
Interpretation

11 Texturanalyse

Die Kapitelübersicht zeigt das aktuelle Kapitel in Verbindung mit lokalen und globalen Operatoren, der morphologischen Bildverarbeitung und der Mustererkennung. Texturverfahren sind a priori lokaler Natur, da man bei allen Schwierigkeiten der Definition von Textur auf jeden Fall von immer wiederkehrenden lokalen Grauwertmustern ausgehen kann. Die Verbindung zu den globalen Operatoren bildet die Fourier-Transformation, deren Anwendung zur Texturanalyse im aktuellen Kapitel beschrieben ist. Zusätzlich sind Auswertemethoden im Zusammenhang mit der sog. Cooccurrence-Matrix globaler Natur. Morphologische Operatoren und Verfahren der Mustererkennung bieten interessante Alternativen zu dem im aktuellen Kapitel beschriebenen traditionellen Verfahren. Die in Kap. 12 beschriebene wissensbasierte Bildverarbeitung nutzt Texturverfahren zur Analyse von Szenen.

Zum Verständnis des aktuellen Kapitels ist es empfehlenswert, Abschn. 5.1 gelesen zu haben. Für das grundsätzliche Verständnis ist es zwar nicht notwendig, allerdings sind Grundkenntnisse der Fourier-Transformation (Abschn.6.1) für eine breite Sicht auf das Thema Textur hilfreich. Der in Kap. 1 vermittelte Überblick ist hilfreich für die Einordnung.

11.1 Überblick

Die Texturanalyse kann man durchaus als ungeliebtes Kind insbesondere der wissenschaftlich betriebenen Bildverarbeitung betrachten. Die Schwierigkeiten beginnen bereits bei der Definition. Abbildung 11.1a zeigt ein typisches Beispiel. Ein Bündchen unterscheidet sich auf Grund der unterschiedlichen Textur vom Ärmel des Pullovers, selbst wenn keinerlei Farb- oder Grauwertunterschiede bestehen. Aber auch das in Abb. 11.1b dargestellte Beispiel zeigt eine Textur. Das Bild stilisiert einen mit runden Fliesen gepflasterten Weg oder auch ein von Trockenheit aufgerissenes Flussbett. Zudem vermittelt es einen intensiven Eindruck von Räumlichkeit. Ein drittes Beispiel: In Luftbildern unterscheiden sich z.B. urbane Gebiete von Waldgebieten u.a. auf Grund ihrer Textur [11.2].

Es sei mit einem Ursprungsbild begonnen, das *vollständig* mit ein und derselben Textur ausgefüllt ist. Diese Textur soll durch geeignete Merkmale beschrieben werden. Sehr einfache Merkmale sind der lokale Mittelwert und die lokale Varianz der Grauwerte des Ursprungsbildes. Eine Spektralanalyse eröffnet wei-

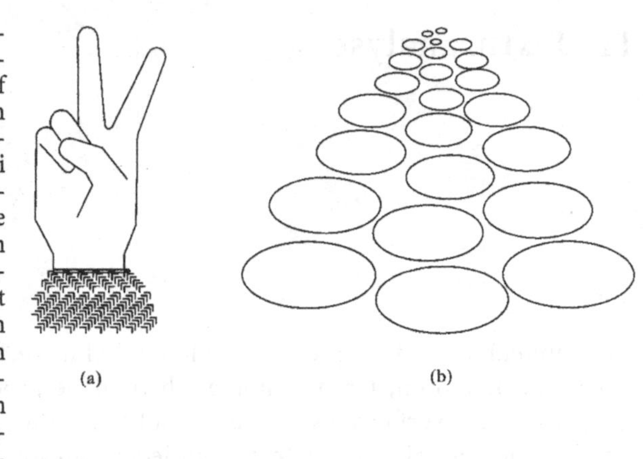

Abb. 11.1. Zwei typische Beispiele für Textur: Ein Bündchen unterscheidet sich auf Grund der unterschiedlichen Textur vom Ärmel des Pullovers, selbst wenn keinerlei Farb- oder Grauwertunterschiede bestehen. Das zweite Beispiel entstammt einem völlig anderen Zusammenhang. Das Bild stilisiert einen mit runden Fliesen gepflasterten Weg oder auch ein von Trockenheit aufgerissenes Flussbett. Zudem vermittelt es einen intensiven Eindruck von Räumlichkeit

tere Beschreibungsmöglichkeiten. Das typischere Werkzeug der Texturanalyse ist aber die sog. *Cooccurrence-Matrix* (auch Spatial Graylevel Dependance Matrix (SGLD) oder *Grauwertübergangsmatrix* genannt).

Ziel bei der Anwendung der Cooccurrence-Matrix ist die Beschreibung der Grauwertverhältnisse in der näheren Umgebung des jeweiligen aktuellen Pixels. Dazu werden allerdings nur einige der Nachbarpixel, wie z.B. die in Abb. 11.2 schraffierten Pixel, benötigt.

Der Aufbau von Cooccurrence-Matrizen sei anhand eines Beispiels demonstriert. Abbildung 11.3 zeigt ein einfaches Ursprungsbild sowie 4 Matrizen, hervorgegangen aus 4 unterschiedlichen Nachbarkombinationen der Pixel *a* und *b*. Die Anzahl von Zeilen und Spalten der Matrizen entspricht der Anzahl der möglichen unterschiedlichen Grauwerte im Ursprungsbild. Im vorliegenden Fall sind das lediglich 4. Die Einträge in die Matrizen entsprechen der Häufigkeit der im

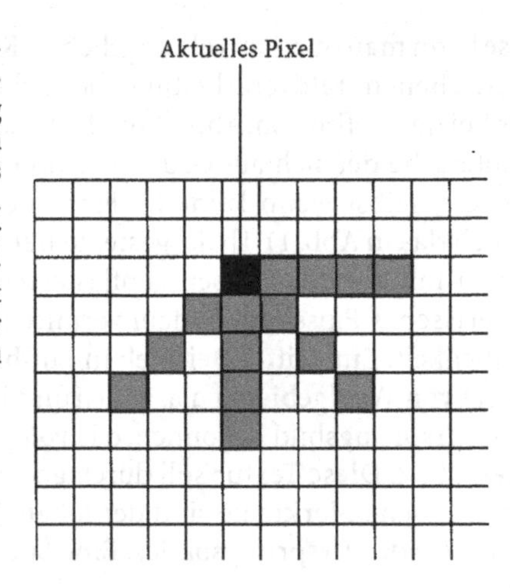

Abb. 11.2. Ziel bei der Anwendung der Cooccurrence-Matrix ist die Beschreibung der Grauwertverhältnisse in der näheren Umgebung des jeweiligen aktuellen Pixels. Dazu werden allerdings nur einige „Grauwertstichproben" aus der Nachbarschaft benötigt. Typische solcher Nachbar-Pixel sind hier grau dargestellt

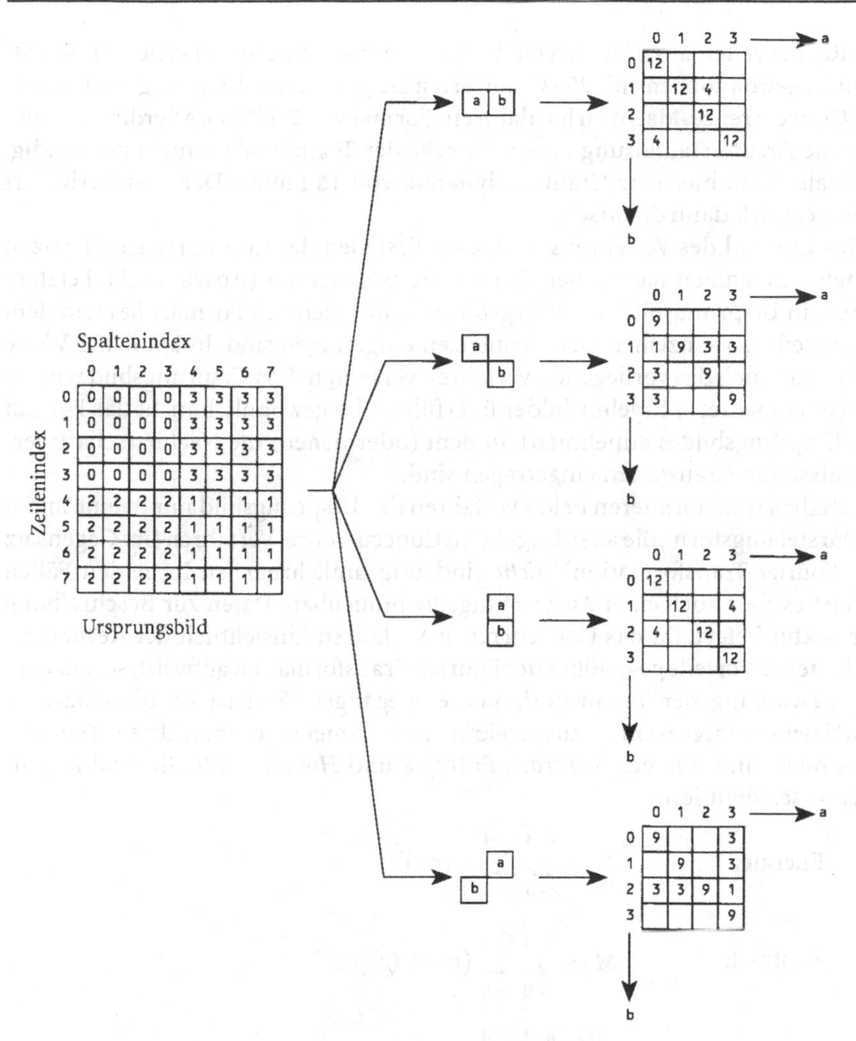

Abb. 11.3. Dieses Beispiel beschreibt die Erzeugung von Cooccurrence-Matrizen (rechter Bildrand). Die Anzahl von Zeilen und Spalten der Matrizen entspricht der Anzahl der möglichen unterschiedlichen Grauwerte im Ursprungsbild. Im vorliegenden Fall sind das lediglich 4. Mithin sind die Cooccurrence-Matrizen sehr klein. Die Einträge in die Matrizen (Position (a,b)) entsprechen der Häufigkeit der im Ursprungsbild aufgetretenen Grauwertkombinationen von a und b

Ursprungsbild aufgetretenen Grauwertkombinationen von a und b. Als Beispiel sei die Nachbarschaft „b östlich von a" herangezogen: 12-mal sind Pixel gleichen Grauwertes derart benachbart, 4-mal liegt Grauwert 1 östlich von Grauwert 2 und 4-mal liegt Grauwert 3 östlich von Grauwert 0.

Die Operationen zur Erstellung einer Cooccurrence-Matrix beschränken sich also auf das Zählen bestimmter Grauwertkombinationen an vorgegebenen Orten des Ursprungsbildes. Dieser Umstand wirkt sich natürlich sehr positiv auf die Rechenzeiten aus. Dem gegenüber steht der enorme Speicherbedarf im Falle eines gewöhnlichen, mit 256 Grauwerten ausgestatteten Ursprungsbildes. Jede der Cooccurrence-Matrizen hat dann ein Format von 256 *256. Allerdings ist diese feine Grauwertauflösung für die Zwecke der Texturanalyse nicht notwendig. Oftmals reicht hier eine Grauwertdynamik von 16 Stufen. Der Speicherbedarf reduziert sich dann drastisch.

Der Zustand des Verfahrens nach dem Erstellen der Cooccurrence-Matrizen ähnelt demjenigen nach einer Fourier-Transformation (Abschn. 6.1). Letztere führt ein Ursprungsbild in ein Ergebnisbild des gleichen Formats über, in dem die Anteile der einzelnen Ortsfrequenzen eingetragen sind. In ähnlicher Weise kann man auch das vorliegende Verfahren verstehen: Das Ursprungsbild wird in ein (oder mehrere) Ergebnisbilder überführt (die gewöhnlich nicht das Format des Ursprungsbildes annehmen), in dem (oder denen) die Nachbarschaftsverhältnisse von Grauwerten eingetragen sind.

Letztlich transformieren beide Verfahren das Ursprungsbild nur in eine andere Darstellungsform, die allerdings beim Cooccurrence-Verfahren (im Gegensatz zur Fourier-Transformation) *nicht* eindeutig umkehrbar ist. In beiden Fällen bedarf es aber noch einer Auswertung, die brauchbare Daten zur Beschreibung der Textur liefert. Da das Cooccurrence-Verfahren hinsichtlich der Rechenzeit bedeutende Vorteile gegenüber der Fourier-Transformation aufweist, sei kurz auf die Gewinnung der Texturmerkmale eingegangen: Ziel ist es, die *einzelnen* Matrizen in einige wenige, aussagekräftige Parameter zu überführen. Typische Parameter sind *Energie*, *Kontrast*, *Entropie* und *Homogenität*. Sie sind folgendermassen definiert:

Energie: $$M_1 = \sum_{r=0}^{R-1} \sum_{c=0}^{C-1} f(r,c)^2$$

Kontrast: $$M_2 = \sum_{r=0}^{R-1} \sum_{c=0}^{C-1} (r-c)^2 \Diamond f(r,c)^2$$

Entropie: $$M_3 = \sum_{r=0}^{R-1} \sum_{c=0}^{C-1} f(r,c) \Diamond \log(f(r,c))$$

Homogenität: $$M_4 = \sum_{r=0}^{R-1} \sum_{c=0}^{C-1} \frac{f(r,c)}{1+|r-c|}$$

Wie häufig in der digitalen Bildverarbeitung hat auch die Definition dieser Parameter einen ausgeprägten *Ad-hoc*-Charakter. So finden sich in der Literatur durchaus unterschiedliche Definitionen.

Die Beschreibung ein und derselben Textur ist mit den oben angegebenen Mitteln relativ problemlos möglich. Weitaus schwieriger ist hingegen die Textur*segmentierung*. Diese beruht grundsätzlich auf den bekannten Ideen der Bereichs- und Kontursegmentierung (vgl. Kap. 7 und 8). Ziel ist es also, z.B. Bündchen und

Ärmel eines Pullovers als eigenständige Bereiche aus dem Ursprungsbild zu extrahieren bzw. die Trennlinie zwischen Bündchen und Ärmel zu bestimmen (vgl. Abb. 11.1).

Diesem Zweck dienen wiederum die bekannten Texturanalyseverfahren, allerdings angewendet in Form von lokalen Operatoren. Typische Operatorgrößen variieren von 9 * 9 bis 15 * 15. Die Verwendung grösserer Operatoren verursacht zumeist nicht akzeptable Tiefpasseffekte, mit der Folge, dass Bereichsgrenzen stark verschwimmen. Andererseits erzeugen kleinere Operatoren zu wenige Grauwerte, um signifikante Texturmerkmale daraus gewinnen zu können. Nicht zuletzt auf Grund dieses Widerspruchs liefert eine einfache Textursegmentierung in vielen Fällen unbefriedigende Ergebnisse. Hier können nur mustererkennende Verfahren helfen. Sie werden in Kap. 12 besprochen.

11.2 Experimente

Das Ziel der Experimente ist es, mit der Cooccurrence-Matrix vertraut zu werden. Sie findet in Setup TEXCOOC.SET Anwendung (Abb. 11.4). Die in Abb. 11.5 gezeigten vier Beispielbilder stammen aus dem Bereich „Textilien". Die Namen der einzelnen Ergebnisbilder verraten die jeweils verwendete Prozedur. Die Bildnamen sind einfach durch einen Doppelklick darauf änderbar.

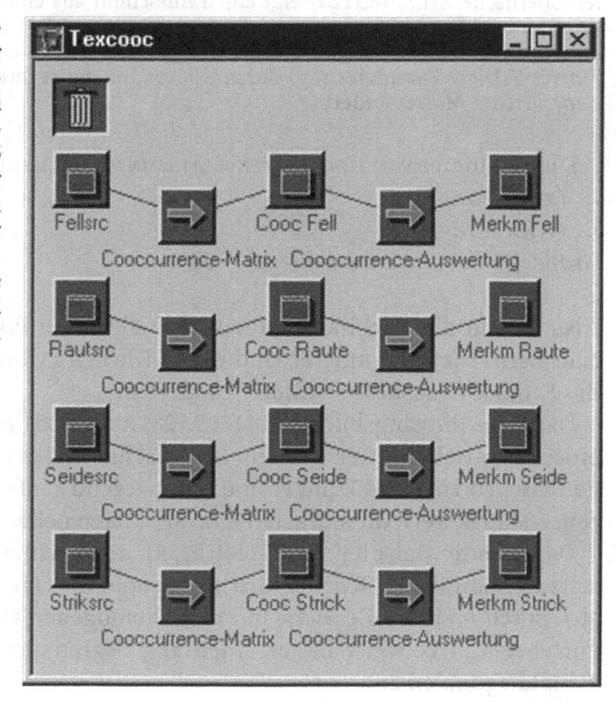

Abb. 11.4. Das Ziel der Experimente ist es, mit der Cooccurrence-Matrix vertraut zu werden. Sie findet in Setup TEXCOOC.SET Anwendung. Die in Abb. 11.5 gezeigten vier Beispielbilder stammen aus dem Bereich „Textilien". Die Namen der einzelnen Ergebnisbilder verraten die jeweils verwendete Prozedur. Die Bildnamen sind einfach durch einen Doppelklick darauf änderbar.

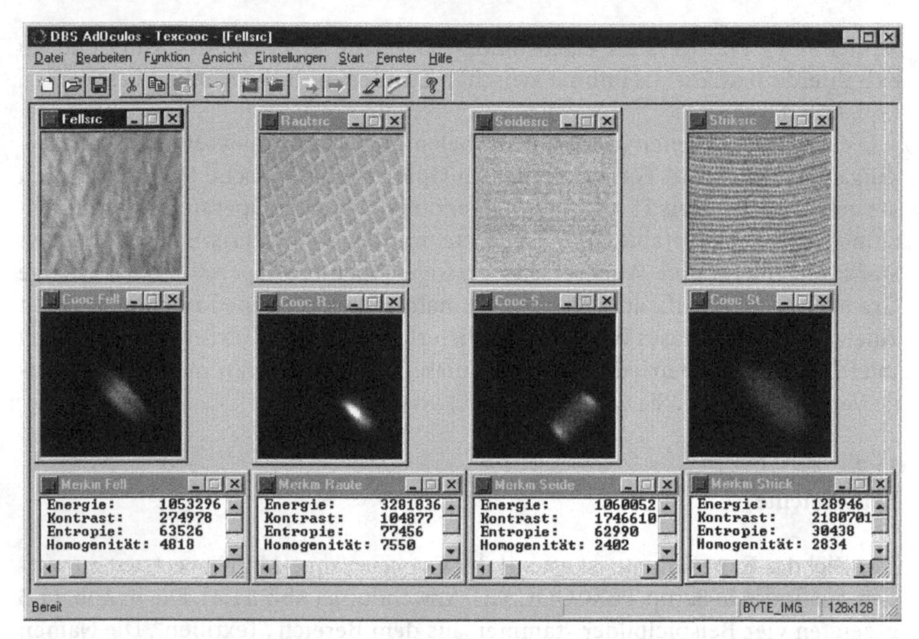

Abb. 11.5. Dieses sind die Ergebnisse der in Abb. 11.4 gezeigten Funktionen. Die Namen der einzelnen Ergebnisbilder verraten die jeweils verwendete Prozedur (die Bildnamen sind einfach durch einen Doppelklick darauf änderbar). FURSRC.128 zeigt den Ausschnitt eines Handschuhfutters. RHOMBSRC.128 zeigt ein schwammähnliches Küchentuch mit genoppter Oberfläche. SILKSRC.128 zeigt einen Ausschnitt aus einem Seidentuch. KNITSRC.128 zeigt einen Ausschnitt aus einem Pulloverbündchen. Die Parameter von *Cooccurence-Matrix* waren in allen Fällen ... *(x-Richtung):* 0, ... *(y-Richtung):* 1, *Größe der Cooccurence-Matrix:* 7. Diese Parameter sind durch Klicken mit der rechten Maustaste auf das Symbol *Cooccurrence-Matrix* änderbar.

Die Parameter von *Cooccurrence-Matrix* waren in allen Fällen:

... *(x-Richtung):*	1
... *(y-Richtung):*	0
Größe der Cooccurence-Matrix:	64

Also besteht die Nachbarschaft aus dem aktuellen Pixel und seinem südlichen Nachbarn. Diese Parameter sind durch Klicken mit der rechten Maustaste auf das Symbol *Cooccurrence-Matrix* änderbar.

Das erste Eingangsbild (FELLSRC.128; Abb. 11.5) zeigt einen Ausschnitt aus einem Handschuhfutter. Bei dem Material handelt es sich um Fell. Die Übergänge zwischen Hell und Dunkel sind überwiegend sanft. Die zugehörige Cooccurrence-Matrix weist die stärksten Einträge knapp neben der Hauptdiagonalen auf.

Das zweite Beispiel (RAUTSRC.128) zeigt einen Ausschnitt aus einem schwammähnlichen Küchentuch mit genoppter Oberfläche. Das Bild zeichnet sich durch mehrere Bereiche mit recht homogenen Grauwerten aus. Die Cooccurrence-Matrix weist daher einen eng begrenzten starken Eintrag auf der Hauptdiagonalen auf.

SEIDESRC.128 zeigt einen Ausschnitt aus einem Seidentuch. Hier liegen einzelne helle und dunkle Pixel dicht beieinander. Die zugehörige Cooccurrence-Matrix weist entsprechend hohe Einträge deutlich abseits von der Hauptdiagonalen auf.

Bei dem letzten Beispiel handelt es sich um einen Ausschnitt aus einem Pulloverbündchen (STRIKSRC.128). Das Bild zeichnet sich durch die unterschiedlichsten Formen von Grauwertübergängen aus. Daher ist die zugehörige Cooccurrence-Matrix durch eine vergleichsweise große „Wolke" gekennzeichnet. Die hohen Einträge sind nicht auf einen Fleck konzentriert.

11.3 Realisierung

Abbildung 11.6 zeigt eine Prozedur zur Gewinnung von Mittelwert und Varianz der Grauwerte innerhalb eines Operatorfensters. Die Übergabeparameter sind

`ImSize`: Bildgröße
`WinSize`: Größe des Operatorfensters
`InIm`: Eingabebild
`MeanIm`: Ausgabebild der Mittelwerte
`VarIm`: Ausgabebild der Varianzen.

Die Prozedur beginnt mit der Initialisierung der Ausgabebilder `VarIm` und `MeanIm` sowie der Parameter `Cen` und `WinArea`. `Cen` dient der Bestimmung der Koordinaten des aktuellen Pixels, `WinArea` als Normalisierungsfaktor.

Der folgende Programmteil errechnet die Mittelwerte der Grauwerte im Operatorfenster. `r` und `c` sind dabei die Koordinaten der linken oberen Ecke des Operatorfensters mit den Zentrumskoordinaten `r+Cen` und `c+Cen`. Die eigentliche Mittelwertbildung ist durch einfaches Aufsummieren der Grauwerte mit abschliessender Normierung auf die Fenstergröße (entspricht der Anzahl der Fensterpixel) realisiert.

Der Rahmen der nun folgenden Varianzenberechung entspricht dem der Mittelwertberechnung. Die Varianzen ergeben sich als die Summe der Quadrate der Abweichungen des aktuellen Grauwertes `InIm[y][x]` vom mittleren Grauwert im jeweiligen Operatorfenster `Mean`. Als Normierungsfaktor wurde die Anzahl der Fensterpixel minus Eins gewählt. Diese Besselsche Korrektur der Stichprobenvarianz spielt allerdings nur bei kleinen Fenstern eine Rolle.

Abbildung 11.7 zeigt die Prozeduren `Cooccurrence` und `EvalCooc` zur Generierung bzw. Auswertung der Cooccurrence-Matrix. Die Übergabeparameter der ersten Prozedur sind

`ImSize`: Bildgröße
`CoSize`: Größe der Cooccurrence-Matrix
`Dy`: Spaltenabstand des auszuwertenden Nachbarpixels vom aktuellen Pixel

```
void Variance (ImSize, WinSize, InIm, MeanIm, VarIm)
int  ImSize, WinSize;
BYTE ** InIm;
BYTE ** MeanIm;
int  ** VarIm;
{
   int   r,c, y,x, Cen, WinArea, Mean;
   long  Sum, Diff;

   Cen = WinSize/2;
   WinArea = WinSize*WinSize;

   for (r=0; r<ImSize; r++) {
      for (c=0; c<ImSize; c++) {
         MeanIm [r][c] = 0;
         VarIm [r][c]  = 0;
   } }

   for (r=0; r<ImSize-WinSize; r++) {
      for (c=0; c<ImSize-WinSize; c++) {
         Sum = 0;
         for (y=r; y<r+WinSize; y++)
            for (x=c; x<c+WinSize; x++)
              Sum += (long) InIm [y][x];

         Sum /= WinArea;
         MeanIm [r+Cen][c+Cen] = (BYTE) Sum;
   } }

   for (r=0; r<ImSize-WinSize; r++) {
      for (c=0; c<ImSize-WinSize; c++) {
         Mean = MeanIm [r+Cen] [c+Cen];
         Sum = 0;
         for (y=r; y<r+WinSize; y++) {
            for (x=c; x<c+WinSize; x++) {
               Diff = (long) Mean - InIm [y][x];
               Sum += Diff*Diff;
         } }
         Sum /= WinArea-1;
         VarIm [r+Cen][c+Cen] = (int) Sum;
} } }
```

Abb. 11.6. C-Realisierung zur Berechnung des lokalen Mittelwertes und der lokalen Varianz

`Dx:` Zeilenabstand des auszuwertenden Nachbarpixels vom aktuellen Pixel
`InIm:` Eingabebild
`CoMa:` Cooccurrence-Matrix.

Die Prozedur beginnt mit der Initialisierung der Cooccurrence-Matrix `CoMa`. Außerdem wird der Faktor `Resol` errechnet. Er bestimmt die Auflösung der Cooccurrence-Matrix. Maximal können 256 Grauwerte im Ursprungsbild auftreten. Die Cooccurrence-Matrix hätte dann das Format 256 * 256. Ist dieses Format zu groß, bedarf es einer gröberen Quantisierung der Grauwerte. Diesem Zweck dient `Resol`.

```
void Cooccurrence (ImSize, CoSize, Dy,Dx, InIm, CoMa)
int  ImSize, CoSize, Dy,Dx;
BYTE ** InIm;
int  ** CoMa;
{
   int  r,c, a,b, o, Resol;

   Resol = 256 / CoSize;
   for (r=0; r<ImSize; r++)
      for (c=0; c<ImSize; c++)  CoMa [r][c] = 0;

   o = MaxAbs (Dx,Dy);
   for (r=o; r<ImSize-o; r++) {
      for (c=o; c<ImSize-o; c++) {
         a = InIm [r][c] / Resol;
         b = InIm [r+Dy][c+Dx] / Resol;
         CoMa [a][b] ++;
} } }


EvalTyp EvalCooc (ImSize, CoSize, CoMa)
int  ImSize, CoSize;
int  ** CoMa;
{
   int     r,c;
   EvalTyp Eval;

   Eval.Energy = Eval.Contrast = Eval.Entropy = Eval.Homogen =
                                                          (float)0;

   for (r=0; r<CoSize; r++)
      for (c=0; c<CoSize; c++)
         Eval.Energy += (float) CoMa[r][c] * CoMa[r][c];

   for (r=0; r<CoSize; r++)
      for (c=0; c<CoSize; c++)
         Eval.Contrast += (float) (r-c) * (r-c) * CoMa[r][c];

   for (r=0; r<CoSize; r++)
      for (c=0; c<CoSize; c++)
         if (CoMa[r][c])
            Eval.Entropy += (float) CoMa[r][c] *
                                      log((double)CoMa[r][c]);

   for (r=0; r<CoSize; r++)
      for (c=0; c<CoSize; c++)
         if (CoMa[r][c])
            Eval.Homogen += (float) CoMa[r][c] / (1 + abs(r-c));

   return (Eval);
}
```

Abb. 11.7. C-Realisierung zur Berechnung der Cooccurrence-Matrix und deren Auswertung. Der Datentyp `EvalTyp` und die Prozedur `MaxAbs` sind in Anhang A beschrieben.

```
void LocalCooc (ImSize, CoSize, WinSize, Dy,Dx, InIm, CoMa,
                EnerMa, ContMa, EntrMa, HomoMa)
int   ImSize, CoSize, WinSize, Dy,Dx;
BYTE  ** InIm;
int   ** CoMa;
float ** EnerMa;
float ** ContMa;
float ** EntrMa;
float ** HomoMa;
{
   int   j,i, y,x, r,c, a,b, o, Resol, Cen;
   long  l;

   o     = MaxAbs (Dx,Dy);
   Cen   = WinSize / 2;
   Resol = 256 / CoSize;

   for (r=0; r<CoSize; r++)
      for (c=0; c<CoSize; c++)  CoMa [r][c] = 0;

   for (r=0; r<ImSize; r++) {
      for (c=0; c<ImSize; c++) {
         EnerMa [r][c] = (float)0;
         ContMa [r][c] = (float)0;
         EntrMa [r][c] = (float)0;
         HomoMa [r][c] = (float)0;
   } }

   for (r=o; r<ImSize-WinSize-o; r++) {
      for (c=o; c<ImSize-WinSize-o; c++) {

         for (j=0; j<CoSize; j++)
            for (i=0; i<CoSize; i++)  CoMa [j][i] = 0;

         for (y=r; y<r+WinSize; y++) {
            for (x=c; x<c+WinSize; x++) {
               a = InIm [y][x] / Resol;
               b = InIm [y+Dy][x+Dx] / Resol;
               CoMa [a][b] ++;
         } }
         /*---------------------------------------- Gen Features */
         for (j=0; j<CoSize; j++)
            for (i=0; i<CoSize; i++)
               EnerMa [r+Cen][c+Cen] += (float) CoMa[j][i] *
                                                  CoMa[j][i];

         for (j=0; j<CoSize; j++)
            for (i=0; i<CoSize; i++)
               ContMa [r+Cen][c+Cen] += (float) (j-i) * (j-i) *
                                                  CoMa[j][i];

         for (j=0; j<CoSize; j++)
            for (i=0; i<CoSize; i++)
               if (CoMa[j][i])
                  EntrMa [r+Cen][c+Cen] += (float) CoMa[j][i] *
                                      log((double)CoMa[j][i]);

         for (j=0; j<CoSize; j++)
            for (i=0; i<CoSize; i++)
               if (CoMa[j][i])
                  HomoMa [r+Cen][c+Cen] += (float) CoMa[j][i] / (1 +
                                                      abs(j-i));
} } }
```

Abb. 11.8. C-Realisierung zur Anwendung der Cooccurrence-Technik in Form lokaler Operatoren. Die Prozedur `MaxAbs` ist in Anhang A definiert.

Der nachfolgende Programmteil generiert die Cooccurrence-Matrix. Dazu werden für jedes aktuelle Pixel `[r][c]` der Grauwert `a` sowie der Grauwert `b` des Nachbarpixels `[r+Dy][c+Dx]` ermittelt. `a` und `b` sind dann die Koordinaten des aktuellen Elementes der Cooccurrence-Matrix. Der Wert dieses Elementes wird im letzten Schritt inkrementiert. Die Lösung des Bildrandproblems ist einfach: Der Betrag des größten der beiden Werte `Dx` und `Dy` bestimmt den nicht zu bearbeitenden Bildrand.

Zur Auswertung der so erhaltenen Cooccurrence-Matrix dient die Prozedur `EvalCooc` (vgl. Abb. 11.7). Ihre Übergabeparameter sind

`ImSize:` Bildgröße
`CoSize:` Größe der Cooccurrence-Matrix
`CoMa:` auszuwertende Cooccurrence-Matrix.

Der Rückgabeparameter der Prozedur `EvalCooc` liefert die aus der Cooccurrence-Matrix extrahierten Merkmale `Energy`, `Contrast`, `Entropy` und `Homogenität`. Zur Berechnung dieser Merkmale nutzt die Prozedur die in Abschn. 11.1 erläuterten Rechenvorschriften.

Zur Durchführung der Textursegmentierung ist es wünschenswert, für jedes Pixel des Ursprungsbildes über die Texturmerkmale verfügen zu können. Dafür bedarf es der Cooccurrence-Technik in Form lokaler Operatoren. Der Realisierung dieses Ansatzes dient die Prozedur `LocalCooc` (Abb. 11.8) mit den Übergabeparametern

`ImSize:` Bildgröße
`CoSize:` Größe der Cooccurrence-Matrix
`WinSize:` Größe des Operatorfensters
`Dy:` Spaltenabstand des auszuwertenden Nachbarpixels vom aktuellen Pixel
`Dx:` Zeilenabstand des auszuwertenden Nachbarpixels vom aktuellen Pixel
`InIm:` Eingabebild
`CoMa:` auszuwertende Cooccurrence-Matrix
`EnerMa:` Ausgabebild für das Merkmal *Energie*
`ContMa:` Ausgabebild für das Merkmal *Kontrast*
`EntrMa:` Ausgabebild für das Merkmal *Entropie*
`HomoMa:` Ausgabebild für das Merkmal *Homogenität.*

Die Prozedur beginnt mit der Initialisierung der Cooccurrence-Matrix `CoMa` sowie der Ergebnisbilder `EnerMa`, `ContMa`, `EntrMa` und `HomoMa`. Die Parameter `o`, `Cen` und `Resol` sind bereits aus den vorhergehenden Prozeduren `Variance` und `Cooccurrence` bekannt.

Der nachfolgende Programmteil entspricht ebenfalls den bereits bekannten Prozeduren zur Generierung der Cooccurrence-Matrix sowie der Extraktion der Texturmerkmale aus dieser Matrix. Der einzige Unterschied besteht in der Durchführung dieser Prozeduren innerhalb eines Operatorfensters der Größe

`WinSize`. Dieses Fenster wird mit Hilfe der beiden äusseren `for`-Schleifen Pixel für Pixel über das gesamte Eingabebild `InIm` geschoben.

Bitte beachten Sie die in Abschn. 11.1 dargestellten grundsätzlichen Probleme der Textursegmentierung. Sie gelten auch für die Prozedur `LocalCooc`.

11.4 Ergänzungen

Die in den vorangegangenen Abschnitten vorgestellte Cooccurrence-Technik ist sicherlich das „populärste" Handwerkszeug der Texturanalyse. Daneben existieren allerdings diverse weitere Techniken, die abhängig vom Anwendungsfall durchaus bessere Resultate erbringen können. Als kleine Auswahl seien folgende vier Methoden genannt:

Fourier-Analyse: Selbstverständlich bilden sich die Textureigenschaften eines Bildes auch in dessen Ortsfrequenzbereich ab. Ein homogenes Bild weist im Vergleich zu einem „unruhigen" Bild ausgeprägt niedrige Ortsfrequenzen auf (vgl. Kap. 6).

Morphologie: Sind die Strukturen der Textur angemessen durch Strukturelemente beschreibbar, so ist die morphologische Bildverarbeitung ein potenzielles Werkzeug zur Analyse dieser Textur (vgl. Kap. 10).

Orientierung: Ist die zu untersuchende Textur durch Regionen homogener Orientierung (z.B. faserähnliche Texturen) gekennzeichnet, sollte das Bild durch Konturverfahren vorverarbeitet werden (vgl. Kap. 8). Besonders interessant ist dann die Analyse der so erhaltenen Richtungsinformationen. Die Analyse der Betragsinformation kann insbesondere dann von Vorteil sein, wenn die Texturinformationen unabhängig von den Absolutbeträgen der Grauwerte sein sollen.

Mustererkennung: Aufgabe der Mustererkennung ist es, die Objekte einer wie auch immer gearteten Welt in Kategorien zu ordnen (Kap. 12). Nach der Gewinnung der die Objekte beschreibenden Rohdaten gilt es, daraus die charakteristischen Merkmale der Objekte zu extrahieren. Auf dieser Basis teilt eine zuvor trainierte mustererkennende Instanz die Objekte in Klassen ein. Geht es dabei um die Klassifikation von Texturen, werden die Texturmerkmale aus den lokalen Variationen der Grauwerte ermittelt. Die jeweils beste Methode hängt von der vorliegenden Anwendung ab. Der Vorteil von Mustererkennungsverfahren ist ihre Fähigkeit, sich an verschiedene Texturen zu „adaptieren". Insbesondere den Problemen der Textursegmentierung (vgl. Abschn. 11.1) kann man auf diese Weise zu Leibe rücken. Der Erfolg der Mustererkennung basiert entscheidend auf der der Aufgabenstellung angemessenen Auswahl von Merkmalen. Die Wahl der eigentlichen Klassifikationsmethode steht hier an zweiter Stelle.

Nicht zuletzt auf Grund der Definitionsschwierigkeiten im Zusammenhang mit dem Begriff „Textur" und der sie beschreibenden Paramter ist es außerordentlich wichtig, sich für die weitere Erarbeitung des Themas nicht auf eine einzige Literaturquelle zu stützen. Gute Übersichten bieten z.B. Ballard und Brown

[11.1], Haralick [11.3], Habcräcker [11.4], Jain [11.5], Schalkoff [11.6], Wahl [11.7] und Zamperoni [11.8].

11.5 Aufgaben

11.1:

Errechne den Grauwertmittelwert und die -varianz jedes der zwei in Abb. 11.9 gezeigten Bilder. Normalisiere der Einfachheit halber mit *n* anstatt mit *n-1*.

11.2:

Errechne den lokalen Grauwertmittelwert und die -varianz der zwei in Abb. 11.9 gezeigten Bilder. Nutze eine 3 * 3 Maske.

11.3:

Errechne die Cooccurrence-Matrix der drei in Abb. 11.10 gezeigten Bilder nach dem in Abb. 11.3 illustrierten Verfahren.

11.4:

Wende eine Fourier-Transformation (vgl. Kap. 6) auf die in Abschn. 11.2 genutzten Beispielbilder an. Vergleiche die Ergebnisse mit denen der Texturanalyse mittels Cooccurrence-Matrix.

11.5:

Untersuche sämtliche von AdOculos angebotenen Textur-Operationen (s. AdOculos Hilfe).

11.6:

Akquiriere verschiedene Texturbilder und vergleiche die Leistungsfähigkeit des Mittelwert/Varianz-Verfahrens, dem Cooccurrence-Ansatz und der Fourier-Analyse.

(a)

10	10	10	10	0	0	0	0
10	10	10	10	0	0	0	0
10	10	10	10	0	0	0	0
10	10	10	10	0	0	0	0
10	10	10	10	0	0	0	0
10	10	10	10	0	0	0	0
10	10	10	10	0	0	0	0
10	10	10	10	0	0	0	0

(b)

10	0	10	0	10	0	10	0
0	10	0	10	0	10	0	10
10	0	10	0	10	0	10	0
0	10	0	10	0	10	0	10
10	0	10	0	10	0	10	0
0	10	0	10	0	10	0	10
10	0	10	0	10	0	10	0
0	10	0	10	0	10	0	10

Abb. 11.9. Die Aufgaben 11.1 und 11.2 demonstrieren die Nutzung des Grauwertmittelwerts und der -varianz zur Beschreibung verschiedener Texturen.

Abb. 11.10. Aufgabe 11.3 demonstriert die Anwendung der Cooccurrence-Matrix.

(a)

0	0	0	0	0	0	0	0
0	1	0	0	0	3	0	0
0	1	0	2	0	3	0	0
0	1	0	2	0	3	0	0
0	1	0	2	0	3	1	0
0	0	0	2	0	0	1	0
0	0	0	0	0	0	1	0
0	0	0	0	0	0	0	0

(b)

0	0	0	0	0	0	0	0
0	0	0	0	1	1	1	0
0	3	3	3	3	0	0	0
0	0	0	0	0	0	0	0
0	0	2	2	2	2	0	0
0	0	0	0	0	0	0	0
0	1	1	1	1	0	0	0
0	0	0	0	0	0	0	0

(c)

0	0	0	0	0	0	0	0
0	0	3	0	0	0	0	0
0	0	0	3	0	0	0	0
1	0	2	0	3	1	0	0
0	1	0	2	0	3	1	0
0	0	1	0	2	0	0	1
0	0	0	1	0	2	0	0
0	0	0	0	0	0	0	0

Literatur

11.1 Ballard, D.H.; Brown, C.M.: Computer vision. Englewood Cliffs: Prentice-Hall 1982

11.2 Bähr, H.-P. (Ed.): Digitale Bildverarbeitung – Anwendung in Photogrammetrie und Fernerkundung. Karlsruhe: Wichmann 1985

11.3 Haralick, R.M.: Statistical image texture analysis. In: Young, T.Y.; Fu, K.-S.(Eds.): Handbook of pattern recognition and image processing. Orlando, San Diego, New York, Austin, London, Montreal, Sydney, Tokyo, Toronto: Academic Press 1986

11.4 Haberäcker, P.: Praxis der Digitalen Bildverarbeitung und Mustererkennung. München, Wien: Hanser 1995

11.5 Jain, A.K.: Fundamentals of digital image processing. Englewood Cliffs: Prentice-Hall 1989

11.6 Schalkoff, R.J.: Digital image processing and computer vision. New York, Chichester, Brisbane, Toronto, Singapore: Wiley 1989

11.7 Wahl, F.M.: Digitale Bildsignalverarbeitung. Berlin, Heidelberg, New York: Springer 1984

11.8 Zamperoni, P.: Methoden der digitalen Bildsignalverarbeitung. Braunschweig, Wiesbaden: Vieweg 1991

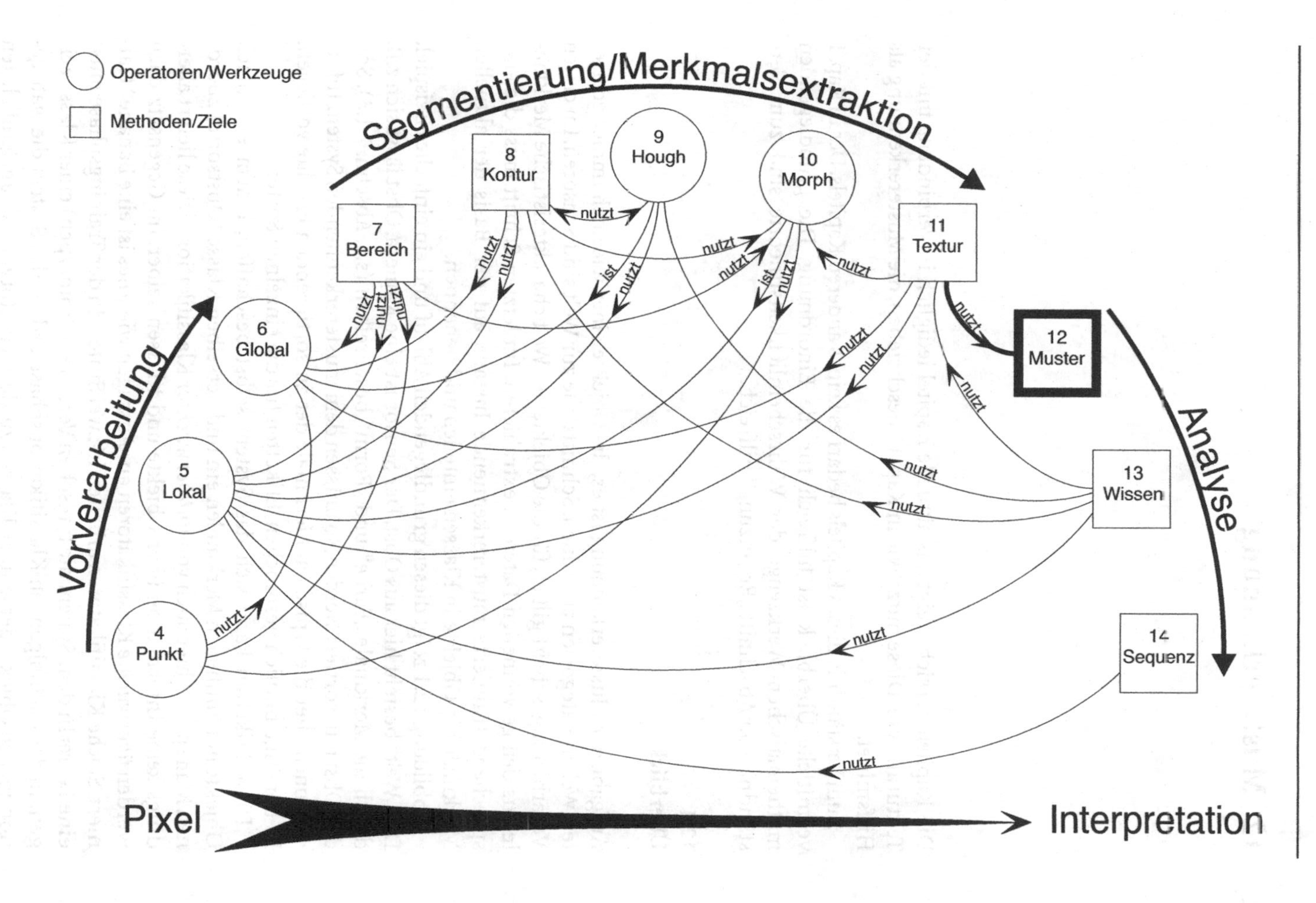
Operatoren/Werkzeuge
Methoden/Ziele
Segmentierung/Merkmalsextraktion
Vorverarbeitung
Analyse
4 Punkt
5 Lokal
6 Global
7 Bereich
8 Kontur
9 Hough
10 Morph
11 Textur
12 Muster
13 Wissen
14 Sequenz
nutzt
ist
Pixel
Interpretation

12 Mustererkennung

Die Kapitelübersicht zeigt das aktuelle Kapitel lediglich in Verbindung mit der Texturanalyse. Diese nutzt, wie in Kap. 11 beschrieben, die Mustererkennung als Hilfsmittel.

Zum Verständnis dieses Kapitels bedarf es keines anderen Kapitels. Der in Kap. 1 vermittelte Überblick ist hilfreich für die Einordnung. Die grundlegenden mathematischen Werkzeuge der Wahrscheinlichkeitsttheorie sind zum Verständnis von Abschnitt „Ergänzung" hilfreich.

12.1 Überblick

Aufgabe der Mustererkennung ist es, die Objekte einer wie auch immer gearteten Welt in Kategorien zu ordnen. Schnittstelle zur Welt sind Sensoren. Im ersten Verarbeitungsschritt gilt es, für die Objekte der Welt charakteristische Merkmale aus den gewonnenen Daten zu extrahieren. Im letzten Schritt muss die entsprechend trainierte mustererkennende Instanz auf der Basis der aktuellen Merkmale die Objekte in Klassen einteilen und benennen.

Abbildung 12.1 zeigt diesen grundlegenden Ablauf und ein einfaches Beispiel. Die „Welt" besteht hier aus Obst. Der Sensor ist eine Kamera. Obst lässt sich z.B. durch die Merkmale „Farbe" und „Form" beschreiben (s.a. Abschn. 7.1.3). Soll das Obst nun sortiert werden, so müssen dem mustererkennenden System Informationen über die typischen Merkmale der zu sortierenden Früchte vorliegen. Es benötigt, bildlich gesprochen, Etiketten für die einzelnen Sorten.

Diese Etiketten kann sich das System selbst beschaffen, indem es einfach Objekte mit ähnlichen Merkmalen ein und derselben Klasse (Obstsorte) zuordnet. Man spricht hier auch von *unüberwachter* Klassifikation . Diese liefert allerdings keine Information über Objekte und Klassen selber. Im Gegensatz dazu werden *überwachte* Klassifikatoren auf Aussagen wie „dies ist eine Banane" trainiert. Solche Klassifikatoren arbeiten in zwei Stufen. In der Trainingsphase muss eine LehrerIn dem System die typischen Vertreter (Prototypen) einer Klasse zeigen. In der nachfolgenden Klassifikationsphase ordnet das System die wahrgenommenen Objekte denjenigen Klassen zu, deren Prototypen sie am ähnlichsten sind.

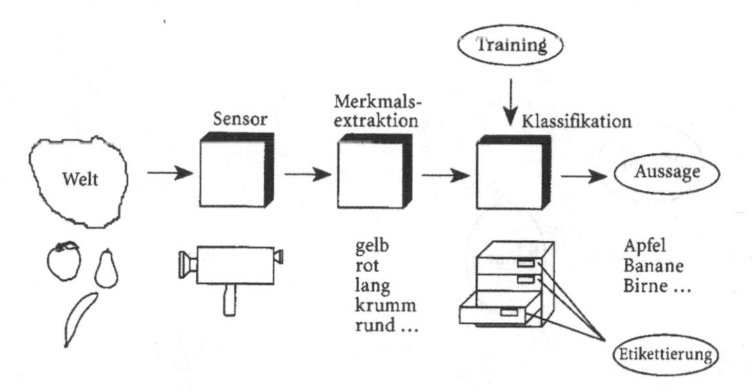

Abb. 12.1. Dieses einfache Beispiel zeigt den grundlegenden Ablauf der Mustererkennung. Die „Welt" besteht hier aus Obst. Der Sensor ist eine Kamera. Obst lässt sich z.B. durch die Merkmale „Farbe" und „Form" beschreiben. Soll das Obst nun sortiert werden, so müssen dem mustererkennenden System Informationen über die typischen Merkmale der zu sortierenden Früchte vorliegen. Es benötigt, bildlich gesprochen, Etiketten für die einzelnen Sorten

Allerdings darf diese „relativ beste" Ähnlichkeit ein absolutes Ähnlichkeitsmaß (die sog. Zurückweisungsschwelle) nicht unterschreiten. Ein in die Obstwelt eingeschmuggelter Taschenrechner ist sicher irgendeinem Fruchtprototyp am ähnlichsten, muss aber natürlich als nichtklassifizierbar zurückgewiesen werden.

Im Folgenden sei näher auf die Komponenten eines mustererkennenden Systems eingegangen. Die aus den Eingangsdaten gewonnenen Merkmale spannen einen sog. *Merkmalsraum* auf. Abbildung 12.2 zeigt einen zweidimensionalen Merkmalsraum für den Fall einer kleinen „Obstwelt" mit den Klassen „Apfel", „Banane", „Orange" und „Pflaume". Das Merkmal „Kompaktheit" beschreibt das Verhältnis von Oberfläche zu Volumen. Die Kompaktheit einer Kugel ist klein, die einer Pyramide ist groß (vgl. Abschn. 7.1.3). Die in Abb. 12.2 dargestellten Ovale grenzen die möglichen Merkmalskombinationen der entsprechenden Klassen ein. So weisen Bananen eher eine Röhrenform auf (hoher Kompaktheitswert) und sind grün bis gelb gefärbt. Orangen hingegen sind gelb bis rot gefärbt und kugelförmig.

Äpfel wurden in Abb. 12.2 in ihrer farblichen Variationsbreite deutlich eingeschränkt. Das Farbspektrum dessen, was alltäglich als Apfel gilt, reicht schließlich von grün bis rot. Allerdings überlappen dann die Bereiche von Äpfeln und Orangen. Dieses Beispiel verweist auf ein typisches Problem der Mustererkennung: Zu wenige oder ungeeignete Merkmale führen zu Klassen, die nicht exakt trennbar sind. Dies führt unweigerlich zu Klassifikationsfehlern. Ist eine völlig fehlerfreie Auswahl von Merkmalen nicht möglich oder zu aufwändig, dann sollte sie natürlich mit dem Ziel des kleinsten Fehlers erfolgen. Unter Umständen lässt sich auch die Welt verkleinern, z.B. indem man nur grüne und gelbe Äpfel zulässt. Kann aber nicht auf rote Äpfel verzichtet werden, so ist der Überlappungseffekt durch Hinzuziehung eines dritten Merkmals (z.B. „Oberflächenbeschaffenheit") lösbar.

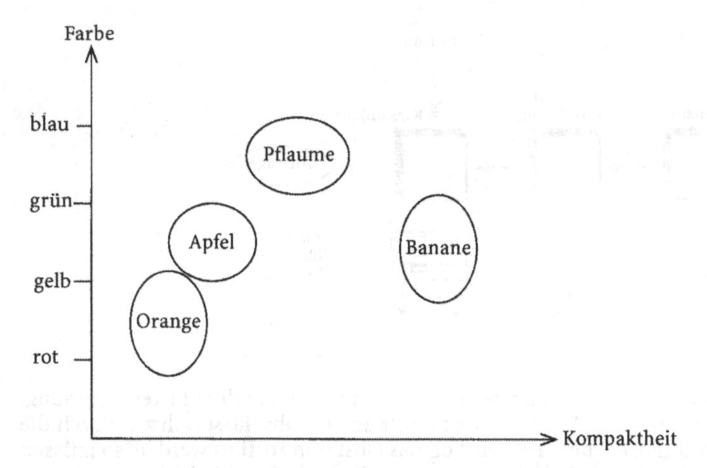

Abb. 12.2. Dies ist ein zweidimensionaler Merkmalsraum für den Fall einer kleinen „Obstwelt" mit den Klassen „Apfel", „Banane", „Orange" und „Pflaume". Das Merkmal „Kompaktheit" beschreibt das Verhältnis von Oberfläche zu Volumen. Die Kompaktheit einer Kugel ist klein, die einer Pyramide ist groß. Die Ovale grenzen die möglichen Merkmalskombinationen der entsprechenden Klassen ein. So weisen Bananen eher eine Röhrenform auf (hoher Kompaktheitswert) und sind grün bis gelb gefärbt. Orangen hingegen sind gelb bis rot gefärbt und kugelförmig

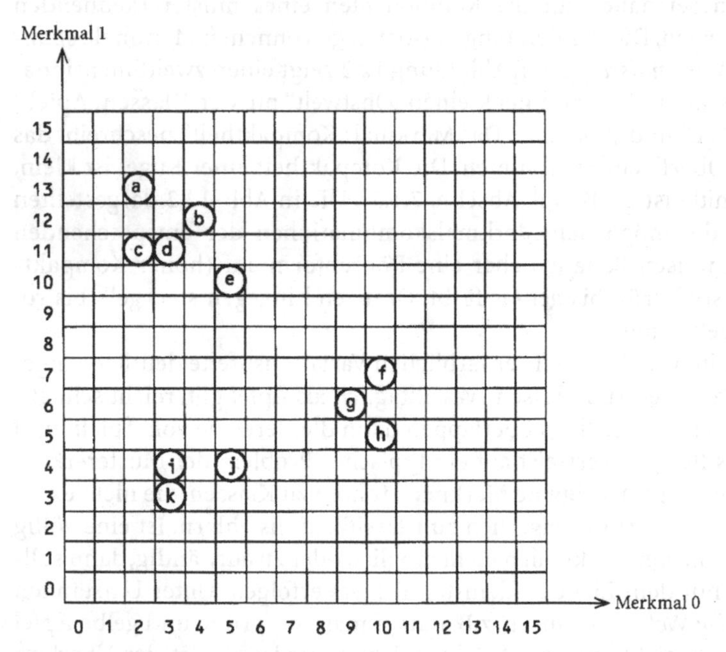

Abb. 12.3. Dieser abstraktere Merkmalsraum ist Basis für die Beschreibung des Klassifikationsverfahrens. Die beiden Merkmale liegen diskret vor. Der Merkmalsraum enthält 11 Einträge *a* bis *k*, die sog. *Merkmalsvektoren*

Zur Beschreibung der Klassifikationsverfahren sei nun der etwas abstraktere, in Abb. 12.3 dargestellte Merkmalsraum herangezogen. Die beiden Merkmale liegen diskret vor. Der Merkmalsraum enthält 11 Einträge *a* bis *k*, die sog. *Merkmalsvektoren*. Der Einfachheit halber kann in dem vorliegenden Beispiel ein Merkmalsvektor höchstens einmal auftreten.

Als Klassifikationsverfahren wurden der unüberwachte und der überwachte *Minimum-Distance-Klassifikator* ausgewählt, da sie einfach und grundlegend sind. Abbildung 12.4 visualisiert den Ablauf der unüberwachten Klassifikation im Fall des in Abb. 12.3 gezeigten Merkmalsraumes. In der linken Spalte sind die Distanzen zwischen Merkmalsvektorpaaren aufgetragen. Es handelt sich hier um City-Block-Distanzen, also der Summe aus horizontaler und vertikaler Distanz. Die Zurückweisungsschwelle sei 6.

Unüberwachte Verfahren bilden die Klassen während des Ablaufs, also ohne vorheriges Training. Die Suche beginnt wahlweise in der linken oberen Ecke des Merkmalsraums und wird zeilenweise fortgesetzt. So stößt man zuerst auf den Merkmalsvektor *a*. Er bildet das Zentrum der ersten Klasse k_0. Der nächste Merkmalsvektor ist *b*. Seine Distanz zum Zentrum *a* beträgt 3, liegt also unterhalb der

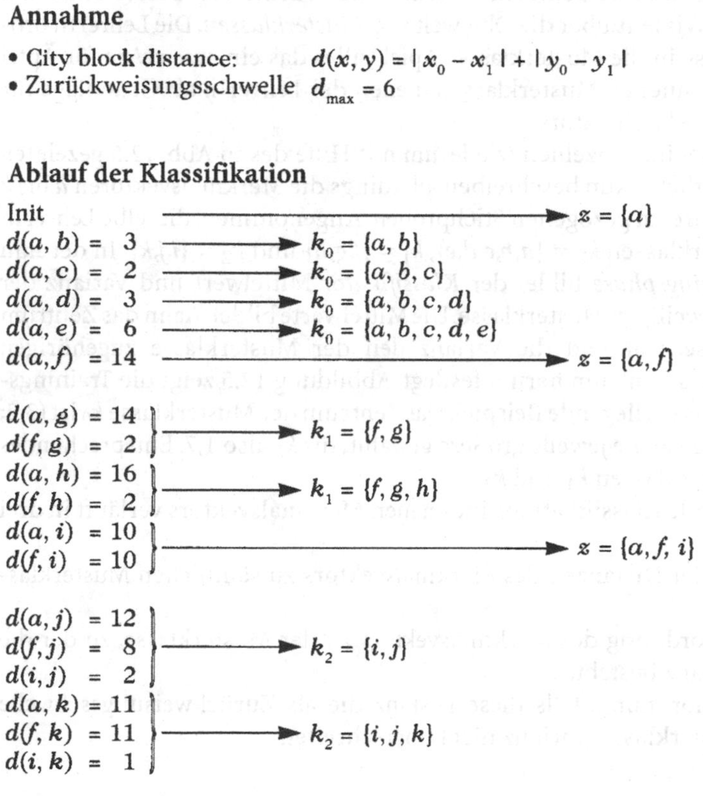

Annahme

- City block distance: $d(x, y) = |x_0 - x_1| + |y_0 - y_1|$
- Zurückweisungsschwelle $d_{max} = 6$

Ablauf der Klassifikation

Init → $z = \{a\}$
$d(a, b) = 3$ → $k_0 = \{a, b\}$
$d(a, c) = 2$ → $k_0 = \{a, b, c\}$
$d(a, d) = 3$ → $k_0 = \{a, b, c, d\}$
$d(a, e) = 6$ → $k_0 = \{a, b, c, d, e\}$
$d(a, f) = 14$ → $z = \{a, f\}$

$d(a, g) = 14$, $d(f, g) = 2$ → $k_1 = \{f, g\}$
$d(a, h) = 16$, $d(f, h) = 2$ → $k_1 = \{f, g, h\}$
$d(a, i) = 10$, $d(f, i) = 10$ → $z = \{a, f, i\}$

$d(a, j) = 12$, $d(f, j) = 8$, $d(i, j) = 2$ → $k_2 = \{i, j\}$
$d(a, k) = 11$, $d(f, k) = 11$, $d(i, k) = 1$ → $k_2 = \{i, j, k\}$

Abb. 12.4. Dies ist der Ablauf der auf den Merkmalsraum Abb. 12.3 angesetzten unüberwachten Klassifikation

Zurückweisungsdistanz und gehört somit zur Klasse k_0. Die Suche setzt sich fort bis zum Merkmalsvektor *f*. Seine Distanz zum Zentrum der Klasse k_0 überschreitet die Zurückweisungsschwelle. Daher wird eine neue Klasse k_1 mit dem Zentrum *f* gebildet.

Da nun zwei Klassen existieren, muss die Distanz des nächsten Merkmalsvektors *g* jeweils zu beiden Klassenzentren bestimmt werden. Die Distanz zwischen *g* und *f* ist kürzer als die zwischen *g* und *a*. Mithin gehört *g* zur Klasse k_1. In gleicher Weise verfährt man weiter, bis sämtliche Merkmalsvektoren einer Klasse zugeordnet sind.

Der Vorteil der unüberwachten Klassifikation besteht in der Ersparniss der Trainingsphase. Somit ist ein solcher Klassifikator in der Lage, Daten zu bearbeiten, über die keinerlei klassifikationsrelevante Vorinformationen bereitstehen. Voraussetzung für eine befriedigende Funktion ist natürlich, dass sich im Merkmalsraum nichtüberlappende Bereiche ausbilden. Diese Voraussetzung ist häufig nur schwer erfüllbar.

Ist es möglich, der zu klassifizierenden Welt vorab Stichproben zu entnehmen, so können überwachte Klassifikatoren zum Einsatz kommen. Angenommen, aus der Obstwelt liegen einer LehrerIn verschiedene Früchte vor. Dieser bildet auf der Basis *seines* Wissens über die Obstwelt sog. *Musterklassen*. Die LehrerIn ordnet beispielsweise in die Musterklasse „Apfel" alles das ein, was er/sie für Äpfel hält. Die so gewonnenen Musterklassen dienen der LehrerIn als Grundlage für das Training des Klassifikators.

Der Vorgang sei im Einzelnen wiederum mit Hilfe des in Abb. 12.5 gezeigten Beispiels verdeutlicht. Nun beschreiben allerdings die Merkmalsvektoren *a* bis *k* die von einer LehrerIn gezogenen Stichproben. Angenommen, dieselbe LehrerIn bildet die Musterklassen $k_0 = \{a,b,c,d,e\}$, $k_1 = \{f,g,h\}$ und $k_2 = \{i,j,k\}$. In der nun folgenden *Trainingsphase* bildet der *Klassifikator* Mittelwert und Varianz der Merkmale der jeweiligen Musterklasse. Die Mittelwerte bilden dann das Zentrum der Musterklasse, während die Varianz den der Musterklasse zugehörigen Bereich um dieses Zentrum herum festlegt. Abbildung 12.5 zeigt die Trainingsergebnisse für das vorliegende Beispiel. Das Zentrum der Musterklasse k_0 ist (3,2; 11,4). Als Varianz sei die jeweils größere gewählt, für k_0 also 1,7. Entsprechendes gilt für die Musterklassen k_1 und k_2.

Die nun folgende Klassifikation eines neuen Merkmalsvektors verläuft in drei Schritten:

- Bestimmung der Distanzen des Merkmalsvektors zu sämtlichen Musterklassenzentren.
- Vorläufige Zuordnung des Merkmalsvektors zu der Musterklasse, zu der die geringste Distanz besteht.
- Endgültige Zuordnung, falls diese Distanz die als Zurückweisungsschwelle dienende Musterklassenvarianz nicht überschreitet.

		Mittelwert 0	Mittelwert 1		Varianz 0	Varianz 1
K_0	a	2	13		$(2-3.2)^2$	$(13-11.4)^2$
	b	4	12		$(4-3.2)^2$	$(12-11.4)^2$
	c	2	11		$(2-3.2)^2$	$(11-11.4)^2$
	d	3	11		$(3-3.2)^2$	$(11-11.4)^2$
	e	5	10		$(5-3.2)^2$	$(10-11.4)^2$
		16	57		6.8	5.2
	÷5	3.2	11.4	÷4	1.7	1.3
K_1	f	10	7		$(10-9.7)^2$	$(7-6)^2$
	g	9	6		$(9-9.7)^2$	$(6-6)^2$
	h	10	5		$(10-9.7)^2$	$(5-6)^2$
		29	18		0.67	2
	÷3	9.7	6	÷2	0.335	1
K_2	i	3	4		$(3-3.7)^2$	$(4-3.7)^2$
	j	5	4		$(5-3.7)^2$	$(4-3.7)^2$
	k	3	3		$(3-3.7)^2$	$(3-3.7)^2$
		11	11		2.67	0.67
	÷3	3.7	3.7	÷2	1.335	0.335

Abb. 12.5. Dies ist das Trainingsergebnis der auf den Merkmalsraum in Abb. 12.3 angesetzten überwachten Klassifikation. Das Zentrum der Musterklasse k_0 ist (3,2; 11,4). Als Varianz sei die jeweils größere gewählt, für k_0 also 1,7. Entsprechendes gilt für die Musterklassen k_1 und k_2

12.2 Experimente

Das Ziel des Experiments ist es, mit der unüberwachten Klassifizierung vertraut zu werden. Sie findet in Setup MIDIUS.SET Anwendung (Abb. 12.6). Die Beispiele für den vorliegenden Abschnitt stammen aus dem Gebiet der Erdfernerkundung. Abbildung 12.7 zeigt drei LANDSAT-Aufnahmen von Köln (CH0SRC.128, CH1SRC.128 und CH2SRC.128). Sie repräsentieren die Kanäle mit den Spektralbändern 0,45–0,52 µm (Blau), 0,76–0,90 µm (Infrarot) und 2,08–2,35 µm (Infrarot). Aufgabe der Klassifikation ist es, *jedes* Pixel einer Klasse wie z.B. „Wasser", „Nadelwald", „urbanes Gebiet" usw. zuzuordnen. Als Merkmale stehen die Grauwerte des Pixels in den verschiedenen Spektralkanälen zur Verfügung. Dementsprechend ist der Merkmalsraum dreidimensional. Die Skalierung der drei Komponenten umfasst den Wertebereich der Spektralkanäle und beträgt im vorliegenden Fall 0 bis 255. Typisch für einen „Wasserpixel" ist z.B. ein niedriger Wert in allen drei hier verwendeten Kanälen.

Bitte beachten Sie, dass eine ernsthafte Klassifikation von Satellitenbildern nur mit wesentlich größeren Bildern möglich ist. Die hier verwendeten Beispiele dienen lediglich der Demonstration der Verfahren.

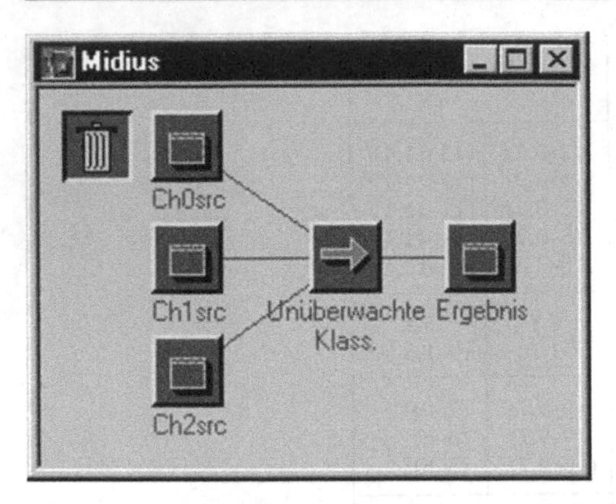

Abb. 12.6. Das Ziel des Experiments ist es, mit der unüberwachten Klassifizierung vertraut zu werden. Sie findet in Setup MIDIUS.SET Anwendung. Die Beispiele für den vorliegenden Abschnitt stammen aus dem Gebiet der Erdfernerkundung. Abbildung 12.7 zeigt drei LANDSAT-Aufnahmen von Köln (CH0 SRC.128, CH1SRC.128 und CH2SRC.128)

Die unüberwachte Klassifikation beginnt mit dem Pixel links oben in den drei Ursprungsbildern. Die drei Grauwerte ergeben das Zentrum der ersten Klasse im Merkmalsraum. Die drei Bilder werden nun zeilenweise Pixel für Pixel abgetastet und im Fall des Minimum-Distance-Verfahrens überprüft, ob die Werte des jeweiligen Pixels nahe genug am Zentrum der ersten Klasse liegen. Die maximale Distanz zum Zentrum (Zurückweisungsschwelle) ist vom Anwender des Verfahrens festzulegen. Wird die Zurückweisungsschwelle nicht überschritten, gehört das aktuelle Pixel zur ersten Klasse. Andernfalls bildet es das Zentrum der zweiten Klasse. Für jedes weitere Pixel ist nun zu überprüfen, zu welcher der beiden Klassen es „besser paßt". Überschreitet es allerdings in beiden Fällen die Zurückweisungsschwelle, so ist eine dritte Klasse anzulegen. Abbildung 12.7 zeigt die Ergebnisse des unüberwachten Minimum-Distance-Klassifikators bei Zurückweisungsschwellen von 20, 30 und 40. Diese Werte gelten für die genannte Skalierung von 0 bis 255. Die Namen der einzelnen Ergebnisbilder verraten die jeweils verwendete Zurückweisungschwelle. Die Bildnamen sind einfach durch einen Doppelklick darauf änderbar. Die Zurückweisungsschwellen sind Parameter der Funktion *Unüberwachte Klass.*, also durch Klicken mit der rechten Maustaste auf das Funktionssymbol änderbar.

Bei einer Zurückweisungsschwelle von 20 erhält man 26 Klassen. Die Schwelle ist mithin zu streng gezogen. Selbst das durch Pixel mit sehr homogenen Spektralwerten repräsentierte Wasser ist unbefriedigend klassifiziert. Umgekehrt ist eine Zurückweisungsschwelle von 40 zu schwach gewählt. Mit 10 Klassen liegt man hier zwar in einem vernünftigen Bereich. Allerdings wurden die Wasserflächen und Teile von Industriegebieten (insbesondere die weitläufigen Gleisanlagen) in „einen Topf geworfen". Eine Schwelle von 30 erbringt 20 Klassen und insgesamt ein befriedigenderes Ergebnis. Grundsätzlich ist natürlich die gestellte Aufgabe mit überwachten Klassifikatoren besser lösbar (vgl. Abb. 12.8).

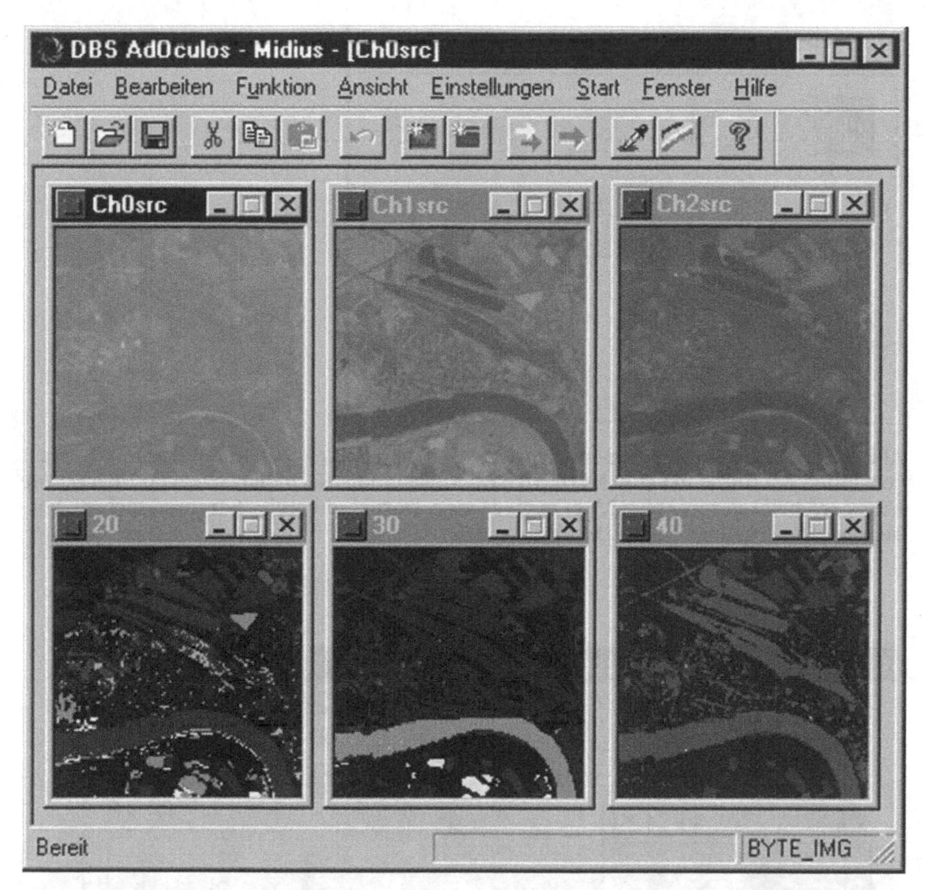

Abb. 12.7. Die drei LANDSAT-Aufnahmen von Köln (CH0SRC.128, CH1SRC.128 und CH2SRC.128) repräsentieren die Kanäle mit den Spektralbändern 0,45-0,52 µm (Blau), 0,76–0,90 µm (Infrarot) und 2,08-2,35 µm (Infrarot). Aufgabe der Klassifikation ist es, *jedes* Pixel einer Klasse wie z.B. „Wasser", „Nadelwald", „urbanes Gebiet", usw. zuzuordnen. Als Merkmale stehen die Grauwerte des Pixels in den verschiedenen Spektralkanälen zur Verfügung. Dementsprechend ist der Merkmalsraum dreidimensional. Die Skalierung der drei Komponenten umfasst den Wertebereich der Spektralkanäle und beträgt im vorliegenden Fall 0 bis 255. Typisch für einen "Wasserpixel" ist z.B. ein niedriger Wert in allen drei hier verwendeten Kanälen. Dargestellt sind die Ergebnisse des unüberwachten Minimum-Distance-Klassifikators bei Zurückweisungsschwellen von 20, 30 und 40. Diese Werte gelten für die genannte Skalierung von 0 bis 255. Die Namen der einzelnen Ergebnisbilder verraten die jeweils verwendete Zurückweisungschwelle. Die Bildnamen sind einfach durch einen Doppelklick darauf änderbar. Die Zurückweisungsschwellen sind Parameter der Funktion *Unüberwachte Klass.*, also durch Klicken mit der rechten Maustaste auf das Funktionssymbol änderbar.

Dazu muss ein Operateur z.B. für Wasser typische Bildbereiche markieren und aus diesen sog. Trainingsgebieten das Zentrum der Klasse „Wasser" bestimmen. Die Varianz der Spektralwerte in den Trainingsgebieten ergibt die Zurückweisungsschwelle der jeweiligen Klasse. Die so ermittelte Schwelle ist üblicherwei-

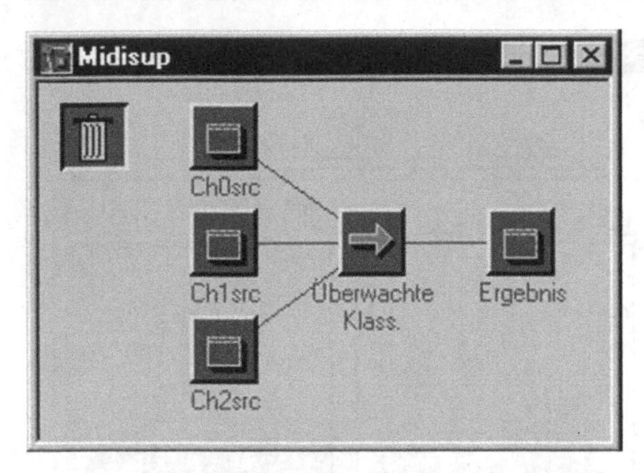

Abb. 12.8. Das zweite Experiment dient dazu, mit der überwachten Klassifizierung vertraut zu werden. Sie findet in Setup MIDISUP.SET Anwendung. Nach dem Start von *Überwachte Klass.* erscheint der in Abb. 12.9 gezeigte Dialog. Dort sind bereits 4 Trainingsgebiete vorbereitet. Die Ergebnisse der Klassifikation zeigt Abb. 12.10.

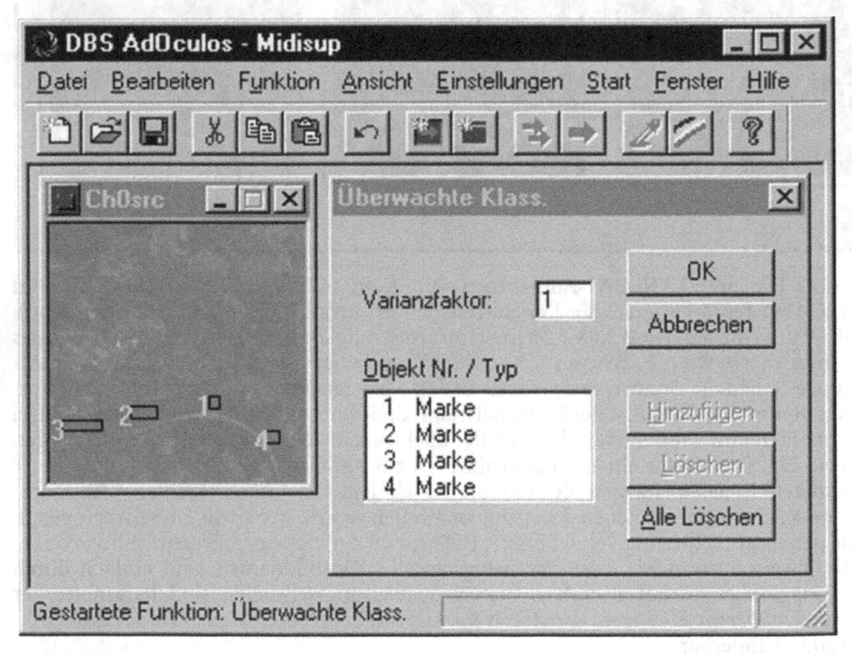

Abb. 12.9. Dieser Dialog erscheint nach dem Start von *Überwachte Klass.*. Hier sind bereits 4 Trainingsgebiete für die Klasse „Wasser" vorbereitet. Neue Trainingsgebiete erzeugt man durch das Aufziehen und ggf. Verändern eines entsprechenden Fensters im ersten Ursprungsbild und durch einen Klick auf *Hinzufügen*. Die Grauwertvarianz ist Basis für die Zurückweisungsschwelle der Klasse. Diese Schwelle wird mit dem ganzzahligen Wert im Feld *Varianzfaktor* multipliziert. Damit besteht die Möglichkeit, die oft zu harte Schwelle zu entschärfen

se durch den Operateur manipulierbar. Oftmals ist die errechnete Schwelle zu „scharf". Sie wird dann mit Hilfe eines durch den Operateur festzulegenden Faktors vergrößert.

Das zweite Experiment dient also dazu, mit der überwachten Klassifizierung vertraut zu werden. Sie findet in Setup MIDISUP.SET Anwendung (Abb. 12.8). Für die folgenden Beispiele wurde der Klassifikator der Einfachheit halber nur auf die Klasse „Wasser" trainiert. Nach dem Start von *Überwachte Klass.* erscheint der in Abb. 12.9 gezeigte Dialog. Dort sind bereits 4 Trainingsgebiete vorbereitet. Neue Trainingsgebiete erzeugt man durch das Aufziehen und ggf. Verändern eines entsprechenden Fensters im ersten Ursprungsbild und durch einen Klick auf *Hinzufügen.*

Abbildung 12.10 zeigt die Resultate eines Minimum-Distance-Verfahrens bei Verwendung der nicht manipulierten Zurückweisungsschwelle (*Varianzfaktor* 1)

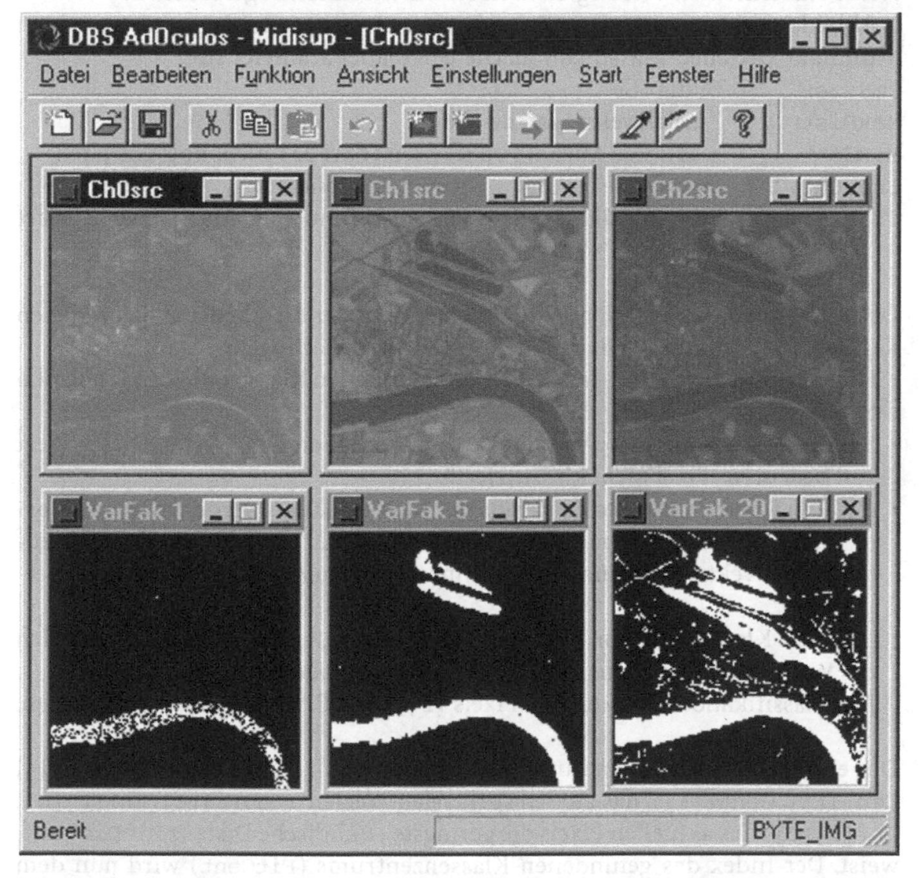

Abb. 12.10. Die hier verwendeten Ursprungsbilder entsprechen den aus Abb. 12.7 bekannten. Die Namen der beiden Ergebnisbilder verraten den jeweils verwendeten Varianzfaktor. Die Bildnamen sind einfach durch einen Doppelklick darauf änderbar. Offensichtlich ist hier die Klassifizierung mit dem Varianzfaktor 5 die Bessere

bzw. bei Anwendung der *Varianzfaktor*en 5 und 20. Offensichtlich ist hier die der mittlere Varianzfaktor der Bessere.

Das in Abb. 12.10 dargestellte Ergebnis ist angesichts des einfachen Verfahrens durchaus befriedigend. Die Klasse „Wasser" ist aber auch besonders leicht klassifizierbar. Dies zeigt bereits ein Blick auf die Ursprungsbilder. Die übrigen Klassen sind mit der hier vorgestellten simplen Vorgehensweise nicht befriedigend zu klassifizieren. Das hier benutzte Verfahren ist aber Ausgangspunkt für viele Möglichkeiten der Verfeinerung.

12.3 Realisierung

Die im Folgenden vorgestellten Prozeduren sind auf die in Abschn. 12.2 vorgestellte Klassifikation von Regionen in Satellitenbildern zugeschnitten.

Abbildung 12.11 zeigt eine Prozedur zur Realisierung der unüberwachten Minimum-Distance-Klassifikation. Die Übergabeparameter sind

`ImSize`:	Bildgröße
`MaxDist`:	Zurückweisungsschwelle
`MaxCen`:	maximale Anzahl von Klassen (darf 255 nicht überschreiten)
`Ch0,Ch1,Ch2`:	erstes, zweites und drittes Eingabebild
`ClasIm`:	Ergebnisbild, in dem die aufgefundenen Klassen visualisiert sind.

Der Rückgabeparameter der Prozedur entspricht der Anzahl der aufgefundenen Klassen. Die Prozedur beginnt mit einigen Initialisierungen:

- Die Laufvariable für die Anzahl der aufgefundenen Klassen `NofCen` erhält den Startwert 1.
- Sämtliche Pixel des Ausgabebildes `ClasIm` erhalten den Wert 0. Dieser Wert soll bedeuten „Pixel nicht klassifiziert".
- Die drei Koordinaten des Zentrums der Klasse `NofCen` werden in den Vektorelementen `Cent0[NofCen]` `Cent1[NofCen]` `Cent2[NofCen]` abgelegt. Die zugehörigen Vektoren bedürfen einer hinreichenden Allokierung von Speicherplatz.
- Das erste Klassenzentrum (`Cent0[0]`,`Cent1[0]`,`Cent2[0]`) erhält willkürlich die Werte des Koordinatenurprungs der Eingabebilder.

  Die Klassifikation des aktuellen Pixels `[r][c]` vollzieht sich in zwei Schritten.

Der erste Schritt dient dem Auffinden desjenigen Klassenzentrums (`Cent0[i]`, `Cent1[i]`, `Cent2[i]`), das zu den spektralen Werten (`Ch0[r][c]`, `Ch1[r][c]`, `Ch2[r][c]`) des aktuellen Pixels die geringste euklidische Distanz `MinDist` aufweist. Der Index des gefundenen Klassenzentrums (`FitCent`) wird nun dem Ergebnisbild `ClasIm` zugewiesen. Da in diesem Bild die Null als Indikator für nichtklassifizierte Pixel dient, ist der Wert von `FitCent` zuvor um Eins zu erhöhen.

```
int MinDist (ImSize, MaxDist, MaxCen, Ch0, Ch1, Ch2, ClasIm)
int ImSize, MaxDist, MaxCen;
BYTE ** Ch0;
BYTE ** Ch1;
BYTE ** Ch2;
BYTE ** ClasIm;
{
   int    r,c, i, NofCen, FitCent;
   int    *Cent0, far *Cent1, far *Cent2;
   float  Dist, MinDist, D0,D1,D2;

   NofCen = 1;
   for (r=0; r<ImSize; r++)
      for (c=0; c<ImSize; c++)  ClasIm [r][c] = 0;

   Cent0 = malloc (MaxCen * sizeof(int));
   Cent1 = malloc (MaxCen * sizeof(int));
   Cent2 = malloc (MaxCen * sizeof(int));

   Cent0 [0] = Ch0 [0][0];
   Cent1 [0] = Ch1 [0][0];
   Cent2 [0] = Ch2 [0][0];

   for (r=0; r<ImSize; r++) {
      for (c=0; c<ImSize; c++) {
         MinDist = (float)1.0e37;
         FitCent = 0;
         for (i=0; i<NofCen; i++) {
            D0 = (float) Ch0[r][c] - Cent0[i];   D0 *= D0;
            D1 = (float) Ch1[r][c] - Cent1[i];   D1 *= D1;
            D2 = (float) Ch2[r][c] - Cent2[i];   D2 *= D2;

            Dist = (float) sqrt ((double) D0 + D1 + D2);

            if (Dist < MinDist)  {
               MinDist = Dist;
               FitCent = i;
         } }
         ClasIm [r][c] = (BYTE) FitCent+1;

         if ((int)MinDist > MaxDist) {
            Cent0 [NofCen] = Ch0 [r][c];
            Cent1 [NofCen] = Ch1 [r][c];
            Cent2 [NofCen] = Ch2 [r][c];
            NofCen++;
            if (NofCen >= MaxCen) {
               NofCen = -1;
               goto Leave;
            }
            ClasIm [r][c] = (BYTE) NofCen;
   } } }

Leave:
   return (NofCen);
}
```

Abb. 12.11. C-Realisierung der unüberwachten Minimum-Distance-Klassifikation

Der zweite Schritt überprüft die Entscheidung des ersten Schritts. Überschreitet `MinDist` die vom Benutzer vorgegebene Schwelle `MaxDist`, so passen die Werte (`Ch0[r][c]`, `Ch1[r][c]`, `Ch2[r][c]`) des aktuellen Pixels zu keiner der bisher vorhandenen Klassen. Konsequenterweise bedarf es der Einführung einer neuen Klasse. Der Einfachheit halber bilden die Werte des aktuellen Pixels deren Zentrum. Die ursprüngliche Zuweisung des Wertes `FitCent+1` im Ergebnisbild `ClasIm` ist entsprechend zu korrigieren.

Da der Typ des Ergebnisbildes `ClasIm` `BYTE` ist und der Wert Null „nicht klassifiziert" bedeutet, darf die Anzahl der Klassen den Wert 255 nicht überschreiten. Im praktischen Einsatz ist allerdings ein wesentlich kleinerer Maximalwert sinnvoll. Der Benutzer kann diesen Wert mit Hilfe der Variablen `MaxCen` bestimmen. Ein Überschreiten dieses Wertes führt zum Abbruch der Prozedur und der Rückgabe des Wertes -1.

Die Realisierung überwachter Klassifikatoren bedarf eines größeren Aufwandes. Vorbereitend seien daher einige „Hilfsprozeduren" vorgestellt. Abbildung 12.12 zeigt eine Prozedur zur Realisierung der lokalen Mittelwertbildung. Die Übergabeparameter sind

`WinSize`:	Größe des zu bearbeitenden Fensters
`r0,c0`:	Zeilen- und Spaltenkoordinaten zur Bestimmung der linken oberen Ecke des Operatorfensters
`Ch0,Ch1,Ch2`:	erstes, zweites und drittes Eingabebild
`m0,m1,m2`:	aus den drei Eingabebildern extrahierte Mittelwerte.

Abbildung 12.13 zeigt eine Prozedur zur Realisierung der lokalen Varianzbildung. Die Übergabeparameter sind

```
void ChanMean (WinSize, r0,c0, Ch0,Ch1,Ch2, m0,m1,m2)
int   WinSize, r0,c0;
BYTE  ** Ch0;
BYTE  ** Ch1;
BYTE  ** Ch2;
float *m0,*m1,*m2;
{
   int  r,c,N;

   N = WinSize*WinSize;
   *m0 = *m1 = *m2 = (float)0;
   for (r=r0; r<r0+WinSize; r++) {
      for (c=c0; c<c0+WinSize; c++) {
         *m0 += (float)Ch0 [r][c];
         *m1 += (float)Ch1 [r][c];
         *m2 += (float)Ch2 [r][c];
   } }
   *m0 /= N;
   *m1 /= N;
   *m2 /= N;
}
```

Abb. 12.12. C-Realisierung der lokalen Mittelwertbildung

```
void ChanVar (WinSize, r0,c0, Ch0,Ch1,Ch2, m0,m1,m2, v0,v1,v2)
int   WinSize, r0,c0;
BYTE  ** Ch0;
BYTE  ** Ch1;
BYTE  ** Ch2;
float m0,m1,m2;
float *v0,*v1,*v2;
{
   int    r,c,N;
   float  d0,d1,d2;

   N = WinSize*WinSize;
   *v0 = *v1 = *v2 = (float)0;
   for (r=r0; r<r0+WinSize; r++)  {
      for (c=c0; c<c0+WinSize; c++)  {
         d0 = Ch0 [r][c] - (float)m0;    *v0 += d0*d0;
         d1 = Ch1 [r][c] - (float)m1;    *v1 += d1*d1;
         d2 = Ch2 [r][c] - (float)m2;    *v2 += d2*d2;
   } }
   *v0 /= N-1;
   *v1 /= N-1;
   *v2 /= N-1;
}
```

Abb. 12.13. C-Realisierung der lokalen Varianzbildung.

`WinSize`:	Größe des zu bearbeitenden Fensters
`r0,c0`:	Zeilen- und Spaltenkoordinaten zur Bestimmung der linken oberen Ecke des Operatorfensters
`Ch0,Ch1,Ch2`:	erstes, zweites und drittes Eingabebild
`m0,m1,m2`:	Mittelwerte im Operatorfenster der Eingabebilder
`v0,v1,v2`:	die entsprechenden Varianzen.

Beide Prozeduren finden Verwendung in der in Abb. 12.14 gezeigten Prozedur zur Realisierung der überwachten Minimum-Distance-Klassifikation. Die zugehörigen Übergabeparameter sind

`ImSize`:	Bildgröße
`VarFac`:	Faktor, der zur Variation der in der Prozedur errechneten Zurückweisungsschwelle dient
`Ch0,Ch1,Ch2`:	erstes, zweites und drittes Eingabebild
`ClasIm`:	Ergebnisbild, in dem die aufgefundenen Klassen visualisiert sind
`TrainFile`:	Name der Datei, in der Lage und Größe der Trainingsgebiete *für eine Klasse* (z.B. „Wasser“) abgelegt sind.

Die Prozedur beginnt mit dem Einlesen der Parameter `NofTrn` (Anzahl der Stichproben) und `WinSize` (Fenstergröße der Stichproben) aus der Datei `TrainFile`. Im weiteren enthält diese Datei die Koordinaten `[r0]` und `[c0]` der linken oberen Ecken der einzelnen Stichprobenfenster. Aus diesen werden in der folgenden `for`-Schleife die Mittelwerte (`M0`, `M1`, `M2`) und Varianzen (`V0`, `V1`, `V2`)

```
void SupMD (ImSize, VarFac, Ch0,Ch1,Ch2, ClasIm, TrainFile)
int   ImSize;
float VarFac;
BYTE  ** Ch0;
BYTE  ** Ch1;
BYTE  ** Ch2;
BYTE  ** ClasIm;
char  TrainFile[];
{
   int    r,c, r0,c0, i,NofTrn, WinSize;
   float  M0,M1,M2, D0,D1,D2, V0,V1,V2;
   float  M0tot,M1tot,M2tot, V0tot,V1tot,V2tot;
   float  Dist, Border;
   FILE   *Stream;

   Stream = fopen (TrainFile, "r");
   fscanf (Stream, "%d%d", &NofTrn, &WinSize);

   M0tot = M1tot = M2tot = (float)0;
   V0tot = V1tot = V2tot = (float)0;

   for (i=0; i<NofTrn; i++) {
      fscanf (Stream, "%d%d", &r0,&c0);
      ChanMean (WinSize, r0,c0, Ch0,Ch1,Ch2, &M0,&M1,&M2);
     ChanVar  (WinSize, r0,c0, Ch0,Ch1,Ch2, M0,M1,M2, &V0,&V1,&V2);
      M0tot += M0;    V0tot += V0;
      M1tot += M1;    V1tot += V1;
      M2tot += M2;    V1tot += V2;
   }
   fclose (Stream);
   M0tot /= NofTrn;  V0tot /= NofTrn;
   M1tot /= NofTrn;  V1tot /= NofTrn;
   M2tot /= NofTrn;  V2tot /= NofTrn;

   Border = max (V0tot, max(V1tot,V2tot));
   Border *= (float)VarFac;

   for (r=0; r<ImSize; r++) {
      for (c=0; c<ImSize; c++) {
         D0 = M0tot - Ch0[r][c];  D0 *= D0;
         D1 = M1tot - Ch1[r][c];  D1 *= D1;
         D2 = M2tot - Ch2[r][c];  D2 *= D2;

         Dist = (float) sqrt ((double) D0 + D1 + D2);

         if (Dist <= Border)  ClasIm [r][c] = 255;
                        else  ClasIm [r][c] = 0;
} } }.
```

Abb. 12.14. C-Realisierung der überwachten Minimum-Distance-Klassifikation

der einzelnen Fenster sowie die Gesamtmittelwerte (`M0tot`, `M1tot`, `M2tot`) und -varianzen (`V0tot`, `V1tot`, `V2tot`) errechnet. Die Gesamtmittelwerte bilden das Zentrum der die Stichproben repräsentierenden Klasse (z.B. „Wasser"). Die größte der Gesamtvarianzen bildet die Zurückweisungsschwelle `Border` der Klasse. Diese ist durch den Benutzer mit Hilfe des Parameters `VarFac` variierbar.

Nach diesen Vorbereitungen kann die eigentliche Klassifikation erfolgen. Für jedes Pixel wird die Distanz `Dist` zwischen dem Zentrum der trainierten Klasse (`M0tot`, `M1tot`, `M2tot`) und den Werten des akutellen Pixels bestimmt. Ist diese Distanz kleiner als die Zurückweisungsschwelle `Border`, so wird dem Ergebnisbild `ClasIm[r][c]` der (willkürliche) Wert 255 zugewiesen. Gehört das aktuelle Pixel hingegen nicht zu der trainierten Klasse, so erfolgt die Zuweisung einer Null.

12.4 Ergänzungen

Abschnitt 12.1 befasste sich mit überwachten und unüberwachten Minimum-Distance-Klassifikatoren. Hierbei handelt es sich um sog. *geometrische* Klassifikatoren.

Eine Alternative hierzu stellt die numerische Klassifikation dar. Beispielhaft hierfür wird im Folgenden das *Maximum-Likelihood*-Verfahren vorgestellt. Es sei mit einem einfachen Beispiel begonnen: Die Mustererkennungsaufgabe bestehe darin, ein gehörtes Musikstück in die Kategorie „Klassik" oder „Punk" einzuordnen. Einziges der Entscheidung zu Grunde liegendes Merkmal soll die „Lautstärke" (l) sein. Die Entscheidungsregel für den Klassifikator sei: Ordne ein Musikstück, dessen Lautstärke unterhalb einer Schwelle L liegt, der Klassik zu. Andernfalls ist es dem Punk zuzuordnen.

Die Frage ist nun: Wie ermittelt man L? Hier hilft ein Trainer, der möglichst gut Klassik und Punk unterscheiden kann. Er muss eine große Anzahl Musikstücke hören und die Häufigkeit des Auftretens von Klassikstücken $h_K(l)$ bzw. Punkstücken $h_P(l)$ bei einer bestimmten Lautstärke notieren. Auf diese Weise erhält er ein Histogramm ähnlich dem in Abb. 12.15a. Nach dieser Trainingsphase gilt für die Klassifikation die Entscheidungsregel: Liegt ein Musikstück der Lautstärke l vor und ist $h_K(l) > h_P(l)$, dann handelt es sich um Klassik. Ansonsten ist es Punk.

Allerdings mag unsere Trainerin keine Punkmusik. Sie hat daher überwiegend Klassiksender oder -platten gehört. Das Histogramm muss daher eine Korrektur erfahren. Durch Division der absoluten Häufigkeiten $h_K(l)$ und $h_P(l)$ durch die Anzahl der jeweiligen Stichproben erhält man die relativen Häufigkeiten $H_K(l)$ und $H_P(l)$. Das Histogramm könnte dann wie das in Abb. 12.15b gezeigte aussehen. Die Klassifikation ist nun weniger fehlerbehaftet.

Diese eher allgemeine Klassifikation kann natürlich auch auf bestimmte „Quellen" bezogen sein. So ist von vornherein (*a priori*) klar, dass auf Radio Bremen 2 (*RB2*, Sender mit Zielgruppe „Kulturbeflissene") nur selten Punk zu hören ist, während Radio Bremen 4 (*RB4*, Sender für „Jugendliche") eher Klassik meidet. Mathematische ausgedrückt: Die *a priori*-Wahrscheinlichkeiten $p(P|RB2)$ (Wahrscheinlichkeit für Punk unter der Annahme, dass Radio Bremen 2 die Musik spielt) und $p(K|RB4)$ sind niedrig, die *a priori*-Wahrscheinlichkeiten $p(K|RB2)$ und $p(P|RB4)$ sind hoch. Entsprechend gewichtete Histogramme zei-

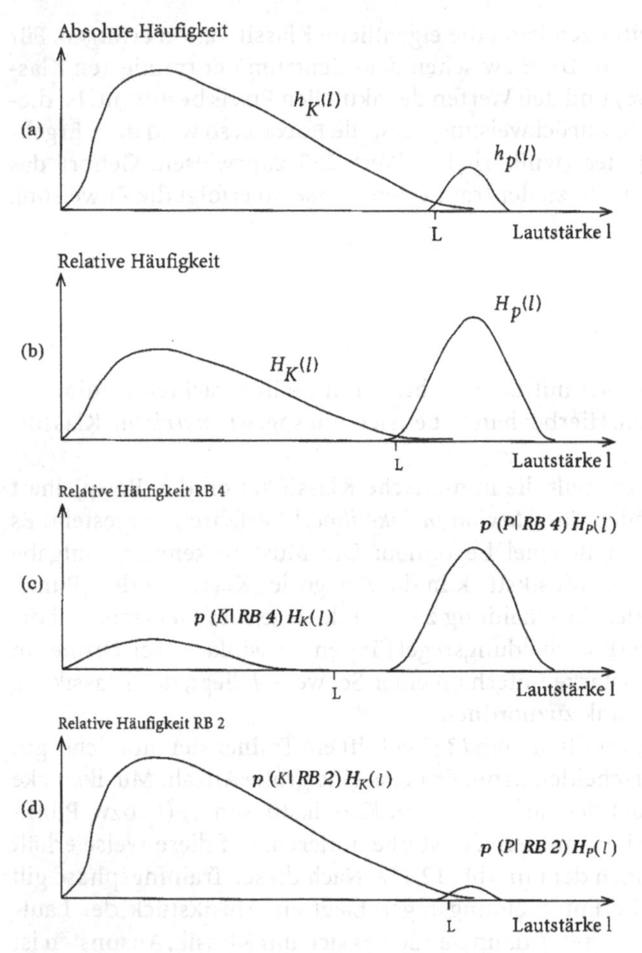

Abb. 12.15. Die Klassifikationsaufgabe besteht in diesem einfachen Beispiel darin, ein Musikstück entweder der Kategorie „Klassik" (*K*) oder der Kategorie „Punk" (*P*) zuzuordnen. Dabei basiert die Entscheidung auf nur einer Eigenschaft, nämlich der Lautstärke (*l*). Die Entscheidungsregel sei einfach: Ein Musikstück gehöre zur Kategroie „Klassik", wenn die Lautstärke unter einer Schwelle *L* bleibt. Ansonsten ist es Punk

gen Abb. 12.15c und Abb. 12.15d. Die Entscheidungsregel für Radio Bremen 2 ist nun: Liegt ein Musikstück der Lautstärke *l* vor und ist

$$p(C|\mathrm{RB2})H_C(v) < p(P|\mathrm{RB2})H_P(v)$$

dann handelt es sich um Klassik. Ansonsten ist es Punk. Losgelöst von dem speziellen Musikbeispiel haben man damit die grundlegende Maximum-Likelihood-Entscheidungsregel dargelegt.

Für eine allgemeinere Betrachtung bedarf es der folgenden Definitionen:

(a) Ausgangspunkt sind *n* Musterklassen k_0, k_1 bis k_{n-1}. So könnte z.B. k_0 „Klassik", k_1 „Punk" und k_2 „Jazz" repräsentieren.

(b) Die von Sensoren aufgenommenen Daten sind durch einen aus m Elementen bestehenden Merkmalsvektor $\underline{g}$ repräsentiert. Mögliche Merkmale im Musikbeispiel sind „Lautstärke", „Rhythmus" und „harmonische Struktur".
(c) Gegeben sei weiterhin die *a priori*-Wahrscheinlichkeit $p(k_i)$ für das Vorliegen einer Klasse k_i. Sie ist mit Hilfe von Experimenten schätzbar.
(d) $p(\underline{g}|k_i)$ ist die Wahrscheinlichkeit für das Auftreten des Merkmalsvertors $\underline{g}$ unter der Voraussetzung, dass die Klasse k_i vorliegt. Anders ausgedrückt: $p(\underline{g}|k_i)$ gibt an, wie für eine Klasse k_i die Wahrscheinlichkeitsverteilung bezüglich $\underline{g}$ ist. Diese Verteilung ist auf der Basis von Histogrammen schätzbar, wie sie beispielhaft in Abb. 12.15 gezeigten wurden.
(e) $p(k_i|\underline{g})$ ist die Wahrscheinlichkeit für das Vorliegen einer Klasse k_i unter der Voraussetzung, dass der Merkmalsvektor $\underline{g}$ vorliegt. Dies ist der für die Klassifikation interessante Wert.
(f) Der Normalisierungsfaktor $p(\underline{g})$ ist wie folgt definiert:

$$p(\underline{g}) = \sum_{i=0}^{n-1} p(\underline{g}|k_i)$$

Auf der Basis dieser Definitionen lautet die sog. Entscheidungsregel nach Bayes: Ein Merkmalsvektor $\underline{g}$ ist derjenigen Klasse k_i zuzuordnen, für die $p(k_i|\underline{g})$ maximal wird.

Diese Regel erscheint einleuchtend. Bayes hat diese Regel allerdings theoretisch fundiert. Ausgangspunkt seiner Überlegungen war die Minimierung des Klassifikationsfehlers. Entscheidend dabei ist, dass verschiedene Arten von Fehlern auftreten können, die unterschiedlich „schlimm" sind. Da die Einbeziehung unterschiedlicher Fehlerbewertungen den Rahmen einer Einführung sprengt, sei hier von identischen Bewertungen für alle Fehler ausgegangen.

Wie aber bekommt man $p(k_i|\underline{g})$? Hier helfen wiederum die Erkenntnisse von Bayes, die besagen

$$p(k_i|\underline{g}) = \frac{p(\underline{g}|k_i)\,p(k_i)}{p(\underline{g})}$$

Die Entscheidungsregel von Bayes ist damit

$$\frac{p(\underline{g}|k_i)\,p(k_i)}{p(\underline{g})} \rightarrow \max$$

Da es hier lediglich um eine Maximierungsaufgabe geht, kann man auch kürzer schreiben

$$d_i(\underline{g}) = p(\underline{g}|k_i)\,p(k_i) \rightarrow \max$$

Vor dem Hintergrund der Entscheidungsregel nach Bayes ergibt sich somit folgende Mustererkennungsprozedur:

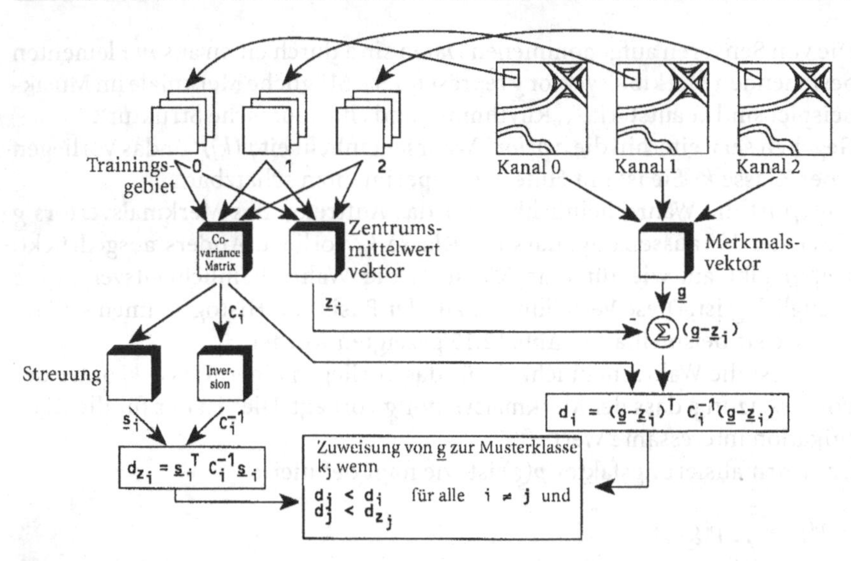

Abb. 12.16. Überwachte Mahalanobis-Klassifikation angewendet auf das Beispiel der Satellitenbilder

(1) Training

(a) Gewünschte Klassen k_i (i=0,1,...,n-1) festlegen (z.B. „Klassik“ und „Punk“).

(b) Merkmale bestimmen und Struktur des Merkmalsvektors $\underline{g} = \{g_0, g_1, ..., g_{m-1}\}$ festlegen (z.B. „Lautstärke“).

(c) Stichproben nehmen (z.B. Radio hören und Lautstärke für *bekannte* Stücke messen).

(d) Histogramm für den m-dimensionalen Merkmalsraum erstellen und normalisieren. Für das in Abb. 12.15 gezeigte Beispiel wäre dies z.B. $H_K(l)$. In der allgemeinen Betrachtung entspricht dieses $p(\underline{g}|k_i)$.

(e) *A priori*-Wahrscheinlichkeiten $p(k_i)$ für die Klassen bestimmen und Histogramm entsprechend wichten (vgl. Abb. 12.15).

(2) Klassifikation

(a) Sicherstellen, dass der zu klassifizierende Merkmalsvektor $\underline{g}$ vorliegt.

(b) Die Werte der Merkmale als Koordinaten im Histogramm interpretieren und damit den entsprechenden „Ort“ im Histogramm adressieren.

(c) Dort für jede Klasse i den Histogrammeintrag bestimmen (entspricht $d_i(\underline{g})$).

(d) Bayessche Entscheidungsregel anwenden: Die Klasse mit dem maximalen $\underline{g}$ ist die gesuchte.

Die Vorteile dieses Verfahrens liegen auf der Hand:

- Die Klassifikation verläuft sehr schnell, da lediglich Adressierungs- und Vergleichsoperationen durchzuführen sind.
- Bei entsprechendem Training ist die Klassifikation äußerst exakt.

Man erkauft sich diese Vorteile durch den eklatanten Nachteil einer

- „Datenexplosion".

Hierzu betrachte man zwei Beispiele: Die Anzahl der Klassen n sei vier, die Anzahl der Merkmale m zwei. Pro Merkmal seien 16 Diskretisierungsstufen vorgesehen. Der Merkmalsraum umfasst dann $16^2 = 256$ Einträge. Die in das Histogramm einzutragenden Häufigkeiten überschreiten 256 (entspricht einem Byte) nicht. Der Datenaufwand für das Histogramm ist daher 256 Byte * 4 Klassen. Für dieses Beispiel ist das vorgestellte Verfahren also problemlos anwendbar.

Im Fall der in Abschn. 12.2 vorgestellte Klassifikation von Satellitenbildern benötigt man $n = 16$ Klassen, $m = 3$ Merkmale und 256 Diskretisierungsstufen pro Merkmal. Nun umfasst bereits der Merkmalsraum $256^3 = 16$ Mbyte Einträge. Eine weitere Betrachtung erübrigt sich: Diese Datenmenge ist nur noch mit immensem Aufwand zu handhaben.

Eine Lösung dieser Aufgabe stellen die sog. *parametrischen Klassifikatoren* dar. Bei diesen Verfahren werden die Histogrammeinträge durch eine bekannte Funktion approximiert (vgl. Abb. 12.15). Üblicherweise steht die Nutzung der „Gauß-Glocke" auch hier hoch im Kurs. $p(\underline{g}|k_i)$ entspricht dann also nicht mehr den im Histogramm eingetragenen Häufigkeiten (wie z.B. $H_K(l)$), sondern einer (meist mehrdimesionalen) Gauß-Verteilung (vgl. Anhang F):

$$d_i(\underline{g}) = p(k_i)\frac{1}{(2\pi)^{m/2}\sqrt{det\underline{C}_i}} exp^{-\frac{1}{2}(\underline{g}-\underline{z}_i)^T \underline{C}_i^{-1}(\underline{g}-\underline{z}_i)}$$

In vielen Fällen ist es ausreichend, an Stelle der gesamten Gaußschen Funktion lediglich den Exponenten

$$(\underline{g}-\underline{z}_i)^T \underline{C}_i^{-1}(\underline{g}-\underline{z}_i)$$

zu betrachten. Man nennt diesen Ausdruck auch die *Mahalanobis-Distanz* und entsprechend spricht man von einem *Mahalanobis-Klassifikator*.

Anhand der in Abschn. 12.2 vorgestellten Klassifikation von Satellitenbildern sei der Ablauf des Klassifikationsverfahrens näher beleuchtet (vgl. Abb. 12.16):

(1) Training:

(a) Gewünschte Klassen k_i ($i = 0,1,...,n$-1) festlegen. Im Fall der Satellitenbilder steht hier die Frage nach der Zugehörigkeit eines Pixels zu Wasser, Laubwald, urbaner Region o.ä.

(b) Merkmale bestimmen und Struktur des Merkmalsvektors $\underline{g} = \{g_0, g_1, ..., g_{m-1}\}$ festlegen. In unserem Beispiel stehen für jedes Pixel drei Merkmale zur Verfügung. Sie entsprechen den drei Spektralkanälen. Die „spektralen Grauwerte" sind ein Maß für die „Stärke" des jeweiligen Grauwerts.

(c) Stichproben nehmen. Im vorliegenden Beispiel sind Trainingsgebiete auszuwählen, die typisch für Wasser, Laubwald usw. sind

(d) Mittelwerte der Merkmale in den Stichproben bestimmen und im Vektor $\underline{z}_i$ zusammenfassen. In unserem Fall sind das z.B. die Mittelwerte m_0, m_1 and m_2 der „spektralen Grauwerte" sämtlicher „Wasser"-Stichproben. Also ist

$$\underline{z}_i = \begin{pmatrix} m_0 \\ m_1 \\ m_2 \end{pmatrix}$$

(e) Covarianzmatrix $\underline{C}_i$ generieren. Das Training im Fall unseres Beispiels beruht auf Trainingsgebieten aus drei spektralen Kanälen. Damit ergibt sich eine 3*3-Covarianzmatrix

$$\underline{C}_i = \begin{pmatrix} v_{00} & v_{01} & v_{02} \\ v_{10} & v_{11} & v_{12} \\ v_{20} & v_{21} & v_{22} \end{pmatrix}$$

(f) Invertierte Covarianzmatrix $\underline{C}_i^{-1}$ bereitstellen.

(g) Streuungsvektor $\underline{s}_i$ bestimmen. Der Vektor ist leicht aus der Covarianzmatrix extrahierbar

$$\underline{s}_i = \begin{pmatrix} \sqrt{v_{00}} \\ \sqrt{v_{00}} \\ \sqrt{v_{00}} \end{pmatrix}$$

(h) Abschliessend ist die Zurückweisungsschwelle d_{z_i} auf der Basis der Mahalanobis-Distanz zu errechnen

$$d_{z_i} = \underline{s}_i^T \; \underline{C}_i^{-1} \; \underline{s}_i$$

(2) Klassifikation

(a) Sicherstellen, dass der zu klassifizierende Merkmalsvektor $\underline{g}$ vorliegt. Im vorliegenden Beispiel besteht der Merkmalsvektor aus den drei „spektralen Grauwerten" eines Pixels.

(b) Abweichungen vom Mittelwert ($\underline{g}$ -$\underline{z}_i$) berechnen.

(c) Mahalanobis-Distanz d_i bestimmen

$$d_i = (\underline{g} - \underline{z}_i)^T \, \underline{C}_i^{-1} (\underline{g} - \underline{z}_i)$$

(d) Für alle i die minimale Mahalanobis-Distanz d_i suchen. Ist diese Distanz kleiner als die Zurückweisungsschwelle ($d_i < d_{z_i}$), dann ist k_i die gesuchte Klasse.

Abschliessend sei das Verfahren der Mahalanobis-Klassifikation anhand des in Abb. 12.3 dargestellten Beispiels demonstriert: Angenommen, die Merkmalsraumeinträge a bis e bilden die Strichprobe für die Klasse k_0. Dann ergibt die Trainingsphase:

$$\underline{z}_0 = \begin{pmatrix} 3{,}20 \\ 11{,}40 \end{pmatrix}$$

$$\underline{C}_0 = \begin{pmatrix} 1{,}70 & -0{,}85 \\ -0{,}85 & 1{,}30 \end{pmatrix}$$

$$\underline{C}_0^{-1} = \begin{pmatrix} 0{,}870 & -0{,}57 \\ 0{,}57 & 1{,}14 \end{pmatrix}$$

$$\underline{s}_0 = \begin{pmatrix} \sqrt{1{,}70} \\ \sqrt{1{,}30} \end{pmatrix}$$

$$\underline{d}_{z0} = (4{,}64)$$

Die Mahalanobis-Distanz d_0 zwischen dem Mittelwertvektor $\underline{z}_0$ und dem Eintrag *e* (Koordinatenpaar (5, 10)) beträgt 2,2. Die Distanz zum Koordinatenpaar (6, 9) überschreitet mit dem Wert 5,7 bereits die Zurückweisungsschwelle d_{z_0}= 4,64. Wie „scharf" die Mahalanobis-Distanz „reagiert" zeigt sich am Beispiel des Eintrags *i* (Koordinatenpaar (3, 4)): Hier ist $d_0 = 64$.

Zum besseren Verständnis des Mahalanobis-Klassifikators sei ausnahmsweise im Abschn. „Ergänzungen" eine entsprechende Prozedur beschrieben. Dazu

```
void ChanCoVar (WinSize, r0,c0, Ch0,Ch1,Ch2, m0,m1,m2, CoVar)
int   WinSize, r0,c0;
BYTE  ** Ch0;
BYTE  ** Ch1;
BYTE  ** Ch2;
float m0,m1,m2;
float CoVar[3][3];
{
   int   r,c,N;
   float cv01,cv02,cv12;

   N = WinSize*WinSize;

   ChanVar (WinSize, r0,c0, Ch0,Ch1,Ch2, m0,m1,m2,
            &CoVar[0][0], &CoVar[1][1], &CoVar[2][2]);

   cv01 = cv02 = cv12 = (float)0;
   for (r=r0; r<r0+WinSize; r++) {
      for (c=c0; c<c0+WinSize; c++) {
         cv01 += ((float)Ch0[r][c] - (float)m0) *((float)Ch1[r][c]
                                                   - (float)m1);
         cv02 += ((float)Ch0[r][c] - (float)m0) * ((float)Ch2[r][c]
                                                   - (float)m2);
         cv12 += ((float)Ch1[r][c] - (float)m1) * ((float)Ch2[r][c]
                                                   - (float)m2);
   } }
   CoVar[0][1] = CoVar[1][0] = cv01/(N-1);
   CoVar[0][2] = CoVar[2][0] = cv02/(N-1);
   CoVar[1][2] = CoVar[2][1] = cv12/(N-1);
}
```

Abb. 12.17. C-Realisierung zur Berechnung der Kovarianzmatrix

bedarf es vorbereitend einiger „Hilfsprozeduren". Abbildung 12.17 zeigt eine Realisierung zur Berechnung der Kovarianzmatrix mit den Übergabeparametern

`WinSize:`	Größe des zu bearbeitenden Fensters
`r0,c0:`	Zeilen- und Spaltenkoordinaten zur Bestimmung der linken oberen Ecke des Operatorfensters
`Ch0,Ch1,Ch2:`	erstes, zweites und drittes Eingabebild
`m0,m1,m2:`	Mittelwerte im Operatorfenster der Eingabebilder
`CoVar:`	errechnete Kovarianzmatrix.

Abbildung 12.18 zeigt eine Realisierung zur Invertierung der Kovarianzmatrix. Die Übergabeparameter sind

`CoVar:` Kovarianzmatrix
`CoInv:` invertierte Kovarianzmatrix.

Die Realisierung der Berechnung der Mahalanobis-Distanz ist in Abb. 12.19 dargestellt. Die Übergabeparameter der Prozedur sind

```
void InvCoVar (CoVar,CoInv)
float CoVar[3][3];
float CoInv[3][3];
{
   float  D;

   D = CoVar[0][0] * CoVar[1][1] * CoVar[2][2]  +  CoVar[0][1] *
                                      CoVar[1][2] * CoVar[2][0] +
       CoVar[0][2] * CoVar[1][0] * CoVar[2][1]  -  CoVar[0][2] *
                                      CoVar[1][1] * CoVar[2][0] -
       CoVar[0][0] * CoVar[1][2] * CoVar[2][1]  -  CoVar[0][1] *
                                      CoVar[1][0] * CoVar[2][2];

   CoInv[0][0] = (CoVar[1][1] * CoVar[2][2] - CoVar[1][2] *
                                         CoVar[2][1]) / D;
   CoInv[1][0] = (CoVar[2][1] * CoVar[0][2] - CoVar[0][1] *
                                         CoVar[2][2]) / D;
   CoInv[2][0] = (CoVar[0][1] * CoVar[1][2] - CoVar[1][1] *
                                         CoVar[0][2]) / D;

   CoInv[0][1] = (CoVar[2][0] * CoVar[1][2] - CoVar[1][0] *
                                         CoVar[2][2]) / D;
   CoInv[1][1] = (CoVar[0][0] * CoVar[2][2] - CoVar[0][2] *
                                         CoVar[2][0]) / D;
   CoInv[2][1] = (CoVar[1][0] * CoVar[0][2] - CoVar[0][0] *
                                         CoVar[1][2]) / D;

   CoInv[0][2] = (CoVar[1][0] * CoVar[2][1] - CoVar[2][0] *
                                         CoVar[1][1]) / D;
   CoInv[1][2] = (CoVar[2][0] * CoVar[0][1] - CoVar[0][0] *
                                         CoVar[2][1]) / D;
   CoInv[2][2] = (CoVar[0][0] * CoVar[1][1] - CoVar[0][1] *
                                         CoVar[1][0]) / D;
}
```

Abb. 12.18. C-Realisierung zur Invertierung der Kovarianzmatrix

```
float MahaDist (d0,d1,d2,CoInv)
float d0,d1,d2;
float CoInv[3][3];
{
   return(
     (float)d0 * (CoInv[0][0] * (float)d0 + CoInv[1][0] * (float)d1
                               + CoInv[2][0] * (float)d2) +
     (float)d1 * (CoInv[0][1] * (float)d0 + CoInv[1][1] * (float)d1
                               + CoInv[2][1] * (float)d2) +
     (float)d2 * (CoInv[0][2] * (float)d0 + CoInv[1][2] * (float)d1
                               + CoInv[2][2] * (float)d2)
   );
}
```

Abb. 12.19. C-Realisierung zur Berechnung der Mahalanobis-Distanz

`d0,d1,d2`: Abweichungen von den Mittelwerten der drei Kanäle
`CoInv`: invertierte Kovarianzmatrix.

Die „Hilfsprozeduren" `ChanCoVar` (Abb. 12.17), `InvCoVar` (Abb. 12.18) und `MahaDist` (Abb. 12.19) finden Verwendung in der in Abb. 12.20 gezeigten Prozedur zur Realisierung der überwachten Maximum-Likelihood-Klassifikation. Ihre Übergabeparameter sind

`ImSize`: Bildgröße
`BorderFac`: dient der Variation der in der Prozedur errechneten Zurückweisungsschwelle
`Ch0,Ch1,Ch2`: erstes, zweites und drittes Eingabebild
`ClasIm`: Ergebnisbild, in dem die aufgefundenen Klassen visualisiert sind
`TrainFile`: Name der Datei, in der Lage und Größe der Trainingsgebiete *für eine Klasse* (z.B. „Wasser") abgelegt sind.

Die Prozedur beginnt mit dem Einlesen der Parameter `NofTrn` (Anzahl der Stichproben) und `WinSize` (Fenstergröße der Stichproben) aus der Datei `TrainFile`. Im weiteren enthält diese Datei die Koordinaten `[r0]` und `[c0]` der linken oberen Ecken der einzelnen Stichprobenfenster.

Nach der Initialisierung der Parameter der Gesamtmittelwerte `M0tot`, `M1tot` und `M2tot` sowie der Kovarianzmatrix `CoVarTot` und der invertierten Kovarianzmatrix `CoInvTot` erfolgt die Berechnung dieser Parameter mit Hilfe der Prozeduren `ChanMean` (Abb. 12.12), `ChanCoVar` (Abb. 12.17) und `InvCoVar` (Abb. 12.18). Deren Ergebnisse nutzt die Prozedur `MahaDist` (Abb. 12.19), die die Mahalanobis-Distanz `MahaSample` der Stichproben errechnet. Also realisiert `MahaSample` die Zurückweisungsschwelle.

Die eigentliche Klassifikation gestaltet sich einfach: Nach der Bestimmung der Mahalanobis-Distanz `Maha` zwischen dem Klassenzentrum (`M0tot`, `M1tot`, `M2tot`) und den Werten des akutellen Pixels erfolgt der entscheidende Vergleich dieser Distanz mit der Zurückweisungsschwelle `MahaSample`. Ist diese unter-

```
void MaxLike (ImSize, BorderFac, Ch0,Ch1,Ch2, ClasIm, TrainFile)
int   ImSize;
float BorderFac;
BYTE  ** Ch0;
BYTE  ** Ch1;
BYTE  ** Ch2;
BYTE  ** ClasIm;
char  TrainFile[];
{
   int    r,c, y,x, r0,c0, i,NofTrn, WinSize;
   float  M0,M1,M2, CoVar[3][3], CoInv[3][3];
   float  M0tot,M1tot,M2tot, CoVarTot[3][3], CoInvTot[3][3];
   float  MahaSample, Maha;
   FILE   *Stream;

   Stream = fopen (TrainFile, "r");
   fscanf (Stream, "%d%d", &NofTrn, &WinSize);

   M0tot = M1tot = M2tot = (float)0;
   for (y=0; y<3; y++)
      for (x=0; x<3; x++)
         CoVarTot[y][x] = CoInvTot[y][x] = (float)0;

   for (i=0; i<NofTrn; i++) {
      fscanf (Stream, "%d%d", &r0,&c0);
      ChanMean  (WinSize, r0,c0, Ch0,Ch1,Ch2, &M0,&M1,&M2);
      ChanCoVar (WinSize, r0,c0, Ch0,Ch1,Ch2, M0,M1,M2, CoVar);
      InvCoVar  (CoVar,CoInv);
      M0tot += M0;
      M1tot += M1;
      M2tot += M2;
      for (y=0; y<3; y++) {
         for (x=0; x<3; x++) {
            CoVarTot[y][x] += CoVar[y][x];
            CoInvTot[y][x] += CoInv[y][x];
   } } }
   M0tot /= NofTrn;
   M1tot /= NofTrn;
   M2tot /= NofTrn;
   for (y=0; y<3; y++) {
      for (x=0; x<3; x++) {
         CoVarTot[y][x] /= NofTrn;
         CoInvTot[y][x] /= NofTrn;
   } }

   MahaSample = MahaDist (BorderFac * sqrt(CoVarTot[0][0]),
                          BorderFac * sqrt(CoVarTot[1][1]),
                          BorderFac * sqrt(CoVarTot[2][2]),
                          CoInvTot);

   for (r=0; r<ImSize; r++) {
      for (c=0; c<ImSize; c++) {
         Maha = MahaDist (Ch0[r][c] - M0tot,
                          Ch1[r][c] - M1tot,
                          Ch2[r][c] - M2tot,
                          CoInvTot);
         if (Maha < MahaSample)  ClasIm[r][c] = 255;
                           else  ClasIm[r][c] = 0;
} } }
```

Abb. 12.20. C-Realisierung des Maximum-Likelihood-Klassifikators

schritten, wird dem Ergebnisbild `ClasIm` der (willkürliche) Wert 255 zugewiesen. Andernfalls erfolgt die Zuweisung des Wertes Null.

Zum Thema „Mustererkennung" existieren zahlreiche Literaturstellen. Die Anwendung der Mustererkennung ist, im Gegensatz zu der folgenden Literaturliste, schließlich nicht auf die digitale Bildverarbeitung beschränkt: Abmayr [12.1], Bähr [12.2], Bunke [12.3], Haberäcker [12.4], Horn [12.5], Klette et al. [12.6], Kulkarni [12.7], Liedtke und Ender [12.8], Niemann [12.10], Parker [12.13], Schalkoff [12.14], Shirai [12.15], Schmid [12.16], Voss und Süße [12.17] sowie Young und Fu [12.18] bieten Überblick und Anwendungsbeispiele in vielfältiger Form. Nagy [12.9] hält einige bemerkenswerte Tips zur Praxis der Mustererkennung bereit.

12.5 Aufgaben

12.1:
Wende eine unüberwachte Minimum-Distance-Klassifikation gemäß dem in Abb. 12.4 gezeigten Beispiel auf den in Abb. 12.21 gezeigten Raum von Münzmerkmalen an. Nutze die Zurückweisungsschwellen 2, 3, 4, 5 und 6.

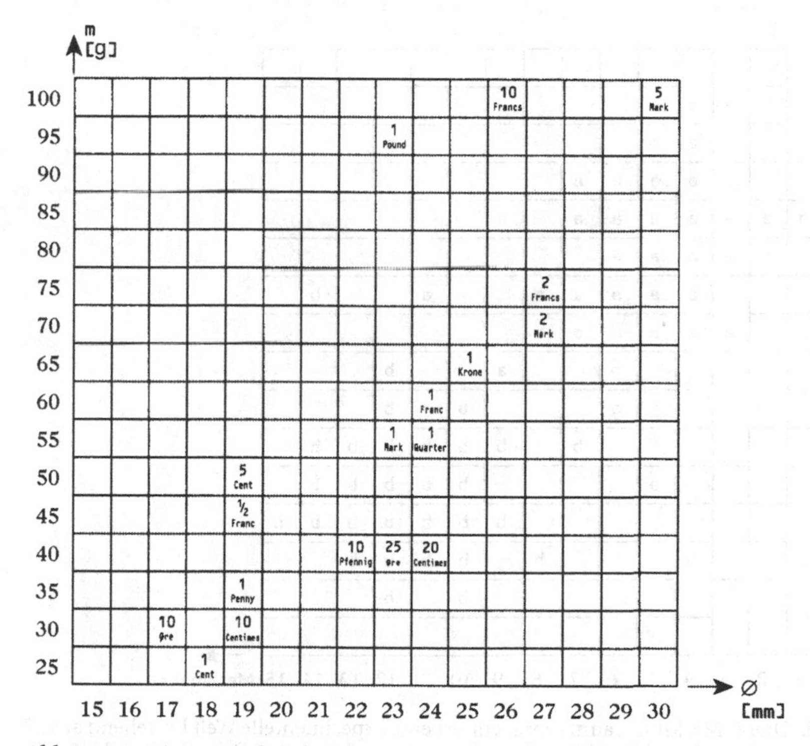

Abb. 12.21. Dieser Merkmalsraum repräsentiert eine Sammlung von Münzen durch die Merkmale Masse (m) und Durchmesser (d)

12.2:

Angenommen eine experimentelle Welt bestehe aus 37 Objekten vom Typ „a“ und 33 Objekten vom Typ „b“. Abbildung 12.22 illustriert diese Welt aus Sicht zweier Merkmale *x* und *y*. Trainiere einen überwachten Minimum-Distance-Klassifikator auf die Unterscheidung von „a“ und „b“:

(a) Nutze für „a“ die Stichproben (x=3, y=10), (x=4, y=13) und (x=3, y=10), für „b“ (x=9, y=3), (x=12, y=6) und (x=14, y=3). Errechne das Zentrum (Mittelwert) und den Rand (Varianz) der Musterklassen.

(b) Suche Beispiele für gute und schlechte Stichproben.

(c) Vergleiche die Ergebnisse der Stichproben (Zentrum und Rand) mit denen der gesamten Population von „a“ und „b“.

12.3:

Untersuche sämtliche von AdOculos angebotenen Mustererkennungs-Operationen (s. AdOculos Hilfe).

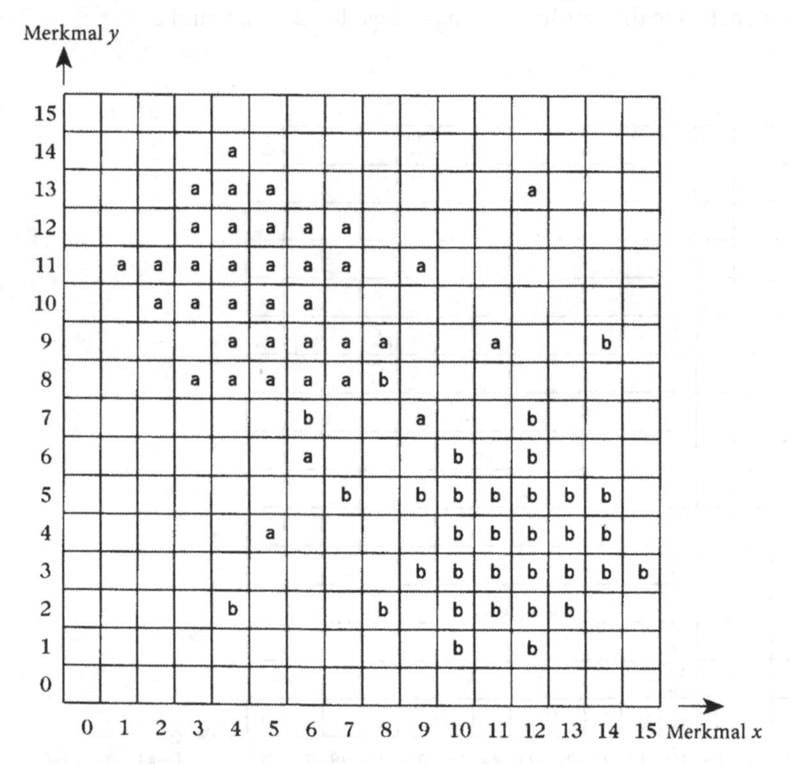

Abb. 12.22. Dieser Merkmalsraum repräsentiert eine experimentelle Welt bestehend aus 37 Objekten vom Typ „a“ und 33 Objekten vom Typ „b“. Aufgabe 12.2 demonstriert die Suche nach Musterklassen zum Training eines überwachten Minimum-Distanz-Klassifikators

12.4:
Suche und diskutiere alltägliche Beispiele für Mustererkennung (z.B. Münzwechsler).

12.5:
Die in Abschn. 12.3 beschriebenen und in AdOculos verfügbaren Prozeduren sind der Analyse von Satellitenbildern gewidmet. Schreibe ein Programm, das eine allgemeinere Form der überwachten Minimum-Distance- bzw. Mahalanobis-Klassifikation realisiert.

Literatur

12.1 Abmayr, W.: Einführung in die digitale Bildverarbeitung. Stuttgart: Teubner 2002
12.2 Bähr, H.-P. (Ed.): Digitale Bildverarbeitung - Anwendung in Photogrammetrie und Fernerkundung. Karlsruhe: Wichmann 1985
12.3 Bunke, H.: Modellgesteuerte Bildanalyse. Stuttgart: B.G.Teubner 1985
12.4 Haberäcker, P.: Praxis der Digitalen Bildverarbeitung und Mustererkennung. München, Wien: Hanser 1995
12.5 Horn, B.K.P.: Robot vision. Cambridge, London: MIT Press 1986
12.6 Klette, R.; Koschan, A.; Schlüns, K.: Computer Vision - Räumliche Information aus digitalen Bildern. Braunschweig, Wiesbaden: Vieweg 1996
12.7 Kulkarni, A.D.: Artificial neural networks for image understanding. New York: Van Nostrand Reinhold 1994
12.8 Liedtke, C.-E.; Ender, M.: Wissensbasierte Bildverarbeitung. Berlin, Heidelberg, New York: Springer 1989
12.9 Nagy, G.: Candide's practical principles of experimental pattern recognition. IEEE Trans. PAMI-1 (1983) 199–200
12.10 Niemann, H.: Pattern analysis. Berlin, Heidelberg, New York: Springer 1981
12.11 Niemann, H.: Pattern analysis and understanding. Berlin, Heidelberg, New York: Springer 1990
12.12 Pao, Y.-H.: Adaptive pattern recognition and Neural Networks. Reading MA, London: Addison-Wesley 1989
12.13 Parker, J.R.: Algorithms for image processing and computer vision. New York, Chichester, Brisbane, Toronto, Singapore: Wiley 1997
12.14 Schalkoff, R.J.: Digital image processing and computer vision. New York, Chichester, Brisbane, Toronto, Singapore: Wiley 1989
12.15 Shirai, Y.: Three-dimensional computer vision. Berlin, Heidelberg, New York: Springer 1987
12.16 Schmid, R.: Industrielle Bildverarbeitung - Vom visuellen Empfinden zur Problemlösung. Braunschweig, Wiesbaden: Vieweg 1995
12.17 Voss, K.; Süße, H.: Praktische Bildverarbeitung. München, Wien: Hanser 1991
12.18 Young, T.Y.; Fu, K.S. (Eds.): Handbook of pattern recognition and image processing. New York: Academic Press 1986

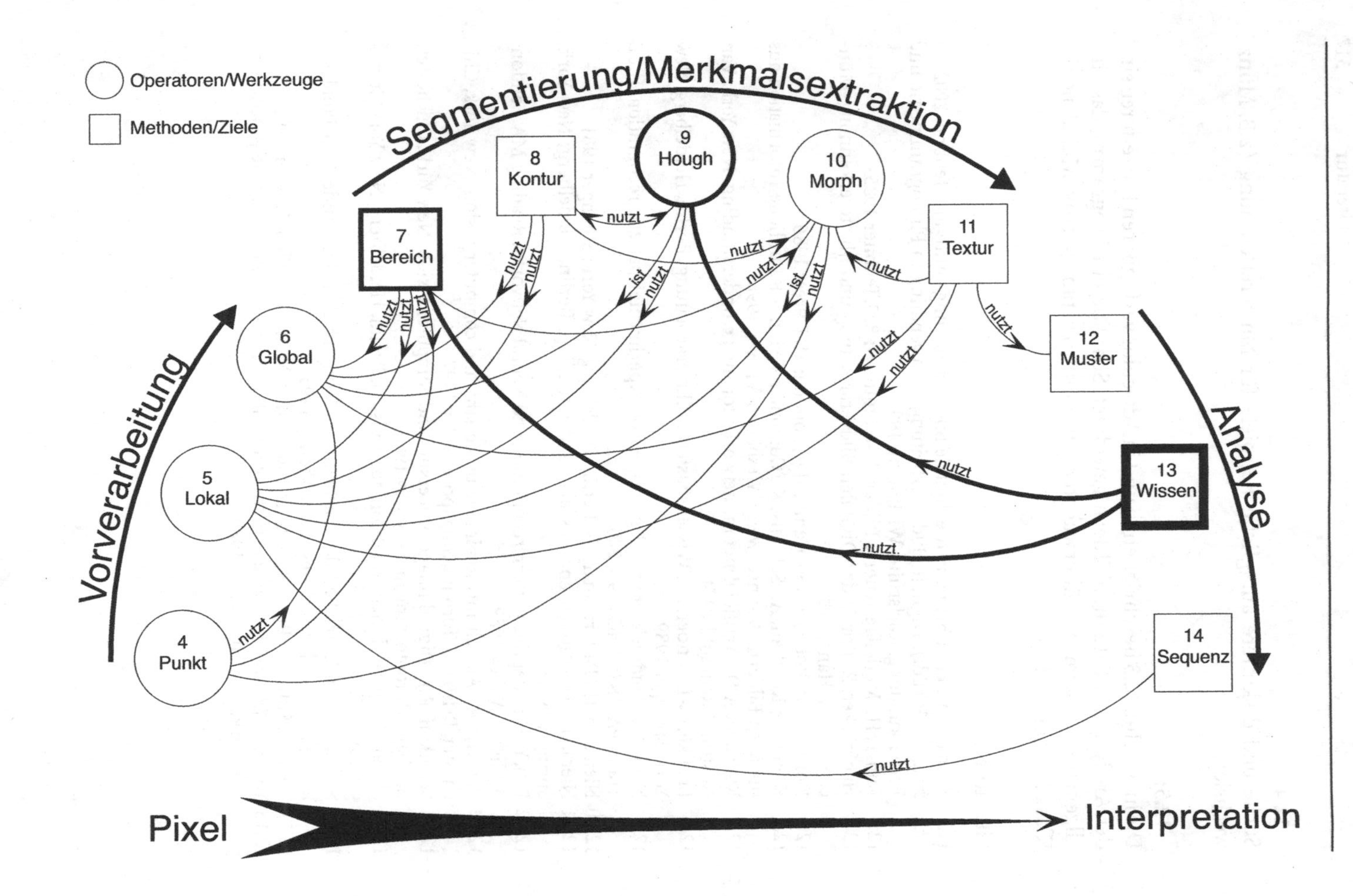
Operatoren/Werkzeuge
Methoden/Ziele
Segmentierung/Merkmalsextraktion
Vorverarbeitung
Analyse
4 Punkt
5 Lokal
6 Global
7 Bereich
8 Kontur
9 Hough
10 Morph
11 Textur
12 Muster
13 Wissen
14 Sequenz
nutzt
ist
Pixel
Interpretation

13 Wissensbasierte Bildverarbeitung

Die Kapitelübersicht zeigt das aktuelle Kapitel in Verbindung mit der Bereichssegmentierung und der Hough-Transformation. Die in diesen Kapiteln vorgestellten Segmentierungs-Verfahren liefern die Eingangsdaten für die im Folgenden beschriebenen Verfahren zur Bildanalyse.

Zum Verständnis des aktuellen Kapitels ist es empfehlenswert Abschn. 7.1 sowie Abschn. 9.1 gelesen zu haben. Der in Kap.1 vermittelte Überblick ist hilfreich für die Einordnung. Wie bereits in den Kapiteln zur Bereichssegmentierung und Mustererkennung findet der Begriff „Label" auch im Zusammenhang in der wissensbasierten Bildverarbeitung häufig Verwendung. Die Bedeutung dieses Begriffs ist im jeweiligen Kontext sehr unterschiedlich.

13.1 Überblick

Es werden 2 Ansätze der wissensbasierten Bildverarbeitung vorgestellt: Der erste Ansatz basiert auf Constraints und der zweite auf Graphen.

13.1.1 Constraints

Ein Verfahren für die Formalisierung von Wissen lautet, Randbedingungen und Einschränkungen der Aufgabenstellung auszunutzen. Statt von der Formalisierung von Wissen spricht man in der Künstlichen Intelligenz auch von Wissens-

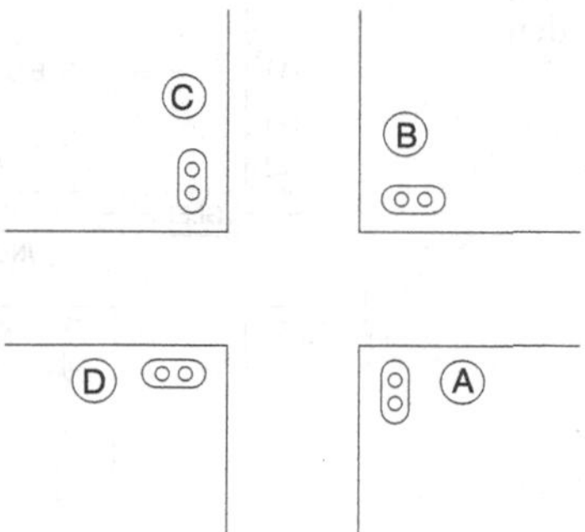

Abb. 13.1. Eine Ampel als ein einfaches Beispiel für die Verwendung von Constraints

C
B
D
A

repräsentation. Für ein einfaches erstes Beispiel gilt es, festzulegen, welche Farben die Ampeln einer Kreuzung anzeigen dürfen, ohne dass es zu Kollisionen führt. Dabei werden nur die Ampeln für Fahrzeuge berücksichtigt, und diese sind auf die Werte Rot und Grün beschränkt (s. Abb. 13.1). Bereits für dieses kleine Beispiel ergeben sich bei einer Kreuzung aus 2 Straßen 16 mögliche Belegungen für die 4 Ampeln. Die Aufgabe lautet nun, aus dieser Menge der *möglichen* Lösungen, die *korrekten* Lösungen zu bestimmen.

Werden bei der Lösungsfindung die Einschränkungen genutzt, die sich aus der Aufgabenstellung ergeben, folgt, dass die Farben der zwei Ampeln auf jeweils einer Straße gleich sein müssen. Zusätzlich müssen die Farben der Ampeln von den Straßen, die sich kreuzen, ungleich sein. Daraus ergeben sich für das Ampelbeispiel folgende Einschränkungen:

A gleich C	A ungleich D
B gleich D	C ungleich B
A ungleich B	C ungleich D

Dadurch, dass A mit C und B mit D gleich sein sollen, ist es unnötig, viermal eine „ungleich" Einschränkung einzuführen. Bereits eine Ungleichung z.B. zwischen A und B leistet dasselbe, da auf Grund der Gleichheit von A mit C und B mit D automatisch für die Ungleichheit von A mit D, C mit B und C mit D gesorgt ist. Diese drei Ungleichungen bilden somit keine neue hilfreiche Information für die Modellierung des Ampelbeispiels ab. Sie sind redundant. Im Sinne einer möglichst leicht lesbaren und ebenfalls effizienten Modellierung des Sachverhalts werden die redundanten Ungleichungen fallen gelassen. Es bleiben:

A gleich C
B gleich D
A ungleich B

Diese Relationen stellt Abb. 13.2 dar.

Wenn den Variablen A, B, C, D nun so Werte aus ihrer Wertemenge *rot* und *grün* zugewiesen werden, dass die aufgestellten Einschränkungen erfüllt sind, ergeben sich genau zwei Lösungen:

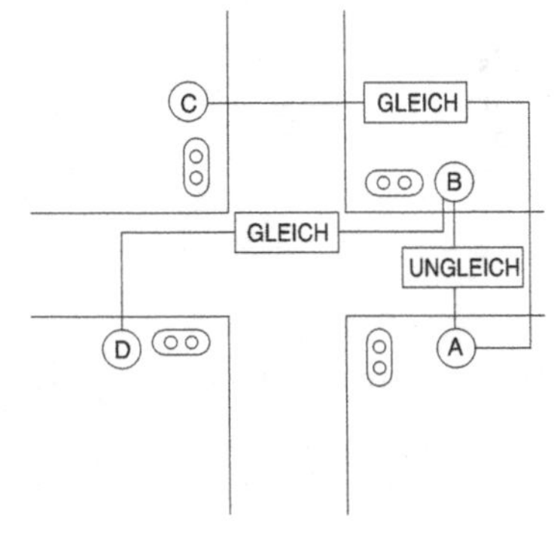

Abb. 13.2. Eine Ampel mit den sie einschränkenden Constraints

(1) Lösung: A = rot, C = rot, B = grün, D = grün
(2) Lösung: A = grün, C = grün, B = rot, D = rot

Nun kann festgestellt werden, dass die Menge der 16 möglichen Lösungen auf 2 eingeschränkt wurde. Hinzu kommt, dass es sich bei diesen zwei *möglichen* Lösungen auch um die zwei *korrekten* Lösungen handelt. Die zu anfangs gestellte Aufgabe wurde für das Beispiel gelöst. Bei dieser Lösungsfindung wurde durch die Einbeziehung von Einschränkungen mehr Arbeit in die Modellierung der Aufgabenstellung investiert. Diese Mehrarbeit hat sich aber durch die vereinfachte Lösungsfindung mehr als amortisiert.

Das Ampelbeispiel ist typisch für den prinzipiellen Einsatz von Constraints. Bei einem Constraint handelt es sich um eine Menge von Variablen, die durch eine Relation in der Belegung ihrer Variablen durch Werte eingeschränkt werden. In unserem Beispiel sind die Variablen die Ampeln A, B, C und D, ihre Wertemengen bestehen aus den Werten *rot* und *grün*, und die Relationen sind *gleich* und *ungleich*. Ein Constraint ist erfüllt, wenn die Wertezuweisungen an die Variablen aus dem Wertebereich der Variablen stammen und den Anforderungen der Relationen genügen. Im Ampelbeispiel gibt es genau zwei Lösungen auf die dies zutrifft. Eine Wertezuweisung wie A = rot, C = rot, B = grün und D = rot stellt keine Lösung dar, da der Constraint B gleich D nicht erfüllt wurde.

Eine Menge von Constraints bilden ein Netz, wenn die Constraints gemeinsam Variablen einschränken. Mit diesem kleinem Ampelbeispiel wurde bereits ein Constraintnetz aufgestellt, da die Variablen A und B von zwei verschiedenen Constraints gleichzeitig eingeschränkt werden. Die Variable A wird durch die Constraints *A gleich B* und *A ungleich C* eingeschränkt und die Variable B durch *B gleich D* und *A ungleich B*. Wenn das Ampelbeispiel nicht aus drei, sondern nur aus zwei Constraints bestehen würde, nämlich aus *A gleich C* und *B gleich D*, ergibt sich kein Constraintnetz mehr, sondern nur noch zwei einzelne Constraints. Allerdings hätte man dann auch nicht mehr das von einer Ampel geforderte Verhalten abgebildet.

Wenn man eine Aufgabenstellung unter der Zuhilfenahme von Constraints erfasst hat, gilt es, die Menge der korrekten Lösungen zu ermitteln. Die Constraints können auf verschiedene Arten erfüllt werden:

(1) Eine Möglichkeit besteht darin, den Variablen sukzessiv die Werte zuzuweisen und eventuell, wenn Widersprüche entstehen, die Werte nach und nach zurückzunehmen. Ein Widerspruch liegt vor, wenn einer Variablen eines Constraints nur Werte zugewiesen werden können, die das Constraint verletzen. Das Verfahren, Werte zuzuweisen, bei Konflikten Werte wieder zurückzunehmen und dann in der Wertezuweisung fortzufahren nennt man Backtracking. Mit diesem Verfahren kann eine Lösung, wenn sie existiert, garantiert gefunden werden. Backtracking ist zentraler Bestandteil der Programmiersprache Prolog. Daher bietet sich die Kombination von Prolog als Sprache und Constraints als Methode zur Modellierung von Wissen und Lösung von Aufgabenstellungen an.

(2) Bei anderen Verfahren verzichtet man auf die Garantie, eine Lösung zu finden, und erleichtert somit maßgeblich die Lösungsfindung. Man setzt Algorithmen ein, die für die Aufgabenstellung ein Constraintnetz erstellen. Die Variablen werden auf Grund von Erfahrungs- oder Erwartungswerte gefüllt.

Der Vorgang, Variablen in einem Constraintnetz Werte zuzuweisen, wird als Constraint-Propagierung oder als Constraint-Propagation bezeichnet: Im Netz werden die Einschränkungen des Wertebereichs, die ein Constraint bewirkt, an andere Constraints weitergegeben. Eine Propagierung kann bewirken, dass einer Variablen ein konkreter Wert zugewiesen wird – wie im Ampelbeispiel – oder dass ein Wertebereich eingeschränkt wird. Die Constraint-Propagierung terminiert, wenn keine weiteren Werte mehr zugewiesen werden können [13.6].

Von 2D zu 3D mittels der Interpretation von Strichzeichnungen
Nun aber zur Anwendung von Constraints in der Bildverarbeitung. Die bisherigen allgemeinen Darlegungen sollten deutlich gemacht haben, dass die Formulierung von Constraints genau dann bei der Lösung von Bildverarbeitungsaufgaben nützlich sein kann, wenn es gilt, einen *großen* Lösungsraum einzuschränken.

Roberts begann 1965 mit einer Pionierarbeit [13.16], indem er ein Programm realisierte, das polyedrische Bauklotzszenen verarbeitete. Zuerst reduzierte er das Rauschen des aufgenommenen Bildes und berechnete dann die erste Ableitung über die Intensitätswerte der Pixel, um Kanten im Bild zu ermitteln. Hohe Intensitätsschwankungen wurden dabei als potenzielle Kantenpunkte interpretiert. Diese Analyse resultierte in ein Bild von Geradenstücken. Dieses Programm stellt den ersten Versuch dar, Objekte in ihrer dreidimensionalen Ausdehnung zu ermitteln: Würfel, rechtwinklige Körper, Keile und hexagonale Prismen werden erkannt. Die Repräsentation dieser Objekte erfolgt anhand der Koordinaten ihrer Scheitelpunkte. Ein Scheitelpunkt ist der Punkt, in dem mehrere Geradenstücke des Bildes zusammenlaufen. Um von diesen Scheitelpunkten auf die dreidimensionale Ausdehnung des gesamten Objekts schließen zu können, werden zuerst die Menge der möglichen Scheitelpunkte mit ihren Ausrichtungen als Modell dargestellt. Roberts Programm arbeitete datengetrieben, bottom up. Beispiele für derartige Verfahren werden im Folgenden erläutert.

Wieso versucht Roberts eine derart umfassende Aufgabe wie die dreidimensionale Detektion von Objekten am Beispiel von Bauklötzen, von Kinderspielzeug, zu klären? So trivial dieser Gegenstandsbereich – und damit unrealistisch – wirken mag, er enthält schwierige prinzipielle Probleme, wie z. B. Verdeckung von Objekten und weitere Quellen, die bewirken, dass Geradenstücken nicht vollständig für die weitergehende Detektion vorliegen. Gleichzeitig ist der Gegenstandsbereich der Bauklotzwelt beschränkt, denn man kann – ohne unrealistisch zu sein – voraussetzen, welche Objekte sich in einer Bauklotzszene befinden. Somit stellt dieser Gegenstandsbereichs eine sehr gelungene Wahl dar, da er in einer geometrisch geprägten Welt einen zentralen Ausschnitt erfasst, aber andererseits klar die Objekte, die in der Domäne auftreten dürfen, eingrenzt.

Guzman [13.7] kam 1968 auf die Idee, ausgiebig Heuristiken einzusetzen, um anhand von Geradenstücken leicht die dreidimensionalen Ausdehnungen von Objekten zu ermitteln. Eine Heuristik muss man im Unterschied zu einem Algorithmus sehen: Mittels eines Algorithmus wird ein Lösungsraum vollständig durchsucht. Wenn es eine Lösung gibt, wird sie somit auch gefunden. Es kann nur – in Abhängigkeit der Größe des Lösungsraums – sehr lange dauern. Bei einer Heuristik versucht man, die Suche „intelligenter" zu gestalten, indem man die Suche durch lösungsrelevantes Wissen steuert. Man verzichtet also darauf, den Lösungsraum *vollständig* zu durchsuchen, in der Hoffnung, so schneller eine gute Lösung zu finden. Im ungünstigsten Fall erhält man durch den Einsatz von Heuristiken gar keine Lösung, obwohl eine existiert. Positiv bietet sich der Einsatz von Heuristiken dann an, wenn man Lösungen in großen Suchräumen suchen muss und/oder auf Grund des Gegenstandsbereichs Wissen vorliegt, das die Suche steuern kann.

Beim Menschen bestimmt der Einsatz von Heuristiken die tägliche Lösungsfindung. Nur ein einfaches Beispiel: Wenn ich meinen Schlüssel verlegt habe, suche ich als Erstes an den Stellen, an dem er mit hoher Wahrscheinlichkeit sein könnte, wie in der Jacke von gestern Abend oder in der Sporttasche von heute Morgen. Führen diese Heuristiken nicht zum Erfolg, muss ich vielleicht wirklich anfangen, die Wohnung von hinten links nach vorne rechts auf den Kopf zu stellen: Heuristik versus Algorithmus. In der eindeutig überwiegenden Zahl der Fälle kann ich durch den Einsatz von Heuristiken also der Suche in Jacken und Sporttaschen aber wesentlich effizienter mein Ziel erreichen als durch den Umbau der gesamten Wohnung.

Die durch Heuristiken gesteuerte Suche stellt den Ursprung der Künstlichen Intelligenz dar. Eine Einführung in die Künstliche Intelligenz, die auch in diesem Punkt aufsetzt, geben Rich und Knight [13.15].

Guzmann führte eine Reihe verschiedener Abbilder von Kreuzungen ein [13.7]. Bei einem Abbild einer Kreuzung handelt es sich um einen Punkt, an dem sich zwei oder mehr Geradenstücke treffen, die Abbilder von Objektkanten darstellen. Die Unterteilung in die verschiedenen Kreuzungen erfolgt anhand ihrer geometrischen Konfiguration (s. Abb. 13.3). Im Folgenden werden drei wichtige Kreuzungstypen detaillierter vorgestellt.

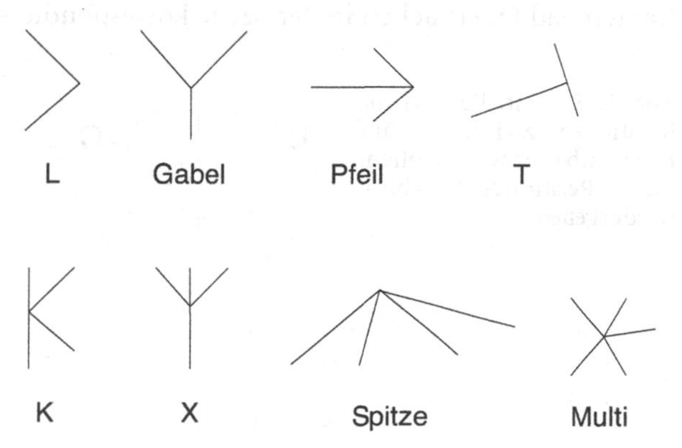

Abb. 13.3. Klassifikation von Kreuzungen, die das Abbild von polyedrischen Szenen darstellen (nach Guzman [13.7])

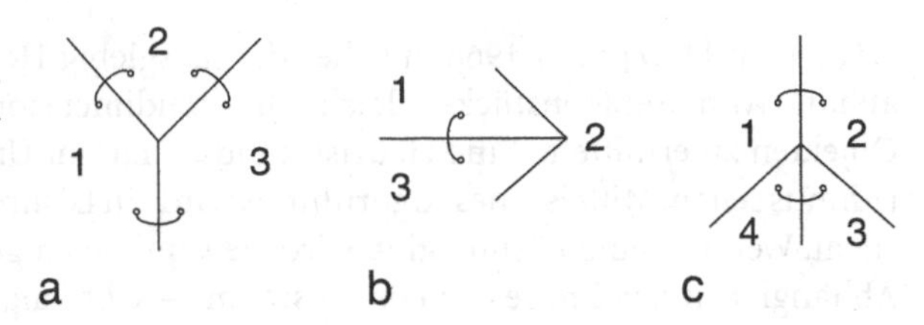

Abb. 13.4. Wie Kreuzungstypen Evidenz dafür liefern, dass verschiedene Flächen zu demselben Objekt gehören

Gabel: Wenn drei Flächen aufeinander treffen, dabei eine Gabel bilden und keine der Flächen zum Hintergrund gehört, werden die Flächen durch Relationen miteinander verbunden. Eine Relation zwischen Flächen legt nahe, dass die Flächen zum selben Objekt gehören. Abbildung 13.4a zeigt, wie die Flächen 1 und 2, 2 und 3 und 3 und 1 zueinander in Relation gesetzt werden. Daraufhin kann man annehmen, dass alle Flächen zu einem Objekt gehören.

Pfeil: Bei der Abbildung dieses Kreuzungstyps werden zwei Flächen zueinander in Relation gesetzt. Im Beispiel der Abb. 13.4b sind es die Flächen 1 und 3.

X: Zwei Relationen verbinden je zwei Flächen. Im Beispiel der Abb. 13.4c sind es die Flächen 1 und 2 sowie 3 und 4.

Anhand derartiger Relationen – abgeleitet aus polyedrische Szenen – kann man bestimmen, wie die Objekte aufgebaut sind (s. Abb. 13.5a). Ein Beispiel für derartige Relationen gibt die Abb. 13.5b.

Die Arbeit von Huffman [13.9] und Clowes [13.3] baut den heuristischen Ansatz von Guzman systematisiert aus bezüglich polyedrische Szenen. Wichtig ist, dass ab dieser Stelle sehr viel Wert auf die Trennung zwischen der Szene selbst und deren Abbild gelegt wird. Der Grund dafür liegt darin, dass die Szene bestimmt wird durch ihre dreidimensionalen Aspekte, wie z.B., dass eine Fläche von einer anderen verdeckt wird oder ob Kanten konkav sind (nach innen liegen) oder konvex sind (nach außen liegen).

Wenn man ein Bild von einer Szene erstellt, erfasst man nur die zweidimensionale Projektion der Szene. Bei einem systematischen Ansatz gilt es, diese Projektion zu erfassen und die Frage zu beantworten: Welche Elemente der polyedrischen Szenen korrespondieren mit welchen Bildelementen? Scheitelpunkten, Kanten und Oberflächen in der Szene korrespondieren mit Kreuzungen, Gera-

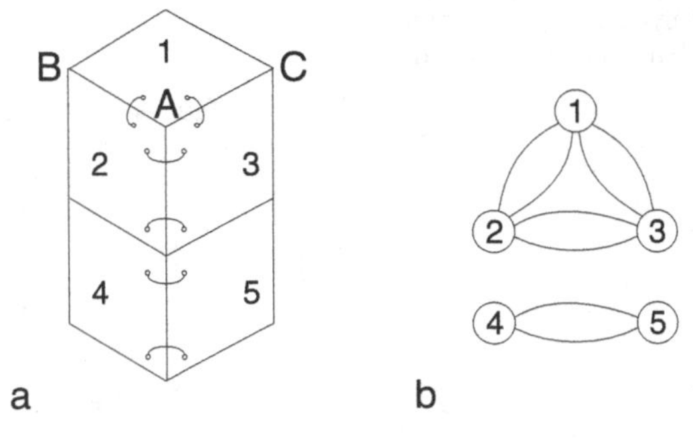

Abb. 13.5 a. Ein Beispiel für Relationen zwischen fünf Flächen. **b** Die zwei Graphen, die die Relationen der Abb. a wiedergeben

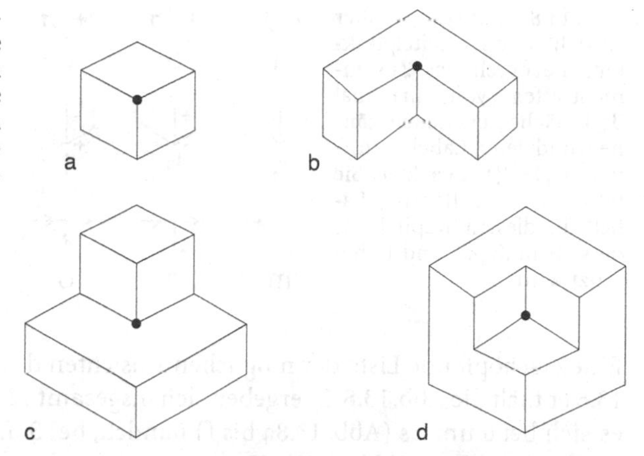

Abb. 13.6. Drei planare Flächen können in einer Szene genau auf vier Arten einen Scheitelpunkt bilden. Die vier Abbildungen illustrieren diese vier Interpretationsmöglichkeiten (nach Huffman [13.9])

denstücken und Regionen im Bild. Bildinterpretation wird somit neu formuliert: Bildeigenschaften sind als Szeneneigenschaften zu betrachten!

Im ersten Schritt muss man sich fragen, welche Möglichkeiten haben drei planare Oberflächen in Szenen, Scheitelpunkte zu bilden? Es gibt vier Möglichkeiten (s. Abb. 13.6).

Die Kanten der Scheitelpunkten liegen nach innen (konkav) oder nach außen (konvex). Für die vier verschiedenen Scheitelpunkte ergeben sich folgende Möglichkeiten: Im Beispiel in Abb. 13.6a sind alle Kanten des markierten Scheitelpunkts konvex und in Abb. 13.6d alle konkav. Im Beispiel Abb. 13.6b sind zwei Ecken konvex und eine konkav, und in 13.6c ist es umgekehrt.

Im nächsten Schritt muss man sich fragen, auf welche verschiedenen Arten diese vier Scheitelpunkte in Szenen in der zweidimensionalen Projektion aussehen können. Insgesamt ergeben sich drei unterschiedliche zweidimensionale Projektionen. Wenn man die Möglichkeiten auf die nicht rotationssymmetrischen Fälle reduziert, erhält man drei prinzipielle Möglichkeiten wie Scheitelpunkte im Bild abgebildet werden können: als Gabel, als L oder als Pfeil. Abbildung 13.7 illustriert dies. Die Konvention, um die Lage der Geradenstücke zu markieren lautet:

+: Das Geradenstück im Bild repräsentiert eine konvexe Kante in der Szene.

-: Das Geradenstück im Bild repräsentiert eine konkave Kante in der Szene.

<– oder –>: Das Geradenstück repräsentiert eine umrahmende Kante in der Szene. Sie grenzt ein Objekt vom Hintergrund ab. Wenn man sich in die Richtung des Pfeils bewegt, ist die zum Objekt gehörige Region rechts.

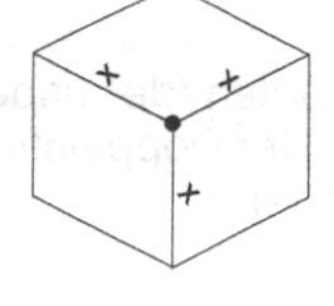

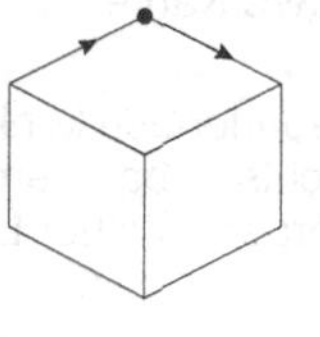

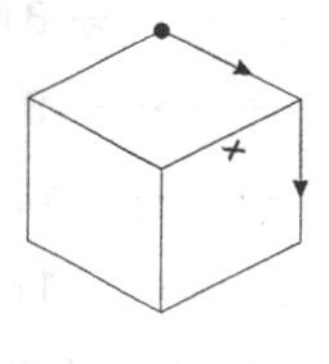

a b c

Abb. 13.7. An diesen drei Beispielen soll die Fülle von zweidimensionale Projektionen des Scheitelpunkts bedingt durch unterschiedliche Ansichten verdeutlicht werden

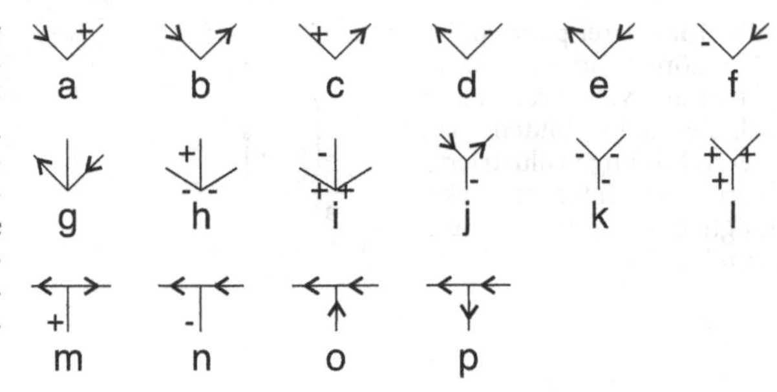

Abb. 13.8. Auflistung aller Ansichten von Scheitelpunkten, die durch das Zusammentreffen von maximal drei Flächen entstehen können, und deren Labels (Huffmann [13.9]). Beachten Sie bitte, dass der Begriff „Label" in diesem Kapitel anders als in Kap. 7 und 12 benutzt wird

Eine erschöpfende Liste der möglichen Ansichten des Scheitelpunktes aus Abb. 13.6 enthält die Abb. 13.8. Es ergeben sich insgesamt 12 Möglichkeiten, von denen es sich bei 6 um L's (Abb. 13.8a bis f) handelt, bei 3 um Pfeile (Abb. 13.8g bis i) und 3 Y's (Abb. 13.8j bis l). Die Kreuzungen m – p vervollständigen die Liste der möglichen Kreuzungen, deren Scheitelpunkte durch das Zusammentreffen von maximal drei Flächen entstehen.

Welches Ziel gilt es nun zu erreichen, wenn eine Strichzeichnung interpretiert werden soll? Mittels der Wissensbasis über das Labeling von Kreuzungen können nun die Geradenstücke, die sich an einer Kreuzung beteiligen, konsistent gelabelt werden. In diesem Fall wurde eine *lokale* Konsistenz erreicht, das heißt, dass die Geradenstücke einer Kreuzung Labels tragen, die mit der Wissensbasis übereinstimmen. Ziel ist es aber, das Bild *global* konsistent zu labeln. Das bedeutet, dass *alle* Geradenstücke *aller* Kreuzungen gemäß der Wissensbasis gelabelt sind und das zudem jedes Geradenstück nur *ein* Label hat.

Nun ist ein Punkt erreicht, an dem die Ausführungen über Constraints in der Wissensrepräsentation und die Bildverarbeitung zusammenlaufen. Waltz [13.21] hat die Idee des Labelings und der globalen Konsistenz mittels Constraints for-

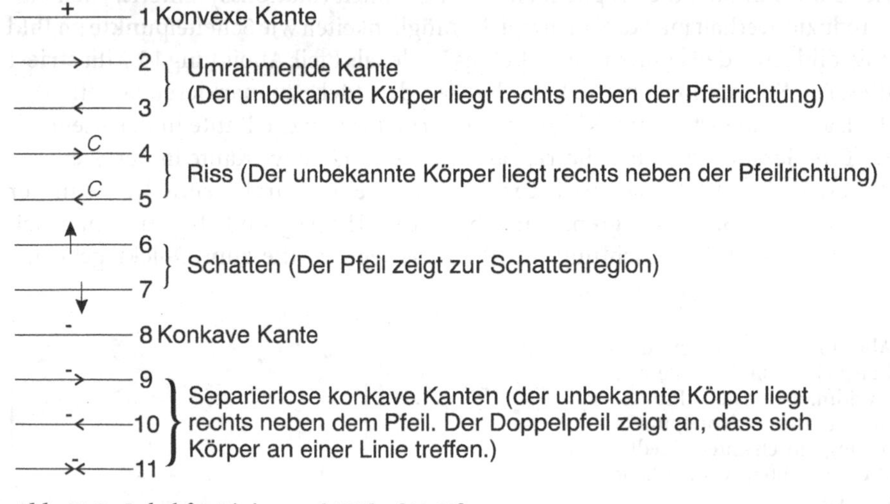

Abb. 13.9. Label für Linien nach Waltz [13.21]

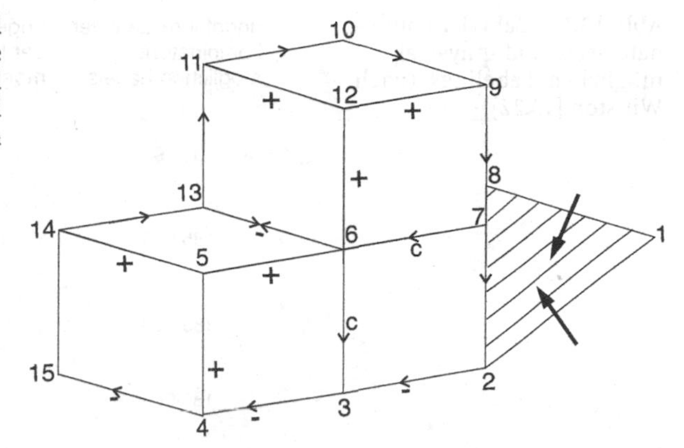

Abb. 13.10. Ein einfaches Bild mit Labeln nach Waltz. Die „c"s stehen für die Risse und die zwei Pfeile rechts im Bild markieren Schattenkanten (nach Winston [13.22])

muliert. Er setzte Constraints ein, um die erschöpfende Suche beim Labeln gezielt zu reduzieren. Zudem erweiterte er die Menge der von Huffman und Clowes eingeführten Label, so dass er auch Schatten, Risse und einzelne konkave Kanten erfassen konnte (s. Abb. 13.9),

Abbildung 13.10 zeigt ein Bild, das nach Waltz gelabelt wurde. Die „c"s stehen für die Risse und die zwei Pfeile rechts im Bild markieren Schattenkanten.

Weitergehend hat Waltz nicht nur die Menge der möglichen Labels sondern auch die Menge der möglichen Kreuzungen erhöht. Abbildung 13.11 listet, wie viele Labelings pro Kreuzung kombinatorisch möglich sind und wie viele tatsächlich physikalisch möglich sind.

Bei all seinen Überlegungen geht Waltz von folgenden Annahmen aus:

- Alle Kanten sind geradlinig. Es gibt keine gebogenen Kanten.
- Die Punkte und Flächen, die dadurch entstehen, dass sich zwei Flächen schneiden, entstehen nur auf Grund planarer Flächen.

Die erste Erwartung ist, dass durch die enormen Erweiterung der Interpretationsmöglichkeiten, die Interpretation einer ganzen Strichzeichnung erschwert wird. Es tritt aber genau das Gegenteil ein: Die Menge der möglichen Linieninterpretationen reduziert sich maßgeblich, da die höhere Zahl von kombinatorischen Möglichkeiten durch die Vorgabe, dass sie auch physikalisch realisierbar sein müssen, radikal eingeschränkt wird. Zudem wird der Suchaufwand nochmals dadurch reduziert, dass die physikalisch möglichen Labelings als Constraints für einen Scheitelpunkt aufgefasst werden. Weiterhin stellen Constraints ein sehr geeignetes Mittels dar, um eine Linienzeichnung *global konsistent* zu labeln, da es dieser Ansatz leicht möglich macht, durch das Propagieren lokaler Informationen globale Konsistenz zu erstellen. In diesem Kapitel handelt es sich bei der lokalen Information um die Labels der Geradenstücke. Eine global konsistente Interpretation liegt vor, wenn jedes Geradenstück – unter Berücksichtigung der Interpretation *aller* Kreuzungen – nur *ein* Label hat.

Somit zeichnet sich die Arbeit von Waltz durch ein – nur auf den ersten Blick – kontraintuitives Ergebnis aus: Das Begriffsinventar für das Labeling von Gera-

Abb. 13.11. Zahl der kombinatorisch und physikalisch möglichen Labelings (nach Winston [13.22])

	ungefähre Zahl der kombinatorisch möglichen Labels	ungefähre Zahl der physikalisch möglichen Labels
	3.249	92
	185.000	86
	185.000	826
	185.000	623
	11×10^6	10
	11×10^6	435
	11×10^6	213
	11×10^6	128
	11×10^6	160
	11×10^6	20

denstücken wird von 3 auf 11 erhöht, und die Zahl der möglichen Geradenstückverbindungen von bislang nur 2 und 3 Geradenstücken werden durch alle physikalisch Verbindungen mit 4 und durch einige mit 5 Geradenstücke erweitert. Alle kombinatorisch möglichen Verbindungen von Geradenstücken werden auf die physikalisch möglichen reduziert. Dieses detaillierte Wissen vergrößert den Suchraum nicht, sondern verkleinert ihn stark. Diese Tatsache wird noch durch den Einsatz von Constraints und durch das Propagieren von Werten durch das Constraintnetz verstärkt.

Wer sich weitergehend für die Entwicklungsschritte bis zum Ansatz von Waltz und danach interessiert, sei auf das Handbuch von Cohen und Feigenbaum verwiesen [13.4].

13.1.2 Graphen

In diesem Abschnitt werden Verfahren vorgestellt, wie mittels des Vergleichs von Graphen Objekterkennung durchgeführt werden kann. Die grundlegende Idee

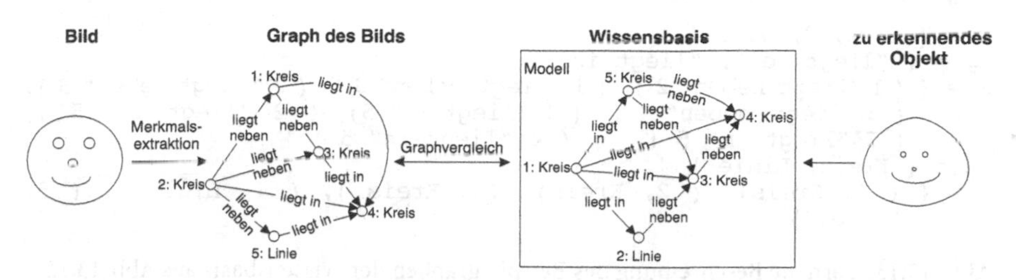

Abb. 13.12. Die zu erkennenden Objekte müssen vorab als Modelle abgelegt werden. In diesem Kap. werden die Modelle als Graphen repräsentiert. Aus einem zu analysierenden Bild müssen die Merkmale extrahiert werden, die man für die Modellierung verwendet hat. Dabei kann es sich z.B. um geometrische Merkmale handeln. Auf der Basis der extrahierten Merkmale, wird der Graph erstellt, der die wichtigsten Informationen für die Objekterkennung enthält. Nun können die Graphen verglichen werden: Der Graph, der aus dem Bild extrahiert wurde, mit den Graphen, die die Wissensbasis enthält. Auf diese Art erkennt man Objekte

lautet, dass man durch den Vergleich von *Objektmodellen* und den Merkmalen, die man aus den Bilder extrahiert hat, Objekte in Bildern erkennt.

Um die Objekterkennung durchführen zu können, müssen zuerst die Modelle der zu erkennenden Objekte erstellt werden. Diesen Schritt nennt man die Modellierung des Weltwissens. Man erstellt so eine *Wissensbasis* zum Zwecke der Objekterkennung (s. Abb. 13.12). Ein Modell beinhaltet die Charakteristika einer Objektklasse und abstrahiert von ihren Details, die nicht Wesentliches zur Beschreibung beitragen. Dieser Definition vom Begriff *Modell* sieht man bereits an, dass es stark von der Aufgabe und den Eigenschaften des Bildmaterials abhängt, was und in welchem Detailgrad ein Modell für eine Objektklasse enthält. Wenn man z.B. einen Torbogen erkennen möchte, wäre ein angemessenes Modell eine Beschreibung wie folgt: Ein Torbogen besteht in der Regel aus zwei Säulen, die mit Abstand nebeneinander stehen und einem über beiden liegender Querbalken. Diese Beschreibung wird im Laufe dieses Kapitels formalisiert.

In diesem Ansatz zur wissensbasierten Bildverarbeitung wird eine spezielle Repräsentationsform der Modelle gewählt: die Modelle werden als Graphen repräsentiert. Man hat prinzipiell zwei Möglichkeiten, Modelle zu erstellen. Zum einen per Hand unter Rückgriff z.B. von syntaxunterstützenden Editoren und zum anderen automatisch mittels Verfahren des maschinellen Lernens. Hierbei könnte man die Modell aus einer Reihe von konkreten Objekten automatisch erzeugen lassen. Auf Grund der ständigen Weiterentwicklungen der Verfahren im maschinellen Lernen, eröffnen sich auf diesem Gebiet immer mehr Möglichkeiten [13.5, 13.13]. Der Schwerpunkt des Teils zur Objekterkennung mittels Graphmatching liegt auf den Möglichkeiten, die sich aus dem Matching von Graphen für die Objekterkennung ergeben. Abbildung 13.12 illustriert die prinzipielle Vorgehensweise.

Da Graphen die Grundlage dieses Kapitels bilden, folgen jetzt kurz einige Grundlagen zu dem, was ein Graph ist:

```
V = { 1, 2, 3, 4, 5 }
LE = { "liegt bei", "liegt in" }
E = { ( 1 "liegt neben" 2 ), ( 1 "liegt neben" 3 ), ( 2 "liegt neben" 3 ),
      ( 3 "liegt neben" 4 ), ( 1 "liegt in" 5), ( 2 "liegt in" 5 ),
      ( 3 "liegt in" 5 ),     ( 4 "liegt in" 5 ) }
LV = { Kreis, Linie }
L = { ( 1, Kreis), ( 2, Kreis), (3, Kreis ), ( 4, Linie ), ( 5,
      Linie) }
```

Abb. 13.13. Formale Beschreibung des Beispielgraphen der Wissensbasis aus Abb. 13.12

Ein Graph besteht aus Knoten und Kanten. Knoten und Kanten können mit Eigenschaften und Merkmalen versehen werden. Man spricht dann von attribuiert Knoten und Kanten.

In Abb. 13.12 sind die Kanten z.B. mit „liegt neben" und „liegt in" attribuiert bzw. markiert. Durch derartige Markierungen erhalten die Kanten des Graphen eine Richtung. Man hat es dann mit gerichteten Graphen zu tun. Im Beispiel lauten die Markierungen der Knoten „Kreis" und „Linie" (s. Abb. 13.13).

Ein gerichteter und markierter Graph G – im weiteren kurz als Graph bezeichnet – kann als Tripel über die zwei Mengen der Kantenmarkierungen L_E und Knotenmarkierungen L_V dargestellt werden:

$$G = (V, E, L)$$

Die verschiedene Elemente bedeuten bezogen auf Abb. 13.13:

(1) V („vertices") steht für eine (endliche) Menge von Knotenbezeichnern, also den Namen der Knoten. Im Eingangsbeispiel sind es die Nummern 1 – 5 der Knoten.

(2) E („edges") bezeichnet die Menge von Kanten. Sie werden als Tripel definiert – von einem Knoten mittels einer Kante zu einem anderen Knoten: $E \subseteq V x L_E x V$. Die Kantenmarkierungen L_E werden auch häufig als Label der Kanten bezeichnet. Im Beispiel: „liegt bei" und „liegt in".

(3) $L : V \rightarrow L_V$ ist die Knotenmarkierungsfunktion. Bei der Menge L_V handelt es sich um eine (endliche) Menge von Knotenmarkierungen („vertex labels"). Im Beispiel: „Kreis" und „Linie".

Der Beispielgraph der Wissensbasis aus Abb. 13.12 lässt sich somit formal beschreiben wie es Abb. 13.13 zeigt.

Im Rahmen des graphbasierten Ansatzes wird die Frage behandelt, wie in einem Bild Objekte erkannt werden können, indem Graphen des Eingabebildes mit den Modellen der Wissensbasis verglichen werden. Die Behandlung dieser Frage unterteilt sich in drei Teilfragen [13.1, 13.19]. Beispiele zu den folgenden drei Fällen finden sich in der Abb. 13.14.

Graphisomorphie: Finde zwischen zwei Graphen, für G mit (V_1, E_1) und G' mit (V_2, E_2), eine 1:1 Entsprechung für alle Knoten und Kanten beider Graphen. Dabei muss erfüllt sein, dass *alle* Knoten und Kanten aus Graph G in ihrer Entsprechung in Graph G' die selben Markierungen und somit Eigenschaften aufweisen. Diese Bedingung muss auch umgekehrt für alle Knoten und Kanten von

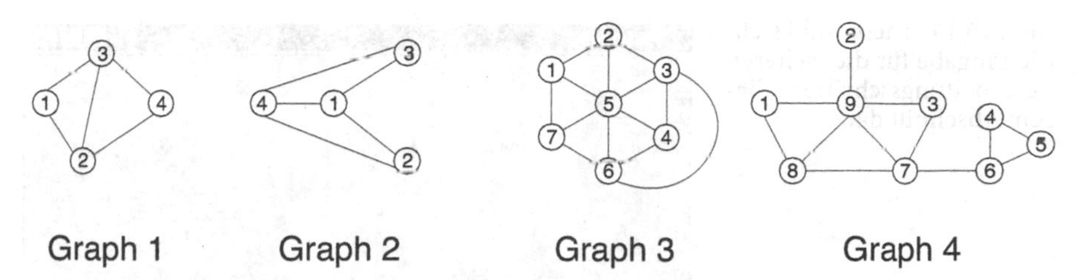

Abb. 13.14. Einige Isomorphien der abgebildeten Graphen: Graph 1 ist isomorph zu Graph 2. Graph 1 isomorph zu Teilgraphen von Graph 3. Zwischen Graph 3 und Graph 4 bestehen doppelte Subgraphisomorphien

Graph *G´* mit seinen Entsprechungen in Graph *G* erfüllt sein. Zwei Graphen sind also strukturgleich, d.h. isomorph, wenn sie bis auf die Knotenbezeichner, die Labels der Knoten, gleich sind.

Subgraphisomorphie: Finde zwischen dem Graphen *G* und eines *Teilgraphen* des Graphen *G´* eine Isomorphie. Diese Frage für zwei Graphen im konkreten Fall zu beantworten ist wesentlich kostenintensiver als die Beantwortung der Frage nach einfacher Isomorphie, da sich der notwendige Berechnungsaufwand exponentiell zur Länge der Eingabe verhält. Mit der Länge der Eingabe bezieht man sich auf die Zahl der Knoten und Kanten. Das Problem der Subgraphisomorphie ist somit NP-vollständig [13.18].

Doppelte Subgraphisomorphie: Finde *alle* Isomorphien zwischen den *Teilgraphen* der Graphen *G* und *G´*. Der Berechnungsaufwand dieses Problems ist identisch mit dem der Subgraphisomorphie.

Nun liegt das theoretische Handwerkzeug vor, um Objekterkennung mittels Graphmatching zu betreiben. Um die aktuellen Möglichkeiten zu illustrieren, schließt sich ein umfassenderes Beispiel an.

Aufgabenstellung: In der Bauklotzwelt, die schon aus Abschn. 13.1.1 bekannt ist, sollen Torbögen erkannt werden wie etwa in Abb. 13.15.

Nun muss nach der definierten Vorgehensweise zuerst ein Modell des zu erkennenden Objekts erstellen werden. Es können natürlich auch mehrere Modelle pro Objekttyp sein. Die Art von Torbögen, die im weiteren erkannt werden sollen, zeichnen sich durch zwei Säulen rechts und links und durch einen querliegenden Träger über beiden aus. Eine gute Idee wäre es jetzt, wenn man das verbal einfach so hinschreiben könnte:

- Säule 1 steht neben Säule 2.
- Über Säule 1 und Säule 2 liegt ein Querträger.

Leider verfügt man im Rahmen dieses Kapitel nicht über einen Parser, der natürliche Sprache in Graphen transformiert, somit muss man sich stärker an der formalen Schreibweise orientieren. Den nächsten Formalisierungsversuch zeigt Abb. 13.16.

Der zur Abb. 13.16 gehörende Graph ist in Abb. 13.17 visualisiert. Bei dieser Modellierung wird vorausgesetzt, dass die Relation „steht neben" einschließt,

Abb. 13.15. Dieses Bild stellt die Eingabe für die weiteren Verarbeitungsschritte in diesem Abschnitt dar

```
V = { 1, 2, 3 }
LE = { "steht neben", "liegt auf" }
E = { ( 1 "steht neben" 2 ), ( 3 "liegt auf" 1), (3 "liegt auf" 2) }
LV = { Säule, Querträger }
L = { (1, Säule), ( 2, Säule), (3, Querträger) }
```

Abb. 13.16. Formalisierungsversuch der verbalen Beschreibung einer Säule

Abb. 13.17. Dieser Abbildung visualisiert die Graphdefinition des Modells eines Torbogens (s. Abb. 13.16)

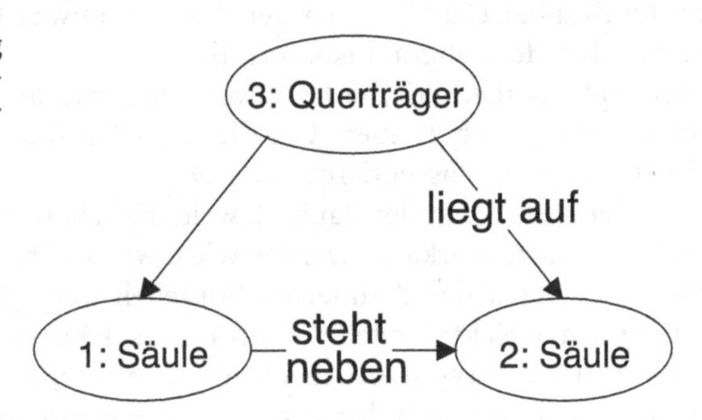

dass sich die Säulen nicht berühren – sonst hätte man ja keinen Torbogen sondern nur eine einzige dicke Säule.

Was muss man bei der formalen Sprache, die man für die Repräsentation von Graphen wählt, beachten? Bislang ist in diesem Kapitel die Sprachdefinition der Graphen immer „vom Himmel" gefallen. Zentrale Eigenschaften sind:

- Die Menge der Labels L_E, die für die Relationen, zur Verfügung stehen. In dem vorangegangenen Beispiel galt: L_E = { „steht neben",„liegt auf"}. Mit dieser ausgesprochen kleinen Menge von Labels, kann man z.B. nicht ausdrücken, dass ein Ding vor einem anderen steht. Diese Relation benötigt man z.B., wenn man eine Kolonne von parkenden Autos beschreiben wollte.

- Die Menge der Label L_V für die Knoten, mit denen man Aussagen darüber machen kann, welcher Knoten für welches Objekt im Bild steht. Im vorangegangen Beispiel standen für L_V die Labels „Säule“ und „Querträger“ zur Verfügung.

Wie bettet man die Objekterkennung in die gesamten Prozess der Bildverarbeitung ein? Die Objekterkennung kann sich, wie in Kap. 1 bereits erläutert, an die Merkmalsextraktion anschließen. Die in diesem Kapitel vorgestellte graphbasierte Objekterkennung kann z.B. auf der Liste von Merkmalen aufbauen, die im Kap. 7 resultiert.

Damit sich die graphbasierte Objekterkennung an die Merkmalsextraktion ohne menschliche Interaktion anschließen kann, müssen die Informationen, die die Objekterkennung in Form von Graphen benötigt, automatisch aus den extrahierten Merkmalen abgeleitet werden können.

Im Torbogenbeispiel wurde als Knotenbezeichner „Säule“ gewählt. Der Begriff „Säule“ beinhaltet aber bereits eine Funktionsbeschreibung, die man schwerlich aus einer Merkmalsextraktion gewinnen kann. Es ist also sinnvoller, Labels für Konzepte zu wählen, ohne sich auf die Funktion von Objekten zu beziehen. Funktionen von Objekten ausschließlich aus Bildinformation extrahieren zu wollen, ist nämlich sehr schwierig. Es ist deswegen sinnvoll, funktionsneutrale Objekte als Knotenbezeichner zu wählen. Ein in diesem Sinne angemesseneres Label ist statt „Säule“ z.B. „Quader“.

Als Label für Knoten bieten sich die Aussagen über Bereiche an wie z.B. geometrische Merkmale, Aussagen über die Farbe und Textur von Bereichen, aber auch Eigenschaften, die gut durch die Anwendung morphologischer Operatoren gewonnen werden können, wie z.B. Aussagen über die Ecken von Objekten. Ebenso sind als Input erste Klassifikationen geeignet, die auf geometrische Merkmalen aufbauen wie z.B. auf „Kreis“, „Quadrat“ usw.

Als Label für die Kanten bietet es sich an, aus der räumliche Lage der Bereiche, die als Knoten dargestellt werden, zueinander topologische Relationen abzuleiten wie z.B. die Relationen „berühren, einschließen“ oder „liegt in“ und „überlappen“. Gerade die letzte Relation wird wichtig, wenn man die verschiedenen Arten von Bildbereichen berücksichtigt wie z.B. Farbbereiche und Texturbereiche, weil sich unterschiedliche Bereichstypen leicht überlappen können. Ein exemplarisches System, in dem die Knoten aus drei verschiedenen Bereichstypen abgeleitet werden, stellt der ImageMiner dar, in dem aus der Farb-, der Textur- und der Konturinformation des Eingabebildes die Knoteninformation für den Graphen des Eingabebildes erzeugt wird [13.8].

13.2 Experimente

13.2.1 Constraints

Das Ziel der Experimente ist es, mit denen in Abschn. 13.1.1 beschriebenen Funktionen vertraut zu werden. Sie sind im Setup WALTZ.SET zusammengefasst (Abb. 13.18). Das in Abb. 13.19 und Abb. 13.20 gezeigte Beispielbild PYRAMID.TIF entstammt der in Abschn. 13.1.1 diskutierten Klötzchenwelt.

Die Interpretation von Strichzeichnungen mittels Constraints setzt natürlich einen ersten Verarbeitungsschritt zur Generierung von Geradenstücken aus einem Ursprungsbild voraus. Hier soll dies beispielhaft mit Hilfe der in Kap. 9 besprochenen Hough-Transformation geschehen. Abbildung 13.19 zeigt diesen ersten Schritt. Die Parameter von *Kartesisch/Polar Int->Byte* und *Verdünnung* und *Akku-Analyse und Tracking* waren:
Schwellwert: 10
Max. Winkel: 30
Glider-Länge: 10
Kleinste signifikante Grauwertdifferenz: 10
Anzahl der signifikanten Grauwertdifferenzen auf dem Glider: 7
Schwellwert für Punkte im Akkumulator: 50

Diese Parameter sind durch Klicken mit der rechten Maustaste auf die entsprechenden Funktionssymbole änderbar.

Die Analyseergebnisse der Gradenstücke gehen in den nächsten Schritt der Bildinterpretation ein. Das Fenster 1 in Abb. 13.20 zeigt die eingehende Information der Linien bzw. Geradenstücke: Geradennummer und zwei Koordinaten für die Positionsbestimmung. Das Fenster zeigt tabellarisch die Ergebnisse nach der Kreuzungserkennung: Ein Label für die Kreuzung in der ersten Spalte, der

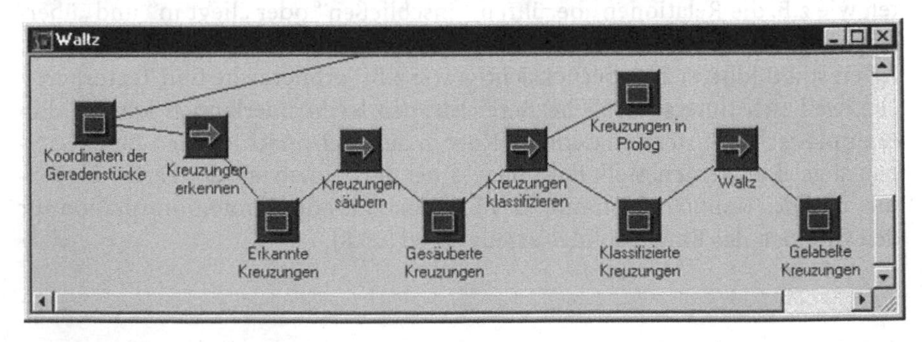

Abb. 13.18. Die Interpretation von Linienzeichnungen besteht aus vier Schritten: Dem Erkennen von Kreuzung, dem Säubern, der Klassifikation von Kreuzungen anhand der Geradenstücke und die eigentliche Interpretation des Liniensbilds nach Waltz unter Verwendung von Constraints

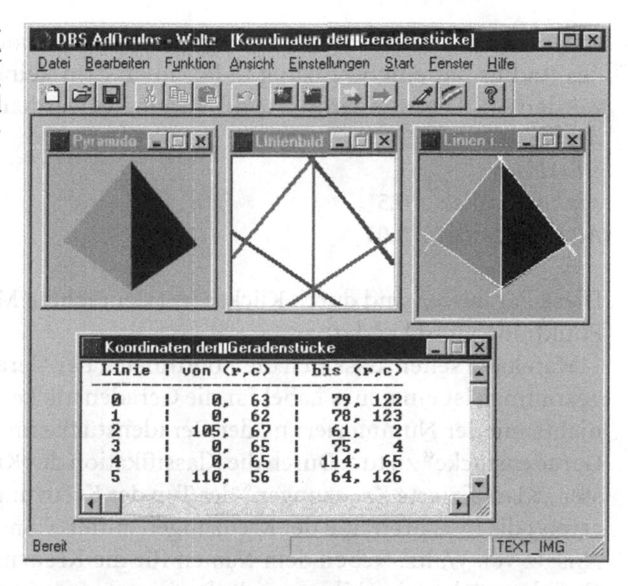

Abb. 13.19. Die Interpretation von Linienbildern baut auf der Hough-Analyse auf. Die einzelnen Schritte sind in Kap. 9 ausführlich beschrieben

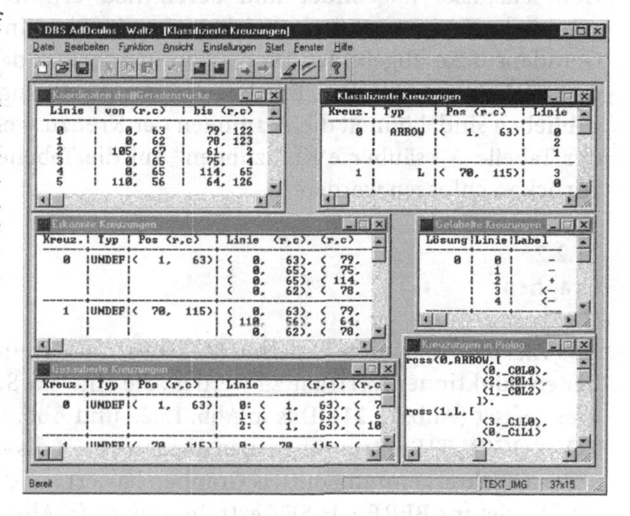

Abb. 13.20. Aufbauend auf den Informationen über Gradenstücke aus der Hough-Analyse werden Kreuzungen erkannt, gesäubert und klassifiziert. Im letzten Schritt wird das Bild ausgehend von den Kreuzung interpretiert, indem die Geradenstücke basierend auf dem Constraintansatz von Waltz gelabelt werden

Typ der Kreuzung in der zweiten Spalte – dieser ist bislang noch undefiniert –, danach die Position der Kreuzung und abschließend die Koordinaten der beteiligten Geradenstücke. Die Tabelle zeigt die Ergebnisse nach der Säuberung der Kreuzungen.

Beim Erkennen von Kreuzungen sind drei Parameter modifizierbar: Der Parameter *Überlänge* gibt an, um wieviele Pixel eine Linie über die Kreuzung herausragen darf und trotzdem als in der Kreuzung endend erkannt wird. Mittels *Alpha parallel* wird gesteuert, ob zwei Linien parallel sind. Der Wert des Parameters steht für die Differenz der Steigungen. Über den Parameter *Alpha identisch* kann modifiziert werden, wann zwei Linien als identisch erkannt werden sollen. Beim Säubern der Kreuzungen steht der Parameter *Alpha* für die Größe des Radius um eine Kreuzung in Pixeln, in dem keine neue Kreuzung erkannt werden soll. Die Standardwerte der Parameter werden im Folgenden aufgelistet.

Alpha: 10
Überlänge: 1
Alpha parallel: 0.5
Alpha identisch: 0.01

Diese Parameter sind durch Klicken mit der rechten Maustaste auf das jeweilige Funktionssymbol änderbar.

Man kann sehen, dass sich die Koordinaten der Geradenstücke ändern. Dazugekommen ist ein neues Label für die Geradenstücke. Diese Nummerierung hat nichts mit der Nummerierung der Geradenstücke im Fenster „Koordinaten der Geradenstücke" zu tun. Durch die Klassifikation der Kreuzungen kommt in Fenster „Klassifizierte Kreuzungen" der Typ der Kreuzung hinzu. Im letzten Schritt erfolgt die Interpretation der Kreuzungen mittels Constraints basierend auf dem Ansatz von Waltz. Neben dem Namen für die Kreuzung werden die beteiligten Geradenstücke abgebildet und deren neu ermittelten Labels. Im Fenster „Gelabelte Kreuzungen" sind nicht mehr die Koordinaten der Kreuzungen und Geradenstücke abgebildet. Da die Nummerierung der Kreuzungen und Geradenstücke aber seit den Ergebnissen der Kreuzungssäuberung unverändert geblieben sind, können die Positionen der Kreuzungen und Geradenstücke von der Tabelle „Gesäuberte Kreuzungen" auf die Tabelle „Gelabelte Kreuzungen" zurückgeschlossen werden.

13.2.2 Graphen

Das Ziel der folgenden Experimente ist es, mit den in Abschn. 13.1.2 beschriebenen Funktionen vertraut zu werden. Sie sind im Setup GRAPH.SET zusammengefasst (Abb. 13.21). Das in Abb. 13.22 und Abb. 13.23 gezeigte Beispielbild TORBOGEN.TIF entstammt den in Abschn. 13.1.1 diskutierten Klötzchenwelten.

Die Objekterkennung mittels Graphen basiert auf der Merkmalsliste, die mittels des Setups BEREICH.SET extrahiert wird (s. Abschn. *7.2*). Ein Beispiel zeigt Abb. 13.22. Die resultierende Tabelle dieses Verarbeitungsschrittes stellt die Eingabe für das Graphmatching dar (s. Abb. 13.23). Das Setup für die Objekterkennung mittels Graphmatching startet mit der Merkmalsliste (s. Abb. 13.21). Darauf aufbauend wird der Graph des Eingabebildes extrahiert. Zu diesem Zweck werden erst die Bereiche geometrischen Primitiven zugeordnet. Anschließend werden die räumlichen Relationen zwischen den geometrischen Primitiven berechnet. Diese Information ist hinreichend, um den Graphen für das Eingabebild aufzubauen. Aus diesem Schritt resultiert zum einen eine Tabelle des Bildgraphen, die durch das Modul „Graphmatching" weiter verarbeitet wird. Zum anderen wird der Bildgraph in der Prolog-Notation ausgegeben. Dies bietet die

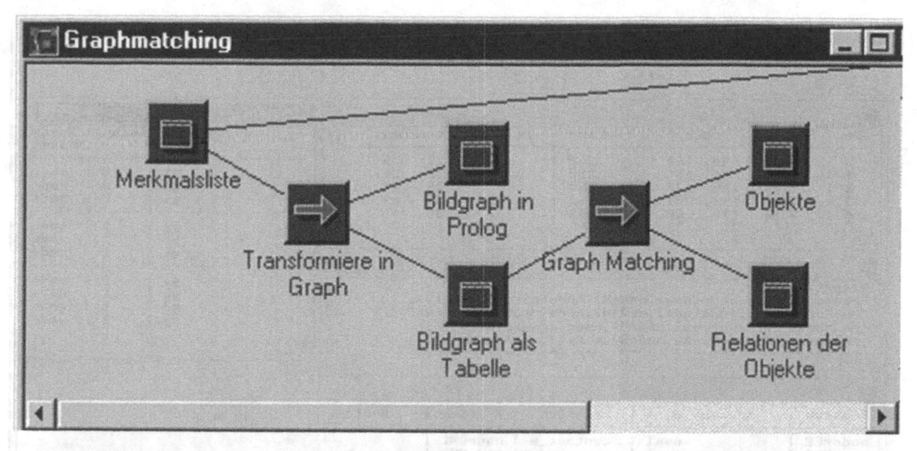

Abb. 13.21. Aufbauend auf der Merkmalsliste als Eingabe ordnet die Funktion „Transformiere in Graph" die Bereiche geometrischen Primitiven zu. Diese stellen die Knoten des Graphs dar. Zudem berechnet diese Funktion die topologische Information der Knoten zueinander. Diese Information ist maßgeblich für die Relationen im Graph. Der berechnete Graph wird in zwei Formen ausgegeben: Einmal in Form einer Tabelle, die von der C-Funktion „Graphvergleich" ausgelesen wird und einmal in Prolognotation. Somit ist die Möglichkeit gegeben, den Graph in Prolognotation in einem Prologinterpreter mittels der auf der CD beiliegenden Programme weiterzuverarbeiten. Die von AdOculos erzeugte Prolog-Datei kann – so wie sie ist – in den Prologinterpreter geladen werden. Die Funktion „Graphvergleich" erkennt auf der Grundlage der anzugebenden Wissensbasis im Bildgraph Objekte. Die erkannten Objekte werden in der Tabelle „Objekte" und die dazugehörigen Relationen in der Tabelle „Relationen der Objekte" ausgegeben

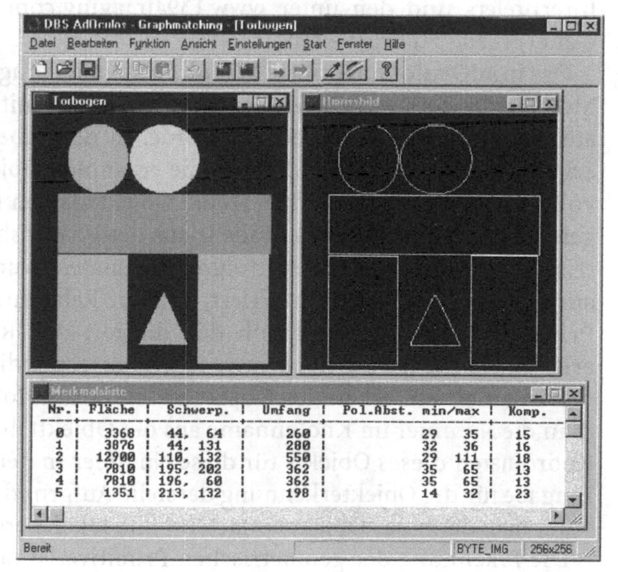

Nr.	Fläche	Schwerp.	Umfang	Pol.Abst. min/max	Komp.
0	3368	44, 64	260	29 35	15
1	3876	44, 131	280	32 36	16
2	12900	110, 132	550	29 111	18
3	7810	195, 202	362	35 65	13
4	7810	196, 60	362	35 65	13
5	1351	213, 132	198	14 32	23

Abb. 13.22. Die Funktion Merkmalsextraktion erzeugt die Liste der Merkmale für die Bildbereiche. Diese Liste bildet die Eingabe für die Objekterkennung mittels Graphvergleich

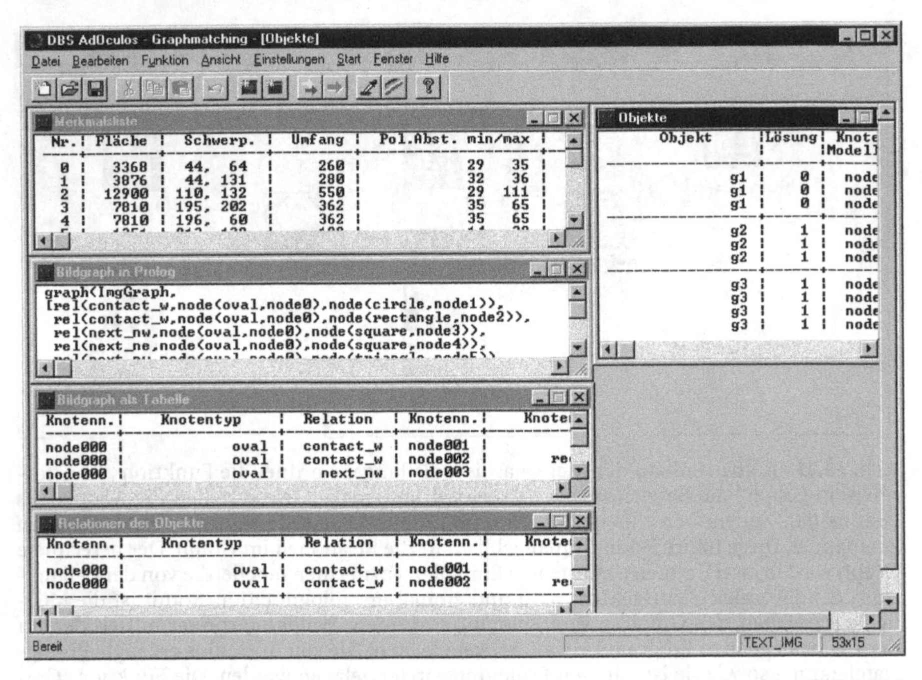

Abb. 13.23. Diese Abbildung zeigt ein Beispiel für das Setup Graphmatching (s. Abb. 13.21)

Möglichkeit, den Graphen als Datei abzuspeichern und mittels eines Prolog-Interpreters und den unter www.1394imaging.com verfügbaren Programme weitergehend zu bearbeiten.

Das in AdOculos integrierte Modul „Graphmatching“ vergleicht die Menge der Modelle, die die angegebene Wissensbasis enthält, mit dem gesamten Graph, der aus dem Eingabebild berechnet wurde. In der Tabelle „Objekte“ werden die erkannten Objekte abgebildet. Um die erkannten Objekte auch im Detail nachvollziehen zu können, wird zu jedem Objekt, das im Bild erkannt wurde, angegeben, welcher Knoten des Modells aus der Wissensbasis mit welchem geometrischen Primitiv des Bildes erfolgreich gematcht wurde. Die zweite Tabelle, die aus dem Graphmatching resultiert, stellt die Relationen von den geometrischen Primitiven aus dem Bildgraph dar, die mit den Relationen der erfolgreich erkannten Modelle aus der Wissensbasis korrespondieren.

Wenn man ein erkanntes Objekt im Bild exakt lokalisieren möchte, nimmt man die Nummer im Knotenname aus der Objekttabelle und liest die x- und y-Koordinaten dieses Objekts für diese Nummer in der Merkmalsliste ab, die die Eingabe für die Objekterkennung darstellt. Aufgrund der x- und y-Koordinaten kann man dann das Objekt einfach im Bild lokalisieren.

Die Erkennung der geometrischen Primitive ist durch eine Reihe von Parametern einstellbar. Es kann modifiziert werden, bis zu welchem Kompaktheitsgrad ein geometrisches Primitiv erkannt wird. Für Quadrate wird dieser Wert über den Parameter *Max Quadrat* gesteuert, für Ovale über *Max Oval*, für Kreise über *Max Kreis* und für Dreiecke über *Max Dreieck*. Mittels dreier Parameter kann modifiziert werden, wann die Relation zwischen zwei geometrischen Primitiven als *Kontakt* oder als *Nächstes* klassifiziert wird: *Delta Min, Delta Max* and *Max Kontakt*. Ob ein geometrisches Primitiv als Kreis oder Quadrat erkannt wird, wird mittels einer prozentualen Angabe in den Paramatern *Max Kreis (%)* and *Max Quadrat (%)* festgelegt. Die Standardwerte der Parameter werden im Folgenden aufgelistet.

Max Quadrat:	13	*Delta Min*:	0
Max Oval:	15	*Delta Max*:	0
Max Kreis:	16	*Max Kontakt*:	1
Max Rechteck:	18	*Max Kreis (%)*:	33,0
Max Dreieck:	26	*Max Quadrat (%)*:	60,0

Diese Parameter sind durch Klicken mit der rechten Maustaste auf das jeweilige Funktionssymbol änderbar.

13.3 Realisierung

13.3.1 Constraints

In diesem Abschnitt über die Realisierung der vorgestellten Ansätze zur wissensbasierten Objekterkennung wird anders als in den bisherigen Realisierungskapiteln der Kern der Realisierung in zwei Programmiersprachen vorgestellt: In Prolog *und* in C. Mit der Hinzunahme von Prolog werden zwei Ziele verfolgt: Einerseits handelt es sich bei der Programmiersprache Prolog für die Implementierung von Aufgabenstellungen der höheren Bildverarbeitung auf Grund ihres hohen Abstraktionsgrad um eine sehr geeignete Sprache, so dass es sich lohnt, sie einzuführen. Andererseits soll vermieden werden, dass alle interessierten Leser nicht umhin kommen, sich in eine neue Programmiersprache einzuarbeiten, wenn sie dieses Kapitel möglichst umfassend verstehen wollen. Aus diesen Gründen wird die Realisierung in Prolog *und* in C vorgestellt. Das Stück C-Code wird aber nicht mehr so ausführlich kommentiert wie die Prolog-Realisierung. Die Prolog-Implementation wurde auf einem Niveau beschrieben, das die Kenntnisse von Details der Programmiersprache nicht nötig macht. Die Idee der Programmierung bekommt man auch so mit. Für diejenigen, die die Programmiersprache „gepackt" hat oder für diejenigen, die einfach besser mitlesen können wollen, können einige einführende Prologbücher empfohlen werden, in dem das grundlegende Handwerkzeug vermittelt wird [13.2, 13.12, 13.20].

Die Vorstellung der Realisierung teilt sich in zwei Abschnitte: Im ersten Teil werden die Daten für den Waltz-Algorithmus angemessen vorbereitet. Im zweiten Teil wird der Waltz-Algorithmus vorgestellt.

Aufbereitung der Daten

Die Aufbereitung der Daten gliedert sich in drei Schritte: Zuerst werden basierend auf der Menge von Geradenstücken, die in einem Bild erkannt wurden, die Kreuzungen detektiert. Anschließend werden die Kreuzungen von überstehenden Geradenstücken gesäubert und abschließend klassifiziert. Die Aufbereitung der Daten erfolgt als Bestandteil der Segmentierung und Merkmalsextraktion ausschließlich in C.

Erkennung der Kreuzungen

Die Basis für die Erkennung der Kreuzungen stellt die Hough-Transformation dar (s. Kap. 9). Sie liefert alle im Bild erkannten Geradenstücke in Form der Anfangs- und Endpunkte der Geradenstücke. Eine Weiterverarbeitung übernimmt die Funktion `AnalyzeCrossing`, welche die Erkennung der Kreuzungen aus den Geradenstücke durchführt (vgl. Abb. 13.24). Die Übergabeparameter dieser Funktion sind:

`nLines`: Anzahl der beteiligten Geradenstücke
`pLines`: Alle Geradenstücke
`pCrossings`: Alle Kreuzungen

Der Rückgabewert der Funktion entspricht der Anzahl der gefundenen Kreuzungen, die in der Variablen `pCrossings` abgespeichert wurden. Innerhalb der Funktion werden in zwei geschachtelten Schleifen jeweils alle Geradenstücke durchlaufen und eventuelle Kreuzungen der Geradenstücke untereinander berechnet. Wurde eine Kreuzung gefunden, wird überprüft, ob diese gefundene Kreuzung in unmittelbarer Nähe einer bereits gefunden Kreuzung liegt. Was unter „unmittelbarer Nähe“ zu verstehen ist, kann über den Parameter `alpha` eingestellt werden. Der Parameter kann wie üblich über die Oberfläche modifiziert werden: Das Icon „Erkenne Kreuzung“ anklicken und dann auf die rechte Maustaste drücken. So erhält man die Parameterliste. Dieser Parameter gibt die Anzahl der maximalen Pixel zwischen zwei Kreuzungen an. Liegt die gefundene Kreuzung innerhalb des Grenzbereichs, die durch den Alpha-Parameter angegeben wurde, werden die Geradenstücke dieser Kreuzung in die bereits gefundene Kreuzung eingetragen. Anderenfalls wird eine weitere Kreuzung angelegt und die beteiligten Geradenstücke eingetragen.

Säubern der Kreuzungen

Der Waltz-Algorithmus setzt klassifizierte Kreuzungen voraus. Aus diesem Grund schließen sich an die Erkennung von Kreuzungen noch zwei Schritte an: Die Säuberung der Kreuzungen und deren Klassifikation. Die Säuberung wird von der Funktion `CleanCross` durchgeführt (s. Abb. 13.25). Ihre Parameter lauten:

`nCrossings`: Anzahl der Kreuzungen
`pCrossings`: Die Kreuzungen bestehend aus ihren Geradenstücken

```
int (nLines,*pLines,*pCrossings){
int nLines;
LIN_TYP *pLines;
CROS_TYP *pCrossings;

  for(n=0; n <nLines; n++){
    for(i=n; i<nLines; i++){
      if(<Berechne Schnittstelle der beiden Linien
          (true=Es gibt Kreuzung,gespeichert in pCross)>){
        InsertInto=-1;
        for(j=0;j<nCross;j++)
             {if(1==CrossCheck(pCross,&pCrossings[j].p,alpha))
               InsertInto=j;}
        if (InsertInto > -1 ){
             <Die neue Kreuzung liegt innerhalb des Alpharadius
             einer anderen Kreuzung, deshalb die Linien in die
             alte Kreuzung eintragen>
           }else{
             //Die Koordinaten der Kreuzung
             pCrossings[nCross].p.x=pCross[0].x;
             pCrossings[nCross].p.y=pCross[0].y;
             //Kreuzungstype
             pCrossings[nCross].type=CT_UNDEF;
             //Anzahl der Linien in dieser Kreuzung
             pCrossings[nCross].nLines=2;
             //Die erste Linie
             pCrossings[nCross].Line[0].number=-1;
             pCrossings[nCross].Line[0].c0=(pLines+n)->c0;
             pCrossings[nCross].Line[0].r0=(pLines+n)->r0;
             pCrossings[nCross].Line[0].c1=(pLines+n)->c1;
             pCrossings[nCross].Line[0].r1=(pLines+n)->r1;
             //Die zweite Linie
             pCrossings[nCross].Line[1].number=-1;
             pCrossings[nCross].Line[1].c0=(pLines+i)->c0;
             pCrossings[nCross].Line[1].r0=(pLines+i)->r0;
             pCrossings[nCross].Line[1].c1=(pLines+i)->c1;
             pCrossings[nCross].Line[1].r1=(pLines+i)->r1;
  } } } }
  return nCross;
}
```

Abb. 13.24. Erkennung von Kreuzungen basierend auf den Linienbildern, die aus der Hough-Analyse resultieren

Das Säubern der Kreuzungen geschieht in vier Schritten, die jeweils direkt auf den Kreuzungen arbeiten.

(1) Geradenstücke, die über die Kreuzung herausragen, werden abgeschnitten, so dass sie nur noch bis an die Kreuzung reichen. Durch diesen Schritt kann im Folgenden ein Problem behandelt werden, das daraus resultiert, dass die Geradenstücke durch die Hough-Analyse erzeugt werden. Es ist in derart erzeugten Bildern der Regelfall, dass für *eine* Kante im Bild *mehrere* Geradenstücke auf Grund der Hough-Analyse resultieren. Es muss also festgestellt werden, welche Geradenstücke auf dieselbe Kante im Bild zurückgehen. Dann sind die überzähligen Geradenstücke zu streichen, so dass nach Möglichkeit ein 1:1 Verhältnis hergestellt wird: ein Geradenstück pro Kante im Bild.

Um diesen Schritt durchführen zu können, müssen die Geradenstücke als Bestandteil von Kreuzungen gesäubert werden. Dazu werden beide Enden aller Geradenstücke in allen Kreuzungen durchlaufen und mit der aus `AnalyseCrossings` schon bekannten Funktion `CrossCheck` auf ihren Abstand zur Kreuzung überprüft. Ist der Abstand von einem Ende zur Kreuzung größer als der in dem Parameter `overlength` eingestellte Wert, und liegen zwischen dem Ende des Geradenstücks und der Kreuzung keine weiteren Kreuzungen, so wird das Ende des Geradenstücks auf die Kreuzung gesetzt. Dieser Abschnitt ist als C-Code in Abb. 13.25 zu sehen.

(2) Auf Grund des Abschneidens der Geradenstücke weisen nun die meisten der Geradenstücke, welche dieselbe Kante bezeichnen, auch die selben Anfang- und Endpunkte auf. Das Erkennen und Löschen der doppelten Geradenstücke übernimmt der zweite Teil von `CleanCross`.

(3) Im dritten Schritt werden die Geradenstücke ausgerichtet, so dass sie immer von der Kreuzung weg zeigen. Somit liegen die Anfänge der Geradenstücke, die im Code mit `c0` und `r0` gekennzeichnet sind, wenn es möglich ist, auf der Kreuzung.

```
void CleanCross(nCrossings,*pCrossings){
int nCrossings;
CROS_TYP *pCrossings;

  for(i=0;i<nCrossings;i++){
    for(j=0;j<pCrossings[i].nLines;j++){
     tmpPoint.x=pCrossings[i].Line[j].c0;
     tmpPoint.y=pCrossings[i].Line[j].r0;
      if ((0==CrossCheck(&pCrossings[i].p,&tmpPoint,overlength)) &&
          (-1==MoreCrosses(nCrossings,pCrossings,i,j,&tmpPoint))){
          begin.x=pCrossings[i].p.x; begin.y=pCrossings[i].p.y;
      }else{
         begin.x=pCrossings[i].Line[j].c0;
         begin.y=pCrossings[i].Line[j].r0;
      }
      < Auf die gleiche Weise end.x und end.y berechnen >
      for(h=0;h<nCrossings;h++){
        for(g=0;g<pCrossings[h].nLines;g++){
          if((pCrossings[i].Line[j].c0 == pCrossings[h].Line[g].c0) &&
              (pCrossings[i].Line[j].r0 == pCrossings[h].Line[g].r0) &&
              (pCrossings[i].Line[j].c1 == pCrossings[h].Line[g].c1) &&
              (pCrossings[i].Line[j].r1 == pCrossings[h].Line[g].r1) &&
              (i != h)){
               pCrossings[h].Line[g].c0=begin.x;
               pCrossings[h].Line[g].r0=begin.y;
               pCrossings[h].Line[g].c1=end.x;
               pCrossings[h].Line[g].r1=end.y;
      } } }
      pCrossings[i].Line[j].c0=begin.x;
      pCrossings[i].Line[j].r0=begin.y;
      pCrossings[i].Line[j].c1=end.x;
      pCrossings[i].Line[j].r1=end.y;
} } }
```

Abb. 13.25. Säuberung der Kreuzungen von zu weit überstehenden Linien

(4) Der Waltz-Algorithmus benötigt als Eingabe die Information, durch welche Kreuzungen ein Geradenstück verläuft. Aus diesem Grund werden die Geradenstücke im vierten Programmschritt kreuzungsübergreifend durchnummeriert.

Klassifikation der Kreuzungen
Im letzten Schritt der Vorverarbeitung müssen die Kreuzungen klassifiziert werden. Um dies möglichst leicht realisieren zu können, wird das Ergebnisse der Funktion `CleanCross` verwendet.

Um eine einheitliche Reihenfolge der Geradenstücke in den Kreuzungen in Bezug zur Wissensbasis zu erreichen, werden die Geradenstücke der einzelnen Kreuzungen nach ihrer Ausrichtung sortiert. Dazu wird jeweils der Winkel berechnet, den die Geradenstücke mit einer Geraden senkrecht nach oben bildet. Die Reihenfolge der Geradenstücke einer Kreuzung richtet sich dann nach diesen Winkeln. Das Geradenstück mit dem kleinsten Winkel steht an erster Stelle in der aktuellen Kreuzungstabelle.

Um der aktuellen Kreuzung ein Label zuweisen zu können, müssen die berechneten Winkel verglichen werden. Im Waltz-Algorithmus werden acht verschiedene Label unterschieden. Dabei lässt sich eine erste Unterteilung anhand der Anzahl der beteiligten Geradenstücke treffen (vgl. Abb. 13.26).

Die Kreuzungstypen `L` und `MULTI` können direkt anhand der Zahl der beteiligten Geradenstücke klassifiziert werden, da es jeweils nur einen Kreuzungstyp gibt, an dem 2 bzw. 5 Geradenstücke beteiligt sind. Bei `GABEL`, `PFEIL` und `T` sind es jeweils 3 Geradenstücke beteiligt und bei `K`, `X` und `SPITZE` 4 Geradenstücke. Um eine weitere Unterteilung und damit Klassifizierung zu ermöglichen, werden die Winkel der einzelnen Geradenstücke zueinander berechnet. Anhand die-

Abb. 13.26. Kreuzungs-Labeling nach Waltz

Name der Kreuzung	Anzahl der Linien	Zahl im C-Code für diesen Kreuzungstyp
L	2	1
GABEL	3	2
PFEIL	3	3
T	3	4
K	4	5
X	4	6
SPITZE	4	7
MULTI	5	8

ser Berechnungen können die einzelne Kreuzungen den verschieden Kreuzungstypen zugeordnet werden. Die dabei zu Grunde liegende Idee ist bei der Dreiliniengruppe dieselbe wie bei der Vierliniengruppe.

Im Folgenden wird die Dreiliniengruppe genauer untersucht. Wodurch lassen sich die Typen `PFEIL`, `T` und `GABEL` einfach unterscheiden? Dazu muss lediglich nach einem Winkel zwischen 2 benachbarten Geradenstücke gesucht werden, der größer als 200° ist. In diesem Fall kann es sich nur um eine Kreuzung vom `PFEIL` Typ handeln. Ist der größte Winkel stattdessen zwischen 200° und 170 °, dann handelt es sich um eine Kreuzung vom Typ `T`. Eine weitere Bedingung für den `T`-Kreuzungstyp ist, dass ein Geradenstück *durch* die Kreuzung geht und damit weder ihren Ursprung noch ihr Ende in dieser Kreuzung hat. Wenn es sich weder um eine `PFEIL`- noch um eine `T`-Kreuzung handelt, muss es „frei nach Sherlock Holmes" dasjenige Label sein, das übrig bleibt. Bei der Dreiliniengruppe ist es `GABEL`.

Der Vierliniengruppenfall für `K`, `X` und `SPITZE` wird analog zum Dreiliniengruppenfall behandelt. Über 200° ist es `SPITZE`. Zwischen 200° und 170° `K` und sonst `X`.

Der Algorithmus berechnet zuerst die Winkel der einzelnen Geradenstücke zur senkrechten Linie nach oben. Danach werden die Winkel mit einem einfachen Bubbelsort sortiert und jeweils 2 benachbarte Winkel voneinander abgezogen.

```
void ClassCross(nCrossings,*pCrossings){
int nCrossings;
CROS_TYP *pCrossings;

  for(i=0;i<nCrossings;i++){
    numberOfLines= getNumberOfLines(nCrossings,pCrossings,i);
    if(numberOfLines == 2){
      pCrossings[i].type = CT_L;
    }
    else if(numberOfLines == 3){
      for(g=0;g<pCrossings[i].nLines;g++){<Winkel zwischen den Linien
                                            berechnen>}
      for(g=0;g<AngleCount-1;g++){
       if((Angles[g+1]-
       Angles[g])>200.0){pCrossings[i].type=CT_ARROW;}
       else if((Angles[g+1]-Angles[g]) >170.0){pCrossings[i].type=
       CT_T;}
       }
       if(((360.0-Angles[AngleCount-1])+Angles[0])>200.0){pCros-
       sings[i].type=CT_ARROW;
       }
       else if(((360.0-Angles[AngleCount-1])+Angles[0])>170.0) {pCros-
       sings[i].type=CT_T;
       }
       if(pCrossings[i].type==CT_UNDEF){pCrossings[i].type=CT_FORK;}
  }
  else if(numberOfLines == 4){<Siehe dazu numberOfLines == 4>}
  else if(numberOfLines == 5){pCrossings[i].type = CT_MULTI;}
} }
```

Abb. 13.27. Klassifizierung der Kreuzungen

Die so berechneten Winkel werden nach dem oben beschriebenen Verfahren klassifiziert (s. Abb. 13.27).

Die berechneten und klassifizierten Kreuzungen bilden zusammen mit der später erläuterten Wissensbasis die Eingabe für den Waltz-Algorithmus.

Der Waltz-Algorithmus in Prolog

Als Eingabe für den Waltz-Algorithmus dienen die im Vorfeld aufgearbeiteten Kreuzungen. Jede Kreuzung besteht aus einer Liste von Geradenstücken, wobei diese Liste von dem Geradenstück angeführt wird, die vom Schnittpunkt der Kreuzung aus gesehen „auf zwölf Uhr steht" oder im Uhrzeigersinn gesehen, als nächste dazu ist. Die weitere Reihenfolge der Liste wird durch den Uhrzeigersinn bestimmt.

Die folgende Implementierung von Waltz trennt strickt nach Algorithmus und Daten. Die Daten werden als Wissensbasis verstanden, auf die der Algorithmus zugreift. Die Wissensbasis besteht aus zwei Teilen: Aus den Verbindungen der Geradenstücke, abgebildet durch das Prädikat `cross`, und die Menge der physikalisch möglich Interpretationen von Verbindungen, die durch das zweistellige Prädikat `type` abgebildet werden. Im ersten Argument wird der Typ der Verbindung angeben: `l`, `y`, `x`, `t` oder andere. Das zweite Argument erhält die Liste mit Geradenstücken und ihren physikalisch möglichen Werten. Um die Verbindungen rotationsinvariant zu erfassen, müssen in dieser Implementation alle Möglichkeiten aufgeschrieben werden, die man erhält, wenn man in der vorausgesetzten ab 12 Uhrzeigerreihenfolge die Geradenstücke mit ihren Labeln linearisiert.

Zuerst werden alle Verbindungen der Geradenstücke, die in der Wissensbasis für das zu bearbeitende Bild vorliegen, mit dem Prädikat `collectAllCrossings` erfasst. Das Prädikat `bagof` für `ListOfCrossings` ermittelt auf der Basis aller vorhandenen Verbindungen von Geradenstücke *alle* Möglichkeiten für ein konsistentes Labeling. Ein Labeling ist konsistent, wenn jedes Geradenstück nur genau ein Label trägt. Die Grundidee des Algorithmus ist einfach: Man möchte für jedes Geradenstück in einer Kreuzung ein Label erhalten, das konsistent zu allen Labels aller anderer Geradenstücke in der Strichzeichnung ist.

Wenn für die erste Kreuzung ein Labeling gesucht wird, sind die Werte aller anderen Kreuzungen leer. Man nimmt also das erste Labeling für z.B. den Kreuzungstyp `y` mit dem Prädikat `propagateForOneCrossing` (s. Abb. 13.28, die Hilfsprädikate sind in Abb. 13.29) illustriert. Die Geradenstücke, die nun in dieser Kreuzung ein Label erhalten haben, sind auch Bestandteil anderer Kreuzungen. Laut Waltz ist nun der nächste Schritt, diese Labels in die anderen Kreuzungen zu propagieren. Dies erfolgt durch das Prädikat `propagateForListOfLines`.

Für die verbliebenen Kreuzungen, von denen nun manche mit einigen Werten instantiiert sind, wird genau dasselbe Prädikat `lineValues(RestOfCrossings)` angewendet. Der Unterschied bei der Abarbeitung liegt nun darin, dass nicht – wie bei der ersten Kreuzung – irgendein Labeling für die Geradenstücke der neuen Kreuzung gewählt werden kann, sondern nur eines, das den bisherigen Belegungen der Geradenstücke genügt.

```
/* Computing of the values of the lines */
allLineValues( Solutions):-
      collectAllCrossings(ListOfAllCrossings),
      bagof( ListOfAllCrossings,  lineValues(ListOfAllCrossings),
            Solutions).

lineValues([ ] ).
lineValues([ cross( _Name, Type, Lines) | RestOfCrossings] ) :-
     propagateForOneCrossing( cross( _Name, Type, Lines) ),
     propagateForListOfLines( Lines, RestOfCrossings ),
     lineValues(RestOfCrossings).

% Values for one crossing
propagateForOneCrossing(cross(_Name,Type, Lines)) :-
     typeRotationInvariant(Type, Lines).

% For one crossing: The values of the lines are propagated to the
% lines of all other crossings
propagateForListOfLines([ ], _Crossings).
propagateForListOfLines([ First| Rest], Crossings) :-
     propagateForOneLine( First, Crossings),
     propagateForListOfLines( Rest, Crossings).

propagateForOneLine( _, [ ] ).
propagateForOneLine( (Line, Value), [ cross( _ ,  _ , List) | Rest ])
     :-
     memberPair( ( Line, Value), List), !,
     propagateForOneLine( (Line, Value), Rest).

propagateForOneLine( LineValue, [ _ | Rest ] ) :-
      propagateForOneLine( LineValue, Rest).
```

Abb. 13.28. Constraintpropagierung für die Interpretation von Linien nach Waltz. Die vollständigen Sourcen befinden sich auf der CD

```
/* Additional predicats */
/* This predicate collect all crossing in the images */

collectAllCrossings(ListOfAllCrossings) :-
    bagof( cross(Name,Type,Lines),cross(Name,  Type,  Lines  ),
           ListOfAllCrossings).

typeRotationInvariant( Type, Lines) :- type( Type, Lines).

memberPair( _, [  ]).
memberPair( X, [ X| L]) :-  !,
     memberPair( X, L).
memberPair(X , [ _Item |L] ) :-
     memberPair( X, L).
```

Abb. 13.29. Hilfsprädikate für die Constraintpropagierung nach Waltz. Die vollständigen Sourcen finden Sie unter www.1394imaging.com

Wenn für keine Kreuzung mehr ein Labeling ermittelt werden muss – die Liste der noch zu evaluierenden Kreuzungen also leer ist – terminiert der Algorithmus durch `lineValues([])`.

Dicse Implementierung geht davon aus, dass die Kreuzungen bereits getypt vorliegt, d.h., ob es sich z.B. um eine L- oder eine Y-Kreuzung handelt. Aufbauend auf dem Typ der Kreuzungen wird das Labeling durchgeführt. Welche Typisierung für das aktuelle Beispiel ermittelt wurde, zeigt die folgende Abbildung. Ebenso enthält sie den Teil der Wissensbasis, der für das Labeling des Beispiels eine Rolle spielt (s. Abb. 13.30).

Von zentraler Bedeutung für den Algorithmus ist, dass die physikalischen Gegebenheiten - welche Verbindungen der Geradenstücke sind real möglich - als Wissensbasis abgelegt werden. Um dieses Beispiel klein zu halten, wurden nur die Verbindungen aus der Wissensbasis abgedruckt, die für ein konsistentes Labeling des Bildes notwendig sind. Dieses Wissen wurde im Prädikat `type` abgelegt (s. Abb. 13.30). Es sollte zu dieser Implementation angemerkt werden, dass sie so flexibel ist, dass sie um einen beliebigen Typ von Verbindung mit beliebig abzählbar vielen Geradenstücken erweitert werden kann, ohne das irgend etwas am Algorithmus geändert werden muss.

Diese Implementierung nutzt in einem hohen Maße das Backtracking von Prolog aus. Wenn man mit der bisherigen Lösung in eine Sackgasse gelaufen ist, kann man für eine Kreuzung kein passendes Labeling in der Wissensbasis mehr finden. Es „knallt" also. Angenommen das Labeling der ersten Kreuzung hätte bereits in eine Sackgasse geführt, so dass für die dritte Kreuzung kein konsistentes Labeling mehr gefunden werden kann. Durch das Prolog interne Backtracking wird automatisch bis an den Punkt zurückgegangen, an dem eine alternative

```
% Crossings of the Example drawing
% cross( Name, Type, ListOfTheLines )
cross(c001, arrow, [ (l001, _L),(l002, _K),(l003 ,_U)]  ).
cross(c002, arrow, [ (l002, _S),(l004, _T),(l005, _W)] ).
cross(c003, l, [ (l001, _X),(l004, _Y)] ).
cross(c004, l, [ (l003, _Z1),(l005, _Z2)] ).

/* Crossings-knowledgebase for Example */
% L-Type
type(l, [( _L1, ' - ')  ,  ( _L2,  ' <- ')] ).
type(l, [( _L1, ' <- ') , ( _L2,  ' - ')] ).
type(l, [( _L1, ' -> ') , ( _L2,  ' - ')] ).
type(l, [( _L1, ' - ')  ,  ( _L2, ' -> ')] ).
type(l, [( _L1, ' -> ') , ( _L2,  ' <- ')] ).
type(l, [( _L1, ' <- ') , ( _L2,  ' -> ')] ).

% arrow-Type
type(arrow, [( _L1, ' + ') , ( _L2,  ' <- '), ( _L3, ' <- ')] ).
type(arrow, [( _L1, ' + ') , ( _L2,  ' - '), ( _L3, ' - ')] ).
type(arrow, [( _L1, ' - '),( _L2, ' + '), ( _L3, ' - ')] ).
type(arrow, [( _L1, ' - ') , ( _L2, ' - '), ( _L3, ' + ')] ).
type(arrow, [( _L1, ' -> ') , ( _L2,  ' + '), ( _L3, ' -> ')] ).
type(arrow, [( _L1,'<- ') , ( _L2,  '<- '),( _L3, ' +')] ).
```

Abb. 13.30. Die Wissensbasis für die Constraintpropagierung bestehend aus den Kreuzungen der Linienzeichnung und den Vorgaben, welche Werte die Kreuzungen vom Typ l und vom Typ y prinzipiell annehmen dürfen. Die vollständigen Sourcen finden Sie unter www.1394imaging.com

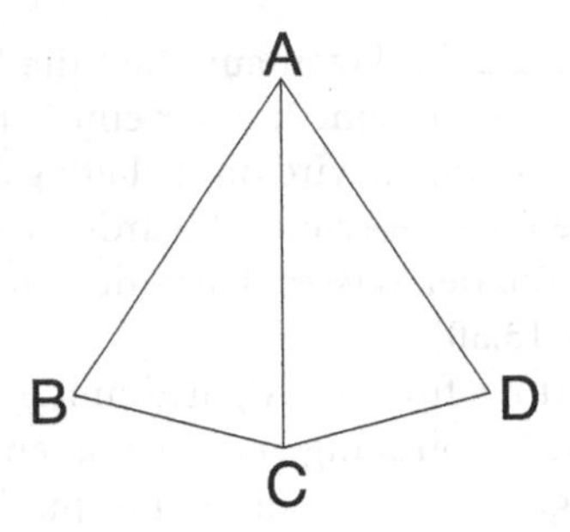

Abb. 13.31. Eine einfache Zeichnung, um das Labeling der Kanten mittels der Propagierung von Constraints nach Waltz zu illustrieren

Belegung für die erste Kreuzung möglich ist. Wie passiert das? Wenn man sich die Suche durch den Baum der Menge von Lösungen bildlich vorstellt, und die Wurzel – also das Labeling der ersten Kreuzung – des Suchbaums oben steht, dann wird der Suchbaum durch Prolog von oben nach unten und von links nach rechts abgesucht. Wenn z. B. vorausgesetzt ist, dass keine Endlosschleife programmiert wurde, wird der Lösungsraum vollständig abgesucht. Details, wie Lösungsbäume in Prolog abgearbeitet werden, ist in der angegebenen Literatur zu Prolog ausführlich dargestellt [13.2, 13.12, 13.20].

Im Folgenden wird das Labeling für eine einfache Strichzeichnung (s. Abb. 13.31) detailliert vorgestellt.

Das Prologprogramm wird mit `allLinesValues(Solutions).` aufgerufen. Durch das Prädikat `collectAllCrossings` erhält man die Liste bestehend aus diesen vier Kreuzungen. Die Kreuzungen der Strichzeichnung enthalten insgesamt fünf verschiedene Geradenstücke `l001` – `l005`, die alle noch kein Label haben. In der Kreuzung `c001` sind die Geradenstücke z.B. noch nicht gelabelt sondern die Variablen `_L`, `_K` und `_U` sind noch nicht instantiiert.

Das Prädikat `allLinesValues` ruft über `bagof` als nächstes Prädikat `lineValues` auf. Beim ersten Aufruf sieht `lineValues` aus wie in Abb. 13.32 dargestellt. Mittels des Prädikats `lineValues` wird für jede Kreuzung einzeln das Labeling ermittelt.

Nachdem für die erste Kreuzung ein Labeling berechnet wurde, nämlich
`type(y, [( _L1, ' + ') , ( _L2, ' <- '), ( _L3, ' <- ')] ).`
und die Labels der Geradenstücke auch in die anderen Kreuzungen propagiert wurden, haben wir das erste möglich Labeling für die Kreuzung `c001` ermittelt. Die sich ergebenden Labels für die gesamte Strichzeichnung zeigt Abb. 13.33.

Beim zweiten Aufruf von `lineValues` wird das Labeling für die zweite Kreuzung ermittelt. Den zweiten Aufruf zeigt Abb. 13.34. Zusammen mit der zweiten Kreuzung muss also noch für drei Kreuzungen das Labeling ermittelt werden. Während dieser weitergehenden Belegungsermittlung wird Backtracking einge-

```
lineValues(  [cross(c001, arrow, [ (l001, _L),(l002, _K),(l003, _U)]  ),
              cross(c002, arrow, [ (l002, _S),(l004, _T),(l005, _W)] ),
              cross(c003, l, [ (l001, _X),(l004, _Y)] ),
              cross(c004, l, [ (l003, _Z1),(l005, _Z2)] ) ] ).
```

Abb. 13.32. Beispiel für den ersten Aufruf des Prädikats `lineValues`

```
lineValues( [cross(c001, arrow, [ (1001, ' + '), (1002, ' <- '),
                                   (1003,' ),  <- ')],
             cross(c002, arrow, [ (1002, ' <- '),(1004, _T),(1005,
                                   _W)] ),
             cross(c003, l,      [ (1001, ' + '), (1004, _Y  )] ),
             cross(c004, l,      [ (1003, ' <- '),(1005, _Z2)] ) ]
```

Abb. 13.33. Beispiel für die erste Belegung des Prädikats lineValues

```
lineValues( [cross(c002, arrow, [ (1002, ' <- '),(1004, _T),(1005,
                                   _W)] ),
               cross(c003, l,   [ (1001, ' + '), (1004, _Y  )] ),
               cross(c004, l,   [ (1003, ' <- '),(1005, _Z2)] ) ] )
```

Abb. 13.34. Beispiel für den zweiten Aufruf des Prädikats lineValues

```
lineValues(
     [cross(c001, arrow, [(1001, ' - '), (1002, ' + '), (1003,
                          ' - ')]),
      cross(c002, arrow, [(1002, ' + '), (1004, ' <- '), (1005,
                          ' <- ')]),
      cross(c003, l,     [(1001, ' - '), (1004, ' <- ')]),
      cross(c004, l,     [(1003, ' - '), (1005, ' <- ')])]
      )
```

Abb. 13.35. Ein Ergebnis für den Beispielaufrufs des Prädikats lineValues

```
?- allLineValues(I).

I = [
      [
       cross(c001, arrow, [(1001, ' - '), (1002, ' + '), (1003,
                            ' - ')]),
       cross(c002, arrow, [(1002, ' + '), (1004, ' <- '), (1005,
                            ' <- ')]),
       cross(c003, l, [(1001, ' - '), (1004, ' <- ')]),
       cross(c004, l, [(1003, ' - '), (1005, ' <- ')])
      ],
      [
       cross(c001, arrow, [(1001, ' -> '), (1002, ' + '), (1003,
                            ' -> ')]),
       cross(c002, arrow, [(1002, ' + '), (1004, ' <- '), (1005,
                            ' <- ')]),
       cross(c003, l, [(1001, ' -> '), (1004, ' <- ')]),
       cross(c004, l, [(1003, ' -> '), (1005, ' <- ')])
      ],
      [
       cross(c001, arrow, [(1001, ' -> '), (1002, ' + '), (1003,
                            ' -> ')]),
       cross(c002, arrow, [(1002, ' + '), (1004, ' - '), (1005,
                            ' - ')]),
       cross(c003, l, [(1001, ' -> '), (1004, ' - ')]),
       cross(c004, l, [(1003, ' -> '), (1005, ' - ')])
      ]
    ]
```

Abb. 13.36. Alle Möglichkeiten, wie man die einfache Zeichnung labeln kann

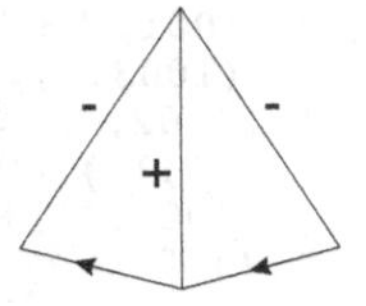

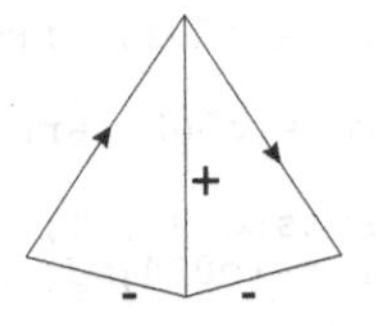

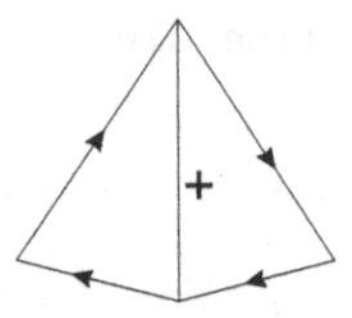

Abb. 13.37. Grafische Darstellung der ermittelten Möglichkeiten, die Zeichnung zu labeln

leitet, weil die erste Belegung, die für die Kreuzung c001 berechnet wurde, keine global konsistenten Belegungen für c002, c003 und c004 erlaubt. Nach dem ersten Aufruf von lineValues sind die Geradenstücke von c001 nämlich mit +,<-,<- belegt (s. Abb. 13.33). Bei der global konsistenten Lösung lauten die Labels für c001 -, +, + (s. Abb. 13.35).

Durch das Prädikat allLineValues/1 wird nicht nur die *erste* Lösung für das konsistente Labeling ermittelt, sondern *alle* Lösungen. Dies illustriert Abb. 13.36. Die zuerst ermittelte Lösung (s. Abb. 13.35) ist in der Liste aller Lösungen das erste Element (s. Abb. 13.36).

Wenn man diese Ergebnisse grafisch umsetzt, ergibt sich Abb. 13.37.

Der Waltz-Algorithmus in C

Beim C-Programm wird in derselben Weise wie beim Prologprogramm zwischen den Daten und dem Programm unterschieden. Die Daten für den Waltz-Algorithmus umfassen zum einen die Wissensbasis und zum anderen die klassifizierten Kreuzungen und ihre Geradenstücke.

In der Vorverarbeitung wurden bereits alle Informationen über die Kreuzungen gesammelt und unter pCrossings gespeichert. Aus Sicht des C-Programms kann auf die vorhandenen Daten sehr einfach über die Pointer-Struktur zugegriffen werden. Um die Wissensbasis auf eine ähnliche Weise zu erfassen, und möglichst eine einfache Verknüpfung der Daten zu ermöglichen, wird ebenfalls eine Pointer-Struktur angelegt.

Waltz unterscheidet zwischen acht verschiedenen Kreuzungstypen. Dabei hat jeder Kreuzungstyp eine festgelegte Anzahl von Geradenstücke und Label-Varianten. Dem wird in der Wissensbasis des C-Programms Rechnung getragen, indem eine weitere Struktur eingeführt wird (s. Abb. 13.38).

Dieser Typ beinhaltet 3 Variablen. Das sind im Einzelnen:

- Die Anzahl der beteiligten Geradenstücke in diesem Kreuzungstyp,
- die Anzahl der verschiedenen Typen und
- ein Pointer auf den Speicherbereich,
  in dem die zu diesem Typ gehörenden Labels gespeichert werden.

```
typedef struct tagKB_TYP{
int nLines;
int nTypes;
int *Line;
} KB_TYP;
```

Abb. 13.38. Speicherstruktur für Kreuzungstypen

Die Anzahl der beteiligten Geradenstücke ist zwar nicht unbedingt wichtig, da sie auch durch eine Verknüpfung der Kreuzungen mit der Wissensbasis errechnet werden könnten. Dieses ginge aber auf Kosten der Übersichtlichkeit.

Das Beispiel in Abb. 13.39 hat dieselbe Funktion wie die Wissensbasis für das Prologbeispiel. Schon anhand dieses kleinen Beispiels ist sehr einfach zu ersehen, dass die Hochsprache Prolog für diese Aufgabe der höheren Bildverarbeitung wesentlich besser geeignet ist als C.

Die Verknüpfung der Daten aus der Wissensbasis und den Kreuzungen erfolgt wie folgt: Der Kreuzungstyp steht in den Kreuzungen als Integerwert von 1 bis 8. Dabei korrespondieren diese Werte mit dem Pointer auf die Wissensbasis. Um die Wissensbasis einer Kreuzung zu benutzen muss lediglich der entsprechende Pointer gesetzt werden. Dies geschieht durch `kb[pCrossings[i].type]`.

Die möglichen Labelings stehen als Pointer zur Verfügung. Dadurch lassen sie sich auf sehr einfache Weise abfragen. Die Labels der Geradenstücke stehen der Reihe nach für jede Kreuzung im Speicher. Dadurch kann jedes Label ebenfalls wieder ohne Umrechnung erreicht werden. Die einzelnen Geradenstücke einer Kreuzung stehen ebenfalls nacheinander im Speicher, genau wie die korrespondierenden Labels. Es kann also mit derselben Variable auf die Geradenstücke in der Kreuzung als auch auf das entsprechende Label in der Wissensbasis zugegriffen werden. Um in die nächste Label-Möglichkeit der Wissensbasis zu kommen, muss der Pointer lediglich um die Anzahl der beteiligten Geradenstücke dieser Kreuzung versetzt werden. Als einfache Formel lässt sich der Label-Zugriff schreiben als:

(Anzahl der Geradenstücke in der Kreuzung * Variante) + Kreuzungsgeradenstücke.

Diesen einfachen Aufruf macht sich das Programm zu Nutze. Die Grundidee ist einfach. Es wird eine so genannte Look Up Table (LUT) für alle Geradenstücke

```
kbs=(KB_TYP *)malloc(8*sizeof(KB_TYP));
 [kb[0]]
 kb[1].nLines=2;
 kb[1].nTypes=6;
 kb[1].Line=(int *)malloc(2*6*sizeof(int));
 kb[1].Line[0] =L_MINUS; kb[1].Line[1] =L_LEFT;
 kb[1].Line[2] =L_LEFT; kb[1].Line[3] =L_MINUS;
 kb[1].Line[4] =L_RIGHT; kb[1].Line[5] =L_MINUS;
 kb[1].Line[6] =L_MINUS; kb[1].Line[7] =L_RIGHT;
 kb[1].Line[8] =L_RIGHT; kb[1].Line[9] =L_LEFT;
 kb[1].Line[10]=L_LEFT; kb[1].Line[11]=L_RIGHT;
 [kb[2]]
 kb[3].nLines=3;
 kb[3].nTypes=4;
 kb[3].Line=(int *)malloc(3*4*sizeof(int));
 kb[3].Line[0]=L_PLUS; kb[3].Line[1] =L_LEFT; kb[3].Line[2] =L_LEFT;
 kb[3].Line[3]=L_PLUS; kb[3].Line[4] =L_MINUS; kb[3].Line[5] =L_MINUS;
 kb[3].Line[6]=L_MINUS; kb[3].Line[7] =L_PLUS; kb[3].Line[8] =L_MINUS;
 kb[3].Line[9]=L_RIGHT; kb[3].Line[10]=L_PLUS; kb[3].Line[11]=L_RIGHT;
 [kb[4-8]]
```

Abb. 13.39. Beispiel für eine Wissensbasis

```
boolean waltzen(nCrossings,*pCrossings,*kb,*LUT,thisCross){
int nCrossings;
CROS_TYP *pCrossings;
KB_TYP   *kb;
int      *LUT;
int thisCross;

for(i=thisCross;i<nCrossings;i++)
[Hier wird überprüft, ob die bestehende LUT noch erweitert werden
kann, wenn nicht wird die Funktion mit "false" verlassen]
    Returnwert=false;
    for(g=0;g<kb[pCrossings[i].type].nTypes;g++){
      if(posKB(nCrossings,pCrossings,kb,LUT,i,g)){
      [Hier wird eine Kopie der aktuellen LUT angelegt und mit der
       ausgewählten Wissensbasis erweitert.]
        if(thisCross==nCrossings-1){
      [Die LUT überprüfen, ob sie noch nicht als Ergebnis gespei-
       chert wurde und ob es sich nicht nur um eine partiell kor-
       rektes Ergebnis handelt. Wenn beides Bedingungen erfüllt
       sind, wird die LUT als weiteres Ergebnis speichert]
      }
      if(waltzen(nCrossings,pCrossings,kb,NEWLUT,thisCross+1)){
      Returnvalue=true;;
      }
      }
    }
  }
  return Returnvalue;
}
```

Abb. 13.40. Das Gerüst des Waltz-Algorithmus in C

des Bildes angelegt. Jedes Geradenstück im Bild hat eine einmalige Nummer, welche sich durch alle Kreuzungen durchzieht. Die LUT weißt jedem Geradenstück ein Label zu. Beim Programmdurchlauf wird diese LUT gefüllt und überprüft.

Die Grundstruktur des Programms besteht aus zwei geschachtelten Schleifen (s. Abb. 13.40): Die äußere Schleife für die Anzahl der Kreuzungen und die innere Schleife für die Anzahl der Label-Möglichkeiten eines jeden Kreuzungstypen. Dabei wird die Funktion rekursiv mit jeder Label-Möglichkeit bei jeder Kreuzung aufgerufen und somit der gesamte Lösungsraum abgesucht.

Bei jedem neuen Aufruf der Funktion wird zuerst überprüft, ob die bis zu diesem Zeitpunkt erstellte LUT überhaupt noch weiter gefüllt werden kann, oder ob es sich bei dieser Labeling-Konstellation um einen „toten" Bereich handelt, welcher nicht mehr gefüllt werden kann. Ist dieses nicht der Fall, wird die LUT der aktuelle Kreuzung nacheinander mit allen Label-Möglichkeiten gefüllt und die Funktion rekursiv mit der neuen LUT und einer um 1 niedrigeren Kreuzung aufgerufen. Verstößt die aktuelle LUT nicht gegen die Regeln und sind bis dahin alle Kanten durchlaufen, dann muss nur noch überprüft werden, ob diese LUT nicht nur eine partiell korrekte Lösung ist und sie bis zu diesem Zeitpunkt noch nicht vorgekommen ist. Trifft dies alles zu, dann ist die aktuelle LUT eine weitere Lösung.

13.3.2 Graphen

Der Realisierungsabschnitt unterteilt sich in zwei Teile: Aufbereitung der Daten und die Objekterkennung mittels Graphmatching. Die Objekterkennung wird in zwei Programmiersprachen vorgestellt, da für Aufgabenstellung der höheren Bildverarbeitung Programmiersprachen wie PROLOG auf Grund ihres Abstraktionsgrades besser geeignet sind als C.

Aufbereitung der Daten: Vom Merkmal zum Graphen

Um ein Graphmatching zwischen einem Eingabebild und den Modellen der Wissensbasis vornehmen zu können, muss zuerst die Information des Bildes in einen Graphen überführt werden. Zu diesem Zweck werden in diesem Abschnitt zwei Schritte vorgestellt:

(1) Von der Merkmalsliste zu geometrischen Primitiven – die Knoten des Graphen werden berechnet. Ausgehend vom Eingabebild müssen zuerst die Bereiche und ihre geometrischen Merkmale extrahiert werden. Dieser Schritt wurde bereits in Kap. 7 vorgestellt. Aufbauend auf der somit extrahierten Merkmalsliste werden die Bereiche Klassen von geometrischen Primitiven zugeordnet. Es handelt sich bei den geometrischen Primitiven um `circle` (Kreis), `oval` (Oval), `quadrat` (Quadrat), `rectangle` (Rechteck) und `triangle` (Dreieck). In diesem ersten Schritt hat man mit den geometrischen Primitiven die Knoten für den Graphen des Eingabebildes ermittelt.

(2) Von den geometrischen Primitiven zum Graphen – die Relationen zwischen den Knoten werden berechnet. Basierend auf den klassifizierten Bereichen und einiger ihrer Merkmale werden die Relationen der Objekte zueinander berechnet. Diese räumliche Information entspricht den Relationen im Graph. Die drei verwendeten räumlichen Relationen sind `close` (umschließen), `contact` (berühren) und `next` (benachbart).

In AdOculos sind bereits alle Funktionen im Setup REGION.SET enthalten, die Bereiche und ihre geometrischen Merkmale erkennen. Im Setup REGION.SET extrahiert die Funktion „Merkmalsextraktion" für jeden Bereich folgende Merkmale:

- Die laufende Nummer des Bereichs
- Die Fläche des Bereichs in Pixeln
- Den geometrischen Schwerpunkt des Bereichs
- Den Umfang des Bereichs
- Den größten Kreis, der noch in den Bereich paßt
- Den kleinsten Kreis, der den Bereich vollkommen umschließt
- Den Kompaktheitswert, der ein Maß für den Grad der Zerklüftetheit eines Bereichs ist. Dieser Wert wird durch Division des Quadrats des Umfangs durch die Fläche des Bereichs berechnet (U^2/F).

Aufbauend auf dieser Merkmalsliste erfolgt der erste Schritt, in dem die Bereiche des Bildes Klassen von geometrischen Primitiven zugeordnet werden.

Die Klassifikation der Bereiche zu Objektklassen erfolgt mittels der Funktion `classObjects` (vgl. Abb. 13.41). Die Übergabeparameter dieser Funktion sind:

`nObjects`: Anzahl der beteiligten Bereiche
`pObjects`: Alle Bereiche

Einen Rückgabewert der Funktion gibt es nicht, da die Ergebnisse direkt in die Datenstruktur geschrieben werden.

Für die Klassifikation der Bereiche wird der Kompaktheitswert, der kleinste umhüllende und der größter innen liegende Kreis verwendet. Der Kompaktheitswert dient zur ersten Unterteilung in Objektklassen. Diese Unterteilung beruht auf der Annahme, dass Bereiche bei steigendem Kompaktheitswert folgenden Klassen zugeordnet werden können: Zuerst zu Quadrat und Oval dann

```
void classObjects(nObjects,*pObjects){
    int nObjects;
    OBJECT_TYP *pObjects;
    int i;
    for(i=0;i<nObjects;i++){
        if(pObjects[i].comp <= max_square){
            pObjects[i].type=O_SQUARE;
        }
        if((pObjects[i].type == O_UNDEF)&&
            (pObjects[i].comp <= max_oval)){
            pObjects[i].type=O_OVAL;
        }
        if((pObjects[i].type == O_UNDEF)&&
            (pObjects[i].comp <= max_circle)){
            if(<Berechnung Wahrscheinlichkeit für einen Kreis>){
                pObjects[i].type = O_CIRCLE;
            } else {
                pObjects[i].type = O_OVAL;
            }
        }
        if((pObjects[i].type == O_UNDEF)&&
            (pObjects[i].comp <= max_rectangle)){
            if(<Berechnung Wahrscheinlichkeit für ein Quadrat>){
                pObjects[i].type=O_SQUARE;
            } else {
                pObjects[i].type=O_RECTANGLE;
            }
        }
        if((pObjects[i].type == O_UNDEF)&&
            (pObjects[i].comp <= max_triangle)){
            pObjects[i].type=O_TRIANGLE;
        }
        if(pObjects[i].type == O_UNDEF){
            pObjects[i].type=O_NOT_INTERESTING;
} } }
```

Abb. 13.41. Durch die Analyse der Kompaktheit und der kleinsten umhüllenden und der größten innen liegenden Kreise werden die Bereiche Klassen geometrischer Primitive zugeordnet

über Kreis zu Rechteck und Dreieck. Für die Objektberechnung werden nur diese 5 Objekttypen in Betracht gezogen. Über Schwellwerte kann gesteuert werden, ab welchem Kompaktheitswert ein Bereich zu welcher Objektklasse zugeordnet wird. Diese Schwellwerte sind über das Kontextmenü einstellbar. Folgende Parameter können modifiziert werden:

- Max_Square (Quadrat)
- Max_Oval (Oval)
- Max_Circle (Kreis)
- Max_Rectangle (Rechteck)
- Max_Triangle (Dreieck)

Die Werte dieser Parameter geben den maximalen Wert an bis zu dem der Bereich anhand seines Kompaktheitsgrads der jeweiligen Objektklasse zugeordnet wird.

Sollte der Kompaktheitswert den maximalen Wert für die Klasse Dreieck überschreiten wird dieses Objekt als nicht relevant (`NOT_INTERESTING`) klassifiziert. Um eine genauere Unterscheidung zwischen Kreis und Oval bzw. Quadrat und Rechteck zu ermöglichen, wird in diesem Fall der kleinste umhüllende und der größte innen liegende Kreis mit in die Klassifikation einbezogen. Die Idee dabei ist, dass der Unterschied zwischen dem kleinsten umhüllenden und dem größten innenliegenden Kreis bei einem Kreis bzw. Quadrat wesentlich kleiner ist als bei einem Oval oder einem Rechteck.

Nachdem die Bereiche im ersten Schritt Objektklassen zugeordnet wurden muss im zweiten Schritt die räumliche Lage der Objekte zueinander berechnet werden. Diese räumliche Information wird auch als topologische Information bezeichnet. Die zu berechnende topologische Information der Objekte basiert auf dem geometrischen Schwerpunkt, dem kleinsten umhüllenden und dem größten innen liegenden Kreis der Objekte.

Im Programmteil `classRelations` (Abb. 13.42) werden die Abstände der geometrischen Schwerpunkte basierend auf dem kleinsten umhüllenden und dem größten innen liegenden Kreis zueinander abgewogen. Das Programm kennt drei verschiedene Abstandsrelationen der Objekte zueinander:

`close`: Objekt a ist in Objekt b komplett eingeschlossen.
`contact`: Die Objekte a und b stoßen aneinander und berühren sich.
`next`: Die Objekte haben keine Berührungspunkte.

Eine Unterteilung in diese drei topologischen Relationen basiert auf folgenden Annahmen:

`close`-Beziehung: Diese Beziehung liegt vor, wenn die folgenden Bedingungen erfüllt sind („umschließt B" im Parametermenu):

- Der geometrische Schwerpunkt des Objektes a liegt innerhalb des größten innen liegenden Kreises von Objekt `b`.
- Der Radius des größten innen liegenden Kreises von Objekt `b` ist größer als die Summe `S`. `S` ist die Summe des Abstandes der geometrischen Schwerpunkte

```
void classRelations(nRelations,pRelations,nObjects,pObjects){
  int nRelations;
  RELATION_TYP *pRelations,
  int nObjects,
  OBJECT_TYP *pObjects){
 int i,j,nObject1,nObject2,minpd1,minpd2,maxpd1,maxpd2,pddif,ori;
  for(i=0;i<nRelations;i++){
     nObject1=pRelations[i].firstObject;
     nObject2=pRelations[i].secondObject;
     minpd1=pObjects[nObject1].minpd;
     minpd2=pObjects[nObject2].minpd;
     maxpd1=pObjects[nObject1].maxpd;
     maxpd2=pObjects[nObject2].maxpd;
     pddif =<Abstand der geometrischen Schwerpunkte>);
     ori   =<Geografische Ausrichtung>);
     if(((minpd2-pddif) > 0) && (maxpd1 <= (minpd2-pddif))){
        pRelations[i].reltype=REL_CLOSE;
     }
     if((with_max_in_contact)  &&  (pRelations[i].reltype  ==
        REL_UNDEF)){
        if((pddif) <= (maxpd1 + maxpd2 + delta_max)){
           switch(ori){
           case DIRECTION_N:pRelations[i].reltype=REL_ CONTACT_N ;
            break;
           case
               DIRECTION_NE:
               pRelations[i].reltype=REL_CONTACT_NE;break;
           case DIRECTION_E
               :pRelations[i].reltype=REL_CONTACT_E ;break;
           case DIRECTION_SE:
               pRelations[i].reltype=REL_CONTACT_SE;break;
           case DIRECTION_S:
               pRelations[i].reltype=REL_CONTACT_S ;break;
           case DIRECTION_SW:
               pRelations[i].reltype=REL_CONTACT_SW;break;
           case DIRECTION_W :
               pRelations[i].reltype=REL_CONTACT_W ;break;
           case DIRECTION_NW:
               pRelations[i].reltype=REL_CONTACT_NW;break;
     } }  }
     if(pRelations[i].reltype == REL_UNDEF){
         if((pddif) <= (minpd1 + minpd2 + delta_min)){
             switch(ori)
             {<Gleiche Unterscheidung wie oben>}
     }  }
     if(pRelations[i].reltype == REL_UNDEF){
         switch(ori)
         {<Gleiche Berechnung wie oben, nur mit REL_NEXT_>}
     }  }
} }
```

Abb. 13.42. Durch die Abstandsberechnungen der Schwerpunkte der geometrischen Primitive und durch die Berechnungen der Überlappungen von kleinsten umhüllenden und größten innen liegenden Kreisen werde die topologischen Relationen zwischen den geometrischen Primitiven extrahiert

von den Objekten a und b und des Radius des kleinsten umschließenden Kreises von Objekt a.

contact-Beziehung („A berührt B“ im Parametermenu): Der Abstand der geometrischen Schwerpunkte ist kleiner als die Summe der Radien der größten innen liegenden Kreise von Objekt a und Objekt b. Mittels des Wertes „A berührt B“ im Parametermenü kann ein Wert eingegeben werden, der mit dem Abstand der geometrischen Schwerpunkte verrechnet wird. So kann man Objekte für die contact-Beziehung zusammen ziehen oder auseinander schieben.

next-Beziehung: Es handelt sich weder um eine close- noch um eine contact-Beziehung.

Durch den Parameter „A berührt B“ im Parametermenü kann zusätzlich der kleinste umhüllende Kreis mit in die Berechnung einbezogen werden. Wenn dieser Parameter aktiviert ist, kann für die contact-Beziehung die folgende Bedingung alternativ erfüllt werden:

Der Abstand der geometrischen Schwerpunkte muss kleiner als die Summe der Radien der kleinsten umschließenden Kreise von Objekt a und von Objekt b sein.

Bei den Beziehungen contact und next wird zusätzlich die Himmelsrichtung (eine aus acht Richtungen) der Objekte zueinander berechnet. So können diese Relationen genauer spezifiziert werden.

Zusammengefasst stehen für die Knoten und die Relationen folgende Mengen zur Verfügung:

L_E = {close, next_n, next_ne, next_e, next_se, next_s, next_sw, next_w, next_nw, contact_n, contact_ne, contact_e, contact_se, contact_s, contact_sw, contact_w, contact_nw}

L_V = {circle, oval, quadrat, rectangle, triangle, not_interesting}

Nachdem erst die Bereiche anhand ihrer Merkmale geometrischen Primitiven zugeordnet wurden und darauf aufbauend die topologischen Relationen zwischen den geometrischen Primitiven ermittelt wurden liegt der Graph für das Eingabebild in der Notation nach Abb. 13.43 vor. Ein Beispiel für einen Graphen in Graphnotation zeigt Abb. 13.44. Denselben Graph visualisiert bildet Abb. 13.45 ab. Das Ausgangsbild für den Graphen in Abb. 13.44 findet man in Abb. 13.46.

Die Objekterkennung mittels Graphmatching in Prolog

Im vorhergegangenen Abschnitt wurde ein gerichteter Graph mit attributierten Kanten und Knoten aufgebaut, der auch zyklisch sein kann. Diese Art von Graphen, die zudem auch der eingeführten Graphnotation genügen, werden in den nachfolgenden Programmen für die Objekterkennung mittels Graphmatching genutzt.

Für diejenigen, die die Programmiersprache Prolog „gepackt“ hat oder für diejenigen, die einfach besser mitlesen können wollen, können einige gute einführende Prologbücher empfohlen werden, in dem das grundlegende Handwerkzeug vermittelt wird [13.2, 13.12, 13.20].

```
graph( <GraphName>,
       [ rel( <Relationtype>,
                  node( <Nodetype>, < Nodename>),
                  node( <Nodetype>, < Nodename>) ) * ] ).
```

Abb. 13.43. Die aus dem Eingabebild berechneten Graphen genügen dieser Notation

```
graph( bildgraph,
     [rel( contact_sw, node( quadrat, node011), node( rectangle,
                       node012)),
      rel( contact_se, node( quadrat, node013), node( rectangle,
                       node012)),
      rel( next_e,     node( circle,   node011), node( circle,
                       node013))
     ] ).
```

Abb. 13.44. Ein kleiner Graph in der Graphnotation

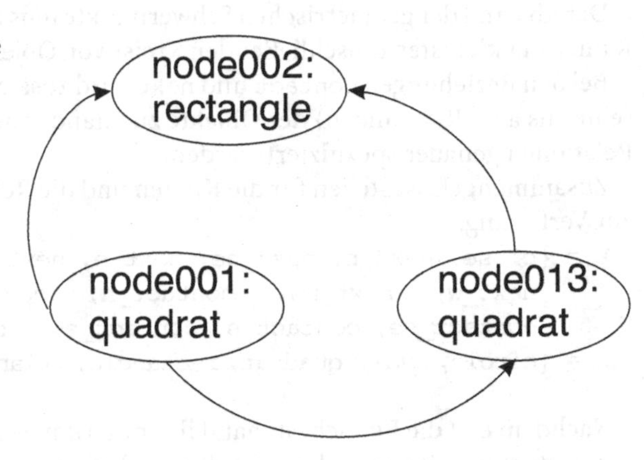

Abb. 13.45. Der gezeichnete Graph zu Abb. 13.44

Abb. 13.46. Das Ausgangsbild für den Graph aus Abb. 13.44 als Zeichnung

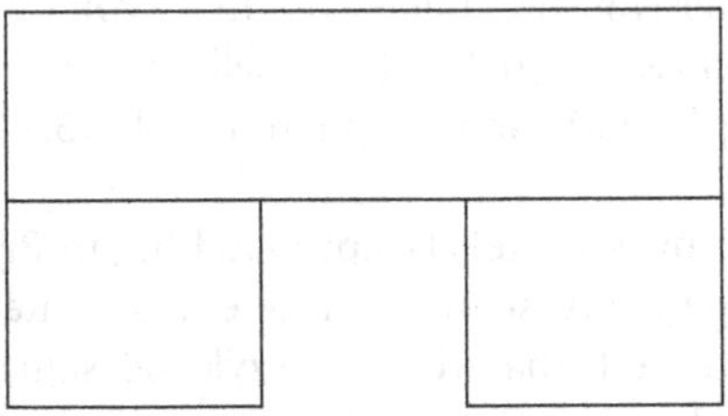

Um eine flexible Objekterkennung mittels Graphmatching Gewähr leisten zu können, wird im folgenden die Objekterkennung auf der Basis der Subgraphisomorphie vorgestellt. Für die Implementation nochmals die Definition für Subgraphisomorphie in Kurzform: Finde zwischen dem Graphen *G* und eines *Teilgraphen* des Graphen *G′* eine Isomorphie. Ein Graph *G* ist also strukturgleich mit einem Subgraphen von *G′*, wenn beide Graphen bis auf die Knotenbezeichner, die Labels der Knoten, gleich sind.

Im Folgenden werden die zentralen Bestandteile des Prolog-Programms namens `subgraphisomorphy` zur Erkennung von Subgraphisomorphien vorgestellt. Dabei werden die zentralen Prädikate auf Ein- und Ausgabeebene erläutert. Um sich auf ein spezielles Prädikat zu beziehen, werden immer die Namen des Prädikats genannt meist gefolgt von einem / und der Anzahl der Stellen des Prädikats. Durch diese beiden Angaben ist in Prolog ein Prädikat definiert. Bei allen Prädikatsdefinitionen wird vorangeschickt, wie die einzelnen Stellen verwendet werden: Die Eingabeparameter sind mit + und die Ausgabeparameter mit - gekennzeichnet sind. Hinter diesen Zeichen wird angegeben, welchen Datentyp die jeweilige Stelle des Prädikats erfordert und was ihr Zweck ist.

Die Definition des Hauptprädikats `subgraphisomorphy/3` zeigt Abb. 13.47. Einen Beispielaufruf mit einer Lösung findet man in Abb. 13.48. Das Hauptprädikat gliedert sich in drei logische Teile:

(1) Extraktion weiterer Graphinformation mittels des Prädikats `graphTotalInfo/4`: Da die Graphnotation, die im vorhergegangenen Abschn. eingeführt wurde, zu Gunsten der Übersichtlichkeit knapp gehalten wurde, wird im ersten Schritt des Graphmatchings mittels des Prädikats `graphTotalInfo/4` aus den beiden Eingabegraphen, Information extrahiert, die zur effizienten Graphbearbeitung nützlich sind. Als Eingabe erhält das Prädikat den Namen des Graphen und die Liste von Relationen, auf der Basis der eingeführten Graphnotation. Das Prädikat erstellt eine Liste der Knoten des Graphen. Für jeden Knoten wird angeführt, mit wie vielen Relationen der Knoten verbunden ist. Unabhängig ob die Relation abgeht oder auf ihn zeigt. Zudem wird

```
% subgraphisomorphy( + graph1, + graph2,
                      - List with nodes of graph 1 and
                        their matched nodes in graph 2 )

subgraphisomorphy( graph( G1, RelList1), graph( G2, RelList2),
                   ListOfNodes1New) :-
        graphTotalInfo( G1, NumberOfNodes1, ListOfNodes1, RelList1),
        graphTotalInfo( G2, NumberOfNodes2, ListOfNodes2, RelList2),
        changeNodeNames( ListOfNodes1, ListOfNodes1New, RelList1,
                         RelList1New),!,
         isomorph( graph( G1, NumberOfNodes1, ListOfNodes1New,
                   RelList1New),
         graph( G2, NumberOfNodes2, ListOfNodes2, RelList2 ) ).
```

Abb. 13.47. Das Prädikat `subgraphisomorphy/3` stellt das Hauptprädikat dar, mittels dessen zwei Graphen G und G' auf alle Subgraphisomorphien überprüft werden können, die zwischen G und einem Teilgraph von G' möglich sind. Die vollständigen Sourcen finden Sie unter www.1394imaging.com

```
Call subgraphisomorphy(
     graph(torbogen,
             [rel(contact_sw, node(square, node001),
                              node(rectangle, node004)),
              rel(contact_se, node(square, node006),
                              node(rectangle, node004)),
                   rel(next_e, node(square, node006),
                              node(square, node001))]),
     graph(bildgraph,
     [rel(contact_nw, node(circle, node1), node(rectangle, node2)),
      rel(next_nw, node(circle, node1), node(square, node3)),
      rel(next_ne, node(circle, node1), node(square, node4)),
      rel(contact_se, node(rectangle, node2), node(circle, node1)),
      rel(contact_nw, node(rectangle, node2), node(square, node3)),
      rel(contact_ne, node(rectangle, node2), node(square, node4)),
      rel(next_se, node(square, node3), node(circle, node1)),
      rel(contact_se, node(square, node3), node(rectangle, node2)),
      rel(next_e, node(square, node3), node(quadrat, node4)),
      rel(next_sw, node(square, node4), node(circle, node1)),
      rel(contact_sw, node(square, node4), node(rectangle, node2)),
      rel(next_w, node(square, node4), node(square, node3))
     ]),
     G131)

Exit subgraphisomorphy(
     graph(torbogen,
             < identisch mit Aufruf>),
     graph(bildgraph,
             < identisch mit Aufruf>),
     [node(2, square, (node001, node4)),
      node(2, rectangle, (node004, node2)),
      node(2, square, (node006, node3))
     ]))
```

Abb. 13.48. Diese Abbildung zeigt einen Aufruf des Hauptpädikats `subgraphisomorphy/3`. Am Ende der Berechnungen enthält die am Anfang uninstantiierte Variable `_G131` die Lösung

die Zahl der Knoten pro Graph ermittelt. Wie die Ein- und Ausgabe-Parameter des Prädikats definiert sind zeigt Abb. 13.49. Um die Funktionsweise auf Ein- und Ausgabeebene zu illustrieren zeigt Abb. 13.49 einen Beispielaufruf mit dem dazugehörigen Ergebnis.

(2) Graphaufbereitung mittels `changeNodeNames/4`: Das Prädikat `changeNodeNames/4` fügt zu jedem Knoten in der Knotenliste und in der Relationsliste des Graphen G eine zusätzliche Stellen ein, auf der bei erfolgreichem Graphmatching eingetragen wird, welchem Knoten in *G'* der Knoten aus *G* entspricht. Auf den neu eingefügten Stellen stehen uninstantiierte Variablen. Uninstantiierte Variablen beginnen mit einem Unterstrich wie z.B. `_G321`. Wie die Parameter des Prädikats definiert sind zeigt Abb. 13.50. Zudem zeigt Abb. 13.50 einen Beispielaufruf und dessen Ergebnis.

(3) Die Isomorphieprüfung mittels `isomorph/2` und `isomorph/4`: Mittels des Prädikats `isomorph/2` wird die Prüfung durchgeführt, ob der Graph *G* isomorph zu einem Teilgraph von *G'* ist. Als Eingabe sind dazu die zwei Graphen

```
graphTotalInfo( + String: Name des Graphens,
                - Zahl: Zahl der Knoten,
                - Liste der Knoten,
                + Liste der Graphrelationen).

graphTotalInfo(torbogen,
               _L141,
               _L142,
               [rel(contact_sw, node(square, node001),
                                node(rectangle, node004)),
                rel(contact_se, node(square, node006),
                                node(rectangle, node004)),
                rel(next_e, node(square, node006),
                            node(quadrat, node001))
               ]).

Exit: graphTotalInfo(
               torbogen,
               3,
               [node(2, square, node001),
                node(2, rectangle, node004),
                node(2, square, node006)
               ],
               [rel(contact_sw, node(square, node001),
                                node(rectangle, node004)),
                rel(contact_se, node(square, node006),
                                node(rectangle, node004)),
                rel(next_e, node(square, node006),
                            node(square, node001))
               ])
```

Abb 13.49. Das Prädikat `graphTotalInfo/4` extrahiert die Knoten aus der Relationsliste und bestimmt die Zahl der Knoten des Graphen

G und *G'* notwendig. Ein Eingabeparameter wird mit + bezeichnet, ein Ausgabeparameter mit –. Liegt der Fall vor, dass ein Parameter mit +/- bezeichnet ist, wird damit gekennzeichnet, dass dieser Parameter bei der Eingabe gefüllt sein muss und dass zudem in ihn die Ergebnisse eines erfolgreichen Graphmatchings eingetragen werden. Die Definition des Prädikats zeigt Abb. 13.51. Zwei einfache Objekte und deren dazugehörigen Graphen stellt Abb. 13.52 dar. Die Graphen dieser Objekte bilden im nachfolgenden Beispiel die Wissensbasis. Nun erhält man als Eingabe ein Bild und leitet daraus den folgenden Bildgraph ab (s. Abb. 13.53). Die Abb. 13.54. zeigt einen Beispielaufruf mit diesem Bildgraph und das Ergebnis dieses Aufrufs gegen die Wissenbasis mit den zwei Objekten.

Bevor man sich an die Aufgabe begibt, Knoten für Knoten zu überprüfen, ob ein Knoten von Graph *G* eine Entsprechung in Graph *G'* besitzt, empfiehlt es sich, sicherzustellen, ob die notwendige Bedingung für Graphisomorphie erfüllt ist. Unter welchen Bedingungen kann ein Graph *G* mit N Knoten nicht zu einem Graph *G'* mit *M* Knoten subgraphisomorph sein? Wenn $N > M$. Deswegen wird – bevor unnötige Berechnungen angestellt werden – im Prädikat „specialTests/2“

```
%changeNodeNames( + List of Nodes, - List of Nodes,
%                 + List of Relations, - List of Relations)

changeNodeNames([node(2, square, node001),
                 node(2, rectangle, node004),
                 node(2, square, node006)
                ],
                _G137,
                [rel(contact_sw, node(square, node001),
                                 node(rectangle,node004)),
                 rel(contact_se, node(square, node006),
                                 node(rectangle, node004)),
                 rel(next_e,     node(square, node006),
                                 node(square, node001))],
                _L145).

Exit:
changeNodeNames([node(2, square, node001),
                 node(2, rectangle, node004),
                 node(2, square, node006)
                ],
                [node(2, square, (node001, _G1152)),
                 node(2, rectangle, (node004, _G1195)),
                 node(2, square, (node006, _G1238))
                ],
                [rel(contact_sw, node(square, node001),
                                 node(rectangle, node004)),
                 rel(contact_se, node(square, node006),
                                 node(rectangle, node004)),
                 rel(next_e, node(square, node006),
                             node(square, node001))],
                [rel(contact_sw, node(square, (node001, _G1152)),
                            node(rectangle, (node004, _G1195))),
                 rel(contact_se, node(square, (node006, _G1238)),
                            node(rectangle, (node004, _G1195))),
                 rel(next_e, node(square, (node006, _G1238)),
                             node(square, (node001, _G1152)))])
```

Abb. 13.50. Das Prädikat `changeNodeNames/4` fügt zu jedem Knoten in der Knotenliste und in der Relationsliste des Graphen *G* eine zusätzliche Stellen ein, auf der bei erfolgreichem Graphvergleich eingetragen wird, welchem Knoten in *G'* der Knoten aus *G* entspricht

geprüft, ob *N* =< *M*. Daran schließt sich die eigentliche Prüfung auf Subgraphisomorphie mit `isomorph` an (s. Abb. 13.51).

Als Letztes werden die Prädikate `select/2` und `relationsAreSubset/2` vorgestellt. Das Prädikat `select/2` wählt den ersten Knoten *K* aus der Knotenliste des Graphen *G* aus und einen Knoten *K'* aus Graphen *G'*. Für den ausgewählten Knoten *K'* muss gelten, dass er über mehr oder gleich viele Relationen verfügt als Knoten *K*. Wenn ein Knoten ausgewählt wurde, wird dieser Knoten auch in die erweiterte Relationsliste des Graphen *G* eingetragen. Danach ruft sich das Prädikat `isomorph/4` rekursiv mit der verbleibenden Knotenliste auf. Die Rekursion terminiert, wenn die Liste leer ist. Dies bedeutet, dass für jeden Knoten aus Graph *G* ein korrespondierender Knoten in *G´* gefunden werden muss. Im nächsten Schritt wird die bislang ermittelte hypothetische Subgraphisomorphie auf Gültigkeit überprüft.

```
%isomorph/2
%isomorph( graph( + NameOfGraph 1, + Number of nodes of Graph 1,
%                 +/- List of nodes, + /- List of Graphrelations),
%          graph( + NameOfGraph 2, + Number of nodes of Graph 2,
%                 + List of nodes, + List of Graphrelations) )

% isomorph/2
isomorph(  graph( _Name1 , NumberOfNodes1, ListOfNodes1New,
                  RelList1),
           graph( _Name2, NumberOfNodes2, ListOfNodes2, RelList2) )
           :-
       specialTests( NumberOfNodes1, NumberOfNodes2 ) ,
       isomorph( ListOfNodes1New, RelList1, ListOfNodes2, RelList2).


%isomorph/4
%isomorph( + list of nodes of graph 1,
           + list of relations of graph 1,
%          + list of nodes of graph 2,
           + list of relations of graph 2).

% isomorph/ 4
isomorph(  [ ], RelList1, _ListOfNodes, RelList2) :-
       relationsAreSubset( RelList1, RelList2).

isomorph(  [ Node | ListOfNodes1 ], RelationList1,
           ListOfNodes2, RelList2) :-
       select( Node, ListOfNodes2, _NodeSelected,
               RestOfNodesList2),
       isomorph( ListOfNodes1, RelationList1, RestOfNodesList2,
                 RelList2).
```

Abb. 13.51. Mittels des Prädikats `isomorph` wird die Prüfung durchgeführt, ob der Graph *G* isomorph zu einem Teilgraph von *G'* ist. Als Eingabe sind dazu die zwei Graphen *G* und *G'* notwendig. Die vollständigen Sourcen finden Sie unter www.1394imaging.com

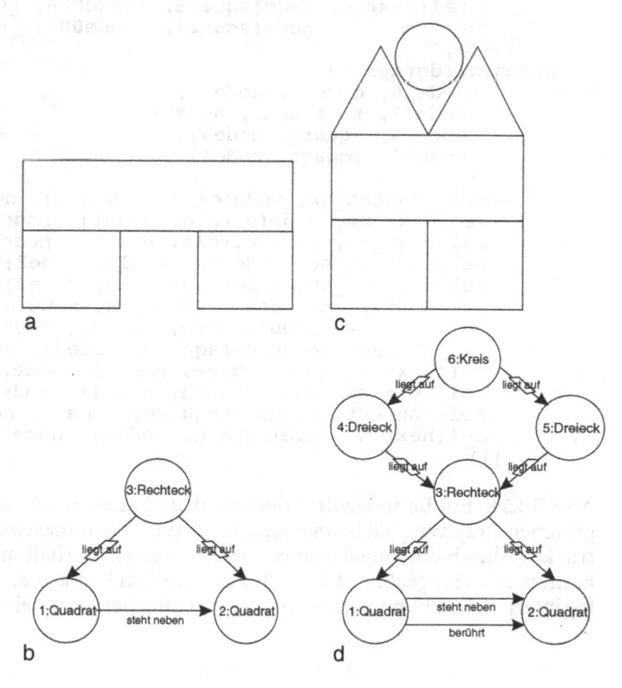

Abb. 13.52. Diese Abbildung stellt eine einfache Wissensbasis mit zwei Objekten dar, einem einfachen Tor und einem komplizierteren Turm. Beide Objekte sind als ihr Bauklotzbild dargestellt und als dazugehöriger Graph. Diese Wissenbasis liegt dem Beispielaufruf in Abb. 13.54 zu Grunde. Den Bildgraph für den Beispielaufruf visualisiert Abb. 13.53

Abb. 13.53. Diese Abbildung zeigt ein Beispiel aus der Bauklotzwelt und den dazugehörigen Graphen. Dieser Bildgraph liegt dem Beispielaufruf in Abb. 13.54 zu Grunde. Die Wissensbasis dieses Aufrufs visualisiert Abb. 13.52

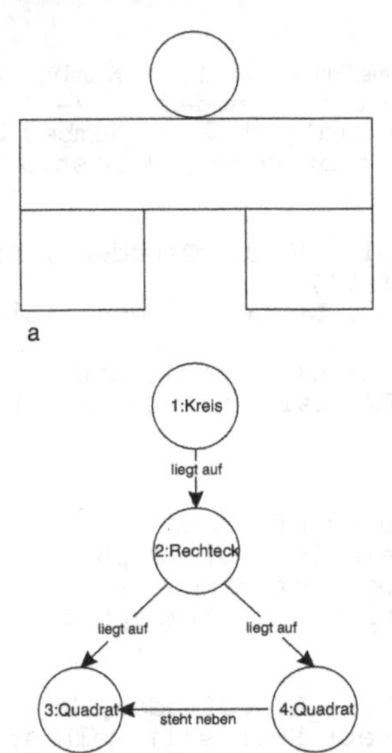


```
isomorph(
   graph(torbogen, 3,
         [node(2, square, (node001, _G1152)),
          node(2, rectangle, (node004, _G1195)),
          node(2, square, (node006, _G1238))
         ],
         [rel(contact_sw, node(square, (node001, _G1152)),
                          node(rectangle, (node004, _G1195))),
          rel(contact_se, node(square, (node006, _G1238)),
                          node(rectangle, (node004, _G1195))),
          rel(next_e, node(square, (node006, _G1238)),
                      node(square, (node001, _G1152)))
         ]),
   graph(bildgraph, 4,
         [node(6, circle, node1),
          node(6, rectangle, node2),
          node(6, square, node3),
          node(6, square, node4)
          ],
        [rel(contact_nw, node(circle, node1), node(rectangle, node2)),
         rel(next_nw, node(circle, node1), node(square, node3)),
         rel(next_ne, node(circle, node1), node(square, node4)),
         rel(contact_se, node(rectangle, node2), node(circle, node1)),
         rel(contact_nw, node(rectangle, node2), node(square, node3)),
         rel(contact_ne, node(rectangle, node2), node(square, node4)),
         rel(next_se, node(square, node3), node(circle, node1)),
         rel(contact_se, node(square, node3), node(rectangle, node2)),
         rel(next_e, node(square, node3), node(square, node4)),
         rel(next_sw, node(square, node4), node(circle, node1)),
         rel(contact_sw, node(square, node4), node(rectangle, node2)),
         rel(next_w, node(square, node4), node(square, node3))
        ]))
```

Abb. 13.54. Ein Beispielaufruf des Prädikats `isomorph/2` und die erste Lösung des erfolgreichen Graphvergleich eines Graph *G*. Wenn nach diesem Ergebnis in Prolog das Backtracking durch die Eingabe eines `;` eingeleitet wird, erhält man die nächste Lösung. Dieses kann man so lange durchführen, bis letztendlich keine Lösung mehr übrig bleibt. Der Prologinterpreter gibt no zurück. In diesem einfachen Beispiel gibt es nur eine Lösung

Dies erfolgt mittels des Prädikats `relationsAreSubset/2`. Diese Prüfung bezieht sich auf die Relationen zwischen Knoten: Finden nicht nur die Knoten aus *G* selbst in *G´* eine Entsprechung, sondern gilt dies auch für die attributierten Relationen zwischen ihnen? Falls dies erfüllt ist, wurde eine gültige Subgraphisomorphie gefunden. Die Definition der Prädikate `select/2` und `relationsAreSubset/2` mit deren Eingabe- und Ausgabeparametern sind in Abb. 13.55 dargestellt. Um die Arbeitsweise von Prolog zu illustrieren, zeigt die Abb. 13.56 exemplarisch einen Aufruf des Prädikats `select/2`.

Die Graphen, die mittels dieses Programms bearbeiten werden können, müssen – wie bereits erwähnt – der eingeführten Graphnotation entsprechen. Zudem müssen sie noch den im Folgenden aufgelisteten Einschränkungen genügen:

- Die Verarbeitung von Relationen ist auf binäre Relationen begrenzt.
- Eine spezielle Relation zwischen zwei speziellen Knoten darf nur einmal aufgeführt werden. Bei Mehrfachnennungen werden unzulässig viele Lösungen ermittelt, da immer davon ausgegangen wird, dass jede spezielle Relation zwischen zwei speziellen Knoten genau einmal aufgeführt wird.

```
%select( node( + number of relations of the node, + type of node,
%        ( + node nameof graph 1, - node name of graph 2  )
%        ),
%       + list of nodes of graph 2 )

select( node( Num1, Type, ( _NodeOld, NodeNew) ),
        [ node( Num2, Type, NodeNew) | RestOfNodesList],
        node( Num2, Type, NodeNew),
        RestOfNodesList ) :-
    Num1 =< Num2.

select( Node1, [ Node2 | ListNew ], NodeSelected,
      [ Node2  | RestOfNodesList ] ) :-
    select( Node1, ListNew, NodeSelected, RestOfNodesList ).


% relationsAreSubset( + list of relation of graph 1 filled with
%                         matching nodes of graph2,
%                     + list of relation of graph 2)

relationsAreSubset( [ ], _RelList) .
relationsAreSubset( [rel( Label,
                          node( Type1,(_NodeOld1, NodeNew1) ),
                          node( Type2,(_NodeOld2, NodeNew2) ) ) |
                          RelListGraphOne
                        ],
                        RelListGraphTwo ) :-
        memberDelete(rel(Label, node( Type1, NodeNew1),
                                node( Type2, NodeNew2)
                             ),
                          RelListGraphTwo,
                          RelListGraphTwoNew ),
        relationsAreSubset( RelListGraphOne, RelListGraphTwoNew).
```

Abb. 13.55. Das Prädikat `select/2` wählt zu einem Knoten aus *G* einen korrespondierenden Knoten aus *G´* aus. Die vollständigen Sourcen finden Sie unter www.1394imaging.com

```
Call:
select(node(2, square, (node001, _G1152)),
        [node(6, circle, node1),
         node(6, rectangle, node2),
         node(6, square, node3),
         node(6, square, node4)
        ],
        _L190, _L178)
Exit:
select(node(2, square, (node001, node3)),
        [node(6, circle, node1),
         node(6, rectangle, node2),
         node(6, square, node3),
         node(6, square, node4)
        ],
        node(6, square, node3),
        [node(6, circle, node1),
        node(6, rectangle, node2),
        node(6, square, node4)]) ?
```

Abb. 13.56. Diese Abbildung soll die Arbeitsweise des Programms durch den ersten Aufruf des Prädikats `select/2` weitergehend illustrieren

- Eine Relation zeigt nicht auf denselben Knoten, von dem sie auch abgeht. Eine Relation wie z.B. `rel(node1, node1)` ist in einem Graphen somit nicht zugelassen. Ob ein Zyklus im Graph über mehrere Knoten hinweg besteht ist allerdings nicht von Interesse.

Die Objekterkennung mittels Graphmatching in C

Der vorgeschaltete Schritt der Datenaufbereitung liefert den Bildgraphen als notwendige Eingabe für die Objekterkennung. Der Bildgraph wird durch eine Menge von Relationen repräsentiert. Der Bildgraph und die Wissensbasis (WB) stellen die Eingabe für die Objekterkennung mittels Graphmatching dar. Die Wissensbasis besteht aus einer Menge von Graphen. Die im Folgenden zu beantwortende Frage lautet: Ist ein oder sind mehrere Modellgraphen aus der Wissensbasis ein oder mehrfach im Bildgraphen enthalten?

Die in der Wissensbasis abgelegten Modellgraphen werden nacheinander bearbeitet. Dies geschieht mittels der Funktion `runGraph` (Abb. 13.57). Sie berechnet für *einen* Modellgraphen, ob er einmal oder mehrfach im Bildgraph enthalten ist.

Die Eingabeparameter der Funktion `runGraph` lauten

`nGraphsWB`: Anzahl der Graphen in der WB
`pGraphsWB`: Die Graphen aus der WB
`nRelationsP`: Anzahl der Relationen im Bildgraph
`pRelationsP`: Der Bildgraph

Die Funktion `runGraph` hat keinen Rückgabewert, da sie sich selber um die Weiterverarbeitung kümmert und die Daten an Ad Oculos weitergibt.

Die Funktion `runGraph` arbeitet in vier Schritten:

(1) Extraktion der Knoten aus einem Modellgraphen der Wissensbasis: Jeder Modellgraph der Wissensbasis liegt als eine Menge von Relationen vor. Um ermitteln zu können, ob ein Modellgraph im Bildgraph enthalten ist, werden

```
void runGraph(nGraphsWB,*pGraphsWB,nRelationsP,*pRelationsP){
   int nGraphsWB;
   GRAPH_TYP *pGraphsWB;
   int nRelationsP;
   RELATION_TYP *pRelationsP;
   int i,j,k,l;
   ALLSOLUTION_TYP *pAllSolutions = NULL;
   ALLOBJECT_TYP *pAllObjectsWB   = NULL;
   ALLOBJECT_TYP *pAllObjectsP    = NULL;
   int *pPossibleSolutions         = NULL;
   MATCHRELATION_TYP *pSearchRel  = NULL;

   for(i=0;i<nGraphsWB;i++){
     pAllObjectsWB = (ALLOBJECT_TYP *)malloc(sizeof(ALLOBJECTYP));
     initAllObjects(pAllObjectsWB);
     getAllObjects(pGraphsWB[i].nRelations,pGraphsWB[i].pRelations,
                   pAllObjectsWB);
     pAllObjectsP = (ALLOBJECT_TYP *)malloc(sizeof(ALLOBJECT_TYP));
     initAllObjects(pAllObjectsP);
     getAllObjects(nRelationsP,pRelationsP,pAllObjectsP);
     pAllSolutions = (ALLSOLUTION_TYP *)malloc(sizeof(ALLSOLUTION_TYP));
     initAllSolutions(pAllSolutions,pAllObjectsWB);
     pPossibleSolutions=(int*)
                         malloc(pAllSolutions[0].length*sizeof (int));
     calcAllSolutions(pAllObjectsWB,pAllObjectsP,pAllSolutions,
                      0,pPossibleSolutions);
     pSearchRel=(MATCHRELATION_TYP *)
                malloc(sizeof(MATCHRELATION_ TYP));
     initSearchRel(pAllSolutions,nRelationsP,pRelationsP,
                   pGraphsWB[i].nRelations,
                   pGraphsWB[i].pRelations,pSearchRel);
     proofSearchRel(pAllSolutions,nRelationsP,pRelationsP,
                    pGraphsWB[i].nRelations,
                    pGraphsWB[i].pRelations,pSearchRel);
     free(pAllSolutions);
     free(pAllObjectsWB);
     free(pAllObjectsP);
```

Abb. 13.57. Die Funktion berechnet für einen Modellgraphen aus der Wissensbasis folgendes: 1. Extrahiere alle Knoten/Primitive aus dem Modellgraph, 2. Ermittle alle Knoten/Primitive aus dem Bildgraphen, 3. Berechne mögliche korrespondierende Knotenpaare zwischen Modellgraph und Bildgraph, 4. Überprüfe die korrespondierenden Knotenpaare bzgl. ihrer Relationen

zuerst korrespondierende Knotenpaare berechnet. Zu diesem Zweck müssen aus den Modellgraphen im ersten Schritt die Knoten extrahiert werden. An Stelle von Knoten spricht man auch von Primitiven. Die Knoten, die geometrische Primitive darstellen, sind nämlich die kleinste Einheit für die zu findenden Objekte. Daher der Name „Primitiv". Die extrahierten Knoten/ Primitive werden in einen neuen Datentyp überführt. Die spätere Berechnung `calcAllSolutions` (Abb. 13.42) setzt auf diesen Datentypen auf.

Man könnte die Modellgraphen natürlich auch direkt als Menge von Relationen *und* als Menge von Knoten ablegen. Da die Wissensbasis aber mit möglichst geringem Aufwand manuell erweiterbar sein soll, wurde eine möglichst kurze Form der Graphdarstellung zu Gunsten der Benutzer gewählt.

(2) Extraktion der Knoten aus dem Bildgraphen: Der Bildgraph liegt ebenfalls wie die Modellgraphen als Menge von Relationen vor. Um korrespondierende Knotenpaare ermitteln zu können, muss auch aus diesem Graphen die Menge von Knoten extrahiert werden. Die einzelnen Knoten werden in einem neuen Datentyp gespeichert.

(3) Berechnung aller korrespondierender Knotenpaare: In diesem Schritt wird die Menge aller korrespondierenden Knotenpaare berechnet. Ein Knotenpaar korrespondiert, wenn ein Knoten *K* im Modellgraph *G* vom selben Typ wie ein Knoten *K'* im Bildgraph *G'* ist und die Zahl der Relationen von *K* kleiner gleich der Zahl der Relationen von *K'* ist. Als Ergebnis dieses Schrittes erhält man eine Menge von hypothetischen Lösungen in Form von korrespondierenden Knotenpaaren.
Wenn man das folgende Beispiel nachvollziehen will, malt man es sich am besten auf. Ein Beispiel:
Modellgraph G:

E = { (*11 relation1 12*), (*11 relation1 13*), (*11 relation2 14*),
(*12 relation2 14*), (*12 relation2 15*) }
L_V = { *Kreis, Linie, Rechteck* }
L = { (*11, Kreis*), (*12, Kreis*), (*13, Rechteck*), (*14, Linie*), (*15, Linie*) }

Bildgraph G':

E = { (*21 relation1 22*), (*21 relation1 23*), (*21 relation2 24*),
(*22 relation2 23*), (*22 relation2 24*), (*22 relation2 25*),
(*24 relation1 23*), (*25 relation1 24*) }
L_V = { *Kreis, Linie, Rechteck* }
L = { (*21, Kreis*), (*22, Kreis*), (*23, Rechteck*), (*24, Linie*), (*25, Linie*) }

Hypothetische Lösungsmenge der korrespondierenden Knotenpaare:
HL1 = { (*11, 21*), (*12, 22*), (*13, 23*), (*14, 24*), (*15, 25*) }
HL2 = { (*11, 22*), (*12, 21*), (*13, 23*), (*14, 24*), (*15, 25*) }

(4) Überprüfung der Relationen: Um herauszufinden, ob ein Graph *G* Subgraph von Graph *G'* ist, ist es nicht hinreichend, korrespondierende Knotenpaare zu berechnen, wie es in Schritt 3 geschah. Schritt 3 stellt nur eine notwendige, aber keine hinreichende Bedingung für Graphsubsumption dar. Deswegen muss überprüft werden, ob die Relationen zwischen den Knoten in *G* mit den Relationen in *G'* korrespondieren: Die Relationen müssen vom selben Typ sein und die Knoten des Graph *G*, die verbunden werden, müssen mit den Knoten im Graph *G'* korrespondieren.
Die Überprüfung der Relationen im Programm erfolgt so, dass für jede hypothetische Lösung folgende Ersetzung durchgeführt wird: Die Knoten im Bildgraph *G'* werden in der Menge der Relationen von *G'* durch ihre korrespondierenden Knoten aus *G* ersetzt. Für das Beispiel bedeutet das für *HL1* und *HL2* aus Schritt 3:

HL1 = { (11, 21), (12, 22), (13, 23), (14, 24), (15, 25) }
HL2 = { (11, 22), (12, 21), (13, 23), (14, 24), (15, 25) }

Für *HL1*: *E* des Bildgraphs nach der Ersetzung = *{ (11 relation1 12), (11 relation1 13), (11 relation2 14), (12 relation2 13), (12 relation2 14), (12 relation2 15), (14 relation1 13), (15 relation1 14) }*

Für *HL2*: *E* des Bildgraphs nach der Ersetzung = *{ (12 relation1 11), (12 relation1 13), (12 relation2 14), (11 relation2 13), (11 relation2 14), (11 relation2 15), (14 relation1 13), (15 relation1 14)*

Nach diesem Schritt wird überprüft, ob *alle* Relationen aus E vom Modellgraphen in dem jeweiligen E der hypothetischen Lösung enthalten sind. Es muss also *jede* Relation aus *E* vom Modellgraphen bei der Prüfung in der Relationenmenge nach der Knotenersetzung enthalten sein.

Im Beispiel lautete das *E* des Modellgraphs:

E = { (11 relation1 12), (11 relation1 13), (11 relation2 14),
(12 relation2 14), (12 relation2 15) }

Das Ergebnis der Überprüfung dieses Beispiels lautet: Alle Relationen aus *E* des Modellgraphen sind in der Relationsmenge für *HL1* enthalten. Dagegen sind die Relationen aus *E* des Modellgraphen nicht in der Relationsmenge für *HL2* enthalten:

E = { (11 relation1 12), (11 relation1 13), (12 relation2 15) }

Somit handelt es sich bei der Menge korrespondierender Knoten von *HL1* um eine korrekte Lösung. *HL2* dagegen stellt keine Lösung dar.

In diesem Beispiel war der Modellgraph nur einmal im Bildgraph enthalten. Natürlich kann ein Modellgraph prinzipiell mehrfach im Bildgraph enthalten sein. Darauf wurde in diesem Beispiel nur zu Gunsten der Einfachheit verzichtet.

Die Funktion `calcAllSolutions` ermittelt alle korrespondierenden Knotenpaare. Sie ist in Abb. 13.58 zu sehen. Ihre Eingaben sind:

`pAllObjectsWB`: Alle Knoten/Primitive aus dem Modellgrahen der WB
`pAllObjectsP`: Alle Knoten/Primitive aus dem Bildgraphen
`pAllSolutions`: Alle Lösungen, die gefunden wurden
`nActualPosition`: Die aktuelle Position im Lösungsvektor
`pPossibleSolutions`: Der zu bearbeitende Lösungsvektor

Das Ergebnis der Funktion wird in `pAllSolutions` eingetragen. Die Funktion wird mit einer Startposition im Lösungsvektor von 0 und mit einem leeren Lösungsvektor aufgerufen. Die Anzahl der Positionen im Lösungsvektor entspricht der Anzahl der Knoten des Modellgraphs. Besitzt der Modellgraph z.B. 5 Knoten, müssen genau für diese 5 Knoten korrespondierende Knoten im Bild-

```
void calcAllSolutions(*pAllObjectsWB, *pAllObjectsP,*pAllSolutions,
                      nActualPosition,*pPossibleSolutions){
    ALLOBJECT_TYP   *pAllObjectsWB;
    ALLOBJECT_TYP   *pAllObjectsP;
    ALLSOLUTION_TYP *pAllSolutions;
    int             nActualPosition;
    int             *pPossibleSolutions;
    int             i,j,k,l;
    ALLOBJECT_TYP   *pAllObjectsPNeu=NULL;
    int             *pPossibleSolutionsNeu =NULL;
    if(nActualPosition == (pAllSolutions[0].length)){
        pAllSolutions[0].numberOfSolutions++;
        pAllSolutions[0].pSolutions[pAllSolutions[0].numberOfSoluti-
        ons-1].pPObjects=
            (int *)malloc(pAllSolutions[0].length*(sizeof(int)));
        for(j=0;j<pAllSolutions[0].length;j++){
            pAllSolutions[0].pSolutions[pAllSolutions[0].
                                numberOfSolutions-1]
                                .pPObjects[j]= pPossibleSolutions[j];
        }
    } else {
        switch(pAllSolutions[0].pWBObjectTyps[nActualPosition]){
        case O_SQUARE:
            for(k=0;k<pAllObjectsP[0].nSquares;k++){
                if(pAllObjectsP[0].pSquares[k].used == 0){
                   pAllObjectsPNew=
                       (ALLOBJECT_TYP*)malloc(sizeof(ALLOBJECT_TYP));
                   copyAllObjects(pAllObjectsP,pAllObjectsPNew);
                   pAllObjectsPNeu[0].pSquares[k].used = 1;
                   pPossibleSolutionsNeu =
                        (int *) malloc(pAllSolutions[0].length*
                                                      sizeof(int));
                   for(l=0;l<pAllSolutions[0].length;l++){
                       pPossibleSolutionsNew[l]=pPossibleSolutions[l];
                    }
                      pPossibleSolutionsNew[nActualPosition]=
                            pAllObjectsP[0].pSquares[k].number;
                    calcAllSolutions(pAllObjectsWB,pAllObjectsPNew,
                                     pAllSolutions,nActualPosition+1,
                                     pPossibleSolutionsNew);
            }   }
            break;
        case O_RECTANGLE:
            <Siehe Berechnung unter O_SQUARE>
            break;
        case O_CIRCLE:
            <Siehe Berechnung unter O_SQUARE>
            break;
        case O_OVAL:
            <Siehe Berechnung unter O_SQUARE>
            break;
        case O_TRIANGLE:
            <Siehe Berechnung unter O_SQUARE>
            break;
        case O_NOT_INTERESTING:
            <Siehe Berechnung unter O_SQUARE>
            break;
}   }   }
```

Abb. 13.58. Diese Funktion wird rekursiv aufgerufen, um alle Knotenpaare zu berechnen. Es werden die Speicherbereiche für die Knoten aus dem Bildgraphen und die möglichen Lösungen kopiert und dann erfolgt der rekursive Aufruf

graph gefunden werden, d.h., der Lösungsvektor weist 5 leere Positionen auf, die es zu füllen gilt. Durch Rekursion „wandert" die Funktion durch die Positionen im Lösungsvektor und berechnet für die einzelnen Knoten des Modellgraphs die korrespondierenden Knoten im Bildgraph.

Das Abbruchkriterium für die Funktion `calcAllSolutions` stellt die Position im Lösunsgsvektor dar. Es gibt zwei Fälle:

(1) Der Pointer zeigt auf eine Position *innerhalb* des Lösungsvektors - das Abbruchkriterium ist nicht erfüllt: Der Lösungsvektor enthält noch leere Stellen - also Knoten aus dem Modellgraph, für die noch kein korrespondierender Knoten im Bildgraph gefunden wurde. Um zu einem Knoten *K* aus dem Modellgraph einen korrespondierenden Knoten *K'* aus dem Bildgraph zu finden, muss folgende Bedingung erfüllt werden: Der Knoten K ist ein geometrisches Primitiv vom Typ *P*. Der korrespondierende Knoten *K'* muss vom selben Typ *P* sein. Um derartige Knoten zu finden, läuft das Programm innerhalb einer Rekursionsstufe sequenziell durch die Knoten des Bildgraphs. Der erste Knoten *K'*, der die Bedingung erfüllt, wird ausgewählt und in den Lösungsvektor eingetragen. Daraufhin ruft sich die Funktion `calcAllSolutions` rekursiv wieder auf, um die Nächste freie Stelle im Lösungsvektor mit einem korrespondierenden Knoten zu füllen.

(2) Der Pointer zeigt auf eine Position *hinter* dem Lösungsvektor - das Abbruchkriterium ist erfüllt: Zeigt der Pointer auf eine Position hinter dem Lösungsvektor, so konnten alle vorhergegangen Stellen mit einem korrespondierendem Knoten aus dem Bildgraph gefüllt wurde. Man hat eine Lösung gefunden! Diese Lösung wird im ersten Teil der Funktion in die Lösungsmenge `pAllSolutions` übertragen. Wenn alle Rekursionen durchlaufen sind, enthält die Datenstruktur `pAllSolutions` alle Lösungen.

Ermittelt das Programm so nicht nur die Erste der möglichen Lösungen? Nein! Man nehme an, dass es im Bildgraph *G'* zwei Knoten *K'* und *K"* gibt, die zum Knoten *K* aus dem Modellgraph korrespondieren. Der erste Knoten wird beim ersten rekursiven Abstieg gefunden - die erste Lösung wird mit ihm erstellt und in `pAllSolutions` eingetragen. Danach wird ein neuer leerer Lösungsvektor erzeugt, in den bei Bedarf die nächste Lösung eingetragen werden kann. Nun springt das Programm - bedingt durch die Rekursion - auf die Rekursionsebene zurück, auf der noch nicht alle Knoten im Bildgraph als potenzielle korrespondierende Knoten ausprobiert wurden. Auf diese Weise, gelangt die Funktion auch zum Zweiten korrespondierenden Knoten *K"*, und trägt ihn in den aktuellen Lösungsvektor ein. Falls auch dieser Lösungsvektor kompletiert werden kann, wurde eine zweite Lösung gefunden, ein neuer leerer Lösungsvektor wird erzeugt und auf den noch nicht vollständig abgearbeiteten Rekursionsebenen wird nach weiteren Möglichkeiten gesucht. Die Lösungsfindung terminiert, wenn auf allen Rekursionsebene alle Knoten für eine Lösung überprüft wurden. Der Lösungsbaum wurde dann vollständig abgearbeitet. Wer an einem weitergehenden Verständnis des Algorithmus interessiert ist, male sich an einem Beispiel den Lösungsbaum auf und vollziehe nach, wie der Algorithmus den Lösungsbaum abarbeitet.

13.4 Ergänzungen

13.4.1 Constraints

In den ersten Abschnitten dieses Kapitels wurden bzgl. Constraints nur „gutartige" Fälle erläutert: Eine Aufgabenstellung wird als Constraintnetz modelliert, die Constraints werden durch das Netz propagiert, und man erhält eine Menge der möglichen und korrekten Lösungen. Es kann aber auch der Fall eintreten, dass die Lösungsmenge leer ist, obwohl es laut gesundem Menschenverstand eine, oder vielleicht sogar mehrere Lösungen gibt. Der Grund dafür, dass mittels Constraints keine Lösungen gefunden werden, liegt dann darin, dass die Aufgabenstellung überspezifiziert ist.

Ein Beispiel für eine Aufgabe, die per Constraints keine Lösungen ergibt, aber mittels des gesunden Menschenverstands: Für das neue Büro einer kleinen Firma mit 10 MitarbeiterInnen soll ein neuer Bürobelegungsplan erstellt werden. Das Büro besteht aus 2 Zimmern à 21 m^2 und 2 Zimmern à 29 m^2. In der Firma gibt es 3 Raucher und 7 Nichtraucher. Folgende Regeln sollen bei der Raumbelegung eingehalten werden:

Randbedingung „Fläche": Allen MitarbeiterInnen stehen jeweils mindestens 8 m^2 Fläche zur Verfügung.

Randbedingung „Rauchen": Es sollen jeweils nur Raucher oder nur Nichtraucher in einem Raum sitzen.

Wenn man diese Regeln als Constraints formuliert, ist die Lösungsmenge leer. Damit gibt sich der gesunde Menschenverstand nicht zufrieden. Er würde zum Beispiel folgende Belegung vorschlagen:

Die drei Raucher in einen Raum mit 29 m^2, in den zweiten 29 m^2 Raum drei Nichtraucher und in die zwei kleineren Räume jeweils zwei der verbleibenden Nichtraucher.

Diese Raumbelegung genügt der „Rauchen"-Randbedingung, verletzt allerdings die Randbedingung der „Fläche". Der gesunde Menschenverstand besagt aber, dass es eigentlich nichts ausmacht, wenn drei Personen einen Quadratmeter weniger Platz haben. Es ist aber nicht akzeptabel, Raucher und Nichtraucher in einem Raum zu platzieren. Demzufolge wird die Flächen-Randbedingung zu Gunsten einer Lösung gelockert.

Um diese Flexibilität auch beim formalisierten Lösen von Aufgaben nachbilden zu können, wurden Relaxationsverfahren entwickelt. In diesem Fall können nicht allen Variablen Werte zugewiesen werden, die *alle* Constraints erfüllen. Es werden deswegen Werte zugewiesen, die einigen – aber nicht allen – Constraints genügen. Welche Constraints erfüllt und welche in ihrer Gültigkeit abgeschwächt oder aus dem Constraintnetz entfernt werde, wird dabei von Werten abhängig gemacht, die die Wichtigkeit eines einzelnen Constraints ausdrücken.

Die Grenzen des Waltz-Algorithmus wurde im Überblicksabschnitt nur angedeutet. Abschließend darf ein weitergehenden Hinweis auf die Fragen nach den Grenzen des Waltz-Ansatzes nicht fehlen:

- Was passiert, wenn sich die Objekte nicht an die Annahmen, die Waltz macht, halten? Was passiert bei gekrümmten Geradenstück? Wie wird das Bild in Abb. 13.59 interpretiert?
- Digitale Bilder können vielerlei Ursprung haben. Es ist nur eine Möglichkeit, mit digitalen Kameras Szenen aus der alltäglichen Welt aufzunehmen. Was würde passieren, wenn man nicht davon ausgehen kann, dass die digitalen Bilder Abbilder von alltäglichen Szenen sind? Wie werden Objekte interpretiert, die keine physikalische Entsprechung haben? Berühmte Beispiele hierfür wurden von Escher gezeichnet, die auf der Mehrdeutigkeit von Kanten beruhen wie es das Beispiel in Abb. 13.60 zeigt.

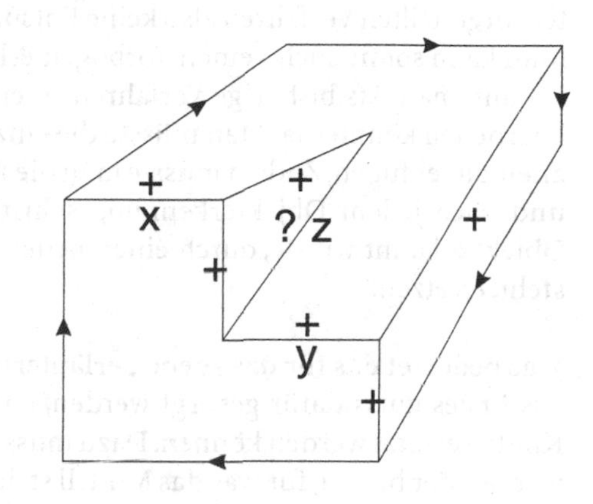

Abb. 13.59. Abbild einer Szene, die eine der Annahmen für den Waltz-Algorithmus verletzt

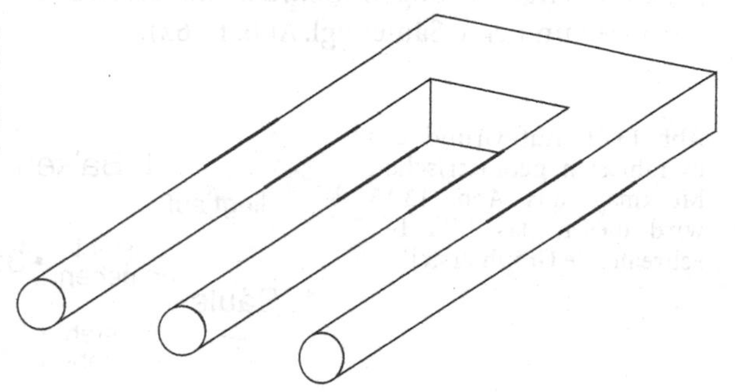

Abb. 13.60. Abbild einer Szene, die eine der Annahmen für den Waltz-Algorithmus verletzt. Was passiert, wenn man trotzdem den Waltz-Algorithmus darauf anwendet?

13.4.2 Graphen

Am Eingangsbeispiel für das Graphmatching mit dem Torbogen (s. Abb. 13.15) wurden die Möglichkeiten erläutert, wie man durch Graphvergleich Objekterkennung betreiben kann.

Dieses einfache Beispiel eignet sich aber bereits auch dazu, die Grenzen dieses Ansatzes darzustellen. Die linke Säule besteht aus einem einzigen Quader. Dieser Quader wird nach der Extraktion geometrischer Merkmale, der anschließenden Klassifikation der geometrischen Elemente und der Transformation dieser Ergebnisse in einen Graphen als *ein* Knoten dargestellt. Die linke Säule im Bild paßt also *direkt* auf den entsprechenden Teil in dem Modell für einen Torbogen.

Anders sieht es im Bild allerdings mit der rechten Säule aus: Sie setzt sich aus *zwei* Quadern zusammen. Diese erfüllen zwar dieselbe Funktion wie die linke Säule, aber da es *zwei* Quader sind werden sie auch als *zwei* Knoten im Graphen dargestellt, die mit einer Relation „steht auf" verbunden sind (vgl. Abb. 13.61).

Für diese rechte Säule im Bild (vgl. Abb. 13.15) kann mit dem in diesem Kapitel vorgestellten Verfahren also keine Entsprechung im Modell gefunden werden! Man kann somit auch keinen Torbogen erkennen.

Kann man das bisherige Verfahren so erweitern, dass es auch derartige Fälle bearbeiten könnte? Ja: Man müsste die einzelnen Objekterkennungsschritte nur aneinander fügen. Zudem müsste man die Repräsentation der Modelle erweitern und nach jedem Objekterkennungsschritt den Teil des Graphen, der als ein Objekt erkannt wurde, durch einen neuen Knoten, der für das erkannte Objekt steht, ersetzen.

Was bedeutet das für das soeben erläuterte Torbogen-Beispiel?
Als Erstes muss dafür gesorgt werden, dass erkannte Teilgraphen durch einen Knoten ersetzt werden können. Dazu muss für jedes Modell ein Knoten zugefügt werden, der besagt, für was das Modell steht. In Abb. 13.62 entsteht so der zusätzliche Knoten „5: Torbogen" bzw. der Knoten „6: Säule" in den Modellen für einem Torbogen und eine Säule (vgl. Abb. 13.62).

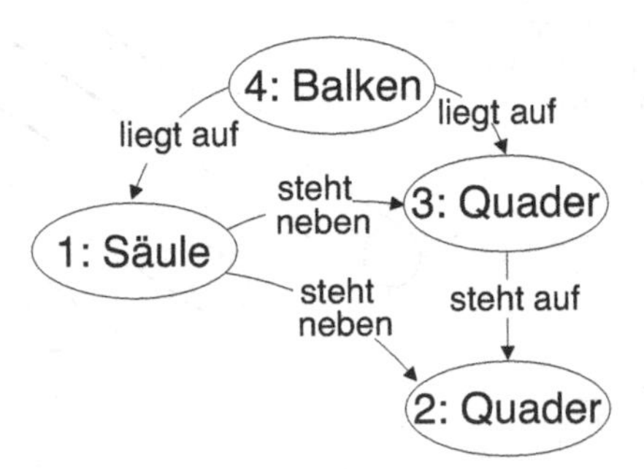

Abb. 13.61. Auf Grund der extrahierten geometrischen Merkmale aus Abb. 13.15 wird dieser, das Bild beschreibende Graph erstellt

Abb. 13.62. Diese zwei Graphregeln bilden eine erste kleine Graphgrammatik. Mittels derer das Problem auf der Seite der Modelle gelöst wird, das mehrere Objekterkennungsschritte und die damit verbundenen Graphersetzungen aufeinander folgen können. So kann man das am Anfang dieses Abschnitts erläuterte Torbogenproblem in den Griff bekommen

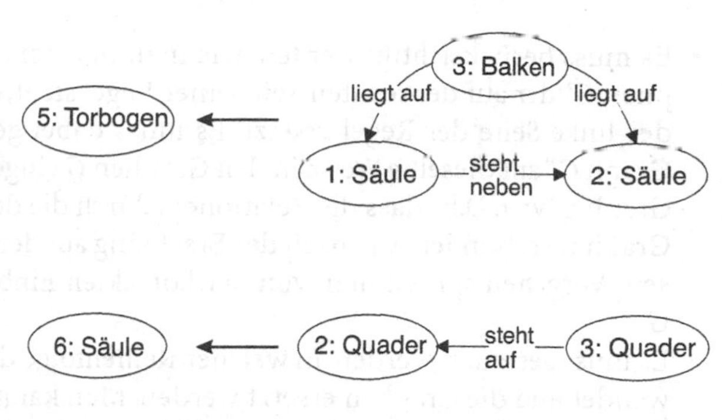

Aus den einfachen Graphen sind somit Regeln geworden, bei denen auf der linken Seite *ein* Knoten angibt, für was der Graph auf der rechten Seite steht. Die bereits eingeführte formale Darstellung für Graphen wird verwendet und erweitert wie es Abb. 13.63 zeigt. Wie die alte Wissensbasis aus zwei Modellen modifiziert wird zeigt Abb. 13.64. Dieselbe Information wie Abb. 13.64 aber in Form von Graphen zeigt Abb. 13.62.

Mit der Erweiterung der bisherigen Modelle von Graphen zu Regeln, mittels derer Graphen ersetzt werden, wurde unversehens der Schritt in die Graphgrammatiken gewagt. Aktuell wird zwar nur über eine sehr kleine Graphgrammatik mit zwei Regeln verfügt, aber das Prinzip ist hoffentlich deutlich geworden. Was nur grob skizziert worden ist, ist das neue Interpretationsverfahren. Um die Isomorphie zwischen Graphen festzustellen, wurde nacheinander überprüft, ob die Modelle in dem Graphen des Eingabebildes enthalten sind. Dieses Verfahren ist für die Interpretation von Graphgrammatiken nicht mehr ausreichend. Das erweiterte Verfahren muss folgende zusätzliche Aspekte behandeln:

```
V = { 1, 2, 3, 4, 5, 6}
L_E = { "steht neben", "liegt auf", "steht auf"}
E = { ( 1 "steht neben" 2 ), ( 1 "steht neben" 3),
      (2 "steht auf" 3), ( 4 "liegt auf" 1 und 3) }
L_V = { Torbogen, Säule, Quader, Balken }
l = { ( 1, Säule), ( 2, Quader), ( 3, Quader), ( 4, Balken),
      ( 5, Torbogen), ( 6, Säule)}
```

Abb. 13.63. Mittels der eingeführten formalen Sprache für Graphen wird die Abb. 13.61 dargestellt

```
knoten( 5 , Torbogen) ←
        ( knoten(1, Säule) "steht neben" knoten( 2, Säule) ) &
        ( knoten( 3, Balken) "liegt auf" knoten( 1, Säule),
                                         knoten( 2, Säule) )

knoten( 6, Säule) ←
        ( knoten( 2, Quader) "steht auf" knoten( 3, Quader) )
```

Abb. 13.64. Eine kleine Graphgrammatik mit zwei Regeln für die Erkennung von Torbögen

- Es muss berücksichtigt werden, wie man in einem Graphen *G* einen Teilgraphen *G'*, der auf der rechten Seite einer Regel steht, durch den Graphen *G"* auf der linke Seite der Regel ersetzt. Es muss dabei gewährleistet sein, dass der Graph *G"* auf dieselbe Weise in den Graphen *G* eingebettet ist, wie es zuvor der Graph *G'* war. D.h., dass die Relationen, durch die der Graph *G'* zuvor mit dem Graph *G* verbunden war, nach der Ersetzung auf den Graph *G"* weisen. Bei diesem Vorgehen spricht man von der korrekten Einbettung des Graphen *G"* in *G*.
- Es muss gesteuert werden, in welcher Reihenfolge die Grammatikregeln angewendet und die Graphen ersetzt werden. Man kann zwei prinzipiell verschiedenen Verarbeitungsstrategien realisieren: Man kann datengetrieben oder modellgetrieben arbeiten:

Datengetriebene Verarbeitungsstrategie: Man geht vom Graphen des Eingabebildes aus und ersetzt Subgraphen anhand der Regeln solange, bis man zu einem oder mehreren Objekten gelangt ist, die als Zielobjekte definiert sind. Für die eingeführte Minigraphgrammatik bedeutet das, dass auf den Graphen des Eingabebildes als erstes die „Säule"-Regel angewendet wird und als zweites die „Torbogen„-Regel. Auf Grund dieser Graphersetzung resultiert das Objekt „Torbogen" bzw. dessen Knoten im Graph, das ein Zielobjekt ist. Abbildung 13.65 veranschaulicht den Vorgang. Bei der datengetriebenen oder auch „bottum up" genannten Verarbeitungsstrategie werden die Regeln der Grammatik von links nach rechts angewandt.

Modellgetriebene Verarbeitungsstrategie: Hier beginnt man bei den Regeln, die Zielobjekte enthalten. Man wählt die Regeln aus, die Zielobjekte produzieren, d.h. die Regeln, die auf ihrer linken Seite aus Knoten bestehen, die als Zielobjekte definiert wurden. Man synthetisiert so einen neuen Graphen. Für die einzelnen Knoten dieses neuen Graphen sind jetzt Regeln auszuwählen, deren linke Seite mit einem der Knoten in dem neu erzeugten Graphen übereinstimmt. Statt des einzelnen Knotens bettet man dann die rechte Seite der Regeln an seine Stelle ein. Durch diese Vorgehensweise wird der Graph immer umfangreicher. Die Kunst bei dem modellgetriebenen Verfahren besteht darin, den Punkt zu finden, an dem der synthetisierte Graph isomoroph zum Graphen des Eingabebildes ist bzw. zu

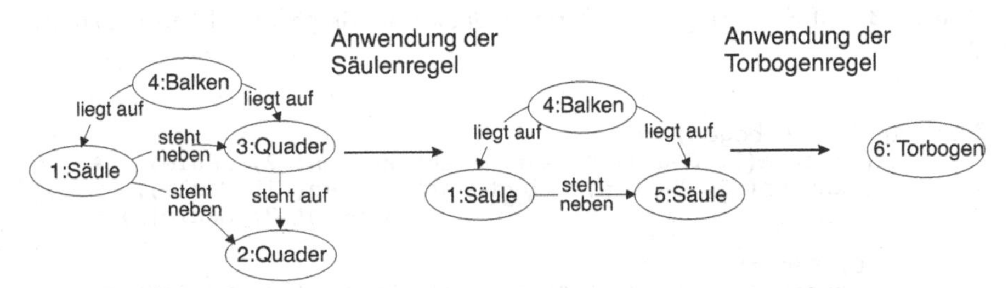

Abb. 13.65. Diese Grafik veranschaulicht die Objekterkennungsschritte auf der Basis der Torbogen-Mini-Grammatik bei einer datengetriebenen Vorgehensweise

einem seiner Subgraphen. Durch den Einsatz der aktuellen Minigrammatik wird modellgetrieben vorgegangen, wenn als Erstes die Regel angewendet wird, die ein Zielobjekt erzeugt: Die Torbogen-Regel. Auf diesen Graphen können auf zwei Knoten die Säulen-Regel angewendet werden. Die erste Anwendung der Säulen-Regel führt zum Erfolg, denn der erzeugte Graph ist isomorph zu dem des Eingabebildes. Abbildung 13.66 veranschaulicht diesen Vorgang.

Bei der modellgetriebenen oder auch „top down" genannten Verarbeitungsstrategie werden die Regeln der Grammatik von rechts nach links angewandt.

Diese beiden Verfahren kann man auch miteinander in den unterschiedlichsten Weisen kombinieren: Man könnte z.B. in den ersten zwei Iterationen datengetrieben arbeiten. Da versucht man über eine modellgetriebene Vorgehensweise die Vorteile der unterschiedlichen Verarbeitungsstrategien miteinander zu kombinieren. Eine derart kombinierte Verarbeitungsstrategie für die graphbasierte Objekterkennung wurde im System ImageMiner [13.8, 13.11] realisiert.

Der Klassiker auf dem Gebiet der Graphgrammatiken in Form einer Monografie ist die Arbeit von Nagel [13.14]. Aktueller ist das umfassende Skript von Schürr und Westfechtel [13.17]. Beide Arbeiten geben einen Überblick über Graphgrammatiken. Auf Grund dieses Schwerpunktes stellen die Anwendungen von Graphgrammatiken in der Bildverarbeitung nur eine von vielen Beispielen dar. Wer mehr über die konkrete Anwendung der Graphgrammatiken in der Bildverarbeitung als an deren Grundlagen interessiert ist, sei auf die Arbeiten von Klauck verwiesen [13.11].

Abschließend sei noch die Effizienz des Verfahrens genannt: Je komplexer die Graphen werden, desto wichtiger werden derartige Überlegungen. Häufig werden dann Heuristiken eingesetzt, mittels derer z.B. die Zahl der zu erkennenden Zielobjekte pro Gesamtgraphen eines Bildes eingeschränkt wird. Eine andere Heuristik lautet für Objekte, die mittels mehrerer Regeln definiert wurden: Nach der ersten erfolgreich angewendeten Regel eines Objekttyps werden die weiteren Regeln dieses Objekttyps nicht mehr auszuprobieren. Weitergehende Heuristiken bei der Anwendung komplexer Graphgrammatiken kann man z.B. der Dissertation von Klauck [13.10] entnehmen.

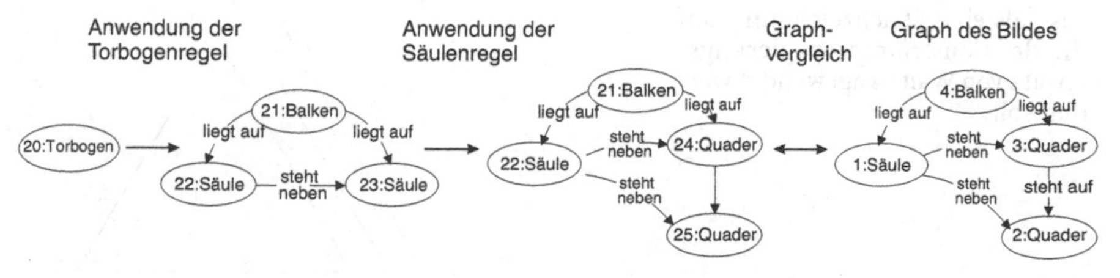

Abb. 13.66. Diese Grafik veranschaulicht die Objekterkennungsschritte auf der Basis der Torbogen-Mini-Grammatik bei einer modellgetriebenen Vorgehensweise

13.5 Aufgaben

13.1:
In welchen Anwendungsfeldern der Bildverarbeitung können Constraints Gewinn bringend eingesetzt werden? Welche Bedingungen werden an diese Anwendungsfelder gestellt?

13.2:
Wende den Constraints-Propagierungsansatz von Waltz auf die Abb. 13.67 an.

13.3:
Wende den Constraints-Propagierungsansatz von Waltz auf die Abb. 13.68 an.

13.4:
Überlege, wie man den Constraint-Propagierungsalgorithmus von Waltz erweitern muss, wenn man weitere Kreuzungstypen berücksichtigen will. Wo und wie müsste man das Prolog- und C-Programm ändern? Implementiere es!

13.5:
Überlege, wie sich die Komplexität des Algorithmus von Waltz ändert, wenn man weitere Kreuzungstypen hinzunimmt?

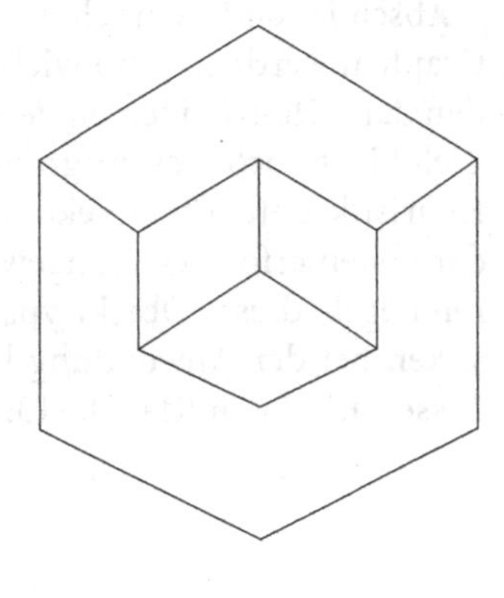

Abb. 13.67. Eine Strichzeichnung aus der mittels des Constraint-Propagierungsansatzes von Waltz dreidimensionale Information gewonnen werden kann

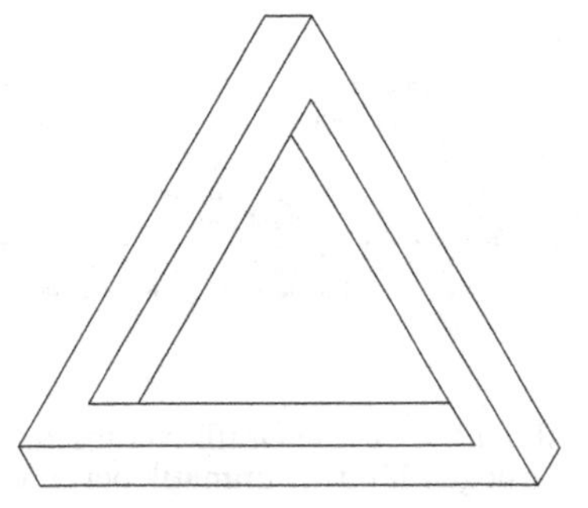

Abb. 13.68. Das Dreieck von Penrose als eine Strichzeichnung, auf die der Constraintpropagierungsansatz von Waltz angewendet werden soll

13.6:

Die folgende Aufgabe soll zum Nachdenken anregen, in welchen Fällen – außer in den bisher vorgestellten – Constraints den Lösungsraum effizient einschränken und diese somit der effizienteren Lösungsfindung dienen. Bei dieser Aufgabe handelt es sich um ein so genanntes kryptoarithmetisches Problem. In dieser Klasse von Problemen gilt es, jeden Buchstaben so durch eine Zahl zu ersetzen, dass am Ende der Ersetzung aller Buchstaben durch Zahlen ein korrekte Addition entstanden ist. *Eine* Zahl darf pro Buchstabe eingesetzt werden, und jede Zahl darf nicht für zwei verschieden Buchstaben benutzt werden. Man kann jeden Buchstaben somit durch eine Zahl ersetzen. Ein beliebtes kryptoarithmetisches Problem ist:

```
   S E N D
 + M O R E
 ---------
 M O N E Y
```

Wie kann man dieses Problem mit Constraints lösen? Inwieweit kann man durch die Formulierung von Constraints in diesem Beispiel den Lösungsraum einschränken? Was gewinnt man dadurch im Vergleich zum einfachen „Durchprobieren“?

13.7:

Überlege, wie man vorgehen müsste, wenn man auch nicht planare Flächen mit berücksichtigen wollte? Trägt der Algorithmus dann noch oder muss man einen neuen Ansatz finden?

13.8:

Nenne weitere Isomorphien zwischen den Graphen in Abb. 13.14.

13.9:

Im Ergänzungs-Abschnitt dieses Kapitels wurde nur angedeutet, wie man das vorgestellte Programm für den Graphvergleich um eine Einbettungsfunktion für Graphen und die Steuerung der Abarbeitung der Regeln erweitern könnte. Überlege, welche Fälle alle für eine Einbettungsfunktion berücksichtigt werden müssen. Male die passenden Graphen auf. Überlege auch schwierige Fälle! Vergesse nicht die trivialen! Implementiere den Ansatz. Überlege weitergehende Kriterien, durch die die Steuerung der Regelabarbeitung als Wechsel zwischen daten- und modellgetrieben „intelligenter“ werden kann. Wann kann es sinnvoll sein, ausschließlich modell- oder datengetrieben zu arbeiten?

13.10:

Überlege, wie man unser Graphmatching-Algorithmus effizienter gestalten kann.

13.11:
Im ersten Abschnitt dieses Kapitels wurden eine Reihe von Möglichkeiten genannt wofür Knoten von Graphen bezogen auf Bereiche in Bildern stehen können. Überlege weitere Möglichkeiten. Es gibt viele!

13.12:
In der vorgestellten Implementierung wurde nur eine geringe Attributierung für Knoten und Kanten realisiert: Die Kanten verfügen über ein Label und die Knoten ebenso. Überlege, wie eine sinnvolle Erweiterung der Attributierungsmöglichkeiten für Knoten und Kanten aussehen könnte. Male die Graphen auf. Bedenke dabei, dass auch die neuen Attribute automatisch aus den Ergebnissen der Merkmalsextraktion herleitbar sein sollen.

13.13:
Das in diesem Kapitel vorgestellte Programm „subgraphisomorphie" prüft, ob der Graph *G* zu einem Teilgraphen von *G'* isomorph ist. Prüft dieses Programm auch zwei Graphen auf einfache Graphisomorphie ab? An welcher Stelle müsste man das Programm verändert, damit *ausschließlich* auf einfache Graphisomorphie geprüft wird?

13.14:
Welche Eigenschaften müssen für die Bilder und die Modelle, der auf den Bilder zu erkennenden Objekte bestehen, wenn die Objekterkennung nur auf einfacher Graphisomorphie beruht?

13.15:
Das Subgraphisomorphie-Programm verarbeitet nur Graphen mit binären Relationen. Wie würde man n-stellige Relationen am besten repräsentieren und an welchen Stellen müsste man im Programm überall Erweiterungen vornehmen?

Literatur

13.1 Ballard, D. H. and Ch. M. Brown: Computer Vision. Engelwod Cliffs, New Jersey: Prentice Hall 1982.
13.2 Bratko, I.: Prolog Programming for Artificial Intelligence. Reading, MA: Addison-Wesley, 1986
13.3 Clowes, M. B.: On seeing things. Artficial Intelligence 2 (1971) 79–116
13.4 Cohen P.R. and Feigenbaum, E. A.: The Handbook of Artificial Intelligence. Vol 3. Reading, Massachusetts: Addison-Wesley 1982
13.5 Görz, G. (Hrsg.): Einführung in die künstliche Intelligenz. 2. Auflage Bonn / Paris: Addison - Wesley, 1993
13.6 Güsgen, H.-W.: Constraints. In: Strube, G.: Wörterbuch der Kognitionswissenschaft, Stuttgart: Klett Cotta 1996, S. 92f
13.7 Guzman, A.: Computer recognition of three-dimensional objects in a visual scene. Massachusetts Institute of Technology: Tech. Rep. MAC-TR-59, AI Laboratory 1968
13.8 Hermes, T., Klauck C., Kreyss, J. and Schirra, J.: Image Retrieval for Information Systems. In: W. Niblack and Ramesh C. Jain: *Proceedings of Symposium on Electronic Imaging Science and Technology.* Feb. 5 - 10, 1995, San Jose. p. 394 - 405. 1995.

13.9 Huffman, D.: Impossible objects as nonsense sentence. In: R. Meltzer and D. Michie (Eds.): Machine Intelligence 6, New York: Elsevier 1971 S. 295 - 323
13.10 Klauck, C.: Eine Graphgrammatik zur Repräsentation und Erkennung von Features in CAD/CAM. DISKI 66. St. Augustin: infix 1994
13.11 Klauck, C.: Graph Grammar Based Object Recognition for Image Retrieval. In: ACCV«95: Second Asian Conference on Computer Vision. 5.-8. December 95, Singapore, Vol. II, pp. 539 - 543.
13.12 König, E. and Seiffert, R.: Grundkurs PROLOG für Linguisten. Tübingen: Francke UTB 1525 1989
13.13 Mitchell, T.: Machine learning, New York: McGraw-Hill 1996
13.14 Nagel, M.: Graph-Grammatiken: Theorie, Implementierung, Anwendung. Braunschweig, Wiesbaden: Vieweg Verlag 1979
13.15 Rich, E. and Knight, K.: Artificial Intelligence. 2nd Edition. New York: McGraw Hill 1991
13.16 Roberts, L.: Machine perception of three-dimensional solids. In: J. Tippett (Ed.): Optical and electro-optical information processing. Cambridge, Mass.: MIT Press S. 159-197. 1965
13.17 Schürr, A. und Westfechtel B.: Skript zu Graphgrammatiken. Aachen 1992
13.18 Sedgwick, R.: Algorithms. Reading, Ma: Addison-Wesley, 2nd edition 1984
13.19 Sonka, M., Hlavac, V. and Boyle, R.: Image Processing, Analysis and Machine Vision. London: International Thomson Computer Press 1996
13.20 Sterling, L. and Shapiro E.: The Art of Prolog. Cambridge, Massachusetts: MIT Press, 2. Edition 1994.
13.21 Waltz, D.: Generating semantic description from drawings of scenes with shadows. AI-TR-271, Project MAC, Cambridge: Massachusetts Institute of Technology 1972. Reprinted in P. Winston (Ed.). The psychology of computer vision. New York: McGraw-Hill 1975 S.19-92
13.22 Winston, P. (Ed.): The psychology of computer vision. New York: McGraw-Hill 1975

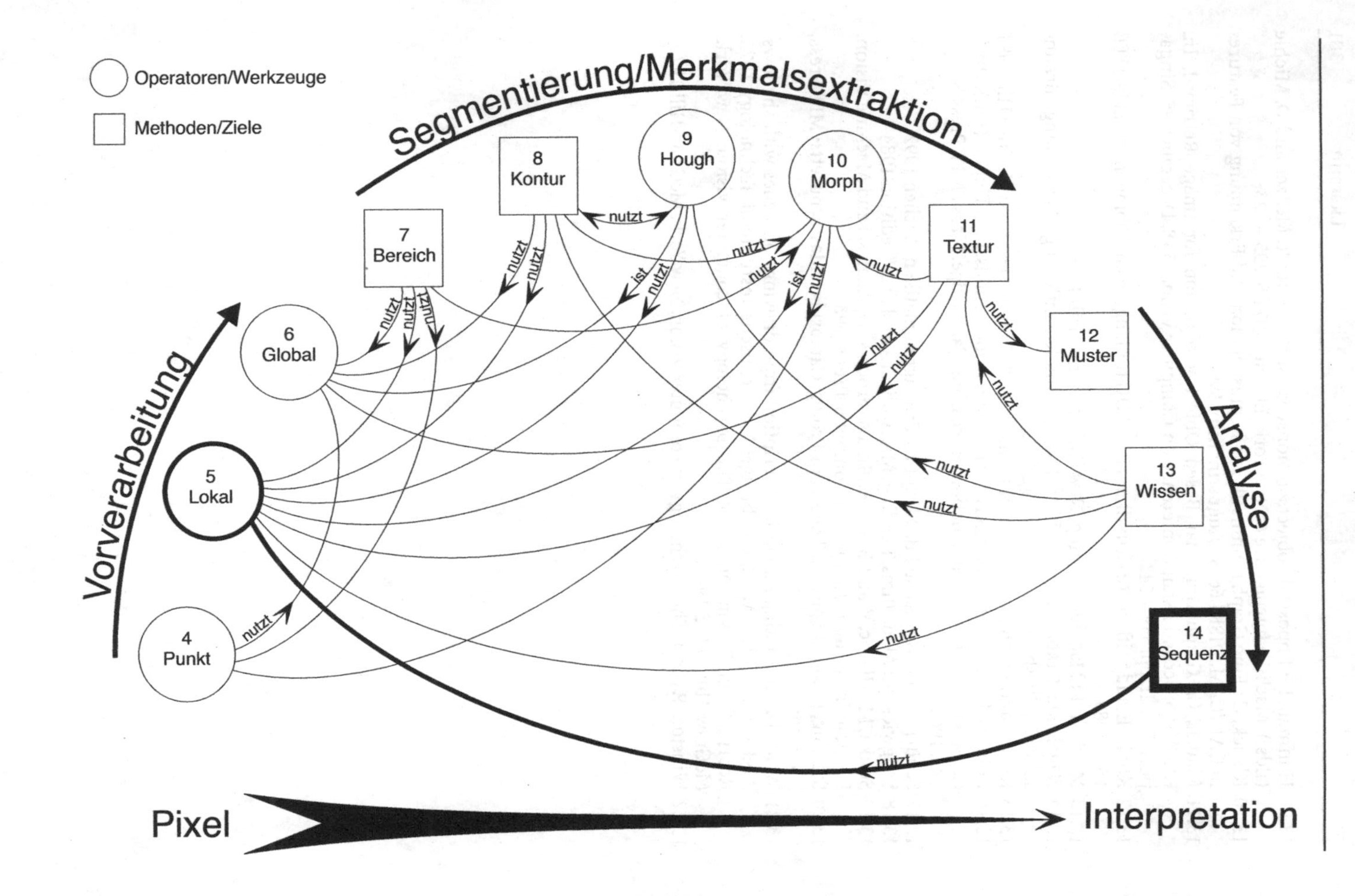
Operatoren/Werkzeuge
Methoden/Ziele
Vorverarbeitung
Segmentierung/Merkmalsextraktion
Analyse
4
Punkt
5
Lokal
6
Global
7
Bereich
8
Kontur
9
Hough
10
Morph
11
Textur
12
Muster
13
Wissen
14
Sequenz
nutzt
ist
Pixel
Interpretation

14 Bildfolgenverarbeitung

Die Kapitelübersicht zeigt das aktuelle Kapitel lediglich in Verbindung mit lokalen Operatoren. Wie viele andere Verfahren, so basiert auch die Analyse von Bildfolgen auf Grauwertdifferenzen, hier allerdings von einem Bild zum nächsten. Die Hintergründe dieser Operatoren sind ausführlich in Kap. 5 beschrieben.

Zum Verständnis des aktuellen Kapitels ist es empfehlenswert Abschn. 5.1.2 (Hervorhebung von Grauwertdifferenzen), gelesen zu haben. Der in Kap. 1 vermittelte Überblick ist hilfreich für die Einordnung. Die mathematischen Werkzeuge Ableitung und Gradient, Faltung und Korrelation sollten vertraut sein. Außerdem benötigt man zum Verständnis des Abschnitts „Ergänzungen" die Grundlagen der Variationsrechnung. Anhang B gibt eine entsprechende Einführung.

14.1 Überblick

Die Bildfolgenverarbeitung ist sicher eines der spannendsten Arbeitsgebiete der digitalen Bildverarbeitung. Allerdings ist es auch eines der schwierigsten. Diese Tatsache wird bereits durch die in Abschn. 1.2 genannten Datenraten verdeutlicht.

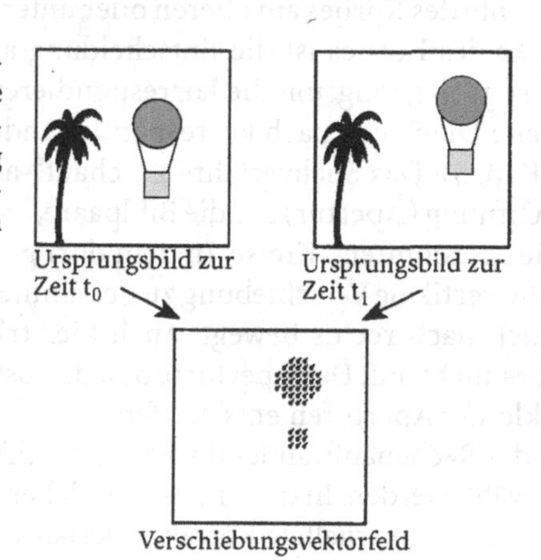

Abb. 14.1. Beispiel eines Verschiebungsvektorfeldes. Die Verschiebungsvektoren (Nadeln) beschreiben Richtung und Geschwindigkeit der Verschiebung jedes Pixels im Ursprungsbildpaar.

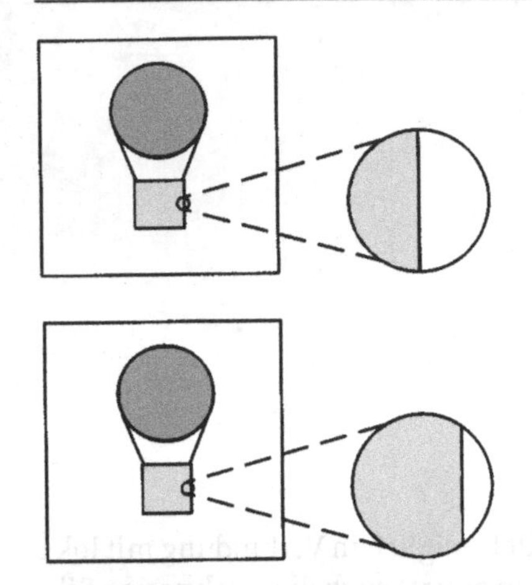

Abb. 14.2. Beispiel für Korrespondenz- und Aperturproblem. Die Frage „Woher weiß ein Pixel zur Zeit t_1 zu welchem Pixel es zur Zeit t_0 gehört" steht für das Korrespondenzproblem. Die Suche nach korrespondierenden Bildteilen ist auf lokale Operationen zurückzuführen. Der Suchalgorithmus „sieht" durch ein mehr oder weniger kleines Loch (vergrößerten Teile der Abbildung) auf das Bildpaar. Aus diesem Grund scheint sich der Korb lediglich nach rechts zu bewegen

Im Mittelpunkt dieses Kapitels steht die Ermittlung des sog. *Verschiebungsvektorfeldes*. Abbildung 14.1 zeigt ein Beispiel hierzu: Die Verschiebungsvektoren beschreiben für jedes Pixel im Ursprungsbildpaar Richtung und Geschwindigkeit der Verschiebung. Die korrekte Bestimmung der Vektoren stößt auf zwei grundsätzliche Probleme (vgl. Abb. 14.2):

Korrespondenzproblem: Wie soll ein zur Zeit t_1 betrachtetes Pixel „wissen", mit welchem Pixel es zur Zeit t_0 korrespondierte? Antwort: Man betrachte eine genügend große Nachbarschaft um das Pixel und suche die hierzu am besten passende Nachbarschaft im jeweils anderen Bild. In Abb. 14.2 ist die Nachbarschaft (angedeutet durch die „gezoomten" Kreise) zu klein. Es ist nicht entscheidbar, ob sich die senkrechte Kante des Korbes am oberen oder unteren Ende des Korbes befindet. Für eine *Ecke* des Korbes ist die Entscheidung allerdings problemlos. Die Nachbarschaft ist groß genug, um die korrespondierenden Ecken zu finden.

Aperturproblem: Die Suche nach korrespondierenden Bildbereichen ist lokaler Natur (vgl. Kap. 5). Das Suchverfahren „schaut" also durch eine mehr oder weniger kleine Öffnung (Apertur) auf die Bildpaare, in Abb. 14.2 wiederum angedeutet durch die „gezoomten" Kreise. In dem dort gezeigten Beispiel ist es nun nicht möglich, die vertikale Verschiebung zu bestimmen. Es scheint so, als ob sich der Korb lediglich nach rechts bewegt. Auch hier tritt das Phänomen an den Ecken des Korbes nicht auf. Das Aperturproblem lässt sich ebenfalls durch Vermeidung allzu kleiner Aperturen entschärfen.

Aus Gründen des Rechenaufwandes dürfen die Nachbarschaften natürlich nicht beliebig groß gewählt werden. In der Praxis sind daher fehlerhafte Verschiebungsvektoren die Regel. Nachgeschaltete Korrekturverfahren beseitigen diese Fehler.

Zusammenfassend ist also festzustellen: Verfahren zur Bestimmung von Verschiebungsvektorfeldern erfordern grundsätzlich zwei Schritte:

- Lokale Verschiebungsdetektoren ermitteln das initiale Vektorfeld.
- Korrekturverfahren beseitigen Fehler des initialen Vektorfeldes.

Ein sehr nahe liegendes Verfahren zur lokalen Detektion von Verschiebungsvektoren ist das Korrelationsverfahren. Ein Beispiel dazu ist in Abb. 14.3 dargestellt. Ausgangspunkt ist das erste Bild, in dem um ein aktuelles Pixel (r_0, c_0) ein Matching-Fenster liegt. Mit einem Fenster der gleichen Größe sucht man im zweiten Bild den passenden Ausschnitt. Eine Suche im gesamten Bild wäre extrem aufwändig. Daher beschränkt man sich auf ein Suchfenster. Für jedes Pixel in diesem Suchfenster werden die Grauwerte der beiden Matching-Fenster verglichen. Der Vergleich, der den kleinsten quadratischen Fehler (LSE) aufweist, liefert dann die Verschiebungsdaten, also Richtung und Geschwindigkeit.

Hier tritt nun ein drittes, bisher nicht genanntes Problem auf: Wenn die Bestimmung des räumlichen Parameters „Verschiebungsvektor" mit Hilfe eines Vergleichs von Grauwerten erfolgt, müssen die Beleuchtungsverhältnisse annähernd konstant sein. Andernfalls können gravierende Fehler auftreten. Der Zusammenhang zwischen Grauwertänderung und Bewegung ist also oftmals

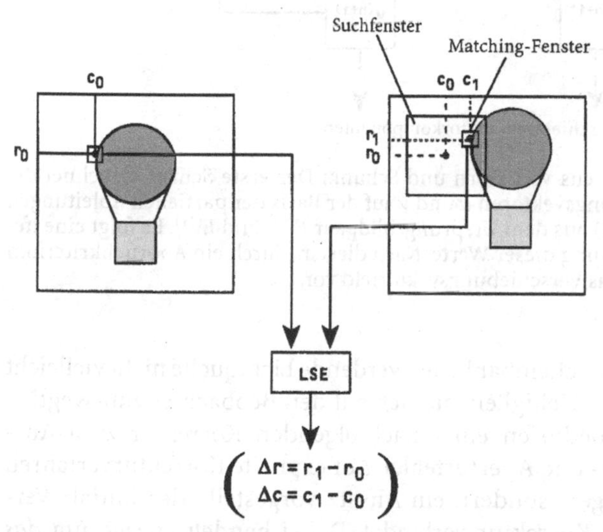

Abb. 14.3. Ein sehr nahe liegendes Verfahren zur lokalen Detektion von Verschiebungsvektoren ist das hier gezeigte Korrelationsverfahren. Ausgangspunkt ist das erste Bild, in dem um ein aktuelles Pixel (r_0, c_0) ein Matching-Fenster liegt. Mit einem Fenster der gleichen Größe sucht man im zweiten Bild den passenden Ausschnitt. Eine Suche im gesamten Bild wäre extrem aufwändig. Daher beschränkt man sich auf ein Suchfenster. Für jedes Pixel in diesem Suchfenster werden die Grauwerte der beiden Matching-Fenster verglichen. Der Vergleich, der den kleinsten quadratischen Fehler (LSE) aufweist, liefert dann die Verschiebungsdaten, also Richtung und Geschwindigkeit

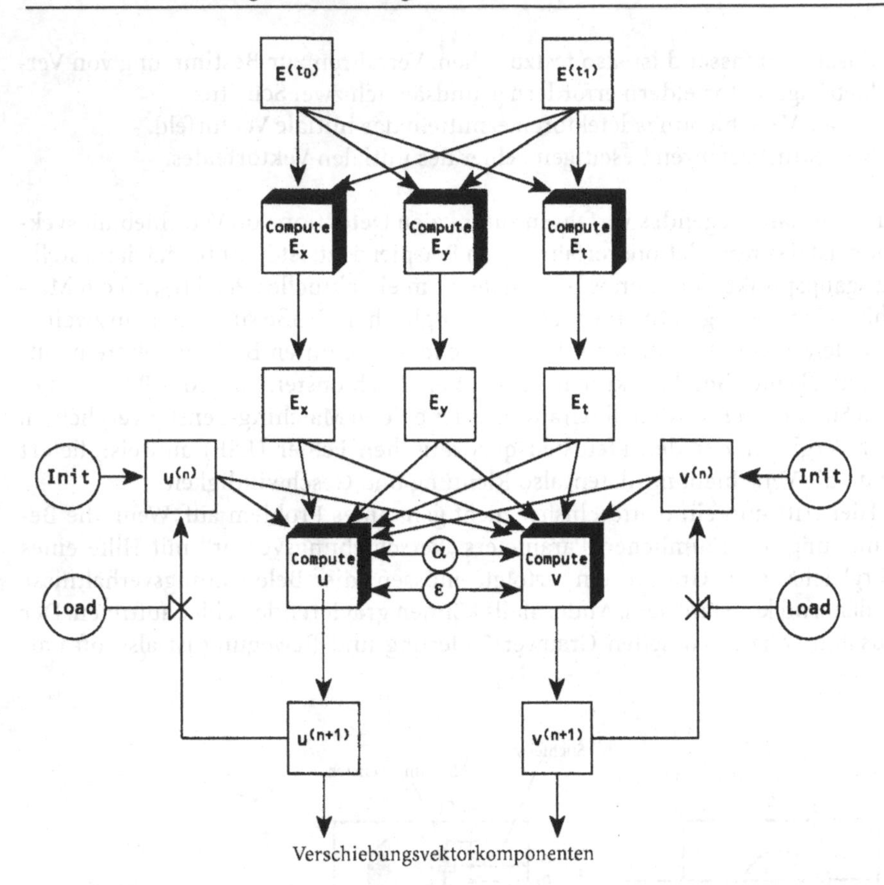

Abb. 14.4. Ablauf des Verfahrens von Horn und Schunk: Der erste Schritt errechnet die Komponenten der Verschiebungsvektoren u und v auf der Basis der partiellen Ableitungen nach Ort (E_x, E_y) und Zeit (E_t) aus dem Ursprungsbildpaar $E^{(t_0)}$ und $E^{(t_1)}$. Es folgt eine iterative Prozedur zur Verbesserung dieser Werte. Nach diesem, durch ein Abbruchkriterium (ε) beendeten Prozess liegt das Verschiebungsvektorfeld vor.

nicht eindeutig. Ist z.B. eine scheinbar heller werdende Lichtquelle nicht vielleicht eine Lichtquelle konstanter Helligkeit, die sich auf den Beobachter zubewegt?

Korrelationsverfahren bedürfen einer nachfolgenden Korrektur zum Ausgleich der Korrespondenz- und Aperturfehler. Auf explizite Korrekturverfahren wird hier nicht eingegangen, sondern ein Ansatz vorgestellt, der initiale Verschiebungsdetektion und Korrektur verbindet. Dabei handelt es sich um *das* klassische Verfahren, entwickelt von Horn und Schunk [14.4, 14.5]. Eine genaue Beschreibung bedarf einer längeren mathematischen Herleitung. Daher sei an dieser Stelle nur kurz der Ablauf skizziert (vgl. Abb. 14.4). Näheres zu diesem Verfahren folgt in Abschn. 14.4.

Aus den beiden Eingabebildern $E^{(t_0)}$ und $E^{(t_1)}$ werden im ersten Schritt die partiellen Ableitungen nach Raum und Zeit gebildet:

$$E_x = \frac{\partial E}{\partial x} \quad E_y = \frac{\partial E}{\partial y} \quad E_t = \frac{\partial E}{\partial t}$$

Die Komponenten der Verschiebungsvektoren u und v sind wie folgt definiert:

$$u = \frac{dx}{dt} \quad v = \frac{dy}{dt}$$

Es folgt eine iterative Prozedur zur Verbesserung dieser Werte. Nach diesem, durch ein Abbruchkriterium (ε in Abb. 14.4) beendeten Prozess liegt das Verschiebungsvektorfeld vor. Wie in Abschn. 14.4 gezeigt werden wird, beruht der Verbesserungsprozess auf der Minimierung eines Gesamtfehlers, der sich wiederum aus zwei Teilfehlern zusammensetzt. Die Bestimmung des Anteil dieser Teilfehler am Gesamtfehler ist Aufgabe eines Parameters α.

Die neuen Werte $u^{(n+1)}$ and $v^{(n+1)}$ nach der $(n+1)$-ten Iteration ergeben sich aus den lokalen Mittelwerten $\bar{u}^{(n)}$ und $\bar{v}^{(n)}$ der Ergebnisse der vorhergehenden Iteration ($u^{(n)}$ und $v^{(n)}$) gemäß den folgenden Gleichungen (vgl. Abschn. 14.4):

$$u^{(n+1)} = \bar{u}^{(n)} - \frac{E_x\left(E_x\bar{u}^{(n)} + E_y\bar{v}^{(n)} E_t\right)}{\alpha^2 + E_x^2 + E_y^2}$$

$$v^{(n+1)} = \bar{v}^{(n)} - \frac{E_y\left(E_x\bar{u}^{(n)} + E_y\bar{v}^{(n)} E_t\right)}{\alpha^2 + E_x^2 + E_y^2}$$

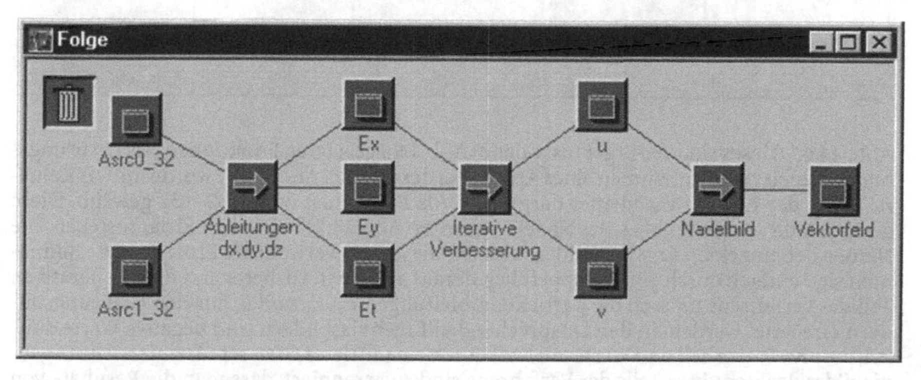

Abb. 14.5. Das Ziel der Experimente ist es, mit dem Verfahren von Horn und Schunk vertraut zu werden. Es findet im hier gezeigten Setup FOLGE.SET Anwendung. Als Ursprungsbilder dienen zwei Aufnahmen eines Apfels (Abb. 14.6). Die Namen der einzelnen Ergebnisbilder verraten die jeweils verwendete Prozedur. Die Bildnamen sind einfach durch einen Doppelklick darauf änderbar

14.2 Experimente

Das Ziel der Experimente ist es, mit dem Verfahren von Horn und Schunk vertraut zu werden. Es findet in Setup FOLGE.SET Anwendung (Abb. 14.5). Als Ursprungsbilder für die Veranschaulichung der Bewegtbildanalyse mittels des Verfahrens von Horn und Schunk dienen zwei Aufnahmen eines Apfels (Abb.

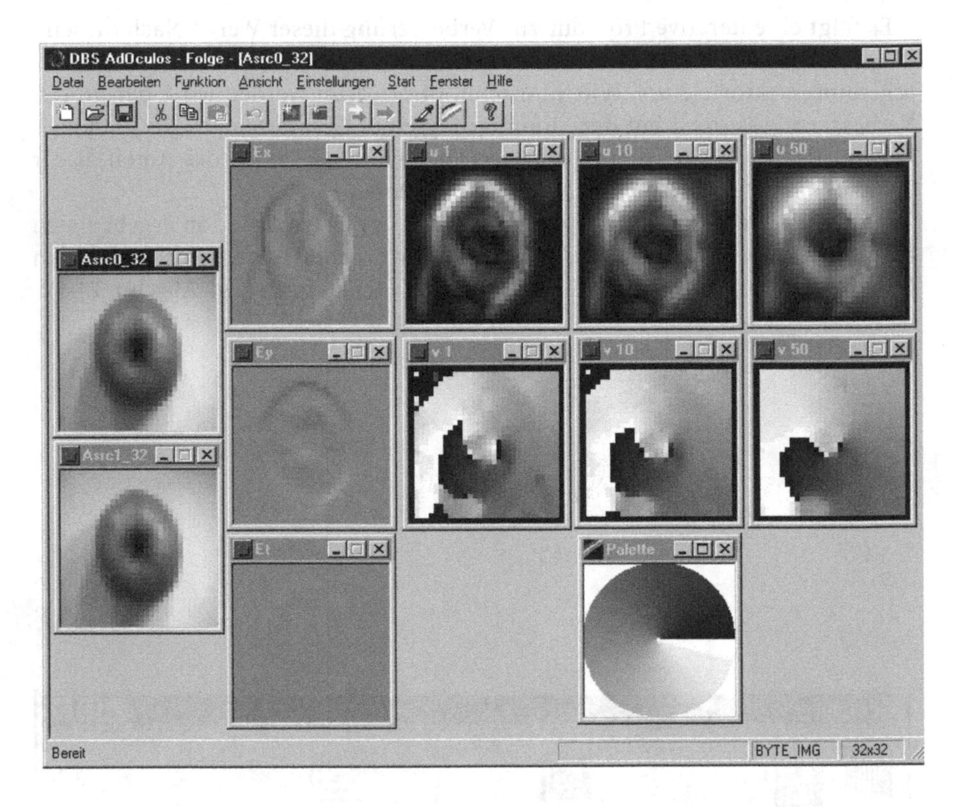

Abb. 14.6. Dieses sind die Ergebnisse der in Abb. 14.5 gezeigten Funktionen. Als Ursprungsbilder dienen zwei Aufnahmen eines Apfels. Bei der zweiten Aufnahme wurde mittels Kamera-Zoom der Apfel etwas kleiner dargestellt. Als Bildformat wurde 32 * 32 gewählt. Diese geringe Auflösung erlaubt es, das Nadeldiagramm (Abb. 14.7) befriedigend darzustellen. Die Namen der einzelnen Ergebnisbilder verraten die jeweils verwendete Prozedur. Die Bildnamen sind einfach durch einen Doppelklick darauf änderbar. Vorbereitend für den iterativen Teil des Verfahrens müssen die partiellen Ableitungen E_x, E_y und E_t aus den Ursprungsbildern errechnet werden. In den entsprechenden Ergebnissbildern sind negative Werte dunkel, positive Werte hell und Werte um Null durch ein mittleres Grau repräsentiert. Die Ergebnisbilder des iterativen Teils des Verfahrens sind so arrangiert, dass man die Resultate von 1, 10 und 50 Durchläufen direkt vergleichen kann. Die Richtung der Bewegung ist mit Hilfe der eingeblendeten Palette bestimmbar. Die Parameter von *Iterative Verbesserung* waren *Anzahl Iterationen:* 1, 10 und 50 und *Wert für Alpha:* 50. Diese Parameter sind durch Klicken mit der rechten Maustaste auf das Symbol *Iterative Verbesserung* änderbar

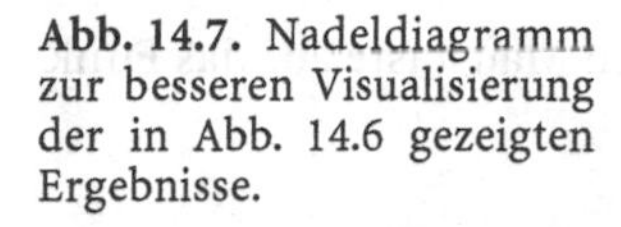

Abb. 14.7. Nadeldiagramm zur besseren Visualisierung der in Abb. 14.6 gezeigten Ergebnisse.

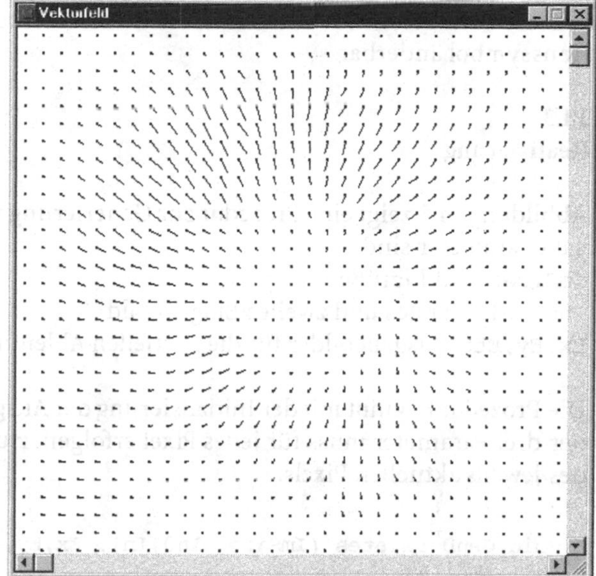

14.6). Bei der zweiten Aufnahme wurde mittels Kamera-Zoom der Apfel etwas kleiner dargestellt. Als Bildformat wurde 32 * 32 gewählt. Diese geringe Auflösung erlaubt es, das Nadeldiagramm (Abb. 14.7) befriedigend darzustellen. Außerdem werden dadurch die Rechenzeiten des iterativen Verfahrens kurz gehalten. Die Namen der einzelnen Ergebnisbilder verraten die jeweils verwendete Prozedur. Die Bildnamen sind einfach durch einen Doppelklick darauf änderbar.

Vorbereitend für den iterativen Teil des Verfahrens müssen die partiellen Ableitungen E_x, E_y und E_t aus den Ursprungsbildern errechnet werden. Die Ergebnisse für das vorliegende Beispiel zeigt Abb. 14.6. Dabei sind negative Werte dunkel, positive Werte hell und Werte um Null durch ein mittleres Grau repräsentiert.

Die Ergebnissbilder des iterativen Teils des Verfahrens sind in Abb. 14.6 so arrangiert, dass man die Resultate von 1, 10 und 50 Durchläufen direkt vergleichen kann. Die Richtung der Bewegung ist mit Hilfe der eingeblendeten Palette bestimmbar. Die Unregelmäßigkeiten (insbesondere des Richtungsbildes) nach einer Iteration machen die Notwendigkeit der iterativen Verbesserung deutlich. Bereits nach 10 Iterationen sind die ursprünglichen Fehler weitgehend beseitigt. Nach 50 Iterationen ist keine weitere Veränderung mehr zu vermerken. Die Bewegungsrichtungen sämtlicher Pixel sind auf das Zentrum ausgerichtet. Die noch vorhandenen Inhomogenitäten der Geschwindigkeit erklären sich im Wesentlichen aus den geringen Grauwertdifferenzen im unteren Teil der Ursprungsbilder. Abbildung 14.7 fasst das Ergebnis von 50 Iterationen in einem sog. Nadeldiagramm zusammen.

Die Parameter der Funktion *Iterative Verbesserung* waren:

Anzahl Iterationen: 1, 10 und 50
Wert für Alpha: 50.

Diese Parameter sind durch Klicken mit der rechten Maustaste auf das Funktionssymbol änderbar.

14.3 Realisierung

Abbildung 14.8 zeigt eine Prozedur zur Generierung von E_x, E_y and E_t. Die Übergabeparameter sind

`ImSize`: Bildgröße
`In0,In1`: erstes und zweites Eingabebild
`Ex,Ey,Et`: Ausgabebilder für die partiellen Ableitungen E_x, E_y und E_t.

Die Prozedur beginnt mit der Initialisierung der Ausgabebilder. Die Berechnung der drei Parameter muss für jedes Pixel erfolgen. `r` und `c` sind die Koordinaten des jeweils aktuellen Pixels.

```
void GenDerivates (ImSize, In0,In1, Ex,Ey,Et)
int  ImSize;
BYTE ** In0;
BYTE ** In1;
int  ** Ex;
int  ** Ey;
int  ** Et;
{
  int  r,c;

    for (r=0; r<ImSize; r++) {
       for (c=0; c<ImSize; c++) {
          Ex[r][c] = 0;
          Ey[r][c] = 0;
          Et[r][c] = 0;
    } }

    for (r=0; r<ImSize-1; r++) {
       for (c=0; c<ImSize-1; c++) {
          Ex[r][c] = (int) In0[r][c+1] - In0[r][c] + In0[r+1][c+1]
                                                  - In0[r+1][c] +
                           In1[r][c+1] - In1[r][c] + In1[r+1][c+1]
                                                   - In1[r+1][c];
          Ey[r][c] = (int) In0[r+1][c] - In0[r][c] + In0[r+1][c+1]
                                                  - In0[r][c+1] +
                           In1[r+1][c] - In1[r][c] + In1[r+1][c+1]
                                                   - In1[r][c+1];
          Et[r][c] = (int) In1[r][c]   - In0[r][c]   + In1[r+1][c]
                                                  - In0[r+1][c] +
                         In1[r][c+1] - In0[r][c+1] + In1[r+1][c+1]
                                                 - In0[r+1][c+1];

          Ex[r][c] /= 4;
          Ey[r][c] /= 4;
          Et[r][c] /= 4;
  } } }
```

Abb. 14.8. C-Realisierung zur Generierung von E_x, E_y und E_t.

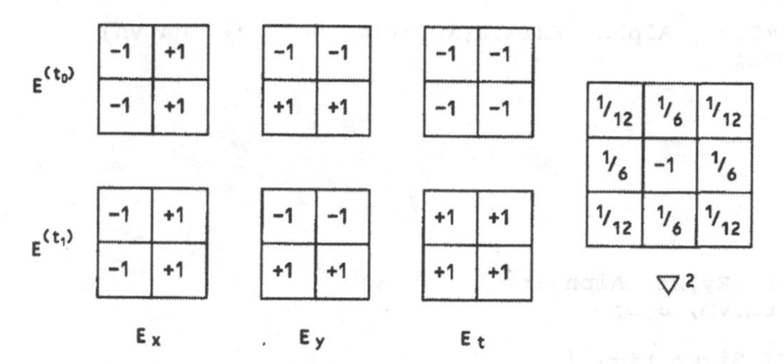

Abb. 14.9. Masken zur Approximation der partiellen Ableitungen und des Laplace-Operators.

Die Approximation partieller Ableitungen wurde bereits in Kap. 8 behandelt. Im vorliegenden Fall bedarf es allerdings nicht des im genannten Kapitel geschilderten Aufwands: Die beiden Ortsableitungen E_x und E_y erhält man durch einfache Differenzenbildungen von 2 * 2 benachbarten Pixeln in Spalten- und Zeilenrichtung (vgl. Abb. 14.9). Da hier zwei Eingabebilder vorliegen, werden die Differenzen für jedes Bild getrennt berechnet. Der Mittelwert beider Differenzen wird dann als Ortsableitung verwendet. Die zeitliche Ableitung E_t ergibt sich durch Differenzenbildung zwischen den Eingabebildern.

Die in Abb. 14.10 dargestellte Prozedur realisiert das Verfahren von Horn und Schunk. Die Übergabeparameter sind

`ImSize`: Bildgröße

`Alpha`: Parameter zur Bestimmung des Fehlerverhältnisses (Abschn. 14.1 und Abschn. 14.4)

`Ex, Ey, Et`: Eingabebilder für die partiellen Ableitungen E_x, E_y und E_t

`Unl,Vnl`: (n+1)-te Iteration der Ausgabebilder für die horizontale und vertikale Bewegungskomponente

`Un,Vn`: n-te Iteration des Ausgabebildes für die horizontale und vertikale Bewegungskomponente.

Zu Beginn der Prozedur erfolgt ein „Umladen" der Ergebnisse der vorhergehenden (n+1)-te Iteration in die für die n-te Iteration vorgesehenen Datenfelder `Un` und `Vn`. Außerdem wird zum Zweck der Einsparung von Rechenzeit vorab das Produkt `Alpha2 = Alpha*Alpha` gebildet.

Das Verfahren zur Bestimmung der neuen Iteration der Bewegungskomponenten ist eingebettet in die nachfolgenden beiden `for`-Schleifen. Am Beginn steht die Ermittlung der Mittelwerte `um` (für $\bar{u}$) und `vm` (für $\bar{v}$). Sie dienen der Approximation des Laplace-Operators gemäß der Näherungsformel $\nabla^2 u \approx (\bar{u} - u)$. Dabei repräsentiert $\bar{u}$ einen gewichteten Mittelwert. Die Wichtungen für eine 3*3-Maske zeigt Abb. 14.8. Achtung: In den Mittelwert wird das zentrale Pixel *nicht* einbezogen. Es ist durch den Parameter u repräsentiert.

```
void GenFlow (ImSize, Alpha, ExIm,EyIm,EtIm, Un1,Vn1, Un,Vn)
int ImSize, Alpha;
int ** ExIm;
int ** EyIm;
int ** EtIm;
float ** Un1;
float ** Vn1;
float ** Un;
float ** Vn;
{
   int    r,c, Ex,Ey,Et, Alpha2;
   float  u,v, um,vm, a,b;

   for (r=0; r<ImSize; r++) {
      for (c=0; c<ImSize; c++) {
         Un[r][c] = Un1[r][c];
         Vn[r][c] = Vn1[r][c];
   } }
   Alpha2 = Alpha*Alpha;
   for (r=1; r<ImSize-1; r++) {
      for (c=1; c<ImSize-1; c++) {
         um = (Un[r-1][c] + Un[r][c+1]  + Un[r+1][c]  + Un[r][c
                                                    1])  /6 +
              (Un[r-1][c-1]+ Un[r-1][c+1]+ Un[r+1][c+1]+
                                              Un[r+1][c-1]) /12;
         vm = (Vn[r-1][c]  + Vn[r][c+1]  + Vn[r+1][c]  + Vn[r][c
                                                    1])  /6 +
              (Vn[r-1][c-1]+ Vn[r-1][c+1]+ Vn[r+1][c+1]+
                                              Vn[r+1][c-1]) /12;

         Ex = ExIm[r][c];
         Ey = EyIm[r][c];
         Et = EtIm[r][c];

         a = Ex*um + Ey*vm + Et;
         b = (float)Alpha2 + Ex*Ex + Ey*Ey;
         u = um - (Ex*a)/b;
         v = vm - (Ey*a)/b;
         Un1[r][c] = u;
         Vn1[r][c] = v;
} } }
```

Abb. 14.10. C-Realisierung des Verfahrens von Horn und Schunk.

Die Einführung der Variablen Ex, Ey und Et dient lediglich zur Wahrung der Übersicht. Damit liegen nun sämtliche Parameter zur Durchführung der Iterationsformeln

$$u^{(n+1)} = \bar{u}^{(n)} - \frac{E_x\left(E_x\bar{u}^{(n)} + E_y\bar{v}^{(n)}E_t\right)}{\alpha^2 + E_x^2 + E_y^2}$$

$$v^{(n+1)} = \bar{v}^{(n)} - \frac{E_y\left(E_x\bar{u}^{(n)} + E_y\bar{v}^{(n)}E_t\right)}{\alpha^2 + E_x^2 + E_y^2}$$

vor. Offensichtlich sind große Teile der beiden Formeln identisch. Das ermöglicht eine Zusammenfassung in den Variablen `a` und `b`. Die Iterationsformeln schrumpfen somit auf `u = um – (Ex*a)/b;` bzw. `v = vm – (Ey*a)/b;`

Zur Wahrung der Übersicht wurde die programmtechnische Realisierung des Abbruchkriteriums ε (vgl. Abb. 14.4) hier nicht beschrieben.

Für die Darstellung der Ergebnisse ist eine Wandlung der in kartesischer Form vorliegenden Daten in eine polare Form (also Geschwindigkeit und Richtung der Bewegung) erforderlich. Ein Algorithmus, der dieses leistet, wurde bereits in Abschn. 8.3.1 vorgestellt. Die Realisierung des zugehörigen Nadelbildes ist nicht Bestandteil der Bewegungsanalyse, sondern eine Aufgabe, die im Rahmen der jeweiligen Grafikumgebung zu lösen ist. Sie wird deshalb hier nicht beschrieben.

14.4 Ergänzungen

Im Mittelpunkt des folgenden Abschnitts steht die Herleitung des in Abschn. 14.1 vorgestellten Verfahrens von Horn und Schunk. Die Beschreibung lehnt sich dabei hinsichtlich der Notation eng an die Originalarbeit [14.4] an. Grundlegende Aufgabe des Verfahrens ist es, Änderungen der Grauwerte als Bewegung zu interpretieren. Die grundsätzlichen Schwierigkeiten dieses Ansatzes wurden bereits in Abschn. 14.1 dargestellt.

Ausgangspunkt für die Überlegungen von Horn und Schunk ist ein sich bewegendes Grauwertmuster. Voraussetzungen dabei sind:

- Die Beleuchtungsverhältnisse sind konstant. Daher sind zeitliche Grauwertänderungen nur auf sich bewegende Grauwertmuster zurückzuführen.
- Die Änderungen verlaufen glatt. Somit sind die Grauwerte differenzierbar.
- Die Objekte dürfen sich nicht überlappen.

Der Grauwert eines Pixels an der Stelle (x, y) zur Zeit t sei $E(x, y, t)$. Bezieht man die Lage dieses Pixeles auf den Koordinatenursprung des Bildes, so ändert sich sein Grauwert im Fall einer Bewegung des Pixels. Bezieht man allerdings die Lage des Pixels auf das sich bewegende Muster (das aktuelle Pixel sei Bestandteil dieses Musters), dann ändert sich sein Grauwert nicht. Für den Grauwert schreibt man allgemein:

$$E(x,y,t) = E\,(x+\delta x,\, y + \delta y,\, t + \delta t)$$

δx, δy und δt beschreiben dabei die räumliche und zeitliche Verschiebung des Musters. Die Taylor-Entwicklung des rechten Terms um den Punkt (x, y, t) ergibt (vgl. Anhang D)

$$E(x,y,t) = E(x,y,t) + \delta x \frac{\partial E}{\partial x} + \delta y \frac{\partial E}{\partial y} + \delta t \frac{\partial E}{\partial t} + R.$$

Daraus folgt

$$\delta x \frac{\partial E}{\partial x} + \delta y \frac{\partial E}{\partial y} + \delta t \frac{\partial E}{\partial t} + R = 0$$

Vernachlässigt man das Restglied R und dividiert durch δt, so folgt:

$$\frac{\delta x}{\delta t} \frac{\partial E}{\partial x} + \frac{\delta y}{\delta t} \frac{\partial E}{\partial y} + \frac{\partial E}{\partial t} = 0$$

Lässt man nun δt infinitesimal klein werden, so erhält man als Gleichung zur Erfassung der räumlichen und zeitlichen Grauwertänderungen

$$\frac{\partial E}{\partial x} \frac{\mathrm{d}x}{\mathrm{d}t} + \frac{\partial E}{\partial y} \frac{\mathrm{d}y}{\mathrm{d}t} + \frac{\partial E}{\partial t} = 0$$

oder kurz

$$E_x u + E_y v + E_t = 0$$

Die partiellen Ableitungen des Grauwertes (E_x, E_y und E_t) sind problemlos bestimmbar. Für die Bestimmung der zwei Unbekannten u und v ist eine Differenzialgleichung natürlich nicht ausreichend. Die zweite Gleichung liefert uns das sog. „Smoothness Constraint". Diese Randbedingung geht davon aus, dass sich die einzelnen Punkte des Bildes nicht regellos bewegen können, sondern dass benachbarte Punkte ähnliche Bewegungen durchführen müssen. Zur formalen Beschreibung dieser Bedingung benutzen Horn und Schunk die räumliche Änderung der Bewegungskomponenten

$$\left(\frac{\partial u}{\partial x}\right)^2 + \left(\frac{\partial u}{\partial y}\right)^2 \quad \text{und} \quad \left(\frac{\partial v}{\partial x}\right)^2 + \left(\frac{\partial v}{\partial y}\right)^2$$

Um das Smoothness Constraint in die Differenzialgleichung einbinden zu können, werden die beiden folgenden Fehler definiert:

$$\varepsilon_{\mathrm{b}} = E_x u + E_y v + E_t$$

$$\varepsilon_c^2 = \left(\frac{\partial u}{\partial x}\right)^2 + \left(\frac{\partial u}{\partial y}\right)^2 + \left(\frac{\partial v}{\partial x}\right)^2 + \left(\frac{\partial v}{\partial y}\right)^2$$

Diese Fehler sind für jedes Pixel der Eingangsbilder zu ermitteln und der Gesamtfehler

$$\varepsilon^2 = \iint \left(\varepsilon_b^2 + \alpha^2\, \varepsilon_c^2\right) \mathrm{d}x\mathrm{d}y$$

ist zu minimieren. Dabei bestimmt α das Verhältnis des Einflusses der Einzelfehler auf den Gesamtfehler.

14.4.1 Minimierung des Gesamtfehlers

Werkzeuge zur Lösung der Minimierungsaufgabe bietet die Variationsrechnung (vgl. Anhang B). Die zu integrierende Funktion weist folgende Abhängigkeiten auf:

$$\iint F(x, y, u, v, u_x, u_y, v_x, v_y)\,\mathrm{d}x\mathrm{d}y$$

Man hat also die zwei Euler-Gleichungen

$$\frac{\partial F}{\partial u} - \frac{\partial}{\partial x}\left(\frac{\partial F}{\partial u_x}\right) - \frac{\partial}{\partial y}\left(\frac{\partial F}{\partial u_y}\right) = 0$$

$$\frac{\partial F}{\partial v} - \frac{\partial}{\partial x}\left(\frac{\partial F}{\partial v_x}\right) - \frac{\partial}{\partial y}\left(\frac{\partial F}{\partial v_y}\right) = 0$$

Mit

$$F = (E_x u + E_y v + E_t)^2 + \alpha^2\left(u_x^2 + u_y^2 + v_x^2 + v_y^2\right)$$

erhält man die partiellen Ableitungen für die erste Euler-Gleichung

$$\frac{\partial F}{\partial u} = 2\left(E_x^2 u + E_x E_y v + E_x E_t\right)$$

$$\frac{\partial F}{\partial u_x} = 2\alpha^2 u_x$$

$$\frac{\partial F}{\partial u_y} = 2\alpha^2 u_y$$

$$\frac{\partial}{\partial x}\left(\frac{\partial F}{\partial u_x}\right) = 2\alpha^2 u_{xx}$$

$$\frac{\partial}{\partial y}\left(\frac{\partial F}{\partial u_y}\right) = 2\alpha^2 u_{yy}$$

Die Ableitungen für die zweite Euler-Gleichung errechnen sich entsprechend. Setzt man die partiellen Ableitungen in die Euler-Gleichungen ein, so ergibt sich

$$2\left(E_x^2 u + E_x E_y v + E_x E_t\right) - 2\alpha^2 u_{xx} - 2\alpha^2 u_{yy} = 0$$

$$2\left(E_y^2 v + E_x E_y u + E_y E_t\right) - 2\alpha^2 v_{xx} - 2\alpha^2 v_{yy} = 0$$

oder mit $\nabla^2 u = u_{xx} + u_{yy}$

$$E_x^2 u + E_x E_y v + E_x E_t - \alpha^2 \nabla^2 u = 0$$

$$E_y^2 v + E_x E_y u + E_y E_t - \alpha^2 \nabla^2 v = 0$$

Mit der Approximation $\nabla^2 u \approx \overline{u} - u$ erhält man das Gleichungssystem

$$\left(\alpha^2 + E_x^2\right) u + E_x E_y v = \alpha^2 \overline{u} - E_x E_t$$

$$E_x E_y u + \left(\alpha^2 + E_x^2\right) v = \alpha^2 \overline{u} - E_y E_t$$

Durch Auflösung nach u und v ergibt sich die Möglichkeit, das System mit Hilfe des Gauß-Seidel-Iterationsverfahrens (vgl. Anhang E) zu lösen:

$$u^{(n+1)} = \frac{\alpha^2 \overline{u}^{(n)} - E_x E_t - E_x E_y v^{(n)}}{\alpha^2 + E_x^2}$$

$$v^{(n+1)} = \frac{\alpha^2 \overline{v}^{(n)} - E_y E_t - E_x E_y u^{(n)}}{\alpha^2 + E_y^2}$$

In ihrer Originalarbeit stellen Horn und Schunk das Gleichungssystem derart um, dass u und v isoliert auftreten und gelangen so zu den bekannten Gleichungen (vgl. Abschn. 14.1):

$$u^{(n+1)} = \overline{u}^{(n)} - \frac{E_x\left(E_x \overline{u}^{(n)} + E_y \overline{v}^{(n)} + E_t\right)}{\alpha^2 + E_x^2 + E_y^2}$$

$$v^{(n+1)} = \overline{v}^{(n)} - \frac{E_y\left(E_x \overline{u}^{(n)} + E_y \overline{v}^{(n)} + E_t\right)}{\alpha^2 + E_x^2 + E_y^2}$$

Der Vorteil dieser Darstellung liegt in der deutlich schnelleren Berechenbarkeit, da die eingeklammerten Terme im Zähler sowie die Nenner identisch sind.

Neben dem hier vorgestellten „klassischen" Verfahren von Horn und Schunk existieren natürlich diverse andere Ansätze. Leider sind bisher nur wenige Übersichtsbeiträge zum Thema „Bildfolgenverarbeitung" erschienen. Jähne [14.7] bietet eine sehr ausführliche Erörterung dieses Themas. Das Verdienst früher Übersichtsartikel liegt allerdings bei Nagel [14.10 - 14.12]. Auch Schalkoff [14.13] behandelt die Bildfolgenverarbeitung recht intensiv. Zhou und Chellappa [14.16] betrachten das Thema aus der Sicht biologischer und künstlicher Neuronaler Netze. Bräunl et al. [14.2] realisieren das Verfahren von Horn und Schunk auf der Basis von Parallelrechnern.

14.5 Aufgaben

14.1:

Abbildung 14.11 und 14.12 zeigen eine Sequenz von zwei Bildern, die ein sich bewegendes Rechteck beinhalten. Wende ein 3*3-Matching-Fenster gemäß Abb.

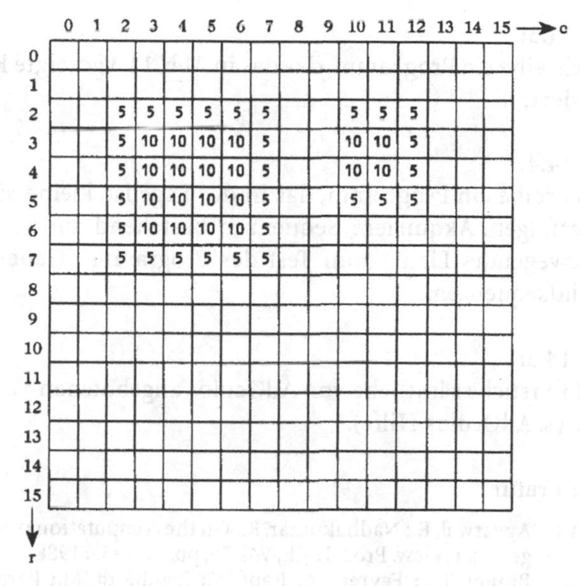

Abb. 14.11. Aufgabe 14.1 demonstriert die Anwendung eines Korrelationsverfahrens zur Analyse von Bildsequenzen. Das zweite Bild zeigt Abb. 14.12.

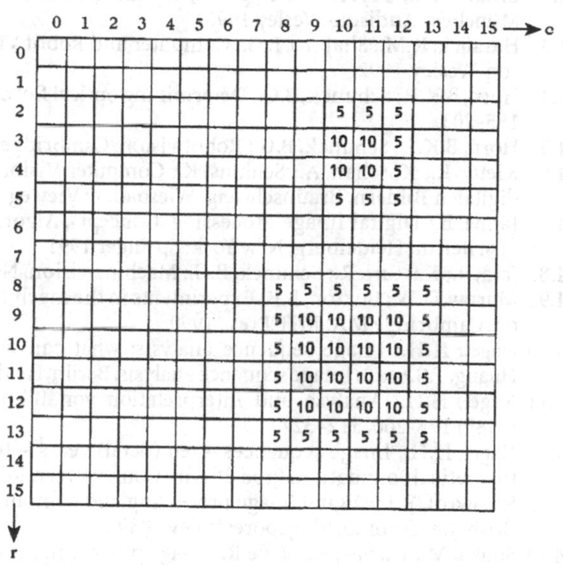

Abb. 14.12. Siehe Abb. 14.11.

14.3 auf diese Bildsequenz an. Verzichte dabei auf ein Suchfenster. Suche für jedes sich bewegende Pixel in Abb. 14.11 das korrespondierende Pixel in Abb. 14.12. Realisiere darauf basierend eine Nadelbild.

14.2:
Akquiriere Bildsequenzen, deren Grauwertänderungen auf Beleuchtungsvariationen zurückzuführen sind. Analysiere diese Pseudo-Bewegung mit Hilfe der in Abschn. 14.2 demonstrierten Prozeduren.

14.3:
Schreibe ein Programm, das das in Abb. 14.3 gezeigte Korrelationsverfahren realisiert.

14.4:
Schreibe ein Programm, das in der Lage ist, kleine sich bewegende Objekte zu verfolgen. Akquiriere Sequenzen bestehend aus vielen Bildern (z.B. ein sich bewegendes Licht) zum Test des Programms. Generiere alternativ künstliche Bildsequenzen.

14.5:
Untersuche sämtliche von AdOculos angebotenen Verfahren zur Sequenzanalyse (s. AdOculos Hilfe).

Literatur

14.1 Aggarwal, E.; Nadhakumar, R.: On the computation o motion from sequences of images - a review. Proc. IEEE, Vol. 76, pp. 917-935, 1988
14.2 Bräunl, Th.; Feyrer, St.; Rapf W.; Reinhardt, M.: Parallele Bildverarbeitung. Bonn, München: Addison-Wesley 1995
14.3 Haralick, R.M.; Shapiro, L.G.: Computer and Robot Vision, Vol. 2. Reading MA: Addison-Wesley 1992
14.4 Horn, B.K.P.; Schunck, B.G.: Determining optical flow. Artificial Intelligence 17 (1981) 185–203
14.5 Horn, B.K.P.; Schunck, B.G.: Robot vision. Cambridge, London: MIT Press 1986
14.6 Klette, R.; Koschan, A.; Schlüns, K.: Computer Vision – Räumliche Information aus digitalen Bildern. Braunschweig, Wiesbaden: Vieweg 1996
14.7 Jähne, B.: Digital Image Processing. Concepts, Algorithms, and Scientific Applications. Berlin, Heidelberg, New York: Springer 1991
14.8 Jain, R.; Kasturi, R.; Schunck, B.G.: Machine vision. New York: McGraw-Hill 1995
14.9 Murray, D.W.; Buxton, B.F.: Experiments in the machine interpretation of visual motion. Cambridge MA: MIT Press 1990
14.10 Nagel, H.H.: Image sequence analysis: what can we learn from applications? In: Huang, T.S. (ed.): Image sequence analysis. Berlin, Heidelberg, New York: Springer 1981
14.11 Nagel, H.H.: Analyse und Interpretation von Bildfolgen. Informatik-Spektrum 8 (1985) 178-200, 312–327
14.12 Nagel, H.H.: Image sequences – ten (octal) years – from phenomenology towards a theoretical foundation. Proc 8th Int. Conf. Pattern Recognition (1986) 1174–1185
14.13 Schalkoff, R.J.: Digital image processing and computer vision. New York, Chichester, Brisbane, Toronto, Singapore: Wiley 1989
14.14 Sonka, M.; Hlavac, V.; Boyle R.: Image processing, analysis and machine vision. London: Chapman and Hall 1993
14.15 Weng, J.; Huang, T.S.; Ahuja, N.: Motion and structure from image sequences. Berlin, Heidelberg, New York: Springer 1992
14.16 Zhou, Y.-T.; Chellappa, R.: Artificial neural networks for computer Vision. Berlin, Heidelberg, New York: Springer 1992

A Prozeduren zur allgemeinen Verwendung

A.1 Definitionen

In Abb. A.1 sind einige Typendeklarationen zusammengestellt, die im Rahmen der verschiedenen Prozeduren des Buchs benötigt werden.

Da viele Bilddaten einen vorzeichenlosen 8-Bit-Datentyp aufweisen, lohnt sich die Deklaration eines entsprechenden Typs `BYTE`.

Bei der Extraktion von Bereichsmerkmalen (vgl. Abschn. 7.3.3) benötigt man Datenstrukturen, die an gewisse Merkmale angepasst sind: `CGStruc` fasst die Koordinaten von Bereichsschwerpunkten zusammen, während `PolStruc` der Auswertung des polaren Abstandsdiagramms dient.

Für Konturpunktketten (vgl. Abschn. 8.3.3) bedarf es eines Typs, der die Koordinaten eines Konturpunktes und seinen Laufindex in der Kette repräsentiert. Diesem Zweck dient die Struktur `ChnStruc`. Die Approximation von Konturen mittels Geradenstücken (vgl. Abschn. 8.3.4) erfordert einen Typ, der die Koordinaten der Endpunkte der Geradenstücke repräsentiert. Das wird durch die Struktur `SegStruc` erreicht. Zur Darstellung eines Geradenstücks mit Hilfe eines diskreten Rasters (digitale Gerade) liefert die Computergrafik Standardalgorithmen. Einer von ihnen ist in Abschn. A.5 beschrieben. Um die Pixel eines solchen Geradenstücks handhaben zu können, benötigt man einen Typ zur Repräsentation der Koordinaten dieser Pixel. Hierzu eignet sich die Struktur `LinStruc`.

Im Mittelpunkt der morphologischen Bildverarbeitung (vgl. Abschn. 10.3) steht das Strukturelement. Der Aufbau eines Strukturelementes basiert auf Koordinaten, die sich wiederum auf den Ursprung des Strukturelementes beziehen. Im Fall der morphologischen Grauwertverarbeitung kommen die Koeffizienten hinzu. Somit ergeben sich die Strukturen `StrucStrucBin` und `StrucStrucGrey`.

Die Auswertung von Texturen (vgl. Abschn. 11.3) mittels der Coocurence-Matrix ergibt verschiedene Texturmerkmale. Vier von ihnen fasst die Struktur `EvalStruc` zusammen.

```
#define  3.1415
#define  BYTE  unsigned char

struct CGStruc {
   int r;
   int c;
};

struct PolStruc {
   float Min;
   float Max;
};

struct ChnStruc {
   int r;
   int c;
   int i;
};

struct SegStruc {
   int r0;
   int c0;
   int r1;
   int c1;
};

struct LinStruc {
   int r;
   int c;
};

struct StrucStrucBin {
   int r;
   int c;
};

struct StrucStrucGrey {
   int r;
   int c;
   int g;
};

struct EvalStruc {
   float Energy;
   float Contrast;
   float Entropy;
   float Homogen;
};

typedef  struct CGStruc          CGTyp;
typedef  struct PolStruc         PolTyp;
typedef  struct LinStruc         LinTyp;
typedef  struct ChnStruc         ChnTyp;
typedef  struct SegStruc         SegTyp;
typedef  struct StrucStrucBin    StrTypB;
typedef  struct StrucStrucGrey   StrTypG;
typedef  struct EvalStruc        EvalTyp;
```

Abb. A.1. Deklaration nicht-standardisierter Typen

A.2
Speicherverwaltung

Die in diesem Buch beschriebenen Prozeduren sind weitgehend maschinenunabhängig. Eine typische Ausnahme stellt die Allokierung von Speicher dar. Um die Darstellung trotzdem unabhängig zu halten, sind die Details durch folgende Prozeduraufrufe verdeckt:

`ImAlloc`: dient der Allokierung eines Bildes. Der Datentyp eines Pixels (meistens BYTE) und das Bildformat stehen vor der Allokierung fest
`ImFree`: ermöglicht die Freigabe des mit ImAlloc festgelegten Speichers
`GetMem`: erweitert eine Liste um ein Element mit beliebigem Datentyp.

Die Abb. A.2 und A.3 zeigen die Realisierung und Anwendung von Allokierungs-Prozeduren für grosser Speicherbereiche unter Betriebssystemen, die nur kleinere Speicherblöcke zulassen.

A.3
Die Prozeduren MaxAbs und MinAbs

Abbildung A.4 zeigt zwei Prozeduren, die der Bestimmung des minimalen bzw. maximalen Absolutwertes zweier Werte x und y dienen. Sie werden im Wesentlichen für eine angenäherte Betragsbestimmung benötigt (s. z.B. Abschn. 8.3.1). Beide Prozeduren sind selbsterklärend.

A.4
Diskreter Arcus-Tangens

Die standardmäßig verfügbaren trigonometrischen Routinen sind überaus rechenzeitintensiv. Die hierfür verantwortlichen Eigenschaften der Routinen sind allerdings in der Bildverarbeitung häufig nicht erforderlich. So wird zum Beispiel die Gradientenrichtung üblicherweise mit vier (entspricht 0 bis 15 „Grad") bis acht Bit (entspricht 0 bis 255 „Grad") quantisiert. Für den ersteren Fall zeigt Abb. A.5 die Zusammenhänge: 16 Segmente teilen den Vollkreis in Winkelschritte zu 22,5° auf. Die Grenzen der Segmente sind 11,25°, 33,75°, ..., 348,75°. Die zugehörigen Werte des Arcus-Tangens sind umrandet dargestellt. Der Arcus-Tangens wird besonders häufig benötigt, z.B. für die Wandlung der kartesischen Darstellung des Gradienten in die polare Darstellung (Abschn. 8.3.1).

Abbildung A.6 zeigt eine Prozedur, die aus den kartesischen Koordinaten `dy` und `dx` den zugehörigen Winkel in 16 Stufen liefert. Die Berechnung des Betrages des Arcus-Tangens braucht nur für einen Quadranten durchgeführt werden. Daher beginnt die Prozedur mit einer Betragsbildung der kartesischen Koordinaten. Es folgt die Prüfung auf Sonderfälle, bei denen mindestens eine der Koordinaten Null ist. Eine weitere Berechnung erübrigt sich dann.

```
void far* *FarrAlloc (rows, cols, size)
int rows, cols;
INT size;
{
  void far* *array;
  int i,j;

  array = malloc (rows * sizeof (void far*));
  size = cols * size;
  for (i=0; i<rows; i++) {
    array[i] = _fmalloc (size);
    if (array[i] == NULL) {
      printf ("\n***** FarrAlloc: OFF HEAP *****\n");
      for (j=i-1; j>=0; j--)
          _ffree(array[j]);
      free (array);
      return (NULL);
    }
  }
  return (array);
}

void FarrFree (array, rows)
void far* *array;
int rows;
{
  int i;
  for (i=0; i<rows; i++) _ffree (array[i]);
  free (array);
  return;
}

void **ArrAlloc (rows, cols, size)
int rows, cols;
INT size;
{
  void **array;
  int i,j;

  array = malloc (rows * sizeof (int));

  for (i=0; i<rows; i++) {
    array[i] = malloc (cols * size);
    if (array[i] == NULL) {
      printf ("\n***** ArrAlloc: OFF HEAP *****\n");
      for (j=i-1; j>=0; i--) free(array[i]);
      free (array);
      return (NULL);
    }
  }
  return (array);
}

void ArrFree (array, rows)
void **array;
int rows;
{
  int i;
  for (i=0; i<rows; i++) free (array[i]);
  free (array);
  return;
}
```

Abb. A.2. C-Realisierung von Prozeduren zur Allokierung grosser Speicherbereiche unter Betriebssystemen, die nur kleinere Speicherblöcke zulassen

```
BYTE  far ** ByteImage;
int   far ** IntImage;


void main (void)
{
   ByteImage = FarrAlloc (IMSIZE, IMSIZE, 1);
   IntImage = FarrAlloc (IMSIZE, IMSIZE, 2);

   /* ImageProcessing (); */

   FarrFree (IntImage, IMSIZE);
   FarrFree (ByteImage, IMSIZE);
}
```

Abb. A.3. Beispiel für die Anwendung der in Abb. B.2 gezeigten Allokierungs-Prozeduren

```
int MinAbs (x,y)
int x,y;
{
   int  ax,ay;
   ax = (x<0) ? -x : x;
   ay = (y<0) ? -y : y;
   return ((ax<ay) ? ax : ay);
}
int MaxAbs (x,y)
int x,y;
{
   int  ax,ay;
   ax = (x<0) ? -x : x;
   ay = (y<0) ? -y : y;
   return ((ax<ay) ? ay : ax);
}
```

Abb. A.4. C-Realisierung von Prozeduren zur Betragsbestimmung

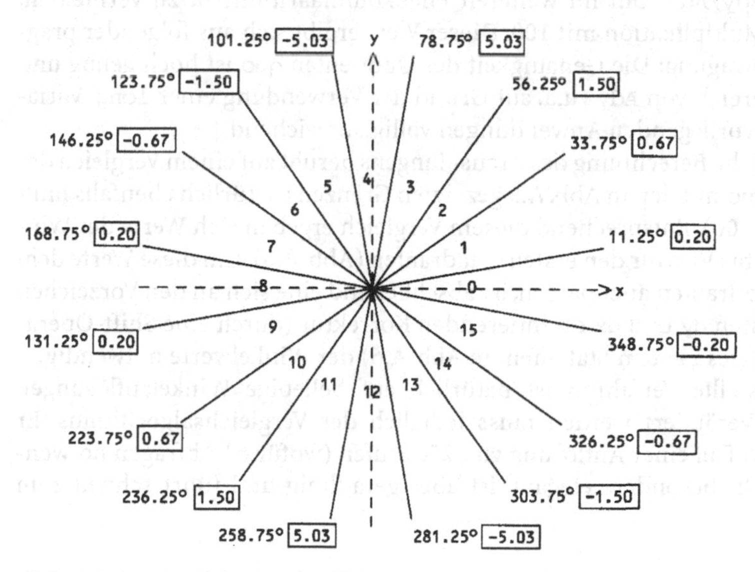

Abb. A.5. Zur Realisierung des diskreten Arcus-Tangens

```
int DiscAtan16 (dy,dx)
int dy,dx;
{
   int   phi;
   long  quo, Adx, Ady;

   Adx = (long) abs (dx);
   Ady = (long) abs (dy);

   if (Adx==0 || Ady==0)
      return  ((Adx==0 && Ady==0)  ?  0 :
               ((Adx==0) ?
               ((dy < 0) ?  12 : 4) :
               ((dx < 0) ?   8 : 0)));
   else{
      quo = (100*Ady) / Adx;

      phi = ((quo <   20)  ?  0 :
            ((quo <   67)  ?  1 :
            ((quo <  150)  ?  2 :
            ((quo <  503)  ?  3 : 4 ))));

      return ((dy > 0)  ?
             ((dx > 0)  ?  phi   : 8-phi) :     /* 1.quad : 2.quad */
             ((dx < 0)  ?  8+phi :              /* 3.quad */
             ((phi==0)  ?  0     : 16-phi)));   /* 4.quad */
} }
```

Abb. A.6. C-Realisierung des diskreten Arcus-Tangens

Ist hingegen keine der Koordinaten Null, bedarf es zunächst der Bildung des Quotienten `Ady/Adx`. Um im weiteren Fließkommaarithmetik zu vermeiden, erfolgt eine Multiplikation mit 100. Dieser Wert ergibt sich aus folgender pragmatischer Abwägung: Die Genauigkeit des Quotienten `quo` ist hoch genug und der Zahlenbereich von `Ady` (u.a. auf Grund der Verwendung einer `long`-Variablen) für die vorliegenden Anwendungen völlig ausreichend.

Die eigentliche Berechnung des Arcus-Tangens beruht auf einem Vergleich des Quotienten `quo` mit den in Abb. A.5 gezeigten Grenzen (natürlich ebenfalls multipliziert mit 100). Entsprechend diesem Vergleich ergeben sich Werte des Winkels von Null bis Vier für den ersten Quadranten (Abb. A.6). Um diese Werte dem aktuellen Quadranten anzupassen, ist abschließend eine sich an den Vorzeichen der Koordinaten `dy` und `dx` orientierenden Korrektur (durch eine Shift-Operation; siehe letztes `return` Statement in Abb. A.6) der Winkelwerte notwendig.

Das vorgestellte Verfahren ist natürlich auf beliebige Winkelauflösungen erweiterbar. Verändert werden muss lediglich der Vergleichsalgorithmus. Er wirkt zwar im Fall einer Auflösung von 256 Stufen (wofür 64 Abfragen notwendig sind) nicht besonders elegant, ist aber geradlinig und führt schnell zum Ergebnis.

A.5 Generierung eines digitalen Geradenstücks

Die Darstellung eines an sich idealen Geradenstücks durch ein reales Pixelraster ist nicht trivial. Da es sich um eine grundlegende und originäre Aufgabe der Computergrafik handelt, liegen natürlich seit geraumer Zeit entsprechende Algorithmen vor. Einen solchen zeigt Abb. A.7. Als Eingabeparameter dienen die Koor-

```
int GenLine (y0,x0,y1,x1, Line)
int     y0,x0,y1,x1;
LinTyp * Line;
{
   static int  Step [2] = {-1,1};
   int  XDiff, YDiff, XStep, YStep, Sum, i;

   XStep = Step [x0<x1];  XDiff = abs (x0-x1);
   YStep = Step [y0<y1];  YDiff = abs (y0-y1);

   GetMem (Line);
   Line[0].r = y0;
   Line[0].c = x0;
   i=1;

   if (XDiff > YDiff) {
      Sum = XDiff >> 1;
      while (x0 != x1) {
         x0 += XStep;
         Sum -= YDiff;
         if  (Sum < 0) {
            y0 += YStep;
            Sum += XDiff;
         }
         GetMem (Line);
         Line[0].r = y0;
         Line[0].c = x0;
         i++;
      }
   }else{
      Sum = YDiff >> 1;
      while (y0 != y1) {
         y0 += YStep;
         Sum -= XDiff;
         if (Sum < 0) {
            x0 += XStep;
            Sum += YDiff;
         }
         GetMem (Line);
         Line[0].r = y0;
         Line[0].c = x0;
         i++;
   } }
   return (i++);
}
```

Abb. A.7. C-Realisierung eines Verfahrens zur Generierung eines digitalen Geradenstücks. Die Prozedur `GetMem` und der Datentyp `LinTyp` sind in Abb. A.1 definiert

dinaten der Endpunkte `y0`, `x0`, `y1` und `x1`. Die ermittelten Geradenpixel legt der Algorithmus in den Vektor `Line` ab. Der Rückgabeparameter der Prozedur enthält die Länge dieses Vektors. Erwähnt sei noch die Notwendigkeit der dynamischen Allokierung des Speicherplatzes für den Vektor `Line` (`GetMem(Line)`; Abschn. A.2).

Auf Grund der Standardisierung des Algorithmus sei hier auf eine nähere Betrachtung verzichtet und auf die Fachliteratur für den Bereich Computergrafik verwiesen.

B Variationsrechnung

Die Herleitung eines in Abschn. 14.4 beschriebenen Verfahrens zur Bewegtbildanalyse benötigt als mathematisches Handwerkszeug die Variationsrechnung. Sie sei daher im Folgenden auf einer handwerksmäßigen Ebene dargestellt.

Eine typische Anwendung der „normalen" Infinitesimalrechnung ist das Auffinden von Extremwerten einer Funktion. Diese Funktion mag ein wie auch immer geartetes System beschreiben, dessen optimale Zustände durch die Extremwerte der Funktion repräsentiert sind. Optimale Zustände von Systemen sind oftmals nicht derart einfach handhabbar. So ist z.B. die optimale Bahn einer Rakete für den Transport einer maximalen Nutzlast in einen Orbit nur durch eine Funktion und nicht durch einen Extremwert beschreibbar. Die Variationsrechnung dient dem Auffinden derartiger Funktionen.

Gemäß unserer Alltagserfahrung ist die kürzeste Verbindung zweier Punkte eine gerade Linie. Wie ist dieses aber formal korrekt zu verifizieren? Zur Beantwortung dieser Frage sei von einem kartesischen Koordinatensystem ausgegangen, in dem zwei Punkte $(x_0, y(x_0))$ und $(x_1, y(x_1))$ (wobei $x_0 < x_1$ gelten soll)

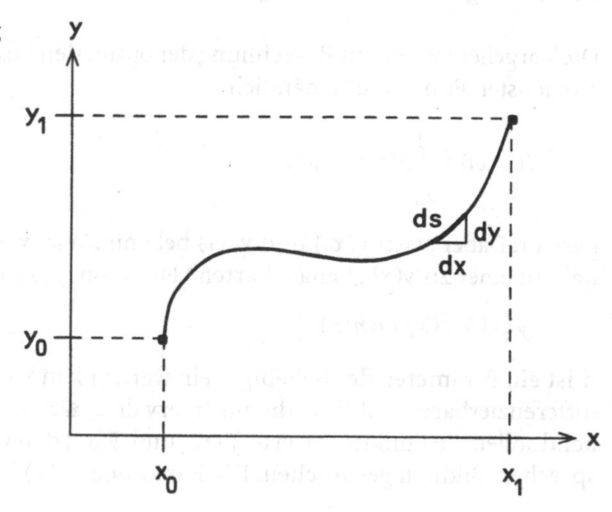

Abb. B.1. Zur Bestimmung der minimalen Distanz zwischen zwei Punkten

durch eine glatte Kurve verbunden sind (vgl. Abb. B.1). Diese Kurve ist in infinitesimal kleine Geradenstücke ds zerlegt. Die Länge l der Kurve ist dann

$$l = \int_{x_0}^{x_1} ds$$

Mit

$$ds = \sqrt{(dx)^2 + (dy)^2} = \sqrt{1 + \left(\frac{dy}{dx}\right)^2}\, dx$$

ergibt sich die Länge zu

$$l = \int_{x_0}^{x_1} 1\sqrt{1 + (y')^2}\, dx$$

Gesucht ist nun diejenige Funktion $y(x)$, für die das Integral den kleinsten Wert l ergibt. In der Variationsrechnung bezeichnet man derartige Integrale auch als *Funktional I* und schreibt

$$I(y(x)) = \int_{x_0}^{x_1} \sqrt{1 + (y')^2}\, dx$$

Das Funktional ist also eine Funktion, die von einer anderen Funktion abhängig ist. Allgemein schreibt man

$$I(y(x)) = \int_{x_0}^{x_1} F\left(x, y, y', \ldots, y^{(n)}\right) dx$$

B.1 Berechnung einfacher Funktionale

Die Vorgehensweise zur Berechnung der optimalen Funktion $y(x)$ sei anhand des einfachsten Funktionals, nämlich

$$I(y(x)) = \int_{x_0}^{x_1} F(x, y, y')\, dx$$

gezeigt. Dabei seien $y(x_0)$ und $y(x_1)$ bekannt. Wir „variieren" nun das Funktional mit einer zu $y(x)$ „benachbarten" Funktion $\overline{y}(x)$, die wie folgt definiert ist:

$$\overline{y}(x) = y(x) + \alpha n(x)$$

α ist ein Parameter, der beliebig klein werden kann. $n(x)$ ist eine kontinuierlich differenzierbare Funktion, die im Intervall $x_0 \leq x \leq x_1$ definiert ist. Einschränkend sollen die Funktionswerte $\overline{y}(x_0)$ und $\overline{y}(x_1)$ den Werten $y(x_0)$ und $y(x_1)$ entsprechen. Bildlich gesprochen: Die Funktionen $y(x)$ ist wie eine (ruhende) Saite in die Endpunkte $(x_0, y(x_0))$ und $(x_1, y(x_1))$ eingespannt. Lenkt man diese Saite ein wenig aus, so beschreibe dies eine benachbarte Funktion $\overline{y}(x)$.

Das Funktional dieser benachbarten Funktion ist dann

$$I\left(\overline{y}(x)\right) = \int_{x_0}^{x_1} F(x, \overline{y}, \overline{y}')\,\mathrm{d}x$$

$$= \int_{x_0}^{x_1} F(x, y + \alpha n(x), y' + \alpha n'(x))\,\mathrm{d}x$$

Angenommen, die optimale Funktion $y(x)$ sei bereits bekannt. Weiterhin sei angenommen, die Funktion $\overline{y}(x)$ liege in derart enger Nachbarschaft zu $y(x)$, dass das Funktional $I\left(\overline{y}(x)\right)$ als einfache Funktion von α realisierbar ist, d.h.

$$I\left(\overline{y}(x)\right) = \Phi(\alpha)$$

In diesem Fall ist das Variationsproblem auf ein „bekanntes“ Problem, nämlich die Minimierung der Funktion $\Phi(\alpha)$ zurückgeführt. Zu diesem Zweck bedarf es der ersten Ableitung der Funktion:

$$\frac{\mathrm{d}\Phi(\alpha)}{\mathrm{d}\alpha} = \frac{\mathrm{d}}{\mathrm{d}\alpha} \int_{x_0}^{x_1} F(x, \overline{y}, \overline{y}')\,\mathrm{d}x$$

Gemäß den Regeln zur Differenziation von Integralen (vgl. Anhang C) kann der Differenzialquotient in das Integral gezogen werden:

$$\frac{\mathrm{d}\Phi(\alpha)}{\mathrm{d}\alpha} = \int_{x_0}^{x_1} \frac{\mathrm{d}}{\mathrm{d}\alpha} F(x, \overline{y}, \overline{y}')\,\mathrm{d}x$$

Schreiben wir $F\left(x, \overline{y}, \overline{y}'\right)$ kurz als F, dann ist das zugehörige totale Differenzial (vgl. Anhang D)

$$\mathrm{d}F = \frac{\partial F}{\partial x}\mathrm{d}x + \frac{\partial F}{\partial \overline{y}}\mathrm{d}\overline{y} + \frac{\partial F}{\partial \overline{y}'}\mathrm{d}\overline{y}'$$

und

$$\frac{\mathrm{d}F}{\mathrm{d}\alpha} = \frac{\partial F}{\partial x}\frac{\mathrm{d}x}{\mathrm{d}\alpha} + \frac{\partial F}{\partial \overline{y}}\frac{\mathrm{d}\overline{y}}{\mathrm{d}\alpha} + \frac{\partial F}{\partial \overline{y}'}\frac{\mathrm{d}\overline{y}'}{\mathrm{d}\alpha}$$

Wegen $F(x, \overline{y}, \overline{y}') = F(x, y + \alpha n(x), y' + \alpha n'(x)$ erhält man daraus

$$\frac{\mathrm{d}F}{\mathrm{d}\alpha} = \frac{\partial F}{\partial \overline{y}} n(x) + \frac{\partial F}{\partial \overline{y}'} n'(x)$$

Damit wird das Integral

$$\int_{x_0}^{x_1} \frac{\partial F}{\partial \overline{y}} n(x)\,\mathrm{d}x + \int_{x_0}^{x_1} \frac{\partial F}{\partial \overline{y}'} n'(x)\,\mathrm{d}x$$

Mit Hilfe der partiellen Integration (vgl. Anhang C) ergibt sich das zweite Teilintegral zu

$$\int_{x_0}^{x_1} \frac{\partial F}{\partial \overline{y}'} n'(x)\mathrm{d}x = \left[\frac{\partial F}{\partial \overline{y}'} n(x)\right]_{x_0}^{x_1} - \int_{x_0}^{x_1} \frac{\mathrm{d}\frac{\partial F}{\partial \overline{y}'}}{\partial x} n(x)\mathrm{d}x$$

Der Term $\left[\frac{\partial F}{\partial \overline{y}'} n(x)\right]^{x_1}$ ist Null, da $n(x_0) = n(x_1) = 0$ ist. Damit wird das Gesamtintegral:

$$\frac{\mathrm{d}\Phi(\alpha)}{\mathrm{d}\alpha} = \int_{x_0}^{x_1} n(x)\left(\frac{\partial F}{\partial \overline{y}} - \frac{\mathrm{d}}{\mathrm{d}x}\left(\frac{\partial F}{\partial \overline{y}'}\right)\right)\mathrm{d}x$$

Im optimalen Punkt ist $\mathrm{d}\Phi(\alpha)/\mathrm{d}\alpha$ Null. Lässt man gleichzeitig α gegen Null gehen, so ergibt sich wegen $\overline{y} = y + \alpha n(x$ und $\overline{y}' = y' + \alpha n'(x)$

$$\int_{x_0}^{x_1} n(x)\left(\frac{\partial F}{\partial \overline{y}} - \frac{\mathrm{d}}{\mathrm{d}x}\left(\frac{\partial F}{\partial \overline{y}'}\right)\right)\mathrm{d}x = 0 \tag{C.1}$$

Somit hat die Hilfskonstruktion mit Hilfe des „trojanischen Pferdes" α ihre Schuldigkeit getan. Allerdings gilt es noch die Nachbarfunktion $n(x)$ zu eliminieren. Dieses gelingt mittels des *Fundamental-Lemmas der Variationsrechnung*:

$n(x)$ sei eine stetig differenzierbare Funktion, für die $n(x_0) = n(x_1) = 0$ gilt, und $G(x)$ sei eine andere stetige Funktion, die im Intervall $x_0 \leq x \leq x_1$ definiert ist. Wenn nun das Integral

$$\int_{x_0}^{x_1} n(x)G(x)\mathrm{d}x$$

Null wird, so wird ebenfalls $G(x)$ Null.

Der Beweis dieses Lemmas ist in [B.2] skizziert. Angewendet auf Integral (B.1) bedeutet das dessen Verschwinden. Es verbleibt also

$$\frac{\partial F}{\partial y} - \frac{\mathrm{d}}{\mathrm{d}x}\left(\frac{\partial F}{\partial y'}\right) = 0 \tag{C.2}$$

Die Lösung dieser Differenzialgleichung optimiert das Funktional $I(y(x))$ unter den Randbedingungen $y(x_0)$ und $y(x_1)$. Die Anwendung des totalen Differenzials (vgl. Anhang D) auf den Term $(\partial F/\partial y')$ ergibt

$$\mathrm{d}\left(\frac{\partial F}{\partial y'}\right) = \frac{\partial}{\partial y'}\left(\frac{\partial F}{\partial y'}\right)\mathrm{d}y' + \frac{\partial}{\partial y}\left(\frac{\partial F}{\partial y'}\right)\mathrm{d}y + \frac{\partial}{\partial x}\left(\frac{\partial F}{\partial y'}\right)\mathrm{d}x$$

Damit nimmt die Differenzialgleichung (B.2) folgende Form an:

$$\frac{\partial F}{\partial y}-\frac{\partial^2 F}{\partial y'^2}y''-\frac{\partial^2 F}{\partial y'\partial y}y'-\frac{\partial^2 F}{\partial y'\partial x}=0$$

Diese Gleichung ist bekannt als *Eulersche Differenzialgleichung*. Sie ist eines der wichtigsten Werkzeuge der Variationsrechnung. Die Anwendung dieses Werkzeugs sei anhand des eingangs aufgeworfenen Problems des kürzesten Weges zwischen zwei Punkten demonstriert. Dabei war das Funktional

$$I(y(x))=\int_{x_0}^{x_1}\sqrt{1+(y')^2}\,dx$$

zu optimieren.

Das Problem bedarf der Bildung und Lösung der Eulerschen Differenzialgleichung. Im vorliegenden Fall ist

$$F(x,y,y')=\sqrt{1+(y')^2}\,dx$$

Da hier eine Abhängigkeit nur von y' vorliegt, werden

$$\frac{\partial F}{\partial y}=\frac{\partial^2 F}{\partial y'\partial y}=\frac{\partial^2 F}{\partial y'\partial x}=0$$

Für den verbleibenden Differenzialquotienten gilt

$$\frac{\partial^2 F}{\partial y'^2}=\frac{1}{\left(1+(y')^2\right)^{\frac{3}{2}}}$$

Die Eulersche Differenzialgleichung reduziert sich also auf

$$\frac{1}{\left(1+(y')^2\right)^{\frac{3}{2}}}y''=0$$

Mithin genügt es, die Differenzialgleichung $y'' = d^2y/dx^2 = 0$ zu lösen. Wie zu erwarten war, ist die Lösung trivial: Es ergibt sich die Geradengleichung

$$y=c_1x+c_2$$

B.2 Berechnung von Funktionalen mit mehreren Funktionen

Die Berechnung eines Funktionals mit mehreren Funktionen

$$I(y_1(x),y_2(x),...,y_p(x))=\int_{x_0}^{x_1}F(x,y_1,y_2,...,y_p,y_1',y_2',...,y_p')dx$$

wobei die Funktionswerte der Integralgrenzen $(y_1(x_0), y_1(x_1), y_2(x_0), y_2(x_1)$ usw.) wiederum bekannt sind, erfolgt durch Variation der Einzelfunktionen

$$\overline{y_1}(x) = y_1(x) + \alpha_1 n_1(x)$$
$$\overline{y_2}(x) = y_2(x) + \alpha_2 n_2(x)$$
$$\vdots$$
$$\overline{y_p}(x) = y_p(x) + \alpha_p n_p(x)$$

Die Funktion Φ ist nun von $\alpha_1, \alpha_2, \ldots, \alpha_p$ abhängig, d.h.

$$\Phi(\alpha_1, \alpha_2, \ldots, \alpha_p) = \int_{x_0}^{x_1} F(x, \overline{y}_1, \overline{y}_2, \ldots, \overline{y}_p, \overline{y}_1', \overline{y}_2', \ldots, \overline{y}_p')\,\mathrm{d}x$$

Es müssen also p partielle Ableitungen von Φ gebildet und gleich Null gesetzt werden. Letztlich erhält man p Eulersche Differenzialgleichungen ($i = 1,2,\ldots,p$):

$$\frac{\partial F}{\partial y_i} - \frac{\partial^2 F}{\partial y_i'^2} y_i'' - \frac{\partial^2 F}{\partial y_i' \partial y_i} y_i' - \frac{\partial^2 F}{\partial y_i' \partial x} = 0$$

B.3 Berechnung von Funktionalen mit zwei unabhängigen Variablen

Die Funktion y sei von zwei unabhängigen Variablen x_1 und x_2 abhängig. Dann ist das Funktional

$$I(y(x_1, x_2)) = \iint_R F\left(x_1, x_2, y, y_{x_1}, y_{x_2}\right) \mathrm{d}x_1 \mathrm{d}x_2$$

mit $y_{x_1} = \partial y / \partial x_1$, $y_{x_2} = \partial y / \partial x_2$ und der durch die Region R gegebenen Integrationsgrenzen. Die Variation nimmt nun die Form

$$\overline{y}(x_1, x_2) = y(x_1, x_2) + \alpha n(x_1, x_2)$$

an.

Die weitere Rechnung verläuft abgesehen von „handwerklichen" Unterschieden wie oben angegeben. Als Kurzform für die Eulersche Differenzialgleichungen erhält man

$$\frac{\partial F}{\partial y} - \frac{\mathrm{d}}{\mathrm{d}x_1}\left(\frac{\partial F}{\partial y_{x_1}}\right) - \frac{\mathrm{d}}{\mathrm{d}x_2}\left(\frac{\partial F}{\partial y_{x_2}}\right) = 0$$

oder ausgeschrieben

$$F_{y_{x_1} y_{x_1}} \frac{\partial^2 y}{\partial x_1^2} + 2F_{y_{x_1} y_{x_2}} \frac{\partial^2 y}{\partial x_1 \partial x_2} + F_{y_{x_2} y_{x_2}} \frac{\partial^2 y}{\partial x_2^2} + F_{y_{x_1} y} \frac{\partial y}{\partial x_1}$$
$$+ F_{y_{x_2} y} \frac{\partial y}{\partial x_2} + F_{y_{x_1} x_1} + F_{y_{x_2} x_2} - F_y = 0$$

Literatur

B.1 Hütte: Die Grundlagen der Ingenieurwissenschaften. Berlin, Heidelberg, New York: Springer-Verlag 1989
B.2 Miller, M.: Variationsrechnung. Leipzig: Teubner 1959
B.3 Pike, R.W.: Optimization for engineering systems. New York: Van Nostrand Reinhold 1986
B.4 Salvadori, M.G.; Baron M.L.: Numerical methods in engineering. Englewood Cliffs, N.J.: Prentice-Hall 1961
B.5 Weinstock, R.: Calculus of variations. New York: Dover Publications 1974

C Regeln zur Integration

Um die Suche in Formelsammlungen zu ersparen, seien nachfolgend die in Anhang B benötigten Integrationsregeln aufgeführt.

C.1
Differentation eines Integrals

Die Differation eines Integrals erfolgt nach der Regel von Leibnitz:

$$\frac{\mathrm{d}}{\mathrm{d}x}\int_{a(x)}^{b(x)} f(x,t)\,\mathrm{d}t = \int_{a(x)}^{b(x)} \frac{\partial}{\partial x} f(x,t)\mathrm{d}t + \frac{b(x)}{\mathrm{d}x} f(x,b(x)) - \frac{a(x)}{\mathrm{d}x} f(x,a(x))$$

Sind die Integralgrenzen konstant, so entfallen die beiden letzten Terme und es verbleibt

$$\frac{\mathrm{d}}{\mathrm{d}x}\int_{a}^{b} f(x,t)\mathrm{d}t = \int_{a}^{b} \frac{\partial}{\partial x} f(x,t)\mathrm{d}t$$

C.2
Partielle Integration

Die partielle Integration erfolgt gemäß der Regel

$$\int u(x)v'(x)\mathrm{d}x = u(x)v(x) - \int u'(x)v(x)\mathrm{d}x$$

D Taylor-Entwicklung/Totales Differenzial

Die Taylor-Entwicklung wird zur Beschreibung der Variationsrechnung in Anhang B benötigt. Die im Folgenden gewählte Darstellung paßt sich an die Notation in Anhang B an und erleichtert so das Verständnis.

D.1
Taylor-Entwicklung

Eine Funktion $f(\eta)$ wird um den Punkt η_0 herum durch ein Taylor-Polynom auf folgende Weise approximiert:

$$f(\eta)=f(\eta_0)+\frac{f'(\eta_0)}{1!}(\eta-\eta_0)+\frac{f''(\eta_0)}{2!}(\eta-\eta_0)^2+\ldots+R$$

Dabei ist R das Restglied der Approximation. Hierzu ein Beispiel: Die Funktion $f(x+\delta x)$ sei um den Punkt x herum bis zum ersten Ableitungsterm des Taylor-Polynoms zu approximieren. Dann ist $\eta = x+\delta x$, $\eta_0 = x$ und $f'(\eta_0) = f'(x) = \mathrm{d}f(x)/\mathrm{d}x$. Die gesuchte Approximation ist

$$f(x+\delta x)=f(x)+\delta x\frac{\mathrm{d}f(x)}{\mathrm{d}x}+R$$

Im Fall einer von mehreren Variablen abhängigen Funktion $f(\underline{\eta}) = f(\eta_1,\eta_2,\ldots,\eta_n)$ wird um den Punkt herum approximiert:

$$f(\underline{\eta})=f(\underline{\eta}_0)+\sum_{i=1}^{n}\left(\eta_i-\eta_{i_0}\right)\frac{\partial f(\underline{\eta}_0)}{\partial \eta_i}+\frac{1}{2!}\left[\sum_{i=1}^{n}\left(\eta_i-\eta_{i_0}\right)^2\frac{\partial}{\partial \eta_i}\right]^2 f(\underline{\eta}_0)+\ldots+R$$

Als Beispiel sei hier die Funktion $f(x+\delta x, y+\delta y, t+\delta t)$ gewählt. Sie soll um den Punkt (x,y,t) approximiert werden. Es sind dann $\eta_1 = x+\delta x$, $\eta_2 = y+\delta y$, $\eta_3 = t+\delta t$, $\eta_{1_0} = x$, $\eta_{2_0} = y$, $\eta_{3_0} = t$ und

$$\frac{\partial f\left(\eta_{1_0},\eta_{2_0},\eta_{3_0},\right)}{\partial \eta_{1_0}}=\frac{\partial f(x,y,t)}{\partial x}=\frac{\partial f}{\partial x}$$

Ähnlich erhält man $\partial f/\partial y$ und $\partial f/\partial t$. Das Ergebnis der Approximation ist dann:

$$f(x+\delta x, y+\delta y, t+\delta t) = f(x,y,t) + \delta x \frac{\partial f}{\partial x} + \delta y \frac{\partial f}{\partial y} + \delta t \frac{\partial f}{\partial t} + R$$

D.2 Totales Differenzial

In vielen Fällen reicht zur Approximation die Betrachtung des Taylor-Polynoms bis zum ersten Ableitungsglied:

$$f(\underline{\eta}) = f(\underline{\eta}_0) + \sum_{i=1}^{n} \left(\eta_i - \eta_{i_0}\right) \frac{\partial f(\underline{\eta}_0)}{\partial \eta_i} + R$$

Insbesondere interessiert die Differenz der Funktionswerte $f(\underline{\eta})$ und $f(\underline{\eta}_0)$:

$$\Delta u = f(\underline{\eta}) - f(\underline{\eta}_0)$$

$$\Delta \eta_i = \eta_i - \eta_{i_0}$$

Daraus folgt

$$\Delta u = \sum_{i=1}^{n} \Delta \eta_i \frac{\partial f(\underline{\eta}_0)}{\partial \eta_i} + R$$

Der Übergang von den Differenzen zu Differenzialen und das Vernachlässigen des Restgliedes R führt zum *totalen Differenzial*

$$\Delta u = \sum_{i=1}^{n} \mathrm{d}\eta_i \frac{\partial f(\underline{\eta}_0)}{\partial \eta_i}$$

Als Anwendungsbeispiel sei das totale Differenzial der Funktion $u = f(\eta_0, \eta_1, \eta_2)$ betrachtet:

$$\Delta u = \frac{\partial u}{\partial \eta_0} \mathrm{d}\eta_0 + \frac{\partial u}{\partial \eta_1} \mathrm{d}\eta_1 + \frac{\partial u}{\partial \eta_2} \mathrm{d}\eta_2$$

Interpretiert man die Differenziale $\mathrm{d}\eta_0$, $\mathrm{d}\eta_1$ und $\mathrm{d}\eta_2$ als Einheitsvektoren eines kartesischen Koordinatensystems, so erhält man den Gradienten:

$$\operatorname{grad} u = \frac{\partial u}{\partial \eta_0} \vec{e}_x + \frac{\partial u}{\partial \eta_1} \vec{e}_y + \frac{\partial u}{\partial \eta_2} \vec{e}_z$$

E Gauß-Seidel-Iterationsverfahren

Das zur Analyse von Bewegtbildern in Abschn. 14.4 beschriebene Verfahren von Horn und Schunk beruht auf einem linearen Gleichungssystem. Eine Möglichkeit zu dessen Lösung ist das Gauß-Seidel-Iterationsverfahren. Es zeichnet sich durch robuste Konvergenz und Unempfindlichkeit gegenüber Rundungsfehlern aus. Leider weist es einen entscheidenden Nachteil auf: Es existieren grundsätzlich lösbare Gleichungssysteme, bei denen das Verfahren nicht konvergiert. Es lohnt dann aber die Mühe, die Gleichungssysteme umzustellen und das Verfahren neuerlich zu starten. In den meisten Fällen führt das Verfahren dann zu einer Lösung.
Ist das Gleichungssystem allerdings *diagonal*, so ist die Konvergenz gewährleistet [E.1]. Die Vorgehensweise sei an folgendem Beispiel demonstriert (nach [E.1]):

$$
\begin{aligned}
10x_1 + x_2 + x_3 &= 12 \\
2x_1 + 10x_2 + x_3 &= 13 \\
2x_1 + 2x_2 + 10x_3 &= 14
\end{aligned}
$$

Nun löst man die einzelnen Gleichungen nach der den größten Koeffizienten aufweisenden Variablen auf:

$$
\begin{aligned}
x_1 &= 1{,}2 - 0{,}1x_2 - 0{,}1x_3 \\
x_2 &= 1{,}3 - 0{,}2x_2 - 0{,}1x_3 \\
x_3 &= 1{,}4 - 0{,}2x_2 - 0{,}2x_3
\end{aligned}
$$

Um die erste Gleichung lösen zu können, beginnen wir mit beliebigen Startwerten für x_2 und x_3. Mit $x_2 = x_3 = 0$ ergibt sich x_1 zu 1,2. Mit $x_1 = 1{,}2$ und $x_3 = 0$ ergibt die zweite Gleichung $x_2 = 1{,}06$. x_3 errechnet man analog zu 0,95. Der gesamte Vorgang gestaltet sich im Überblick folgendermaßen:

$$
\begin{aligned}
x_2 = x_3 = 0 &\rightarrow x_1 = 1{,}20 \\
x_1 = 1{,}2 \quad x_3 = 0 &\rightarrow x_2 = 1{,}06 \\
x_1 = 1{,}2 \quad x_2 = 1{,}06 &\rightarrow x_3 = 0{,}95
\end{aligned}
$$

Mit den so ermittelten Werten beginnt die zweite Iteration:

$$x_2 = 1{,}06 \quad x_3 = 0{,}95 \quad \rightarrow \quad x_1 = 0{,}99$$
$$x_1 = 0{,}99 \quad x_3 = 0{,}95 \quad \rightarrow \quad x_2 = 1{,}00$$
$$x_1 = 0{,}99 \quad x_2 = 1{,}00 \quad \rightarrow \quad x_3 = 1{,}00$$

Die dritte Iteration verläuft nach dem gleichen Schema und ergibt $x_1 = 1, x_2 = 1$ und $x_3 = 1$. Damit haben sich die Ergebnisse zur vorherigen Iteration nur minimal verändert. Das Verfahren kann daher beendet werden.
Eine ausführliche Behandlung des Gauß-Seidel-Verfahrens unter programmtechnischer Sicht bietet Wirth [F.2].

Literatur

F.1 Salvadori, M.G.; Baron M.L.: Numerical methods in engineering. Englewood Cliffs, N.J.: Prentice-Hall 1961
F.2 Wirth, N.: Systematisches Programmieren. Stuttgart: B.G. Teubner 1978

F Mehrdimensionale Gauß-Funktion

Die in Abschn. 12.4 beschriebenen sog. parametrischen Klassifikatoren nutzen die Normalverteilung zur Beschreibung von Merkmalsräumen. Die eindimensionale Normalverteilung („Gauß-Glocke“) ist bekannterweise

$$f(x) = \frac{1}{\sqrt{2\pi}\sigma} \exp^{-\frac{(x-\mu)^2}{2\sigma^2}}$$

Da die Merkmalsräume gewöhnlich höherdimensional sind, benötigen wir eine entsprechende Erweiterung der eindimensionalen Normalverteilung:
Mit

x	$\rightarrow$	$\underline{x}$	: Vektor der Funktionswerte
μ	$\rightarrow$	$\underline{\mu}$	: Vektor der Mittelwerte
σ^2	$\rightarrow$	$\underline{C}$	: n*n-Kovarianzmatrix
$\sqrt{2\pi}$	$\rightarrow$	$(2\pi)^{m/2}$	: Dimensionsabhängiger Normalisierungsfaktor

wird aus der 1-dimensionalen die m-dimensionale Normalverteilung

$$f(x) = \frac{1}{(2\pi)^{m/2}\sqrt{\det \underline{C}}} \exp^{-\frac{1}{2}(\underline{x}-\underline{\mu})^T \underline{C}^{-1} (\underline{x}-\underline{\mu})}$$

Bei der mehrdimensionalen Normalverteilung handelt es sich eher um eine „Spezialität“. In grundlegender mathematischer Literatur ist sie daher nur selten beschrieben. Weitergehende Information zum Thema Normalverteilung findet man z.B. in [G.1].

Literatur

G.1 Moran, P.A.P: An introduction to probability theory. Oxford, England: Oxford University Press 1984

G Lösungen der Aufgaben

Zu Kapitel 1

1.1: Ein Pixel repräsentiert eine Fläche von 20*20 m.

1.2: 512*512*8 = 2.097.152 Bit sind zu transportieren. Also dauert die Übertragung 218 Sekunden. In der Praxis muss man die Zeit für das Übertragungsprotokoll hinzurechnen.

1.3: Ein einzelnes Bild umfasst 1280*1024*24 = 31.457.280 Bit. Die Übertragung von 25 solcher Bilder erfordert 786.432.000 Baud (750 MBit/s oder ca. 100 MByte/s). In der Praxis muss man die Zeit für das Übertragungsprotokoll hinzurechnen.

1.4: Abbildung G.1.1 und G.1.2 zeigen die Abtastgitter und digitalisierten Bilder mit einer Auflösung von 8*8 und 16*16 Pixel.

1.5: Abbildung G.1.3 zeigt, dass eine Struktur, die feiner als das Abtastgitter ist verschwindet.

1.6: Abbildung G.1.4 zeigt die Abtastwerte und die „Kacheldarstellung".

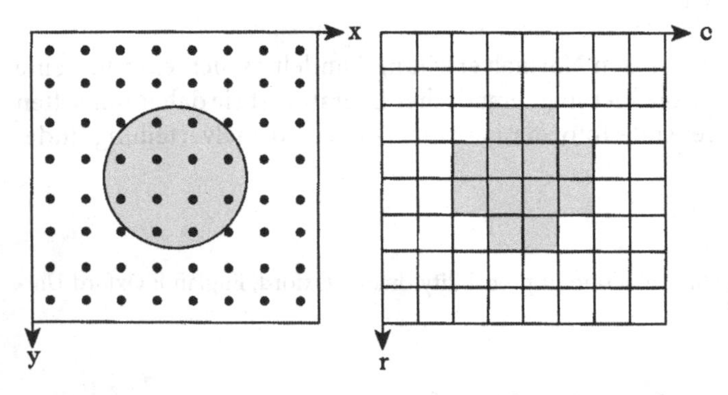

Abb. G.1.1. Abtastgitter und digitalisiertes Bild mit einer Auflösung von 8*8 Pixeln

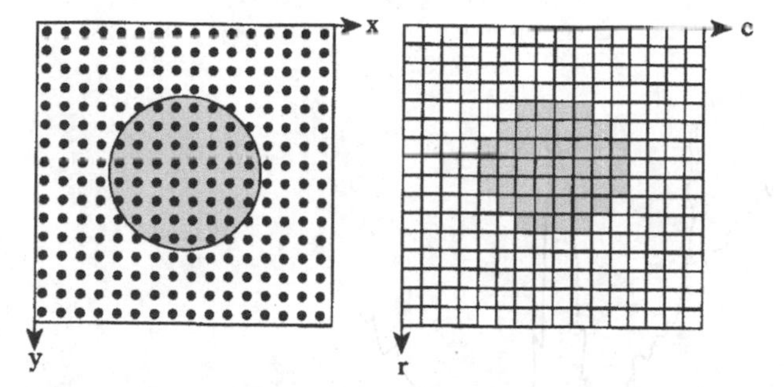

Abb. G.1.2. Abtastgitter und digitalisiertes Bild mit einer Auflösung von 16*16 Pixeln

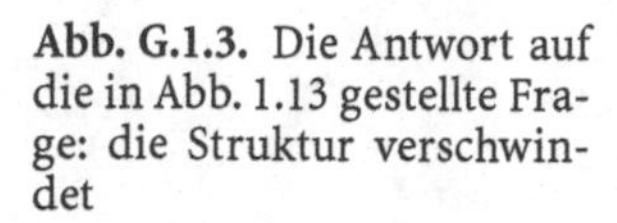

Abb. G.1.3. Die Antwort auf die in Abb. 1.13 gestellte Frage: die Struktur verschwindet

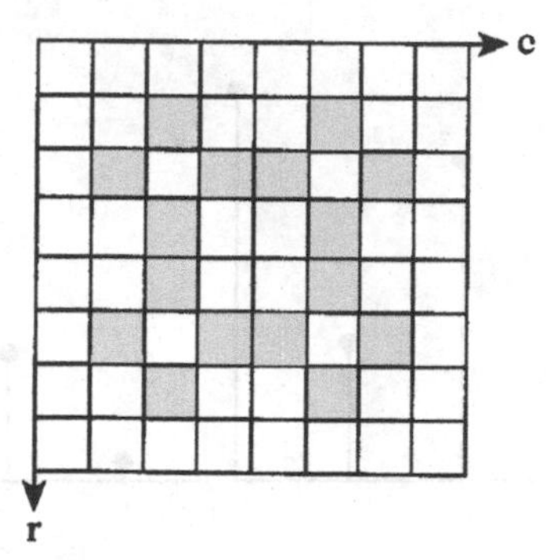

Zu Kapitel 2

2.1: Gleichung (2.1) nutzend und mit g = 150 mm, B = 4,8 mm (was der Höhe eines 1/2″ CCD-Chips entspricht, vgl. Abb. 2.16) und G = 50 mm erhält man f= 13 mm. Abbildung 2.17 zeigt die Verfügbarkeit eines 1/2″ Objektivs mit f= 12 mm. Gemäß Tab. 2.18 ist die MOD eines 12 mm Objektivs 200 mm. Daher muss ein 0,5 mm Zwischenring für die Verkleinerung der MOD auf 120 mm sorgen. Die maximale Objektdistanz beträgt dann 310 mm.

2.2: Abbildung 2.17 zeigt die Verfügbarkeit eines 1″ Objektivs mit f= 12,5 mm. Allerdings muss der Zwischenring in diesem Fall 1 mm dick sein.

2.3: Mit Gl. (2.1) und g = 150 mm, B = 6,4 mm (was der Breite eines 1/2″ CCD-Chips entspricht, vgl. Abb. 2.16) und G = 5 mm erhält man f= 84 mm. Abbildung 2.17 zeigt die Verfügbarkeit eines 1″ Objektivs mit f = 75 mm. Tabelle 2.18 gibt für die MOD eines 75 mm Objektivs 1 m an. Einen Zwischenring bietet die Tabelle nicht mehr an. Die Anwendung der Gleichungen für die dünne Linse ergibt b = 171 mm.

Möchte man einen solch langen Kameraauszug (z.B. wegen des grossen Lichtverlustes) vermeiden, stehen Nahlinsen als Alternative zur Verfügung. Tabelle 2.20 zeigt, dass m = 1,28, bzw. dem marktgängigeren Wert von m = 1.

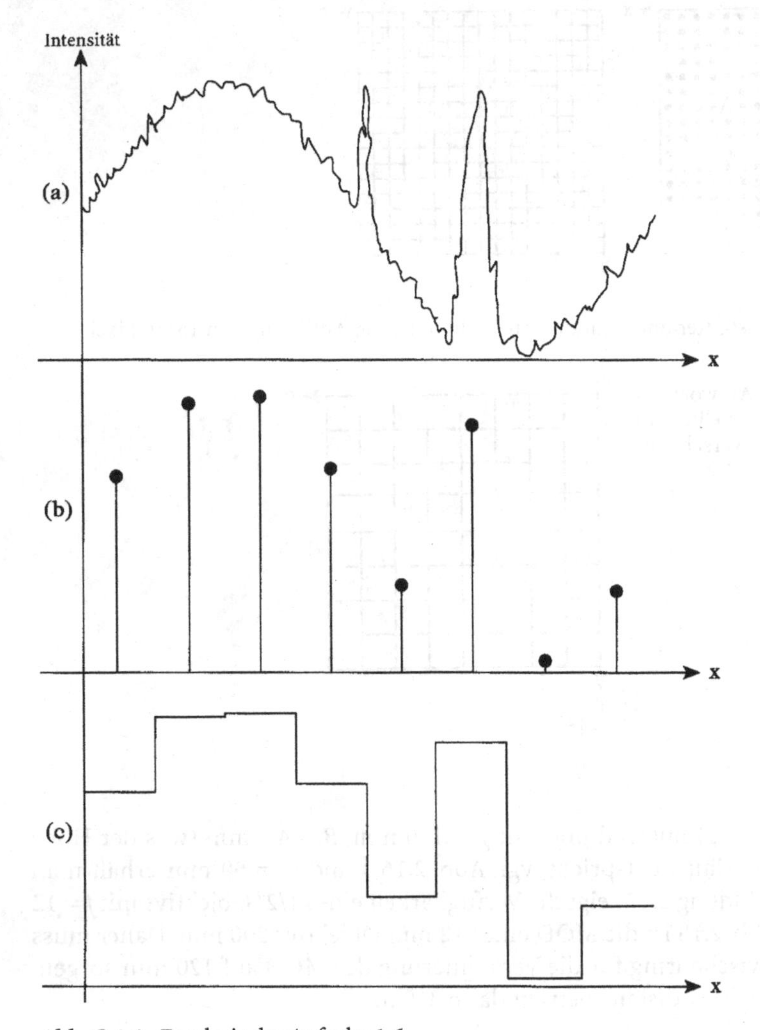

Abb. G.1.4. Ergebnis der Aufgabe 1.6

2.4: Gleichung (2.1) nutzend und mit g = 300 mm, B = 28,7 mm (Zeilenlänge) und G = 200 mm erhält man f = 38 mm. Allerdings verbietet sich wegen des grossen Bildformates von mindestens 28,7 mm der Einsatz von C-Mount-Objektiven. Statt dessen bieten sich hier Kleinbildobjektive an.

Zu Kapitel 4

4.1: Die Abbildungsfunktion zeigt Abb. G.4.1, die Look-Up Tabelle Abb. G.4.2, das resultierende Bild Abb. G.4.3 und die beiden Histogramme Abb. G.4.4 sowie Abb. G.4.5.

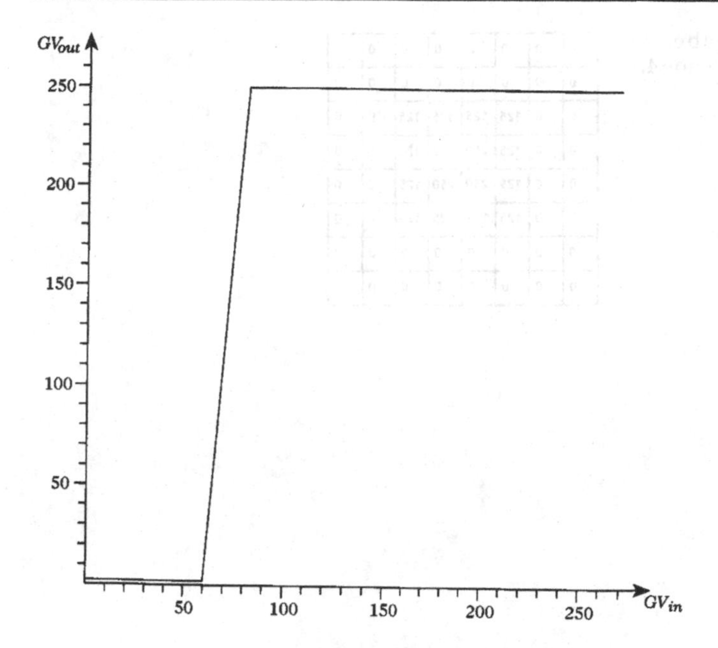

Abb. G.4.1. Abbildungsfunktion zur Lösung von Aufgabe 4.1

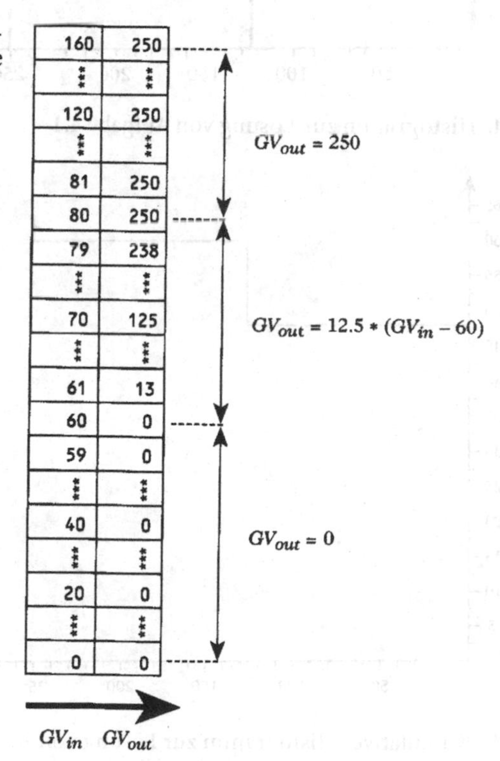

Abb. G.4.2. Look-Up Tabelle zur Lösung von Aufgabe 4.1

Abb. G.4.3. Ausgabebild zur Lösung von Aufgabe 4.1

0	0	0	0	0	0	0	0
0	0	0	0	0	0	0	0
0	0	125	125	125	125	0	0
0	0	125	250	250	125	0	0
0	0	125	250	250	125	0	0
0	0	125	125	125	125	0	0
0	0	0	0	0	0	0	0
0	0	0	0	0	0	0	0

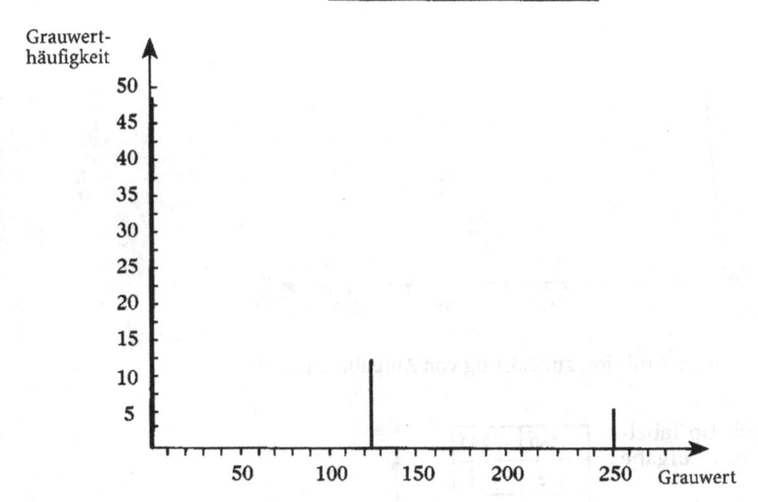

Abb. G.4.4. Histogramm zur Lösung von Aufgabe 4.1

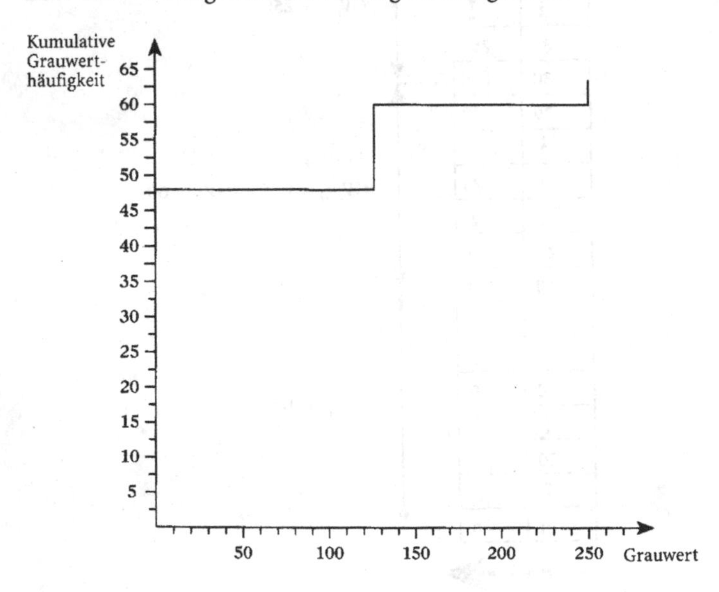

Abb. G.4.5. Kumulatives Histogramm zur Lösung von Aufgabe 4.1

4.2: Die Abbildungsfunktion zeigt Abb. G.4.6, die Look-Up Tabelle Abb. G.4.7, das resultierende Bild Abb. G.4.8 und die beiden Histogramme Abb. G.4.9 sowie Abb. G.4.10.

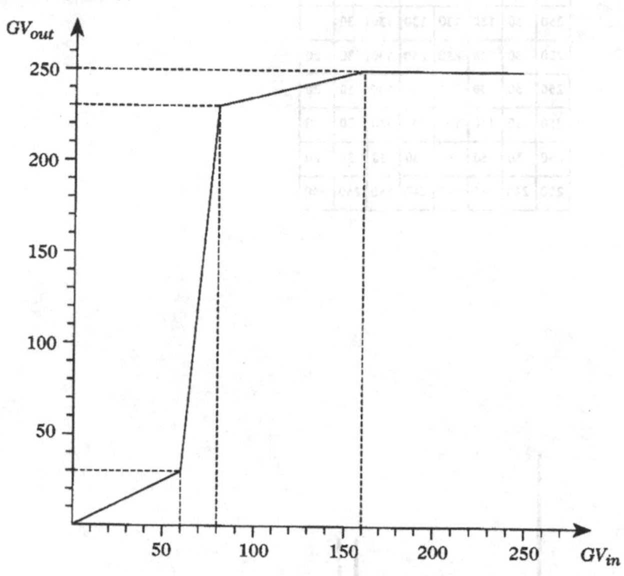

Abb. G.4.6. Abbildungsfunktion zur Lösung von Aufgabe 4.2

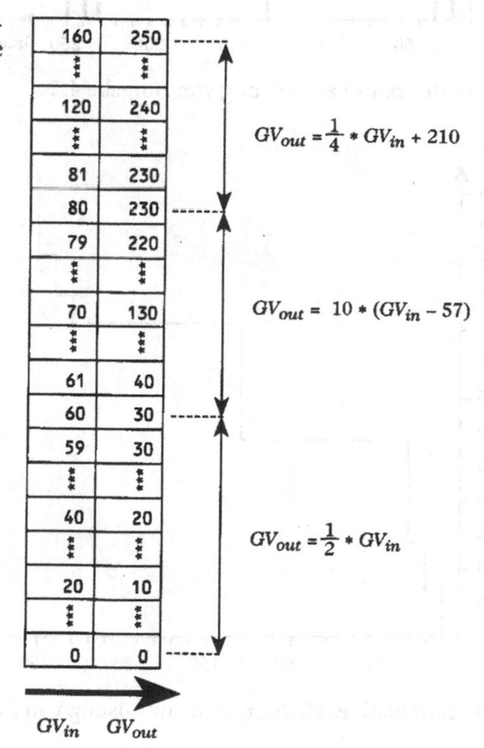

Abb. G.4.7. Look-Up-Tabelle zur Lösung von Aufgabe 4.2

Abb. G.4.8. Ausgabebild zur Lösung von Aufgabe 4.2

10	10	10	10	10	10	10	20
250	30	30	30	30	30	30	20
250	30	130	130	130	130	30	20
250	30	130	230	230	130	30	20
250	30	130	230	230	130	30	20
250	30	130	130	130	130	30	20
250	30	30	30	30	30	30	20
250	240	240	240	240	240	240	240

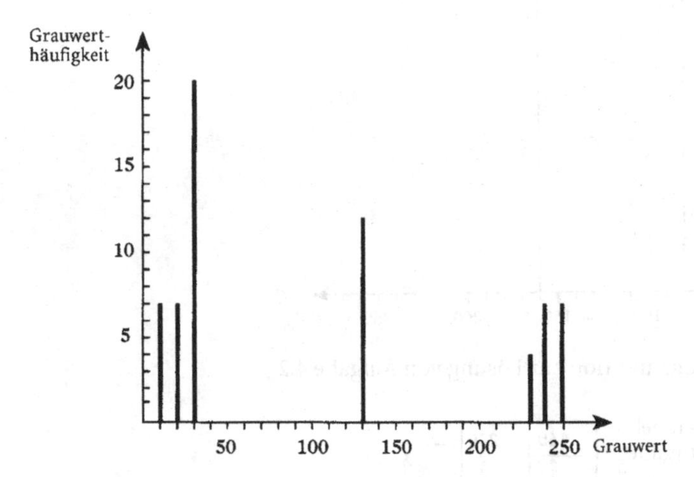

Abb. G.4.9. Histogramm zur Lösung von Aufgabe 4.2

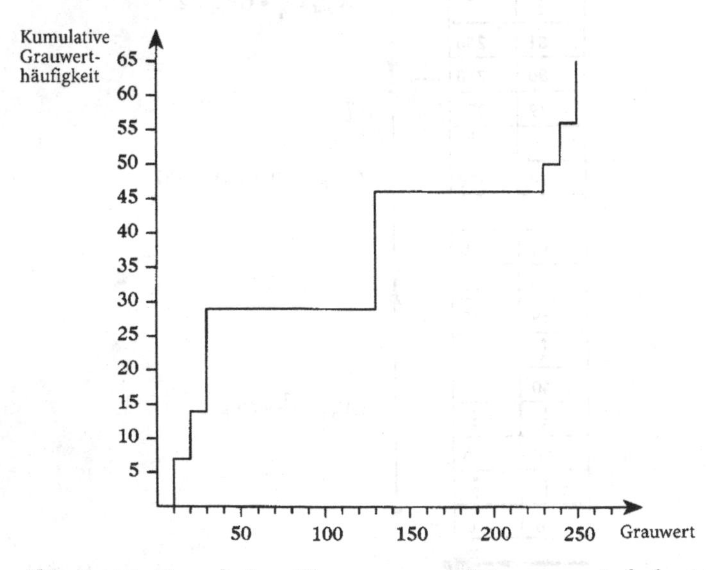

Abb. G.4.10. Kumulatives Histogramm zur Lösung von Aufgabe 4.2

4.3: Die Abbildungsfunktion zeigt Abb. G.4.11, die Look-Up Tabelle Abb. G.4.12, das resultierende Bild Abb. G.4.13 und die beiden Histogramme Abb. G.4.14 und Abb. G.4.15.

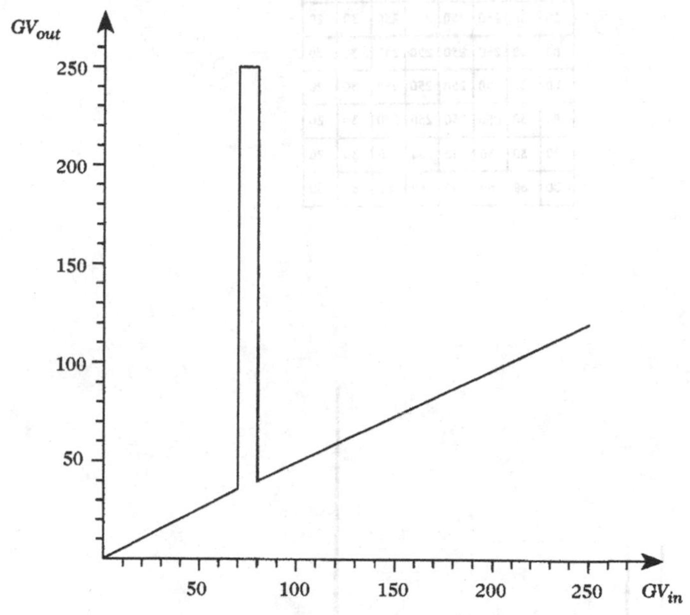

Abb. G.4.11. Abbildungsfunktion zur Lösung von Aufgabe 4.3

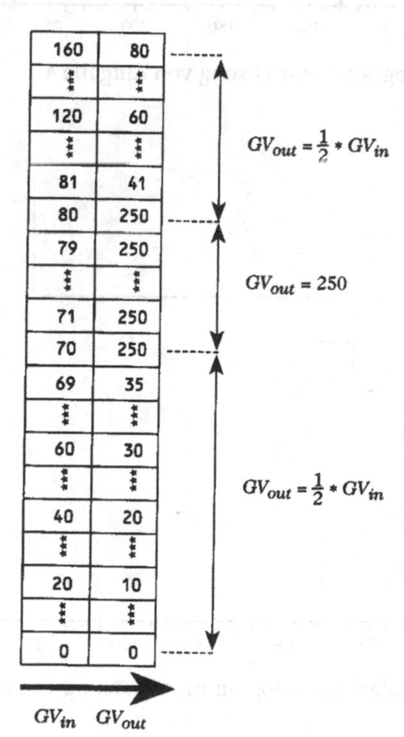

Abb. G.4.12. Look-Up Tabelle zur Lösung von Aufgabe 4.3

Abb. G.4.13. Ausgabebild zur Lösung von Aufgabe 4.3

10	10	10	10	10	10	10	20
80	30	30	30	30	30	30	20
80	30	250	250	250	250	30	20
80	30	250	250	250	250	30	20
80	30	250	250	250	250	30	20
80	30	250	250	250	250	30	20
80	30	30	30	30	30	30	20
80	60	60	60	60	60	60	60

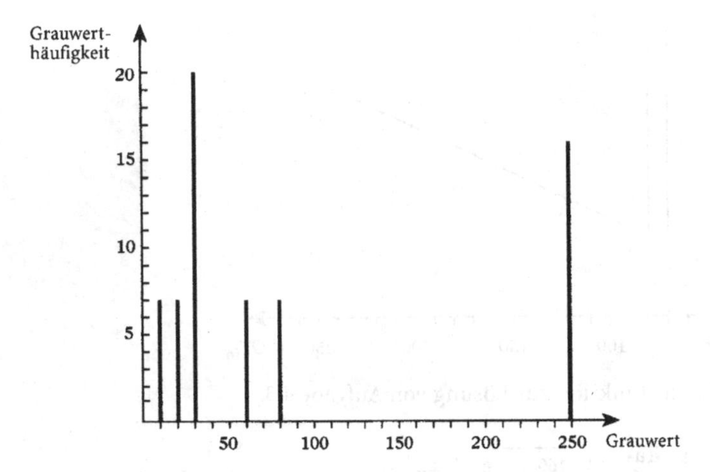

Abb. G.4.14. Histogramm zur Lösung von Aufgabe 4.3

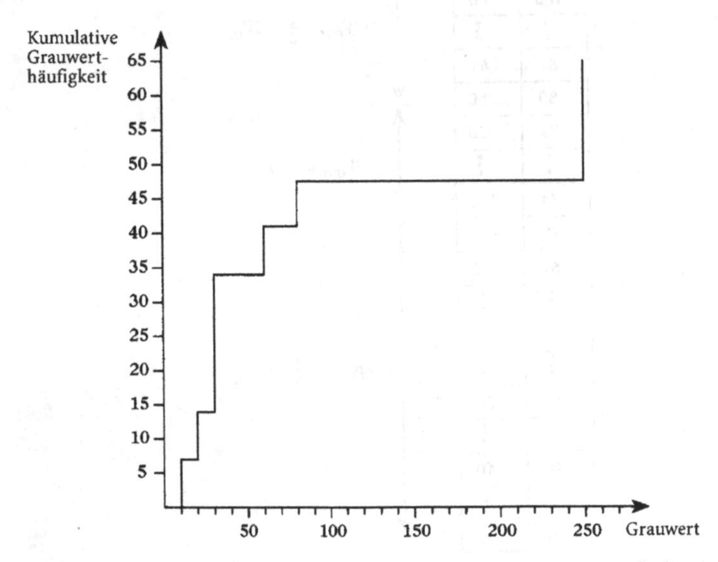

Abb. G.4.15. Kumulatives Histogramm zur Lösung von Aufgabe 4.3

4.4: Das kumulative Histogramm (Abb. 4.3) des Eingabebildes (Abb. 4.1) ist Basis für den ersten Schritt der Abbildung:

20 → 7
40 → 14
60 → 34
70 → 46
80 → 50
120 → 57
160 → 64

Die Notwendigkeit der Grauwertverteilung auf den Bereich von 0 bis 250 ergibt

7 → 0
14 → 31
34 → 118
46 → 171
50 → 189
57 → 219
64 → 250

Das resultierende Bild und seine Histogramme sind in Abb. G.4.16, Abb. G.4.17 und Abb. G.4.18 gezeigt.

Abb. G.4.16. Ausgabebild zur Lösung von Aufgabe 4.4

0	0	0	0	0	0	0	31
250	118	118	118	118	118	118	31
250	118	171	171	171	171	118	31
250	118	171	189	189	171	118	31
250	118	171	189	189	171	118	31
250	118	171	171	171	171	118	31
250	118	118	118	118	118	118	31
250	219	219	219	219	219	219	219

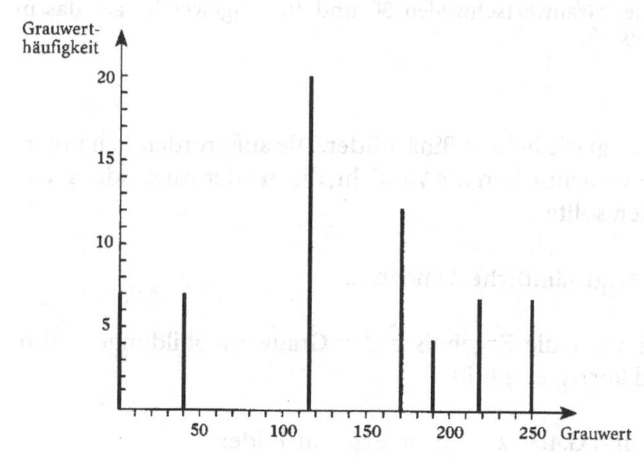

Abb. G.4.17. Histogramm zur Lösung von Aufgabe 4.4

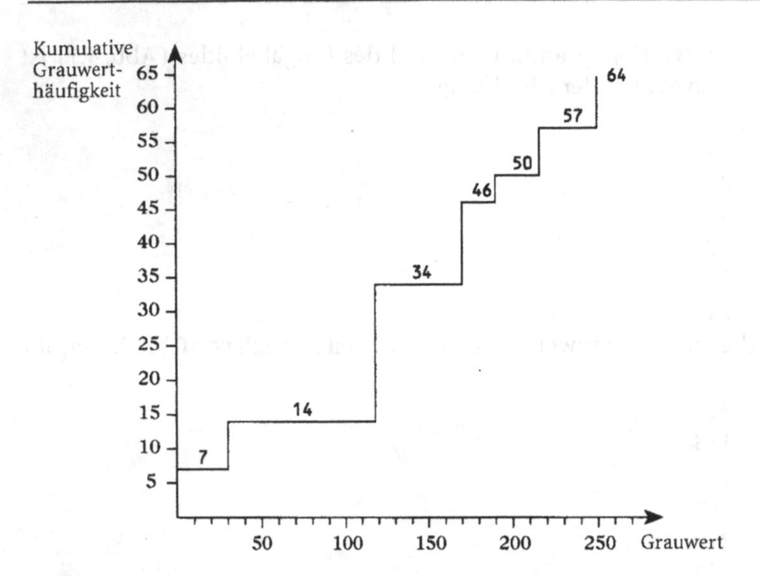

Abb. G.4.18. Kumulatives Histogramm zur Lösung von Aufgabe 4.4

Schwelle 50

0	0	0	0	0	0	0	0
1	1	1	1	1	1	1	0
1	1	1	1	1	1	1	0
1	1	1	1	1	1	1	0
1	1	1	1	1	1	1	0
1	1	1	1	1	1	1	0
1	1	1	1	1	1	1	0
1	1	1	1	1	1	1	1

Schwelle 100

0	0	0	0	0	0	0	0
1	0	0	0	0	0	0	0
1	0	0	0	0	0	0	0
1	0	0	0	0	0	0	0
1	0	0	0	0	0	0	0
1	0	0	0	0	0	0	0
1	0	0	0	0	0	0	0
1	1	1	1	1	1	1	1

Abb. G.4.19. Ergebnisse der Grauwertschwellen 50 und 100 angewendet auf das in Abb. 4.1 gezeigte Ursprungsbild

4.5: Abbildung G.4.19 zeigt die beiden Binärbilder. Die außerordentlich unterschiedlichen Ergebnisse verdeutlichen die Vorsicht, die bei der Anwendung von Grauwertschwellen walten sollte.

4.6: Abbildung G.4.20 zeigt sämtliche Schichten.

4.7: Abbildung G.4.21 zeigt die Ergebnisse der Grauwertabbildungen, Abb. G.4.22 das entsprechend korrigierte Bild.

4.8: Abbildung G.4.23 und G.4.24 zeigen die Ergebnisbilder.

Schicht 3

0	0	0	0	0	0	0	0
0	0	0	0	0	0	0	0
0	0	1	1	1	0	0	0
0	0	1	1	1	0	0	0
0	0	1	1	1	0	0	0
0	0	0	0	0	0	0	0
0	0	0	0	0	0	0	0
0	0	0	0	0	0	0	0

Schicht 2

0	0	0	0	0	0	0	0
0	0	0	0	0	0	0	0
0	1	0	0	0	1	0	0
0	1	0	0	0	1	0	0
0	1	0	0	0	1	0	0
0	1	1	1	1	1	0	0
0	0	0	0	0	0	0	0
0	0	0	0	0	0	0	0

Schicht 1

0	0	0	0	0	0	0	0
0	0	0	0	0	0	0	0
0	0	0	0	0	0	1	0
0	0	0	0	0	0	1	0
0	0	0	0	0	0	1	0
0	0	0	0	0	0	1	0
0	1	1	1	1	1	1	0
0	0	0	0	0	0	0	0

Schicht 0

0	0	0	0	0	0	0	0
0	1	1	1	1	1	1	0
0	0	0	0	0	0	0	0
0	0	0	0	0	0	0	0
0	0	0	0	0	0	0	0
0	0	0	0	0	0	0	0
0	0	0	0	0	0	0	0
0	0	0	0	0	0	0	0

Abb. G.4.20. Sämtliche Schichten des in Abb. 4.16 gezeigten Bildes

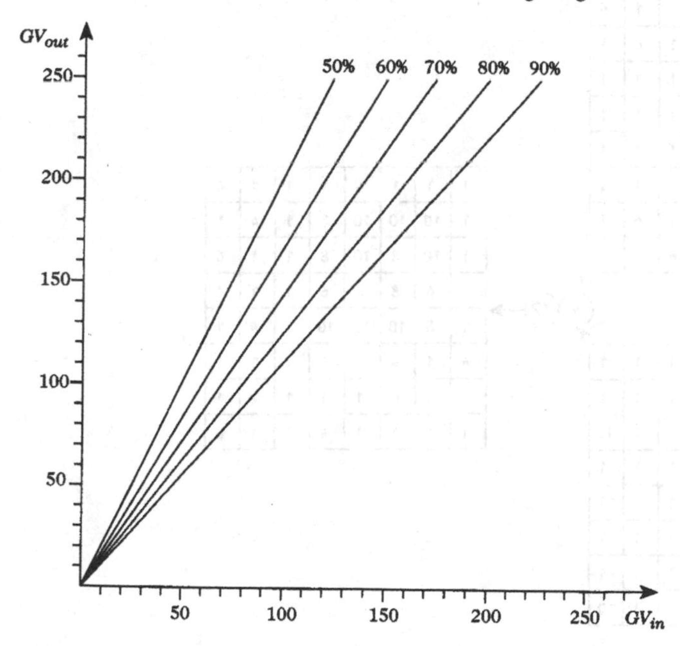

Abb. G.4.21. Abbildungsfunktionen zur Korrektur der inhomogenen Beleuchtung aus Abb. 4.17

Abb. G.4.22. Ergebnis der Anwendung der in Abb. 4.29 gezeigten Abbildungsfunktionen auf das Eingabebild in Abb. 4.29

10	10	10	10	10	10	10	10
10	10	10	10	10	10	10	10
10	10	100	100	100	100	100	100
10	10	100	100	100	100	100	100
10	10	100	100	100	100	100	100
10	10	10	100	100	100	100	100
10	10	10	10	100	100	100	100
10	10	10	10	10	100	100	100
10	10	10	10	10	10	100	100
10	10	10	10	10	10	100	100
10	10	10	10	10	10	100	100
10	10	10	10	10	10	100	100
10	10	10	10	10	10	100	100
10	10	10	10	10	10	100	100
10	10	10	10	10	10	10	10
10	10	10	10	10	10	10	10

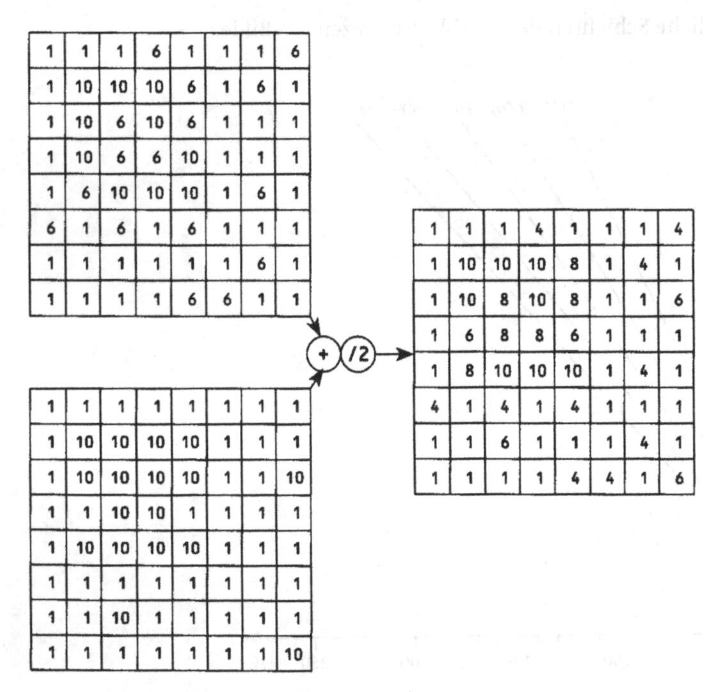

1	1	1	6	1	1	1	6
1	10	10	10	6	1	6	1
1	10	6	10	6	1	1	1
1	10	6	6	10	1	1	1
1	6	10	10	10	1	6	1
6	1	6	1	6	1	1	1
1	1	1	1	1	1	6	1
1	1	1	1	6	6	1	1

1	1	1	1	1	1	1	1
1	10	10	10	10	1	1	1
1	10	10	10	10	1	1	10
1	1	10	10	1	1	1	1
1	10	10	10	10	1	1	1
1	1	1	1	1	1	1	1
1	1	10	1	1	1	1	1
1	1	1	1	1	1	1	10

1	1	1	4	1	1	1	4
1	10	10	10	8	1	4	1
1	10	8	10	8	1	1	6
1	6	8	8	6	1	1	1
1	8	10	10	10	1	4	1
4	1	4	1	4	1	1	1
1	1	6	1	1	1	4	1
1	1	1	1	4	4	1	6

Abb. G.4.23. Mittelung des verrauschten Bildes aus Abb. 4.30 mit dem Ergebnisbild aus Abb. 4.18

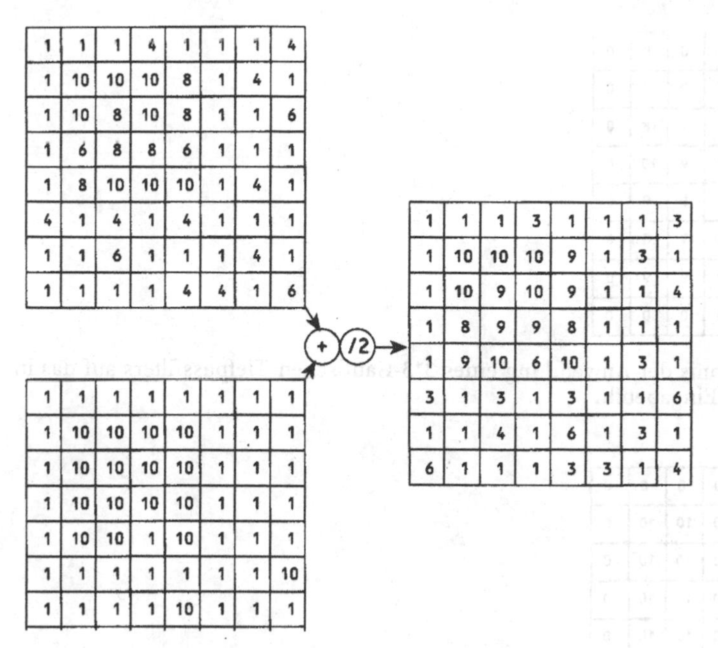

Abb. G.4.24. Mittelung des verrauschten Bildes aus Abb. 4.31 mit dem in Abb. G.4.23 gezeigten Ergebnisbild

Zu Kapitel 5

5.1: Abbildung G.5.1 zeigt das Ergebnis des Gaußschen Mittelwertoperators.

5.2: Abbildung G.5.2 zeigt das Ergebnis des Max-Operators.

5.3: Abbildung G.5.3 zeigt das Ergebnis des Median-Operators.

5.4: Abbildung G.5.4 zeigt das Ergebnis des k nearest neighbor Operators mit $k = 6$.

5.5: Abbildung G.5.5 zeigt das Ergebnis der leicht variierten Min- und Max-Operatoren. Dabei wurden anstatt des minimalen und maximalen, jeweils der zweitniedrigste bzw. zweithöchste Grauwert verwendet.

5.6: Abbildung G.5.6 zeigt das Ergebnis der zweiten Iteration des Closest-of-min-and-max-Operators.

5.7: Abbildung G.5.7 zeigt die Anwendung eines 5*5-Closest-of-min-and-max-Operators. Abgesehen von einer kleinen Spitze liefert der 5*5-Operator ein gutes Resultat. Ein Median-Operator (Abschn. 5.1.1) kann die Spitze leicht beseitigen.

0	0	0	0	0	0	0	0
0	2	2	4	7	9	8	0
0	2	2	3	7	9	8	0
0	1	1	3	7	9	10	0
0	1	1	3	7	9	9	0
0	2	2	4	8	9	8	0
0	2	2	6	9	9	9	0
0	0	0	0	0	0	0	0

Abb. G.5.1. Ergebnis der Anwendung eines 3*3-Gaußschen-Tiefpassfilters auf das in Abb. 5.2 gezeigte Eingabebild

0	0	0	0	0	0	0	0
0	6	6	8	10	10	10	0
0	6	6	9	10	10	10	0
0	3	3	10	10	10	10	0
0	4	4	10	10	10	10	0
0	4	4	10	10	10	10	0
0	4	4	10	10	10	10	0
0	0	0	0	0	0	0	0

Abb. G.5.2. Der Max-Operator (hier mit einer 3*3-Maske) säubert komplementär zum Min-Operator (Abb. 5.5) die hellen Regionen des Eingabebildes (Abb. 5.2), zerstört andererseits die dunklen Regionen

0	0	0	0	0	0	0	0
0	1	1	1	9	10	10	0
0	1	1	2	8	9	10	0
0	1	1	1	9	10	10	0
0	1	1	2	9	10	10	0
0	1	1	2	10	10	10	0
0	1	1	2	10	10	10	0
0	0	0	0	0	0	0	0

Abb. G.5.3. Der Median-Operator säubert sowohl die dunklen als auch die hellen Region des Eingabebildes (Abb. 5.2) ohne dabei die Grauwertstufen zwischen den Regionen abzuflachen. Der Median-Operator ist beseitigt besonders erfolgreich kleine schwarze und weisse Flekken (Salz- und Pefferrauschen)

0	0	0	0	0	0	0	0
0	1	2	2	10	10	8	0
0	1	1	2	9	9	10	0
0	1	1	1	9	10	10	0
0	1	1	2	9	10	10	0
0	2	1	2	10	10	9	0
0	1	1	7	10	10	10	0
0	0	0	0	0	0	0	0

Abb. G.5.4. Ergebnis eines 3*3-nearest-neighbor-Operators mit $k = 6$ (das aktuelle Pixel einbeziehend) angewendet auf das in Abb. 5.2 gezeigte Eingabebild. Verglichen mit dem Ergebnis im Fall $k = 3$ (Abb. 5.7), ist der glättende Effekt ohne den Nachteil der Abflachung von Grauwertstufen verbessert

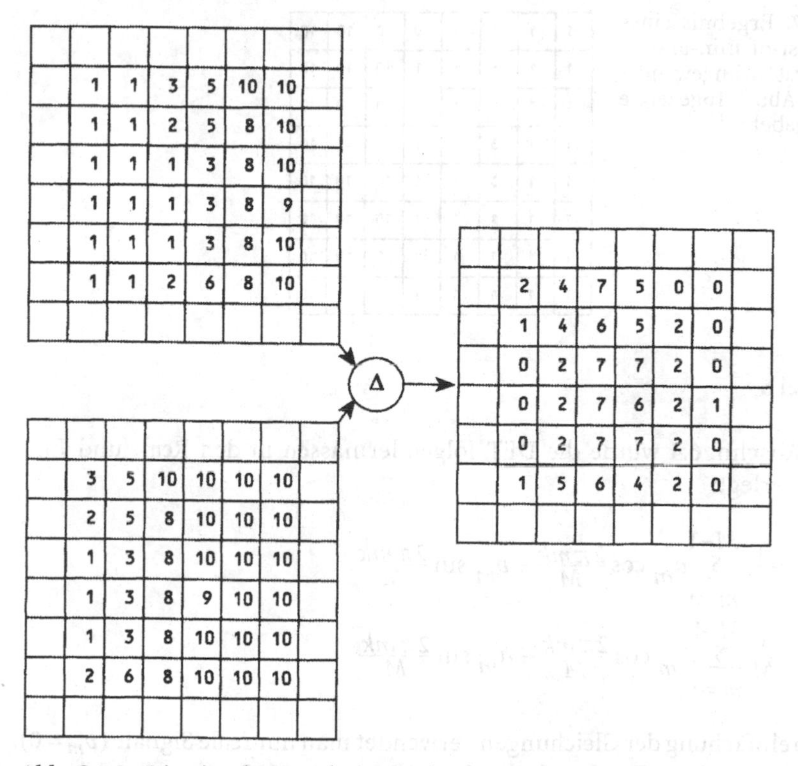

Abb. G.5.5. Dies ist das Ergebnis der leicht variierten Min- und Max-Operatoren. Dabei wurden anstatt des minimalen und maximalen, jeweils der zweitniedrigste (links oben) bzw. zweithöchste (links unten) Grauwert verwendet. Die absolute Differenz (rechts) liefert hervorgehobene Grauwertstufen

1	1	1	1	10	10	10	10
1	1	1	1	10	10	10	10
1	1	1	10	10	10	10	10
1	1	1	1	1	10	10	10
1	1	1	1	10	10	10	10
1	1	1	1	10	10	10	10
1	1	1	10	10	10	10	10
1	1	1	10	10	10	10	10

Abb. G.5.6. Die zweite Iteration des 3*3-Closest-of-min-and-max-Operators (angewendet auf das Ergebnis der in Abb. 5.15 gezeigten ersten Iteration) liefert den steilestmöglichen Grauwertsprung zwischen der dunklen und der hellen Region

Abb. G.5.7. Ergebnis eines 5*5-Closest-of-min-and-max-Operators angewendet auf das in Abb. 5.16gezeigte neue Eingabebild.

1	1	1	1	10	10	10	10
1	1	1	1	1	10	10	10
1	1	1	1	1	10	10	10
1	1	3	1	1	10	10	10
1	1	3	1	1	10	10	10
1	1	1	1	1	10	10	10
1	1	1	1	1	1	10	10
1	1	1	1	1	1	1	10

Zu Kapitel 6

6.13: In Abschn. 6.4 wurde die DFT folgendermassen in den Real- und Imaginärteil zerlegt:

$$A_k = \frac{1}{M} \sum_{m=0}^{M-1} a_m \cos\frac{2\pi mk}{M} + b_m \sin\frac{2\pi mk}{M}$$

$$B_k = \frac{1}{M} \sum_{m=0}^{M-1} b_m \cos\frac{2\pi mk}{M} - a_m \sin\frac{2\pi mk}{M}$$

Zur Vereinfachung der Gleichungen verwendet man nur reale Signale ($b_m = 0$). Durch die zusätzliche Beschränkung auf 8 Abtastwerte ($M = 8$) ergibt sich

$$A_k = \frac{1}{8} \sum_{m=0}^{M-1} a_m \cos\frac{2\pi mk}{M}$$

$$B_k = \frac{1}{8} \sum_{m=0}^{M-1} a_m \sin\frac{2\pi mk}{M}$$

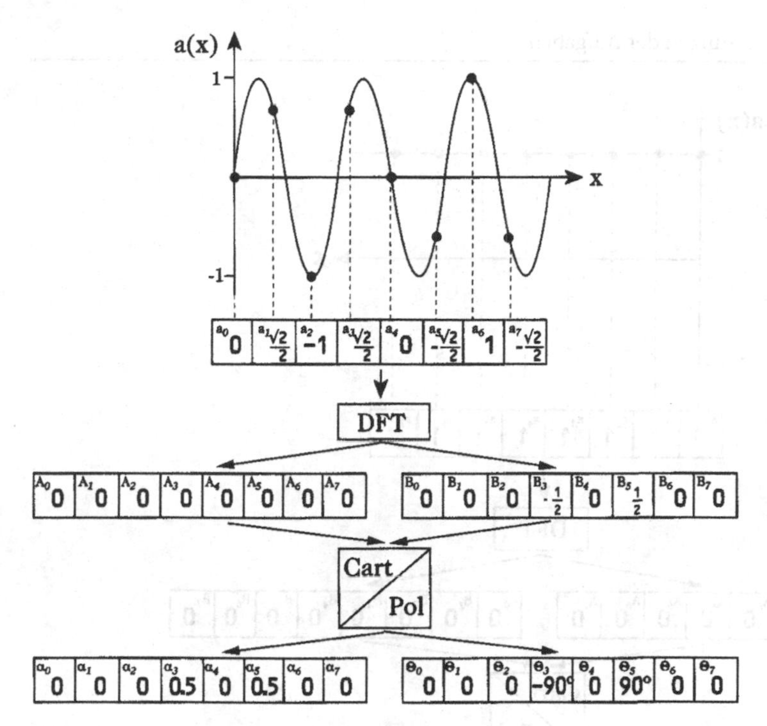

Abb. G.6.1. Lösung von Aufgabe 6.2

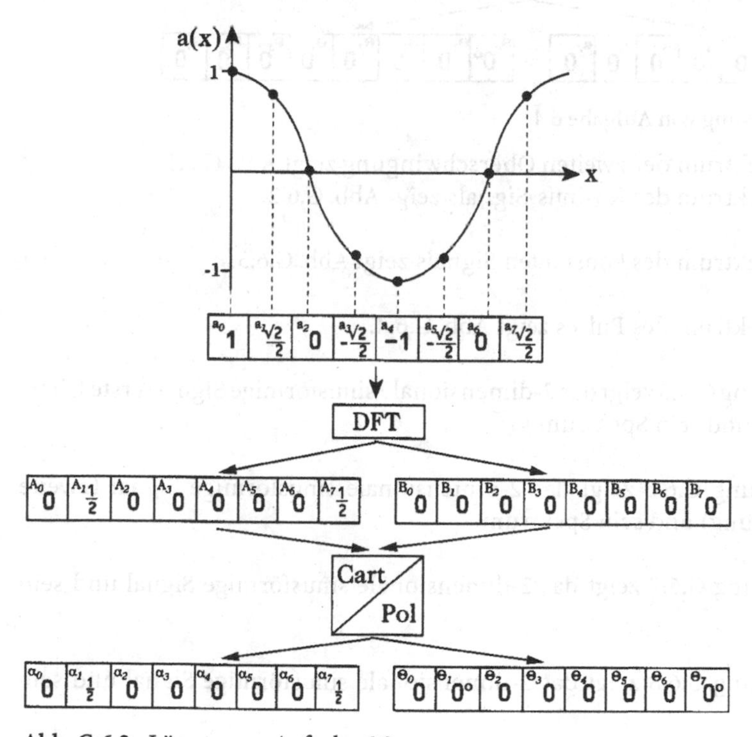

Abb. G.6.2. Lösung von Aufgabe 6.3

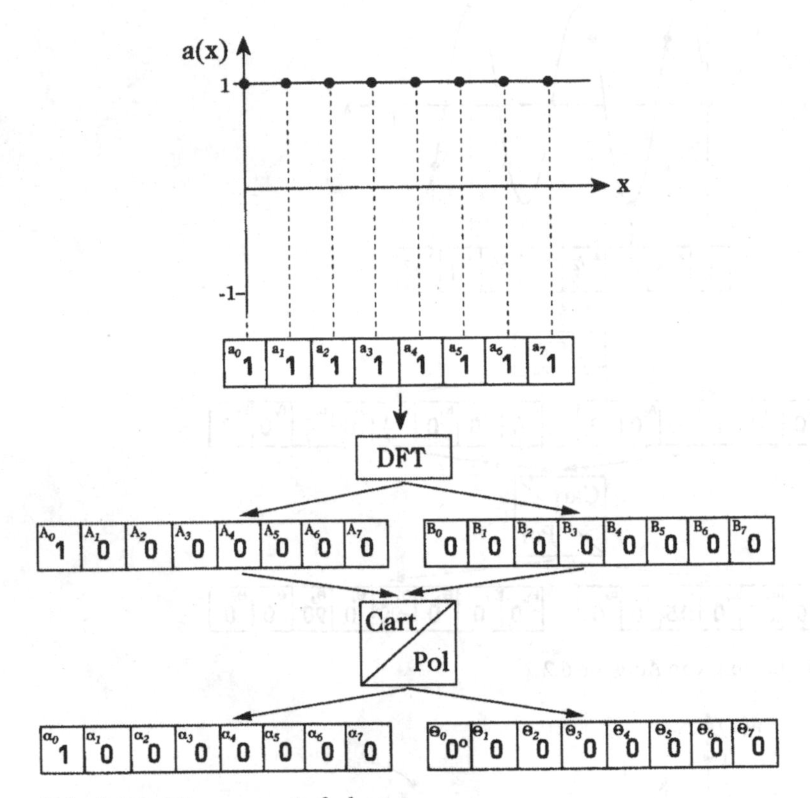

Abb. G.6.3. Lösung von Aufgabe 6.4

6.2: Das Spektrum der zweiten Oberschwingung zeigt Abb. G.6.1.
6.3: Das Spektrum des Kosinus-Signals zeigt Abb. G.6.2.

6.4: Das Spektrum des konstanten Signals zeigt Abb. G.6.3.

6.5: Das Spektrum des Pulses zeigt Abb. G.6.4.

6.6: Abbildung G.6.5 zeigt das 2-dimensionale sinusförmige Signal (erste Oberschwingung) und sein Spektrum.

6.7: Abbildung G.6.6 zeigt das 2-dimensionale sinusförmige Signal (zweite Oberschwingung) und sein Spektrum.

6.8: Abbildung G.6.7 zeigt das 2-dimensionale sinusförmige Signal und sein Spektrum.

6.9: Abbildung G.6.8 zeigt das 2-dimensionale sinusförmige Signal und sein Spektrum.

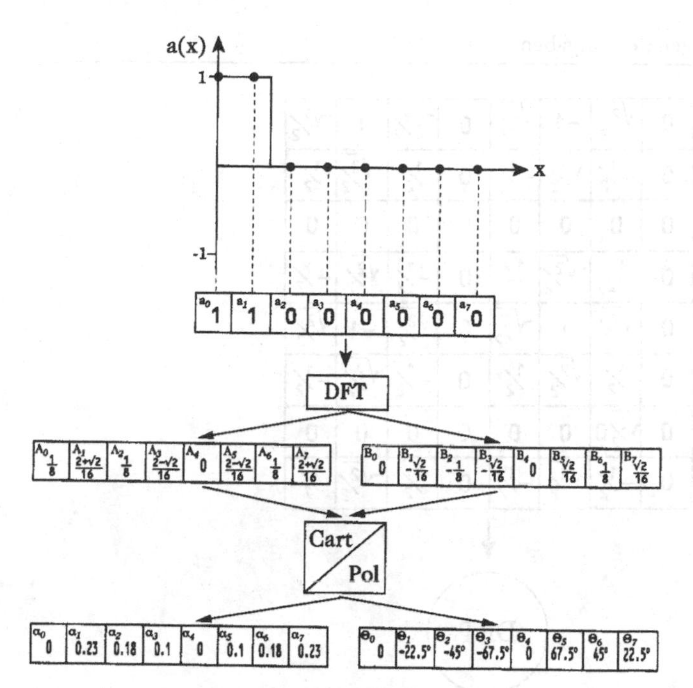

Abb. G.6.4. Lösung von Aufgabe 6.5

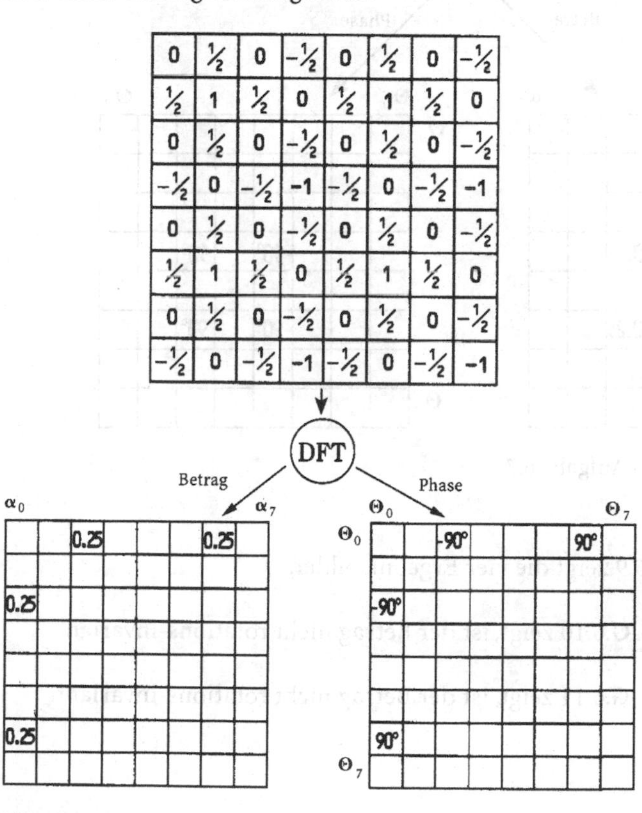

Abb. G.6.5. Lösung von Aufgabe 6.6

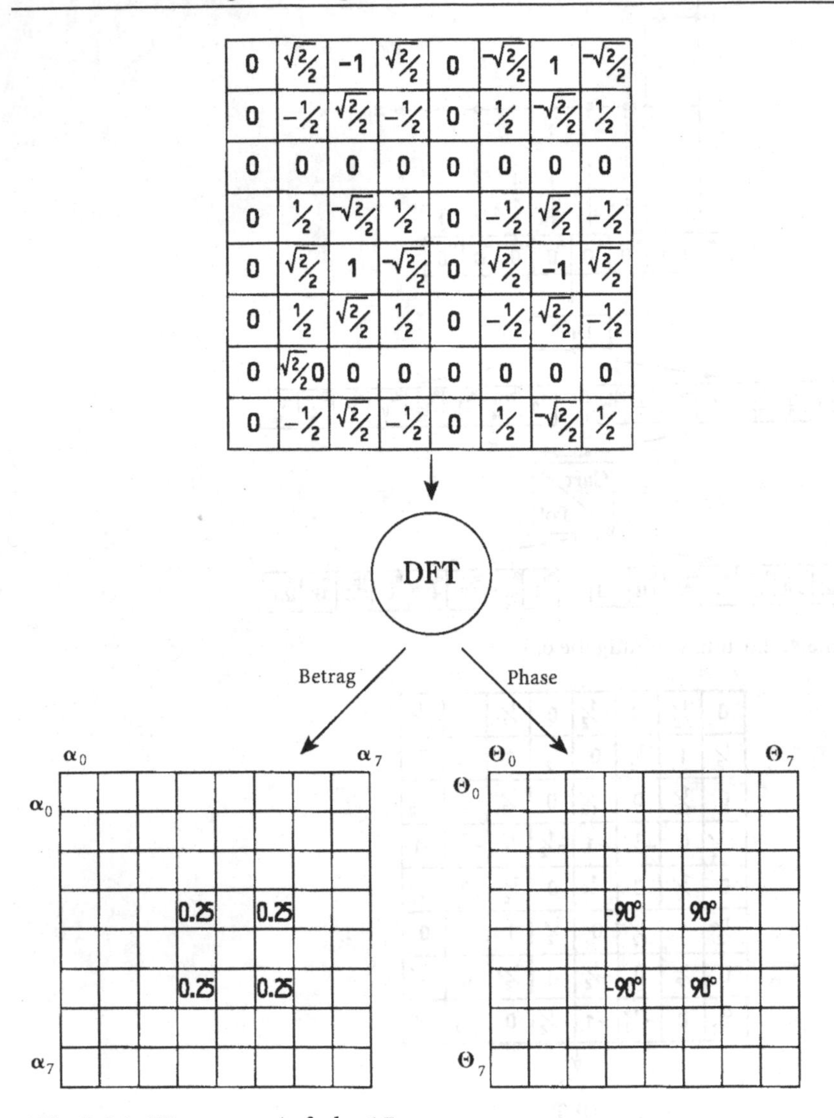

Abb. G.6.6. Lösung von Aufgabe 6.7

6.10: Abbildung G.6.9 zeigt die vier Ergebnisbilder.

6.11: Nein, wie Abb. G.6.10 zeigt, ist der Betrag nicht rotations-invariant.

6.12: Nein, wie Abb. G.6.11 zeigt, ist der Betrag nicht rotations-invariant.

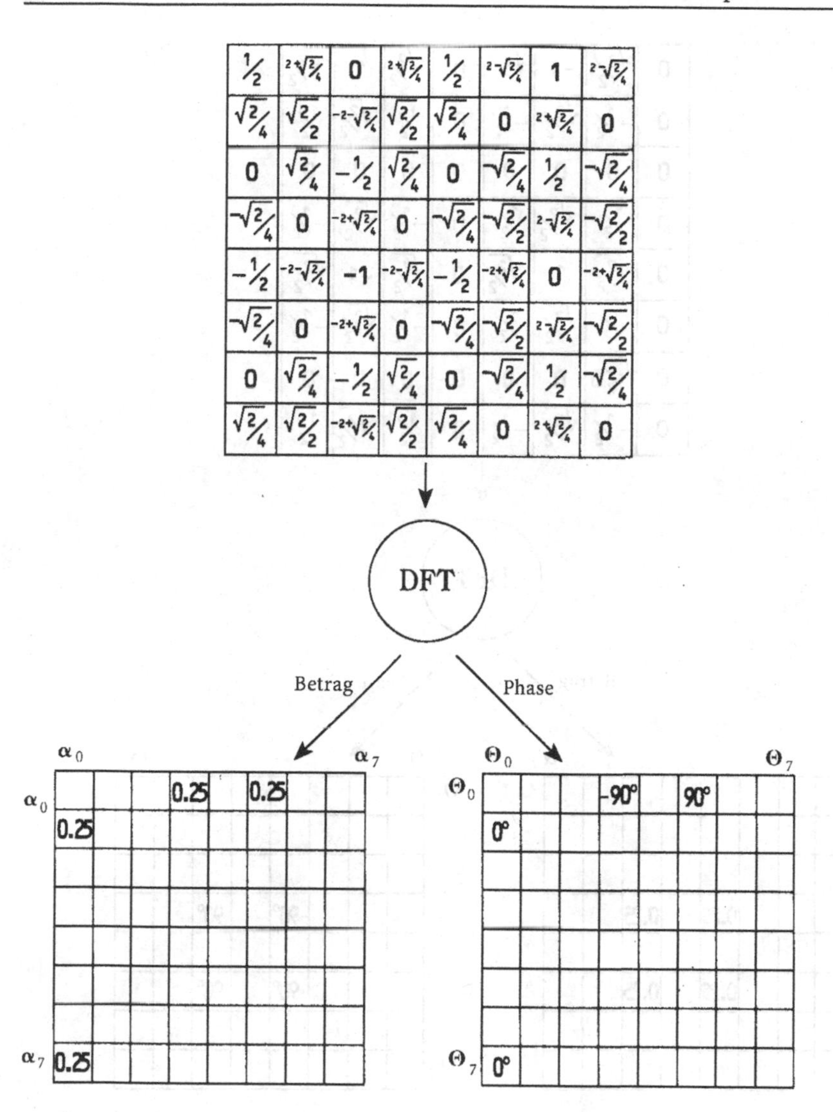

Abb. G.6.7. Lösung von Aufgabe 6.8

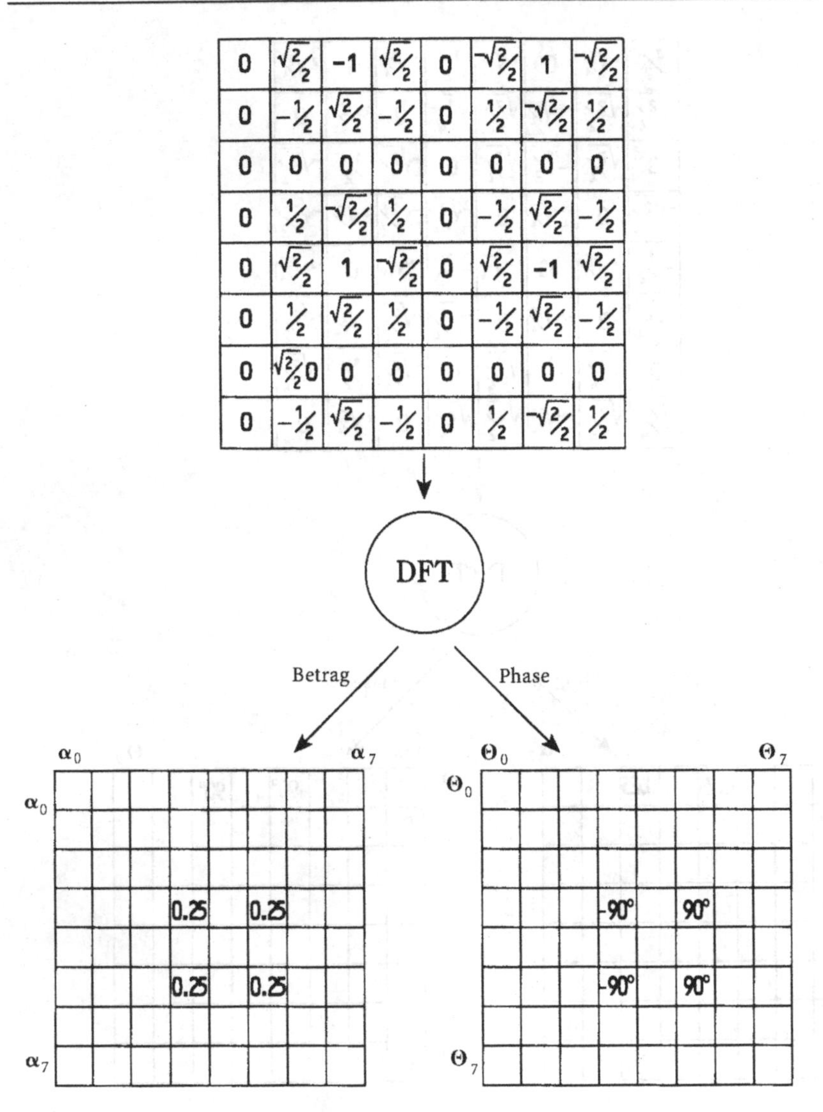

Abb. G.6.8. Lösung von Aufgabe 6.9

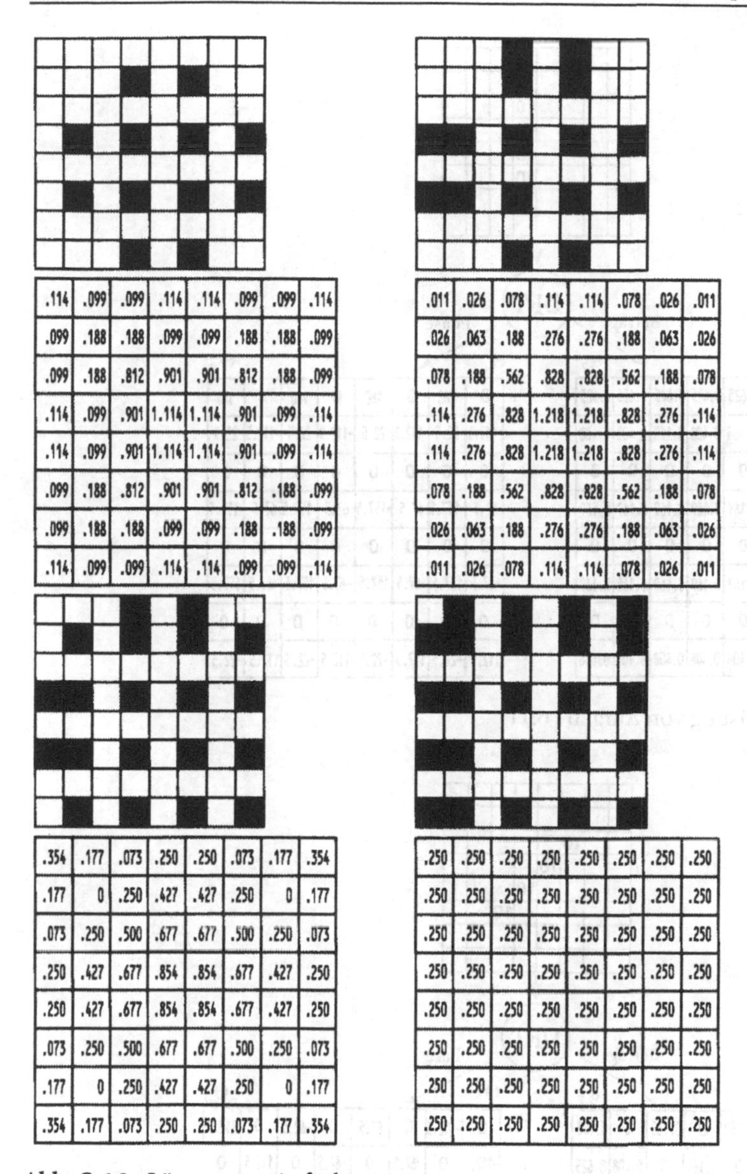

Abb. G.6.9. Lösung von Aufgabe 6.10

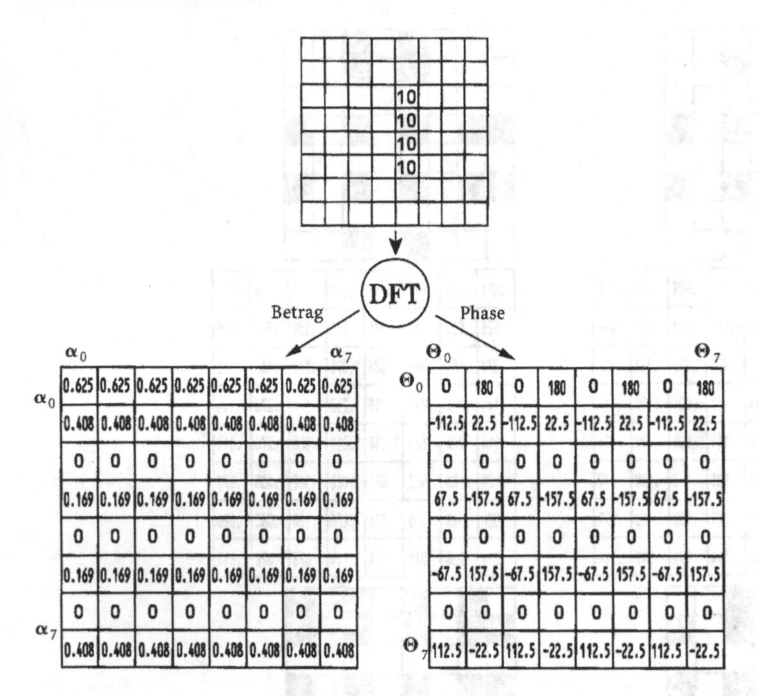

Abb. G.6.10. Lösung von Aufgabe 6.11

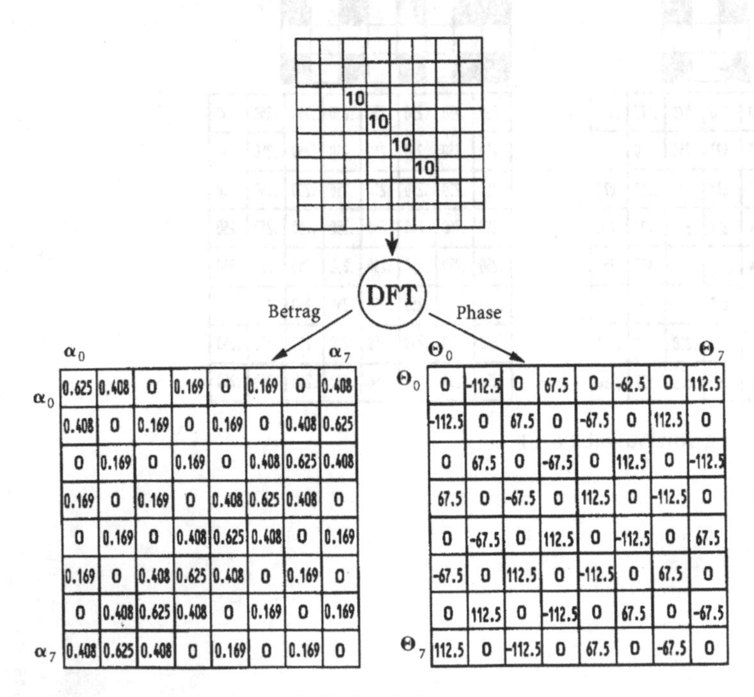

Abb. G.6.11. Lösung von Aufgabe 6.12

Zu Kapitel 7

7.1: Abbildung G.7.1 und G.7.2 zeigen die Resultate der „falschen“ Schwellen 2,5 und 8,5.

7.2: Abbildung G.7.3 zeigt das manipulierte Histogramm, Abb. G.7.4 das neue Label-Bild.

7.3: Abbildung G.7.5 zeigt das Label- und Markenbild.

Abb. G.7.1. Eine Schwelle von 2,5, angewendet auf das in Abb. 7.2 gezeigte Eingabebild, ergibt einen ‘1’-Bereich, der größer ist, als derjenige, den man durch Anwendung einer wie in Abb. 7.2 gewonnenen Schwelle erhalten würde

0	0	0	1	1	1	1	1
0	0	0	1	1	1	1	1
0	0	0	1	1	1	1	1
0	0	0	1	1	1	1	1
0	0	0	1	1	1	1	1
0	0	0	1	1	1	1	1
0	0	0	1	1	1	1	1
0	0	0	1	1	1	1	1

Abb. G.7.2. Eine Schwelle von 8,5, angewendet auf das in Abb. 7.2 gezeigte Eingabebild, ergibt einen ‘1’ Bereich, der kleiner ist, als derjenige, den man durch Anwendung einer wie in Abb. 7.2 gewonnenen Schwelle erhalten würde

0	0	0	0	0	1	1	1
0	0	0	0	0	1	1	1
0	0	0	0	0	1	1	1
0	0	0	0	0	1	1	1
0	0	0	0	0	1	1	1
0	0	0	0	0	1	1	1
0	0	0	0	0	1	1	1
0	0	0	0	0	1	1	1

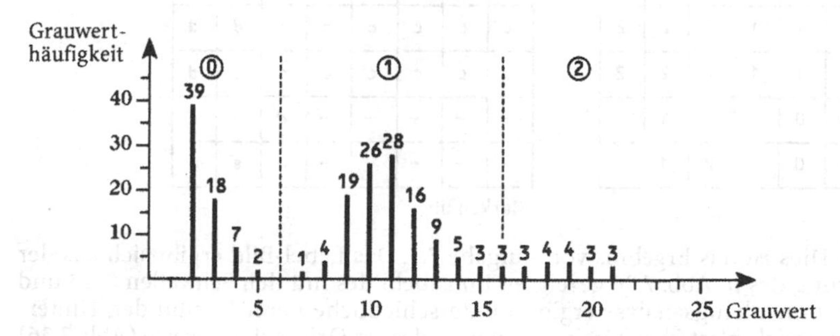

Abb. G.7.3. Die Glättung des in Abb. 7.5 gezeigten Originalhistogramms füllt das Tal bei Grauwert 19 auf. Daher kommen hier nur 2 Schwellen zur Anwendung

0	0	0	0	0	0	0	0	0	0	0	0	0	0	0	0
0	0	0	0	0	0	0	0	0	0	0	0	0	0	0	0
0	0	1	1	1	1	1	1	1	1	1	1	1	1	0	0
0	0	1	1	1	1	1	1	1	1	1	1	1	1	0	0
0	0	1	1	1	1	1	2	2	2	1	1	1	1	0	0
0	0	1	1	1	1	2	2	2	2	2	1	1	1	0	0
0	0	1	1	1	1	1	2	2	2	2	1	1	1	0	0
0	0	1	1	1	1	2	2	2	2	1	1	1	1	0	0
0	0	1	1	1	1	2	2	2	2	1	1	1	1	0	0
0	0	1	1	1	1	1	1	1	1	1	1	1	1	0	0
0	0	1	1	1	1	1	1	1	1	1	1	1	1	0	0
0	0	1	1	1	1	1	1	1	1	1	1	1	1	0	0
0	0	1	1	1	1	1	1	1	1	1	1	1	1	0	0
0	0	0	0	0	0	0	0	0	0	0	1	0	0	0	0
0	0	0	0	0	0	0	0	0	0	0	0	0	0	0	0
0	0	0	0	0	0	0	0	0	0	0	0	0	0	0	0

Abb. G.7.4. Wendet man die im manipulierten Histogramm (Abb. G.7.3) gefundenen Schwellen auf das Eingabebild (Abb. 7.4) an, ergibt sich die korrekte Segmentierung

3	3	2	1	1	1	2	2
3	3	2	1	1	1	2	2
3	3	2	1	1	1	2	2
2	2	2	1	1	1	2	2
1	1	1	1	1	1	2	2
1	1	1	1	1	2	2	2
0	0	0	0	0	2	1	1
0	0	0	0	0	2	1	1

Labelbild

a	a	b	c	c	c	d	d
a	a	b	c	c	c	d	d
a	a	b	c	c	c	d	d
b	b	b	c	c	c	d	d
c	c	c	c	c	c	d	d
c	c	c	c	c	d	d	d
-	-	-	-	-	d	e	e
-	-	-	-	-	d	e	e

Markenbild

Abb. G.7.5. Dies ist das Ergebnis von Aufgabe 7.3. Das Label-Bild ergibt sich aus der Segmentierung des in Abb. 7.36 gezeigten Eingabebildes mit den Schwellen 8, 13 und 17. Die Zusammenhangsanalyse ergibt 5 unterschiedliche Bereiche und den Hintergrund. Der Bereich 'b' ist überflüssig, wenn man dessen Originalgrauwerte (Abb. 7.36) als Übergang zwischen Bereich 'a' und 'c' interpretieren

Zu Kapitel 8

8.1: Die Ergebnisse der Anwendung der in Abb. 8.35 gezeigten Masken auf das Eingabebild (Abb. 8.3) zeigen Abb. G.8.1 und Abb. G.8.2.

8.2: Die Nachbarschaftsverhältnisse und die lokalen Maxima zeigt Abb. G.8.3, die Ergebnisse des Ähnlichkeitstests Abb. G.8.4.

8.3: Abbildung G.8.5 zeigt das Ergebnis der im Ursprungsbild (Abb. 8.13) unten rechts begonnenen Nachbarschafts-Wandlung.

8.4: Abbildung G.8.6 zeigt das Ergebnis der verfeinerten Nachbarschafts-Wandlung angewendet auf die in Abb. #8.37 gezeigte Konturpunktkette.

8.5: Das Ergebnis des Verkettungsverfahrens zeigt Abb. G.8.7.

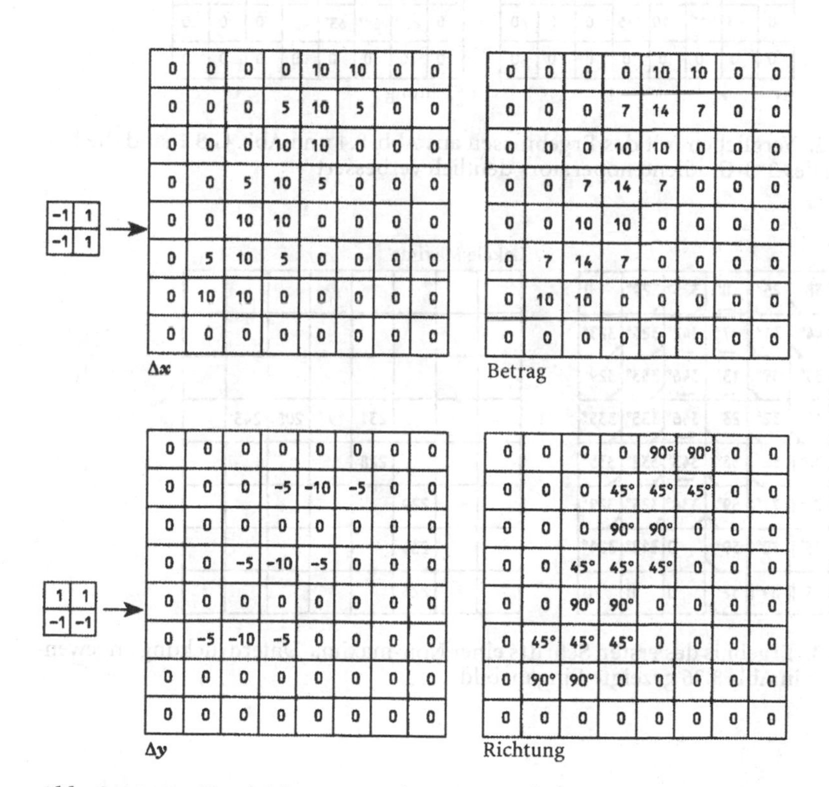

Abb. G.8.1. Im Vergleich zum Ergebnis des einfachen Gradientenoperators (Abb. 8.4) sind die Verbesserungen durch die Verwendung von 2*2-Masken vernachlässigbar

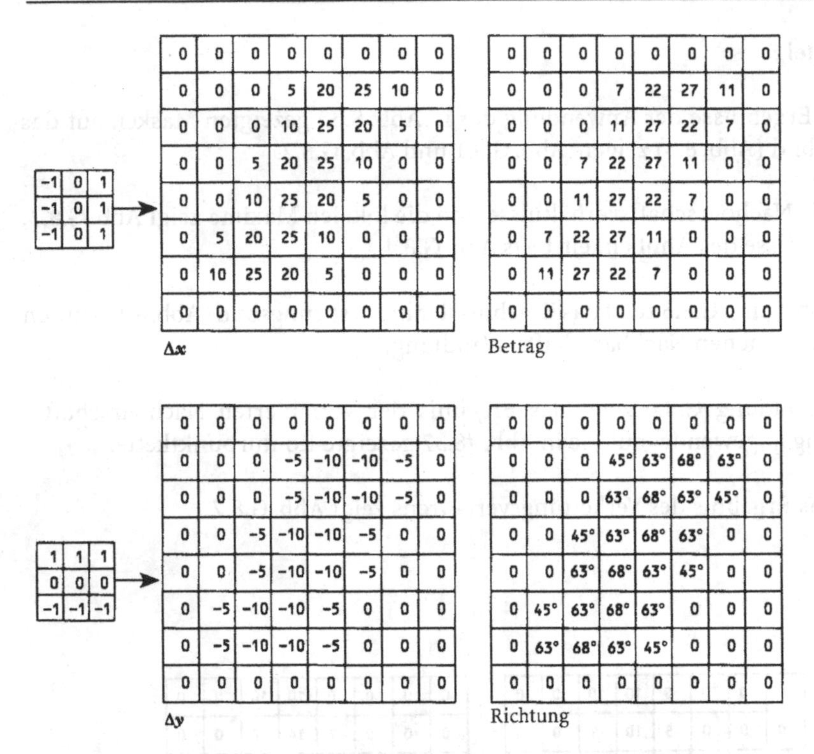

-1	0	1
-1	0	1
-1	0	1

Δx

0	0	0	0	0	0	0	0
0	0	0	5	20	25	10	0
0	0	0	10	25	20	5	0
0	0	5	20	25	10	0	0
0	0	10	25	20	5	0	0
0	5	20	25	10	0	0	0
0	10	25	20	5	0	0	0
0	0	0	0	0	0	0	0

Betrag

0	0	0	0	0	0	0	0
0	0	0	7	22	27	11	0
0	0	0	11	27	22	7	0
0	0	7	22	27	11	0	0
0	0	11	27	22	7	0	0
0	7	22	27	11	0	0	0
0	11	27	22	7	0	0	0
0	0	0	0	0	0	0	0

1	1	1
0	0	0
-1	-1	-1

Δy

0	0	0	0	0	0	0	0
0	0	0	-5	-10	-10	-5	0
0	0	0	-5	-10	-10	-5	0
0	0	-5	-10	-10	-5	0	0
0	0	-5	-10	-10	-5	0	0
0	-5	-10	-10	-5	0	0	0
0	-5	-10	-10	-5	0	0	0
0	0	0	0	0	0	0	0

Richtung

0	0	0	0	0	0	0	0
0	0	0	45°	63°	68°	63°	0
0	0	0	63°	68°	63°	45°	0
0	0	45°	63°	68°	63°	0	0
0	0	63°	68°	63°	45°	0	0
0	45°	63°	68°	63°	0	0	0
0	63°	68°	63°	45°	0	0	0
0	0	0	0	0	0	0	0

Abb. G.8.2. Verglichen mit des Ergebnissen aus Abb. 8.4 und Abb. G.8.1 sind die hier gezeigten des 3*3-Gradientenoperators deutlich verbessert

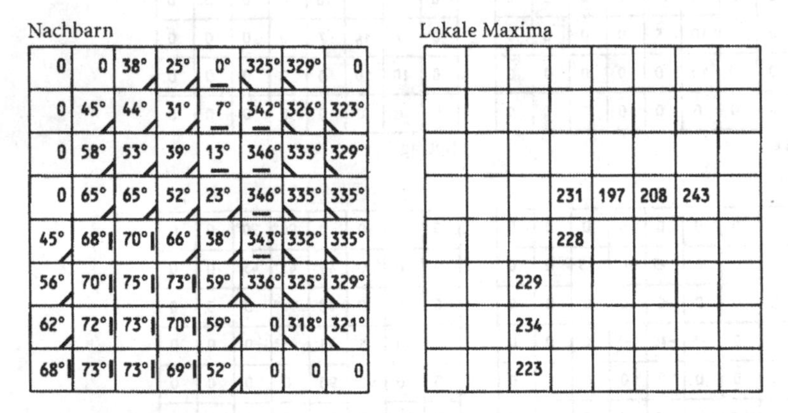

Nachbarn

0	0	38°	25°	0°	325°	329°	0
0	45°	44°	31°	7°	342°	326°	323°
0	58°	53°	39°	13°	346°	333°	329°
0	65°	65°	52°	23°	346°	335°	335°
45°	68°	70°	66°	38°	343°	332°	335°
56°	70°	75°	73°	59°	336°	325°	329°
62°	72°	73°	70°	59°	0	318°	321°
68°	73°	73°	69°	52°	0	0	0

Lokale Maxima

			231	197	208	243	
			228				
		229					
		234					
		223					

Abb. G.8.3. Ergebnis des ersten Schritts einer Non-maxima-Unterdrückung angewendet auf das in Abb. 8.36 gezeigte Eingabebild

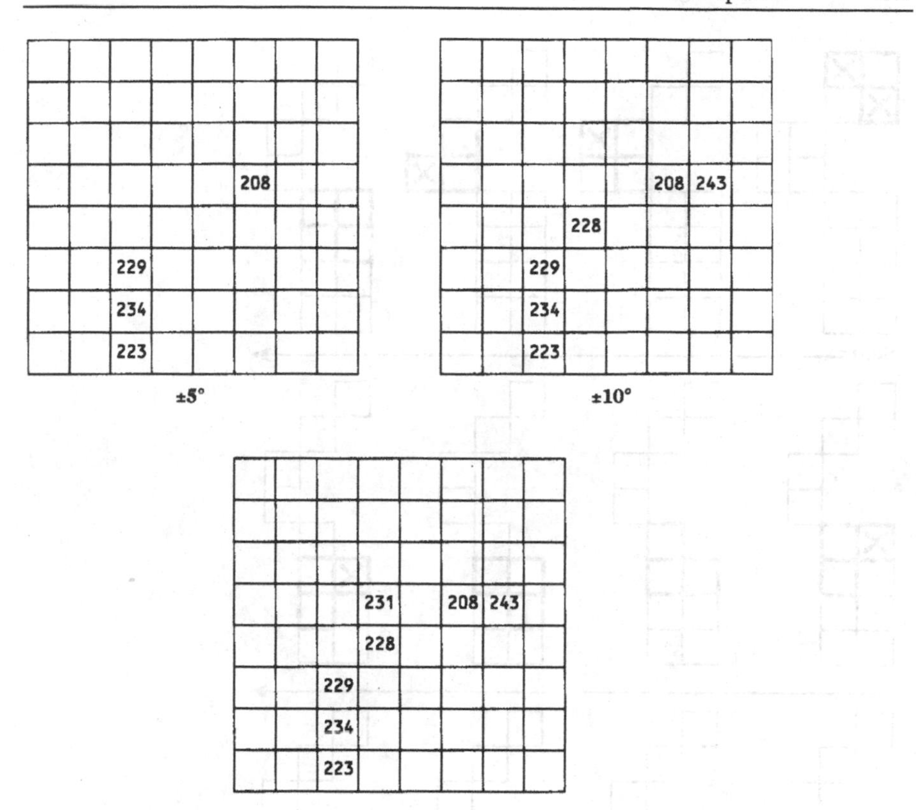

Abb. G.8.4. Dies ist das Ergebnis des Ähnlichkeitstests angewendet auf das Ergebnisbild in Abb. G.8.3

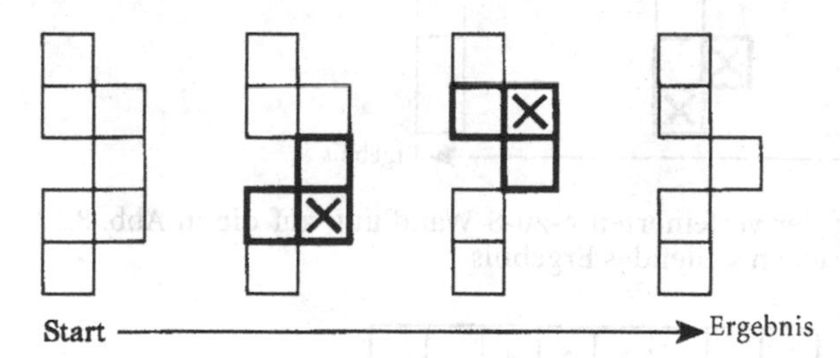

Abb. G.8.5. In dieser Variation des in Abb. 8.13 gezeigten Beispiels beginnt das Verfahren unten rechts. Dieses führt zu einem veränderten Ergebnis

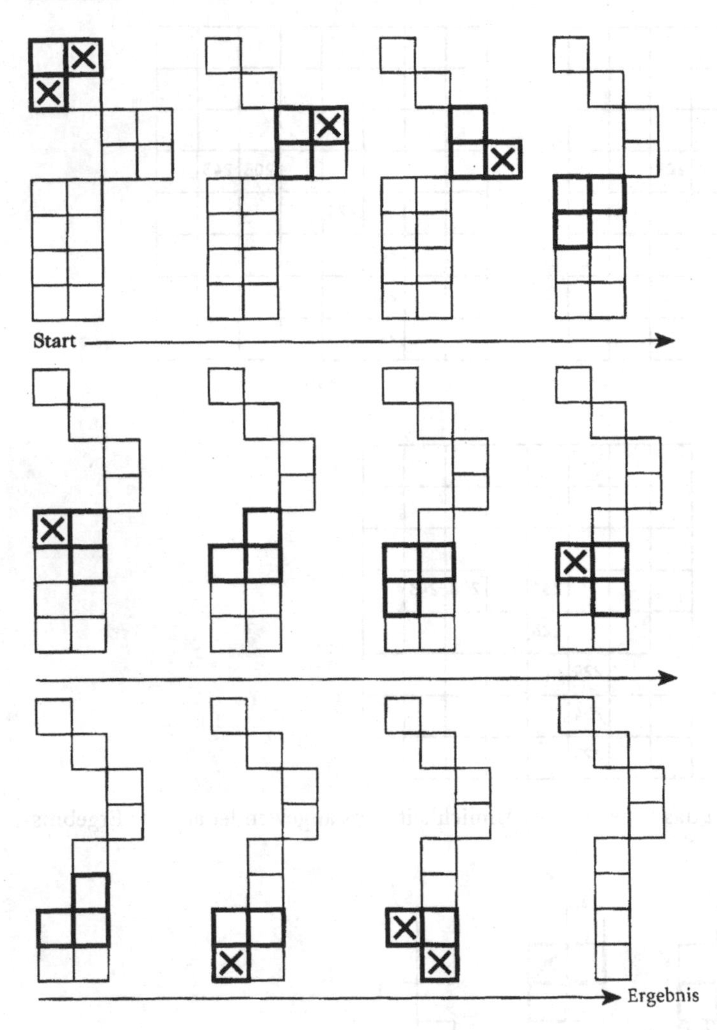

Abb. G.8.6. Die Anwendung der verfeinerten 4-zu-8-Wandlung auf die in Abb. 8.37 gezeigte Kette liefert ein zufrieden stellendes Ergebnis

Abb. G.8.7. Ergebnis eines Verkettungsverfahrens angewendet auf das in Abb. 8.38 gezeigte Bild

			a	a	a		
	b	b				a	
c				d			a
c			d		d		a
c		d			d		a
c			d	d			a
						a	
			a	a	a		

Zu Kapitel 9

9.1: Im Akkumulator sind parallele Geraden durch identische θ-Werte gekennzeichnet.

9.2: Der aus der Anwendung der Hough-Transformation auf das Beispiel in Abb. 9.18 resultierende Akkumulator ist in Abb. G.9.1 dargestellt.

9.3: Abbildung G.9.2 zeigt die aus dem in Abb. G.9.1 dargestellten Akkumulator gewonnenen Geraden.

9.4: Abbildung G.9.3 zeigt die korrekt platzierten Geraden.

r \ θ	0°	45°	90°	135°
-4	0	0	0	1
-3	0	0	0	0
-2	0	0	0	0
-1	0	0	0	0
0	0	0	0	0
1	4	1	4	0
2	0	0	0	0
3	0	0	0	0
4	0	0	0	1
5	0	0	0	0
6	4	0	4	0
7	0	0	0	0
8	0	1	0	0

Abb. G.9.1. Dies ist das Ergebnis der auf das in Abb. 9.18 gezeigte Gradientenbild angewandten Hough-Transformation. Die vier 4er-Einträge sind durch die 16 vertikal und horizontal orientierten, die Seiten des Quadrats bildenden Konturpunkte verursacht, während die 1er-Einträge die Ecken repräsentieren

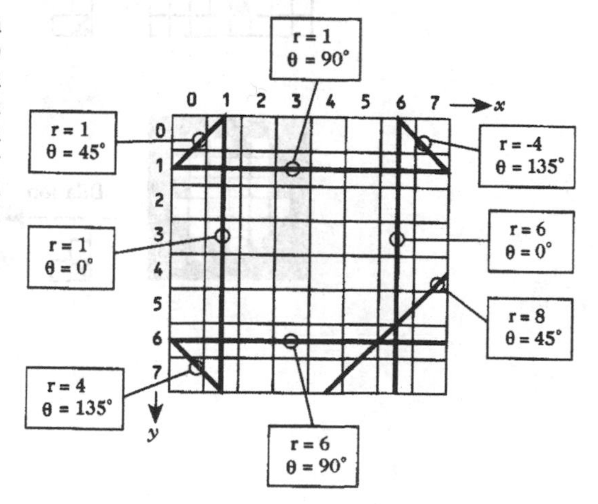

Abb. G.9.2. Die aus dem Akkumulator (Abb. G.9.1) extrahierten diagonalen Geraden sind um ein Pixel versetzt. Die Ursache liegt im Quantisierungseffekt bei der Berechnung von r und den Schnittpunkten mit dem Bildrand

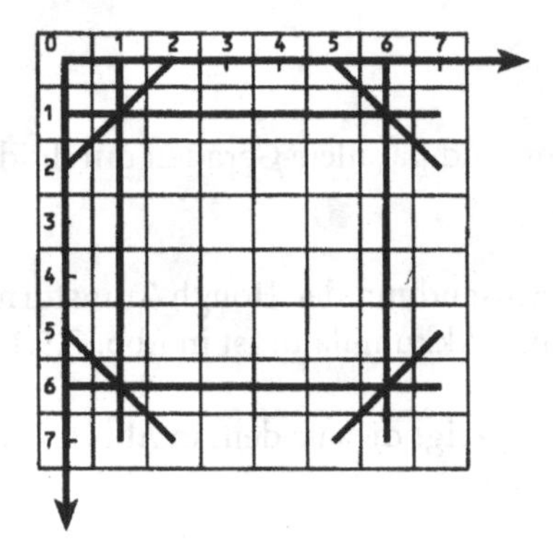

Abb. G.9.3. Die Vermeidung der Quantisierung führt zu einer exakten Platzierung der Geraden

Zu Kapitel 10

10.1: Das in Abb. G.10.1 gezeigte Ergebnis demonstriert die Dualität von Erosion und Dilation.

10.2: Das Verfahren ist in Abb. G.10.2 gezeigt.

10.3: Abbildung G.10.3 zeigt das Ergebnis der Konturextraktion.

10.4: Die in Abb. G.10.4 und G.10.5 gezeigten Ergebnisse demonstrieren, dass bei der Skelettbildung möglichen Zerstörungen entgegengewirkt werden muss.

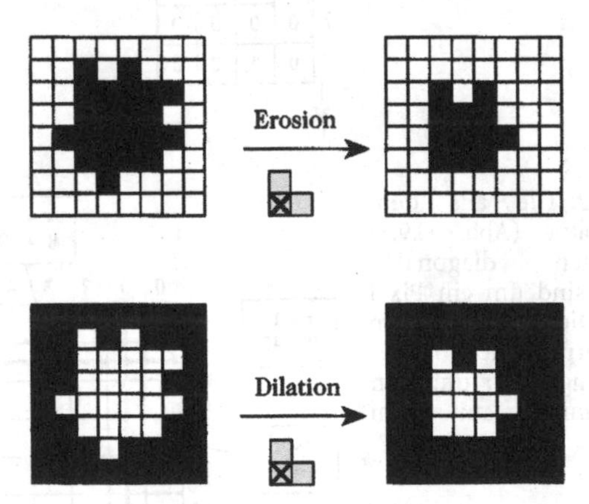

Abb. G.10.1. Die Lösung zu Aufgabe 10.1 demonstriert die Dualität von Erosion und Dilation

Abb. G.10.2. Lösung von Aufgabe 10.2

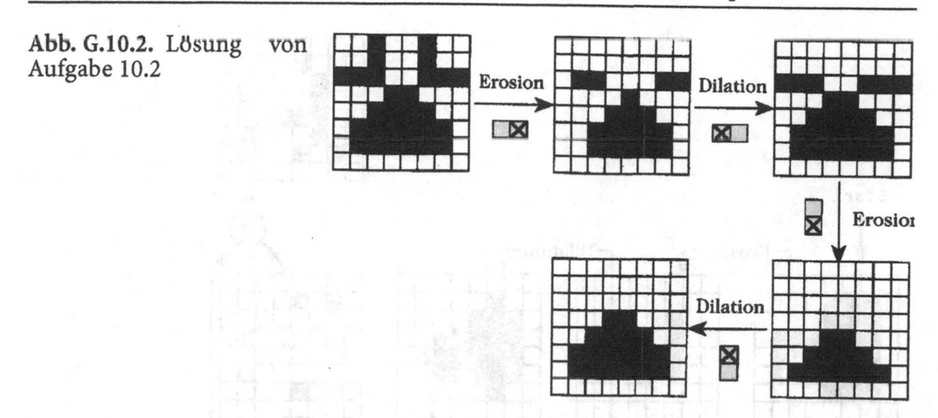

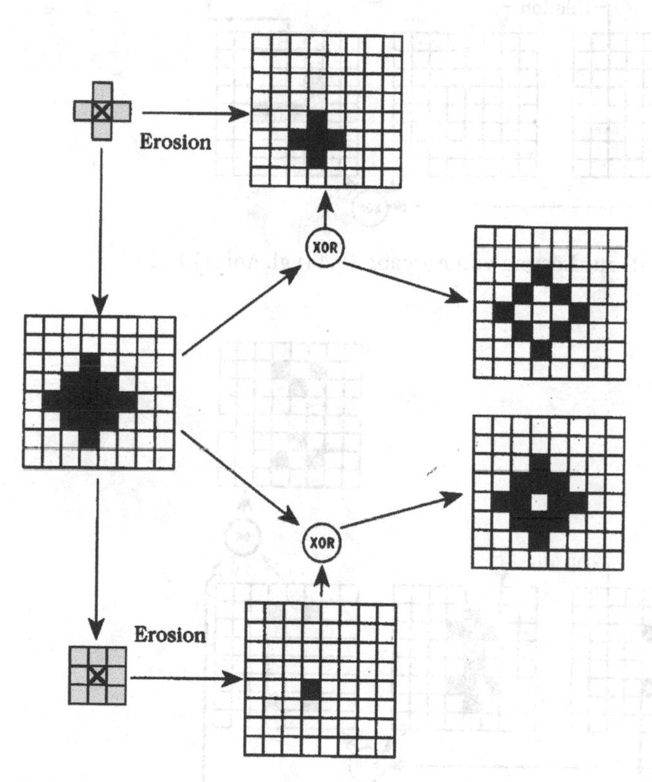

Abb. G.10.3. Lösung von Aufgabe 10.3

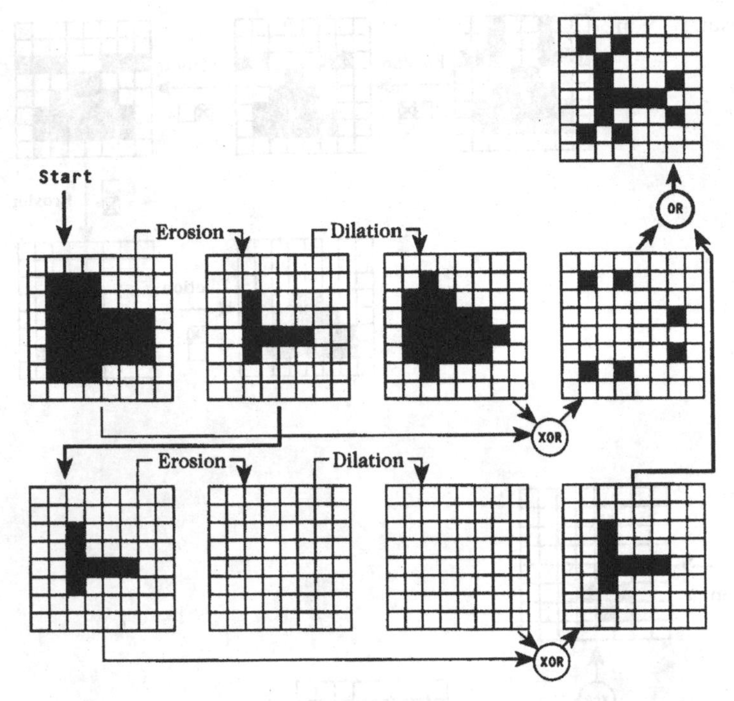

Abb. G.10.4. Erster Schritt zur Lösung von Aufgabe 10.4 (vgl. Abb. G.10.5)

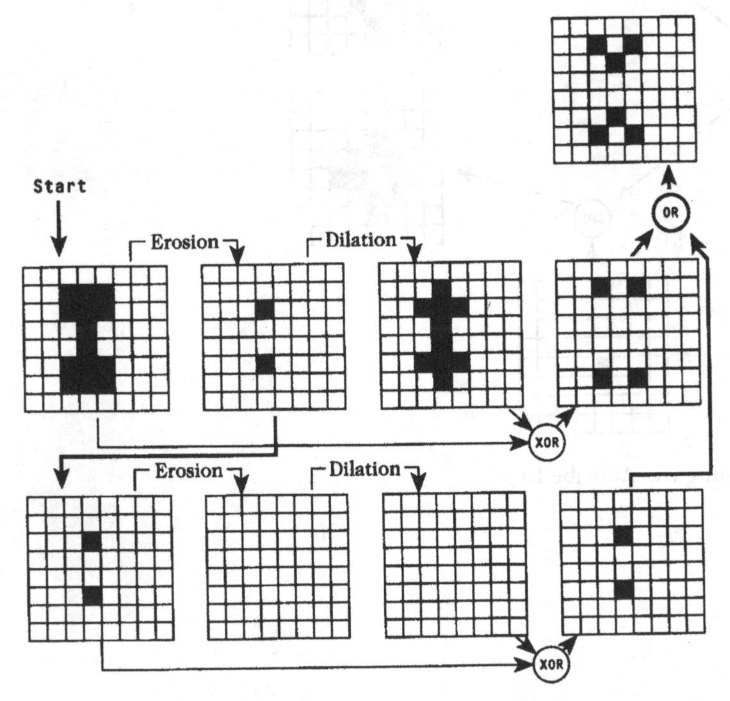

Abb. G.10.5. Zweiter Schritt zur Lösung von Aufgabe 10.4

Zu Kapitel 11

11.1: Mittelwert (5) und Varianz (25) sind für beide Bilder identisch.

11.2: Das Ergebnis der lokalen Mittelwert/Varianz-Operationen zeigt Abb. G.11.1.

11.3: Die Cooccurrence-Matrizen sind in Abb. G.11.2, Abb. G.11.3 und Abb. G.11.4 dargestellt.

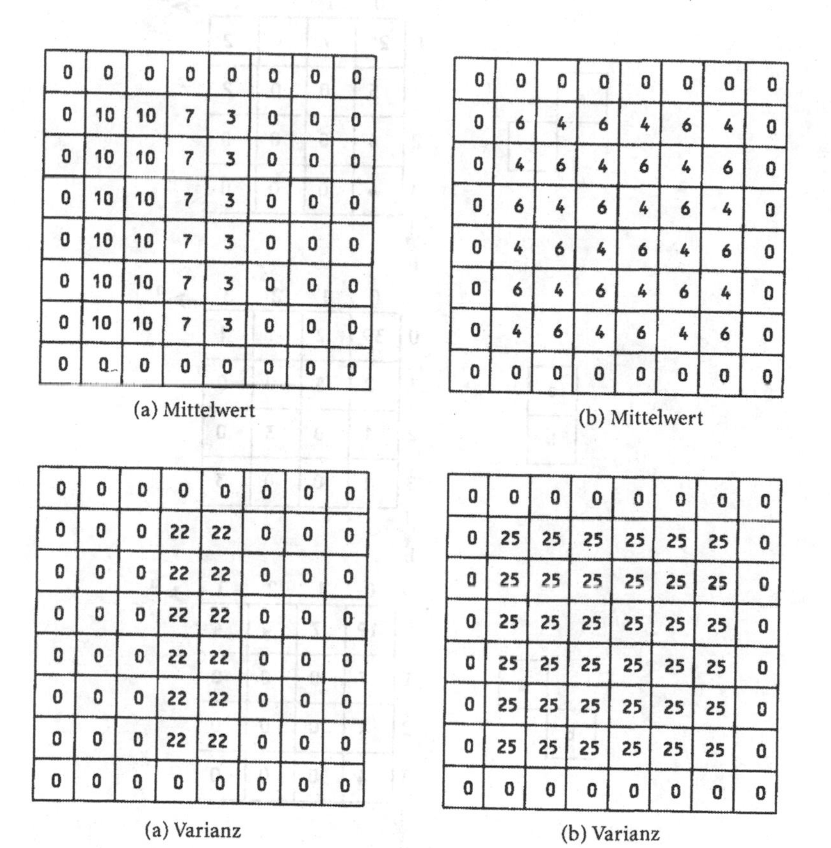

0	0	0	0	0	0	0	0
0	10	10	7	3	0	0	0
0	10	10	7	3	0	0	0
0	10	10	7	3	0	0	0
0	10	10	7	3	0	0	0
0	10	10	7	3	0	0	0
0	10	10	7	3	0	0	0
0	0	0	0	0	0	0	0

(a) Mittelwert

0	0	0	0	0	0	0	0
0	6	4	6	4	6	4	0
0	4	6	4	6	4	6	0
0	6	4	6	4	6	4	0
0	4	6	4	6	4	6	0
0	6	4	6	4	6	4	0
0	4	6	4	6	4	6	0
0	0	0	0	0	0	0	0

(b) Mittelwert

0	0	0	0	0	0	0	0
0	0	0	22	22	0	0	0
0	0	0	22	22	0	0	0
0	0	0	22	22	0	0	0
0	0	0	22	22	0	0	0
0	0	0	22	22	0	0	0
0	0	0	22	22	0	0	0
0	0	0	0	0	0	0	0

(a) Varianz

0	0	0	0	0	0	0	0
0	25	25	25	25	25	25	0
0	25	25	25	25	25	25	0
0	25	25	25	25	25	25	0
0	25	25	25	25	25	25	0
0	25	25	25	25	25	25	0
0	25	25	25	25	25	25	0
0	0	0	0	0	0	0	0

(b) Varianz

Abb. G.11.1. Lösung von Aufgabe 11.2

Abb. G.11.2. Lösung von Aufgabe 11.3 (a)

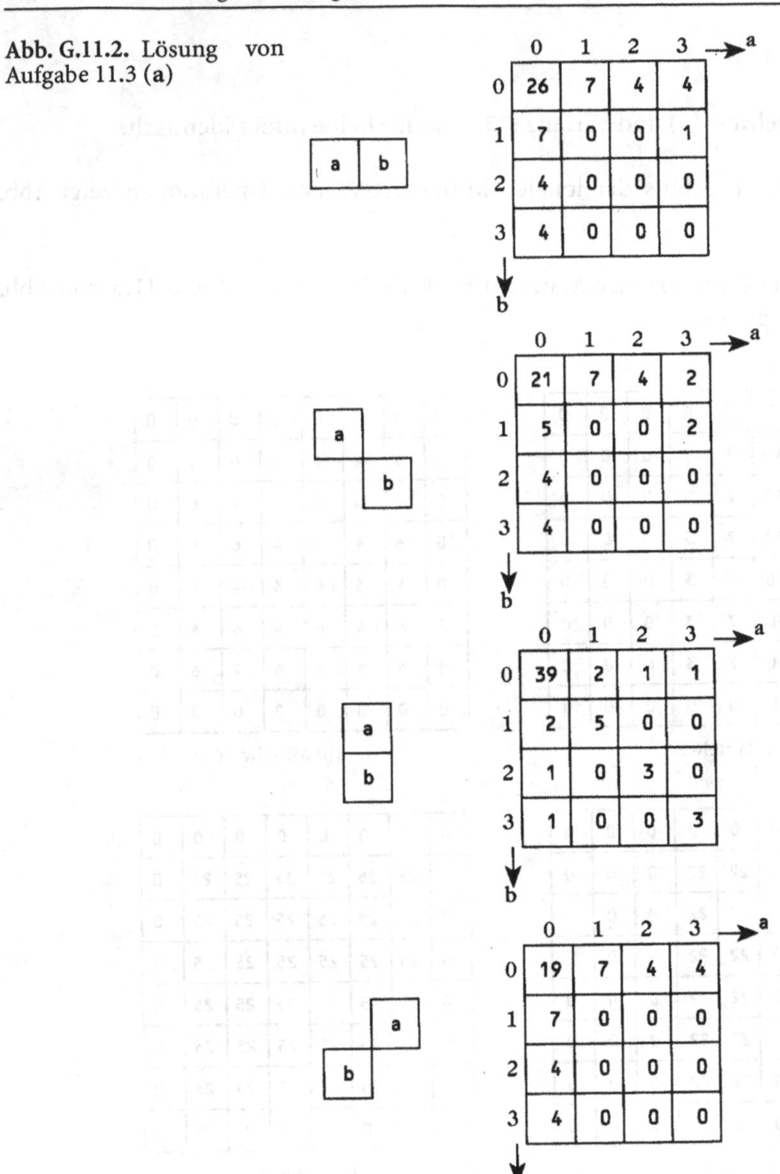

Abb. G.11.3. Lösung von Aufgabe 11.3 (**b**)

b \ a	0	1	2	3
0	37	2	1	1
1	2	5	0	0
2	1	0	3	0
3	1	0	0	3

b \ a	0	1	2	3
0	19	7	4	4
1	7	0	0	0
2	4	0	0	0
3	4	0	0	0

b \ a	0	1	2	3
0	27	6	4	4
1	7	0	0	0
2	4	0	0	0
3	3	1	0	0

b \ a	0	1	2	3
0	21	5	4	4
1	7	0	0	0
2	4	0	0	0
3	2	2	0	0

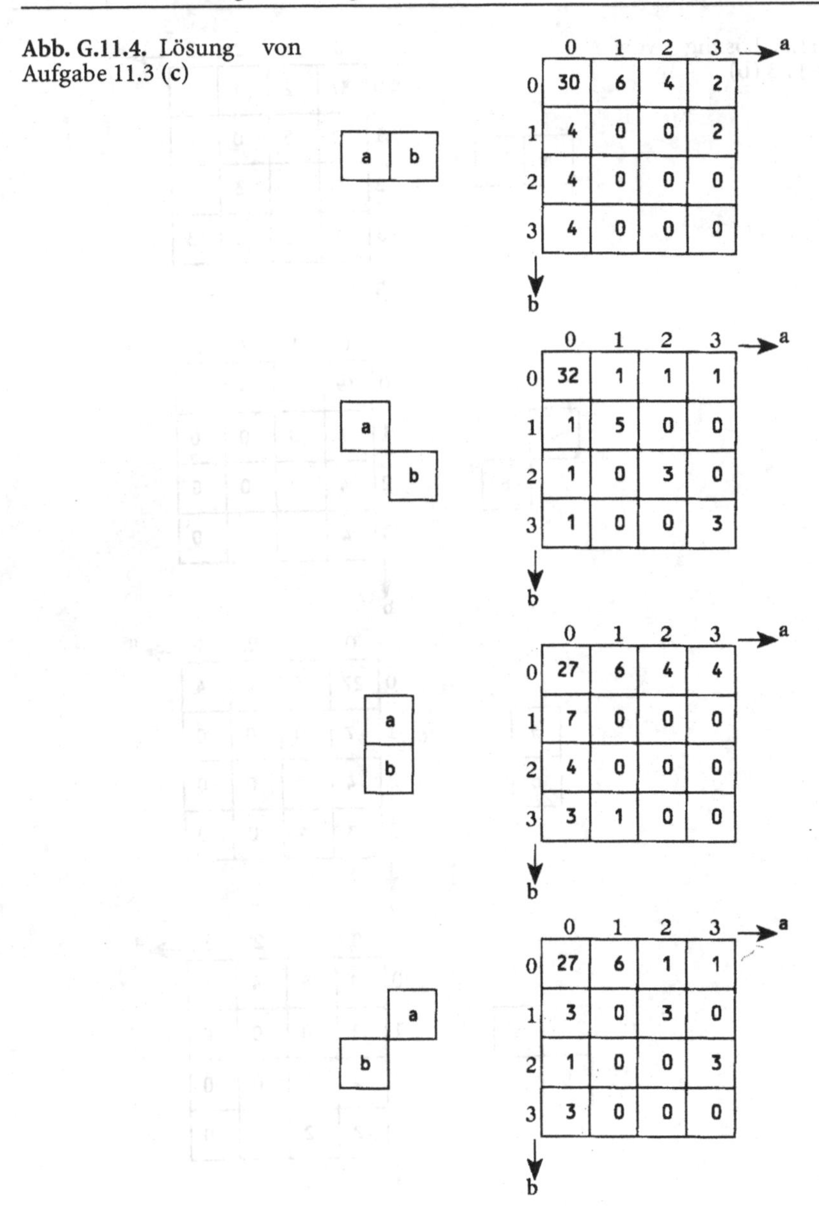

Abb. G.11.4. Lösung von Aufgabe 11.3 (c)

Zu Kapitel 12

12.1: Für eine Zurückweisungsschwelle von 2 ergeben sich die Klassenzentren z = {10 Francs, 5 Mark, 1 Pound, 2 Francs, 1 Krone, 1 Mark, 5 Cents, 10 Pfenning, 1 Pence, 10 Øre}. Darum entstehen folgende Klassen:
k_0 = {10 Francs},
k_1 = {5 Mark},
k_2 = {1 Pound},
k_3 = {2 Francs, 2 Mark},
k_4 = {1 Krone, 1 Franc},
k_5 = {1 Mark, 1 Quarter},
k_6 = {5 Cents, 1/2 Franc},
k_7 = {10 Pfenning, 25 Øres, 20 Centimes},
k_8 = {1 Pence, 10 Centimes},
k_9 = {10 Øre, 1 Cent}.

Für die Zurückweisungsschwelle 3 sind die Zentren z = {10 Francs, 5 Mark, 1 Pound, 2 Francs, 1 Krone, 1 Mark, 5 Cents, 10 Pfenning, 10 Øre}. Daraus ergeben sich folgende Klassen:
k_0 = {10 Francs},
k_1 = {5 Mark},
k_2 = {1 Pound},
k_3 = {2 Francs, 2 Mark},
k_4 = {1 Krone, 1 Franc},
k_5 = {1 Mark, 1 Quarter},
k_6 = {5 Cents, 1/2 Franc},
k_7 = {10 Pfenning, 25 Øre, 20 Centimes, 1 Pence},
k_8 = {10 Øre, 10 Centimes, 1 Cent}.

Zurückweisungsschwelle 4 ergibt die Zentren z = {10 Francs, 2 Francs, 1 Franc, 5 Cents, 25 Øre, 10 Øre} mit den folgenden Klassen:
k_0 = {10 Francs, 5 Mark, 1 Pound},
k_1 = {2 Francs, 2 Mark, 1 Krone},
k_2 = {1 Franc, 1 Mark, 1 Quarter},
k_3 = {5 Cents, 1/2 Franc, 10 Pfenning, 1 Pence},
k_4 = {25 Øre, 20 Centimes},
k_5 = {10 Øre, 10 Centimes, 1 Cent}.

Die Zurückweisungsschwelle 5 ist Basis für die Zentren z = {10 Francs, 2 Francs, 1 Franc, 5 Cents, 20 Centimes, 10 Øre} und die Klassen:
k_0 = {10 Francs, 5 Mark, 1 Pound},
k_1 = {2 Francs, 2 Mark, 1 Krone},
k_2 = {1 Franc, 1 Mark, 1 Quarter},
k_3 = {5 Cents, 1/2 Franc, 10 Pfenning, 25 Øre, 1 Pence},

k_4 = {20 Centimes},
k_5 = {10 Øre, 10 Centimes, 1 Cent}.

Für die Zurückweisungsschwelle 6 sind die Klassenzentren z = {10 Francs, 2 Marks, 1 Mark, 1 Pence}. Daraus entstehen die folgenden Klassen:
k_0 = {10 Francs, 5 Mark, 1 Pound, 2 Francs},
k_1 = {2 Marks, 1 Krone, 1 Francs},
k_2 = {1 Mark, 1 Quarter, 5 Cents, 1/2 Franc, 10 Pfennig, 25 Øre, 20 Centimes},
k_3 = {1 Pence, 10 Øre, 10 Centimes, 1 Cent}.

12.2 (a): Das Zentrum von Musterklasse „a" ist ($x = 4.7, y = 11.3$), der Radius des näheren Randes 2,3 und der Radius des äußeren Randes 4,3. Musterklasse „b" ist bei ($x = 11.7, y = 4.0$) positioniert. Die Randradien sind 3,0 und 6,3.

Zu Kapitel 13

13.1: Es muss Vorwissen über das Anwendungsfeld vorhanden sein, und dieses Vorwissen muss formalisierbar sein im Gegensatz z.B. zum Vorwissen im Sinne von Vorahnung oder Intuition.

13.2: Am Ende des Constraintsalgorithmus sind die Kanten gelabelt wie es in Abb. G.13.1 gezeigt wir.

13.3: Bei dem Penrose Dreieck handelt es sich – wie bei der Röhren ähnlichen Abb. – um kein Objekt, dass sich real darstellen lässt, so dass es seinem optischen Eindruck entspricht und ein geschlossenes Dreieck darstellt. Wer sich für derartige optischen Experimente interessiert sei auf „Die Lichteffekte-Box" erschienen im ars-edition Verlag verwiesen

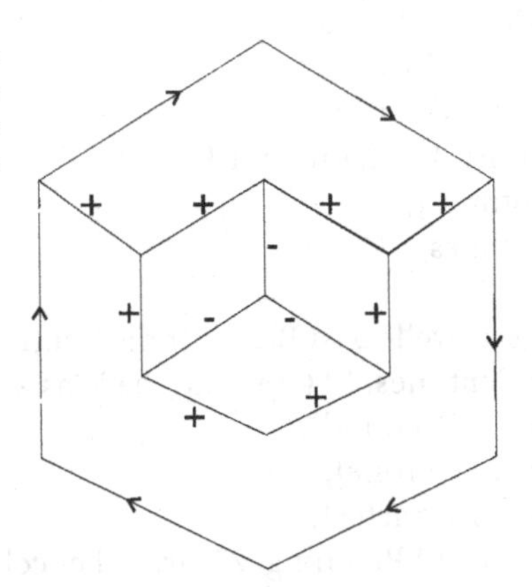

Abb. G.13.1. Dies ist das gelabelte Ergebnis nachdem der Constraint-Algorithmus auf Abb. 13.34 eingewendet wurde

13.4: Bei einer derartigen Additionsaufgaben kann man damit anfangen, das M durch eine 1 zu ersetzen, denn an dieser Stelle ist nur eine Zahl möglich. Es ergibt sich also:

```
    S E N D
+ 1 Ø R E
―――――――
M O N E Y
```

Was könnte man jetzt alles als nächsten Schritt ausprobieren? Nun hat man viele Möglichkeiten. Man kann aber auch systematisch an die Lösung der Aufgabe herangehen, indem man Constraints formuliert, die dieser Rechenaufgaben zu Grunde liegen. Für die ganz linke Spalte besteht die Einschränkung:

10 =< M + S + Übertrag aus dritter Spalte

Weitergehend gilt es, mehr Gleichungen und Ungleichungen aufzustellen. Wenn man in dieser Weise fortfährt, erhält man eine Reihe von Gleichungen, die den Lösungsraum erheblich einschränken. Letztendlich bleiben nur noch wenige Werte für die einzelnen Buchstaben übrig, die es dann durchzurechnen gilt.

13.5: Um bei der Regelabarbeitung möglichst effizient für die jeweilige Anwendung arbeiten zu können, sollte man sich am Beispiel der Bauklotzwelt Folgendes überlegen: Welche Komplexität müssen die Objekte haben, damit sie überhaupt für die Anwendung relevant sind? In der Bauklotzwelt kann es sich z.B. als sinnvoll erweisen, dass die Ebene mit der geforderten minimalen Komplexität auf „Säulenebene" liegt. D.h. es sollte eine Graphersetzung auf der Basis der Regeln durchgeführt worden sein. Diese Entscheidung spricht z.B. dafür, dass bei der Regelabarbeitung zuerst alle Möglichkeiten durchgespielt werden, die durch eine Regelersetzung erzeugt werden können. Der erste Schritt würde also datengetrieben durchgeführt werden. Für die nächsten Abarbeitungsschritte bietet sich dann eine modellorientierte Regelersetzung an, um gezielt den Suchraum abzuarbeiten.

13.6: Folgende Möglichkeiten bieten sich u.a. an, um den Graphmatching-Algorithmus effizienter zu gestalten:

- Man kann die Liste der Knoten in Abhängigkeit der Zahl ihrer Relationen sortieren. Somit könnte man verhindern, dass man für eine Vergleichsoperation eines Knoten K aus G durch die gesamte Knotenliste von *G´* laufen muss.
- Man könnte die Prüfung, die durch das Prädikat „relationsAreSubset/2" erfolgt, direkt in die Auswahl der Knoten, die durch das Prädikat „select/2" erfolgt, einbeziehen.
- Um festzustellen, ob ein Graph *A* im Graph *B* enthalten ist, wird damit begonnen für einen Knoten *K* in Graph *A* einen äquivalenten Knoten *K'* in Graph *B* zu finden. Eine erste Überprüfung erfolgt nur anhand der Zahl der Kanten, die

von *K* bzw. von *K´* abgehen (Bedingung *Zahl_der_Relationen(K) =< Zahl_der_Relationen(K´)*).

13.7: Welche Attribute sinnvoll sind, hängt von der Applikation ab. Leicht zu implementieren und auch häufig sinnvoll sind Attribute, in denen die Größe des Segments oder des Objekts wie z.B. die einer Säule festgehalten werden. Auch die Position eines Objekts kann sich für die weitergehende Verarbeitung oder auch für die Visualisierung der Ergebnisse als sinnvoll erweisen. Ebenso können Attribute wie Farbe oder Textur sinnvoll sein. Allerdings stellt sich bei diesen Attributen die Frage, ob sie eventuell nicht besser auf unterer Abstraktionsebene als eigenständige Knoten dargestellt werden. In der Bauklotzwelt würde man Farbe und Textur als Attribute und nicht als eigenständige Knoten darstellen, da das wichtigste die geometrischen Merkmale sind. Farbe und Textur sind für die Bauklotzanwendung untergeordnete Merkmale, daher ist in diesem Falle ihre Modellierung als Attribut hinreichend.

13.8: Das vorgestellte Programm prüft zwei Graphen *G* und *G´* auf Subgraphisomorphie. Da die Graphisomorphie einen Spezialfall der Subgraphisomorphie darstellt, detektiert der vorgestellte Algorithmus auch Graphisomorphie. Im Fall der Graphisomorphie wird für jeden Knoten in *G* eine Entsprechung in *G´* gefunden. Zudem gibt es keinen Knoten in *G´*, der keine Entsprechung in *G* gefunden hat. Damit ist auch nahe liegend, um welche Bedingung z.B. das Prologprogramm erweitert werden mssß, um ausschließlich auf Graphisomorphie zu prüfen und nicht auf Subgraphisomorphie: Beim Prädikat „relationsAreSubset/2" mssß in der Terminierungsklausel überprüft werden, dssß die Liste mit den Knoten vom Graphen *G´*, in der die Entsprechungsknoten von *G* zu *G´* gesucht wurden, leer ist.
Aktuell lautet diese Klause: relationsAreSubset([ ], _RelList).
Diese müsste heissen: relationsAreSubset([ ], [ ]).

Zusätzlich bietet es sich auch an, im Prädikat „specialTest" die Bedingung weitergehend einzuschränken. Bislang lautet das Prädikat:

```
% specialTests( + Number, + Number )
  specialTests( NumberOfNodes1, NumberOfNodes2 ):-
            NumberOfNodes1 =< NumberOfNodes2 .
```

Bei der Graphisomorphie kann diese Bedingung verschärft werden zu:

```
% specialTestsGraphisomorphie( + Number, + Number )
   specialTestsGraphisomorphie( NumberOfNodes1, NumberOfNodes2 ):-
            NumberOfNodes1 = NumberOfNodes2 .
```

13.9: Man muss davon ausgehen können, dass die Modelle exakt den Abbildungen der zu erkennenden Gegebenheiten entsprechen. Man muss auch davon ausgehen können, dass keinerlei Artefakte im Bild auftreten können. Zusammengefasst sollte man in der Regel auf Subgraphisomorphie und nicht auf Graphisomorphie prüfen.

Zu Kapitel 14

14.1: Die Tabelle der Abb. G.14.1 zeigt die Bewegung der Pixel, Abb. G.14.2 das resultierende Nadelbild.

Abb. G.14.1. Bewegung der Pixel (Aufgabe 14.1)

r0	c0	r1	c1	r0	c0	r1	c1
2	2	8	8	5	2	10	8
2	3	8	9	5	3	10	9
2	4	8	10	5	4	10	10
2	5	8	10	5	5	10	10
2	6	2	11	5	6	10	12
2	7	2	12	5	7	10	13
3	2	9	8	6	2	12	8
3	3	9	9	6	3	12	9
3	4	9	10	6	4	12	10
3	5	9	10	6	5	12	10
3	6	3	11	6	6	4	11
3	7	3	12	6	7	4	12
4	2	10	8	7	2	13	8
4	3	10	9	7	3	13	9
4	4	10	10	7	4	13	10
4	5	10	10	7	5	13	10
4	6	10	12	7	6	13	11
4	7	10	13	7	7	13	12

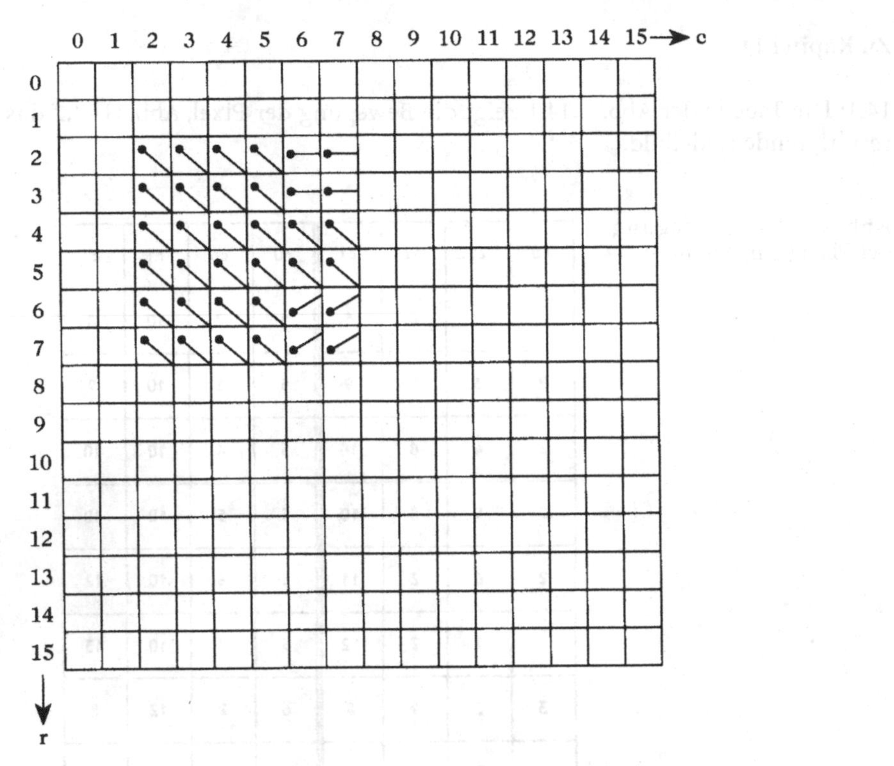

Abb. G.14.2. Das nach dem in Aufgabe 14.1 gefragte Nadeldiagramm

Sachverzeichnis

Druck und Bindung: Strauss GmbH, Mörlenbach